Leipzig
1929

Kronecker, Leopold

Werke

Herausgegeben auf Veranlassung der Königlich Pressischen Akademie der Wissenschaften

Band 4

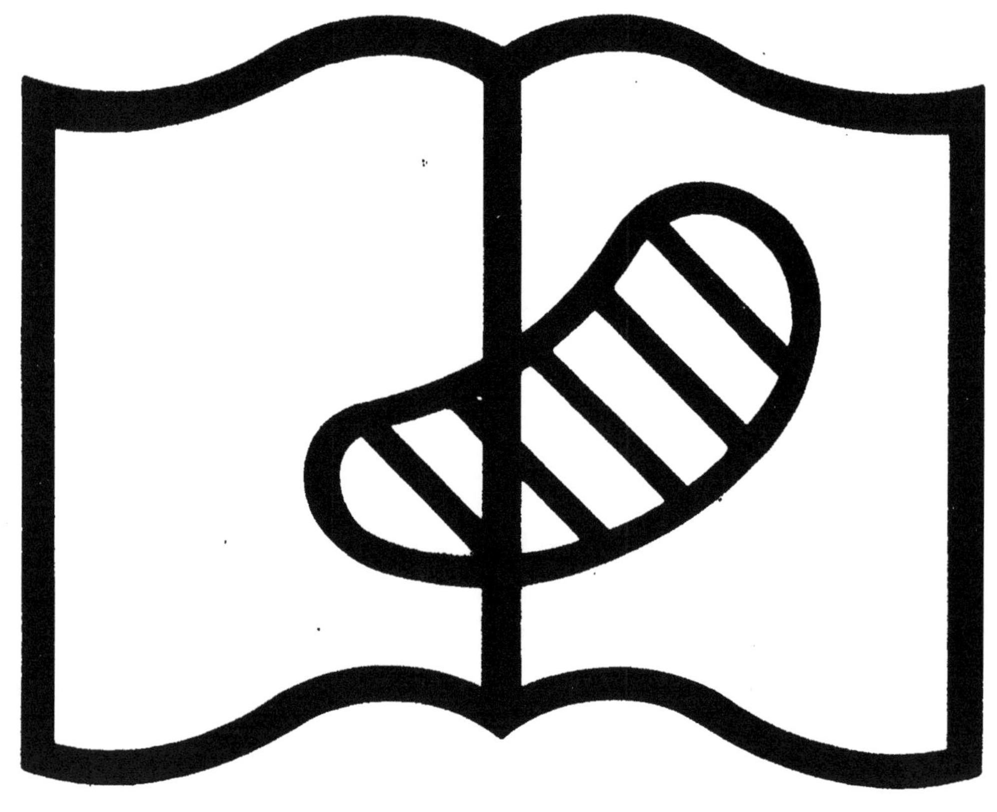

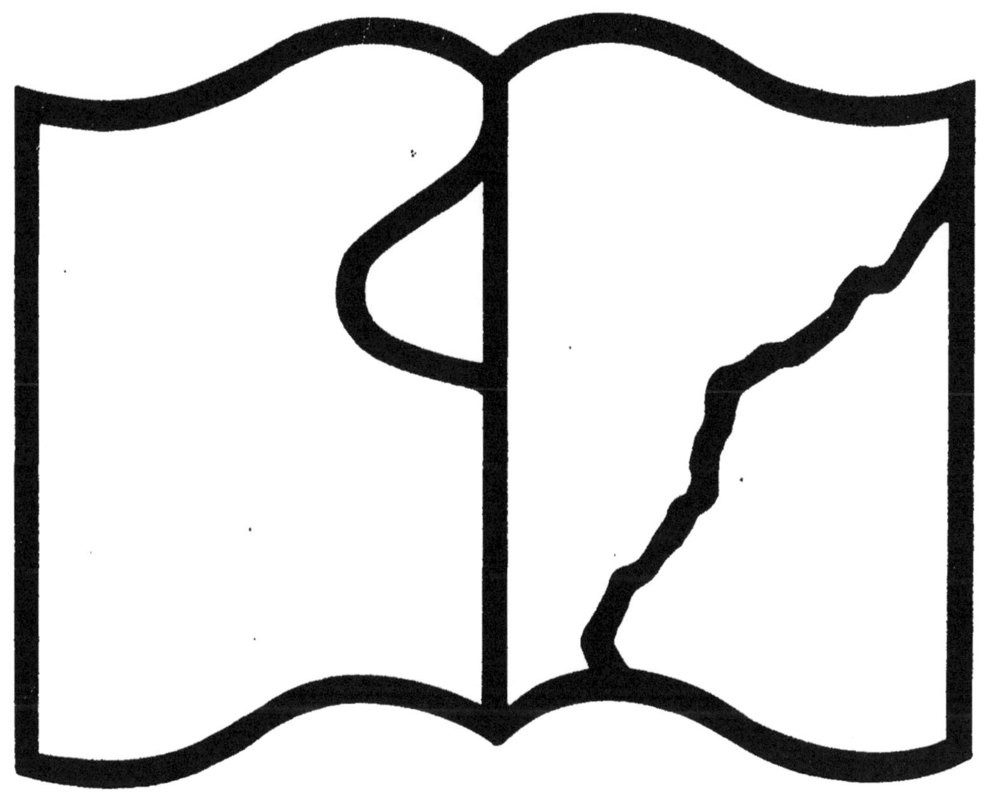

Symbole applicable
pour tout, ou partie
des documents microfilmés

Texte détérioré — reliure défectueuse

NF Z 43-120-11

LEOPOLD KRONECKER'S WERKE

HERAUSGEGEBEN AUF VERANLASSUNG

DER

PREUSSISCHEN AKADEMIE DER WISSENSCHAFTEN

VON

K. HENSEL

VIERTER BAND

1929

LEIPZIG · B. G. TEUBNER · BERLIN

LEOPOLD KRONECKER'S WERKE

LEOPOLD KRONECKER'S WERKE

HERAUSGEGEBEN AUF VERANLASSUNG

DER

PREUSSISCHEN AKADEMIE DER WISSENSCHAFTEN

VON

K. HENSEL

VIERTER BAND

1929

VERLAG UND DRUCK VON B. G. TEUBNER IN LEIPZIG UND BERLIN

VORREDE.

Seit dem Erscheinen der drei ersten Bände von Leopold Kronecker's Werken ist eine lange Pause in der Herausgabe eingetreten, welche zum großen Teile durch den Weltkrieg und seine verhängnisvollen Folgen bedingt war.

Als ich im Jahre 1916 auf Grund der vollständigen Durcharbeitung aller für den vierten und fünften Band bestimmten Arbeiten Kronecker's die Veröffentlichung dieser beiden Bände in Angriff nehmen wollte, mußte mir der Verlag erklären, daß er in den schweren Kriegszeiten nicht imstande sei, den Druck durchzuführen, und daß er mich daher bitten müsse, die Veröffentlichung zu verschieben.

Erst im Jahre 1927 wurde es durch die tatkräftige Unterstützung der Notgemeinschaft der deutschen Wissenschaft, für welche ich auch an dieser Stelle den wärmsten Dank aussprechen möchte, ermöglicht, an die vollständige Durchführung dieses schönen und großen Werkes heranzutreten. Leider mußte nun aber die genaue Durchsicht der Werke Kronecker's vollständig von neuem vorgenommen werden, da die Ergebnisse der elf Jahre vorher durchgeführten Durcharbeitung nicht schriftlich fixiert worden waren; nur der tatkräftigen und sachkundigen Unterstützung des Herrn Dr. A. Plessner habe ich es zu verdanken, daß in verhältnismäßig kurzer Zeit das Manuskript der drei letzten Bände dieses Werkes druckfertig vorliegt und nun in rascher Folge veröffentlicht werden wird.

Nach dem im ersten Bande veröffentlichten Plane enthält der jetzt vorliegende Band IV alle Arbeiten Kronecker's zur reinen Algebra und die erste Hälfte seiner Abhandlungen zur Theorie der elliptischen Funktionen. Der fünfte Band ist bereits vollständig gedruckt und wird in ganz kurzer Zeit ebenfalls veröffentlicht werden, und ihm soll der Band III_2, für welchen das Druckmanuskript fertig vorliegt, bald nachfolgen. Damit wird dann die Herausgabe aller von Kronecker selbst veröffentlichten Werke vollständig abgeschlossen sein.

Die Drucklegung und die Ausstattung dieser letzten Bände ist mit derselben Sorgfalt und in gleicher Schönheit vom Verlage B. G. Teubner durchgeführt wie bei den drei ersten Bänden, was ich mit besonderem Danke hervorheben möchte.

Marburg a. L., im August 1929.

K. Hensel.

INHALTSVERZEICHNIS

ÜBER DIE ALGEBRAISCH AUFLÖSBAREN GLEICHUNGEN

(I. ABHANDLUNG)

VON

L. KRONECKER.

Monatsberichte der Königlich Preussischen Akademie der Wissenschaften vom Jahre 1853. S. 365—374.

ÜBER DIE ALGEBRAISCH AUFLÖSBAREN GLEICHUNGEN.[1])

[Mitgeteilt in der Akademie der Wissenschaften am 20. Juni 1853 durch *G. L.-Dirichlet*.]

Die bisherigen Untersuchungen über die Auflösbarkeit von Gleichungen, deren Grad eine Primzahl ist — namentlich die *Abel*schen und *Galois*'schen, welche die Grundlage aller weiteren Forschungen in diesem Gebiete bilden — haben im Wesentlichen als Resultat zwei Kriterien ergeben, vermittelst deren man beurtheilen könnte, ob eine gegebene Gleichung auflösbar sei oder nicht. Indessen gaben diese Kriterien über die Natur der auflösbaren Gleichungen *selbst* eigentlich nicht das geringste Licht. Ja, man konnte eigentlich gar nicht wissen, ob (außer den von *Abel* im IV. Bande des Crelleschen Journals[2]) behandelten und den einfachsten mit den binomischen Gleichungen zusammenhängenden) überhaupt noch irgend welche Gleichungen existiren, welche die gegebenen Auflösbarkeits-Bedingungen erfüllen. Noch weniger konnte man solche Gleichungen *bilden*, und man ist auch durch sonstige mathematische Untersuchungen nirgends auf solche Gleichungen geführt worden. Dazu kommt noch, daß jene beiden erwähnten und wohl allgemein bekannten, von *Abel* und *Galois* gegebenen Eigenschaften der auflösbaren Gleichungen zufälliger Weise solche waren, die die wahre Natur dieser Gleichungen eher zu verdecken als aufzuklären geeignet sein dürften, wie ich das namentlich von dem einen jener beiden Kriterien späterhin zeigen werde. Und so blieben die auflösbaren Gleichungen *selbst* bisher in einem gewissen Dunkel, welches nur durch die übrigens, wie es scheint, wenig beachtete und ganz spezielle Notiz *Abels*[3]) über die Wurzeln ganzzahliger Gleichungen fünften Grades ein wenig erhellt wurde und welches nur durch Auflösung des Problems „alle auflösbaren Gleichungen zu finden" vollständig aufgeklärt werden konnte. Denn alsdann hat man nicht bloß unendlich viele neue auflösbare Gleichungen, sondern eben alle möglichen gewissermaßen *vor Augen* und

---

[1]) Vgl. Zusatz 1 am Ende dieses Bandes.

[2]) *Abel*, Oeuvres (Nouvelle édition) T. I, S. 478.

[3]) *Abel*, Oeuvres, T. II, S. 266.

kann an der entwickelten Form ihrer Wurzeln alle ihre Eigenschaften auffinden und erweisen.

Diesen wenigen Bemerkungen über den Zielpunkt meiner Untersuchungen und den wesentlichen Inhalt der vorliegenden Notizen habe ich nur hinzuzufügen, daß das eben erwähnte Problem, welches ich mir von vorn herein gestellt hatte, freilich noch gänzlich umzuformen war, um es für eine Untersuchung geeignet zu machen. Die *genaue* Formulirung des Problems *selbst* ist aber hier von so großer Wichtigkeit, daß ich in den folgenden Mittheilungen grade in *dieser* Hinsicht etwas weitläufiger sein muß, um nicht durch die Kürze der Klarheit Abbruch zu thun.

Abel hat in seiner fragmentarischen Abhandlung über die algebraische Auflösung der Gleichungen (No. XV. des zweiten Bandes der gesammelten Werke[1])) unter andern Problemen wörtlich folgendes aufgestellt: „Den allgemeinsten algebraischen Ausdruck zu finden, welcher einer Gleichung von einem gegebenen Grade genügen könne.“ Fügt man diesem Probleme dasjenige hinzu, was erforderlich ist, um es zu einem bestimmten zu machen, so enthält es in der That alle Probleme in sich, die man in Bezug auf die Auflösbarkeit der Gleichungen stellen kann, und ist namentlich die wichtigste Verallgemeinerung des (als in gewissem Sinne zu speziell) unlösbaren Problems „die Wurzel einer Gleichung irgend eines Grades als algebraische Function[2]) ihrer Coëfficienten auszudrücken.“ Es ist nun aber, wie gesagt, bei obigem Probleme noch erforderlich, den Zusammenhang zwischen dem gesuchten algebraischen Ausdruck und den Coëfficienten der Gleichung zu bestimmen; deshalb ist die Aufgabe vielmehr dahin zu stellen:

> „Die allgemeinste algebraische Function[2]) irgend welcher Größen A, B, C, ... zu finden, welche einer Gleichung von einem gegebenen Grade genügt, deren Coëfficienten *rationale* Functionen jener Größen sind.“

Es ist hierbei zu bemerken, daß man die Irreductibilität der Gleichung in Bezug auf A, B, C, etc. vorauszusetzen hat; d. h. die Gleichung soll (so lange man für A, B, C, etc. nicht irgend welche spezielle Werthe substituirt) nicht in Factoren niederen Grades zerlegt werden können, deren Coëfficienten wiederum rationale Functionen von A, B, C, etc. sind. Das obige Problem kann darnach auch folgendermaßen ausgedrückt werden:

---

[1]) *Abel*, Oeuvres T. II, No. XVIII, S. 217. H

[2]) Vgl. Zusatz 2 am Ende dieses Bandes. H

„Für eine gegebene Zahl n die allgemeinste algebraische Function[1]) von A, B, C, etc. zu finden, welche durch die Variirung der darin enthaltenen Wurzelzeichen verschiedene Ausdrücke ergiebt, unter denen n so beschaffen sind, daß ihre symmetrischen Functionen sämmtlich *rationale* Functionen jener Größen A, B, C, etc. sind.“

Für den Fall nun, daß der gegebene Grad der Gleichung resp., nach der zweiten Ausdrucksweise, die Anzahl der Werthe eine Primzahl ist, hat *Abel* die Untersuchung in der angeführten Abhandlung im Wesentlichen so weit geführt, daß er die folgenden beiden Formen angab, welche die gesuchten algebraischen Functionen haben müssen:

$$\text{(I)} \qquad p_0 + s^{\frac{1}{\mu}} + f_2(s)\cdot s^{\frac{2}{\mu}} + \cdots + f_{\mu-1}(s)\cdot s^{\frac{\mu-1}{\mu}}$$

(pag. 204 des II. Bandes der gesammelten Werke[2])), wo unter der Primzahl μ der gegebene Grad der Gleichung, unter p_0 eine rationale Function, unter s eine algebraische Function von A, B, C, etc. und unter $f_k(s)$ eine rationale Function von s *und* von A, B, C, etc. zu verstehen ist. — Die zweite Form findet sich pag. 190[3]) desselben Bandes und Werkes, und ist:

$$\text{(II)} \qquad p_0 + R_1^{\frac{1}{\mu}} + R_2^{\frac{1}{\mu}} + \cdots + R_{\mu-1}^{\frac{1}{\mu}},$$

wo p_0 eine rationale Function von A, B, C, etc. ist, und $R_1, R_2, \ldots$ Wurzeln einer Gleichung $\mu - 1$sten Grades bedeuten, deren Coëfficienten rationale Functionen von A, B, C, etc. sind. — Für diese beiden Formen hat *Malmsten* einen ausführlichen Beweis im 34. Bande des Crelle'schen Journals gegeben, der jedoch, wie ich glaube, einige Vervollständigungen noch wünschenswerth erscheinen läßt.

Jene beiden Formen muß nun zwar nothwendig jede algebraische Function haben, wenn sie dem Probleme Genüge leisten soll; aber die Formen sind noch zu allgemein, d. h. sie schließen auch solche algebraische Functionen in sich, die dem Probleme *nicht* Genüge leisten. Ich habe deshalb jene beiden Formen näher untersucht und zuvörderst gefunden, daß diejenigen in der Form (II) enthaltenen algebraischen Functionen, welche dem Probleme genügen, die Eigenschaft haben müssen,

[1]) Vgl. Zusatz 2 am Ende dieses Bandes.
[2]) *Abel*, Oeuvres T. II, S. 236—237.
[3]) *Abel*, Oeuvres T. II, S. 222.

daß nicht nur (wie Abel bemerkt hat) die symmetrischen Functionen der Größen $R_1, R_2, \ldots,$ sondern auch — wenn man diese in einer gewissen Ordnung nimmt — die cyclischen Functionen derselben rationale Functionen der $A, B, C,$ etc. sein müssen; d. h.

> „daß die Gleichung $\mu - 1$sten Grades, deren Wurzeln die Größen R_1, $R_2, \ldots$ sind, eine *Abel*sche ist.“

Ich verstehe hier unter „*Abel*schen Gleichungen“ immer jene besondere Classe auflösbarer Gleichungen, welche *Abel* in dem *memoire* XI. des ersten Bandes der gesammelten Werke[1]) behandelt hat und welche (wenn man annimmt, daß ihre Coëfficienten rationale Functionen von $A, B, C,$ etc. und ihre Wurzeln nach einer bestimmten Ordnung genommen $x_1, x_2 \ldots x_n$ sind) ebensowohl dadurch definirt werden können, „daß die cyclischen Functionen der Wurzeln rationale Funktionen von $A, B, C,$ etc. sind“ als dadurch, „daß die Gleichungen $x_2 = \theta(x_1)$, $x_3 = \theta(x_2), \ldots$ $x_n = \theta(x_{n-1})$, $x_1 = \theta(x_n)$ statthaben“, wo $\theta(x)$ eine ganze rationale Function von x bedeutet, deren Coëfficienten rationale Functionen von $A, B, C,$ etc. sind.[2]) — Auf diese besondere Classe von Gleichungen, die übrigens von dem größten Interesse für die Analysis und Zahlentheorie und, wie man hier sieht, auch für die Algebra selbst ist, werde ich unten noch zurückkommen.

Eine weitere Untersuchung der obigen Formen (I) und (II) ergiebt aber noch folgende nähere Bestimmung für diejenigen, Größen R, welche die Form (II) zu einer dem Probleme genügenden machen. Es muß nämlich[3])

$$\text{(III)} \qquad R_\varkappa = F(r_\varkappa)^\mu \cdot r_\varkappa^{\gamma-1} \cdot r_{\varkappa+1}^{\gamma-2} \cdot r_{\varkappa+2}^{\gamma-3} \cdots r_{\varkappa+\mu-2}$$

sein, wo $r_\varkappa, r_{\varkappa+1} \ldots$ die $\mu - 1$ Wurzeln irgend einer *Abel*schen Gleichung $(\mu - 1)$sten Grades sind, d. h. wo sowohl die symmetrischen als die cyclischen Functionen der Größen r (die Anordnung derselben nach den Indices genommen) rationale Functionen von $A, B, C,$ etc. sind; wo ferner $F(r)$ irgend eine rationale Function von r und von $A, B, C,$ etc., und wo endlich γ_m den kleinsten positiven Rest von g^m mod. μ bedeutet, wenn g eine primitive Wurzel von μ ist. Substituirt man diesen Ausdruck von $R_\varkappa$ in (II), so erhält man eine Form, welche nicht nur jeder dem Problem genü-

[1]) *Abel*, Oeuvres T. I, No. XXV, S. 478. H

[2]) Vgl. Zusatz 3 am Ende dieses Bandes. H

[3]) Vgl. Zusatz 4 am Ende dieses Bandes. H

gende Ausdruck haben *muß*, sondern welche auch (und das ist die Hauptsache) *nur* solche Ausdrücke enthält, die dem Probleme genügen; d. h. die so entstandene Form erfüllt als Wurzel identisch eine Gleichung μten Grades, deren Coëfficienten rationale Functionen von A, B, C, etc. sind, die übrigen Wurzeln werden durch Änderung des μten Wurzelzeichens in (II) erhalten und zwar in der Weise, daß die $m$te Wurzel z_m durch folgende Gleichung bestimmt wird:[1])

$$\text{(IV)}\qquad z_m = p_0 + \omega^m \cdot R_1^{\frac{1}{\mu}} + \omega^{gm} \cdot R_2^{\frac{1}{\mu}} + \omega^{g^2 \cdot m} \cdot R_3^{\frac{1}{\mu}} + \cdots + \omega^{g^{\mu-2} \cdot m} \cdot R_{\mu-1}^{\frac{1}{\mu}},$$

wo für die Größen R die Ausdrücke aus (III) zu nehmen sind und ω eine imaginäre μte Wurzel der Einheit bedeutet. Hieraus geht zuvörderst hervor, daß, während die symmetrischen Functionen der Größen z eben rationale Functionen von A, B, C, etc. sind, die cyclischen Functionen derselben (wenn man die Ordnung nach den Indices nimmt) rationale Functionen von A, B, C, etc. *und* von $r_1, r_2, \ldots$ sind. Da aber diese Größen r selbst Wurzeln einer *Abel*schen Gleichung und also $r_2, r_3 \ldots$ rationale Functionen von r_1 und A, B, C, etc. sind, so heißt dies nichts Anderes als: „jede auflösbare Gleichung von einem Primzahlgrade ist eine *Abel*sche, wenn man eine Größe r_1 als bekannt annimmt, welche selbst Wurzel einer *Abel*schen Gleichung ist;“ oder auch: „die μ Wurzeln einer auflösbaren Gleichung sind immer dergestalt unter einander verbunden, daß:

$$z_2 = f(z_1, r_1), \quad z_3 = f(z_2, r_1), \quad \ldots \quad z_1 = f(z_\mu, r_1),$$

wo $f(z, r_1)$ eine rationale Function von z, r_1 und von A, B, C, etc. bedeutet und r_1 die Wurzel einer *Abel*schen Gleichung ist, deren Coëfficienten rationale Functionen von A, B, C, etc. sind.“[2]) Diese Relation der Wurzeln einer jeden auflösbaren Gleichung ist übrigens die wahre Quelle jener von *Abel* und *Galois* als charakteristisches Merkmal der Wurzeln auflösbarer Gleichungen von Primzahlgraden angegebenen Eigenschaft, „daß eine Wurzel rationale Function zweier andern sein müsse.“ Im Übrigen hebe ich unter den vielen interessanten Folgerungen, die man aus den gegebenen Resultaten ziehen kann, nur noch die eine hervor, daß, da r_1 als Wurzel einer *Abel*schen Gleichung $(\mu - 1)$sten Grades nur solche Wurzelzeichen als nothwendige enthält, deren Exponenten Theiler von $(\mu - 1)$ sind, auch nur *eben solche* Wurzelzeichen *und* μte Wurzelzeichen selbst in der Wurzel *jeder* auflösbaren Gleichung als nothwendige vorkommen. *Abel* hat die betreffende Bemerkung (so weit

[1]) Vgl. Zusatz 4 am Ende dieses Bandes.

[2]) Vgl. Zusatz 5 am Ende dieses Bandes.

mir bekannt ist) nur für $\mu = 5$ gemacht, und für diesen Fall auch die allgemeinste Wurzelform einer auflösbaren Gleichung gegeben (Band II., pag. 253[1]) der gesammelten Werke). Er hat aber dabei — was wohl zu bemerken ist — die Beschränkung hinzugefügt, daß die Coëfficienten der Gleichung rationale *Zahlen* sein sollen.

Das Hauptproblem ist nun durch die Gleichung (III) darauf zurückgeführt, daß man die allgemeinste Form einer Größe, oder, besser gesagt, eines Ausdrucks r_1 zu suchen hat. Dieses zweite Problem stellt sich daher nach den oben über $r_1, r_2, \ldots$ gemachten Bestimmungen also:

„Für eine bestimmte Zahl n die allgemeinste Form einer algebraischen Function von A, B, C, etc. zu finden, welche durch die Variirung der darin enthaltenen Wurzelzeichen verschiedene Ausdrücke ergiebt, unter denen n so beschaffen sind, daß deren symmetrische *und* cyclische Functionen (wenn man eine bestimmte Ordnung fixirt) rationale Functionen von A, B, C, etc. sind."

Und so bedeutet dieses zweite Problem, so zu sagen, roh ausgedrückt, nichts Anderes als „alle *Abel*schen Gleichungen zu finden", ebenso wie das Hauptproblem gewissermaßen „alle auflösbaren Gleichungen finden" hieß. — In Beziehung auf dieses zweite Problem wird man nun ebenfalls wieder auf eine Unterscheidung geführt, je nachdem n Primzahl, Primzahlpotenz oder allgemeine zusammengesetzte Zahl ist; und zwar wird das Problem für ein allgemeines n dadurch erledigt, daß man dasselbe nur für alle diejenigen Fälle zu lösen hat, wo der Grad der *Abel*schen Gleichung eine der in n enthaltenen Primzahlpotenzen ist. In diesen Fällen aber bietet das Problem, mit Ausnahme einiger bloßen Complicationen, auch keine größere Schwierigkeit dar, als wenn n eine Primzahl selbst ist. *Nur* in dem anscheinend einfachsten Falle, wo n die dritte oder eine höhere Potenz von 2 ist, reicht die Methode, die ich in allen andern Fällen mit Erfolg angewendet habe, zur vollständigen Lösung des Problems nicht ganz aus, und ich habe die alsdann erforderliche Modification derselben noch nicht ergründet. Da nun die vollständige Lösung des Hauptproblems für eine Primzahl μ die Lösung des zweiten Problems für $n = \mu - 1$ erfordert, so würde ich immerhin für jetzt nur das vollständige Resultat für diejenigen Primzahlen μ, welche nicht von der Form $8h + 1$ sind, angeben können. Es dürfte aber ohnehin für den Zweck dieser vorläufigen Mittheilung genügen, wenn ich zur leichteren Übersicht der Sache

[1]) *Abel*, Oeuvres T. II, S. 266.

hier nur denjenigen Fall des zweiten Problems erörtere, wo n eine ungrade Primzahl ist. Und zwar will ich für diesen Fall nicht bloß das Resultat selbst, sondern auch die bei Erlangung desselben angewendete Methode kurz angeben, zumal dieselbe ungemein einfach ist und das wesentliche Mittel zur Auflösung dieses zweiten Problems in allen andern Fällen und auch des Hauptproblems selbst bildet.

Wenn man sich der von *Abel* (in der oben angeführten Abhandlung No. XI. des I. Bandes der gesammelten Werke[1]) angewendeten Ausdrucksweise bedient, so kann man mit Rücksicht auf die oben gegebenen Definitionen der *Abel*schen Gleichungen das in Rede stehende Problem folgendermaßen ausdrücken:

> „die allgemeinste algebraische Function[2]) von A, B, C, etc. zu finden, welche einer Gleichung $n$ten Grades genügt, deren Coëfficienten rationale Functionen von A, B, C, etc. sind und deren übrige Wurzeln (wenn man dieselben mit $z_1, z_2, \dots z_{n-1}$ und die gesuchte Function selbst mit z_0 bezeichnet) die Gleichungen erfüllen:
>
> $$z_1 = \theta(z_0), \quad z_2 = \theta(z_1), \quad \dots \; z_0 = \theta(z_{n-1}),$$
>
> wo $\theta(z)$ eine rationale Function von z und von A, B, C etc. bedeutet."

Setzt man nun, unter der Annahme, daß n Primzahl, nach der von *Jacobi* bei der Kreistheilung eingeführten Bezeichnung den Ausdruck $z_0 + z_1\alpha + z_2\alpha^2 + \cdots + z_{n-1}\alpha^{n-1} = (\alpha, z)$ wo α eine $n$te Wurzel der Einheit bedeutet, so ist

$$\text{(V)} \qquad n \cdot z_\varkappa = (1, z) + \alpha^{-\varkappa}(\alpha, z) + \alpha^{-2\varkappa}(\alpha^2, z) + \cdots + \alpha^{-(n-1)\varkappa} \cdot (\alpha^{n-1}, z).$$

Man kann ferner nach der von *Abel* angegebenen Weise zeigen, daß für jede beliebige ganze Zahl $\varkappa$ die Gleichungen statthaben:

$$\text{(VI)} \quad (\alpha, z)^\varkappa = (\alpha^\varkappa, z) \cdot \varphi(\alpha), \quad (\alpha^2, z)^\varkappa = (\alpha^{2\varkappa}, z) \cdot \varphi(\alpha^2), \quad (\alpha^3, z)^\varkappa = (\alpha^{3\varkappa}, z) \cdot \varphi(\alpha^3), \dots$$

wo $\varphi(\alpha)$ eine rationale Function von α und von A, B, C, etc. bedeutet. Wenn man nun für $\varkappa$ eine primitive Wurzel g der Primzahl n und zwar eine solche setzt, für die $g^{n-1} - 1$ durch keine höhere Potenz von n als durch n selbst theilbar ist, so wird man Gleichungen von folgender Form erhalten:

$$(\alpha, z)^g = (\alpha^g, z) f(\alpha), \quad (\alpha^g, z)^g = (\alpha^{g^2}, z) f(\alpha^g), \quad \dots \; \left(\alpha^{g^{n-2}}, z\right)^g = (\alpha, z) f\left(\alpha^{g^{n-2}}\right).$$

---

[1]) *Abel*, Oeuvres T. I, No. XXV, S. 478. H

[2]) Vgl. Zusatz 2 am Ende dieses Bandes. H

Erhebt man von diesen Gleichungen die erste zur Potenz g^{n-2}, die zweite zur Potenz g^{n-3} und so fort, und multiplicirt sie alsdann sämmtlich mit einander, so erhält man

(VII) $$(\alpha, z)^{g^{n-1}-1} = f(\alpha)^{g^{n-2}} \cdot f(\alpha^g)^{g^{n-3}} \dots f\left(\alpha^{g^{n-2}}\right).$$

Setzt man nun $g^{n-1} - 1 = m \cdot n$, wo m nach der in Bezug auf g gemachten Voraussetzung nicht durch n theilbar ist, so hat man mit Hülfe der Gleichung (VI)

$$(\alpha, z)^{g^{n-1}-1} = (\alpha, z)^{m \cdot n} = (\alpha^m, z)^n \cdot \varphi(\alpha)^n$$

und dies in (VII) eingesetzt

$$(\alpha^m, z)^n \cdot \varphi(\alpha)^n = f(\alpha)^{g^{n-2}} \cdot f(\alpha^g)^{g^{n-3}} \dots f\left(\alpha^{g^{n-2}}\right)$$

ein Resultat, welches, wie man genau zeigen kann, für *jedes* α richtig bleibt, und welches leicht in folgende Form umgewandelt wird:

(VIII) $$(\alpha^m, z) = F(\alpha^m) \left\{ f(\alpha^m) \cdot f(\alpha^{2m})^{\frac{1}{2}} \cdot f(\alpha^{3m})^{\frac{1}{3}} \dots f(\alpha^{(n-1)m})^{\frac{1}{n-1}} \right\}^{\frac{1}{n}}$$

wo unter den gebrochenen Exponenten *innerhalb* der Parenthese nicht diese *selbst*, sondern die kleinsten positiven Reste dieser Brüche mod. n zu verstehen sind und wo $f(\alpha)$ sowohl als $F(\alpha)$ rationale Funktionen von α und von $A, B, C,$ etc. bedeuten. Setzt man diesen Ausdruck für (α^m, z) in der Gleichung (V) ein, so erhält man eine Form die z_x haben *muß*, die aber auch in *allen* Fällen (d. h. wenn man für $f(\alpha)$ und $F(\alpha)$ *irgend welche* rationale Functionen von α und $A, B, C,$ etc. setzt) in der That dem Probleme genügt.

Auch aus diesem Resultate lassen sich namentlich im Vergleich mit der oben gegebenen allgemeinsten Form der Wurzel einer auflösbaren Gleichung μ ten Grades interessante Folgerungen herleiten; das bei Weitem größte Interesse aber gewährt die Vergleichung des Ausdruckes (VIII) (unter der Annahme, daß $A, B, C,$ etc. ganze Zahlen seien) mit seinem entsprechenden Ausdrucke für gewisse spezielle in der Theorie der Kreistheilung vorkommende *Abel*sche Gleichungen; nämlich mit der überaus wichtigen, von *Kummer* (in Crelles Journal, Bd. 35, p. 363) angegebenen Form für (α, x). Diese Vergleichung ergiebt nämlich das bemerkenswerthe und nicht bloß für den Fall eines Primzahlgrades sondern ganz allgemein geltende Resultat:[1])

> „daß die Wurzel *jeder Abel*schen Gleichung mit ganzzahligen Coëfficienten als rationale Function von Wurzeln der Einheit dargestellt werden kann;“

[1]) Vgl. Zusatz 6 am Ende dieses Bandes.

so daß diese allgemeinen *Abel*schen Gleichungen im Wesentlichen nichts Anderes sind, als Kreistheilungs-Gleichungen.

Auch zwischen den Wurzeln derjenigen *Abel*schen Gleichungen, deren Coëfficienten nur ganze complexe Zahlen von der Form $a + b\sqrt{-1}$ enthalten und den Wurzeln derjenigen Gleichungen, welche bei der Theilung der Lemniscate auftreten, existirt eine ähnliche Relation; und man kann das obige Resultat endlich noch weiter für alle *Abel*schen Gleichungen verallgemeinern, deren Coëfficienten bestimmte algebraische Zahlenirrationalitäten enthalten. — Ich will noch bemerken, daß die Anwendung des obigen Satzes über die Wurzeln ganzzahliger *Abel*scher Gleichungen auf die oben unter No. (III) gegebene Form ergiebt, daß die Wurzel einer jeden auflösbaren Gleichung vom μten Grade mit ganzzahligen Coëfficienten als eine Summe von μten Wurzeln aus rationalen (aus Wurzeln der Einheit gebildeten) complexen Zahlen dargestellt werden kann; und es läßt sich sogar mit Hülfe solcher complexen Zahlen die allgemeinste *nothwendige und hinreichende* Form jeder Wurzel einer ganzzahligen auflösbaren Gleichung μten Grades recht einfach darstellen, doch würden die zur genauen Angabe dieser Form erforderlichen zahlentheoretischen Vorbemerkungen die Grenzen dieser Mittheilung überschreiten.[1])

H

[1]) Vgl. Zusatz 7 am Ende dieses Bandes.

NOTE SUR LES FONCTIONS SEMBLABLES DES RACINES D'UNE ÉQUATION

PAR

M. LÉOPOLD KRONECKER.

Liouville, Journal de mathématiques pures et appliquées.
Sér. I. Tome 19. p. 279—280.

NOTE SUR LES FONCTIONS SEMBLABLES DES RACINES D'UNE ÉQUATION.

Soient $\alpha, \beta, \gamma, \ldots, \theta$ les racines d'une équation et $F(\alpha, \beta, \gamma, \ldots, \theta)$, $f(\alpha, \beta, \gamma, \ldots, \theta)$ deux fonctions rationnelles de ces racines. Supposons que ces fonctions soient telles que toute substitution qui change la valeur algébrique de $f(\alpha, \beta, \ldots, \theta)$ change aussi celle de $F(\alpha, \beta, \ldots, \theta)$, ou, ce qui revient au même, que les substitutions qui laissent la fonction $F(\alpha, \beta, \ldots, \theta)$ invariable ne produisent non plus aucun changement sur la fonction $f(\alpha, \beta, \ldots, \theta)$. Puis désignons par $F_1, F_2, \ldots, F_n$ toutes les valeurs distinctes que prend la fonction $F(\alpha, \beta, \ldots, \theta)$ quand on y permute les lettres qu'elle renferme, et par $f_1, f_2, \ldots, f_n$ les valeurs correspondantes de la fonction $f(\alpha, \beta, \ldots, \theta)$. Supposons, enfin, les indices tellement arrangés que les m premières expressions, savoir, $f_1, f_2, \ldots, f_m$ soient toutes les valeurs *distinctes* que prend la fonction $f(\alpha, \beta, \ldots, \theta)$ quand on y permute les lettres $\alpha, \beta, \ldots, \theta$. Cela posé, le produit

$$(1) \qquad (x + F_1 \cdot y - f_1)(x + F_2 \cdot y - f_2) \ldots (x + F_n \cdot y - f_n)$$

sera une fonction entière des variables x et y dont les coefficients pourront s'exprimer rationellement par les coefficients de l'équation donnée. Pareillement, le produit

$$(2) \qquad (x + F_1 \cdot y - f_1)(x + F_1 \cdot y - f_2) \ldots (x + F_1 \cdot y - f_m)$$

sera une fonction entière de la quantité $(x + F_1 \cdot y)$ dont les coefficients pourront s'exprimer rationnellement par les coefficients de l'équation donnée. Désignons donc par $\varphi(x, y)$ le produit (1) et par $\psi(x + F_1 \cdot y)$ le produit (2), et cherchons le plus grand commun diviseur des deux fonctions $\varphi(x, y)$ et $\psi(x + F_1 \cdot y)$, en les considérant comme fonctions de la variable x seule. On trouvera ainsi une fonction entière de x et y dont les coefficients s'exprimeront rationnellement par F_1 et par les coefficients de l'équation donnée. Soit donc $X(F_1, x, y)$ cette fonction où nous pourrons supposer le coefficient de la plus haute puissance de x égal à 1. Cela posé, la fonction $X(F_1, x, y)$ sera évidemment égale au produit de tous les facteurs linéaires communs aux deux fonctions $\varphi(x, y)$ et $\psi(x + F_1 \cdot y)$. On aura, par suite, l'équation

$$(3)\quad \begin{cases} X(F_1, x, y) = (x + F_1 \cdot y - f_1)(x + F_a \cdot y - f_a) \\ \qquad \times (x + F_b \cdot y - f_b) \ldots (x + F_k \cdot y - f_k), \end{cases}$$

$a, b, \ldots, k$ désignant tous les indices pour lesquels les valeurs *numériques* de $F_a, F_b, \ldots, F_k$ sont égales à celles de F_1, quoique $f_1, f_a, f_b, \ldots, f_k$ soient distinctes quant à la forme algébrique. Cette équation fait voir, en y faisant $y = 0$, que f_1 dépend d'une équation dont les coefficients s'expriment rationnellement en fonction de F_1 et des coefficients de l'équation donnée, et dont le degré est égal au nombre des valeurs numériquement égales $F_1, F_a, F_b, \ldots, F_k$.

Il est visible que tout cela s'applique au cas spécial où les fonctions $F(\alpha, \beta, \ldots, \theta)$ et $f(\alpha, \beta, \ldots, \theta)$ sont des fonctions semblables.

Ensuite, en désignant par r le nombre des racines $\alpha, \beta, \ldots, \theta$, faisons $f_1(\alpha, \beta, \ldots, \theta) = \alpha$ et supposons que la fonction $F(\alpha, \beta, \ldots, \theta)$ soit telle que les $1 \cdot 2 \cdot 3 \ldots r$ valeurs qu'elle prend quand on y permute les racines, soient toutes différentes. Cela posé, l'équation (3) se réduira à celle-ci:

$$X(F_1, x, y) = x + F_1 \cdot y - \alpha;$$

d'où l'on voit qu'on peut exprimer une quelconque des racines $\alpha, \beta, \ldots, \theta$ en fonction rationnelle de F_1 et des coefficients de l'équation donnée.

SUR QUELQUES FONCTIONS SYMÉTRIQUES ET SUR LES NOMBRES DE BERNOULLI

PAR

M. LÉOPOLD KRONECKER.

Liouville, Journal de mathématiques pures et appliquées.
Sér. II. Tome 1. p. 385—391.

SUR QUELQUES FONCTIONS SYMÉTRIQUES ET SUR LES NOMBRES DE BERNOULLI.

En exprimant les fonctions symétriques d'un nombre quelconque de quantités en fonction des sommes de puissances semblables des mêmes quantités, on obtient en général des formules assez compliquées. Par cette raison, je ne crois pas inutile d'indiquer quelques fonctions symétriques pour lesquelles ces formules deviennent très-simples.

Si l'on désigne n quantités quelconques par $a, b, c, \ldots$, la somme des expressions de la forme

$$(\pm a \pm b \pm c \pm \cdots)^k,$$

qu'on obtient en faisant toutes les combinaisons des signes $\pm$, sera évidemment une fonction symétrique des quantités $a, b, c, \ldots$ De même, si l'on prend la somme de toutes les expressions de la forme

$$\pm(\pm a \pm b \pm c \pm \cdots)^k,$$

le signe placé en dehors des parenthèses étant le produit des signes placés au dedans, cette somme sera une fonction symétrique des quantités $a, b, c, \ldots$ Ces deux sommes étant désignées respectivement par P_k et R_k, je vais établir les formules qui font connaître les expressions P_k et R_k en fonction des sommes de puissances semblables des quantités $a, b, c, \ldots$, mêmes.

§ I.

Soit

$$\text{(I)} \qquad F(x) = (e^{ax} + e^{-ax})(e^{bx} + e^{-bx})(e^{cx} + e^{-cx}) \cdots$$

En développant ce produit, on aura

$$F(x) = \sum e^{x(\pm a \pm b \pm c \pm \cdots)},$$

où le signe de sommation s'étend à toutes les combinaisons des signes $\pm$ dans l'exposant. Le second membre développé en série donne

$$F(x) = 2^n + P_1 x + P_2 \cdot \frac{x^2}{1\cdot 2} + P_3 \cdot \frac{x^3}{1\cdot 2\cdot 3} + \cdots,$$

où les lettres $n, P_1, P_2, P_3, \ldots,$ ont le sens indiqué plus haut. Or il est évident que l'expression P_k s'annule pour les valeurs impaires du nombre k: ainsi l'on a

$$\text{(II)} \qquad F(x) = 2^n + \sum_{k=1}^{k=\infty} \frac{P_{2k}}{1\cdot 2\cdot 3\ldots 2k} x^{2k}.$$

D'un autre côté, en différentiant le logarithme du produit (I), on obtient

$$\frac{F'(x)}{F(x)} = a \cdot \frac{e^{ax} - e^{-ax}}{e^{ax} + e^{-ax}} + b \cdot \frac{e^{bx} - e^{-bx}}{e^{bx} + e^{-bx}} + c \cdot \frac{e^{cx} - e^{-cx}}{e^{cx} + e^{-cx}} + \cdots,$$

$F'(x)$ étant la dérivée de $F(x)$. Développons les divers termes du second membre en séries, et désignons par S_k la somme des puissances semblables $k^{\text{ièmes}}$ des quantités $a, b, c, \ldots$ Il vient alors

$$\frac{F'(x)}{F(x)} = \frac{2^2(2^2-1)}{1\cdot 2} B_1 \cdot S_2 \cdot x - \frac{2^4(2^4-1)}{1\cdot 2\cdot 3\cdot 4} B_2 \cdot S_4 \cdot x^3 + \frac{2^6(2^6-1)}{1\cdot 2\cdot 3\cdot 4\cdot 5\cdot 6} \cdot B_3 \cdot S_6 \cdot x^5 - \cdots,$$

ou, en employant le signe de sommation,

$$\text{(III)} \qquad F'(x) = F(x) \cdot \sum_{k=1}^{k=\infty} (-1)^{k-1} \cdot \frac{2^{2k}(2^{2k}-1)}{1\cdot 2\cdot 3\ldots 2k} B_k \cdot S_{2k} \cdot x^{2k-1},$$

où les lettres $B_1, B_2, B_3, \ldots,$ désignent les nombres de Bernoulli conformément à l'usage. En portant dans cette formule les expressionss de $F(x)$ et $F'(x)$ tirées de la formule (II), on aura

$$\text{(IV)} \qquad \left\{ \begin{aligned} &\sum \frac{2k \cdot P_{2k}}{1\cdot 2\cdot 3\ldots 2k} \cdot x^{2k-1} \\ &= \left\{ 2^n + \sum \frac{P_{2k}}{1\cdot 2\cdot 3\ldots 2k} x^{2k} \right\} \cdot \sum (-1)^{k-1} \cdot \frac{2^{2k}(2^{2k}-1)}{1\cdot 2\cdot 3\ldots 2k} \cdot B_k \cdot S_{2k} \cdot x^{2k-1}. \end{aligned} \right.$$

où toutes les sommations s'étendent aux valeurs de $k = 1, 2, 3, \ldots \infty$.

Si l'on fait

$$x = y \cdot \sqrt{-1}$$

et

$$\frac{2^{2k}(2^{2k}-1)}{1\cdot 2\cdot 3\ldots 2k} \cdot B_k \cdot S_{2k} = s_{2k},$$

$$\frac{(-1)^k}{2^n} \cdot \frac{P_{2k}}{1\cdot 2\cdot 3\ldots 2k} = p_{2k},$$

la formule (IV) se change en celle-ci:

$$\sum s_{2k}\cdot y^{2k-1} + \left(\sum p_{2k}\cdot y^{2k}\right)\cdot\left(\sum s_{2k}\cdot y^{2k-1}\right) + \sum 2k\cdot p_{2k}\cdot y^{2k-1} = 0.$$

En égalant à zéro le coefficient de y^{2m-1}, m étant un nombre quelconque, on obtient la relation suivante:

$$s_{2m} + s_{2m-2}\cdot p_2 + s_{2m-4}\cdot p_4 + \cdots + s_2\cdot p_{2m-2} + 2m\cdot p_{2m} = 0,$$

qui a précisément la forme des formules de Newton. On en conclut le théorème que voici:

En désignant par P_k *la somme des expressions de la forme*

$$(\pm a \pm b \pm c \pm \cdots)^k,$$

et par $\alpha, \beta, \gamma, \ldots$, *les* $2m$ *racines de l'équation*

$$\begin{gathered}2^n\cdot 1\cdot 2\ldots 2m\cdot z^{2m} - \mathrm{P}_2\cdot 3\cdot 4\ldots 2m\cdot z^{2m-2}\\ + \mathrm{P}_4\cdot 5\cdot 6\ldots 2m\cdot z^{2m-4} - \cdots \pm \mathrm{P}_{2m} = 0,\end{gathered}$$

on a l'égalité

$$1\cdot 2\cdot 3\ldots 2\mu\cdot(\alpha^{2\mu} + \beta^{2\mu} + \gamma^{2\mu} + \cdots) = 2^{2\mu}(2^{2\mu}-1)\cdot \mathrm{B}_\mu\cdot(a^{2\mu} + b^{2\mu} + c^{2\mu} + \cdots),$$

la lettre μ *désignant un nombre entier positif quelconque* $\leq m$.

Par suite, on peut faire usage des formules connues, qui déterminent les coefficients d'une équation en fonctions des sommes de puissances semblables des racines, pour en déduire immédiatement les formules cherchées.

§ II.

Soit

$$\text{(V)}\qquad \Phi(x) = (e^{ax} - e^{-ax})(e^{bx} - e^{-bx})(e^{cx} - e^{-cx})\ldots$$

En développant ce produit, on aura

$$\Phi(x) = \sum\left[\pm e^{x(\pm a \pm b \pm c \pm \cdots)}\right],$$

le signe placé devant la lettre e étant le produit des signes contenus dans l'exposant. En développant en série et en conservant la définition que nous avons donnée de la lettre R_k plus haut, il vient

$$\text{(VI)}\qquad \Phi(x) = \sum_{k=1}^{k=\infty} \frac{\mathrm{R}_k}{1\cdot 2\cdot 3\ldots k}\cdot x^k.$$

Or il est visible que les séries qu'on peut substituer aux divers facteurs du produit (V) commencent respectivement par

$$2ax, \quad 2bx, \quad 2cx, \quad \ldots,$$

et que ces séries ne contiennent que les puissances impaires de x. Par suite, le développement de $\Phi(x)$ doit commencer par le terme

$$2^n \cdot a \cdot b \cdot c \cdot \ldots \cdot x^n,$$

et il ne contiendra que les puissances paires ou impaires de x, suivant que le nombre n est pair ou impair. L'équation (VI) pourra donc s'écrire de la manière suivante:

$$\text{(VII)} \qquad \Phi(x) = x^n \cdot \sum_{k=0}^{k=\infty} \frac{B_{n+2k}}{1 \cdot 2 \cdot 3 \ldots (n+2k)} \cdot x^{2k},$$

et, d'après ce que nous venons d'observer, on aura d'ailleurs l'égalité

$$\text{(VIII)} \qquad B_n = 2^n \cdot 1 \cdot 2 \cdot 3 \ldots n \cdot a \cdot b \cdot c \ldots$$

D'un autre côté, en différentiant le logarithme du produit (V), on obtient

$$\frac{\Phi'(x)}{\Phi(x)} = a \cdot \frac{e^{ax} + e^{-ax}}{e^{ax} - e^{-ax}} + b \cdot \frac{e^{bx} + e^{-bx}}{e^{bx} - e^{-bx}} + c \cdot \frac{e^{cx} + e^{-cx}}{e^{cx} - e^{-cx}} + \cdots,$$

$\Phi'(x)$ étant la dérivée de $\Phi(x)$. En développant en séries les divers termes du second membre et en conservant la notation employée plus haut,

$$S_k = a^k + b^k + c^k + \cdots,$$

on aura

$$\frac{\Phi'(x)}{\Phi(x)} = \frac{n}{x} + \sum_{k=1}^{k=\infty} (-1)^{k+1} \cdot \frac{2^{2k} \cdot B_k}{1 \cdot 2 \cdot 3 \ldots 2k} \cdot S_{2k} \cdot x^{2k-1}.$$

En portant dans cette formule les expressions de $\Phi(x)$ et $\Phi'(x)$ tirées de l'équation (VII), on obtient

$$\text{(IX)} \quad \left\{ \begin{aligned} & x^{n-1} \cdot \sum_{k=0}^{k=\infty} \frac{(n+2k) B_{n+2k}}{1 \cdot 2 \cdot 3 \ldots (n+2k)} \cdot x^{2k} = n \cdot x^{n-1} \sum_{k=0}^{k=\infty} \frac{B_{n+2k}}{1 \cdot 2 \cdot 3 \ldots (n+2k)} \cdot x^{2k} \\ & + x^n \cdot \left(\sum_{k=0}^{k=\infty} \frac{B_{n+2k}}{1 \cdot 2 \cdot 3 \ldots (n+2k)} \cdot x^{2k} \right) \cdot \left(\sum_{k=1}^{k=\infty} (-1)^{k+1} \cdot \frac{2^{2k} \cdot B_k}{1 \cdot 2 \cdot 3 \ldots 2k} \cdot S_{2k} \cdot x^{2k-1} \right). \end{aligned} \right.$$

Si l'on fait

$$\varpi_{2k} = \frac{1 \cdot 2 \cdot 3 \ldots n}{1 \cdot 2 \cdot 3 \ldots (n+2k)} \cdot \frac{B_{n+2k}}{B_n},$$

$$\sigma_{2k} = (-1)^k \cdot \frac{2^{2k} \cdot B_k}{1 \cdot 2 \cdot 3 \ldots 2k} \cdot S_{2k},$$

l'équation (IX) se change en celle-ci:

$$(X)\quad\begin{cases} x^{n-1}\cdot\sum\frac{B_n}{1\cdot 2\ldots n}(n+2k)\varpi_{2k}\cdot x^{2k} \\ = n\cdot x^{n-1}\sum\frac{B_n}{1\cdot 2\ldots n}\cdot\varpi_{2k}\cdot x^{2k} - x^n\cdot\left(\sum\frac{B_n}{1\cdot 2\ldots n}\cdot\varpi_{2k}\cdot x^{2k}\right)\cdot\left(\sum\sigma_{2k+2}\cdot x^{2k+1}\right),\end{cases}$$

où toutes les sommations commencent par la valeur $k = 0$.

Supposons maintenant qu'aucune des quantités $a, b, c, \ldots$, ne soit égale à zéro. Alors l'équation (VIII) fait voir que la valeur de B_n est différente de zéro. On peut donc dégager l'équation (X) du facteur commun $\frac{x^{n-1}\cdot B_n}{1\cdot 2\ldots n}$. Cela fait, cette équation peut s'écrire comme il suit:

$$\sum 2k\cdot\varpi_{2k}\cdot x^{2k} + \left(\sum\varpi_{2k}\cdot x^{2k}\right)\cdot\left(\sum\sigma_{2k+2}\cdot x^{2k+2}\right) = 0.$$

En égalant à zéro le coefficient de x^{2m}, m étant un nombre quelconque, on obtient la relation

$$\sigma_{2m} + \sigma_{2m-2}\cdot\varpi_2 + \sigma_{2m-4}\cdot\varpi_4 + \cdots + \sigma_2\cdot\varpi_{2m-2} + 2m\cdot\varpi_{2m} = 0.$$

En comparant cette relation avec les formules de Newton, on en déduit le théorème suivant:

En désignant par B_k la somme des expressions de la forme

$$\pm(\pm a \pm b \pm c \ldots)^k,$$

et par $\alpha, \beta, \gamma, \ldots$, les $2\,m$ racines de l'équation

$$(n+1)(n+2)\ldots(n+2m)\cdot B_n\cdot z^{2m} + (n+3)(n+4)\ldots(n+2m)B_{n+2}\cdot z^{2m-2} \\ + (n+5)(n+6)\ldots(n+2m)\cdot B_{n+4}\cdot z^{2m-4} + \cdots + B_{n+2m} = 0,$$

on a l'égalité

$$1\cdot 2\cdot 3\ldots 2\mu\cdot(\alpha^{2\mu} + \beta^{2\mu} + \gamma^{2\mu} + \cdots) = (-1)^\mu\cdot 2^{2\mu}\cdot B_\mu\cdot(a^{2\mu} + b^{2\mu} + c^{2\mu} + \cdots)$$

pour toutes les valeurs de $\mu = 1, 2, \ldots, m$.

On peut donc se servir des formules connues, par lesquelles les coefficients d'une équation s'expriment en fonctions des sommes de puissances semblables des racines, pour en déduire immédiatement les expressions des quantités

$$\frac{B_{n+1}}{B_n},\quad \frac{B_{n+2}}{B_n},\quad \ldots,$$

en fonction des sommes de puissances semblables des quantités $a, b, c, \ldots$. Donc les expressions $R_1, R_2, \ldots, R_{n-1}$ étant nulles, et la valeur de R_n se trouvant déterminée par l'équation (VIII), le problème proposé est résolu.

§ III.

En attribuant des valeurs spéciales aux quantités $a, b, c, \ldots$, les deux théorèmes que je viens d'énoncer fournissent des formules pour les nombres de Bernoulli. Par exemple, en supposant que $a, b, c, \ldots$, soient les diverses racines de l'équation $x^{2m} = 1$, on sait que les sommes $a^{2\mu} + b^{2\mu} + c^{2\mu} + \cdots$ s'annulent, μ étant $< m$, et que la somme $a^{2m} + b^{2m} + c^{2m} + \cdots$ est égale à $2m$. Par suite, les quantités $P_2, P_4, \ldots, P_{2m-2}$, ainsi que les quantités $R_{2m+2}, R_{2m+4}, \ldots, R_{4m-2}$ se réduiront à zéro. Puis en observant que le produit $a \cdot b \cdot c \ldots$, c'est-à-dire le produit de toutes les racines de l'équation $x^{2m} = 1$, est égal à -1, la formule (VIII) donne

$$R_{2m} = -2^{2m} \cdot 1 \cdot 2 \cdot 3 \cdots 2m.$$

Donc, en vertu des deux théorèmes énoncés ci-dessus, les quantités P_{2m} et R_{4m} se trouveront déterminées comme il suit:

$$(-1)^m \cdot P_{2m} = -2^{4m} \cdot (2^{2m} - 1) \cdot B_m,$$

$$(1 \cdot 2 \cdot 3 \cdots 2m)^2 \cdot R_{4m} = (-1)^{m+1} \cdot 2^{2m} \cdot 1 \cdot 2 \cdot 3 \cdots 4m \cdot R_{2m} \cdot B_m.$$

D'où l'on déduit pour les nombres de Bernoulli les formules curieuses que voici:

$$B_m = \frac{(-1)^{m+1}}{2^{4m}(2^{2m}-1)} \cdot \sum (\pm a \pm b \pm c \pm \cdots)^{2m},$$

$$B_m = \frac{(-1)^m}{2^{4m} \cdot (2m+1)(2m+2)\ldots 4m} \cdot \sum [\pm (\pm a \pm b \pm c \pm \cdots)^{4m}],$$

les lettres $a, b, c, \ldots$, désignant toutes les diverses racines de l'équation $x^{2m} = 1$.

ÜBER DIE ALGEBRAISCH AUFLÖSBAREN GLEICHUNGEN

(II. ABHANDLUNG)

VON

L. KRONECKER.

Monatsberichte der Königlich Preussischen Akademie der Wissenschaften
vom Jahre 1856. S. 203—215.

ÜBER DIE ALGEBRAISCH AUFLÖSBAREN GLEICHUNGEN.

[Der Akademie der Wissenschaften am 14. April 1856 vorgelegt durch *E. E. Kummer*.]

In einem in dem Monatsberichte der hiesigen Akademie vom Juni 1853[1]) abgedruckten Aufsatze habe ich die allgemeine Form der Wurzeln von irreductibeln auflösbaren Gleichungen angegeben, für den Fall, daß der Grad derselben eine Primzahl ist. An diesen Aufsatz und die darin enthaltenen Resultate anknüpfend, will ich hier einige Bemerkungen mittheilen, zu denen ich durch weitere Beschäftigung mit dem dort behandelten Gegenstande geführt worden bin. Ich werde hierbei der Kürze halber auch die an jenem Orte gewählten Bezeichnungen beibehalten, ohne dieselben erst nochmals zu definiren.

Wenn man die in dem erwähnten Aufsatze eingeführten ganz beliebigen Größen $A, B, C, \ldots$ reell annimmt, so ergiebt die entwickelte Form der Wurzeln ein sehr bemerkenswerthes, die Realität derselben betreffendes Resultat, welches sich für den speziellen Fall, wo es sich nur um ganzzahlige Gleichungen handelt, einfach so aussprechen läßt:

> „Wenn eine irreductible Gleichung mit ganzzahligen Coëfficienten auflösbar und der Grad derselben eine ungrade Primzahl ist, so sind entweder *alle* ihre Wurzeln oder nur *eine* reell."

Für den allgemeinen Fall aber, wo die Coëfficienten der Gleichung irgend welche reelle Größen sind, muß man, um die Genauigkeit zu bewahren, das bezügliche Resultat in der folgenden etwas umständlicheren Weise ausdrücken:

> „Wenn eine Gleichung — deren Grad eine ungrade Primzahl μ ist, deren Coëfficienten rationale Functionen irgend welcher reeller Größen $A, B, C, \ldots$, also selbst reell sind und welche endlich nicht in Factoren niederen Grades zerlegt werden kann, so daß deren Coëfficienten wiederum rationale

[1]) Band IV, S. 1 dieser Ausgabe von *L. Kronecker's* Werken.

Functionen von $A, B, C, \ldots$ wären — durch eine explicite algebraische Function jener Größen $A, B, C, \ldots$ erfüllt wird, so sind entweder *alle* ihre Wurzeln, oder nur *eine* derselben reell."

Um Mißverständnissen vorzubeugen, füge ich hinzu, daß ich unter „rationalen Functionen von $A, B, C, \ldots$" hier wie in meinem früheren Aufsatze immer nur solche verstehe, in denen die Coëfficienten der verschiedenen Potenzen jener Größen *rationale* oder, wenn man will, *ganze Zahlen* sind. Ich bemerke ferner, daß die angegebene Eigenschaft der irreductibeln auflösbaren Gleichungen μten Grades nicht bloß aus der allgemeinen Form ihrer Wurzeln hervorgeht, sondern auch aus dem schon von *Galois* herrührenden Satze „daß jede Wurzel einer solchen Gleichung sich als rationale Function von irgend zwei andern darstellen läßt". Wenn nämlich diese Function nur *reelle* Coëfficienten enthält, so folgt hieraus unmittelbar, daß *alle* Wurzeln reell sein müssen, sobald nur *zwei* derselben reell sind. Doch sind in den leider unvollendet gebliebenen Abhandlungen des genannten genialen Mathematikers die als rational betrachteten Größen und die bekannten Irrationalitäten (wie „Wurzeln der Einheit") noch nicht streng genug von einander gesondert und es fehlt deshalb auch jenem Satze bei *Galois* die genauere Fassung, welche nothwendig ist, um die für die obige Schlußfolgerung erforderlichen Bedingungen daraus zu ersehen. Die neuen und einfacheren Methoden aber, welche ich zur Herleitung der Eigenschaften auflösbarer Gleichungen anwende und nächstens vollständig veröffentlichen werde,[1]) ergeben das *Galois*sche Resultat in der bestimmten Form, daß die rationale Function, vermittelst deren eine Wurzel durch zwei andere ausgedrückt wird, als Coëfficienten der verschiedenen Potenzen der beiden Wurzeln nur rationale Functionen der Größen $A, B, C, \ldots$ mit ganzzahligen Coëfficienten, also — wenn $A, B, C, \ldots$ reell sind — nur *reelle* Größen enthält.

Wenn man von jetzt ab nur Gleichungen betrachtet, deren Coëfficienten rationale Functionen irgend welcher bekannter *reeller* Größen $A, B, C, \ldots$ sind, und wenn man diejenigen irreductibel nennt, welche nicht in Factoren niederen Grades mit eben solchen Coëfficienten zerfällt werden können, wenn man endlich unter auflösbaren Gleichungen solche versteht, deren Wurzeln sich als explicite algebraische Functionen von $A, B, C, \ldots$ darstellen lassen — so kann man nach dem oben Gesagten die irreductibeln auflösbaren Gleichungen μten Grades in Bezug auf die Realität ihrer Wurzeln in zwei Classen eintheilen, von welchen ich diejenige

[1]) Vgl. Zusatz 8 am Ende dieses Bandes.

immer als die erste bezeichnen werde, welche die Gleichungen mit einer einzigen reellen Wurzel enthält, und diejenige als die zweite, welche die Gleichungen mit lauter reellen Wurzeln umfaßt. Von den charakteristischen Eigenschaften dieser beiden Classen hebe ich zuvörderst *die* hervor, daß, wenn μ die Form $4n + 3$ hat, die Determinante der Gleichung, d. h. das Quadrat des Produkts der $\frac{1}{2} \cdot \mu(\mu - 1)$ Wurzeldifferenzen für die erste Classe negativ, für die zweite aber positiv ist. Es geht dieß einfach daraus hervor, daß die Determinante einer Gleichung mit reellen Coëfficienten überhaupt positiv oder negativ ist, je nachdem die Anzahl der Paare von imaginären Wurzeln grade oder ungrade ist. Hieraus folgt auch, daß, wenn μ die Form $4n + 1$ hat, nur *solche* irreductible Gleichungen μten Grades auflösbar sein können, deren Determinante positiv ist.

Die beiden Classen irreductibler auflösbarer Gleichungen, deren Grad *irgend eine* ungrade Primzahl μ ist, unterscheiden sich ferner dadurch, daß die Wurzeln der Hilfsgleichung $(\mu - 1)$sten Grades, welche ich in der Formel III meines mehrerwähnten Aufsatzes mit $r_1, r_2, \ldots$ bezeichnet habe, für die erste Classe sämmtlich reell, für die zweite sämmtlich imaginär sind*). Es ist nach dieser Bemerkung leicht zu sehen, daß die Auflösung der zur ersten Classe gehörigen Gleichungen nichts erfordert als 1) eine *Abel*sche Gleichung $(\mu - 1)$sten Grades aufzulösen und 2) aus einer einzigen alsdann bekannten reellen Größe die μte Wurzel zu ziehen. Für die zweite Classe dagegen hat man 1) ebenfalls eine *Abel*sche Gleichung $(\mu - 1)$sten Grades aufzulösen, 2) einen alsdann gegebenen Kreisbogen in μ gleiche Theile zu theilen. Es ist dieß, wie man sieht, die Verallgemeinerung des sogenannten irreductibeln Falles bei den Gleichungen dritten Grades. Ferner liegt darin eine gewisse Analogie mit der von *Gauß* (disqu. arithm. pag. 651[1]) angegebenen Eigenschaft der Kreistheilungsgleichungen, welche *Abel* in dem *mémoire* XI des ersten

*) In dem oben angeführten Aufsatze ist diejenige Wurzel einer gewissen *Abel*schen Gleichung, mit Hilfe deren die auflösbare Gleichung μten Grades selbst eine *Abel*sche wird, ebenfalls mit r_1 bezeichnet, obgleich dieselbe durchaus nicht mit einer der in der Formel III vorkommenden Größen $r_1, r_2 \ldots$ identisch ist. Man hat deshalb für jene zu Unrecht mit r_1 bezeichnete Wurzel ein neues Zeichen u_1 einzuführen und erhält darnach die an jener Stelle gegebenen Gleichungen in folgender Form:

$$z_2 = f(z_1, u_1), \quad z_3 = f(z_2, u_1), \quad \ldots \quad z_1 = f(z_\mu, u_1).$$

Die Größe u_1 hängt übrigens sehr einfach von r_1 ab, ist aber stets imaginär, sobald r_1 reell ist und umgekehrt.

[1]) *Gauß*, Werke, Bd. I, S. 454. H

Bandes der gesammelten Werke pag. 128[1]) auf die dort behandelten Gleichungen ausgedehnt hat. Man kann aber auch andrerseits diese Bemerkung *Abels* auf das obige Resultat anwenden und dasselbe hiernach in folgender Weise ausdrücken:

> „Die Auflösung einer irreductibeln auflösbaren Gleichung μten Grades erfordert nichts als 1) die Peripherie des Kreises in $(\mu - 1)$ gleiche Theile zu theilen, 2) aus einer alsdann gegebenen reellen Größe die Quadratwurzel zu ziehen, 3) einen alsdann gegebenen Kreisbogen in $(\mu - 1)$ gleiche Theile zu theilen und 4) wenn die Gleichung der ersten Classe angehört — aus einer nunmehr bekannten reellen Größe die μte Wurzel zu ziehen, oder — wenn die Gleichung zur zweiten Classe gehört — einen Kreisbogen in μ gleiche Theile zu theilen, welcher in Folge der vorhergegangenen Operationen construirt werden kann."

Die interessanteste Anwendung der vorstehenden Bemerkungen erhält man für den speziellen Fall, wo die Größen $A, B, C, \ldots$ sämmtlich gleich Null sind, d. h. wo es sich nur um Gleichungen mit ganzzahligen Coëfficienten handelt und wo auch die oben entwickelte allgemeinere Bedeutung der Worte „Irreductibilität und Auflösbarkeit" sich auf den gewöhnlichen Sinn dieser Ausdrücke für ganzzahlige Gleichungen reducirt. Da nämlich in diesem Falle — wie ich bereits in meinem früheren Aufsatze erwähnt habe — jede *Abel*sche Gleichung eine Kreistheilungsgleichung ist, so folgt für die ganzzahligen irreductibeln auflösbaren Gleichungen μten Grades, daß die Auflösung derselben nichts erfordert als: 1) die ganze Peripherie des Kreises in eine gewisse Anzahl gleicher Theile zu theilen und 2) aus einer alsdann gegebenen reellen Größe die μte Wurzel zu ziehen oder einen alsdann gegebenen Kreisbogen in μ gleiche Theile zu theilen, je nachdem die Gleichung der ersten oder zweiten Classe angehört. Wenn man ferner unter einer ganzen complexen Zahl $f(\varrho)$ wie gewöhnlich eine aus Wurzeln der Gleichung $\varrho^m = 1$ zusammengesetzte ganze complexe Zahl versteht, so ergiebt sich schon aus meinem früheren Aufsatze, daß jede Wurzel einer ganzzahligen irreductibeln auflösbaren Gleichung μten Grades sich als ganze rationale Function einer Größe $\sqrt[\mu]{f(\varrho)}$ mit ganzen oder gebrochenen complexen Coëfficienten darstellen läßt. Aber auch dieses Ergebniß wird seiner eigentlichen Natur nach klarer, sobald man dabei die beiden Classen von auflösbaren Gleichungen unterscheidet und es darnach folgendermaaßen ausdrückt:

[1]) *Abel*, Oeuvres, T. I, mem. XXV, P. 498. H

„Jede Wurzel einer ganzzahligen irreductibeln auflösbaren Gleichung μten Grades ist, wenn diese zur ersten Classe gehört, ganze rationale Function einer Größe w, die einer reinen Gleichung $w^\mu = f(\varrho)$ genügt — wenn die Gleichung, aber zur zweiten Classe gehört, so ist jede Wurzel derselben ganze rationale Function einer Größe $\sin v$, wo v durch eine Gleichung $\sin \mu v = \varphi(\varrho)$ bestimmt wird."

Es ist aber hierbei zu bemerken, daß in den erwähnten ganzen rationalen Functionen wiederum aus $m$ten Wurzeln der Einheit gebildete ganze oder gebrochene complexe Zahlen als Coëfficienten zuzulassen sind; ferner müssen die complexen Zahlen $f(\varrho)$ und $\varphi(\varrho)$ reell sein und der absolute Werth der letzteren darf die Einheit nicht übersteigen; endlich dürfen die complexen Zahlen $f(\varrho)$ und $\varphi(\varrho)$ nicht vollständige μte Potenzen von complexen aus $m$ten Wurzeln der Einheit gebildeten Zahlen sein. — Man sieht nunmehr, daß in gewissem Sinne — nämlich, wenn man das Gebiet der complexen Zahlen zum Gebiete des (im gewöhnlichen Sinne des Wortes) Rationalen hinzunimmt — die ganzzahligen auflösbaren Gleichungen der ersten Classe im Wesentlichen nichts Anderes als *reine* Gleichungen, die der zweiten Classe im Wesentlichen nichts Anderes als Kreisbogentheilungs-Gleichungen sind.

Die vorstehenden Bemerkungen gewähren allerdings schon eine klare Einsicht in die Natur der Wurzeln ganzzahliger auflösbarer Gleichungen μten Grades, aber sie haben den Mangel, daß sie ebenso wenig wie das mehrerwähnte Resultat über die *Abel*schen Gleichungen umgekehrt gelten. Um dieß deutlicher auszudrücken, muß ich an die obige auf beide Classen zugleich sich beziehende Bemerkung anknüpfen, wonach die Wurzel jeder ganzzahligen auflösbaren Gleichung μten Grades sich als ganze rationale Function von $\sqrt[\mu]{f(\varrho)}$ mit complexen Coëfficienten darstellen läßt. Es ist nämlich klar, daß umgekehrt nicht jede solche Function eine Gleichung μten Grades mit ganzzahligen Coëfficienten erfüllt. Denn die symmetrischen Verbindungen der μ verschiedenen Werthe, welche eine solche Function durch Veränderung des Werthes von $\sqrt[\mu]{f(\varrho)}$ annimmt, werden offenbar im Allgemeinen noch die Wurzel der Einheit ϱ enthalten. Ich werde aber im Folgenden die Bedingungen aufzeigen, unter denen dieß *nicht* der Fall ist, d. h. ich werde einen aus Wurzeln der Einheit zusammengesetzten Ausdruck aufstellen, welcher *alle* Wurzeln ganzzahliger irreductibler auflösbarer Gleichungen μten Grades und *nur* solche in sich enthält. Da zu diesem Zwecke vorerst die allgemeinste Darstellung der Wurzeln ganzzahliger *Abel*scher Gleichungen in der Form von ganzen oder gebrochenen complexen Zahlen gegeben werden muß, so wird hiermit zugleich die in dem früheren Aufsatze offen gebliebene Frage erledigt, welche Eigenschaften eine rationale Function von Wurzeln der Einheit haben muß, wenn sie Wurzel einer ganzzahligen *Abel*schen Gleichung sein soll.[1])

Es seien n und m irgend welche ganze Zahlen und es gebe die Zerlegung der letzteren in ihre Primfactoren:

$$m = 2^{a_0} \cdot p_1^{a_1} \cdot p_2^{a_2} \ldots$$

wo a_0 entweder gleich Null oder größer als Eins sein soll; ferner sei δ_0 der größte gemeinsame Factor von 2 und n, wenn $a_0 = 2$ ist, aber der größte gemeinsame Factor von 2^{a_0-2} und n, wenn a_0 größer als 2 ist; ferner sei δ_1 der größte gemeinsame Factor von $p_1^{a_1-1} \cdot (p_1 - 1)$ und n, ebenso δ_2 der von $p_2^{a_2-1} \cdot (p_2 - 1)$ und n, u. s. w.; endlich sei für jedes δ eine zugehörige Zahl d durch die Gleichung definirt: $\delta \cdot d = n$. Wenn nun ϱ eine primitive $m$te Wurzel der Einheit bedeutet, so ist $\Sigma \varrho^k$ die Wurzel einer *Abel*schen Gleichung $n$ten Grades, sobald man die Summation auf alle diejenigen positiven Zahlen k erstreckt, welche relative Primzahlen zu m und kleiner als m sind und welche der Congruenzbedingung:

$$\text{(I)} \qquad b_0 \cdot d_0 \cdot \operatorname{Ind} k + b_1 \cdot d_1 \cdot \operatorname{ind}_1 k + b_2 \cdot d_2 \cdot \operatorname{ind}_2 k + \cdots \equiv 0, \bmod n$$

genügen. In dieser Congruenz bedeuten $b_0, b_1, b_2, \ldots$ ganz beliebige positive Zahlen, die kleiner als n sind; ferner werden die Zeichen $\operatorname{ind}_1 k$, $\operatorname{ind}_2 k, \ldots$ wie gewöhnlich durch die Congruenzen:

$$g_1^{\operatorname{ind}_1 k} \equiv k, \bmod p_1^{a_1}, \quad g_2^{\operatorname{ind}_2 k} \equiv k, \bmod p_2^{a_2}, \ldots$$

bestimmt, wo $g_1, g_2, \ldots$ resp. primitive Wurzeln von $p_1^{a_1}, p_2^{a_2}, \ldots$ sind; endlich soll das Zeichen $\operatorname{Ind} k$ durch die Congruenz:

$$(-1)^{\operatorname{Ind} k} \equiv k, \bmod 4$$

erklärt werden, wenn $a_0 = 2$ ist; wenn aber a_0 größer als 2 ist, so soll erstens für diejenigen Zahlen k, welche von der Form $4v + 1$ sind, das Zeichen $\operatorname{Ind} k$ die durch die Congruenz:

$$5^{\operatorname{Ind} k} \equiv k, \bmod 2^{a_0}$$

definirte Bedeutung haben und es soll zweitens für die Zahlen k von der Form $4v + 3$ das Zeichen $\operatorname{Ind} k$ *entweder* dadurch bestimmt werden, daß $\operatorname{Ind} k = \operatorname{Ind}(m - k)$

[1]) Vgl. Zusatz 9 am Ende dieses Bandes. H

oder dadurch daß wenn $k < \frac{m}{2}$ ist, Ind k = Ind $\left(\frac{m}{2} - k\right)$ und wenn $k > \frac{m}{2}$ ist, Ind k = Ind $\left(\frac{3m}{2} - k\right)$ angenommen wird. Es ist hierbei zu bemerken, daß wenn $a_0 > 2$ also m durch 8 theilbar und $k \equiv 3$, mod 4 ist, die Zahlen $m - k$, $\frac{m}{2} - k$, $\frac{3m}{2} - k$ sämmtlich von der Form $4v + 1$ sind, für welche Zahlen das Zeichen Ind k bereits definirt ist.

Setzt man nun $\Sigma \varrho^k = \varpi(\varrho)$ und bezeichnet mit $F(\varpi(\varrho))$ irgend eine ganze rationale Function von $\varpi(\varrho)$, deren Coëfficienten gewöhnliche rationale Zahlen sind, so ist auch *diese* stets die Wurzel einer ganzzahligen *Abel*schen Gleichung $n$ten Grades und zwar ist dieß die *allgemeinste* Form der Wurzeln einer solchen Gleichung d. h. wenn man den Zeichen m, ϱ, b_0, b_1, b_2, ..., $\varpi(\varrho)$ und den in $F(\varpi(\varrho))$ enthaltenen Coëfficienten alle gestatteten Werthe und dem Zeichen Ind k für den Fall, daß m durch 8 theilbar ist, die beiden zugelassenen Bedeutungen nach einander beilegt, so giebt der Ausdruck $F(\varpi(\varrho))$ die Wurzeln aller Gleichungen $n$ten Grades, deren Coëfficienten ganze Zahlen sind und deren Wurzeln $z_1, z_2, \ldots, z_n$ durch Gleichungen:

$$N \cdot z_2 = \theta(z_1), \quad N \cdot z_3 = \theta(z_2), \quad \ldots \quad N \cdot z_1 = \theta(z_n)$$

mit einander verbunden sind, in welchen N eine ganze Zahl und $\theta(z)$ eine ganze ganzzahlige Function von z bedeutet.

Die zahlentheoretischen Bestimmungen, welche bei Erklärung der in diesem Resultate enthaltenen Zeichen nöthig waren, sind offenbar so einfach, als es die Natur zusammengesetzter Moduln, die hier eine Rolle spielen, überhaupt zuläßt. Zudem sind diese Bestimmungen auch in andern Beziehungen von Interesse, wie ich hier mit wenigen Worten andeuten werde.

Zuvörderst bilden nämlich die Zahlen k, wie sie durch die Congruenz I. definirt worden sind, eine Gruppe von der Beschaffenheit, daß das Produkt von je zwei in derselben enthaltenen Zahlen wiederum einer Zahl k nach dem Modul m congruent ist. Es giebt ferner unter den zu m relativen Primzahlen immer Zahlen h, die so beschaffen sind, daß, wenn die $r$te Potenz die niedrigste ist für welche h^r einem k congruent wird, die Zahlen:

$$k, \quad h \cdot k, \quad h^2 \cdot k, \quad \ldots, \quad h^{r-1} \cdot k$$

oder vielmehr deren kleinste Reste nach dem Modul m genommen sämmtliche Zahlen die relative Primzahlen zu m und kleiner als m sind und zwar jede nur einmal darstellen. Diese beiden Eigenschaften der mit k bezeichneten Zahlen sind zugleich so charakteristisch für dieselben, daß sie als deren Definition gelten könnten; sie zeigen ferner, daß jene Zahlen wesentliche und wichtige Eigenschaften mit den Potenzresten einer Primzahl gemein haben; und wenn für m eine ungrade Primzahl p_1, für n ein Theiler von $(p_1 - 1)$ angenommen und endlich $b_1 = 1$ gesetzt wird, ergeben auch alle durch die Congruenzbedingung I. definirten Zahlen k grade sämmtliche $n$te Potenzreste der Zahl m. Wie die durch k bezeichneten Zahlen eine Verallgemeinerung der Eigenschaften der Potenzreste enthalten, welche analog ist der Verallgemeinerung des Legendreschen Zeichens für quadratische Reste, geht ferner aus folgendem speziellen Falle hervor. Wenn nämlich $p_1 \cdot p_2 \cdots = P$ und $n = 2$ gesetzt wird und wenn man nach einander der Zahl m die drei Werthe $P, 4P, 8P$ und im letzteren Falle dem Zeichen Ind k in der Congruenz I. die beiden zuläßigen Bedeutungen beilegt, so ergeben die Zahlen k für diese vier Fälle diejenigen vier Gruppen von Zahlen, welche in der berühmten Abhandlung des Hrn. *Dirichlet* bei der Anzahl der quadratischen Formen vorkommen und in den vier dort unterschiedenen Fällen (*Crelles* Journal, Band 21. pag. 151[1])) immer mit a bezeichnet sind.

Nach diesen Bemerkungen dürfte es auch klar sein, in welcher Weise die aus $m$ten Wurzeln der Einheit gebildeten Ausdrücke $\varpi(\varrho)$ eine Verallgemeinerung der *Gauß*schen Perioden enthalten; und es ist hierbei namentlich interessant, daß diese Verallgemeinerung durchaus verschieden ist von derjenigen, welche Hr. *Kummer* in seinen noch ungedruckten Untersuchungen über die aus zusammengesetzten Wurzeln der Einheit gebildeten complexen Zahlen gebraucht hat.

Bevor ich nun zur Darstellung der Wurzeln aller ganzzahligen auflösbaren Gleichungen μten Grades übergehe, muß ich noch die Bedingungen entwickeln, unter denen der oben definirte Ausdruck $\varpi(\varrho)$ die Wurzel einer *irreductibeln Abel*schen Gleichung $n$ten Grades wird. Man hat hierzu erstens die Zahl m so zu wählen, daß darin jede in derselben enthaltene ungrade Primzahl höchstens zu einer um *eins* höheren Potenz und die Primzahl 2 höchstens zu einer um *zwei* höheren Potenz erhoben vorkommt als in der Zahl n. Sobald nämlich diese Bedingung nicht erfüllt ist, wird $\varpi(\varrho)$ gleich Null. Man hat zweitens m so zu wählen, daß n in derjenigen kleinsten Zahl t aufgeht, für welche *jede* Zahl h die mit m keinen gemeinsamen

[1]) *L.-Dirichlet*, Werke, Bd. I, S. 492. H

Theiler hat die Congruenz $h' \equiv 1$, mod m erfüllt. Alsdann haben nämlich die in der Congruenz I. vorkommenden Zahlen d keinen allen gemeinsamen Factor und es sind nun drittens auch die Zahlen b so zu bestimmen, daß die Produkte $b_0 \cdot d_0$, $b_1 \cdot d_1$, $b_2 \cdot d_2, \ldots$ nicht sämmtlich durch einen und denselben Divisor von n theilbar werden. Wenn diesen drei Bedingungen genügt ist, so existiren stets Zahlen h, welche relative Primzahlen zu m sind und der Congruenz:

(II) $$b_0 \cdot d_0 \cdot \mathrm{Ind} \cdot h + b_1 \cdot d_1 \cdot \mathrm{ind}_1 \cdot h + b_2 \cdot d_2 \cdot \mathrm{ind}_2 \cdot h + \cdots \equiv 1, \bmod n$$

genügen, und der Ausdruck $\varpi(\varrho)$ ist alsdann Wurzel einer *irreductibeln* ganzzahligen *Abel*schen Gleichung $n$ten Grades, welche außerdem die $(n-1)$ conjugirten unter einander verschiedenen Ausdrücke:

$$\varpi(\varrho^h), \quad \varpi(\varrho^{h^2}), \ \ldots \ \varpi\left(\varrho^{h^{n-1}}\right)$$

als Wurzeln enthält.

Um nunmehr die allgemeinste Form der Wurzeln von ganzzahligen irreductibeln auflösbaren Gleichungen μten Grades aufzustellen, hat man für n irgend einen Theiler von $(\mu - 1)$ und alsdann die Zahlen m und h so wie den Ausdruck $\varpi(\varrho)$ nach den so eben gemachten Bestimmungen anzunehmen. Es ist ferner irgend eine ganze ganzzahlige Function von $\varpi(\varrho)$, welche ich mit $f(\varpi(\varrho))$ oder einfacher mit $f(\varrho)$ bezeichnen will, so zu wählen, daß das Produkt:

(III) $$f(\varrho) \cdot f(\varrho^h)^c \cdot f(\varrho^{h^2})^{c^2} \ldots f\left(\varrho^{h^{n-1}}\right)^{c^{n-1}}$$

für irgend eine bestimmte zum Exponenten n für den Modul m gehörende Zahl c nicht zu einer vollständigen μten Potenz einer aus $m$ten Wurzeln der Einheit gebildeten complexen Zahl wird. Endlich hat man einen Ausdruck:

(IV) $$\frac{1}{N} \cdot \left\{ \varphi(\varrho) + \varphi_1(\varrho) \cdot W(\varrho) + \varphi_2(\varrho) \cdot W(\varrho)^2 + \cdots + \varphi_{\mu-1}(\varrho) \cdot W(\varrho)^{\mu-1} \right\}$$

zu bilden, in welchem N eine ganze Zahl und $\varphi(\varrho)$, $\varphi_1(\varrho)$, $\varphi_2(\varrho), \ldots$ irgend welche ganze ganzzahlige Functionen von $\varpi(\varrho)$ bedeuten und in welchem durch $W(\varrho)$ der Kürze halber eine μte Wurzel aus dem Produkte (III) bezeichnet ist. — Wenn man sich jetzt in dem Ausdruck (IV) für ϱ nach und nach die Größen $\varrho^h, \varrho^{h^2}, \ldots \varrho^{h^{n-1}}$ gesetzt denkt, so stellt die Summe der dadurch entstehenden n Ausdrücke die allgemeinste Form der Wurzeln ganzzahliger irreductibler auflösbarer Gleichungen μten Grades dar. Doch hat man hierbei den Werth der in dieser Summe vorkommenden μten Wurzeln aus den Ausdrücken, welche dem mit (III) bezeichneten conjugirt sind, durch folgende Gleichung zu bestimmen:

$$W\left(\varrho^{h^{\iota}}\right)^{c^{\iota}} = W(\varrho)\cdot\left\{f(\varrho)\cdot f(\varrho^{h})^{c}\cdots f\left(\varrho^{h^{\iota-1}}\right)^{c^{\iota-1}}\right\}^{e}$$

wo die ganze Zahl e durch die Gleichung $c^{n} - 1 = e\cdot\mu$ erklärt ist.

Das hier aufgestellte Endresultat läßt sich auch in folgender übersichtlichen Weise ausdrücken:

„Wenn man durch $F(x, y)$ irgend eine ganze ganzzahlige Function von x und y, durch N irgend eine ganze Zahl und durch n irgend einen Theiler von $(\mu - 1)$ bezeichnet, wenn ferner die Zeichen h, $\varpi(\varrho)$, $W(\varrho)$ die oben angegebene Bedeutung haben, so ist der Ausdruck:

$$\text{(V)}\qquad \frac{1}{N}\cdot\sum_{\iota=0}^{\iota=n-1} F\left(\varpi\left(\varrho^{h^{\iota}}\right), W\left(\varrho^{h^{\iota}}\right)\right)$$

stets die Wurzel einer ganzzahligen irreductibeln Gleichung μten Grades und andrerseits läßt sich auch die Wurzel einer *jeden* ganzzahligen irreductibeln auflösbaren Gleichung μten Grades auf diese Form (V) bringen."

Die nur durch die verschiedenen Werthe der Wurzelgröße $W(\varrho)$ sich unterscheidenden μ Ausdrücke gehören einer und derselben Gleichung μten Grades als Wurzeln an; und diese Gleichung gehört zur ersten oder zweiten Classe, je nachdem die in $W(\varrho)$ vorkommende complexe Zahl $f(\varrho)$ reell oder imaginär ist.

Von speziellen Fällen will ich zuvörderst den einfachsten anführen, für welchen $n = 1$, $\varpi(\varrho)$ gleich Null oder gleich -1 wird, $f(\varrho)$ deshalb nur eine ganze Zahl q ist, der Ausdruck (V) sich demnach auf $\frac{1}{N}F\left(q^{\frac{1}{\mu}}\right)$ reducirt und also die Wurzeln der einfachsten Art von auflösbaren Gleichungen μten Grades ergiebt. Außerdem dürfte es noch der Erwähnung werth sein, unter welchen Bedingungen der Ausdruck (V) die Wurzeln *Abel*scher Gleichungen μten Grades darstellt. Zu diesem Behufe ist nämlich $n = \mu - 1$, $m = p_1 = \mu$, $b_1 = 1$, und $c \equiv \frac{1}{h}$ mod. μ zu setzen, wodurch alsdann $\varpi(\varrho) = \varrho$ wird.

Es ist in mehrfacher Hinsicht bemerkenswerth, daß es in der angegebenen Weise gelungen ist, die Wurzeln aller ganzzahligen irreductibeln auflösbaren Gleichungen — deren Grad eine Primzahl ist — auf eine so überaus einfache Form zu bringen; eine Form, die grade insofern sehr übersichtlich ist, als sie die Natur der aus allen jenen Gleichungen hervorgehenden Irrationalitäten zur deutlichen Erscheinung bringt. Diese Deutlichkeit und Einfachheit ist, wie man sieht, dadurch erlangt worden, daß bekannte irrationale Größen — nämlich die Wurzeln der Einheit — zur Darstellung benutzt und die vorkommenden Wurzelausdrücke so weit als möglich durch dieselben ersetzt worden sind. Schon das hierbei angewendete in meinem früheren Aufsatze mitgetheilte Resultat über die ganzzahligen *Abel*schen Gleichungen war ein Beispiel dafür, daß man nicht immer darauf zu sehen hat, die höheren Irrationalitäten in irgend welcher Weise auf niedere zurückzuführen, wie es bei *Auflösung* von Gleichungen geschieht, sondern daß es für die Einsicht in die Natur der Gleichungen ebenso von erheblichem Nutzen sein kann, die Wurzeln derselben durch solche auszudrücken, die Gleichungen von *höheren* Graden angehören. Übrigens wird man bei andern algebraischen Untersuchungen ebenfalls darauf geführt, die zuerst vorwaltende Rücksicht auf die Höhe des Grades aufzugeben und *wesentlichere* Eigenschaften der Gleichungen als Merkmale für größere oder geringere Einfachheit gelten zu lassen. — Wichtiger noch ist die Einfachheit des obigen Resultats insofern, als sich die Zusammenfassung der ganzzahligen irreductibeln auflösbaren Gleichungen von Primzahlgraden dadurch wirklich als naturgemäß erweist. Denn alle aus diesen Gleichungen hervorgehenden Irrationalitäten werden in jenem Resultate mittelst gewisser einfacher Bestimmungen in eine Kategorie vereinigt. Doch darf dabei nicht unerwähnt bleiben, daß diese Zusammenfassung nicht von so allgemeinem und weitgehendem Interesse ist, als jene Gruppirung von irrationalen Größen, welche ich in meinem früheren Aufsatze angedeutet habe und welche sich aus den verschiedenen Arten *Abel*scher Gleichungen ergiebt.

ÜBER GLEICHUNGEN DES SIEBENTEN GRADES

VON

L. KRONECKER.

Monatsberichte der Königlich Preussischen Akademie der Wissenschaften
vom Jahre 1858. S. 287—289.

ÜBER GLEICHUNGEN DES SIEBENTEN GRADES.

[Vorgetragen in der Akademie der Wissenschaften am 22. April 1858 durch *E. E. Kummer.*]

Bekanntlich ist man durch die Theorie der algebraischen Gleichungen darauf geführt worden die ganzen rationalen Functionen von n Größen in verschiedene Classen dergestalt einzutheilen, daß jede Classe alle einander „ähnlichen" Functionen, und *nur* diese, enthält. Die vollständige Aufstellung dieser Classen oder der dieselben repräsentirenden Functionen ist aber bisher nur in den Fällen $n \leqq 6$ gegeben worden. Der nächste Fall $n = 7$ bietet nun grade dadurch ein besonderes Interesse dar, daß hier eine Function existirt, welche keiner der bisher bekannten Functionen analog ist. — Bezeichnet man nämlich mit ω eine primitive 7te Wurzel der Einheit, und erstreckt das Summenzeichen auf die drei Werthe $r = 1, 2, 4$, so ist:

$$
\begin{aligned}
&\Sigma(a + b\omega^{r} + c\omega^{2r} + d\omega^{3r} + e\omega^{4r} + f\omega^{5r} + g\omega^{6r})^7 \\
+&\Sigma(a + b\omega^{r} + c\omega^{4r} + d\omega^{3r} + e\omega^{2r} + f\omega^{6r} + g\omega^{5r})^7 \\
+&\Sigma(a + b\omega^{r} + c\omega^{5r} + d\omega^{3r} + e\omega^{6r} + f\omega^{2r} + g\omega^{4r})^7 \\
+&\Sigma(a + b\omega^{r} + c\omega^{6r} + d\omega^{3r} + e\omega^{5r} + f\omega^{4r} + g\omega^{2r})^7 \\
+&\Sigma(a + b\omega^{3r} + c\omega^{2r} + d\omega^{r} + e\omega^{5r} + f\omega^{4r} + g\omega^{6r})^7 \\
+&\Sigma(a + b\omega^{3r} + c\omega^{4r} + d\omega^{r} + e\omega^{6r} + f\omega^{2r} + g\omega^{5r})^7 \\
+&\Sigma(a + b\omega^{3r} + c\omega^{5r} + d\omega^{r} + e\omega^{2r} + f\omega^{6r} + g\omega^{4r})^7 \\
+&\Sigma(a + b\omega^{3r} + c\omega^{6r} + d\omega^{r} + e\omega^{4r} + f\omega^{5r} + g\omega^{2r})^7
\end{aligned}
$$

eine Function der sieben Größen a, b, c, d, e, f, g, welche bei allen möglichen Permutationen derselben nur dreißig verschiedene Werthe annimmt. Diese Function ist achtfach cyklisch, d. h. sie bleibt ungeändert, wenn man eine der durch die acht Anordnungen (*abcdefg*, *abedcgf*, *abfdgce*, *abgdfec*, *adcbfeg*, *adfbcge*, *adebgcf*, *adgbefc*) bezeichneten cyklischen Permutationen anwendet; und es ist dieß das erste Beispiel von Functionen, die mehrfach cyklisch und doch weder symmetrisch noch zweiwerthig sind.[1])

[1]) Vgl. Zusatz 10 am Ende dieses Bandes.

Wenn jene achtfach cyklische Function der sieben Wurzeln einer Gleichung siebenten Grades rational ist, d. h. wenn sowohl jene Function als auch alle symmetrischen Functionen der 7 Größen a, b, c, d, e, f, g, rationale Functionen irgend welcher als bekannt angenommener Größen $A, B, C, \ldots$ sind, so hat die Gleichung $(x-a)(x-b)\ldots(x-g)=0$ einen besonderen Charakter, welcher allgemeiner als der der Auflösbarkeit ist. Dergleichen Charaktere, welche die *wesentlichen* Eigenschaften der Gleichungen ausdrücken, pflege ich nach einer von *Jacobi* entlehnten Ausdrucksweise als „*Affecte*" derselben zu bezeichnen. — Unter andern Eigenschaften jener besonderen Gleichungen siebenten Grades erwähne ich nur die, daß jede ihrer Wurzeln eine rationale Function von je drei anderen ist. Es ist ferner von Interesse, daß alle diejenigen Gleichungen siebenten Grades, auf welche die Modulargleichung achten Grades zu reduciren ist, jenen erwähnten Affect haben, und ich glaube, daß auch umgekehrt *alle* mit diesem Affect begabten Gleichungen siebenten Grades durch diese von der Theorie der elliptischen Functionen gelieferten Gleichungen aufzulösen sind.[1]) Dieß letztere zu beweisen, scheint indessen schwierig zu sein; wenigstens haben mich die Untersuchungen, welche ich zu diesem Zwecke vor zwei Jahren angestellt habe, als ich mich mit dem Gegenstande der vorliegenden Notiz beschäftigte, nicht zum Ziele geführt. Ich habe damals noch die analoge Frage für die Gleichungen fünften Grades behandelt und hier auch den Weg einer directen Identification der aufzulösenden Gleichung mit der aus der Modulargleichung entstehenden eingeschlagen, eine Methode, welche Hr. *Hermite* neulich der Pariser Akademie mitgetheilt hat[2]), aber ich habe diesen directen Weg alsdann wieder verlassen, weil derselbe mir keinerlei Aussicht für eine Anwendung auf die Gleichungen siebenten Grades bot.

Ich bemerke schließlich noch, daß die einfachen Principien, durch welche ich die oben mitgetheilten achtfach cyklischen Functionen von sieben Größen gefunden habe, mit derselben Leichtigkeit auf mehrfach cyklische Functionen von n Größen, und demgemäß auf Affecte von Gleichungen $n$ten Grades führen, wenn n eine Primzahl von der Form $2^m - 1$ ist.

---

[1]) Vgl. Zusatz 11 am Ende dieses Bandes. H

[2]) *Hermite*, Oeuvres, T. II, P. 5. H

SUR LA RÉSOLUTION DE L'ÉQUATION DU CINQUIÈME DEGRÉ

PAR

M. LEOPOLD KRONECKER.

Extrait d'une Lettre adressée à M. *Hermite*.

Comptes rendus des séances de l'Académie des Sciences de Paris.
T. XLVI, Sem. I., p. 1150—1152, séance du 14 juin. 1858.

SUR LA RÉSOLUTION DE L'ÉQUATION DU CINQUIÈME DEGRÉ.[1])

[Extrait d'une Lettre adressée à M. *Hermite*. Berlin, le 6 juin 1858.]

C'est avec le plus vif intérêt que j'ai lu votre excellent Mémoire[2]) sur la résolution des équations du cinquième degré par les fonctions elliptiques, intérêt qui s'est encore accru, s'il est possible, lorsque j'ai vu que dans les recherches que j'avais entreprises autrefois sur le même sujet, je me suis rencontré avec vous sur plusieurs points. En faisant ce travail il y a deux ans, j'avais communiqué à mon ami M. *Kummer* les principes desquels j'étais parti et les résultats qui en découlaient; mais je ne voulais rien publier sur cette matière avant que j'eusse obtenu des résultats plus généraux. Bien que je ne sois pas encore parvenu à tout ce que je désirais, je crois pourtant que la nouvelle méthode de résoudre le problème du cinquième degré présente en elle-même assez d'intérêt pour que j'ose vous en entretenir.

C'est le sujet du petit Mémoire ci-joint*) qui m'a conduit à présumer que les équations dont dépend la division de certaines fonctions transcendantes, suffisent à résoudre des équations générales douées de certaines propriétés correspondantes du nombre de celles que j'ai désignées par le nom d'*affections*. En abordant cette question, beaucoup trop difficile pour être traitée dans toute sa généralité, j'ai commencé par rechercher le cas le plus simple, savoir celui qui se rattache à la division des fonctions elliptiques en cinq parties égales. Pour vérifier dans ce cas particulier le résultat dont j'avais trouvé par induction la forme à priori, il se présente une méthode sûre fondée sur la réduction de M. *Jerrard*, dont je me suis servi d'abord. Mais si l'on envisage la question au point de vue général où je me suis placé, on reconnaît que cette méthode est indirecte. Persuadé d'ailleurs qu'il

---

*) Voyez les *Comptes Rendus de l'Académie des Sciences de Berlin*, séance du 22 avril 1858.[3])

[1]) Vgl. Zusatz 12 am Ende des Bandes. H

[2]) Vgl. Zusatz 13 am Ende des Bandes. H

[3]) Bd. IV, S. 39 dieser Ausgabe von *L. Kronecker's* Werken. H

faut abandonner entièrement la méthode de M. *Jerrard* si l'on veut passer aux cas supérieurs, je me suis occupé encore à chercher une manière plus directe de résoudre les équations du cinquième degré, sans faire aucune réduction préalable des coefficients. Et en effet j'ai réussi à trouver la résolution que je désirais, à l'aide de principes qui s'appliquent également à des problèmes ultérieurs, qui cependant ne m'ont pas encore fourni jusqu'à présent la solution *complète* de ces derniers. Occupé depuis longtemps de questions relatives à la théorie des nombres, je n'ai pu poursuivre les recherches algébriques dont je viens de vous parler; mais j'espère revenir dans quelque temps à ces problèmes intéressants et en compléter la solution, à moins que cela ne soit au-dessus de mes forces.

Maintenant pour revenir au problème que vous avez résolu avec tant d'élégance, désignons par x_0, x_1, x_2, x_3, x_4, les racines d'une équation quelconque du cinquième degré: $X = 0$. Puis faisons

$$f(v, x_0, x_1, x_2, x_3, x_4) = \sum_{m=0}^{m=4} \sum_{n=1}^{n=4} (x_m x_{m+n}^2 x_{m+2n}^2 + v \cdot x_m^3 x_{m+n} x_{m+2n}) \cdot \sin \frac{2n\pi}{5},$$

v étant une quantité variable. Enfin soit

$$f_r = f(v, x_r, x_{r+3}, x_{r+4}, x_{r+1}, x_{r+2})$$

pour les cinq valeurs de l'indice $r = 0, 1, 2, 3, 4$. Cela posé, toutes les six fonctions f sont cycliques par rapport aux quantités x, c'est-à-dire la fonction $f(v, x_0, x_1, x_2, x_3, x_4)$, par exemple, n'est pas altérée en effectuant une des permutations circulaires $\binom{x_i}{x_{i+m}}$, mais elle est changée par toute autre permutation des lettres x. Or on sait que la valeur d'une fonction cyclique quelconque de $x_0, x_1, \ldots$, étant connue, chacune de ces racines s'exprime en fonction algébrique explicite des quantités données, et l'on connaît d'ailleurs la forme précise de cette expression. Je rappelle en outre que, *toutes* les valeurs distinctes d'une fonction cyclique étant données, les cinq racines x s'en déduisent *rationnellement*. On obtiendra donc deux méthodes différentes pour représenter les racines x comme fonctions explicites des coefficients de l'équation $X = 0$, si l'on parvient à exprimer les fonctions cycliques f d'une manière explicite par les fonctions symétriques des quantités x. Pour faire cela, déterminons la valeur v telle, que la condition

$$f^2 + f_0^2 + f_1^2 + f_2^2 + f_3^2 + f_4^2 = 0$$

soit remplie. Les trois coefficients de cette équation quadratique, par rapport à v, contiennent les quantités x de telle manière qu'ils ne prennent pas plus de deux valeurs en subissant toutes les permutations possibles. D'où il résulte que v s'exprime par les coefficients de l'équation $X = 0$, à l'aide de radicaux carrés. Après avoir disposé ainsi de la valeur de v, les six fonctions $f, f_0, f_1, \ldots, f_4$, satisfont identiquement à une équation de la forme suivante

$$f^{12} - 10\varphi f^6 + 5\psi^2 = \psi f^2,$$

où φ et ψ désignent des fonctions rationnelles de $v, x_0, x_1, x_2, x_3, x_4$, invariables pour *toute* permutation circulaire des lettres x. Les fonctions φ et ψ peuvent donc s'exprimer par les fonctions symétriques des quantités x à l'aide de radicaux carrés. Or l'équation remarquable du douzième degré que je viens d'établir peut se résoudre par les fonctions elliptiques, ou, ce qui revient au même, les six fonctions algébriques *implicites* de φ et ψ, savoir: $f, f_0, f_1, f_2, f_3, f_4$, s'expriment d'une manière *explicite* à l'aide des fonctions elliptiques. En effet, après avoir tiré de l'équation

$$64\,k^2k'^2\varphi^3 + \psi\sqrt[3]{4\,k^2k'^2\varphi} = 4\varphi^2$$

la valeur du module k, les douze fonctions $\pm f$ seront représentées par l'expression suivante

$$\pm\frac{1}{2}\sqrt[3]{4\,k^2k'^2\varphi}\left(\frac{\cos \operatorname{am} 2\omega}{\cos \operatorname{am} 4\omega} - \frac{\cos \operatorname{am} 4\omega}{\cos \operatorname{am} 2\omega}\right)$$

en y remplaçant ω par les six quantités

$$\frac{K}{5},\quad \frac{iK'}{5},\quad \frac{K \pm iK'}{5},\quad \frac{2K \pm iK'}{5}.$$

SUR LA THÉORIE DES SUBSTITUTIONS

PAR

M. LÉOPOLD KRONECKER.

Extrait d'une Lettre adressée à M. *Brioschi*.

Annali di matematica pura ed applicata. T. II, pag. 131.

SUR LA THÉORIE DES SUBSTITUTIONS.

[Extrait d'une Lettre à M. *Brioschi*.]

... Sans doute l'un et l'autre des systèmes de substitutions $(A; A')$ dont M. *Hermite* fait mention*) est propre à définir le type d'une fonction de sept lettres possédant trente valeurs distinctes. Mais c'est *un seul* type auquel les deux systèmes conviennent, savoir celui que j'ai publié dans mon mémoire du 22 Avril 1858**). En effet, la fonction de a, b, c, d, e, f, g que j'y ai donnée reste invariable par les substitutions du système A ou par celles du système A', suivant que les lettres a, b, c, d, e, f, g sont remplacées respectivement par: $x_0, x_6, x_5, x_4, x_3, x_2, x_1$ ou par: $x_0, x_1, x_2, x_3, x_4, x_5, x_6$. Donc les deux systèmes A et A' ne sont pas essentiellement distincts, bien qu'ils se présentent sous des formes différentes.

Pour donner quelques éclaircissements sur ce point; considérons une substitution quelconque de n lettres: $a, b, c, \ldots, k$. En faisant:

$$a = x_1,\ b = x_2,\ c = x_3,\ \ldots\ k = x_n$$

la substitution dont il s'agit pourra s'exprimer par un changement: $\binom{i}{\Theta(i)}$ opéré sur les indices. Or la même substitution sera représentée par: $\binom{\varphi(i)}{\varphi\Theta(i)}$, si l'on pose:

$$a = x_{\varphi(1)},\ b = x_{\varphi(2)},\ c = x_{\varphi(3)},\ \ldots\ k = x_{\varphi(n)}$$

$x_{\varphi(1)}, x_{\varphi(2)}, \ldots, x_{\varphi(n)}$ étant une quelconque des $1 \cdot 2 \cdot 3 \cdots n$ permutations, dont les quantités: $x_1, x_2, \ldots, x_n$ sont susceptibles. Enfin il est clair que, $\psi(i)$ désignant la fonction inverse de $\varphi(i)$, le changement $\binom{\varphi(i)}{\varphi\Theta(i)}$ est identique avec celui-ci: $\binom{i}{\varphi\Theta\psi(i)}$.

*) *Vedi* pag. 60.[1])

**) Monatsberichte der Berliner Akademie. Aprile 1858.[2])

[1]) *Hermite*, Oeuvres II, S. 84—85. H

[2]) Bd. IV, S. 41 dieser Ausgabe von *L. Kronecker*'s Werken. H

La même substitution des n lettres: $a, b, c, \ldots, k$ peut donc être représentée sous $1 \cdot 2 \cdot 3 \cdots n$ formes différentes:

$$\binom{i}{\Theta(i)}, \quad \binom{i}{\varphi\Theta\psi(i)}, \quad \binom{i}{\varphi_1\Theta\psi_1(i)}, \quad \binom{i}{\varphi_2\Theta\psi_2(i)}, \ldots$$

C'est par ce rapprochement qu'on parvient à réunir les deux systèmes de substitutions $(A; A')$ de Mr. *Hermite*. En effet, si l'on désigne une substitution quelconque du système A par: $\binom{i}{\Theta(i)}$, celles du système A' sont exprimées par: $\binom{i}{-\Theta(-i)}$, ce qui est le cas particulier de: $\binom{i}{\varphi\Theta\psi(i)}$, où l'on a fait: $\varphi(i) = -i$.

MITTEILUNG ÜBER ALGEBRAISCHE ARBEITEN

(ÜBER GLEICHUNGEN FÜNFTEN GRADES)

VON

L. KRONECKER.

Monatsberichte der Königlich Preussischen Akademie der Wissenschaften zu Berlin
vom Jahre 1861. S. 609—617.

MITTEILUNG ÜBER ALGEBRAISCHE ARBEITEN.[1]

[Gelesen in der Akademie der Wissenschaften am 27. Juni 1861.]

Ich habe in jüngster Zeit eine Frage zum Abschluß gebracht, mit der ich mich seit fünf Jahren ab und zu beschäftigt und welche ich immer wieder aufgenommen hatte, weil deren Erledigung für die weitere Richtung meiner algebraischen Untersuchungen bestimmend sein mußte.[2] — Ich kam nämlich bei meinen Studien über die algebraische Auflösung der Gleichungen sehr bald zur Einsicht, daß das Problem nach zwei Seiten hin einer allgemeineren Auffassung fähig ist, und zwar in folgender Weise: einerseits sind statt der Gleichungscoefficienten d. h. also statt der symmetrischen Functionen der Wurzeln allgemeinere rationale Functionen derselben, welche ich Affectfunctionen nenne, als gegeben vorauszusetzen; andrerseits sind statt der gewöhnlichen Wurzelzeichen d. h. also statt derjenigen Functionszeichen, welche durch die reinen Gleichungen definirt werden, allgemeinere algebraische Functionen einzuführen, welche bei der Auflösung als Hilfsfunctionen dienen sollen. Die erstere Seite dieser erweiterten Auffassung war, wenn auch nicht in deutlich ausgesprochener Weise, schon in älteren algebraischen Arbeiten enthalten; in der zweiten Art der Verallgemeinerung ist das Problem aber erst in neuerer Zeit von Hrn. *Hermite*[3]) und gleichzeitig von mir[4]) selbst aufgenommen worden. Indessen war der Weg, welchen ich dabei einschlug, von demjenigen des Hrn. *Hermite* durchaus verschieden, und namentlich hat eine Forderung, welche ich an die Methode der Lösung stellte, mir den Abschluß der Frage für die Gleichungen fünften Grades erschwert, aber andrerseits, weil sie in der Natur der Sache begründet ist, auch auf weitere interessante Untersuchungen geführt.

„Wenn eine Gleichung algebraisch auflösbar ist, so kann man der Wurzel allezeit eine solche Form geben, daß sich alle algebraischen Functionen, aus welchen

[1]) Vgl. Zusatz 14 am Ende dieses Bandes. H
[2]) Vgl. Zusatz 15 am Ende dieses Bandes. H
[3]) *Hermite*, Oeuvres, T. II, P. 5. H
[4]) Bd. IV, S. 39 u. S. 48 dieser Ausgabe von *L. Kronecker*'s Werken. H

sie zusammengesetzt ist, durch rationale Functionen der Wurzeln der gegebenen Gleichung ausdrücken lassen" — so lautet ein Satz von *Abel*, der eine überaus wichtige Eigenschaft der gewöhnlichen Wurzelausdrücke enthält. Diese Eigenschaft ist es, welche auch den allgemeineren Ausdrücken für die Wurzeln der im gewöhnlichen Sinne nicht auflösbaren Gleichungen erhalten bleiben muß, und dieser Forderung gemäß sind die neuen algebraischen Functionszeichen zu wählen, mit Hilfe deren die Auflösung von Gleichungen im weiteren Sinne zulässig wird.[1])

Die erwähnte Forderung, welche ich in einer ausführlicheren Mittheilung näher begründen werde, leitete bei der Beschäftigung mit den Gleichungen fünften Grades mich darauf hin, rationale Functionen der fünf Wurzeln zu suchen, deren verschiedene durch Permutation der Wurzeln entstehende distincte Werthe möglichst viele identische Relationen unter einander haben. Indem ich aus leicht ersichtlichen Gründen nur solche Permutationen zuließ, welche einen Werth der Quadratwurzel aus der Discriminante der Gleichung fünften Grades ungeändert lassen, fand ich in der That zwölfwerthige rationale Functionen der fünf Wurzeln, welche die Eigenschaft haben, daß je zwei von den zwölf Werthen derselben sich nur durch das Vorzeichen unterscheiden und die sechs verschiedenen absoluten Werthe durch drei lineare Relationen mit einander verbunden sind. Das Quadrat einer solchen Function ist deshalb Wurzel einer Gleichung sechsten Grades, deren Coefficienten aus denen der Gleichung fünften Grades und aus der Quadratwurzel der Discriminante in rationaler Weise zusammengesetzt und nur von drei solchen rationalen Ausdrücken abhängig sind. Durch die Auffindung dieser Art von Functionen gelang es mir erstens fast ohne alle Rechnung die Modulargleichung fünfter Ordnung für die Auflösung der Gleichungen fünften Grades zu benutzen und ich habe deshalb zwei jener bemerkenswerthen Functionen Hrn. *Hermite* in einem Briefe mitgetheilt, welcher in den *comptes rendus* der Pariser Akademie vom Jahre 1858[2]) abgedruckt ist; zweitens aber war dadurch die Möglichkeit gegeben, die allgemeinen Gleichungen fünften Grades in einer der oben erwähnten Forderung entsprechenden Weise aufzulösen, aber freilich nur mit Hilfe algebraischer Functionen von *zwei* Variabeln.[1]) Um diesen wichtigen Punkt näher zu erörtern, setze ich:

$$f(x_0, x_1, x_2, x_3, x_4) = \sum\sum \sin\frac{2n\pi}{5}\cdot x_m x_{m+n}^2 x_{m+2n}^2$$

[1]) Vgl. Zusatz 16 am Ende des Bandes.
[2]) Bd. IV, S. 48 dieser Ausgabe von *L. Kronecker's* Werken.

wo x_0, x_1, x_2, x_3, x_4 die Wurzeln einer Gleichung fünften Grades: $X = 0$ bedeuten, die Summationen sich auf die Werthe $m = 0, 1, 2, 3, 4$ und $n = 1, 2, 3, 4$ erstrecken, und die größeren Indices auf die kleinsten Reste modulo: 5 zu reduciren sind. Alsdann genügt $f(x_0, x_1, x_2, x_3, x_4)$ einer Gleichung zwölften Grades:

$$\text{(I)} \qquad (f^2+a)^6 + 4a(f^2+a)^5 + 10b(f^2+a)^3 + 4c(f^2+a) - 4ac + 5b^2 = 0$$

in welcher a, b, c zweiwerthige ganze rationale Functionen der fünf Wurzeln x sind. Aber es giebt außer der Function f noch unzählige rationale Functionen der Wurzeln x, welche dieselbe Eigenschaft haben, Gleichungen zwölften Grades von der angegebenen Form zu erfüllen*), und unter den rationalen *gebrochenen* Functionen dieser Art giebt es wiederum solche, für welche die den Größen a, b, c entsprechenden Ausdrücke nur von zwei rationalen zweiwerthigen Functionen: $\varphi(x_0, x_1, x_2, x_3, x_4)$, $\psi(x_0, x_1, x_2, x_3, x_4)$ abhängen. Eine derartige speziellere Function f ist daher eine implicite gegebene algebraische Function von φ und ψ und möge als solche mit: $W(\varphi, \psi)$ bezeichnet werden. Da nun die Functionen: f cyklisch sind, also mit Hilfe derselben die Gleichung: $X = 0$ auflösbar wird, so lassen sich die Wurzeln der allmeinen Gleichung fünften Grades mit Hilfe von Quadratwurzeln, fünften Wurzeln und mit Hilfe des Functionszeichens: W explicite darstellen, und zwar in einer Weise, welche die oben angedeutete Forderung vollständig erfüllt. — Alles dieß ergab sich mir im Wesentlichen bei Auffindung jener Functionen: f als unmittelbare Consequenz. Aber es galt nun zu ermitteln, ob hiermit die Frage abgeschlossen, d. h. ob es unmöglich sei, die algebraische Function zweier Variabeln: W auf solche von *einer* Variabeln zurückzuführen. Daß, wenn man jene mehrerwähnte Forderung dabei fallen läßt, eine solche Reduction in der That möglich ist, war seit lange bekannt und ist von mir in jenem Briefe an Hrn. *Hermite* neuerdings dargelegt worden. Ich hatte auch bei weiterer Beschäftigung mit diesem Gegenstande noch speziellere darauf bezügliche Resultate erlangt. Aber erst vor Kurzem ist es mir gelungen, die Hauptfrage zu erledigen und festzustellen, daß die Reduction der algebraischen Function: W auf Functionen *einer* Variabeln und deshalb überhaupt die Auflösung der allgemeinen Gleichungen fünften Grades mit Hilfe von algebraischen Functionen

*) Man sehe hierüber auch die Ausführungen des Hrn. *Brioschi* in seiner Note: „*Sul metodo di Kronecker per la risoluzione delle equazioni di quinto grado*" (am 25. November 1858 im Lombardischen Institut gelesen), wo auch für eine besondere Function f der vollständige Ausdruck der Coefficienten a, b, c durch die Invarianten der Gleichung fünften Grades zuerst gegeben ist.

einer Variabeln unmöglich ist, wenn dabei jener oben angeführte und für die Auflösung der Gleichungen durch Wurzelzeichen geltende Satz *Abel*'s bestehen bleiben soll.[1]) Dieses Ergebniß bildet somit eine, wie mir scheint, bemerkenswerthe Erweiterung des *Abel*schen Beweises für die Unmöglichkeit der algebraischen Auflösung von Gleichungen höherer Grade; und es enthält zugleich für den Fall des fünften Grades den Abschluß des Auflösungsproblems in seiner allgemeineren Fassung, einen Abschluß, vor dessen Erreichung ich meine Resultate nicht als fertig und für eine Veröffentlichung reif betrachten konnte.

Daß sich hier in der Algebra das Bedürfniß geltend macht, Functionen zweier Variabeln einzuführen, wiewohl dieselben in gewisser Weise auf Functionen *einer* Variabeln zurückführbar sind, kann durchaus nicht befremden, wenn man sich dessen erinnert, daß auch in der Analysis die vierfach periodischen Functionen zweier Variabeln durch *Jacobi* eingeführt[2]) und als durchaus naturgemäß beibehalten worden sind, obgleich dieselben, wie er selbst im 30sten Bande des *Crelle*schen Journals[3]) gezeigt hat, sich aus Functionen *einer* Variabeln algebraisch zusammensetzen lassen. Ohne indessen auf diese Analogie näher einzugehen, will ich mich zu den Gleichungen fünften Grades zurückwenden und an die oben angedeutete Form der Auflösung derselben noch einige Bemerkungen knüpfen.

Wenn man, wie im Vorhergehenden, mit $f(x_0, x_1, x_2, x_3, x_4)$ eine der Functionen bezeichnet, die einer Gleichung von der Form (I) genügen, und wenn

$$f_k = f(x_k, x_{k+3}, x_{k+4}, x_{k+1}, x_{k+2})$$

gesetzt wird, so sind: $\pm f, \pm f_0, \pm f_1, \pm f_2, \pm f_3, \pm f_4$ die zwölf verschiedenen Wurzeln jener Gleichung. Es giebt nun wiederum rationale Functionen der sechs verschiedenen Größen: f, welche Wurzeln von Gleichungen fünften Grades sind, deren Coefficienten sich aus a, b, c rational zusammensetzen. Wenn φ eine dieser Functionen der Größen: f bedeutet, so ist demnach φ zugleich eine rationale Function der Wurzeln: x selbst, und zwar eine solche, die, als ganze rationale Function *einer* der Wurzeln: x dargestellt, in ihren Coefficienten nur diejenigen der Gleichung $X = 0$ und die Quadratwurzel der Discriminante derselben rational enthält. Auch läßt sich ohne alle Rechnung zeigen, daß das Product: $(f - f_0)(f_1 - f_4)(f_2 - f_3)$,

[1]) Vgl. Zusatz 17 am Ende des Bandes. H

[2]) *Jacobi*'s Werke, Bd. II, S. 25. H

[3]) *Jacobi*'s Werke, Bd. II, S. 86. H

welches unter den mit: φ bezeichneten Functionen inbegriffen ist, einer Gleichung fünften Grades genügt, in welcher sowohl der zweite als der vierte Coefficient gleich Null ist. Dieses Resultat, welches ein gewisses formales Interesse hat, läßt sich übrigens auch aus einer der schönen Notizen entnehmen, mit welchen Hr. *Brioschi*[1]) die Anzeige von der *Hermite*schen Auflösung der Gleichungen fünften Grades[2]) begleitet hat. Ferner hat neuerdings auch Hr. *Hermite*[3]) in einer brieflichen Mittheilung an Hrn. *Borchardt*, welche in dessen Journal abgedruckt werden wird, eine spezielle Function der Wurzeln einer Gleichung fünften Grades angegeben, welche zu jenen Functionen: φ gehört und sowohl durch ihre Einfachheit als namentlich durch ihre Beziehung zu den Invarianten der Gleichung ein besonderes Interesse darbietet. Das Wesen der Sache aber, welches schon aus den einfachsten Betrachtungen über die Functionen: f hervorgeht, läßt sich folgendermaaßen zusammenfassen:

> Unter den zehnwerthigen rationalen Functionen von fünf Größen: x_0, x_1, x_2, x_3, x_4, welche bei allen cyklischen Permutationen von je drei dieser Größen nur fünf Werthe annehmen, giebt es solche, für welche die symmetrischen Functionen dieser fünf Werthe nur von zwei Functionen der Größen: x abhängen; es giebt ferner unter ihnen speziell solche, für welche die Summe der fünf Werthe selbst ebenso wie die Summe der dritten Potenzen derselben identisch verschwindet.

Durch die hiernach auftretenden *speziellen* Gleichungen fünften Grades, wie z. B. durch die Gleichungen von der Form: $z^5 + p z^3 + q z + r = 0$, werden algebraische Functionen, die im Wesentlichen von zwei Variabeln abhängen, definirt; es werden also algebraische Functionen dadurch eingeführt, die ebenso wie die obige Function W für die Auflösung der *allgemeinen* Gleichung fünften Grades benutzt werden könnten. Aber in Hinsicht auf gewisse allgemeinere Auflösungsprobleme verdient die Einführung der obigen Gleichung zwölften Grades als Hilfsgleichung den Vorzug, und eine genauere Discussion derselben läßt ihre vielen bemerkenswerthen Eigenschaften und damit zugleich die verschiedenen Formen erkennen, welche man bei Anwendung des Zeichens W den Wurzeln der Gleichungen fünften Grades geben kann.

---

[1]) Vgl. die zusammenfassende Darstellung: *Brioschi*, Mathematische Annalen Bd. 13. H

[2]) *Hermite*, Oeuvres T. II, P. 5. H

[3]) *Hermite*, Oeuvres T. II, P. 107. H

Wenn ω eine primitive fünfte Wurzel der Einheit bedeutet, so finden für die oben definirte Function f und deren conjugirte Werthe folgende lineare Beziehungen statt:

$$f_0 + f_1 + f_2 + f_3 + f_4 = f \cdot \sqrt{5}$$

$$f_0 + \omega f_1 + \omega^2 f_2 + \omega^3 f_3 + \omega^4 f_4 = 0$$

$$f_0 + \omega^4 f_1 + \omega^3 f_2 + \omega^2 f_3 + \omega f_4 = 0.$$

Eben dieselben Relationen kommen überhaupt den sechs verschiedenen Werthen von f zu, welche aus einer Gleichung der Form (I) hervorgehen, wenn nur Reihenfolge und Vorzeichen derselben so wie die fünfte Wurzel der Einheit angemessen gewählt wird. Setzt man ferner:

$$c = a'(5b^2 - 4ac), \quad b = b'(5b^2 - 4ac), \quad a = c'(5b^2 - 4ac)$$

und

$$f'^2 + a' = \frac{1}{f^2 + a},$$

so genügt f' ebenfalls der Gleichung (I), sobald die darin vorkommenden Größen: a, b, c mit: a', b', c' vertauscht werden, und die verschiedenen Wurzeln $f', f'_0, f'_1, f'_2, f'_3, f'_4$, erfüllen (bei richtiger Bestimmung ihres Vorzeichens) die linearen Gleichungen, welche zwischen den Größen: f bestehen, wenn darin überall ω durch ω^2 ersetzt wird. Aber die *allgemeinste* rationale Function einer Wurzel f, die einer Gleichung von der Form (I) genügt, ist durch die zwei linearen Ausdrücke:

$$\lambda \frac{\partial f}{\partial a} + \mu \frac{\partial f}{\partial b} + \nu \frac{\partial f}{\partial c} \quad \text{und} \quad \lambda' \frac{\partial f'}{\partial a'} + \mu' \frac{\partial f'}{\partial b'} + \nu' \frac{\partial f'}{\partial c'}$$

gegeben, wenn darin für $\lambda, \lambda' \ldots$ rationale Functionen von a, b, c genommen werden. Sämmtliche durch diese zwei Formen dargestellten ganzen rationalen Functionen von f enthalten nur ungrade Potenzen derselben, und *jede* ganze ungrade Function von f läßt sich andrerseits linear durch $\frac{\partial f}{\partial a}, \frac{\partial f'}{\partial a'}, \ldots$ ausdrücken.

Ich behalte mir für eine nächste ausführliche Mittheilung vor, die weiteren Eigenschaften jener Gleichung zwölften Grades zu entwickeln. Ich werde alsdann zeigen, daß die wesentlichsten dieser Eigenschaften einer Klasse von allgemeinen Gleichungen zukommen, welche den eigentlichen Ausgangspunkt meiner Untersuchungen bildeten, und über welche ich hier noch einige Andeutungen folgen lasse.[1])

[1]) Vgl. Zusatz 18 am Ende des Bandes.

H

Bedeutet n eine ungrade Primzahl, M den Multiplicator für eine der Transformationen ($n$ter Ordnung) der elliptischen Functionen, so ist $\sqrt{M}$ bekanntlich Wurzel einer Gleichung des $(2n+2)$ten Grades, deren Coefficienten rationale Functionen des Moduls k sind. Diejenigen allgemeinen Gleichungen desselben Grades, welche *denselben* Affect oder, nach der *Galois*schen Ausdrucksweise, *dieselbe* Gruppe der Gleichung haben, bezeichne ich kurzweg als solche, die den Affect der Modulargleichungen haben. Auf diese Klasse allgemeiner Gleichungen sind, wie ich schon in meinem obenerwähnten Briefe an Hrn. *Hermite* ausgesprochen habe, die Principien anwendbar, welche für den besonderen Fall: $n = 5$ die vollständige Durchführung des Auflösungs-Problems ergaben. In der That lassen sich mit Hilfe derselben jene allgemeinen Gleichungen des Grades $(2n+2)$ auf *spezielle* solche zurückführen, deren Coefficienten nur von $\frac{1}{2}(n+1)$ Größen abhängen, und dieses Resultat scheint um so bemerkenswerther, da eine derartige Reduction allgemeiner Gleichungen auf Grund ihres besonderen Affects bisher, außer im Falle der algebraisch auflösbaren Gleichungen, noch nicht bekannt, in diesem Falle selbst aber wegen der Einfachheit der Sache kaum beachtet war.

Wenn die Gleichung $(2n+2)$ten Grades: $Z = 0$ den Modulargleichungs-Affect hat und deren Wurzeln, in einer gewissen Ordnung genommen, mit: $z, z_0, z_1, \ldots z_{2n}$ bezeichnet werden, so lassen sich stets ganze rationale Functionen von z finden, für welche die folgenden linearen Gleichungen bestehen:

$$\Sigma f(z_m) = f(z) \cdot \sqrt{(-1)^{\frac{1}{2}(n-1)} \cdot n}\,; \quad \Sigma \omega^{rm} \cdot f(z_m) = 0.$$

Die durch das Zeichen Σ angedeutete Summation bezieht sich in beiden Gleichungen auf die Werthe $m = 0, 1, \ldots$ bis $(n-1)$ und in der zweiten Gleichung bedeutet ω eine primitive $n$te Wurzel der Einheit und r jeden quadratischen Rest von n, so daß dieselbe genau $\frac{1}{2}(n-1)$ Gleichungen repräsentiert. Es gibt ferner Functionen $f'(z)$, für welche *dieselben* linearen Relationen bestehen, wenn darin für die Exponenten r die sämmtlichen Nichtreste von n gesetzt werden. Endlich ist zu bemerken, daß genau $\frac{1}{2}(n+1)$ Functionen $f(z)$ und ebensoviel Functionen $f'(z)$ existiren, welche linear unabhängig von einander sind.

Jede der Functionen $f(z)$ ist Wurzel einer Gleichung $(2n+2)$ten Grades, deren Coefficienten aus denjenigen der Gleichung: $Z = 0$ rational zusammengesetzt sind. Enthalten nun für ein bestimmtes $f(z)$ diese Coefficienten irgend eine variable

Größe: α, so sind auch sämmtliche Differentialquotienten: $\frac{\partial f}{\partial \alpha}$, $\frac{\partial^2 f}{\partial \alpha^2}$, ... offenbar rationale Functionen von z, und zwar solche die zu den *allgemeinen* Functionen $f(z)$ gehören. Auch bildet $f(z)$ selbst zusammen mit deren ersten $\frac{1}{2}(n-1)$ nach α genommenen Ableitungen ein System von linear unabhängigen Functionen und es ist deshalb der $\frac{1}{2}(n+1)$ste Differentialquotient eine lineare Function der vorhergehenden. Die Function $f(z)$, welche zugleich eine implicite gegebene algebraische Function von α ist, genügt demnach als solche einer linearen Differentialgleichung der $\frac{1}{2}(n+1)$sten Ordnung, deren vollständiges Integral durch

$$\sum_i \sum_m C_i \omega^{im} f(z_m)$$

dargestellt werden kann, wenn i der Reihe nach gleich Null und gleich den verschiedenen Nichtresten genommen wird, wenn ferner m alle Zahlen von 0 bis $(n-1)$ und C_i die verschiedenen Integrationsconstanten bedeutet.

Für die Modulargleichungen selbst hat *Jacobi* bereits im dritten Bande des *Crelle*schen Journals[1]) die linearen Relationen angegeben, welche zwischen den Quadratwurzeln der $(n+1)$ verschiedenen Multiplicatoren der Transformation $n$ter Ordnung bestehen. Diese Beziehungen können leicht auf dieselbe Form gebracht werden, welche ich oben den linearen Gleichungen für die Functionen $f(z)$ gegeben habe. Bedeutet nun M einen der Multiplicatoren und k den Modul der elliptischen Functionen, so entsprechen für den speziellen Fall der Modulargleichungen den Functionen $f(z)$ gewisse rationale Functionen von $\sqrt{M}$ und k, und diese sind sämmtlich in der Form:

$$B \cdot \varphi(k) + B' \cdot \varphi_1(k) + B'' \cdot \varphi_2(k) + \cdots + B^{\left(\frac{n-1}{2}\right)} \cdot \varphi_{\frac{1}{2}(n-1)}(k)$$

enthalten, wenn $\varphi, \varphi_1, \varphi_2, \ldots$ rationale Functionen und $B, B', B'', \ldots$ wie bei *Jacobi* (*Crelle*'s Journal, IV. pag. 185[2])) die verschiedenen Coefficienten der Transformationsformel bedeuten. An dem angeführten Orte hat nämlich *Jacobi* eine partielle Differentialgleichung gegeben, welcher Zähler und Nenner der Transformationsformel genügt. Mit Hilfe derselben lassen sich $B', B'', \ldots$ linear durch B und dessen nach $\alpha = k + \frac{1}{k}$ genommene Differentialquotienten ausdrücken, und hieraus geht, in Verbindung mit den oben erwähnten Eigenschaften der allgemeinen Functionen $f(z)$, jene spezielle Form derselben für den Fall der Modulargleichungen unmittelbar hervor.

---

[1]) *Jacobi*, Werke Bd. I, S. 261. H

[2]) *Jacobi*, Werke Bd. I, S. 266. H

ÜBER ABELSCHE GLEICHUNGEN

VON

L. KRONECKER.

Monatsberichte der Königlich Preussischen Akademie der Wissenschaften zu Berlin
vom Jahre 1877. S. 845—851.

ÜBER ABELSCHE GLEICHUNGEN.[1])

[Gelesen in der Akademie der Wissenschaften am 16. April 1877.]

I.[2]) Eine rationale Function von $n_1 \cdot n_2 \cdots n_\nu$ Grössen

$$x_{h_1, h_2, \dots h_\nu} \qquad \begin{pmatrix} h_\alpha = 0, 1, 2, \dots n_\alpha - 1 \\ \alpha = 1, 2, \dots \nu \end{pmatrix}$$

soll „cyklisch" genannt werden, wenn sie bei der Substitution der Grössen

$$x_{h_1, h_2, \dots h_\alpha + 1, \dots h_\nu} \quad \text{an Stelle von} \quad x_{h_1, h_2, \dots h_\alpha, \dots h_\nu} \qquad (\alpha = 1, 2, \dots \nu)$$

unverändert bleibt. Jeder der Indices h_α ist hierbei auf den kleinsten nicht negativen Rest mod. n_α zu reduciren.

II. Ist $\mathfrak{F}(x)$ gleich dem Product aller $n_1 \cdot n_2 \cdots n_\nu$ Factoren

$$x - x_{h_1, h_2, \dots h_\nu}$$

und

$$\theta_\alpha(x) = \sum x_{h_1, h_2, \dots h_\alpha + 1, \dots h_\nu} \frac{\mathfrak{F}(x)}{x - x_{h_1, h_2, \dots h_\nu}} \cdot \frac{1}{\mathfrak{F}'(x_{h_1, h_2, \dots h_\nu})},$$

die Summation auf alle $n_1 \cdot n_2 \cdots n_\nu$ Werthe der Indices h erstreckt, so sind die Coëfficienten der verschiedenen Potenzen von x in $\theta_\alpha(x)$ cyklische Functionen der $n_1 \cdot n_2 \cdots n_\nu$ Größen $x_{h_1, h_2, \dots h_\nu}$ und

$$\theta_\alpha(x_{h_1, h_2, \dots h_\nu}) = x_{h_1, h_2, \dots h_\alpha + 1, \dots h_\nu},$$

ferner, wenn die λ mal iterirte Function θ mit $\theta^{(\lambda)}$ bezeichnet wird:

$$\theta_\alpha^{(\lambda)} \theta_\beta^{(\mu)}(x_{h_1, h_2, \dots h_\nu}) = x_{h_1, \dots h_\alpha + \lambda, \dots h_\beta + \mu, \dots h_\nu}$$

und folglich

$$\theta_\alpha^{(\lambda)} \theta_\beta^{(\mu)}(x_{h_1, h_2, \dots h_\nu}) = \theta_\beta^{(\mu)} \theta_\alpha^{(\lambda)}(x_{h_1, h_2, \dots h_\nu}).$$

Die Gleichung $\mathfrak{F}(x) = 0$ ist hiernach unter Adjunction der cyklischen Functionen ihrer Wurzeln eine von jenen Gleichungen, die *Abel*[3]) im IV. Bande des *Crelle*schen

---

[1]) Vgl. Zusatz 19 am Ende des Bandes. H

[2]) Vgl. Zusatz 20 am Ende des Bandes. H

[3]) *Abel*, Oeuvres T. II, P. 478. H

Journals behandelt hat, und soll deshalb, wie schon von Hrn. *C. Jordan* geschehen, in einem weiteren Sinne, als in meiner Notiz im Monatsbericht von 1853, S. 368[1]), „*Abel*sche Gleichung“ genannt werden. Die *Abel*schen Gleichungen im engeren Sinne, die a. a. O. vorkommen, werde ich hier als „*einfache Abel*sche Gleichungen“ bezeichnen.

III. Demgemäss kann man die *Abel*schen Gleichungen in zweifacher Weise definiren:

Erstens nämlich ist eine Gleichung $F(x) = 0$ eine *Abel*sche, wenn ihre Wurzeln nach ν Dimensionen so angeordnet werden können, dass die hiernach als cyklisch zu charakterisirenden Functionen derselben (vgl. No. I) rationale Functionen gewisser Größen $\mathfrak{R}, \mathfrak{R}', \mathfrak{R}'', \ldots$ sind, in dem Sinne, wie ich es im Monatsbericht vom Februar 1873 S. 122 u. 123[2]) näher ausgeführt habe.

Zweitens ist eine Gleichung $F(x) = 0$, deren Coëfficienten rationale Functionen von $\mathfrak{R}, \mathfrak{R}', \mathfrak{R}'', \ldots$ sind, eine *Abel*sche, wenn ihre sämmtlichen Wurzeln ξ rationale Functionen irgend einer derselben und der Grössen $\mathfrak{R}, \mathfrak{R}', \mathfrak{R}'', \ldots$ sind und zwar so, dass für je zwei dieser Functionen θ_α, θ_β die Beziehung

$$\theta_\alpha \theta_\beta(\xi) = \theta_\beta \theta_\alpha(\xi)$$

stattfindet.

Ebenso wie man mittels der in No. II gemachten Bemerkung von der ersten Definition zur zweiten gelangt, kann man von der zweiten Definition ausgehend die Wurzeln ξ nach ν Dimensionen dergestalt ordnen, dass die hiernach als cyklisch zu charakterisirenden Functionen derselben rationale Functionen der Grössen $\mathfrak{R}, \mathfrak{R}', \mathfrak{R}'', \ldots$ werden. Bildet man nämlich aus den verschiedenen Functionen θ in der Weise, wie ich es im Monatsbericht vom 1. December 1870 S. 882 bis 885[3]) angegeben habe, ein Fundamentalsystem

$$\theta_1^{h_1} \theta_2^{h_2} \theta_3^{h_3} \ldots \theta_\nu^{h_\nu} \qquad (h_\alpha = 0, 1, \ldots n_\alpha - 1),$$

so ist unter $\theta_\alpha^{h_\alpha}$ die h_α mal iterirte Function θ_α zu verstehen, und man hat

$$\theta_1^{h_1} \theta_2^{h_2} \ldots \theta_\nu^{h_\nu}(\xi) \equiv \xi_{h_1, h_2, \ldots h_\nu}$$

zu setzen. Hierbei gelangt man auch zu der kleinsten Anzahl der einzuführenden Indices.

---

[1]) Bd. IV, S. 6 dieser Ausgabe von *L. Kronecker*'s Werken. H

[2]) Bd. I, S. 311 u. 312 dieser Ausgabe von *L. Kronecker*'s Werken. H

[3]) Bd. I, S. 275—278 dieser Ausgabe von *L. Kronecker*'s Werken. H

IV. Jede rationale Function der $n_1 n_2 \cdots n_\nu$ Grössen

$$x_{h_1, h_2, \ldots h_\nu} \qquad \begin{pmatrix} h_\alpha = 0, 1, 2, \ldots n_\alpha - 1 \\ \alpha = 1, 2, \ldots \nu \end{pmatrix}$$

lässt sich als lineare homogene Function derselben so darstellen, dass die Coëfficienten cyklische Functionen werden; denn diese Coëfficienten bestimmen sich als solche aus den $n_1 n_2 \cdots n_\nu$ Gleichungen, welche man erhält, wenn man die $n_1 n_2 \cdots n_\nu$ cyklischen Substitutionen anwendet. Bei dieser Darstellungsweise zeigen sich die rationalen Functionen der Grössen x, welche in Bezug auf μ Indices cyklisch sind, als durch $(\nu - \mu)$ Indices zu charakterisirende Grössen y, deren cyklische Functionen zugleich cyklische Functionen der Grössen x sind. Die Wurzeln von so zu sagen „ν-faltigen" *Abel*schen Gleichungen sind daher auch Wurzeln von nur μ-faltigen *Abel*schen Gleichungen, wenn den Grössen $\mathfrak{R}, \mathfrak{R}', \mathfrak{R}'', \ldots$ eine Wurzel einer $(\nu - \mu)$-faltigen *Abel*schen Gleichung adjungirt wird, wie schon von *Abel* gezeigt worden ist.

V. Jede rationale Function von Wurzeln *Abel*scher Gleichungen und den Grössen $\mathfrak{R}, \mathfrak{R}', \mathfrak{R}'', \ldots$ ist Wurzel einer *Abel*schen Gleichung. Dies resultirt unmittelbar aus der ersten Definition, wenn man die rationale Function der Wurzeln *Abel*scher Gleichungen durch die Gesammtheit der verschiedenen Indices charakterisirt, welche die einzelnen Wurzeln kennzeichnen, d. h. also, man hat

$$f(\xi_{h_1, h_2, \ldots}, \eta_{k_1, k_2, \ldots}, \zeta_{l_1, l_2, \ldots}, \ldots) = \varrho_{h_1, h_2, \ldots;\, k_1, k_2, \ldots;\, l_1, l_2, \ldots}$$

zu setzen, wenn $\xi, \eta, \zeta, \ldots$ Wurzeln verschiedener *Abel*scher Gleichungen bedeuten und f eine rationale Function derselben ist.

VI. Ist $\omega_1^{n_1} = 1, \omega_2^{n_2} = 1, \ldots$ und

$$\varpi_{h_1, h_2, \ldots} = \sum_{r_1, r_2 \ldots} \omega_1^{h_1 r_1} \omega_2^{h_2 r_2} \cdots x_{r_1, r_2, \ldots} \qquad (r_\alpha = 0, 1 \ldots n_\alpha - 1)$$

also

$$\omega_1^{-h_1 t_1} \omega_2^{-h_2 t_2} \cdots \varpi_{h_1, h_2, \ldots} = \sum_{r_1, r_2 \ldots} \omega_1^{h_1 r_1} \omega_2^{h_2 r_2} \cdots x_{r_1 + t_1, r_2 + t_2, \ldots}$$

und

$$n_1 n_2 \cdots n_\nu x_{s_1, s_2, \ldots} = \sum_{h_1, h_2 \ldots} \omega_1^{-h_1 s_1} \omega_2^{-h_2 s_2} \cdots \varpi_{h_1, h_2, \ldots},$$

so wird der Quotient

$$\frac{\varpi_{(h_1 + k_1) t, (h_2 + k_2) t, \ldots}}{\varpi_{h_1 t, h_2 t, \ldots} \cdot \varpi_{k_1 t, k_2 t, \ldots}}$$

eine rationale Function der Wurzeln der Einheit $\omega_1^t, \omega_2^t, \ldots$, deren Coëfficienten cyklische Functionen der Grössen x sind. Dies ergiebt sich leicht, wenn man an

Stelle der Einheitswurzeln $\omega_1, \omega_2, \dots$ irgendwelche Variabeln $w_1, w_2, \dots$ nimmt und bei der Entwickelung Congruenzen mit den Moduln: $w_1^{n_1} - 1, w_2^{n_2} - 1, \dots$ benutzt.

Hieraus folgt nun einerseits die Auflösbarkeit der *Abel*schen Gleichungen und andrerseits das Resultat, dass die zu irgend welchen *Abel*schen Gleichungen gehörigen Grössen

$$\varpi_{h_1 t, h_2 t, \dots}$$

sich von dem Product der zu *einfachen Abel*schen Gleichungen gehörigen Grössen ϖ nämlich:

$$\varpi^{h_1}_{t, 0, 0, \dots} \cdot \varpi^{h_2}_{0, t, 0, \dots} \cdot \varpi^{h_3}_{0, 0, t, \dots}$$

nur durch einen Factor unterscheiden, der eine rationale Function der Einheitswurzeln $\omega'_1, \omega'_2, \dots$ und der Grössen $\mathfrak{R}, \mathfrak{R}', \mathfrak{R}'', \dots$ ist.

VII. Aus den vorstehenden Entwickelungen geht hervor, dass die Grössen

$$x_{k_1, k_2, \dots} \qquad (k_\alpha = 0, 1, \dots n_\alpha - 1)$$

sich als rationale Functionen der Summen:

$$\sum_{r_2, r_3 \dots} x_{r_1, r_2, r_3, \dots}, \qquad \sum_{r_1, r_3 \dots} x_{r_1, r_2, r_3, \dots}, \quad \dots \qquad (r_\alpha = 0, 1, \dots n_\alpha - 1)$$

darstellen lassen, deren Coëfficienten cyklische Functionen der Grössen x sind. Dies ergiebt sich aber auch direct, wenn man diese Summen mit

$$s^{(1)}_{r_1}, \quad s^{(2)}_{r_2}, \quad \dots$$

bezeichnet und

$$x_{k_1, k_2, \dots} = \sum_{h_1, h_2 \dots} \Phi_{h_1, h_2, \dots} \cdot s^{(1)}_{h_1 + k_1} \cdot s^{(2)}_{h_2 + k_2} \cdot \quad \dots \qquad (h_\alpha = 0, 1, \dots n_\alpha - 1)$$

für $k_1 = 0, 1, \dots n_1 - 1$, $k_2 = 0, 1, \dots n_2 - 1, \dots$ setzt, da sich hieraus die Functionen Φ offenbar als cyklische Functionen der Grössen x bestimmen.

VIII. Aus der zweiten in No. III gegebenen Definition folgt unmittelbar, dass jeder Theiler einer *Abel*schen Gleichung selbst eine *Abel*sche Gleichung ist und andrerseits ist leicht zu sehen, dass auch das Product von *Abel*schen Gleichungen, deren Wurzeln sämmtlich derselben Gattung angehören, eine *Abel*sche Gleichung sein muß.

Es sind hier in üblicher Weise die Ausdrücke „Product" und „Theiler" von den gleich Null gesetzten ganzen Functionen von x auf die Gleichungen selbst übertragen worden, und unter dem Begriffe der Gattung algebraischer Functionen der Grössen $\mathfrak{R}, \mathfrak{R}', \mathfrak{R}'', \ldots$ sind wie in meinen früheren Aufsätzen alle diejenigen zusammengefaßt, die rationale Functionen irgend einer derselben und eben jener Grössen $\mathfrak{R}$ sind.

IX.[1]) Das in No. VII angegebene Resultat enthält den wichtigen Satz, dass jede Wurzel einer beliebigen *Abel*schen Gleichung eine rationale Function von Wurzeln *einfacher Abel*scher Gleichungen ist. Mittels dieses Satzes, welcher dem in No. V aufgestellten correspondirt, finden sich die allgemeinen *Abel*schen Gleichungen im Wesentlichen auf die „einfachen" zurückgeführt und jener Satz im Monatsbericht von 1853 S. 373[2]) erweitert sich in so abschließender Weise, dass er auch in umgekehrter Folge seine Geltung behält und demnach *so* formulirt werden kann:

> Alle Wurzeln *Abel*scher Gleichungen mit ganzzahligen Coëfficienten sind rationale Functionen von Wurzeln der Einheit, und alle rationalen Functionen von Wurzeln der Einheit sind Wurzeln ganzzahliger *Abel*scher Gleichungen.

Dieser Satz giebt, wie mir scheint, einen werthvollen Einblick in die Theorie der algebraischen Zahlen; denn er enthält einen ersten Fortschritt in Beziehung auf die naturgemässe Classification derselben, welcher über die bisher allein beachtete Zusammenfassung in Gattungen hinausführt.

X.[1]) Betreffs der Methode, mittels deren ich jenen im Monatsbericht von 1853[3]) aufgestellten Satz hergeleitet habe, ist hier noch anzuführen, dass sich für jede einfache *Abel*sche Gleichung ungraden ($n$ten) Grades die in No. VI mit ϖ bezeichnete Grösse folgendermassen darstellen lässt:[4])

$$\varpi_k = F(\omega^k)\prod_r f(\omega^r)^{\left(\frac{sk}{n}\right)},$$

wo das Product auf alle Zahlen r zu erstrecken ist, welche relativ prim zu n sind, wo ferner die Zahlen s durch die Bedingung

$$rs \equiv 1 \bmod n$$

---

[1]) Vgl. Zusatz 21 am Ende des Bandes. H

[2]) Bd. IV, S. 10 dieser Ausgabe von *L. Kronecker*'s Werken. H

[3]) Bd. IV, S. 10 dieser Ausgabe von *L. Kronecker*'s Werken. H

[4]) Vgl. Zusatz 22 am Ende des Bandes. H

mit den Zahlen r verbunden sind und

$$\left(\frac{sk}{n}\right)$$

den positiven echten Bruch bedeutet, welcher nach Subtraction der grössten Ganzen von $\frac{sk}{n}$ übrig bleibt. Mit F und f sind dabei ganze Functionen von ω bezeichnet, deren Coëfficienten rationale Functionen der Grössen $\Re$ sind. Aus diesem Ausdrucke für ϖ_k geht für den Fall, dass die Grössen $\Re$ ganz fehlen, d. h. für *Abel*sche Gleichungen, deren Coëfficienten rationale Zahlen sind, jener Satz vom Jahre 1853 in der Weise hervor, dass bei Zerlegung von $f(\omega^r)$ in seine idealen Primfactoren der Ausdruck ϖ_k sich als ein Product entsprechender Kreistheilungs-Ausdrücke ergiebt. In ähnlicher Weise habe ich auch schon einzelne Fälle behandelt, in denen die Grössen $\Re$ gewisse algebraische Zahlen sind und ich hatte dabei von meinen im Monatsbericht von 1870 S. 881[1]) und auch schon früher erwähnten zahlentheoretischen Untersuchungen Gebrauch zu machen, welche mit den seitdem von Hrn. *Dedekind* veröffentlichten zwar in wesentlichen Punkten übereinstimmen, aber doch auch in manchen Beziehungen davon abweichen.

XI. Ich habe schon im Monatsbericht vom Jahre 1857 S. 455ff.[2]) die Natur der Gleichungen dargelegt, deren Wurzeln singuläre Moduln von elliptischen Functionen oder elliptische Functionen selbst sind, deren Moduln singulär und deren Argumente in rationalem Verhältniss zu den Perioden stehen. Nach obigen Ausführungen können dieselben kurz als *Abel*sche Gleichungen bezeichnet werden, deren Coëfficienten keine andern Irrationalitäten als Quadratwurzeln ganzer Zahlen enthalten, und es ist zu vermuthen, dass die Gesammtheit solcher Gleichungen durch jene, die aus der Theorie der elliptischen Functionen hervorgehen, erschöpft wird.[3])

Die erwähnte Eigenschaft der Gleichungen, deren Wurzeln singuläre Moduln der elliptischen Functionen sind, habe ich im Jahre 1857 mittels folgender einfachen Betrachtungen, später aber noch auf verschiedene andre Weisen abgeleitet.

Es sei D eine negative ganze Zahl, $D = b^2 - 4ac$ und $F(x) = 0$ die Theilungsgleichung der elliptischen Functionen mit einem zu $\sqrt{D}$ gehörigen singulären Modul, welche die Theilung der ganzen Perioden in a Theile ergiebt. Da nun diese

[1]) Bd. I, S. 273 dieser Ausgabe von *L. Kronecker's* Werken. H

[2]) Bd. IV, S. 179ff. dieser Ausgabe von *L. Kronecker's* Werken. H

[3]) Vgl. Zusatz 23 am Ende dieses Bandes. H

elliptischen Functionen eine Multiplication mit $(b + \sqrt{D})$ zulassen, so kann aus der Gleichung $F(x) = 0$ in bekannter Weise eine andere Gleichung desselben Grades $\Phi(x) = 0$ hergeleitet werden, deren Wurzeln aus den elliptischen Functionen, welche die Wurzeln von $F(x) = 0$ bilden, durch Multiplication der Argumente mit $(b + \sqrt{D})$ hervorgehen. Diese Gleichung $\Phi(x) = 0$ enthält aber $(a - 1)$mal die Wurzel Null und jede andere genau $a$mal, so dass

$$\Phi(x) = x^{a-1}(c_1 + c_2 x + \cdots + c_a x^{a-1})^a$$

wird. Bei geeigneter Wahl der elliptischen Functionen ist hier der Coëfficient c_1 selbst ein zweiter zu $\sqrt{D}$ gehöriger singulärer Modul, welcher demnach rational durch den ersten Modul dargestellt erscheint, und zwar so, dass die für die *Abel*schen Gleichungen charakteristische Vertauschbarkeit der Functionen stattfindet.

Es ist schliesslich noch auf den die *Abel*schen Gleichungen behandelnden Abschnitt in Hrn. *C. Jordan*'s Traité des substitutions S. 286 bis 292 zu verweisen, in welchem die Eigenschaften derselben aus denen der bezüglichen Substitutionsgruppen hergeleitet sind; doch findet sich der Inhalt des in No. IX ausgesprochenen Satzes, welcher den eigentlichen Zweck der vorstehenden Notiz bildet, dort nicht ausdrücklich hervorgehoben.

EINIGE ENTWICKELUNGEN AUS DER THEORIE DER ALGEBRAISCHEN GLEICHUNGEN

VON

L. KRONECKER.

Monatsberichte der Königlich Preussischen Akademie der Wissenschaften zu Berlin
vom Jahre 1879. S. 205—229.

EINIGE ENTWICKELUNGEN AUS DER THEORIE DER ALGEBRAISCHEN GLEICHUNGEN.[1])

[Gelesen in der Akademie der Wissenschaften am 3. März 1879.]

I.[2])

Vereinfachung des *Abel*schen Beweises „der Unmöglichkeit algebraische Gleichungen von höheren Graden als dem vierten allgemein aufzulösen".

(Vgl. Journal f. d. reine und angewandte Mathematik Bd. I. p. 65.)[3])

§ 1. Wenn man den Ausdruck einer expliciten algebraischen Function von Grössen $\mathfrak{R}, \mathfrak{R}', \mathfrak{R}'' \dots$, d. h. einen nur mittels rationaler Operationen und Wurzel-Ausziehungen gebildeten Ausdruck genau so behandelt, wie man einen solchen, der nur Zahlengrössen enthält, bei der Ausrechnung behandeln muss, und dabei an Stelle jedes einzelnen Rechnungsresultats die betreffende Gleichung setzt, so erhält man für die explicite algebraische Function einen Ausdruck

$$F(V_1, V_2, \dots V_\nu; \mathfrak{R}, \mathfrak{R}', \mathfrak{R}'', \dots),$$

wo

$$V_\gamma^{n_\gamma} = F_\gamma(V_{\gamma+1}, V_{\gamma+2}, \dots V_\nu; \mathfrak{R}, \mathfrak{R}', \mathfrak{R}'', \dots)$$

für $\gamma = 1, 2, \dots \nu$, jede der ν Zahlen n Primzahl und jede der $\nu + 1$ Functionen F eine ganze Function der Grössen V und rationale Function der Grössen $\mathfrak{R}$ ist*).

§ 2. Bedeuten $f, f_0, \dots f_{n-1}$ rationale Functionen der Grössen $\mathfrak{R}, \mathfrak{R}', \mathfrak{R}'', \dots$, so folgt aus dem Bestehen einer Gleichung

$$f_0 + f_1 \cdot f^{\frac{1}{n}} + f_2 \cdot f^{\frac{2}{n}} + \dots + f_{n-1} \cdot f^{\frac{n-1}{n}} = 0,$$

*) Vergl. in Beziehung auf die Einführung der Größen $\mathfrak{R}, \mathfrak{R}', \mathfrak{R}'' \dots$ den Monatsbericht vom 17. Febr. 1878 p. 122[4]) und folgende. Im Übrigen ist absichtlich in der vorliegenden „Vereinfachung des *Abel*schen Beweises" die Benutzung irgend welcher anderweit begründeten Resultate oder Begriffe vermieden worden.

1) Vgl. Zusatz 24 am Ende dieses Bandes. H

2) Vgl. Zusatz 25 am Ende dieses Bandes. H

3) *Abel*, Oeuvres, T. I, p. 66. H

4) Band I, S. 311 ff. dieser Ausgabe von *L. Kronecker*'s Werken. H

dass eine der Wurzeln der reinen Gleichung $w^n = f$ eine rationale Function der Grössen $\mathfrak{R}, \mathfrak{R}', \mathfrak{R}'', \ldots$ sein muss. Denn, wenn

$$\varphi_0 + \varphi_1 x + \varphi_2 x^2 + \cdots + \varphi_{m-1} x^{m-1} + x^m$$

der grösste gemeinsame Theiler von

$$f_0 + f_1 x + f_2 x^2 + \cdots + f_{n-1} x^{n-1} \quad \text{und} \quad x^n - f$$

ist, so ist φ_0 gleich der $m$ten Potenz einer der Wurzeln von $w^n = f$, und diese Wurzel selbst ist also, wenn die Zahlen r, s der Bedingung $mr - ns = 1$ genügen, gleich $\varphi_0^r f^{-s}$.

§ 3. Genügt die explicite algebraische Function F einer Gleichung $\Phi(x) = 0$, deren Coëfficienten rationale Functionen der Grössen $\mathfrak{R}, \mathfrak{R}', \mathfrak{R}'', \ldots$ sind, so muss, wenn $x = F$ in Φ eingesetzt, nach Potenzen von V_1 entwickelt und die Gleichung

$$V_1^{n_1} = F_1(V_2, V_3, \ldots V_\nu; \mathfrak{R}, \mathfrak{R}', \mathfrak{R}'', \ldots)$$

zur Reduction derselben benutzt wird, gemäss § 2 die Grösse V_1 entweder wegfallen oder sich als rationale Function von $V_2, \ldots V_\nu, \mathfrak{R}, \mathfrak{R}', \mathfrak{R}'' \ldots$ ergeben. Im letzteren Falle ist die Gleichung $V_1^{n_1} = F_1$ aus der Reihe jener Gleichungen wegzulassen; im ersteren Falle aber ist die Gleichung $\Phi(x) = 0$ für alle n_1 Werthe befriedigt, welche man erhält, wenn man in

$$x = F(V_1, V_2, \ldots V_\nu; \mathfrak{R}, \mathfrak{R}', \mathfrak{R}'', \ldots)$$

für V_1 die n_1 verschiedenen Wurzeln der Gleichung $V_1^{n_1} = F_1$ einsetzt. Bedeutet x_0 irgend einen dieser Werthe, ω_1 eine primitive $n_1$te Wurzel der Einheit, und wird für $k = 0, 1, \ldots n_1 - 1$

$$x_k = F(\omega_1^k V_1, V_2, \ldots V_\nu; \mathfrak{R}, \mathfrak{R}', \mathfrak{R}'', \ldots)$$

gesetzt, so ist für $h = 1, 2, \ldots n_1 - 1$

$$\sum_k \omega_1^{-hk} x_k = n_1 U_h V_1^h \qquad (k = 0, 1, \ldots n_1 - 1),$$

wo unter $U_1, U_2, \ldots$ rationale Functionen der Grössen $V_2, \ldots V_\nu, \mathfrak{R}, \mathfrak{R}', \mathfrak{R}'', \ldots$ zu verstehen sind, von denen wenigstens eine von Null verschieden sein muss. Wird nun unter der Voraussetzung, dass U_h nicht gleich Null ist,

$$W_1 = n_1 U_h V_1^h$$

gesetzt, so ist gemäss § 2 die Grösse V_1 rationale Function von $W_1, V_2, V_3, \ldots V_\nu$, $\mathfrak{R}, \mathfrak{R}', \mathfrak{R}'', \ldots$ und also in jener Reihe von Grössen $V_1, V_2, \ldots V_\nu$ durch die Grösse

W_1 zu ersetzen, welche selbst eine ganze ganzzahlige Function von $\omega_1, x_0, x_1, x_2, \ldots$, und deren $n_1$te Potenz eine rationale Function von $V_2, V_3, \ldots V_\nu$, $\mathfrak{R}, \mathfrak{R}', \mathfrak{R}'', \ldots$ ist.

§ 4. Denkt man sich in dem Ausdrucke

$$y - \left(\sum_k \omega_1^{-hk} x_k\right)^{n_1} \qquad (h=0,1,\ldots n_1-1)$$

alle Permutationen der die Gleichung $\Phi(x) = 0$ befriedigenden Wurzeln x_k gemacht, so ist das Product aller dieser Ausdrücke eine ganze Function von y, deren Coëfficienten rationale Functionen von $\mathfrak{R}, \mathfrak{R}', \mathfrak{R}'', \ldots$ sind. Bezeichnet man diese Function mit $\Psi(y)$, so genügt die $n_1$te Potenz von W_1 der Gleichung $\Psi(y) = 0$, und da $W_1^{n_1}$ eine ganze Function von $V_2, V_3, \ldots$ ist, so führt die Anwendung des im vorigen Absatz auseinandergesetzten Verfahrens zu einer Grösse W_2, die an Stelle von V_2 einzuführen, und welche selbst eine ganze ganzzahlige Function von $\omega_1, \omega_2, x_0, x_1, x_2, \ldots$ ist, während die $n_2$te Potenz derselben eine rationale Function von $V_3, V_4, \ldots V_\nu$, $\mathfrak{R}, \mathfrak{R}', \mathfrak{R}'', \ldots$ ist.

§ 5. In der dargelegten Weise erhält man die einer Gleichung $\Phi(x) = 0$ genügende explicite algebraische Function als ganze Function von Grössen

$$W_1, W_2, \ldots W_\mu$$

dargestellt, deren Coëfficienten rationale Functionen der Grössen $\mathfrak{R}$ sind, und die Grössen W sind einerseits ganze ganzzahlige Functionen von Wurzeln der Gleichung $\Phi(x) = 0$ und von Wurzeln der Einheit andrerseits durch eine Kette von Gleichungen

$$W_\varrho^{n_\varrho} = G_\varrho\left(W_{\varrho+1}, W_{\varrho+2}, \ldots W_\mu\right) \qquad (\varrho=1,2,\ldots \mu)$$

bestimmt, in denen $n_1, n_2, \ldots$ Primzahlen und $G_1, G_2, \ldots G_\mu$ ganze Functionen der eingeklammerten Grössen W bedeuten, deren Coëfficienten rationale Functionen der Grössen $\mathfrak{R}$ sind.

Dies ist der präcise Ausdruck des Satzes am Schlusse von § II der *Abel*schen Abhandlung auf Seite 73 des I. Bandes von *Crelle*'s Journal.[1])

§ 6. Es giebt nicht Functionen von mehr als 4 Grössen $x_1, x_2, \ldots x_n$, für welche die sämmtlichen durch Permutationen von $x_1, x_2, \ldots x_n$ entstehenden conjugirten Functionen eine und dieselbe Permutation mit einander gemein haben

[1]) *Abel*, Oeuvres, T. I, S. 75.

d. h. bei einer und derselben Substitution ungeändert bleiben, und zwar auch dann nicht, wenn man nur solche conjugirte nimmt, die durch jene $\frac{1}{2}n!$ Permutationen entstehen, bei denen das Product der $\frac{1}{2}n(n-1)$ Differenzen der Grössen x ungeändert bleibt. Denn wenn mit $h_1, h_2, \dots h_n$ alle jene $\frac{1}{2}n!$ Permutationen bezeichnet werden und durch die Substitution S die Indices

$$1, 2, \dots n \quad \text{resp. in} \quad i_1, i_2, \dots i_n$$

übergehen, so müsste für alle conjugirten Functionen $f(x_1, x_2, \dots x_n)$

$$f\left(x_{h_1}, \dots x_{h_n}\right) = f\left(x_{i_{h_1}}, \dots x_{i_{h_n}}\right)$$

sein. Nimmt man hierin $h_1 = 1, \dots h_n = n$ und setzt dann x_{h_1} an Stelle von x_1, ebenso x_{h_2} an Stelle von x_2 u. s. f., so kommt

$$f\left(x_{h_1}, \dots x_{h_n}\right) = f\left(x_{h_{i_1}}, \dots x_{h_{i_n}}\right)$$

und also

$$f\left(x_{i_{h_1}}, \dots x_{i_{h_n}}\right) = f\left(x_{h_{i_1}}, \dots x_{h_{i_n}}\right).$$

Die Functionen f müssten daher bei allen Substitutionen, bei denen

$$i_{h_k} \quad \text{in} \quad h_{i_k} \qquad (k = 1, 2, \dots n)$$

übergeht, ungeändert bleiben, d. h. alle diese Substitutionen müssten dieselbe Eigenschaft haben wie S. Es soll nun aber gezeigt werden, dass man auf diese Weise zu *sämmtlichen* Permutationen der zweiwerthigen Functionen gelangt, von welcher bestimmten Permutation $i_1, i_2, \dots i_n$ man auch ausgehen möge. Nimmt man nämlich

$$h_1 = 2, \quad h_2 = 3, \quad h_3 = 1 \quad \text{und für} \quad k > 3 \quad \text{stets} \quad h_k = k,$$

so wird durch den Übergang von i_{h_k} zu h_{i_k}

für den Fall, dass die Substitution S, nämlich

$$\begin{pmatrix} 1 & 2 & \dots & n \\ i_1 & i_2 & \dots & i_n \end{pmatrix},$$

eine der Substitutionen

$$\begin{pmatrix} 1 & 5 & 2 & 4 \\ 5 & 1 & 4 & 2 \end{pmatrix}, \quad \begin{pmatrix} 1 & 4 & 6 & 2 & 3 & 5 \\ 4 & 6 & 1 & 3 & 5 & 2 \end{pmatrix}, \quad \begin{pmatrix} 1 & 4 & 2 & 3 & 5 \\ 4 & 1 & 3 & 5 & 2 \end{pmatrix}$$

d. h. zwei Transpositionen oder zwei cyklische Substitutionen von 3 Elementen oder *eine* solche cyklische Substitution und *eine* Transposition enthält, die cyklische Substitution von 5 Elementen

$$\begin{pmatrix} 1 & 2 & 3 & 4 & 5 \\ 2 & 3 & 4 & 5 & 1 \end{pmatrix}$$

erlangt. Für den Fall aber, dass jene Substitution S eine cyklische Substitution von mehr als 3 Elementen

$$\begin{pmatrix}1 & 2 & 3 & 4 & \dots & m\\ 2 & 3 & 4 & 5 & \dots & 1\end{pmatrix}$$

enthält, so wie für den Fall, dass S nur eine Transposition $\begin{pmatrix}1 & 4\\ 4 & 1\end{pmatrix}$ ist, liefert der Übergang von

$$i_{h_k} \quad \text{in} \quad h_{i_k}$$

die cyklische Substitution von 3 Elementen

$$\begin{pmatrix}1 & 2 & 4\\ 2 & 4 & 1\end{pmatrix}.$$

Es kann daher angenommen werden, dass S eine cyklische Substitution von 3 Elementen sei, und wenn demgemäss

$$\text{für} \quad \begin{pmatrix}1 & 2 & \dots & n\\ i_1 & i_2 & \dots & i_n\end{pmatrix} \quad \text{nunmehr} \quad \begin{pmatrix}1 & 2 & 3\\ 2 & 3 & 1\end{pmatrix},$$

$$\text{für} \quad \begin{pmatrix}1 & 2 & \dots & n\\ h_1 & h_2 & \dots & h_n\end{pmatrix} \quad \text{aber} \quad \begin{pmatrix}1 & r & s\\ r & s & 1\end{pmatrix}$$

gewählt wird, so ergiebt der Übergang von i_{h_k} zu h_{i_k} die Substitution

$$\begin{pmatrix}1 & 2 & r\\ r & 1 & 2\end{pmatrix}.$$

Aus den auf diese Weise erlangten $(n-2)$ cyklischen Substitutionen

$$\begin{pmatrix}1 & 2 & 3\\ 2 & 3 & 1\end{pmatrix}, \quad \begin{pmatrix}1 & 2 & 4\\ 2 & 4 & 1\end{pmatrix}, \quad \begin{pmatrix}1 & 2 & 5\\ 2 & 5 & 1\end{pmatrix}, \quad \dots \quad \begin{pmatrix}1 & 2 & n\\ 2 & n & 1\end{pmatrix}$$

lassen sich aber die sämmtlichen Substitutionen der zweiwerthigen Functionen d. h. alle aus einer graden Anzahl von Transpositionen zusammensetzbaren Substitutionen bilden, da *jede* Substitution offenbar aus den Transpositionen

$$\begin{pmatrix}1 & 2\\ 2 & 1\end{pmatrix}, \quad \begin{pmatrix}1 & 3\\ 3 & 1\end{pmatrix}, \quad \begin{pmatrix}1 & 4\\ 4 & 1\end{pmatrix}, \quad \dots \quad \begin{pmatrix}1 & n\\ n & 1\end{pmatrix}$$

gebildet, jede Transposition $\begin{pmatrix}1 & r\\ r & 1\end{pmatrix}$ aber in die Reihe der 3 Transpositionen

$$\begin{pmatrix}2 & 1\\ 1 & 2\end{pmatrix}\begin{pmatrix}1 & r\\ r & 1\end{pmatrix}\begin{pmatrix}r & 2\\ 2 & r\end{pmatrix}$$

zerlegt werden kann, von denen je zwei aufeinanderfolgende sich zu einer jener $(n-2)$ cyklischen Substitutionen von 3 Elementen $1\,2\,r$ zusammensetzen.

§ 7. Denkt man sich jetzt unter den Grössen $\mathfrak{R}$ die Coëfficienten der Gleichung $\Phi(x) = 0$ und die Quadratwurzel aus deren Discriminante d. h. also die n

elementaren symmetrischen Functionen der n Grössen $x_1, x_2, \ldots x_n$ und die Determinante

$$\left| x_h^{k-1} \right| \qquad (h, k = 1, 2, \ldots n),$$

so ist W_μ eine ganze Function der n Grössen x, welche bei allen den $\frac{1}{2}n!$ Permutationen nur Werthe annehmen kann, die sich um $n_\mu$te Wurzeln der Einheit von einander unterscheiden. Wenn also die Function W_μ bei irgend einer dieser Permutationen ungeändert bliebe, so würden, entgegen dem im § 6 bewiesenen Satze, auch alle ihre conjugirten Functionen ungeändert bleiben. Eine solche Permutation müsste es aber nothwendig geben, weil $\frac{1}{2}n! > n_\mu$ ist, wie aus folgender Betrachtung erhellt: gemäss den in § 3 und § 4 enthaltenen Ausführungen müssen alle n_μ Wurzeln der Gleichung

$$W_\mu^{n_\mu} = G_\mu$$

auch derjenigen Gleichung vom Grade $\frac{1}{2}n!$ genügen, welche entsteht, wenn man in W_μ alle jene $\frac{1}{2}n!$ Permutationen der n Grössen x macht, bei denen die Determinante $\left| x_h^{k-1} \right|$ ungeändert bleibt, und es muss daher $\frac{1}{2}n!$ mindestens gleich n_μ, aber, da dies Primzahl ist, wirklich grösser als n_μ sein.

§ 8. Es verdient hervorgehoben zu werden, dass der im § 6 bewiesene Satz jenen *Cauchy*schen, welcher beim *Abel*schen Beweise angewendet wird, als Corollar enthält und so zu sagen dessen eigentlichen Grund darlegt. Da nämlich die verschiedenen durch jene $\frac{1}{2}n!$ Permutationen der Grössen x entstehenden conjugirten Functionen

$$f_1, f_2, \ldots f_\varrho$$

nicht sämmtlich bei einer dieser Permutationen ungeändert bleiben können, so kann nicht $\varrho < n$ sein, weil sonst $\varrho! < \frac{1}{2}n!$ wäre und also bei den $\frac{1}{2}n!$ Permutationen von $x_1, x_2, \ldots x_n$ mindestens eine der $\varrho!$ Permutationen von $f_1, f_2, \ldots f_\varrho$ mehrmals vorkommen müsste.

II.[1])

Über die Auflösbarkeit von Gleichungen, deren Grad eine Primzahl ist.

§ 1. Ich bezeichne, wie in meinen früheren Aufsätzen, x als *algebraische Function n ter Ordnung* von $\mathfrak{R}, \mathfrak{R}', \mathfrak{R}'', \ldots$, wenn es einer irreductibeln Gleichung $n$ten Grades genügt, deren Coëfficienten rationale Functionen von $\mathfrak{R}, \mathfrak{R}', \mathfrak{R}'', \ldots$ sind. Die n Wurzeln einer und derselben Gleichung $x_1, x_2, \ldots x_n$ sind „*unter ein-*

---

[1]) Vgl. die Zusätze 25 u. 26 am Ende dieses Bandes.

ander conjugirte algebraische Functionen von $\mathfrak{R}, \mathfrak{R}', \mathfrak{R}'', \ldots$". Ist x' rationale Function von $x, \mathfrak{R}, \mathfrak{R}', \mathfrak{R}'', \ldots$ und zugleich x rationale Function von $x', \mathfrak{R}, \mathfrak{R}', \mathfrak{R}'', \ldots$, so gehören x und x' zu derselben „*Gattung algebraischer Functionen von* $\mathfrak{R}, \mathfrak{R}', \mathfrak{R}'', \ldots$". Jede Gattung hat ihre bestimmte Ordnung.

Ich bezeichne eine Gattung $\mathfrak{G}$ als unter einer andern Gattung $\mathfrak{G}'$ *enthalten*, wenn die algebraischen Functionen der Gattung $\mathfrak{G}$ rationale Functionen der algebraischen Functionen der Gattung $\mathfrak{G}'$ und der Grössen $\mathfrak{R}, \mathfrak{R}', \mathfrak{R}'', \ldots$ sind. Die Ordnung der enthaltenen Gattung ist hiernach ein Theiler der Ordnung der enthaltenden Gattung; denn wenn $f(x)$ eine rationale Function von x bedeutet und mit $x_1, x_2, \ldots x_n$ die n conjugirten algebraischen Functionen x bezeichnet werden, so muss *jeder* irreductible Factor von

$$\big(y - f(x_1)\big)\big(y - f(x_2)\big) \cdots \big(y - f(x_n)\big)$$

offenbar für *jeden* der conjugirten Werthe $y = f(x_k)$ verschwinden, und diese irreductibeln Factoren müssen also sämmtlich identisch sein. Die Anzahl der untereinander *verschiedenen* Werthe $f(x_k)$ d. h. die Ordnung der algebraischen Function $f(x)$ ist demnach ein Theiler von n.

Ist x' rationale Function von $x, \mathfrak{R}, \mathfrak{R}', \mathfrak{R}'', \ldots$ und von derselben Ordnung wie x, so gehören x und x' zu derselben Gattung. Conjugirte algebraische Functionen, von denen eine eine rationale Function der andern ist, gehören also stets in dieselbe Gattung. Conjugirte algebraische Functionen, welche zu verschiedenen Gattungen gehören, constituiren „*conjugirte Gattungen*". Eine reductible Gleichung, welche lauter algebraische Functionen derselben Gattung zu Wurzeln hat, zerfällt offenbar in lauter irreductible Gleichungen desselben Grades, da ja alle ihre Wurzeln von derselben Ordnung sind.

Die Gattung niedrigster Ordnung, unter welcher zwei verschiedene Gattungen enthalten sind, kann durch eine lineare Function von zwei den beiden Gattungen angehörigen algebraischen Functionen mit unbestimmten Coëfficienten repräsentirt werden.

§ 2. Bedeuten $x_1, x_2, \ldots x_n$ beliebige (variable) Grössen, so können sie als conjugirte algebraische Functionen ihrer symmetrischen Functionen aufgefasst und als solche durch die Gleichung

$$\mathfrak{F}(x, \mathfrak{f}_1, \mathfrak{f}_2, \ldots \mathfrak{f}_n) = 0$$

definirt werden, wenn $\mathfrak{F}, \mathfrak{f}_1, \mathfrak{f}_2, \ldots \mathfrak{f}_n$ durch die Identität

$$\mathfrak{F}(x) = (x - x_1)(x - x_2) \ldots (x - x_n) = x^n - \mathfrak{f}_1 x^{n-1} + \mathfrak{f}_2 x^{n-2} - \cdots \pm \mathfrak{f}_n$$

erklärt sind. Für $\mathfrak{R}, \mathfrak{R}', \mathfrak{R}'', \ldots$ sind also hierbei die Grössen $\mathfrak{f}_1, \mathfrak{f}_2, \ldots \mathfrak{f}_n$ zu nehmen, welche als die „*elementaren*" symmetrischen Functionen von $x_1, x_2, \ldots x_n$ bezeichnet werden sollen. Jede einzelne der n Grössen x ist, als algebraische Function von $\mathfrak{f}_1, \mathfrak{f}_2, \ldots \mathfrak{f}_n$ betrachtet, von der Ordnung n; eine lineare Function

$$u_1 x_1 + u_2 x_2 + \cdots + u_n x_n$$

ist von der Ordnung $n!$, wenn die Coëfficienten u sämmtlich von einander verschieden sind. Man kann nun jede beliebige rationale Function der n Grössen x als eine bestimmte Gattung algebraischer Functionen repräsentirend auffassen und diese einfach als „*Gattung von Functionen* von $x_1, x_2, \ldots x_n$" bezeichnen. Alsdann sind sämmtliche Gattungen unter der durch

$$u_1 x_1 + u_2 x_2 + \cdots + u_n x_n$$

repräsentirten „*Galois*'schen" Gattung enthalten, da jede der n Grössen x als rationale Function von $u_1 x_1 + u_2 x_2 + \cdots + u_n x_n$ und $\mathfrak{f}_1, \mathfrak{f}_2, \ldots \mathfrak{f}_n$ darstellbar ist. Die Ordnungen der einzelnen Gattungen sind hiernach Theiler von $n!$, und wenn eine Gattung mit $\mathfrak{g}$, deren Ordnung mit ϱ und der Quotient von $n!$ dividirt durch ϱ mit r bezeichnet wird, so ist r die Anzahl der „*Permutationen der Gattung* $\mathfrak{g}$" d. h. die Anzahl derjenigen Permutationen von $x_1, x_2, \ldots x_n$, bei denen eine Function der Gattung $\mathfrak{g}$ ungeändert bleibt. Ist die Gattung $\mathfrak{g}$ unter der Gattung $\mathfrak{g}'$ enthalten, so ist ϱ ein Theiler von ϱ' und also r' d. h. die Anzahl der Permutationen von $\mathfrak{g}'$ ein Theiler der mit r bezeichneten Anzahl der Permutationen von $\mathfrak{g}$, und es sind offenbar die ersteren Permutationen selbst unter den letzteren enthalten.

Die Gattungen scheiden sich in „*eigentliche*" Gattungen von Functionen von n Grössen und in „*uneigentliche*", je nachdem unter deren Adjunction die Gleichung $\mathfrak{F}(x) = 0$ irreductibel bleibt oder reductibel wird. Die uneigentlichen Gattungen lassen sich hiernach auf Gattungen von Functionen einer geringeren Anzahl von Grössen zurückführen. Werden die einer eigentlichen Gattung $\mathfrak{g}$ angehörigen Functionen den symmetrischen adjungirt und wird demgemäss x_k als algebraische Function von $\mathfrak{f}_1, \mathfrak{f}_2, \ldots \mathfrak{f}_n$ und $\mathfrak{g}$ betrachtet, so ist dies eine algebraische Function $n$ter Ordnung von einer besonderen „*Classe*". Die auf diese Weise definirten *Classen* von algebraischen Functionen umfassen offenbar die einzelnen

Gattungen. Überträgt man die Begriffe von Gattung und Classe von den algebraischen Functionen auf die Gleichungen, denen dieselben genügen, so gehören alle diejenigen irreductibeln Gleichungen $n$ten Grades $\Phi(x) = 0$ in eine und dieselbe Gattung, welche durch rationale Substitution von x aus einander entstehen, und alle diejenigen in eine und dieselbe Classe, bei welchen die einer bestimmten Gattung $\mathfrak{g}$ angehörigen Functionen der Wurzeln rationale Functionen der Grössen $\mathfrak{R}, \mathfrak{R}', \mathfrak{R}'', \ldots$ sind. Sowohl die Classe als auch die Gattung einer Gleichung wird demnach ebenso wie ihre Irreductibilität durch die Wahl der Grössen $\mathfrak{R}$ d. h. so zu sagen durch den angenommenen Rationalitäts-Bezirk bedingt, welcher indessen die Coëfficienten der Gleichung stets mit umfassen muss. Ist aber der Rationalitäts-Bezirk festgesetzt, so wird die Classe durch eine *wesentliche*, bei allen rationalen Transformationen von x bleibende, besondere Eigenschaft der Gleichung charakterisirt, welche ich als „Affect" derselben zu bezeichnen pflege, und vermöge deren das Gleichungs*system*, welches die n Wurzeln der Gleichung bestimmt und bei *allgemeinen* Gleichungen von der Ordnung $n!$ ist, sich auf eines von der Ordnung r reducirt, wenn r, wie oben, die Anzahl der Permutationen der Gattung $\mathfrak{g}$ d. h. der Affect-Gattung bedeutet.

§ 3. Wird den Grössen $\mathfrak{R}$ eine cyklische Function*) von $n_1 n_2 \cdots n_\nu$ conjugirten algebraischen Functionen

$$x_{h_1, h_2, \ldots h_\nu} \qquad \begin{pmatrix} h_\alpha = 0, 1, \ldots n_\alpha - 1 \\ \alpha = 1, 2, \ldots \nu \end{pmatrix}$$

adjungirt, so gehören diese x sämmtlich zu derselben Gattung. Eine irreductible Gleichung kann also bei Adjunction einer Gattung von cyklischen Functionen ihrer Wurzeln nur in lauter Factoren gleichen Grades zerfallen, und eine Gleichung, deren Grad n Primzahl ist, muss daher bei Adjunction einer cyklischen Function ihrer Wurzeln irreductibel bleiben oder aber in n Factoren ersten Grades zerlegbar werden. Im letzteren Falle ist die Gattung, zu der irgend eine Wurzel gehört, unter der Gattung der adjungirten cyklischen Function enthalten, und die Ordnung dieser Gattung ist also ein Vielfaches von n. Die conjugirten Gattungen cyklischer Functionen der Wurzeln einer Gleichung $n$ten Grades sondern sich demgemäss in zweierlei Gattungen, nämlich in solche, bei deren Adjunction die Gleichung irreductibel bleibt, und in solche von $m \cdot n$ter Ordnung, unter denen die Gattungen der Wurzeln selbst enthalten sind. Da es nun $(n-1)!$ conjugirte cyklische Functionen giebt, so

*) Vergl. Monatsbericht von 1877, pag. 845.[1])

[1]) Bd. IV, S. 65 dieser Ausgabe von *L. Kronecker's* Werken.

müssen $hn + n - 1$ darunter sein, bei deren Adjunction die Gleichung irreductibel bleibt. Je $(n-1)$ dieser cyklischen Functionen gehören in dieselbe Gattung; es giebt daher stets mindestens *eine* Gattung von cyklischen Functionen, unter deren Adjunction die Gleichung irreductibel bleibt, und es ist, wie nun gezeigt werden soll, für die Auflösbarkeit der Gleichung nothwendig und hinreichend, dass nur einer einzigen Gattung von cyklischen Functionen jene Eigenschaft zukommt.

§ 4. Bedeutet $\mathfrak{G}$ die Gattung derjenigen cyklischen Functionen der Wurzeln $\xi_0, \xi_1, \ldots \xi_{n-1}$ der Gleichung $\Phi(x) = 0$, welche ungeändert bleiben, wenn die Indices sämmtlich um 1 vermehrt werden, so folgen aus einer Gleichung

$$F(\xi_0, \xi_1, \ldots \xi_{n-1}) = 0,$$

in welcher F eine ganze Function der Wurzeln ξ bedeutet, deren Coëfficienten rationale Functionen der Grössen $\mathfrak{R}$ sind, auch die Gleichungen

$$F(\xi_r, \xi_{r+1}, \ldots \xi_{r+n-1}) = 0$$

für $r = 1, 2, \ldots n-1$, vorausgesetzt, daß $\Phi(x) = 0$ unter Adjunction von $\mathfrak{G}$ irreductibel bleibt. Da nämlich ξ_{r+k} gleich einer rationalen Function von ξ_r, $\mathfrak{G}$, $\mathfrak{R}$, $\mathfrak{R}'$, $\mathfrak{R}''$, ... ist, so kommt, wenn dieselbe mit

$$\theta_k(\xi_r, \mathfrak{G})$$

bezeichnet wird, an Stelle von $F(\xi_0, \xi_1, \ldots \xi_{n-1}) = 0$

$$F\big(\xi_0, \theta_1(\xi_0, \mathfrak{G}), \ldots \theta_{n-1}(\xi_0, \mathfrak{G})\big) = 0$$

und folglich auch für *jeden* Index r

$$F\big(\xi_r, \theta_1(\xi_r, \mathfrak{G}), \ldots \theta_{n-1}(\xi_r, \mathfrak{G})\big) = 0$$

d. h.

$$F(\xi_r, \xi_{r+1}, \ldots \xi_{r+n-1}) = 0$$

für den Fall, dass auch unter Adjunction von $\mathfrak{G}$ die Gleichung $\Phi(x) = 0$ irreductibel ist.

§ 5. Ist die Gleichung $\Phi(x) = 0$ auflösbar, und denkt man sich von vornherein den Grössen $\mathfrak{R}$ alle Wurzeln der Einheit adjungirt, so muss gemäss I, § 5 eine Gleichung

$$W_\mu^{n_\mu} = G_\mu(\mathfrak{R}, \mathfrak{R}', \mathfrak{R}'', \ldots)$$

existiren, in welcher W_μ eine ganze Function von $\xi_0, \xi_1, \ldots \xi_{n-1}$ und Einheitswurzeln und G_μ eine rationale Function der Grössen $\mathfrak{R}$ ist. Wenn nun $\Phi(x) = 0$ sowohl unter Adjunction der nach der Anordnung

$$\xi_0, \xi_1, \ldots \xi_{n-1}$$

cyklischen Functionen als auch unter Adjunction der nach der Anordnung

$$\xi_{i_0}, \xi_{i_1}, \ldots \xi_{i_{n-1}}$$

cyklischen Functionen irreductibel bliebe, wobei offenbar $i_0 = 0, i_1 = 1$ vorausgesetzt werden kann, so wäre

$$\text{(A)} \qquad W(\ldots, \xi_{i_m}, \ldots)^p = W(\ldots, \xi_{i_{m+1}}, \ldots)^p = W(\ldots, \xi_{1+i_m}, \ldots)^p,$$

wo der Einfachheit halber $n_\mu = p$ und

$$W_\mu(\xi_0, \xi_1, \ldots \xi_{n-1}) = W(\xi_{i_0}, \xi_{i_1}, \ldots \xi_{i_{n-1}})$$

gesetzt ist. Aus der Gleichung (A) folgt, wenn ω eine primitive $p$te Wurzel der Einheit bedeutet,

$$W(\ldots, \xi_{i_m}, \ldots) = \omega^r W(\ldots, \xi_{i_{m+1}}, \ldots) = \omega^s W(\ldots, \xi_{1+i_m}, \ldots),$$

und durch Iteration dieser Gleichungen

$$\text{(B)} \qquad W(\ldots, \xi_{i_m}, \ldots) = \omega^{ar} W(\ldots, \xi_{i_{m+a}}, \ldots) = \omega^{bs} W(\ldots, \xi_{b+i_m}, \ldots)$$

für jede beliebige Zahl a und b. Bedeutet t die Ordnung der Substitution

$$\begin{pmatrix} i_{m+a} \\ i_a + i_m \end{pmatrix} \qquad (m = 0, 1, \ldots n-1)$$

d. h. die kleinste Zahl, welche die Eigenschaft hat, dass die Substitution bei $t$maliger Wiederholung die identische Substitution ergiebt, so ist t ein Theiler von $(n-1)!$, weil der Index i_a bei jener Substitution ungeändert bleibt, und also relativ prim zu n. Die drei Congruenzen

$$nr \equiv 0, \quad ns \equiv 0, \quad (ar - i_a s)t \equiv 0 \quad \text{mod. } p,$$

welche aus den Gleichungen (B) folgen, ergeben demnach, dass

$$\text{entweder} \quad r \equiv s \equiv 0 \quad \text{oder} \quad ar \equiv i_a s \quad \text{mod. } p$$

sein muss. Da im letzteren Falle für $a = 1$ auch $r \equiv s$ wird, so müsste alsdann für jeden Werth von a auch $i_a = a$ sein, was unmöglich ist. Es bleibt daher nur die erstere Alternative $r \equiv s \equiv 0$ mod. p oder

$$W(\ldots, \xi_{i_m}, \ldots) = W(\ldots, \xi_{i_{m+1}}, \ldots) = W(\ldots, \xi_{1+i_m}, \ldots)$$

übrig, und es müsste hiernach die Function W selbst bei allen denjenigen cyklischen Substitutionen ungeändert bleiben, bei denen W^{ρ} ungeändert bleibt; dies steht aber mit der Voraussetzung der Auflösbarkeit von $\Phi(x) = 0$ in Widerspruch. Es resultirt hieraus,

> dass eine Gleichung, welche unter Adjunction von mehr als einer Gattung von cyklischen Functionen irreductibel bleibt, nicht auflösbar sein kann.

§ 6. Bleibt $\Phi(x) = 0$ nur unter Adjunction der einen Gattung cyklischer Functionen von $\xi_0, \xi_1, \ldots \xi_{n-1}$ irreductibel, welche ungeändert bleiben, wenn jeder Index um 1 vermehrt wird, so sind die „*metacyklischen*"[1]) Functionen der Wurzeln ξ d. h. diejenigen, welche bei den $n(n-1)$ Substitutionen

$$\begin{pmatrix} \xi_k \\ \xi_{rk+s} \end{pmatrix} \qquad (r = 1, 2, \ldots n-1 \,|\, s = 0, 1, \ldots n-1)$$

ungeändert bleiben, rationale Functionen der Grössen $\mathfrak{R}$. Denn die cyklischen Functionen jener besonderen Gattung können nicht mit anderen cyklischen Functionen, unter deren Adjunction $\Phi(x) = 0$ reductibel wird, in einer der irreductibeln Gleichungen vereinigt sein, in welche die Gleichung vom Grade $(n-1)!$ zerfällt, deren Wurzeln die $(n-1)!$ verschiedenen cyklischen Functionen von $\xi_0, \xi_1, \ldots \xi_{n-1}$ sind.

Ist $\mathfrak{g}(x_0, x_1, \ldots x_{n-1})$ eine cyklische Function, und zwar so, dass

$$\mathfrak{g}(x_m, x_{m+1}, \ldots x_{m+n-1})$$

für $m = 1, 2, \ldots n-1$ mit $\mathfrak{g}(x_0, x_1, \ldots x_{n-1})$ identisch ist, und setzt man

$$\mathfrak{g}(x_0, x_h, x_{2h}, \ldots x_{(n-1)h}) = \mathfrak{g}_h \qquad (h = 1, 2, \ldots n-1),$$

so sind die cyklischen Functionen der $(n-1)$ Functionen $\mathfrak{g}$ offenbar metacyklische Functionen der n Grössen x, wenn man die Functionen $\mathfrak{g}_h$ in einer Reihenfolge nimmt, welche durch die modulo n genommenen arithmetischen Indices von h bestimmt wird, d. h. also in der Reihenfolge

$$\mathfrak{g}_{h_0}, \mathfrak{g}_{h_1}, \mathfrak{g}_{h_2}, \ldots,$$

wenn für irgend eine bestimmte primitive Wurzel g von n und für $k = 0, 1, \ldots n-2$

$$h_k \equiv g^k \quad \text{mod. } n$$

---

[1]) Vgl. Zusatz 27 am Ende dieses Bandes.

H

ist. Hiernach sind unter der über die Gleichung $\Phi(x) = 0$ gemachten Annahme die $n-1$ Grössen

$$\mathfrak{g}_h(\xi_0, \xi_1, \ldots \xi_{n-1})$$

Wurzeln einer *Abel*schen Gleichung des Grades $n-1$, und die Gleichung $\Phi(x) = 0$ selbst ist unter Adjunction einer dieser Grössen $\mathfrak{g}$ eine *Abel*sche Gleichung des $n$ten Grades also in der That auflösbar.

§ 7. In den letzten drei §§ ist — n als Primzahl vorausgesetzt — gezeigt worden, dass n conjugirte algebraische Functionen von $\mathfrak{R}, \mathfrak{R}', \mathfrak{R}'', \ldots$

$$\xi_1, \xi_2, \ldots \xi_n,$$

in jeder Gleichung

$$F(\xi_1, \xi_2, \ldots \xi_n) = 0,$$

deren Coëfficienten rationale Functionen von $\mathfrak{R}, \mathfrak{R}', \mathfrak{R}'', \ldots$ sind, mindestens nach *einer* Anordnung cyklisch permutirt werden können, dass ferner die Grössen ξ als *explicite* algebraische Functionen von $\mathfrak{R}, \mathfrak{R}', \mathfrak{R}'', \ldots$ dann und nur dann darstellbar sind, wenn nur eine einzige Anordnung von der erwähnten Beschaffenheit existirt. Nimmt man gemäss § 2 für $\xi_1, \xi_2, \ldots \xi_n$ die unbestimmten Grössen $x_1, x_2, \ldots x_n$ und für $\mathfrak{R}, \mathfrak{R}', \mathfrak{R}'', \ldots$ die elementaren symmetrischen Functionen $\mathfrak{f}_1, \mathfrak{f}_2, \ldots \mathfrak{f}_n$ nebst der irgend eine eigentliche Gattung repräsentirenden Function $\mathfrak{g}$, so folgt erstens:

> jede eigentliche Gattung $\mathfrak{g}$ ist unter einer Gattung cyklischer Functionen enthalten, muss also mindestens nach *einer* Anordnung cyklisch sein"

und zweitens:

> „keine andern eigentlichen Gattungen als diejenigen, welche nur unter einer einzigen Gattung cyklischer Functionen enthalten also nur *einfach* cyklisch sind, besitzen die Eigenschaft, dass die n Grössen x selbst sich als explicite algebraische Functionen derselben darstellen lassen."

Die Gattung niedrigster Ordnung, welcher die erwähnte Eigenschaft zukommt, ist die der metacyklischen Functionen. Ein lineares Aggregat von x_0, x_1 und einer metacyklischen Function mit unbestimmten Coëfficienten gehört zur *Galois*'schen Gattung, da es bei keiner Permutation der n Grössen x ungeändert bleibt, und es ist daher jede Grösse x eine ganze rationale Function von zweien derselben mit metacyklischen Coëfficienten.

§ 8. Da die metacyklischen Functionen der Wurzeln einer auflösbaren Gleichung $\Phi(x) = 0$ rationale Functionen von $\mathfrak{R}, \mathfrak{R}', \mathfrak{R}'', \ldots$ sind, so ist jede Wurzel eine ganze rationale Function von irgend zweien derselben, und die Coëfficienten dieser Function sind rationale Functionen von $\mathfrak{R}, \mathfrak{R}', \mathfrak{R}'', \ldots$ Diese Eigenschaft der Gleichung $\Phi(x) = 0$ ist aber auch *charakteristisch* für deren Auflösbarkeit; denn wenn in den $n - 2$ Gleichungen

$$\xi_{i_k} = \theta_k(\xi_0, \xi_1) \qquad (k=2, 3, \ldots n-1)$$

sowohl die nach der Anordnung $i_0, i_1, i_2, \ldots$ als die nach der Anordnung $0, 1, 2, \ldots$ genommenen cyklischen Permutationen gemacht werden können, so folgt, da $i_0 = 0, i_1 = 1$ ist, die Gleichung

$$\xi_{i_{k+r}-i_r} = \theta_k(\xi_0, \xi_t)$$

für

$$t = i_{r+1} - i_r.$$

Da nun unter den n Differenzen $i_{r+1} - i_r$ für $r = 0, 1, \ldots n-1$ mindestens zwei modulo n congruente vorkommen müssen, so folgt, dass für solche Werthe von r auch alle andern Differenzen $i_{k+r} - i_r$ einander congruent sein müssen, d. h. es müssen zwei Zahlen r, s existiren, wofür

$$i_{r+k} - i_r \equiv i_{s+k} - i_s \quad \text{mod. } n \qquad (k=1, 2, \ldots n-1)$$

ist. Setzt man hierin $k \equiv h(r-s)$, so ergiebt sich leicht, dass $i_2 \equiv 2, i_3 \equiv 3, \ldots i_{n-1} \equiv n-1$ sein muss.

III.

Über die Classe der Gleichungen, von denen die Theilung der elliptischen Functionen abhängt.

(Vgl. meine Mittheilung im Monatsbericht von 1861 p. 609 sqq.)[1])

§ 1. Ist n eine ungrade Primzahl, und legt man den Indices von $x_{h,k}$ alle n Werthe modulo n bei, so ist eine bestimmte eigentliche Gattung von Functionen der n^2 Grössen $x_{h,k}$ dadurch charakterisirt, dass dieselben bei allen linearen Transformationen der Indices ungeändert bleiben sollen. Wird diese Gattung mit $\mathfrak{g}$ bezeichnet, so sind also deren Permutationen alle diejenigen, wofür

$$x_{h,k} \text{ in } x_{ah+bk+e,\, ch+dk+f}$$

[1]) Bd. IV, S. 58 dieser Ausgabe von *L. Kronecker's* Werken.

übergeht. Für a, b, c, d, e, f sind irgend welche ganze Zahlen zu nehmen, die der für die Verschiedenheit der transformirten Indices nothwendigen Bedingung genügen, dass $ad-bc$ nicht durch n theilbar sei. Die Anzahl der Werthsysteme von a, b, c, d, e, f d. h. also die Anzahl der Permutationen von $\mathfrak{g}$ ist demgemäss

$$n^2(n^2-1)(n^2-n)$$

und die Zahl, welche die Ordnung von $\mathfrak{g}$ angiebt,

$$1\cdot 2\cdot 3\ldots(n-2)(n+1)(n+2)\ldots(n^2-2).$$

Bedeutet $\mathfrak{g}'$ die Gattung, deren Permutationen noch an die Bedingung

$$ad-bc\equiv 1 \quad \text{mod.}\, n$$

gebunden sind, so ist die Anzahl der Permutationen von $\mathfrak{g}'$ der $(n-1)$te Theil der Anzahl der Permutationen von $\mathfrak{g}$.

§ 2. Eine lineare Function von x_{00}, x_{01}, x_{10} und $\mathfrak{g}$ mit unbestimmten Coëfficienten gehört zur *Galois*'schen Gattung, weil dieselbe bei keiner Permutation ungeändert bleibt. Denn bei den Permutationen von $\mathfrak{g}$ gehen x_{00}, x_{01}, x_{10} über in

$$x_{e,f},\; x_{b+e,\,d+f},\; x_{a+e,\,c+f},$$

welche nur für die Werthe $a=1, b=0, c=0, d=1, e=0, f=0$ mit x_{00}, x_{01}, x_{10} identisch werden. Wendet man auf x_{00}, x_{01}, x_{10} die Permutationen von $\mathfrak{g}$ an, so sieht man, dass überhaupt eine lineare Function von $\mathfrak{g}$ und drei Grössen

$$x_{h,k},\; x_{h',k'},\; x_{h'',k''}$$

zur *Galois*'schen Gattung gehört, vorausgesetzt, dass die Determinante

$$\begin{vmatrix} 1 & 1 & 1 \\ h & h' & h'' \\ k & k' & k'' \end{vmatrix}$$

nicht durch n theilbar ist. Hieraus folgt, dass für die durch $\mathfrak{g}$ charakterisirte Classe von Gleichungen alle n^2 Wurzeln durch je drei derselben, deren Indices der angegebenen Bedingung genügen, rational ausdrückbar sind.

Wird x_{00} selbst adjungirt, so resultirt eine Gleichung des Grades n^2-1 für die übrigen Grössen x, deren Affect mit dem im folgenden § behandelten identisch ist.

§ 3. Bedeutet $y_{h,k}$ eine Function der n^2 Grössen x von folgender Art:

$$\sum_{p,q} f(x_{p,q}, x_{p+h,q+k}) \qquad (p, q = 0, 1, 2, \ldots n-1),$$

wo f eine ganze Function der beiden in Parenthesen eingeschlossenen Grössen x bedeutet, so erhält man bei allen Permutationen von $\mathfrak{g}$ genau $n^2 - 1$ Grössen

$$y_{h,k} \qquad (h, k = 0, 1, \ldots n-1, \text{ ausgenommen } h = k = 0),$$

welche cyklische Functionen der n^2 Grössen x sind, unter deren Adjunction also die Gleichungen der durch $\mathfrak{g}$ charakterisirten Classe zu *Abel*schen Gleichungen werden.

Eine beliebige lineare Transformation der Indices von x ergiebt eine lineare *homogene* Transformation der Indices von y und führt daher zu einer Gattung $\mathfrak{G}$ von Functionen der Grössen y, welche bei allen durch den Übergang von

$$y_{h,k} \quad \text{in} \quad y_{ah+bk,\, ch+dk}$$

charakterisirten Permutationen ungeändert bleiben. Die Anzahl dieser Permutationen ist $(n^2 - 1)(n^2 - n)$. Eine lineare Function

$$v\, y_{h,k} + w\, y_{h',k'} + \mathfrak{G}$$

mit unbestimmten Coëfficienten v, w bleibt bei keiner Permutation ungeändert, falls die Determinante

$$\begin{vmatrix} h & h' \\ k & k' \end{vmatrix}$$

nicht durch n theilbar ist. Es sind hiernach bei der durch $\mathfrak{G}$ charakterisirten Classe von Gleichungen alle Wurzeln rationale Functionen von je zweien, deren Indices der angegebenen Bedingung genügen.

Wird eine Grösse y, z. B. y_{10}, adjungirt, so sind nur diejenigen Permutationen zulässig, bei denen

$$y_{h,k} \quad \text{in} \quad y_{h+bk,\, dk}$$

übergeht. Die $n - 2$ Grössen $y_{20}, y_{30}, \ldots y_{n-1,0}$ sind dann rational, die übrigen $n(n-1)$ Grössen y aber theilen sich in $n - 1$ Gruppen von je n Elementen

$$y_{0k}, y_{1k}, \ldots y_{n-1,k} \qquad (k = 1, 2, \ldots n-1),$$

und wenn eine cyklische Function derselben mit η_k bezeichnet wird, so sind deren cyklische Functionen rational, wenn die Grössen η dabei in der durch die Potenzen irgend einer primitiven Wurzel g von n bestimmten Reihenfolge

$$\eta_1, \eta_g, \eta_{g^2}, \ldots \eta_{g^{n-2}}$$

genommen werden. Denn bei den allein gestatteten Permutationen, bei denen

$$y_{h,k} \quad \text{in} \quad y_{h+bk,\,dk}$$

übergeht, geht η_k in η_{dk} über. Die Grössen η werden daher selber rational, sobald für die Substitutionen der Indices die Bedingung $ad - bc = 1$ festgesetzt d. h. also die oben mit $\mathfrak{g}'$ bezeichnete Gattung an Stelle von $\mathfrak{g}$ adjungirt wird, da alsdann d nothwendig gleich 1 sein muss. Bei den Gleichungen, von denen die Theilung der elliptischen Functionen abhängt, tritt dies ein, wenn die $n$ten Wurzeln der Einheit in den Rationalitäts-Bezirk mit einbegriffen werden.

§ 4. Die sämmtlichen $n^2 - 1$ Grössen $y_{h,k}$ sondern sich in Gruppen von je $n - 1$ Elementen, bei denen das Verhältniss der beiden Indices $h : k$ mod. n einerlei Werth hat. Da dieses Verhältniss die Werthe

$$1:0,\ 0:1,\ 1:1,\ 2:1, \ldots, n-1:1$$

haben kann, so ist die Anzahl jener Gruppen $n + 1$. Jede cyklische Function der $n - 1$ Elemente einer Gruppe in der durch die Potenzen einer primitiven Wurzel g bestimmten Reihenfolge

$$y_{h,k},\ y_{gh,gk},\ y_{g^2h,g^2k}, \ldots,$$

ist also Wurzel einer Gleichung vom Grade $n + 1$, da sie mit dem Verhältniss der beiden Indices ungeändert bleibt. Ist $z'_{h,k}$ eine cyklische Function der $\frac{1}{2}(n-1)$ Grössen

$$y_{h,k},\ y_{g^2h,g^2k},\ y_{g^4h,g^4k}, \ldots,$$

und wird

$$z'_{h,k} - z'_{gh,gk} = z_{h,k}$$

gesetzt, so ist $z^2_{h,k}$ eine cyklische Function aller $(n-1)$ Grössen jener Gruppe, und es sind also

$$\pm z_{10},\ \pm z_{01},\ \pm z_{11},\ \pm z_{21}, \cdots \pm z_{n-1,1}$$

die Wurzeln einer Gleichung $2(n+1)$ten Grades. Die Classe derselben wird durch eine Gattung von Functionen

$$\Gamma(z_{10}, z_{01}, z_{11}, \ldots z_{n-1,1})$$

bestimmt, deren Permutationen durch den Übergang von

$$z_{h,k} \quad \text{in} \quad z_{ah+bk,\,ch+dk}$$

charakterisirt sind. Dabei ist jedoch zu beachten, dass vermöge der Definition der Grössen z die Relation

$$z_{mh,mk} = \left(\frac{m}{n}\right) z_{h,k}$$

besteht, in welcher $\left(\frac{m}{n}\right)$ das *Legendre*'sche Zeichen ist. Die Grössen $z_{h,k}$ gehen daher bei den gestatteten Permutationen über in

$$\left(\frac{ah+bk}{n}\right) z_{10} \quad \text{oder} \quad \left(\frac{ch+dk}{n}\right) z_{r_h, 1},$$

je nachdem

$$ch + dk \equiv 0 \quad \text{oder} \quad \frac{ah+bk}{ch+dk} \equiv r_h \quad \text{mod. } n$$

ist. — Da z_{10}^2 nur dann ungeändert bleibt, wenn $c \equiv 0$ ist, so lassen sich die metacyklischen[1]) Functionen der n Grössen

$$z_{01}^2, z_{11}^2, z_{21}^2, \ldots z_{n-1,1}^2$$

als ganze rationale Functionen von z_{10}^2 darstellen, deren Coëfficienten Functionen der Gattung Γ sind. Die durch Γ charakterisirte Classe von Gleichungen für die $n+1$ Grössen z^2 hat also die Eigenschaft, dass eine solche Gleichung unter Adjunction einer ihrer Wurzeln auflösbar und demgemäss jede der $n+1$ Wurzeln eine rationale Function von dreien ist.

Jede Permutation der Gattung Γ, welche dem Übergange von

$$z_{h,k} \quad \text{in} \quad z_{ah+bk, ch+dk}$$

entspricht, lässt sich aus „elementaren" zusammensetzen, bei denen die Indices

$$(h, k) \quad \text{in} \quad (h+k, k), \quad (-k, h) \quad \text{oder in} \quad (rh, sk)$$

übergehen. Dabei ist $rs \equiv ad - bc$, und wenn die Zahl t so bestimmt wird, dass

$$t(ad - bc) \equiv 1 \quad \text{mod. } n$$

wird, so ist $rst \equiv 1$. Bei den drei angegebenen elementaren Permutationen verwandeln sich nun die Grössen

$$z_{10}, \qquad z_{01}, \qquad z_{h1} \qquad\qquad (h = 1, 2, \ldots n-1)$$

resp. in

$$z_{10}, \qquad z_{11}, \qquad z_{h+1,1}$$

$$z_{01}, \quad \left(\frac{-1}{n}\right) z_{10}, \quad \left(\frac{h}{n}\right) z_{h',1} \qquad\qquad (hh' \equiv -1)$$

$$\left(\frac{r}{n}\right) z_{10}, \quad \left(\frac{rt}{n}\right) z_{01}, \quad \left(\frac{rt}{n}\right) z_{h'',1} \qquad\qquad (h'' \equiv r^2 th).$$

Ist Δ die Quadratwurzel aus der Discriminante der Gleichung, welcher die $2(n+1)$ Grössen z genügen, so ändert Δ das Vorzeichen nur bei einer elementaren

[1]) Vgl. S. 86 und Zusatz 27 am Ende dieses Bandes.

Permutation der dritten Art, und zwar auch nur dann, wenn t oder also die Substitutionsdeterminante $ad - bc$ quadratischer Nichtrest von n ist; denn das Product

$$z_{10} \cdot z_{01} \cdot z_{11} \cdots z_{n-1,1} \cdot \Delta$$

ist eine ganze symmetrische Function der Quadrate der Grössen z. Bedeutet nun Γ' die Gattung niedrigster Ordnung, unter welcher sowohl Γ als Δ enthalten ist, und welche demnach durch eine lineare Function $v\Gamma + \Delta$ repräsentirt werden kann, so sind die Permutationen der Gattung Γ' noch an die Bedingung

$$\left(\frac{ad-bc}{n}\right) = 1$$

geknüpft, und diese Permutationen lassen sich, wenn $ad - bc \equiv m^2$ ist, aus solchen zusammensetzen, wobei

$$z_{h,k} \quad \text{in} \quad z_{mh,mk} \quad \text{d. h. in} \quad \left(\frac{m}{n}\right) z_{h,k}$$

übergeht, und aus solchen, bei denen $ad - bc \equiv 1$ ist, oder auch, da beliebige Vielfache von n den Substitutionscoëfficienten a, b, c, d hinzugefügt werden können, aus solchen, bei denen $ad - bc = 1$ ist. Hiernach lassen sich alle Permutationen der Gattung Γ' aus jenen elementaren Permutationen der beiden ersten Arten und aus einer Umwandlung der sämmtlichen Vorzeichen der Grössen z zusammensetzen. Diese Umwandlung resultirt aber schon aus einer Folge von zwei elementaren Permutationen der zweiten Art, wenn $n \equiv 3$ mod. 4 ist, während andrerseits für $n \equiv 1$ mod. 4 die der Substitution $a = d = -1$, $b = c = 0$ entsprechende Permutation der Grössen

$$z_{h,k} \quad \text{in} \quad z_{-h,-k}$$

eine identische wird. Die Anzahl der Permutationen von Γ' ist desshalb in allen Fällen gleich $n(n^2 - 1)$.

Soll zwischen den $n + 1$ absoluten Werthen der Wurzeln einer Gleichung, welche der durch Γ' charakterisirten Classe angehört und die Unbekannte nur quadratisch enthält, eine lineare Relation bestehen, deren Coëfficienten rationale Functionen von $\mathfrak{R}, \mathfrak{R}', \mathfrak{R}'', \ldots$ sind, so muss dieselbe bei allen Permutationen der Gattung Γ' bestehen bleiben. Eine solche Relation muss daher zuvörderst homogen sein, weil eine gleichzeitige Umwandlung der sämmtlichen Vorzeichen der Wurzeln gestattet ist. Wenn ferner die $n + 1$ Wurzeln, entsprechend den Grössen z, mit

$$\zeta_{10}, \zeta_{01}, \zeta_{11}, \zeta_{21}, \ldots \zeta_{n-1,1}$$

bezeichnet werden, so folgen aus jeder Relation

(A) $$o\zeta_{10} + \sum_k o_k \zeta_{k1} = 0 \qquad (k = 0, 1, \ldots n-1)$$

durch Anwendung der elementaren Permutationen die Gleichungen

(B) $$o\zeta_{10} + \sum_k o_k \zeta_{k+h,1} = 0 \qquad (h = 0, 1, \ldots n-1)$$

(C) $$o\zeta_{01} + \left(\frac{-1}{n}\right) o_0 \zeta_{10} + \sum_k \left(\frac{k}{n}\right) o_k \zeta_{k'1} = 0. \qquad (k = 1, 2, \ldots n-1;\ kk' \equiv -1).$$

Wird die Gleichung (B) mit ω^{mh} multiplicirt, und wird alsdann über alle Werthe $h = 0, 1, \ldots n-1$ summirt, so ergiebt sich, wenn $\omega = e^{\frac{2\pi i}{n}}$ ist, die Gleichung

$$o\zeta_{10} \sum_h \omega^{mh} + \sum_k \omega^{-mk} o_k \sum_h \omega^{mh} \zeta_{h1} = 0 \qquad (h, k = 0, 1, \ldots n-1)$$

oder für $m = 0$

(D) $$n o\zeta_{10} + \sum_k o_k \sum_h \zeta_{h1} = 0$$

und für alle andern Werthe von m

(E) $$\sum_k \omega^{-mk} o_k \cdot \sum_h \omega^{mh} \zeta_{h1} = 0.$$

Der erstere der beiden Factoren in dieser Gleichung (E) kann nur dann für alle Zahlen m gleich Null werden, wenn alle Coëfficienten o_k einander gleich sind. Eine solche Eigenschaft bleibt aber bei der permutirten Gleichung (C) nicht erhalten, und es muss daher wenigstens für *einen* Werth von m

(F) $$\sum_h \omega^{mh} \zeta_{h1} = 0 \qquad (h = 0, 1, \ldots n-1)$$

sein. Wird auf diese Gleichung eine elementare Permutation der dritten Art angewendet, so verwandelt sich dieselbe in

$$\sum_h \omega^{mh} \zeta_{r^a h,1} = 0$$

oder in

$$\sum_h \omega^{mr^{-a}h} \zeta_{h1} = 0,$$

und durch eine elementare Permutation zweiter Art erhält man die Gleichung

$$\left(\frac{-1}{n}\right) \zeta_{10} + \sum_h \left(\frac{h}{n}\right) \omega^{mh} \zeta_{h'1} = 0 \qquad (h = 1, 2, \ldots n-1;\ hh' \equiv -1),$$

welche wiederum durch elementare Permutationen erster Art in

$$\left(\frac{-1}{n}\right) \zeta_{10} + \sum_h \left(\frac{h}{n}\right) \omega^{mh} \zeta_{h'+k,1} = 0$$

übergeht. Wird endlich hierin über $k = 0, 1, \ldots n-1$ summirt, so kommt

$$\left(\frac{-1}{n}\right) n\zeta_{10} + \sum_h \left(\frac{h}{n}\right) \omega^{mh} \cdot \sum_k \zeta_{k1} = 0 \qquad (h, k = 0, 1, \ldots n-1),$$

oder, wenn

$$\sum_h \left(\frac{h}{n}\right) \omega^{mh} = \left(\frac{m}{n}\right) \varrho$$

gesetzt und also $\varrho^2 = \left(\frac{-1}{n}\right) n$ ist,

$$\left(\frac{m}{n}\right) \varrho \zeta_{10} + \zeta_{01} + \zeta_{11} + \zeta_{21} + \cdots + \zeta_{n-1,1} = 0.$$

Die Voraussetzung irgend einer zwischen den Wurzeln ζ bestehenden linearen Relation führt also zu dem Ergebniss, dass die $\frac{1}{2}(n+1)$ Gleichungen

$$\text{(G)} \qquad \left(\frac{m}{n}\right) \varrho \zeta_{10} + \sum_h \zeta_{h1} = 0, \quad \sum_h \omega^{mr^2h} \zeta_{h1} = 0 \qquad \begin{pmatrix} h = 1, 2, \ldots n-1 \\ r = 1, 2, \ldots \frac{1}{2}(n-1) \end{pmatrix}$$

entweder für $m = 1$ oder für einen quadratischen Nichtrest m bestehen müssen, für den z. B. eine primitive Wurzel g genommen werden kann. Setzt man nun

$$\theta_0 = -\left(\frac{m}{n}\right) \zeta_{10} \quad \text{und} \quad \theta_s = \sum_h \omega^{msh} \zeta_{h1} \qquad (s = 1, 2, \ldots n-1),$$

so verschwinden alle diejenigen Grössen θ, deren Index quadratischer Rest ist, und die Grössen ζ sind in folgender Weise durch die $\frac{1}{2}(n+1)$ Grössen θ dargestellt:

$$\text{(H)} \qquad \zeta_{10} = -\left(\frac{m}{n}\right) \theta_0, \quad n\zeta_{h1} = \varrho \theta_0 + \sum_s \omega^{-mhs} \theta_s \qquad (s = 1, 2, \ldots n-1).$$

Setzt man diese Werthe der Grössen ζ in irgend eine Relation ein, welche durch eine der gestatteten Permutationen aus den Gleichungen (G) hervorgeht, so findet sich dieselbe identisch erfüllt. *Die gestatteten Permutationen führen also nur zu linearen Verbindungen der Gleichungen* (G), und es zeigt sich daher, dass die zwei den Werthen $m = 1$ und $m = g$ entsprechenden, mit (G) bezeichneten Systeme von linearen Relationen als die einzigen anzusehen sind, welche für die Wurzeln ζ bestehen können.

Nunmehr soll gezeigt werden, dass in jeder *Gattung* von Gleichungen, welche zu der durch Γ' charakterisirten Classe gehören, Gleichungen existiren, deren Wurzeln die linearen Relationen (G) in der That erfüllen. Setzt man nämlich

$$f(z) = g_0 z + g_1 z^3 + g_2 z^5 + \cdots + g_n z^{2n+1}$$

und sucht die Coëfficienten g so zu bestimmen, dass die Functionen

$$f(z_{10}),\ f(z_{01}),\ f(z_{11}),\ \ldots\ f(z_{n-1,1})$$

den linearen Relationen (G) genügen, so erhält man für die $(n+1)$ Grössen g das System von $\frac{1}{2}(n+1)$ Gleichungen

$$
\text{(K)} \qquad \begin{array}{l} \sum\limits_h g_h \left\{ \left(\frac{m}{n}\right) \varrho z_{10}^{2k+1} + \sum\limits_h z_{h1}^{2k+1} \right\} = 0 \\ \sum\limits_h g_h \sum\limits_h \omega^{mr^2h} z_{h1}^{2k+1} = 0 \end{array} \qquad \left(\begin{array}{l} h=0,1,\dots n-1 \\ k=0,1,\dots n \end{array}\right),
$$

welches die Eigenschaft hat, bei allen Permutationen der Gattung Γ'' ungeändert zu bleiben. Es bestimmen sich also, wenn nur irgend eine der Determinanten von der Ordnung $\frac{1}{2}(n+1)$ von Null verschieden ist, die Grössen g selbst als Functionen der Gattung Γ', und es gehört alsdann $f(\zeta_{hk})$ als algebraische Function der Grössen $\Re$ in der That zu derselben Gattung wie ζ_{hk} selbst. Dass aber die bezüglichen Determinanten nicht sämmtlich verschwinden können, wenn alle $n+1$ Grössen z^2 oder ζ^2 von einander und von Null verschieden sind, lässt sich in folgender Weise darthun. Fügt man den $\frac{1}{2}(n+1)$ Gleichungen (K) noch andere $\frac{1}{2}(n+1)$ hinzu, nämlich:

$$
\begin{array}{l} \sum\limits_k g_k z_{10}^{2k+1} = Z \\ \sum\limits_k g_k \sum\limits_h \omega^{msh} z_{h1}^{2k+1} = Z_s \end{array} \qquad \left(\begin{array}{l} h=0,1,\dots n-1 \\ k=0,1,\dots n \end{array}\right),
$$

wo s alle quadratischen Nichtreste von n bedeutet, so ist das System der $(n+1)^2$ Coëfficienten von den $n+1$ Grössen g_k zusammengesetzt aus den beiden Systemen

$$
z_{10}^{2k+1},\ z_{01}^{2k+1},\ z_{11}^{2k+1},\ \dots\ z_{n-1,1}^{2k+1} \qquad (k=0,1\dots n)
$$

und

$$
\begin{array}{lllll} & 1,\ 0,\ 0, & 0, & \dots\ 0 \\ \left(\frac{m}{n}\right) & \varrho,\ 1,\ 1, & 1, & \dots\ 1 \\ & 0,\ 1,\ \omega^{m}, & \omega^{2m}, & \dots\ \omega^{(n-1)m} \\ & 0,\ 1,\ \omega^{2m}, & \omega^{4m}, & \dots\ \omega^{2(n-1)m} \\ & & & \vdots \\ & 0,\ 1,\ \omega^{(n-1)m}, & \omega^{2(n-1)m}, & \dots\ \omega^{(n-1)^2m}, \end{array}
$$

deren Determinanten unter der gemachten Voraussetzung von Null verschieden sind.

Die Bedeutung des hier vollständig hergeleiteten Resultats für die Theorie der algebraischen Gleichungen habe ich bereits in meiner Mittheilung vom 27. Juni 1861 (Monatsbericht pag. 615)[1]) dargelegt, und ich behalte mir vor, in einer folgenden Mittheilung darauf zurückzukommen und andere analoge Resultate zu entwickeln.

---

[1]) Bd. IV, S. 61 dieser Ausgabe von *L. Kronecker's* Werken.

H

ÜBER DIE SYMMETRISCHEN FUNCTIONEN

VON

L. KRONECKER.

Monatsberichte der Königlich Preussischen Akademie der Wissenschaften
zu Berlin vom Jahre 1880. S. 936—948.

ÜBER DIE SYMMETRISCHEN FUNCTIONEN.

[Gelesen in der Akademie der Wissenschaften am 15. November 1880.]

Bei meinen Universitäts-Vorlesungen über die Theorie der algebraischen Gleichungen bin ich darauf geführt worden, eine erzeugende Function für die ganzen symmetrischen Functionen von n Veränderlichen zu bilden, welche vor jener von *Borchardt* im Monatsbericht vom März 1855[1]) aufgestellten Function nicht nur die weit grössere Einfachheit sowie das voraus hat, dass die dem Gegenstande ferne Determinanten-Theorie nicht mit hereingezogen wird, sondern überdies den wesentlicheren Vorzug besitzt, dass die einzelnen symmetrischen Functionen ohne Zahlenfactoren als Entwickelungscoëfficienten auftreten. Denn dass bei dem a. a. O. mit θ bezeichneten Ausdrucke die symmetrischen Functionen, mit überflüssigen Zahlenfactoren behaftet, als Entwickelungscoëfficienten erscheinen, macht sich in der angeführten Notiz selbst als ein Übelstand geltend, indem beinahe die Hälfte derselben dem Nachweise gewidmet ist, dass jene Zahlenfactoren in den Entwickelungscoëfficienten der erzeugenden Function als Theiler enthalten sind.

I. Bedeuten $\mathfrak{f}_1, \mathfrak{f}_2, \ldots \mathfrak{f}_m$ die durch die Gleichung

$$x^m + \mathfrak{f}_1 x^{m-1} + \mathfrak{f}_2 x^{m-2} + \cdots + \mathfrak{f}_m = \prod_{i=1}^{i=m}(x + x_i)$$

definirten „elementaren" symmetrischen Functionen von $x_1, x_2, \ldots x_m$ und $\mathfrak{g}_1, \mathfrak{g}_2, \ldots \mathfrak{g}_n$ die elementaren symmetrischen Functionen von $y_1, y_2, \ldots y_n$, so ist

$$\text{(A)} \qquad \prod_{k=1}^{k=n}(1 + \mathfrak{f}_1 y_k + \mathfrak{f}_2 y_k^2 + \cdots + \mathfrak{f}_m y_k^m) = \prod_{i=1}^{i=m}(1 + \mathfrak{g}_1 x_i + \mathfrak{g}_2 x_i^2 + \cdots + \mathfrak{g}_n x_i^n),$$

da das eine wie das andere dieser beiden Producte aus der Entwickelung des Doppelproducts

$$\prod_k \prod_i (1 + x_i y_k) \qquad (i=1,2,\ldots m;\ k=1,2,\ldots n)$$

hervorgeht, je nachdem die Multiplication in Beziehung auf i oder in Beziehung auf k ausgeführt wird.

---

1) *Borchardt*, Werke, S. 99.

Bei der Entwickelung des Products auf der linken Seite der Gleichung (A) treten alle jene einfachsten Typen symmetrischer Functionen von Grössen y, aus denen sich *alle* symmetrischen Functionen additiv zusammensetzen lassen, als Factoren der verschiedenen Glieder

$$\mathfrak{f}_a^\alpha \mathfrak{f}_b^\beta \mathfrak{f}_c^\gamma \cdots \qquad (a < b < c < \cdots \leq m)$$

auf. Der Factor eines solchen Gliedes ist nämlich die Summe aller derjenigen Producte von Potenzen der Grössen y, welche aus

$$(y_1 y_2 \cdots y_\alpha)^a (y_{\alpha+1} y_{\alpha+2} \cdots y_{\alpha+\beta})^b (y_{\alpha+\beta+1} y_{\alpha+\beta+2} \cdots y_{\alpha+\beta+\gamma})^c \cdots$$

durch Permutation von $y_1, y_2, \ldots y_n$ entstehen und unter einander verschieden sind, also eine ganze ganzzahlige symmetrische Function der Grössen y, welche mit

$$\mathfrak{S}\binom{a, b, c, \ldots}{\alpha, \beta, \gamma, \ldots}$$

bezeichnet werden soll.

Das Product auf der rechten Seite der Gleichung (A) muss, als Function der m Grössen x betrachtet, ebenso wie das Product auf der linken Seite eine ganze ganzzahlige Function der m elementaren symmetrischen Functionen dieser Grössen x sein. Es müssen also auch die einzelnen ganzen ganzzahligen Functionen der Grössen x, welche als Factoren der verschiedenen Glieder

$$\mathfrak{g}_r^\varrho \mathfrak{g}_s^\sigma \mathfrak{g}_t^\tau \cdots$$

in der Entwickelung des Products rechts auftreten, ganze Functionen der elementaren symmetrischen Functionen $\mathfrak{f}_1, \mathfrak{f}_2 \ldots \mathfrak{f}_m$ sein. Doch bedarf es für diese Schlussfolgerung des Nachweises, dass jene verschiedenen Glieder $\mathfrak{g}_r^\varrho \mathfrak{g}_s^\sigma \mathfrak{g}_t^\tau \ldots$ von einander linear unabhängige Functionen der Grössen y sind, d. h. dass die elementaren symmetrischen Functionen selbst von einander unabhängig sind. Nimmt man überdies als bewiesen an, dass die verschiedenen Producte von Potenzen der elementaren symmetrischen Functionen auch im Sinne der Congruenz für irgend einen ganzzahligen Modul von einander linear unabhängig sind, dass also eine ganze ganzzahlige Function von $\mathfrak{f}_1, \mathfrak{f}_2, \ldots \mathfrak{f}_m$ nur dann eine durch die Zahl p theilbare ganze ganzzahlige Function von $x_1, x_2, \ldots x_m$ sein kann, wenn auch alle Coëfficienten der einzelnen Glieder $\mathfrak{f}_a^\alpha \mathfrak{f}_b^\beta \mathfrak{f}_c^\gamma \ldots$ durch p theilbar sind, so folgt, dass jene Factoren der Glieder

$$\mathfrak{g}_r^\varrho \mathfrak{g}_s^\sigma \mathfrak{g}_t^\tau \cdots,$$

als ganzzahlige Functionen der Grössen x auch ganzzahlige Functionen der Grössen $\mathfrak{f}$ sein müssen. Das Product auf der rechten Seite der Gleichung (A) lässt sich daher ebenso wie das auf der linken in ein Aggregat von Gliedern

$$\mathfrak{f}_a^{\alpha}\mathfrak{f}_b^{\beta}\mathfrak{f}_c^{\gamma}\cdots$$

entwickeln; die Coëfficienten erscheinen aber hier als ganze ganzzahlige Functionen der n Grössen $\mathfrak{g}$ und ergeben also die allgemeinsten symmetrischen Functionen der Grössen y, welche die Coëfficienten der Entwickelung links bilden, durch die n elementaren symmetrischen Functionen $\mathfrak{g}$ als ganze ganzzahlige Functionen derselben ausgedrückt.

Dass eine ganze Function der elementaren symmetrischen Functionen nicht gleich Null und dass eine ganze ganzzahlige Function derselben auch nicht für irgend einen ganzzahligen Modul congruent Null werden kann, folgt zunächst durch Inductionsschluss. Denn wenn eine ganze Function der $m+1$ elementaren symmetrischen Functionen von $x_0, x_1, x_2, \ldots x_m$

$$x_0+\mathfrak{f}_1,\; x_0\mathfrak{f}_1+\mathfrak{f}_2,\;\ldots,\; x_0\mathfrak{f}_{m-1}+\mathfrak{f}_m,\; x_0\mathfrak{f}_m$$

gleich oder congruent Null sein soll und deren Glieder höchster Dimension (d) bilden das Aggregat

$$\Sigma C_{r,s,t,\ldots}(x_0+\mathfrak{f}_1)^r(x_0\mathfrak{f}_1+\mathfrak{f}_2)^s(x_0\mathfrak{f}_2+\mathfrak{f}_3)^t\cdots,$$

in welchem $r=d-s-t-\cdots$ ist, so muss

$$\Sigma C_{r,s,t,\ldots}\mathfrak{f}_1^s\mathfrak{f}_2^t\cdots$$

als Coëfficient der höchsten Potenz von x_0 gleich oder congruent Null sein, und es muss also, da die zu beweisende Eigenschaft für die Functionen von m Grössen $x_1, x_2, \ldots x_m$ vorausgesetzt werden kann, auch jeder einzelne Coëfficient C selbst gleich oder congruent Null sein. Eben diese Eigenschaft lässt sich auch ganz einfach erschliessen, wenn

$$x_i = v^{g^{i-1}}$$

und g hinreichend gross (bei den obigen Bezeichnungen grösser als n) genommen wird. Dann gehen nämlich die einzelnen Ausdrücke

$$\mathfrak{f}_a^{\alpha}\mathfrak{f}_b^{\beta}\mathfrak{f}_c^{\gamma}\cdots$$

in ganze ganzzahlige Functionen von v über, welche von lauter verschiedenen Graden sind und sämmtlich als Coëfficienten der höchsten Potenz von v die Einheit haben.

Es verdient hervorgehoben zu werden, dass sich die obige Entwickelung noch vereinfacht, wenn man die Darstellbarkeit der symmetrischen Functionen mittels der elementaren für weniger als n Grössen voraussetzt. Nimmt man nämlich $m = n - 1$, so folgt dann unmittelbar, dass die rechte Seite der Gleichung (A), als symmetrische Function der $(n-1)$ Grössen x, sich als ganze ganzzahlige Function der Grössen $\mathfrak{f}$ und $\mathfrak{g}$ darstellen lässt. Die Entwickelung dieser Function ergiebt alle jene symmetrischen Functionen der n Grössen y als Factoren der einzelnen Glieder $\mathfrak{f}_a^{\alpha}\mathfrak{f}_b^{\beta}\mathfrak{f}_c^{\gamma}\ldots$ Dass hierbei nur solche symmetrische Functionen auftreten, in denen die Exponenten $a, b, c, \ldots$ kleiner als n sind, thut der Allgemeinheit keinen Eintrag, da jede ganze Function einer der Grössen y mittels der identischen Gleichung

$$y_k^n - \mathfrak{g}_1 y_k^{n-1} + \mathfrak{g}_2 y_k^{n-2} - \cdots \pm \mathfrak{g}_n = 0$$

auf den $(n-1)$ten Grad zu reduciren ist. Die Gleichung (A) enthält hiernach einen sehr einfachen Inductionsbeweis für den Satz, dass jede symmetrische, ganze, ganzzahlige Function von $y_1, y_2, \ldots y_n$ sich als ganze ganzzahlige Function der n elementaren symmetrischen Functionen $\mathfrak{g}$ darstellen lässt.

II. Substituirt man in der Gleichung (A) für x_i den Werth v^{g^i-1}, so erweist sich das Product

$$\text{(B)} \qquad \Pi\left(1 + \mathfrak{g}_1 v^{g^i} + \mathfrak{g}_2 v^{2g^i} + \cdots + \mathfrak{g}_n v^{ng^i}\right) \qquad {\scriptstyle (i=0,1,2,\ldots)}$$

als eine erzeugende Function der symmetrischen Functionen von $y_1, y_2, \ldots y_n$ in *dem* Sinne, dass jene einfachsten Typen symmetrischer Functionen der Grössen y, welche oben mit

$$\mathfrak{S}\begin{pmatrix} a, b, c, \ldots \\ \alpha, \beta, \gamma, \ldots \end{pmatrix}$$

bezeichnet worden sind, durch die elementaren symmetrischen Functionen $\mathfrak{g}$ ausgedrückt, als Coëfficienten der Entwickelung nach denjenigen ganzen Functionen von v erscheinen, welche aus

$$\mathfrak{f}_a^{\alpha}\mathfrak{f}_b^{\beta}\mathfrak{f}_c^{\gamma}\ldots$$

durch die Substitution $x_i = v^{g^i-1}$ hervorgehen.

Der Exponent der niedrigsten Potenz von v in $\mathfrak{f}_a^{\alpha}\mathfrak{f}_b^{\beta}\mathfrak{f}_c^{\gamma}\ldots$ ist

$$\frac{1}{g-1}(\alpha g^a + \beta g^b + \gamma g^c + \cdots - \alpha - \beta - \gamma - \cdots),$$

und der Coëfficient dieser Potenz von v ist gleich Eins. Diese Exponenten sind für verschiedene Systeme $\binom{a, b, c, \ldots}{\alpha, \beta, \gamma, \ldots}$ von einander verschieden, und man kann daher die Functionen

$$\mathfrak{S}\binom{a, b, c, \ldots}{\alpha, \beta, \gamma, \ldots}$$

nach der Grösse dieser Exponenten geordnet annehmen. Nun hat, wenn das Product (B) nach Potenzen von v entwickelt wird, eben jene Potenz, deren Exponent

$$\frac{1}{g-1}(\alpha g^a + \beta g^b + \gamma g^c + \cdots - \alpha - \beta - \gamma - \cdots)$$

ist, als Factor eine ganze lineare ganzzahlige Function von Functionen $\mathfrak{S}$, in welcher

$$\mathfrak{S}\binom{a, b, c, \ldots}{\alpha, \beta, \gamma, \ldots}$$

selbst den Coëfficienten *Eins* hat, und im Übrigen nur solche Functionen vorkommen, welche bei der angenommenen Reihenfolge der Function $\mathfrak{S}\binom{a, b, c, \ldots}{\alpha, \beta, \gamma, \ldots}$ vorangehen. Wird dieser Factor mit

$$S\binom{a, b, c, \ldots}{\alpha, \beta, \gamma, \ldots}$$

bezeichnet, so bilden die Functionen S offenbar eine Reihe von symmetrischen Functionen der Grössen y, welche die Reihe der Functionen $\mathfrak{S}$ vollständig zu ersetzen geeignet ist, da jede ganze ganzzahlige symmetrische Function der Grössen y als ganze ganzzahlige lineare Function der Functionen S dargestellt werden kann. Das unendliche Product (B) erweist sich daher schließlich auch in dem gewöhnlichen Sinne des Wortes als eine „erzeugende Function" der symmetrischen Functionen, indem bei der Entwickelung nach Potenzen von v die sämmtlichen zur linearen Darstellung aller symmetrischen Functionen erforderlichen und ausreichenden Functionen S als Factoren bestimmter Potenzen von v auftreten.

Das angegebene Resultat gewinnt an Übersichtlichkeit, wenn man das Glied von $\mathfrak{S}\binom{a, b, c, \ldots}{\alpha, \beta, \gamma, \ldots}$, aus welchem die übrigen durch Permutation entstehen, mit $y_1^{e_1} y_2^{e_2} \ldots y_n^{e_n}$ bezeichnet, so dass einfach

$$\mathfrak{S}\binom{a, b, c, \ldots}{\alpha, \beta, \gamma, \ldots} = \sum_{(i)} y_{i_1}^{e_1} y_{i_2}^{e_2} \ldots y_{i_n}^{e_n}$$

wird, wo $i_1, i_2, \ldots i_n$ irgend eine Permutation der Zahlen $1, 2, \ldots n$ bedeutet und die Summation auf alle diejenigen Permutationen (i) zu erstrecken ist, bei welchen die zu summirenden Glieder von einander verschieden sind. Die Beziehung zwischen den Bezeichnungsweisen auf den beiden Seiten der Gleichung ist die, dass $n-\alpha-\beta-\gamma-\cdots$ Exponenten q den Werth Null, α Exponenten q den Werth a, ferner β den Werth b haben u. s. f. Setzt man nun formaler Vereinfachung wegen

$$v = u^{g-1},$$

so sind bei der Entwickelung des Products (B) die symmetrischen Functionen

$$\sum_{(i)} y_{i_1}^{q_1} y_{i_2}^{q_2} \cdots y_{i_n}^{q_n},$$

und zwar als ganze Functionen von $\mathfrak{g}_1, \mathfrak{g}_2, \ldots \mathfrak{g}_n$ ausgedrückt, mit ganzen Functionen von u multiplicirt, die nach steigenden Potenzen geordnet mit dem Gliede

$$u^{-n+g^{q_1}+g^{q_2}+\cdots+g^{q_n}}$$

anfangen. Eben diese Potenzen von u sind es ferner, welche, wenn das Product (B) nach steigenden Potenzen von u entwickelt wird, mit symmetrischen Functionen von der Form

$$\sum_{(i)} y_{i_1}^{q_1} y_{i_2}^{q_2} \cdots y_{i_n}^{q_n} + C' \sum_{(i)} y_{i_1}^{q_1'} y_{i_2}^{q_2'} \cdots y_{i_n}^{q_n'} + C'' \sum_{(i)} y_{i_1}^{q_1''} y_{i_2}^{q_2''} \cdots y_{i_n}^{q_n''} + \cdots$$

multiplicirt erscheinen, wo die Coëfficienten $C', C'', \ldots$ ganze Zahlen sind und bei der durch die Grösse der Zahlen

$$g^{q_1} + g^{q_2} + \cdots + g^{q_n}$$

bestimmten Reihenfolge die Exponentensysteme (q'), (q''), ... dem Exponentensystem (q) vorangehen. Genau dieselbe Reihenfolge der Exponentensysteme wird durch die Folge der Zahlen

$$q_1 + q_2 h + q_3 h^2 + \cdots + q_n h^{n-1}$$

bestimmt, wenn die einzelnen Exponenten q so geordnet sind, dass stets $q_k \leqq q_{k+1}$ ist, und wenn h grösser als der grösste in den zu vergleichenden Systemen vorkommende Exponenten-Werth angenommen wird.

Die Entwickelung des unendlichen Products (B) ergiebt die Reihe

$$\sum_{\nu_0} \sum_{\nu_1} \sum_{\nu_2} \cdots \mathfrak{g}_{\nu_0} \mathfrak{g}_{\nu_1} \mathfrak{g}_{\nu_2} \cdots v^{\nu_0 + \nu_1 g + \nu_2 g^2 + \cdots},$$

wo jede der unendlich vielen Summationen auf die Werthe $\lambda = 0, 1, 2, \ldots n$ zu erstrecken und $\mathfrak{g}_0 = 1$ zu setzen ist. Nimmt man die Grösse g gleich $n+1$, so repräsentirt der Ausdruck

$$\nu_0 + \nu_1 g + \nu_2 g^2 + \cdots$$

alle ganzen Zahlen 0, 1, 2, 3, ... in dem Zahlensystem mit der Grundzahl $(n+1)$ d. h. also in dem Zahlensystem, wo 10 die Zahl $1+n$ bedeutet, und die Zahlen $\nu_0, \nu_1, \nu_2, \ldots$ bilden die einzelnen Ziffern der dargestellten Zahl. Hiernach ist der Factor jeder einzelnen Potenz von v in der Entwickelung des Products (B) einfach durch die Ziffern zu bestimmen, aus denen der Exponent, wenn er in dem System $(10 = 1+n)$ dargestellt wird, besteht. Sind nämlich ϱ Ziffern gleich r, ferner σ Ziffern gleich s, ferner τ Ziffern gleich t u. s. f., so ist jener Factor

$$\mathfrak{g}_r^{\varrho}\,\mathfrak{g}_s^{\sigma}\,\mathfrak{g}_t^{\tau}\cdots.$$

Wenn andrerseits das Product (B) nach den verschiedenen Functionen

$$\mathfrak{g}_{\nu_0}\mathfrak{g}_{\nu_1}\mathfrak{g}_{\nu_2}\cdots$$

entwickelt wird, so ist jede derselben mit einer Reihe von allen denjenigen Potenzen von v multiplicirt, deren Exponenten, in dem Zahlensystem $(10 = 1+n)$ dargestellt, aus genau denselben Ziffern bestehen. Der kleinste dieser Exponenten ist derjenige Ausdruck

$$\nu_0 + \nu_1 g + \nu_2 g^2 + \cdots,$$

in welchem $\nu_0 \geqq \nu_1 \geqq \nu_2 \geqq \ldots$ ist. Bestimmt man diesen Bedingungen genügende Zahlen ν so, dass

$$\begin{array}{ll} \nu_0 = \nu_1 \quad = \cdots = \nu_{a-1},\; \nu_{a-1} - \nu_a = \alpha & \\ \nu_a = \nu_{a+1} = \cdots = \nu_{b-1},\; \nu_{b-1} - \nu_b = \beta & \\ \quad\vdots & (a<b<c<\cdots<l) \\ \nu_k = \nu_{k+1} = \cdots = \nu_{l-1},\; \nu_{l-1} \qquad = \lambda & \end{array}$$

also

$$\nu_{a-1} = \alpha+\beta+\gamma+\cdots+\lambda,\; \nu_{b-1} = \beta+\gamma+\cdots+\lambda,\; \nu_{c-1} = \gamma+\cdots+\lambda, \cdots \nu_{l-1} = \lambda$$

wird, so sind $\nu_0, \nu_1, \ldots \nu_{l-1}$ die Ziffern der im Zahlensysteme $(10 = 1+n)$ dargestellten Zahl

$$\frac{1}{g-1}(\alpha g^a + \beta g^b + \gamma g^c + \cdots - \alpha - \beta - \gamma - \cdots),$$

d. h. des Exponenten derjenigen Potenz von v, welche die oben mit

$$S\begin{pmatrix} a, b, c, \ldots l \\ \alpha, \beta, \gamma, \ldots \lambda \end{pmatrix}$$

bezeichnete symmetrische Function der Grössen y zum Factor hat. Diese Functionen S sind daher, durch die elementaren symmetrischen Functionen $\mathfrak{g}$ ausgedrückt, gleich einfachen Producten

$$\mathfrak{g}_{\alpha+\beta+\gamma+\cdots+\lambda}^{a}\,\mathfrak{g}_{\beta+\gamma+\cdots+\lambda}^{b-a}\,\mathfrak{g}_{\gamma+\cdots+\lambda}^{c-b}\cdots\mathfrak{g}_{\lambda}^{l-k},$$

und jede ganze ganzzahlige symmetrische Function der Grössen y ist daher als ganze ganzzahlige lineare Function solcher Producte von $\mathfrak{g}_1, \mathfrak{g}_2, \ldots$ darstellbar.

Geht man von den durch die obige Gleichung

$$\mathfrak{S}\begin{pmatrix} a, b, c, \ldots l \\ \alpha, \beta, \gamma, \ldots \lambda \end{pmatrix} = \Sigma y_{i_1}^{q_1} y_{i_2}^{q_2} \ldots y_{i_n}^{q_n}$$

bestimmten Exponenten q aus, so sind die Zahlen ν dadurch zu definiren, dass für $r = 1, 2, \ldots l$ stets genau $\nu_{r-1} - \nu_r$ Exponenten q den Werth r haben und dass $\nu_l = 0$ sein soll.

Die Festsetzung einer durch ein gewisses Princip bestimmten Ordnung und Reihenfolge für die ganzen Functionen mehrerer Variabeln ist einer der wesentlichsten Punkte in den vorstehenden Entwickelungen. Sie schliessen sich damit jenen Betrachtungen an, mittels deren *Gauss* im 4. Abschnitt seiner am 7. Dec. 1815 der Göttinger Societät überreichten Abhandlung (Bd. III. S. 36. der gesammelten Werke) den Nachweis geführt hat, dass jede ganze ganzzahlige symmetrische Function sich als ganze ganzzahlige Function der elementaren symmetrischen Functionen darstellen lässt, und ich will diesen Zusammenhang mit den *Gauss*'schen Betrachtungen sowie die eigentliche Quelle derselben durch näheres Eingehen auf die dabei leitenden allgemeineren Gesichtspunkte noch im Folgenden klar legen.

III. Die verschiedenen Systeme von je m Elementen, welche aus m Reihen von Elementen dadurch zu bilden sind, dass das $k$te Element jedes Systems aus der $k$ten Reihe entnommen wird, können in einer Weise geordnet werden, bei der einerseits die Aufeinanderfolge der Elemente innerhalb jeder einzelnen Reihe, andrerseits die Aufeinanderfolge der m Reihen massgebend ist, nämlich so, dass von zwei Systemen dasjenige dem andern vorangeht, dessen erstes Element das innerhalb der ersten Reihe voranstehende ist, und falls die ersten $(k-1)$ Elemente des einen Systems mit den entsprechenden des andern übereinstimmen, dasjenige, dessen $k$tes Element innerhalb der $k$ten Reihe voransteht.

Die Elemente jeder einzelnen Reihe werden unter einander verschieden vorausgesetzt, aber die Elemente der verschiedenen Reihen können ganz oder theilweise mit einander identisch sein. Werden die Elemente der $k$ten Reihe mit $a_k, b_k, c_k, \ldots$ bezeichnet, so lässt sich die angegebene Anordnung von Systemen

$$(a_1, a_2, a_3, \ldots), \; (a_1, a_2, b_3, \ldots), \; (a_1, b_2, a_3, \ldots), \; (a_1, b_2, b_3, \ldots), \ldots$$

einfach als die lexikographische oder alphabetische charakterisiren. Wenn aber jede der m Reihen aus den g ganzen Zahlen $0, 1, 2, \dots g-1$ besteht, so erscheinen die Systeme von m Zahlen

$$(r_1, r_2, r_3, \dots r_m) \qquad (r_1, r_2, \dots r_m = 0, 1, \dots g-1)$$

bei jener Anordnung nach der Grösse der Werthe von

$$r_1 g^{-1} + r_2 g^{-2} + r_3 g^{-3} + \cdots + r_m g^{-m}$$

oder von

$$r_1 g^{m-1} + r_2 g^{m-2} + r_3 g^{m-3} + \cdots + r_m$$

geordnet, also nach der Grösse der in dem Zahlensystem mit der Grundzahl g durch die Ziffern $(r_1\, r_2 \dots r_m)$ repräsentirten Zahlen.

IV. Geht bei der dargelegten Anordnung ein System ganzer nicht negativer Zahlen $(r_1, r_2, \dots r_m)$ einem andern Systeme $(s_1, s_2, \dots s_m)$ voran, so kann füglich der erstere der beiden Ausdrücke

$$x_1^{r_1} x_2^{r_2} \dots x_m^{r_m}, \quad x_1^{s_1} x_2^{s_2} \dots x_m^{s_m}$$

als der von niederer Ordnung, der letztere als der von höherer Ordnung gelten. Die Ordnung einer beliebigen ganzen Function von $x_1, x_2, \dots x_m$ d. h. also eines Aggregates von einzelnen Gliedern

$$x_1^{k_1} x_2^{k_2} \dots x_m^{k_m}$$

möge durch diejenige des Gliedes höchster Ordnung und demnach durch dessen Exponenten-System bestimmt sein. Dann sind die Ordnungen *symmetrischer* Functionen durch Exponenten-Systeme

$$(t_1, t_2, \dots t_m)$$

bestimmt, bei denen $t_1 \geqq t_2 \geqq t_3 \geqq \cdots \geqq t_m$ ist.

Ist irgend eine ganze Function $f(x_1, x_2, \dots x_m)$ von der Ordnung $(t_1, t_2, \dots t_m)$, und wird die ganze Zahl g so gross gewählt, dass die Function f in Bezug auf jede der Variabeln x von niederem Grade als g ist, so geht bei der Substitution

$$x_h = s_h v^{g^{m-h}} \qquad (h = 1, 2, \dots m)$$

$f(x_1, x_2, \dots x_m)$ in eine ganze Function von v vom Grade

$$t_1 g^{m-1} + t_2 g^{m-2} + \cdots + t_m$$

über, und die verschiedenen einzelnen Glieder

$$x_1^{k_1} x_2^{k_2} \dots x_m^{k_m},$$

aus denen $f(x_1, x_2, \dots x_m)$ zusammengesetzt ist, liefern ebenso viel verschiedene Potenzen von v, da für je zwei verschiedene Systeme

$$(r_1, r_2, \dots r_m), \quad (s_1, s_2, \dots s_m)$$

auch die Zahlen

$$r_1 g^{m-1} + r_2 g^{m-2} + \cdots + r_m, \; s_1 g^{m-1} + s_2 g^{m-2} + \cdots + s_m$$

von einander verschieden sind.

V. Sind $\psi_1, \psi_2, \dots \psi_\nu$ ganze ganzzahlige lineare Functionen von ν Elementen $\varphi_1, \varphi_2, \dots \varphi_\nu$, so kann man die beiden Elementen-Systeme als äquivalent bezeichnen, wenn die Substitutions-Determinante gleich Eins ist, und also auch die Elemente φ als ganze ganzzahlige lineare Functionen der ν Elemente ψ darzustellen sind. Ist im Besonderen

$$\psi_\alpha = \varphi_\alpha + \sum_\beta c_{\alpha\beta}\varphi_\beta \qquad (\alpha = 1, 2, \dots \nu;\ \beta = 1, 2, \dots \alpha - 1),$$

und sind die Coëfficienten c ganz, so erhellt unmittelbar, dass die Elemente φ als ganze ganzzahlige lineare Functionen von $\psi_1, \psi_2, \dots \psi_\nu$ darstellbar sind. Nimmt man nun für die Elemente φ die verschiedenen einzelnen Glieder $x_1^{k_1} x_2^{k_2} \dots x_m^{k_m}$, welche in einer bestimmten ganzen ganzzahligen Function $f(x_1, x_2, \dots x_m)$ vorkommen, so sind die Elemente ψ des andern Systems als ebensoviel ganze ganzzahlige Functionen der verschiedenen Ordnungen $(k_1, k_2, \dots k_m)$ zu charakterisiren, in denen das Glied der höchsten Ordnung d. h. das für die Ordnung massgebende Glied den Coëfficienten Eins hat. Wenn ferner

$$k_1, k_2, \dots k_m$$

lauter Systeme von Zahlen bedeuten, für welche $k_1 \geqq k_2 \geqq k_3 \geqq \cdots \geqq k_m$ ist, und zwar sowohl ein bestimmtes solches System

$$t_1, t_2, \dots t_m$$

als auch die sämmtlichen Systeme, welche diesem vorangehen, so sind die beiden Systeme symmetrischer Functionen

$$\sum_{(i)} x_{i_1}^{k_1} x_{i_2}^{k_2} \dots x_{i_m}^{k_m} \quad \text{und} \quad \mathfrak{f}_1^{k_1-k_2} \mathfrak{f}_2^{k_2-k_3} \dots \mathfrak{f}_m^{k_m}$$

einander äquivalent und beziehungsweise für die Systeme φ und ψ zu nehmen, vorausgesetzt, dass die Summation nur auf alle diejenigen Permutationen (i) der Zahlen $1, 2, \dots m$ erstreckt wird, für welche die einzelnen Glieder von einander verschieden sind. Für jedes bestimmte Exponenten-System $(k_1, k_2, \dots k_m)$ ist nämlich die Differenz

$$\mathfrak{f}_1^{k_1-k_2} \mathfrak{f}_2^{k_2-k_3} \dots \mathfrak{f}_m^{k_m} - \sum_{(i)} x_{i_1}^{k_1} x_{i_2}^{k_2} \dots x_{i_m}^{k_m}$$

eine ganze ganzzahlige symmetrische Function niedrigerer Ordnung, also eine ganze ganzzahlige lineare Function von Ausdrücken

$$\sum_{(i)} x_{i_1}^{h_1} x_{i_2}^{h_2} \dots x_{i_m}^{h_m},$$

deren Exponenten-Systeme $(h_1, h_2, \dots h_m)$ dem Systeme $(k_1, k_2, \dots k_m)$ vorangehen. Dies ist die oben erwähnte *Gauss*'sche Deduction, und die Reihenfolge der symmetrischen Functionen

$$\sum_{(i)} x_{i_1}^{k_1} x_{i_2}^{k_2} \dots x_{i_m}^{k_m},$$

auf der sie beruht, kann nach den im II. Abschnitt enthaltenen Ausführungen auch durch die Grössenfolge der Werthe von

$$g^{k_1} + g^{k_2} + \dots + g^{k_m}$$

charakterisirt werden, wenn $g > m$ genommen wird. Die Deduction selbst lässt sich aber einfach dahin zusammenfassen, dass durch

$$\mathfrak{f}_a^{\alpha} \mathfrak{f}_b^{\beta} \mathfrak{f}_c^{\gamma} \dots$$

symmetrische Functionen aller Ordnungen von $x_1, x_2, \dots x_m$, in denen der Coëfficient des Gliedes höchster Ordnung gleich Eins ist, dargestellt werden, dass also die Reihe dieser symmetrischen Functionen zu der Reihe der Functionen

$$\sum_{(i)} x_{i_1}^{k_1} x_{i_2}^{k_2} \dots x_{i_m}^{k_m}$$

in der Beziehung der Äquivalenz steht, und zwar in derjenigen, welche oben für die Reihe der Functionen ψ und φ im Besonderen hervorgehoben worden ist.

Für die wirkliche Darstellung symmetrischer Functionen von $x_1, x_2, \dots x_m$ als Aggregate von Gliedern

$$\mathfrak{f}_1^{k_1-k_2} \mathfrak{f}_2^{k_2-k_3} \dots \mathfrak{f}_m^{k_m}$$

sei noch bemerkt, dass wenn die darzustellende Function homogen ist, für alle Systeme $k_1, k_2, \dots k_m$ die Summe gleich der Dimension sein muss. Es kommen also, wenn die Ordnung der darzustellenden Function durch $(t_1, t_2, \dots t_m)$ bestimmt ist, nur solche Glieder vor, bei denen die Zahlen k, welche für die Ordnung bezeichnend sind, den Bedingungen

$$k_1 g^{m-1} + k_2 g^{m-2} + \dots + k_m \leqq t_1 g^{m-1} + t_2 g^{m-2} + \dots + t_m$$

$$k_1 + k_2 + \dots + k_m = t_1 + t_2 + \dots + t_m$$

$$k_1 \leqq k_2 \leqq k_3 \leqq \dots \leqq k_m$$

genügen, d. h. nur solche Glieder, bei denen die mit der Grundzahl g gebildeten Ordnungszahlen nicht grösser sind als diejenige für die darzustellende Function, während deren Ziffern ihrer Grösse nach auf einander folgen und dieselbe Summe haben. So können z. B. bei der Darstellung der Function

$$(x_1 - x_2)^2 (x_2 - x_3)^2 (x_3 - x_1)^2,$$

welche die Dimension 6 und, wenn $g = 10$ genommen wird, die Ordnung 420 hat, nur Glieder mit den Zahlen

$$420, 411, 330, 321, 222$$

vorkommen, da die vier letzteren Zahlen die einzigen *unter* 420 sind, deren Ziffern der Grösse nach auf einander folgen und die Summe 6 haben. Die zugehörigen Glieder selbst sind

$$\mathfrak{f}_1^2\mathfrak{f}_2^2,\ \mathfrak{f}_1^3\mathfrak{f}_3,\ \mathfrak{f}_2^3,\ \mathfrak{f}_1\mathfrak{f}_2\mathfrak{f}_3,\ \mathfrak{f}_3^2,$$

und die numerischen Coëfficienten bei der Darstellung jenes quadratischen Differenzen-Products lassen sich einfach durch Annahme specieller Werthsysteme für x_1, x_2, x_3 ermitteln.

VI. Die im I. Abschnitte benutzte Eigenschaft der elementaren symmetrischen Functionen $\mathfrak{f}$, dass zwischen den verschiedenen Gliedern $\mathfrak{f}_a^\alpha \mathfrak{f}_b^\beta \mathfrak{f}_c^\gamma \dots$ keine lineare Relation besteht, kann natürlich auch daraus erschlossen werden, dass die Functionaldeterminante der m Functionen $\mathfrak{f}$ von Null verschieden ist. Setzt man

$$\mathfrak{F}(x) = \mathfrak{f}_0 x^m - \mathfrak{f}_1 x^{m-1} + \mathfrak{f}_2 x^{m-2} - \cdots \pm \mathfrak{f}_m = \mathfrak{f}_0 \prod_{\lambda=1}^{\lambda=m} (x - x_\lambda)$$

und differentiirt nach x_r, so kommt, wenn die Ableitung von $\mathfrak{f}_\lambda$ nach x_r mit $\mathfrak{f}_{\lambda r}$ bezeichnet und $\mathfrak{f}_{0r} = 0$ genommen wird:

$$\text{(C)} \qquad \sum_{\lambda=1}^{\lambda=m} (-1)^\lambda \mathfrak{f}_{\lambda r} x^{m-\lambda} = \frac{\mathfrak{F}(x)}{x_r - x},$$

so dass

$$\mathfrak{f}_{\lambda r} = \mathfrak{f}_0 x_r^{\lambda-1} - \mathfrak{f}_1 x_r^{\lambda-2} + \mathfrak{f}_2 x_r^{\lambda-3} - \cdots \pm \mathfrak{f}_{\lambda-1}$$

oder auch

$$(-1)^{\lambda-1} \mathfrak{f}_{\lambda r} = \mathfrak{f}_\lambda x_r^{-1} - \mathfrak{f}_{\lambda+1} x_r^{-2} + \cdots \pm \mathfrak{f}_m x_r^{\lambda-m-1}$$

wird. Setzt man in der Gleichung (C) für x den Werth x_s, so kommt:

$$\sum_\lambda (-1)^\lambda \mathfrak{f}_{\lambda r} x_s^{m-\lambda} = -\delta_{rs} \mathfrak{F}'(x_r), \qquad (\lambda, r, s = 1, 2, \dots m)$$

wo $\delta_{rr}=1$, für $r \gtrless s$ aber $\delta_{rs}=0$ ist, und hieraus folgt die correspondirende Gleichung

$$\sum_s \frac{(-1)^k \mathfrak{f}_{hs} x_s^{m-k}}{\mathfrak{F}'(x_s)} = -\delta_{hk} \qquad (h, k, r, s=1, 2, \ldots m),$$

welche auch die *Euler*'schen Formeln enthält, sowie die Determinanten-Gleichung:

$$|\mathfrak{f}_{hk}|^2 = \mathfrak{f}_0^m \prod_h \mathfrak{F}'(x_h) \qquad (h, k=1, 2, \ldots m).$$

Dabei ist zu bemerken, dass die Grössen $\mathfrak{f}_{hk}$, wie die beiden verschiedenen Ausdrücke derselben zeigen, *ganze* algebraische Functionen von $\mathfrak{f}_0, \mathfrak{f}_1, \ldots \mathfrak{f}_m$ sind, und dass also das Quadrat der Determinante $|\mathfrak{f}_{hk}|$, da die sämmtlichen Glieder der ersten Verticalreihe $\mathfrak{f}_0$ sind, eine durch $\mathfrak{f}_0^2$ theilbare ganze ganzzahlige Function von $\mathfrak{f}_0, \mathfrak{f}_1, \ldots \mathfrak{f}_m$ sein muss.

DIE COMPOSITION ABELSCHER GLEICHUNGEN

VON

L. KRONECKER.

Sitzungsberichte der Königlich Preussischen Akademie der Wissenschaften zu Berlin vom Jahre 1882. S. 1059—1064.

DIE COMPOSITION ABELSCHER GLEICHUNGEN.

[Gelesen in der Akademie der Wissenschaften am 7. Dezember 1882.]

In den Vorlesungen über die Theorie der algebraischen Gleichungen, welche ich in diesem Winter an der hiesigen Universität halte, habe ich es versucht, gleich im Anfange bei der Behandlung der Gleichungen dritten und vierten Grades den Inhalt des von mir im Monatsbericht von 1853 S. 373[1]) aufgestellten Satzes zu entwickeln, soweit derselbe auf Gleichungen jener beiden Grade beschränkt und von der Beziehung auf die Kreistheilungs-Gleichungen entkleidet wird. Der citirte Satz, „dass die Wurzeln jeder *Abel*schen Gleichung mit ganzzahligen Coefficienten als rationale Functionen von Wurzeln der Einheit dargestellt werden können", besagt nämlich für den Fall der Gleichungen dritten Grades nichts Anderes, als dass die Wurzeln *jeder* kubischen *Abel*schen Gleichung mit ganzzahligen Coefficienten sich als rationale Functionen der Wurzeln derjenigen *speciellen Abel*schen Gleichungen dritten Grades ausdrücken lassen, welche bei der Kreistheilung auftreten.[2]) Es sind dies die kubischen Gleichungen, welche *Gauss* im Art. 358 der 7ten Section der *Disquisitiones arithmeticae*[3]) aufgestellt hat, und welche man mit Beibehaltung der dortigen Bezeichnungen auf die Form:[4])

$$\text{(A)} \qquad (3x+1)^3 - 3n(3x+1) - n(3k-2) = 0$$

bringen kann. Dabei ist n eine Primzahl von der Form $6h+1$, und die Zahl k ist von *Gauss* durch die Gleichung

$$(3k-2)^2 + 27N^2 = 4n$$

definirt, während sich die drei Wurzeln der kubischen Gleichung als die drei aus den $n$ten Wurzeln der Einheit zu bildenden Perioden von je $\frac{1}{3}(n-1)$ Gliedern bestimmen. Setzt man den Buchstaben p an Stelle von n, führt man ferner an Stelle der Zahlen k und N die durch die Bedingungen

$$p = r^2 - rs + s^2, \quad r \equiv s \ (\text{mod. } 3)$$

[1]) Bd. IV, S. 10 dieser Ausgabe von *L. Kronecker*'s Werken.

[2]) Vgl. Zusatz 28 am Ende dieses Bandes.

[3]) *Gauss*, Werke, Bd. I, S. 445 u. f.

[4]) Vgl. Zusatz 29 am Ende dieses Bandes.

definirten Zahlen r und s ein und nimmt endlich $-y = 3x + 1$, so resultirt die Form

$$(A') \qquad y^3 - 3py + p(r + s) = 0$$

für die von *Gauss* a. a. O. aufgestellten Gleichungen. Zu allen den Gleichungen (A'), welche den verschiedenen Primzahlen p entsprechen, ist aber noch die Gleichung

$$y^3 - 3y + 1 = 0$$

hinzuzunehmen, deren Wurzeln die drei aus 9ten Wurzeln der Einheit gebildeten Perioden

$$2\cos\frac{2\pi}{9}, \quad 2\cos\frac{4\pi}{9}, \quad 2\cos\frac{8\pi}{9}$$

sind, und welche entsteht, wenn man in (A')

$$p = 1, \quad r = 1, \quad s = 0$$

setzt. Dass alsdann die Reihe der auf diese Weise entstehenden *Abel*schen Gleichungen

$$(A') \qquad y^3 - 3py + p(r + s) = 0 \qquad (p = 1, 7, 13, 19, 31, \ldots)$$

genügend ist, um durch deren Wurzeln die Wurzeln *aller Abel*schen Gleichungen dritten Grades rational darzustellen, giebt den wesentlichen Inhalt des oben citirten, im Monatsbericht von 1853[1]) aufgestellten Satzes, soweit er die *Abel*schen Gleichungen *dritten* Grades betrifft, *losgelöst von der Beziehung zur Kreistheilung.* Um dieses Resultat herzuleiten, bedurfte es nur des Begriffes der „*Composition*" *Abel*scher Gleichungen, ganz analog jenem Begriffe der Composition allgemeiner algebraischer Formen, den ich in genauem Anschluss an die *Gauss*'sche Composition der quadratischen Formen im § 22, V[2]) meiner Festschrift zu Hrn. *Kummer*'s Doctor-Jubiläum eingeführt habe.

Bezeichnet man, wie in meinem Aufsatze im Monatsbericht vom December 1877 S. 845[3]) eine rationale Function von $n_1 \cdot n_2 \cdots n_\nu$ Grössen

$$x_{h_1, h_2, \ldots h_\nu} \qquad \begin{pmatrix} h_\alpha = 0, 1, 2, \ldots n_\alpha - 1 \\ \alpha = 1, 2, \ldots \nu \end{pmatrix}$$

als cyklisch, wenn sie bei der Substitution der Grössen

$$x_{h_1, h_2, \ldots h_\alpha + 1, \ldots h_\nu} \quad \text{an Stelle von} \quad x_{h_1, h_2, \ldots h_\alpha, \ldots h_\nu} \qquad (\alpha = 1, 2, \ldots \nu)$$

---

1) Bd. IV, S. 10 dieser Ausgabe von *L. Kronecker*'s Werken. H

2) Bd. II, S. 344 dieser Ausgabe von *L. Kronecker*'s Werken. H

3) Bd. IV, S. 65 dieser Ausgabe von *L. Kronecker*'s Werken. H

unverändert bleibt, so sind jene $n_1 \cdot n_2 \cdots n_\nu$ Grössen x die Wurzeln einer *Abel*schen Gleichung, wenn deren symmetrische und cyklische Functionen als Elemente des Rationalitäts-Bereichs genommen werden. Setzt man nun ferner

$$\sum x_{h_1, h_2, \ldots h_\nu} \cdot y_{k_1, k_2, \ldots k_\nu} = z_{h_1+k_1, h_2+k_2, \ldots h_\nu+k_\nu},$$

so werden hiermit unter der Voraussetzung, dass die Summation links über alle diejenigen $n_1 \cdot n_2 \cdots n_\nu$ Werthsysteme der Indices erstreckt wird, für welche

$$h_1 + k_1, h_2 + k_2, \ldots h_\nu + k_\nu$$

feste Werthe behalten, $n_1 \cdot n_2 \cdots n_\nu$ Grössen z definirt, deren cyklische Functionen ebensowohl zugleich cyklische Functionen der Grössen x, als solche der Grössen y sind. Dies erhellt unmittelbar daraus, dass die Substitution von

$$z_{h_1+k_1+1, h_2+k_2, \ldots h_\nu+k_\nu} \quad \text{an Stelle von} \quad z_{h_1+k_1, h_2+k_2, \ldots h_\nu+k_\nu}$$

ebensowohl durch die Substitution von

$$x_{h_1+1, h_2, \ldots h_\nu} \quad \text{an Stelle von} \quad x_{h_1, h_2, \ldots h_\nu}$$

als durch die Substitution von

$$y_{k_1+1, k_2, \ldots k_\nu} \quad \text{an Stelle von} \quad y_{k_1, k_2, \ldots k_\nu}$$

erwirkt werden kann. Die Grössen z sind demnach Wurzeln einer *Abel*schen Gleichung, wenn die symmetrischen und cyklischen Functionen der Grössen x und zugleich diejenigen der Grössen y als Elemente des Rationalitäts-Bereichs genommen werden, d. h. also, wenn der Rationalitäts-Bereich so beschaffen ist, dass sowohl die Grössen x als auch die Grössen y Wurzeln *Abel*scher Gleichungen sind, und es soll

> die *Abel*sche Gleichung, deren Wurzeln die $n_1 \cdot n_2 \cdots n_\nu$ Grössen z sind, als eine solche bezeichnet werden, die aus den beiden *Abel*schen Gleichungen, deren Wurzeln die Grössen x und y sind, *zusammengesetzt* oder *componirt* ist.[1])

Hiermit ist nur, in der gewöhnlichen Weise, eine Eigenschaft der durch Gleichungen definirten algebraischen Functionen auf die Gleichungen selbst übertragen; denn offenbar sind ja die Grössen z selbst, als *bilineare Functionen* der Grössen x und y rational aus diesen zusammengesetzt. Nach der aufgestellten Definition ist der Rationalitäts-Bereich der componirten *Abel*schen Gleichung aus den Elementen

[1]) Vgl. Zusatz 30 am Ende dieses Bandes. H

der Rationalitäts-Bereiche der Componenten zusammengesetzt, und ebenso ist der Gattungs-Bereich, welcher durch irgend eine der Wurzeln der componirten *Abel*schen Gleichung bestimmt wird, aus den Elementen zusammengesetzt, welche die beiden Gattungs-Bereiche der Wurzeln der Componenten bestimmen. Wenn also noch — ebenso wie bei *Gauss* die Composition der Formen auf die der Classen übertragen ist — die Composition der Gleichungen auf die der Gattungen, denen sie angehören, übertragen wird, so entspricht der Zusammensetzung von Gattungen *Abel*scher Gleichungen die Zusammensetzung der Gattungs-Bereiche ihrer Wurzeln.

Bezeichnet man, wie in meinem oben citirten Aufsatze vom December 1877,[1]) mit $\omega_1, \omega_2 \ldots$ primitive $n_1$te, $n_2$te, ... Wurzeln der Einheit und setzt

$$\varpi_{h_1, h_2, \ldots} = \sum_{r_1, r_2, \ldots} \omega_1^{h_1 r_1} \omega_2^{h_2 r_2} \ldots x_{r_1, r_2, \ldots} \qquad (r_\alpha = 0, 1, \ldots n_\alpha - 1)$$

$$\varpi'_{h_1, h_2, \ldots} = \sum_{s_1, s_2, \ldots} \omega_1^{h_1 s_1} \omega_2^{h_2 s_2} \ldots y_{s_1, s_2, \ldots} \qquad (s_\alpha = 0, 1, \ldots n_\alpha - 1)$$

$$\varpi''_{h_1, h_2, \ldots} = \sum_{t_1, t_2, \ldots} \omega_1^{h_1 t_1} \omega_2^{h_2 t_2} \ldots z_{t_1, t_2, \ldots} \qquad (t_\alpha = 0, 1, \ldots n_\alpha - 1)$$

so wird:

$$\varpi''_{h_1, h_2, \ldots} = \varpi_{h_1, h_2, \ldots} \cdot \varpi'_{h_1, h_2, \ldots},$$

und die Ausdrücke ϖ der componirten Gleichung sind daher gleich den Producten der entsprechenden Ausdrücke ϖ der Componenten. Hierin liegt das Mittel zur *Decomposition* gegebener *Abel*scher Gleichungen in „*elementare*", und da ich schon in jenem Aufsatze vom December 1877[2]) gezeigt habe, dass sich — bei etwas *weiter* gefasstem Begriffe der Zusammensetzung — alle *mehrfaltigen Abel*schen Gleichungen aus *einfachen* „zusammensetzen" lassen, so braucht man bei der Decomposition *Abel*scher Gleichungen nur von *einfachen* auszugehen. Ich bemerke hierbei, dass ich schon in meinem im Monatsbericht von 1853[3]) abgedruckten Aufsatze die Bezeichnung „*Abel*sche Gleichungen" für diejenigen eingeführt habe, die im Monatsbericht vom December 1877[4]) als „einfache" von den mehrfaltigen unterschieden sind. Aber da sich bei der schon dort berührten Composition *Abel*scher Gleichungen zeigt, dass nur die *einfachen Abel*schen Gleichungen einer besonderen Behandlung bedürfen, weil die andern auf diese zurückzuführen sind, so erscheint es zweckmässig, wie ich es in allen meinen früheren Arbeiten gethan habe, die *einfachen*

[1]) Bd. IV, S. 67 dieser Ausgabe von *L. Kronecker*'s Werken. H
[2]) Bd. IV, S. 69 dieser Ausgabe von *L. Kronecker*'s Werken. H
[3]) Bd. IV, S. 6 dieser Ausgabe von *L. Kronecker*'s Werken. H
[4]) Bd. IV, S. 65—67 dieser Ausgabe von *L. Kronecker*'s Werken. H

*Abel*schen Gleichungen schlechthin als „*Abel*sche Gleichungen“ zu bezeichnen, die *mehrfaltigen* aber ausdrücklich durch Hinzufügung dieses Beiwortes zu charakterisiren.

Für eine (einfache) *Abel*sche Gleichung ist die oben mit ν bezeichnete Zahl gleich Eins.[1]) Es sind daher die n durch die Gleichung

$$x_{h'+h''} = \sum x'_{h'} x''_{h''} \qquad (h', h'' = 0, 1, \ldots n-1)$$

definirten Grössen x Wurzeln einer *Abel*schen Gleichung, wenn die Summation auf alle Werthe h', h'' erstreckt wird, für welche die Summe $h' + h''$ einen festen Werth hat. Dabei ist der Rationalitäts-Bereich der Gleichung für x aus den Elementen der beiden Rationalitäts-Bereiche zusammengesetzt, welchen die *Abel*schen Gleichungen für x' und x'' angehören, und es ist

$$\varpi_h = \varpi'_h \varpi''_h ,$$

wenn

$$\varpi_h = \sum_r \omega^{hr} x_r, \quad \varpi'_h = \sum_r \omega^{hr} x'_r, \quad \varpi''_h = \sum_r \omega^{hr} x''_r \qquad (h, r = 0, 1, \ldots n-1)$$

gesetzt wird und ω eine primitive $n$te Wurzel der Einheit bedeutet. Setzt man

$$\sum x_h x'''_{h'''} = x_{h+h'''}, \qquad (h, h''' = 0, 1, \ldots n-1),$$

so zeigt sich, dass durch Composition dreier *Abel*scher Gleichungen eine *Abel*sche Gleichung entsteht, deren n Wurzeln durch den Ausdruck

$$\sum x'_{h'} x''_{h''} x'''_{h'''}$$

gegeben sind, wenn darin die Summation auf alle diejenigen Werthsysteme h', h'', h''' erstreckt wird, bei denen die Summe $h' + h'' + h'''$ einen festen Werth behält.

Die Frage der *Decomposition Abel*scher Gleichungen erfordert die Fixirung eines Rationalitäts-Bereiches $(\mathfrak{R}', \mathfrak{R}'', \mathfrak{R}''' \ldots)$. Ist ein solcher festgesetzt, so lässt sich eine *Abel*sche Gleichung $n$ten Grades, deren Wurzeln $x_0, x_1, \ldots x_{n-1}$ sind, aus zwei andern componiren, wenn der mit ϖ_h bezeichnete Ausdruck

$$\sum_r \omega^{hr} x_r \qquad (r = 0, 1, \ldots n-1)$$

sich als ein Product von zwei solchen Ausdrücken darstellen lässt, d. h. also, wenn

$$\varpi_h^n = (\varpi'_h \varpi''_h)^n$$

---

[1]) Vgl. Zusatz 28 am Ende des Bandes.

wird. Da die $n$ten Potenzen von ϖ_h, ϖ'_h, ϖ''_h dem aus den Elementen

$$\omega, \mathfrak{R}', \mathfrak{R}'', \mathfrak{R}''', \ldots$$

gebildeten Rationalitäts-Bereich angehören, so ist die Frage der Decomposition völlig bestimmt; ihre Lösung beruht auf der Zerlegung von ϖ''_h in Factoren und bildet eine der interessantesten Anwendungen der arithmetischen Theorie algebraischer Grössen, deren Grundzüge ich in meiner Festschrift[1]) zu Hrn. *Kummer*'s Doctor-Jubiläum auseinandergesetzt habe. Die erwähnte Frage leitet nämlich zu einer aprioristischen, arithmetisch-algebraischen Definition aller jener wichtigen Gleichungen, zu denen die neuere Entwickelung der Analysis geführt hat, im Falle des absoluten Rationalitäts-Bereichs $\mathfrak{R} = 1$ zu den Kreistheilungs-Gleichungen, im Falle, wo $\mathfrak{R}$ die Quadratwurzel einer ganzen Zahl ist, zu den Theilungsgleichungen elliptischer Functionen mit singulären Moduln. So ist für den Fall $\mathfrak{R} = 1$, und wenn n Primzahl ist, die Reihe der „*elementaren*“ *Abel*schen Gleichungen $n$ten Grades, aus denen sich *alle Abel*schen Gleichungen zusammensetzen lassen, von vornherein dadurch zu charakterisiren, dass in dem für die Wurzeln *Abel*scher Gleichungen im Monatsbericht von 1853 S. 372[2]) aufgestellten Ausdrucke VIII $F(\alpha) = 1$ und $\mathrm{Nm}\, f(\alpha)$, das ist $\varpi_h \varpi_{-h}$, gleich Eins oder gleich einer Primzahl sei. Dabei ist jedoch zu bemerken, dass der Nachweis der Existenz solcher Gleichungen ebenso aus der Theorie der complexen aus $n$ten Wurzeln der Einheit gebildeten Zahlen hergeleitet werden muss, wie bei *Gauss* für den Fall $n = 3$ an dem oben angeführten Orte auf die Theorie der quadratischen Formen verwiesen wird, um den Nachweis zu führen, dass für jede Primzahl p von der Form $6h + 1$ Zahlen r, s existiren, wofür $p = r^2 - rs + s^2$ wird, und dass demnach für jede solche Primzahl p eine Gleichung (A′) existirt. Für den Fall $n = 4$ besteht die Reihe der elementaren *Abel*schen Gleichungen aus den quadratischen, deren Wurzeln die Quadratwurzeln aus -1 und aus den sämmtlichen Primzahlen der Form $4k - 1$ sind, und aus den biquadratischen:

$$\text{(B)} \qquad x^4 - x^2 + \frac{b^2}{4p} = 0 \qquad (p = a^2 + b^2),$$

in denen p gleich 2 und gleich den verschiedenen Primzahlen der Form $4k + 1$ zu nehmen ist, und deren Wurzeln durch $\cos \frac{1}{2} \operatorname{Arc\,tg} \frac{b}{a}$ dargestellt werden können. Hierbei braucht man für a, b nur alle Zahlen zu nehmen, für welche $a + bi$ eine im

[1]) Bd. II, S. 237 dieser Ausgabe von *L. Kronecker*'s Werken. H

[2]) Bd. IV, S. 10 dieser Ausgabe von *L. Kronecker*'s Werken. H

Gauss'schen Sinne primäre complexe Primzahl oder $1+i$ ist, so dass die Zahlensysteme a, b abgesehen von der complexen Einheit durch die Gleichung

$$a^2+b^2 = 2, 5, 13, 17, 29, \ldots$$

bestimmt sind. Durch Composition von *Abel*schen Gleichungen dieser einen Reihe unter sich, so wie mit Gleichungen $x^2(x^2-q) = 0$ für $q = -1, 3, 7, 11, \ldots$, und mit solchen Gleichungen, die vier rationale Wurzeln haben, können *alle Abel*schen Gleichungen vierten Grades mit ganzzahligen Coefficienten gebildet werden, und man braucht dabei jede Gleichung der Reihe (B) nicht mehr als ein Mal mit sich selbst zu componiren.[1]) Es führt nämlich überhaupt die Composition einer irreductibeln *Abel*schen Gleichung $n$ten Grades mit einer solchen, die n rationale Wurzeln hat, zu einer Gleichung derselben Gattung, und *jede* Gleichung der Gattung kann aus einer derselben durch eine solche Composition gebildet werden. Ferner führt die Composition einer *Abel*schen Gleichung mit sich selbst auf eine Gleichung derselben Gattung, aber so, dass dabei die Reihenfolge der Wurzeln, welche offenbar bei der obigen Begriffsbestimmung der Composition von Einfluss ist, in einer Weise verändert wird, bei welcher die cyklischen Functionen unberührt bleiben.

[1]) Vgl. Zusatz 31 am Ende dieses Bandes. H

DIE KUBISCHEN ABELSCHEN GLEICHUNGEN DES BEREICHS $(\sqrt{-31})$

VON

L. KRONECKER.

Sitzungsberichte der Preussischen Akademie der Wissenschaften
zu Berlin vom Jahre 1882. S. 1151—1154.

DIE KUBISCHEN ABELSCHEN GLEICHUNGEN DES BEREICHS $\left(\sqrt{-31}\right)$.

[Gelesen in der Akademie der Wissenschaften am 21. Dezember 1882.]

Anknüpfend an meine kleine Abhandlung vom 7. December[1]) will ich hier an einem charakteristischen Beispiel in Kürze den ebenso überraschenden als befriedigenden Aufschluss über die arithmetisch-algebraische Natur der singulären Moduln der elliptischen Functionen mittheilen, welchen mir zwar der Hauptsache nach schon jene Untersuchungen, deren Resultate in den Monatsberichten vom Februar und April 1880[2]) abgedruckt sind, gebracht,*) aber doch erst meine neuen Studien über die Composition *Abel*scher Gleichungen völlig klar gemacht haben.

Bezeichnet man mit ζ eine durch die Gleichung $\zeta^2 + \zeta + 8 = 0$ oder $2\zeta + 1 = \sqrt{-31}$ bestimmte ganze algebraische Zahl, so sind alle ganzen algebraischen Zahlen des Gattungs-Bereichs $\left(\sqrt{-31}\right)$ durch $a + b\zeta$ repräsentirt, wenn a, b irgend welche ganze Zahlen bedeuten. Die sämmtlichen kubischen *Abel*schen Gleichungen des Gattungs-Bereichs $\left(\sqrt{-31}\right)$ werden erhalten, wenn man die drei Wurzeln x_0, x_1, x_2 durch Gleichungen

$$\left(x_0 + \omega^h x_1 + \omega^{2h} x_2\right)^3 = \left(\mathfrak{g}_0 + \omega^h \mathfrak{g}_1 + \omega^{2h} \mathfrak{g}_2\right)^2 \left(\mathfrak{g}_0 + \omega^{2h} \mathfrak{g}_1 + \omega^h \mathfrak{g}_2\right) \qquad (h = 0, 1, 2)$$

bestimmt, in denen ω eine primitive dritte Wurzel der Einheit und jede der drei Grössen $\mathfrak{g}$ eine Zahl des Rationalitäts-Bereichs $\left(\sqrt{-31}\right)$ bedeutet. Bei der Decomposition der kubischen *Abel*schen Gleichungen des Gattungs-Bereichs $\left(\sqrt{-31}\right)$ handelt es sich also nach den Darlegungen in meiner vorigen Abhandlung um die Zerlegung jener Ausdrücke $\left(x_0 + \omega^h x_1 + \omega^{2h} x_2\right)^3$

---

*) Vergl. die bezüglichen Mittheilungen im § 19, S. 67 und 68 meiner Festschrift zu Hrn. *Kummers* Doctor-Jubiläum.[3])

[1]) Die Composition *Abel*scher Gleichungen, Bd. IV, S. 115 dieser Ausgabe von *L. Kronecker*'s Werken. H

[2]) Über die Irreduktibilität von Gleichungen, Bd. II, S. 83 und Über die Potenzreste gewisser komplexer Zahlen, Bd. II, S. 95 dieser Ausgabe von *L. Kronecker*'s Werken. H

[3]) Bd. II, S. 323 u. 324 dieser Ausgabe von *L. Kronecker*'s Werken. H

in Factoren, d. h. es müssen ganze algebraische Zahlen von der Form:

$$(g_0 + \omega^h g_1 + \omega^{2h} g_2)^2 (g_0 + \omega^{2h} g_1 + \omega^h g_2),$$

in denen g_0, g_1, g_2 ganze algebraische Zahlen des Bereichs $(\sqrt{-31})$ sind, in Factoren von eben derselben Form zerlegt werden.

Die sämmtlichen Primformen des Gattungs-Bereichs (ζ, ω) ergeben sich aus der Zerlegung der gewöhnlichen Primzahlen in ihre algebraischen Primtheiler. Die Primzahlen selbst sondern sich darnach in vier Kategorien: $p, q, \mathfrak{p}, \mathfrak{q}$, und sie werden durch die Relationen

$$\left(\frac{-31}{p}\right) = 1, \quad \left(\frac{-3}{p}\right) = 1; \qquad \left(\frac{-31}{q}\right) = -1, \quad \left(\frac{-3}{q}\right) = 1$$
$$\left(\frac{-31}{\mathfrak{p}}\right) = 1, \quad \left(\frac{-3}{\mathfrak{p}}\right) = -1; \quad \left(\frac{-31}{\mathfrak{q}}\right) = -1, \quad \left(\frac{-3}{\mathfrak{q}}\right) = -1$$

von einander geschieden, in welchen die Parenthesen-Brüche in üblicher Weise die *Legendre*'schen Zeichen für den quadratischen Restcharakter der Zahlen -3 und -31 bedeuten. Die Anzahl der verschiedenen Classen algebraischer Formen ist für die Gattungs-Bereiche $(\sqrt{-3})$ und $(\sqrt{3 \cdot 31})$ gleich *Eins*, für den Gattungs-Bereich $(\sqrt{-31})$ aber gleich *Drei*, und da die algebraischen Formen des Gattungs-Bereichs $(\sqrt{-3}, \sqrt{-31})$ sich — im Sinne relativer Äquivalenz — aus denen jener drei Bereiche zusammensetzen lassen, so ist die Classenanzahl für den Bereich $(\sqrt{-3}, \sqrt{-31})$ ebenfalls gleich *Drei*. Die Primzahlen p sondern sich hiernach in solche (p^0), welche sich als Normen ganzer algebraischer Zahlen des Bereichs $(\sqrt{-3}, \sqrt{-31})$ darstellen lassen, und in solche (p'), deren Kubus erst diese Eigenschaft besitzt. Diese Primzahlen p' sind es, deren Verhalten bei den *Abel*schen Gleichungen besonders hervorgehoben zu werden verdient.

Für alle Primzahlen p giebt es ganze Zahlen r, s, so dass

$$\mathrm{Nm}\,(r - \zeta) \equiv 0 \pmod{p}, \quad \mathrm{Nm}\,(s - \omega) \equiv 0 \pmod{p}$$

wird, und die ganze algebraische Form mit den Unbestimmten u, u', u'':

$$pu + (r - \zeta)u' + (s - \omega)u''$$

ist für die Zahlen p^0 einer ganzen algebraischen Zahl des Bereichs (ζ, ω) absolut äquivalent, gehört also der Hauptclasse an, während für die Primzahlen p' erst die dritte Potenz jener Form eine Form der Hauptclasse ist. Wird nun für diesen letzteren Fall jene Form selbst oder eine ihr absolut äquivalente Form mit $F(u, \zeta, \omega)$ bezeichnet, so sind die drei Classen algebraischer Formen durch

$$1, \quad F(u, \zeta, \omega), \quad (F(u, \zeta, \omega))^2$$

zu repräsentiren. Die mit $F(u, \zeta, \omega)$ conjugirte Form $F(u, \zeta, \omega^2)$ muss demnach entweder der Form $F(u, \zeta, \omega)$ oder deren Quadrat relativ äquivalent sein. Das Letztere ist aber unmöglich, da alsdann

$$F(u, \zeta, \omega) F(u, \zeta, \omega^2) \text{ relativ äquivalent } F(u, \zeta, \omega)^3$$

wäre, also das Product der Formen $F(u, \zeta, \omega), F(u, \zeta, \omega^2)$ der Hauptclasse angehören und einer ganzen algebraischen *Zahl* des Bereichs (ζ) oder $\left(\sqrt{-31}\right)$ absolut äquivalent sein würde, während die Primzahl p', welcher

$$\operatorname{Nm} F(u, \zeta, \omega) \quad \text{oder} \quad \operatorname{Nm} \left(F(u, \zeta, \omega) \cdot F(u, \zeta, \omega^2)\right)$$

absolut äquivalent ist, nicht als Norm einer ganzen algebraischen Zahl $a + b\zeta$ dargestellt werden kann. Hiernach ist nothwendig

$$F(u, \zeta, \omega) \text{ relativ äquivalent } F(u, \zeta, \omega^2),$$

also auch

$$F(u, \zeta, \omega)^2 \cdot F(u, \zeta, \omega^2) \text{ relativ äquivalent } \textit{Eins},$$

d. h. es finden, wenn $H(\zeta, \omega)$ und $\Theta(\zeta, \omega)$ ganze algebraische Zahlen des Bereichs (ζ, ω) bedeuten, die absoluten Äquivalenzen

$$F(u, \zeta, \omega)^3 \sim H(\zeta, \omega), \quad F(u, \zeta, \omega)^2 \cdot F(u, \zeta, \omega^2) \sim \Theta(\zeta, \omega)$$

statt, oder also die Gleichungen

$$F(u, \zeta, \omega)^3 = E^0(u, \zeta, \omega) \cdot H(\zeta, \omega)$$

$$F(u, \zeta, \omega)^2 \cdot F(u, \zeta, \omega^2) = E'(u, \zeta, \omega) \cdot \Theta(\zeta, \omega),$$

in denen $E(u, \zeta, \omega), E'(u, \zeta, \omega)$ *primitive* oder *Einheits-Formen* bezeichnen. Aus diesen beiden Gleichungen folgt die Relation

$$H(\zeta, \omega)^2 \cdot H(\zeta, \omega^2) \cdot \bar{E}(u, \zeta, \omega) = E'(u, \zeta, \omega)^3 \cdot \Theta(\zeta, \omega)^3,$$

wenn $\bar{E}(u, \zeta, \omega) = E^0(u, \zeta, \omega)^2 \cdot E^0(u, \zeta, \omega^2)$ gesetzt wird, und aus dieser Relation ist nach jenem im § 15, IX[1]) meiner oben citirten Festschrift entwickelten Satze zu erschliessen, dass

$$H(\zeta, \omega)^2 H(\zeta, \omega^2) = \Theta(\zeta, \omega)^3 \cdot E(\zeta, \omega)$$

[1]) Bd. II, S. 305 dieser Ausgabe von *L. Kronecker*'s Werken.

sein muss, wo $E(\zeta, \omega)$ eine ganze algebraische Einheit des Bereichs (ζ, ω), d. h. eine ganze algebraische *Zahl* dieses Bereichs bedeutet, deren Norm gleich Eins ist.

Alle diejenigen kubischen *Abel*schen Gleichungen, für welche

$$(x_0 + \omega x_1 + \omega^2 x_2)(x_0 + \omega^2 x_1 + \omega x_2)$$

nur eine Potenz von p' ist, sind in solche zu zerlegen, bei denen

$$(x_0 + \omega x_1 + \omega^2 x_2)^3 = H(\zeta, \omega)^2 H(\zeta, \omega^2)$$

ist, und $H(\zeta, \omega)$ ist eine ganze algebraische Zahl, deren Norm der Kubus von p' ist. Nun wird aber nach der obigen Entwickelung alsdann

$$x_0 + \omega x_1 + \omega^2 x_2 = \Theta(\zeta, \omega)\sqrt[3]{E(\zeta, \omega)},$$

d. h. alle diese *Abel*schen Gleichungen gehören, wenn nur eine einfache Einheit $\pm\omega^n$ zu $E(\zeta, \omega)$ als Factor hinzugefügt wird, zu derselben Gattung wie die *eine* *Abel*sche Gleichung, deren drei Wurzeln ξ_0, ξ_1, ξ_2 durch die Gleichungen

$$\xi_0 + \xi_1 + \xi_2 = \eta_1 + \eta_2, \quad \xi_0 + \omega^2\xi_1 + \omega\xi_2 = \sqrt[3]{\eta_1}, \quad \xi_0 + \omega\xi_1 + \omega^2\xi_2 = \sqrt[3]{\eta_2}$$

gegeben sind, wenn η_1, η_2 die conjugirten Fundamental-Einheiten

$$\eta_1 = 1 - \zeta + 3\omega, \quad \eta_2 = 1 - \zeta + 3\omega^2$$

bedeuten. Im Bereiche (ζ, ω) giebt es nämlich nur die eine Fundamental-Einheit η_1 und *jede* Einheit $E(\zeta, \omega)$ ist also als eine ganze Potenz von η_1, multiplicirt mit einer einfachen Einheit, darzustellen. Diese eine Gleichung*)

$$(x - \xi_0)(x - \xi_1)(x - \xi_2) = x^3 - 10x + \sqrt{-31}(x^2 - 1) = 0$$

charakterisirt aber jene merkwürdige Gattung von Gleichungen, deren Wurzeln die zu $\sqrt{-31}$ gehörigen singulären Moduln der elliptischen Functionen sind, und diese Gleichung bildet demnach, so zu sagen, die „Einheitsgleichung" für die kubischen *Abel*schen Gleichungen des Bereichs $(\sqrt{-31})$, ebenso wie für den absoluten Rationalitäts-Bereich jene Gleichung $y^3 - 3y + 1$ (vergl. S. 1060)[1]), deren Wurzeln durch die neunten Wurzeln der Einheit gegeben werden. Aber noch besser wird jene besondere, und jede derselben Gattung angehörige, kubische *Abel*sche Gleichung

*) Vergl. meine Mittheilung im Monatsbericht vom April 1880.[2])

[1]) Bd. IV, S. 116 dieser Ausgabe von *L. Kronecker's* Werken. H

[2]) Bd. II, S. 95—101 dieser Ausgabe von *L. Kronecker's* Werken. H

des Bereichs $(\sqrt{-31})$ vor allen übrigen dadurch charakterisirt, dass bei deren Auflösung die Kubikwurzel aus einer ganzen algebraischen Zahl des Bereiches $(\sqrt{-3}, \sqrt{-31})$ zu nehmen ist, welche im *arithmetischen*, aber nicht im *algebraischen* Sinne ein vollständiger Kubus ist,

> dass daher die Gattung algebraischer Zahlen, welche durch die Wurzeln jener besonderen Gleichung definirt wird, gewissermassen *arithmetisch* dem Bereiche $(\sqrt{-31})$ selbst angehörig und *algebraisch* demselben unmittelbar „*associirt*“ erscheint. —

Wie es in dem hier entwickelten speciellen Falle von $(\sqrt{-31})$ genügt, eine *Abel*sche Gleichung zu nehmen, bei deren Auflösung nur die Wurzel aus einer *Einheit* vorkommt, so findet dies allgemein für den Fall $\sqrt{-D}$ statt, wenn $-D$ eine im *Gauss*'schen Sinne reguläre Determinante quadratischer Formen ist. Aber für irreguläre Determinanten treten ebensoviel besondere *Abel*sche Gleichungen auf, als Formen zur Composition nöthig sind, und dass auf diese Weise ein merkwürdiger Zusammenhang der Composition *Abel*scher Gleichungen mit der Composition der quadratischen Formen aufgedeckt wird, kann wohl als eine Bewährung der Principien angesehen werden, welche ich in meiner vorigen Abhandlung aufgestellt habe.

ZUR THEORIE DER ABELSCHEN GLEICHUNGEN

VON

L. KRONECKER.

Crelle, Journal für die reine und angewandte Mathematik. Bd. 93. S. 333—364.

VORBEMERKUNG.[1])

In einem Aufsatze, betitelt „*Zur Theorie der arithmetischen Functionen, welche von Jacobi* $\psi(\alpha)$ *genannt werden*",[2]) entwickelt Herr *Schwering* den Satz, *dass* $1+\psi(\alpha)$ *immer durch* $(1-\alpha)^3$ *theilbar ist*". Diese Functionen $\psi(\alpha)$ werden bei *Jacobi* (vergl. Bd. 30, S. 166 des Journals für Mathematik)[3]) ursprünglich mittels der Gleichung

$$\psi_{\mu,\nu}(\alpha)\sum_r \alpha^{(\mu+\nu)r}x^{g^r}=\sum_r \alpha^{\mu r}x^{g^r}\cdot\sum_r \alpha^{\nu r}x^{g^r} \qquad (r=0,1,\ldots p-2)$$

definirt, in welcher α eine λte, x eine $p$te Wurzel der Einheit, g eine primitive Congruenzwurzel von p, ferner p eine Primzahl von der Form $2m\lambda+1$ und λ eine Primzahl bedeutet, die grösser als *drei* ist. Aus der angeführten Definitions-Gleichung folgt unmittelbar, wie *Jacobi* in der citirten Notiz S. 170[4]) angedeutet und in seinen Vorlesungen näher ausgeführt hat, die Darstellung der Functionen $\psi(\alpha)$:

$$\psi_{\mu,\nu}(\alpha)=\sum_m \alpha^{\mu\,\mathrm{ind.}\,m+\nu\,\mathrm{ind.}(m+1)} \qquad (m=1,2,\ldots,p-2),$$

welche in Herrn *Schwerings* Aufsatz mit (6.) bezeichnet ist (vergl. auch S. 93 des *Bachmann*schen Werkes über Kreistheilung). Diese Darstellung der Functionen $\psi(\alpha)$ ist es, auf welche Herr *Schwering* den Nachweis der Congruenz

$$\psi(\alpha)\equiv-1\ (\mathrm{mod.}\,(1-\alpha)^3)$$

gründet, und aus welcher er in einem „*Zusatz*" auch jene Reduction der Anzahl der ψ-Functionen auf den sechsten Theil herleitet, die schon von *Jacobi* in einer Anmerkung auf S. 170 des 30sten Bandes des Journals für Mathematik[5]) erwähnt worden ist (vergl. S. 346)[6]) des folgenden Aufsatzes).

Berlin, im December 1882. *Kronecker.*

[1]) Vgl. Zusatz 32 am Ende dieses Bandes. H
[2]) *Schwering*, Journal für Mathematik, Bd. 93, S. 334. H
[3]) *Jacobi*, Werke, Bd. VI, S. 254. H
[4]) *Jacobi*, Werke, Bd. VI, S. 259. H
[5]) *Jacobi*, Werke, Bd. VI, S. 259. H
[6]) Bd. IV, S. 142—143 dieser Ausgabe von *L. Kronecker's* Werken. H

ZUR THEORIE DER ABELSCHEN GLEICHUNGEN.

I.

Die von Herrn *Schwering* gefundene und nachgewiesene Eigenschaft der complexen Zahlen $\psi(\alpha)$ lässt sich auch aus allgemeineren Eigenschaften der bei den *Abel*schen Gleichungen auftretenden Ausdrücke herleiten.

Beschränkt man sich auf *einfache Abel*sche[1]) Gleichungen und bezeichnet man wie in meinem Aufsatze „Ueber *Abel*sche Gleichungen" (Monatsbericht der Akademie der Wissenschaften zu Berlin vom December 1877, S. 845 u. folg.[2])) mit

$$x_h \qquad (h=0,1,\ldots n-1)$$

n unbestimmte Grössen, mit ω eine primitive $n$te Wurzel der Einheit und mit ϖ_h die Summe

$$\sum_r \omega^{hr} x_r \qquad (r=0,1,\ldots n-1),$$

so wird der Quotient

$$\frac{\varpi_{ht}\varpi_{kt}}{\varpi_{(h+k)t}}$$

eine ganze Function von ω^t, deren Coefficienten rationale cyklische Functionen der n Grössen x sind, und welche mit $\psi_{h,k}(\omega^t)$ bezeichnet werden soll. Setzt man nämlich, wie schon a. a. O. angegeben worden, zuvörderst eine *Variable* w an Stelle der Wurzel der Einheit ω, so dass an die Stelle der mit ϖ_h bezeichneten Summe der Ausdruck

$$\sum_r w^{hr} x_r \qquad (r=0,1,\ldots n-1)$$

tritt, so findet offenbar die Congruenz

$$\sum_r w^{mr} x_r \equiv w^{ms} \sum_r w^{mr} x_{r+s} \ (\text{mod.}\,(w^n-1)) \qquad (r=0,1,\ldots n-1)$$

statt, wenn m, s irgend welche nicht negative ganze Zahlen bedeuten und unter x_k

---

[1]) Vgl. Zusatz 38 am Ende des Bandes. H

[2]) Bd. IV, S. 65 dieser Ausgabe von *L. Kronecker*'s Werken. H

für den Fall, dass $k > n - 1$ ist, der kleinste nicht negative Rest modulo n verstanden wird. Hieraus folgt die Congruenz

$$\prod_m \sum_r w^{mr} x_r \equiv \prod_m \sum_r w^{mr} x_{r+s} \;(\text{mod.}\,(w^n - 1)) \qquad (r = 0, 1, \ldots n-1),$$

wenn darin die Producte auf eine Reihe von Zahlen m erstreckt werden, deren Summe durch n theilbar ist. Da hiernach das Product

$$\prod_m \sum_r w^{mr} x_{r+s} \qquad (r = 0, 1, \ldots n-1;\; m = m_0, m_1, m_2, \ldots),$$

für den Fall, dass $m_0 + m_1 + m_2 + \cdots \equiv 0$ (mod. n) ist, im Sinne der Congruenz modulo $(w^n - 1)$ ungeändert bleibt, wenn für s irgend eine der Zahlen $0, 1, \ldots n - 1$ gesetzt wird, so ergiebt sich die Congruenz

$$\prod_m \sum_r w^{mr} x_r \equiv f(w) \;(\text{mod.}\,(w^n - 1)) \qquad (r = 0, 1, \ldots n-1;\; m = m_0, m_1, m_2, \ldots),$$

in welcher $f(w)$ eine ganze Function $(n - 1)$ten Grades von w bedeutet, deren Coefficienten ganze *cyklische* Functionen der n Grössen x sind. Verbindet man endlich hiermit die Congruenz

$$\prod_m \sum_r w^{mr} x_r \equiv \bar{f}(w) \;(\text{mod.}\,(w^n - 1)) \qquad (r = 0, 1, \ldots n-1;\; m = m_0, \bar{m}_1, \bar{m}_2, \ldots),$$

wo $m_0 + \bar{m}_1 + \bar{m}_2 + \cdots \equiv 0$ (mod. n) vorausgesetzt ist, und $\bar{f}(w)$ eine Function von derselben Beschaffenheit wie $f(w)$ bedeutet, so gelangt man zu der allgemeinen Congruenz

$$\bar{f}(w) \prod_m \sum_r w^{mr} x_r \equiv f(w) \prod_{\bar{m}} \sum_r w^{\bar{m}r} x_r \;(\text{mod.}\,(w^n - 1)) \qquad (r = 0, 1, \ldots n-1),$$

in welcher die Zahlen m, $\bar{m}$, auf welche die Multiplication zu erstrecken ist, nur der Bedingung unterworfen sind, daß die Summe der einen für den Modul n congruent der Summe der andern sein muss. Diese allgemeine Congruenz lässt sich auch in folgender Form darstellen:

$$\text{(A)} \qquad \Big(\sum_r w^{mr} x_r\Big)^l \cdot \Big(\sum_r w^{m'r} x_r\Big)^{l'} \cdot \Big(\sum_r w^{m''r} x_r\Big)^{l''} \cdots \equiv \varphi(w) \;(\text{mod.}\,(w^n - 1)),$$

$$(r = 0, 1, \ldots n-1;\; lm + l'm' + l''m'' + \cdots \equiv 0 \;(\text{mod.}\,n))$$

wo $\varphi(w)$ eine ganze Function $(n - 1)$ten Grades von w bedeutet, deren Coefficienten *cyklische*, rationale (ganze oder gebrochene) Functionen von $x_1, x_2, \ldots x_n$ sind. Setzt man in der Congruenz (A) an Stelle der Variabeln w die $n$te Wurzel der Einheit ω^t, so resultirt die *Gleichung:*

$$\text{(B)} \qquad \varpi^l_{m,t}\, \varpi^{l'}_{m',t}\, \varpi^{l''}_{m'',t} \cdots = \varphi(\omega^t) \qquad (lm + l'm' + l''m'' + \cdots \equiv 0 \;(\text{mod.}\,n)),$$

aus welcher für den speciellen Fall $l = l' = 1, l'' = -1$ hervorgeht, dass in der That, wie oben angeführt worden,

$$\text{(C)} \qquad \frac{\varpi_{hl}\,\varpi_{kl}}{\varpi_{(h+k)l}} = \varphi_{h,k}(\omega^l),$$

d. h. dass der Quotient links eine ganze Function von ω^l ist, deren Coefficienten rationale cyklische Functionen von $x_0, x_1, \ldots x_{n-1}$ sind. Ist x, wie im Aufsatze des Herrn *Schwering*, eine primitive $p$te Wurzel der Einheit, g eine primitive Congruenzwurzel von p, und setzt man $n = p-1$ und

$$x_0 = x,\ x_1 = x^g,\ x_2 = x^{g^2},\ \cdots x_{n-1} = x^{g^{p-2}},$$

so fallen die durch die Gleichung (C) definirten Ausdrücke φ mit den *Jacobi*schen zusammen.

Bedeuten nun wieder, wie vorher, $x_0, x_1, \ldots x_{n-1}$ *unbestimmte* Grössen und entwickelt man das Product

$$2\sum_r w^{hr} x_r \cdot \sum_r w^{kr} x_r \qquad {\scriptstyle (r=0,1,\ldots n-1)}$$

nach steigenden Potenzen von $(w-1)$, so kommt, wenn man von denjenigen Gliedern absieht, die eine höhere als die zweite Potenz von $(w-1)$ enthalten, und wenn man zur Abkürzung

$$\sum_r x_r = X,\ \sum_r r x_r = X_1,\ \sum_r r^2 x_r = X_2 \qquad {\scriptstyle (r=0,1,\ldots n-1)}$$

setzt:

$$2X^2 - (h+k)(w-1)(w-3)XX_1 + (h+k)^2(w-1)^2 XX_2 - hk(w-1)^2 \sum_{r,s}(r-s)^2 x_r x_s. \qquad {\scriptstyle (r,s=0,1,\ldots n-1)}$$

Andererseits ergiebt die Entwickelung von $2\Sigma w^{(h+k)r} x_r$, abgesehen von den mit $(w-1)^3$ beginnenden Gliedern, das Aggregat:

$$2X - (h+k)(w-1)(w-3)X_1 + (h+k)^2(w-1)^2 X_2,$$

und es besteht daher die Congruenz

$$2\sum_r w^{hr} x_r \cdot \sum_r w^{kr} x_r \equiv 2X\sum_r w^{(h+k)r} x_r - hk(w-1)^2 \sum_{r,s}(r-s)^2 x_r x_s \ (\text{mod.}\,(w-1)^3) \qquad {\scriptstyle (r,s=0,1,\ldots n-1)}$$

in dem Sinne, dass die Division der auf beiden Seiten stehenden Ausdrücke durch $(w-1)^3$ als Rest eine und dieselbe ganze ganzzahlige Function der Grössen

$$w,\ x_0,\ x_1,\ \ldots x_{n-1}$$

ergiebt. Da nun, wenn zur Abkürzung

$$\sum_r x_r x_{r+h} = S_h \qquad (r=0,1,\dots n-1)$$

gesetzt wird, die Congruenz

$$\sum_{r,s}(r-s)^2 x_r x_s \equiv \sum_r r^2 S_r \pmod{n} \qquad (r,s=0,1,\dots n-1)$$

besteht, wo $S_1, S_2, \dots$ ganze cyklische Functionen der n Grössen x sind, so erhellt, dass in dem im 92. Bande dieses Journals S. 77[1]) dargelegten Sinne die Congruenz

$$\text{(D)} \qquad 2\sum_r w^{hr}x_r \cdot \sum_r w^{kr}x_r \equiv 2\sum_r x_r \cdot \sum_r w^{(h+k)r}x_r - hk(w-1)^2 \sum_r r^2 S_r \qquad (r=0,1,\dots n-1)$$

für das Modulsystem

$$(n(w-1)^2,\ (w-1)^3)$$

stattfindet. Setzt man gemäss der Congruenz (A)

$$(\bar{\text{A}}) \qquad \sum_r w^{hr}x_r \cdot \sum_r w^{kr}x_r \cdot \sum_r w^{(h+k)(n-1)r}x_r \equiv \varphi_{h,k}(w) \pmod{(w^n-1)} \qquad (r=0,1,\dots n-1)$$

und multiplicirt die Congruenz (D) mit

$$\sum_r w^{(h+k)(n-1)r}x_r \qquad (r=0,1,\dots n-1),$$

so geht dieselbe in die Congruenz

$$\text{(E)} \quad 2\varphi_{h,k}(w) \equiv 2\varphi_{0,h+k}(w) - hk(w-1)^2 X \sum_r r^2 S_r \ (\text{modd.}\ n(w-1)^2,\ (w-1)^3,\ w^n-1)$$
$$(r=0,1,\dots n-1)$$

über, in welcher die Ausdrücke $\varphi(w)$ ganze Functionen $(n-1)$ten Grades von w bedeuten, deren Coefficienten *ganze ganzzahlige cyklische* Functionen der n Grössen x sind. Diese Congruenz (E) enthält den von Herrn *Schwering* aufgestellten Satz als speciellen Fall.

Nimmt man zuvörderst, wie oben, für w die $n$te Wurzel der Einheit ω^t, wo t irgend einen Divisor von n bedeutet, so reducirt sich das Modulsystem der Congruenz (E) auf das System der *zwei* Moduln

$$n(\omega^t-1)^2,\ (\omega^t-1)^3,$$

und da ω^t-1 für den Fall, dass der Quotient $\frac{n}{t}$ *verschiedene* Primzahlen als Factoren enthält, eine complexe *Einheit* ist, so hat man nur den Fall ins Auge zu fassen,

[1]) Bd. II, S. 335 dieser Ausgabe von *L. Kronecker*'s Werken. H

wo dieser Quotient eine Primzahlpotenz ν^m ist. Alsdann ist aber ν und also auch $t\nu^m$, d. h. n durch $\omega' - 1$ theilbar, und das Modulsystem in (E) reducirt sich daher auf den einfachen Modul

$$(\omega' - 1)^3.$$

Die in der Congruenz (E) vorkommenden Ausdrücke $\varphi(w)$ bestimmen sich durch die Gleichung

$$\text{(F)} \qquad \varpi_{hl}\varpi_{kl}\varpi_{-(h+k)l} = \varphi_{h,k}(\omega^l),$$

welche aus der obigen Congruenz $(\bar{A})$ hervorgeht, wenn $w = \omega^l$ gesetzt wird, und der Ausdruck $\sum\limits_r r^2 \Xi_r$ in (E) verwandelt sich, wenn man in

$$\Xi_r = \sum_s x_s x_{s+r} \qquad (s=0, 1, \ldots n-1)$$

die Werthe

$$x_s = \frac{1}{n}\sum_h \omega^{-hs}\varpi_h, \quad x_{s+r} = \frac{1}{n}\sum_h \omega^{-h(s+r)}\varpi_h \qquad (h=0, 1, \ldots n-1)$$

einsetzt, in

$$\frac{1}{n}\sum_{h,r} r^2\omega^{hr}\varpi_h\varpi_{-h} \qquad (h, r=0, 1, \ldots n-1).$$

Da nun für eine beliebige Grösse w:

$$(w-1)^2\sum_r r^2 w^r = n^2 w^n(w-1) - 2nw^{n+1} + w(w+1)\cdot\frac{w^n-1}{w-1} \quad (r=0, 1, \ldots n-1)$$

ist, so wird

$$\text{(G)} \qquad \sum_r r^2\Xi_r = \frac{1}{n}\sum_{h,r} r^2\omega^{hr}\varpi_h\varpi_{-h} = \chi \qquad (h, r=0, 1, \ldots n-1),$$

wenn χ durch die Gleichung

$$(\bar{\text{G}}) \qquad \chi = \frac{1}{6}(n-1)(2n-1)\varpi_0^2 - \sum_k \frac{n+(2-n)\omega^k}{(1-\omega^k)^2}\varpi_k\varpi_{-k} \qquad (k=1, 2, \ldots n-1)$$

definirt wird. Man gelangt auf diese Weise von der Congruenz (E) zur Congruenz

$$(\bar{\text{E}}) \qquad 2\varphi_{h,k}(\omega^l) \equiv 2\varphi_{0,h+k}(\omega^l) - hk(\omega^l - 1)^2\varpi_0\chi \ (\text{mod.}\ (\omega^l - 1)^3),$$

in welcher die Ausdrücke φ, χ die in den Gleichungen (F) und (G) dargelegte Bedeutung haben.

Specialisirt man nunmehr die Grössen $x_0, x_1, \ldots x_{n-1}$ wie oben, indem man

$$x_0 = x, \ x_1 = x^g, \ x_2 = x^{g^2}, \ \ldots \ x_{n-1} = x^{g^{p-2}}, \quad n = p - 1$$

setzt und unter g eine primitive Congruenzwurzel von p, unter x aber eine primitive p te Wurzel der Einheit und unter p eine ungerade Primzahl versteht, so wird

(H) $$\varpi_0 = -1, \quad \varpi_k \varpi_{-k} = \omega^{\frac{1}{2}kn} p \qquad (k = 1, 2, \dots n-1),$$

also

$$\chi = \frac{1}{n} \sum_{h,r} r^2 \omega^{hr} \varpi_h \varpi_{-h} = \frac{1}{4} p (p-1)^2 - \sum_r r^2 \qquad \binom{h = 0, 1, \dots n-1}{r = 1, 2, \dots n-1}$$

oder

$$\chi = -\frac{1}{12}(p-1)(p^2 - 11p + 12) = -\frac{1}{12} n (n^2 - 9n + 2)$$

und daher

$$\chi \equiv -\frac{1}{12} n (n-2)(n+5) \pmod{n}.$$

Da nun $n = t\nu^m$ und folglich $\chi \equiv 0 \pmod{\nu}$ wird, wenn die Primzahl $\nu \geqq 3$ und wenn nur nicht $\nu^m = 3$ und dabei $t \equiv \pm 1 \pmod{3}$ ist, so geht die Congruenz $(\bar{\mathrm{E}})$ in die einfachere

(J) $$\varphi_{h,k}(\omega') \equiv \varphi_{0,h+k}(\omega') \quad (\mathrm{mod.}\, (\omega' - 1)^3)$$

über, welche vermöge der Gleichungen (C), (F) und (H) auf die Form

$(\bar{\mathrm{J}})$ $$p\varphi_{h,k}(\omega') \equiv -p \quad \text{oder also} \quad \varphi_{h,k}(\omega') \equiv -1 \quad (\mathrm{mod.}\, (\omega' - 1)^3)$$

gebracht werden kann; und ω' bedeutet hier eine primitive Wurzel der Einheit, deren Exponent irgend eine in $p-1$ enthaltene ungerade Primzahlpotenz ist, wenn nur der einzige Fall ausgenommen wird, wo $t = \frac{1}{2}(p-1)$ und zugleich t nicht durch 3 theilbar ist.

Die Vereinfachung der Congruenz $(\bar{\mathrm{E}})$ ist keineswegs auf die Kreistheilungs-Gleichungen beschränkt. Man kann nämlich für eine beliebige ungerade Anzahl Grössen $x_0, x_1, \dots x_{n-1}$ eine ebenso große Anzahl ganzer rationaler Functionen derselben

$$x'_0, x'_1, \dots x'_{n-1}$$

so bestimmen, dass die daraus gebildeten Ausdrücke $\bar{\omega}'$ diejenige Eigenschaft besitzen, auf welcher — im Falle der Kreistheilungs-Gleichung — der Wegfall des letzten Gliedes in der Congruenz (E) beruht. Es ist dies die Eigenschaft, dass das Product $\bar{\omega}_h \bar{\omega}_{-h}$ für alle $n-1$ von Null verschiedenen Werthe des Index h denselben Werth hat. Um solche Grössen x' zu bestimmen, setze man

(K) $$\frac{\varpi_h}{\varpi_{-h}} \prod_k \varpi_k = \varpi'_h, \quad x'_i = \frac{1}{n} \sum_h \omega^{-hi} \varpi'_h \qquad \binom{h, i = 0, 1, \dots n-1}{k = 1, 2, \dots n-1}.$$

Alsdann sind die n Grössen x' ganze ganzzahlige Functionen der n Grössen x, und jede der n Grössen x' lässt sich daher als ganze Function einer der Grössen x so darstellen, dass die Coefficienten rationale cyklische Functionen von $x_0, x_1, \ldots x_{n-1}$ sind. In dem durch die symmetrischen und cyklischen Functionen von $x_0, x_1, \ldots x_{n-1}$ gebildeten Rationalitäts-Bereiche wird also durch x_0 eine Gattung algebraischer Functionen $n$ter Ordnung repräsentirt, welcher alle n Grössen x ebenso wie alle n Grössen x' angehören. Die aus den Grössen x' gebildeten Ausdrücke

$$\varpi'_h = \sum_r \omega^{hr} x'_r \qquad (h, r = 0, 1, \ldots n-1)$$

erfüllen nun vermöge der Gleichungen (K) die Bedingung:

$$\text{(L)} \qquad \varpi'_h \varpi'_{-h} = \varpi'_0 \varpi'_0 \qquad (h = 1, 2, \ldots n-1),$$

und es wird daher der Ausdruck

$$\frac{1}{n} \sum_{h,r} r^2 \omega^{hr} \varpi'_h \varpi'_{-h} \qquad (h, r = 0, 1, \ldots n-1),$$

welcher dem oben mit χ bezeichneten entspricht, gleich *Null*. Die Congruenz (E) erhält demnach die einfache Form:

$$\text{(E')} \qquad \varphi'_{h,k}(\omega) \equiv \varphi'_{0,h+k}(\omega) \; (\text{mod.}\, (\omega - 1)^3),$$

wenn $t = 1$ gesetzt und der Factor zwei weggelassen wird. Diese Congruenz hat nur dann eine Bedeutung, wenn n Primzahlpotenz ist, da sonst $\omega - 1$ complexe Einheit ist. Wenn aber $n = \nu^m$ und ν eine ungerade Primzahl ist, so kann $(\omega - 1)^3$ als Modul durch $\nu^{\frac{3}{\sigma}}$ ersetzt werden, wo $\sigma = \nu^{m-1}(\nu - 1)$ zu nehmen ist. Führt man an Stelle der Ausdrücke φ' die durch die Gleichung

$$\varpi'_h \varpi'_k = \varpi'_{h+k} \psi'_{h,k}$$

definirten Ausdrücke ψ' ein, so geht die Congruenz (E) in folgende über:

$$\text{(E'')} \qquad \psi'_{h,k}(\omega) \equiv \sum_r x'_r \; (\text{mod.}\, (\omega - 1)^3) \qquad (r = 0, 1, \ldots n-1),$$

und man sieht also, *dass in jeder Gattung Abelscher Gleichungen eines beliebigen Rationalitäts-Bereiches solche Gleichungen existiren, für die eine ebenso einfache Congruenz* (E'') *besteht, wie für die Kreistheilungs-Gleichungen.*

Führt man die Ausdrücke $\bar{\omega}'$ selbst ein, so erhält man an Stelle von (E'') die Congruenz:

$$\varpi'_h \varpi'_k \equiv \varpi'_0 \varpi'_{h+k} \; (\text{mod.}\, (\omega - 1)^3)$$

und also nach Einsetzung der durch die Gleichung (K) definirten Werthe der Ausdrücke ϖ':

$$\frac{\varpi_h \varpi_k}{\varpi_{-h}\varpi_{-k}}\varpi_0'\varpi_0' \equiv \frac{\varpi_{h+k}}{\varpi_{-h-k}}\varpi_0'\varpi_0' \pmod{(\omega-1)^3}.$$

In dieser Congruenz können die Factoren ϖ_0' weggelassen werden, da

$$\varpi_0' = \prod_h \varpi_h \qquad (h=1, 2, \ldots n-1)$$

und also offenbar nicht durch $\omega - 1$ theilbar ist. Es zeigt sich daher die Congruenz

$$\text{(M)} \qquad \varpi_h \varpi_k \varpi_{-h-k} \equiv \varpi_{-h}\varpi_{-k}\varpi_{h+k} \pmod{(\omega-1)^3}$$

als mit der Congruenz (E″) äquivalent. Diese Congruenz (M) lässt sich aber ganz unmittelbar verificiren. Denn wenn man auf beiden Seiten die Werthe der Ausdrücke ϖ substituirt, alsdann, um nur positive Exponenten zu haben, die Indices $-h$, $-k$ durch $n-h$, $n-k$ ersetzt, und endlich an Stelle von ω eine Variable w nimmt, so kommt links

$$\text{(N)} \qquad \sum_{r,s,t} w^{hr+ks+(2n-h-k)t} x_r x_s x_t$$

und rechts $\qquad (r, s, t = 0, 1, \ldots n-1)$

$$\text{(N')} \qquad \sum_{r,s,t} w^{(n-h)r+(n-k)s+(h+k)t} x_r x_s x_t.$$

Entwickelt man diese Summen-Ausdrücke nach steigenden Potenzen von $w-1$, so ist das erste Glied auf beiden Seiten dasselbe, nämlich:

$$\left(\sum_r x_r\right)^3 \qquad (r=0, 1, \ldots n-1);$$

das zweite Glied, welches die erste Potenz von $(w-1)$ enthält, wird auf beiden Seiten durch n theilbar; denn der Coefficient von $(w-1)$ wird für den Modul n dem positiv oder negativ genommenen Werthe der Summe

$$\sum_{r,s,t}(hr+ks-(h+k)t)x_r x_s x_t \qquad (r, s, t=0, 1, \ldots n-1)$$

congruent, welche offenbar gleich Null ist, da hierin das Product

$$\sum_r r x_r \sum_r x_r \sum_r x_r$$

zuerst mit h dann mit k und zuletzt mit $-(h+k)$ multiplicirt erscheint. Im dritten Gliede endlich wird der Coefficient von $(w-1)^2$, abgesehen von Vielfachen der Zahl n, gleich

$$\frac{1}{2}\sum_{r,s,t}(hr+ks-(h+k)t)^2 x_r x_s x_t \mp \frac{1}{2}\sum_{r,s,t}(hr+ks-(h+k)t)x_r x_s x_t,$$
$$(r, s, t=0, 1, \ldots n-1)$$

und zwar erscheint das obere Zeichen des zweiten Theiles dieses Ausdrucks auf der linken Seite, das untere auf der rechten Seite der Congruenz. Eben dieser zweite Theil ist aber identisch Null, jene beiden Summen (N), (N') sind also für das Modulsystem $(n, (w-1)^3)$ einander congruent, und an Stelle dieses Modulsystems tritt für $w = \omega$ der einfache Modul $(\omega - 1)^3$, da n durch $(\omega - 1)^3$ theilbar ist.

II.

So wie die hier in der Congruenz ($\bar{\text{J}}$) dargelegte Eigenschaft der complexen Zahlen $\psi(\omega)$ aus ihrer *ursprünglichen* Definition durch die Gleichung (C), nicht wie bei Herrn *Schwering* aus jener zweiten, in der Gleichung (6)[1]) des vorstehenden Aufsatzes enthaltenen Definition abgeleitet worden ist, so ergiebt sich auch die Reduction der Functionen $\psi_{h,k}$ auf den sechsten Theil ganz unmittelbar aus jener Gleichung (C). Diese Reduction beruht ebenso wie die Vereinfachung der Congruenz ($\bar{\text{E}}$) auf jener schon oben hervorgehobenen Eigenschaft, dass das Product $\bar{\omega}_h \bar{\omega}_{-h}$ für alle $n-1$ Indices h denselben Werth hat, und ist also auf alle *Abel*schen Gleichungen anwendbar, welche jene Eigenschaft besitzen. Ist nämlich, wie oben,

$$\text{(P)} \qquad \psi'_{h,k} = \frac{\varpi'_h \varpi'_k}{\varpi'_{h+k}}, \quad \varpi'_h \varpi'_{-h} = \varpi'_k \varpi'_{-k} \qquad (h, k = 1, 2, \ldots n-1),$$

so ist unmittelbar ersichtlich, dass die sechs Ausdrücke

$$\psi'_{h,k}, \ \psi'_{k,h}, \ \psi'_{h,-h-k}, \ \psi'_{k,-h-k}, \ \psi'_{-h-k,h}, \ \psi'_{-h-k,k}$$

mit einander übereinstimmen. Dies findet sich schon in dem Heft *Jacobi*scher Vorlesungen aus dem Jahre 1836, welches in der Vorrede des *Bachmann*schen Werkes über die Kreistheilung erwähnt ist. *Jacobi* wendet darin folgende Bezeichnungen an:

$$(\alpha, x) = \sum_k \alpha^k x^{g^k}, \quad \psi_h(\alpha) = \frac{(\alpha, x)(\alpha^h, x)}{(\alpha^{h+1}, x)} \qquad \binom{h=0, 1, 2, \ldots \lambda-2}{k=0, 1, 2, \ldots p-2},$$

wo x eine primitive $p$te Wurzel der Einheit, α eine primitive λte Wurzel der Einheit, g eine primitive Congruenzwurzel der Primzahl p und λ einen Primfactor von $p-1$ bedeutet; er geht genau auf die Bedingungen ein, unter denen einige von den sechs verschiedenen Index-Systemen der in ihrem Werthe übereinstimmenden ψ-Functionen mit einander identisch werden, und formulirt das Endresultat in folgender Weise:

[1]) *Schwering*, Journal für Mathematik, Bd. 93, S. 335. Vgl. auch Zusatz 34 am Ende dieses Bandes. H

„Die Anzahl der zu bildenden Functionen (φ) ist gleich der ganzen Zahl, welche nur um einen echten Bruch grösser ist als $\frac{1}{6}\lambda$.“

Hierbei bedeutet λ diejenige Zahl, welche oben mit n bezeichnet worden ist. Dass sich die Functionen φ „immer unmittelbar auf den sechsten Theil zurückführen lassen“ hat *Jacobi* mit eben diesen Worten auch in seiner im Monatsbericht der Berliner Academie vom October 1837 abgedruckten Mittheilung (S. 132)*) angegeben. In der Note, welche diese Angabe enthält, fügt *Jacobi* hinzu: „Ich habe sogar durch eine bis $\mu = 31$**) fortgesetzte Induction gefunden, dass sich alle Functionen φ immer durch die Werthe einer einzigen ausdrücken lassen.“ Bezüglich dieser Frage enthält aber die XVIIte der oben angeführten *Jacobi*schen Vorlesungen in der mir vorliegenden Nachschrift die folgende *ausführlichere* Darlegung: „Wir haben in der XVten Vorlesung gesehen, dass man die Anzahl der zu bildenden Functionen φ immer auf den sechsten Theil reduciren kann. Diese Reductionen sind die einzigen, die *unmittelbar* eine Function auf die andere zurückführen, indem man nur statt α eine andere Wurzel setzt. Man kann aber, wenn man sich bloß die Aufgabe stellt, eine Function φ vermittelst der anderen auszudrücken, noch ganz andere Relationen angeben, durch welche man aus einer Function die andere erhält, indem man in ihr für α andere Wurzeln setzt und mehrere dieser Ausdrücke mit einander multiplicirt. Im Allgemeinen erhält man aus einer Function $\varphi(\alpha)$ die $\lambda - 1$ Functionen

$$\varphi(\alpha),\ \varphi(\alpha^2),\ \varphi(\alpha^3),\ \ldots\ \varphi(\alpha^{\lambda-1}),$$

und durch Multiplication einiger dieser Functionen wird man wieder auf Functionen φ kommen können. Es ist jedoch sehr schwer, das allgemeine Verfahren anzugeben, indem jede Primzahl λ hier als ein Individuum auftritt, für das bis jetzt ganz besondere Verfahrungsarten angewendet werden müssen. Ich habe daher früher auch eine ziemlich weit getriebene Induction angewendet und den Satz nicht allgemein, sondern nur für die einzelnen Primzahlen bis 31 bewiesen. Man gelangt hierbei zu sehr merkwürdigen Ausdrücken für die Grössen unter dem Wurzelzeichen, welche Producte aus den verschiedenen Werthen einer Function φ werden, die durch die Natur der Primzahl bestimmt ist. Eine hierzu dienende Formel ist z. B. diejenige, mittels

*) Vgl. auch dieses Journal Bd. 30, S. 170.[1])

**) Mit μ ist hier diejenige Zahl bezeichnet, für welche *Jacobi* in seinen Vorlesungen den Buchstaben λ gebraucht hat.

[1]) *Jacobi*, Werke, Bd. IV, S. 259, Fußnote.

deren man das Product zweier Functionen ψ durch das Product von zwei anderen ausdrücken kann". *Jacobi* leitet hierauf einen Satz ab, welcher bei der oben in (C) definirten Bezeichnung sich dahin formuliren lässt, dass das Product

$$\psi_{h,k}\,\psi_{h+k,l}$$

bei beliebiger Vertauschung der drei Indices h, k, l ungeändert bleibt. Diesen Satz, dessen Inhalt in Evidenz tritt, wenn das Product $\psi_{h,k}\psi_{h+k,l}$ durch Einführung der Ausdrücke (α, x) oder ϖ in den Quotienten

$$\frac{(\alpha^h, x)(\alpha^k, x)(\alpha^l, x)}{(\alpha^{h+k+l}, x)} \quad \text{oder} \quad \frac{\varpi_h\varpi_k\varpi_l}{\varpi_{h+k+l}}$$

transformirt wird, benutzt *Jacobi* im Verfolg seiner Vorlesungen, um für eine Reihe von Primzahlen λ zu der von ihm erstrebten Darstellung des Ausdrucks ϖ durch eine einzige der Functionen ψ zu gelangen. Er leitet die Entwickelung mit der Bemerkung ein, dass die allgemeine Theorie mit grossen Schwierigkeiten verbunden und es daher rathsam sei, die Darstellungsweise erst an einigen Beispielen zu versuchen, und er gelangt alsdann durch Combination der zwischen den verschiedenen ψ-Functionen bestehenden Relationen zu den Formeln:

$$(\alpha, x)^3 = p\psi_1(\alpha^2),$$

$$(\alpha, x)^5 = p\psi_1(\alpha^2)\psi_1^2(\alpha),$$

$$(\alpha, x)^7 = \psi_1(\alpha^4)\psi_1^2(\alpha^2)\psi_1^4(\alpha),$$

$$(\alpha, x)^{11} = \frac{1}{p^2}\psi_2(\alpha^2)\psi_2^2(\alpha)\psi_2^3(\alpha^8)\psi_2^4(\alpha^6)\psi_2^5(\alpha^7),$$

$$(\alpha, x)^{13} = \frac{1}{p^4}\psi_2(\alpha^3)\psi_2^2(\alpha^8)\psi_2^3(\alpha)\psi_2^4(\alpha^4)\psi_2^5(\alpha^{11})\psi_2^6(\alpha^7),$$

$$(\alpha, x)^{17} = \frac{1}{p^{11}}\psi_3(\alpha^6)\psi_3^2(\alpha^3)\psi_3^3(\alpha^2)\psi_3^4(\alpha^{10})\psi_3^5(\alpha^8)\psi_3^6(\alpha)\psi_3^{10}(\alpha^4)\psi_3^8(\alpha^5),$$

$$(\alpha, x)^{19} = \frac{1}{p^{13}}\psi_2(\alpha^4)\psi_2^2(\alpha^2)\psi_2^3(\alpha^{14})\psi_2^4(\alpha)\psi_2^5(\alpha^{16})\psi_2^6(\alpha^7)\psi_2^7(\alpha^6)\psi_2^8(\alpha^{10})\psi_2^9(\alpha^{11}),$$

$$(\alpha, x)^{23} = \frac{1}{p^{23}}\psi_3(\alpha^3)\psi_3^2(\alpha^{13})\psi_3^3(\alpha)\psi_3^4(\alpha^{18})\psi_3^5(\alpha^{19})\psi_3^6(\alpha^{12})\psi_3^7(\alpha^7)\psi_3^8(\alpha^9)\psi_3^9(\alpha^8)\psi_3^{11}(\alpha^{17})\psi_3^{13}(\alpha^2).$$

Jacobi hat auf diese Weise in der That für die ersten acht ungeraden Primzahlen λ den Werth von $(\alpha, x)^\lambda$ durch Producte

$$\Pi\psi^{\nu}(\alpha^{\varrho}),$$

wo $\psi^p(\alpha^q)$ die $p$te Potenz von $\psi(\alpha^q)$ bedeutet, also durch Producte *conjugirter* ψ-Functionen ausgedrückt; dabei hebt er als bemerkenswerthe Eigenschaften dieser Producte hervor, dass für die verschiedenen Factoren $\psi^p(\alpha^q)$ der Congruenzwerth von $p \cdot q \pmod{\lambda}$ derselbe bleibt, und dass die Einrichtung der Producte erkennen lasse, wie die verschiedenen Wurzelgrössen, welche bei der Berechnung der conjugirten Werthe $(\alpha, x), (\alpha^2, x), (\alpha^3, x), \ldots$ auftreten, durch einander bestimmt werden. Hiermit ist gemeint, dass z. B. für $\lambda = 7$ die Wurzelausdrücke

$$(\alpha, x) = \sqrt[7]{\psi_1(\alpha^4)\psi_1^2(\alpha^2)\psi_1^4(\alpha)}, \quad (\alpha^2, x) = \sqrt[7]{\psi_1(\alpha)\psi_1^2(\alpha^4)\psi_1^4(\alpha^2)}$$

so eingerichtet sind, dass das Verhältniss $(\alpha, x)^2 : (\alpha^2, x)$ gleich $\sqrt[7]{\psi_1^7(\alpha)}$ und demnach das Wurzelzeichen durch die Bedingung: $(\alpha, x)^2 = \psi_1(\alpha)(\alpha^2, x)$ bestimmt wird. *Jacobi* macht ausserdem die Bemerkung, dass für die Zahlen $\lambda = 3, 5, 11, 13, 19$ die Exponenten der conjugirten Functionen ψ die Reihe der natürlichen Zahlen von 1 bis $\frac{1}{2}(\lambda - 1)$ bilden, und er entwickelt die Bedingungen, unter denen eine *solche* Darstellung von $(\alpha, x)^\lambda$ möglich ist, ohne jedoch die Frage allgemein zu untersuchen, ob überhaupt — wie er offenbar vermuthet hat — für alle Primzahlen λ der Ausdruck $(\alpha, x)^\lambda$ als Product conjugirter ψ-Funktionen darstellbar ist.

Es sind, wie ich glaube, diese hier mitgetheilten weiteren, die Reduction der ψ-Functionen betreffenden Entwickelungen in den *Jacobi*schen Vorlesungen — nicht aber jene einfachen und kurzen Bemerkungen über die Reduction der Anzahl der ψ-Functionen auf den sechsten Theil — welche in der von Herrn *Schwering* citirten Stelle des *Bachmann*schen Werkes*) gemeint sind, wo es heisst: „die ψ-Functionen können sogar auf eine noch geringere Anzahl reducirt und die Rechnung dadurch vereinfacht werden. Indessen scheint es mir nicht angezeigt, diese feineren Untersuchungen *Jacobis* hier zu reproduciren".

Die Frage der Reduction der ψ-Functionen, mit welcher sich *Jacobi* eingehend beschäftigt hat, kann in sehr einfacher und eleganter Weise mit Hülfe derjenigen Mittel behandelt werden, welche ich in meiner Dissertation über die complexen Einheiten angewendet habe (vgl. S. 3 dieses Bandes[1]) oder S. 125 meiner Festschrift zu Herrn *Kummers* Doctor-Jubiläum). Ist nämlich n Primzahl und γ eine

*) *Bachmann*, Die Lehre von der Kreistheilung, S. 92.

[1]) Bd. I, S. 11 dieser Ausgabe.

primitive Congruenzwurzel derselben, so sucht *Jacobi* eine der $n-1$ Functionen

$$\psi_{1,\gamma^m} \qquad (m=0,1,\dots n-2),$$

für welche sich ϖ^n als Product von Potenzen der conjugirten Functionen

$$\psi_{t,t\gamma^m} \qquad (t=1,2,\dots n-1),$$

und der $n-1$ ebenfalls mit einander conjugirten Ausdrücke

$$\varpi_t \varpi_{-t} \qquad (t=1,2,\dots n-1)$$

darstellen lässt, dass also eine Gleichung

$$\varpi_t^n = \prod_h \psi^{r_h}_{t\gamma^h,\,t\gamma^{h+m}} \prod_h \varpi^{s_h}_{t\gamma^h} \varpi^{s_h}_{-t\gamma^h} \qquad \begin{pmatrix} h,k=0,1,\dots n-2 \\ t=1,2,\dots n-1 \end{pmatrix}$$

besteht, in welcher die Exponenten r und s ganze Zahlen bedeuten. Es macht hierbei keinen Unterschied, ob unter ϖ_k der *allgemeine* Ausdruck

$$\sum_r \omega^{kr} x_r \qquad (r=0,1,\dots n-1)$$

oder — wie bei der *Jacobi*schen Frage selbst — der besondere verstanden wird, welcher entsteht, wenn man darin

$$x_r = x^{g^r} \qquad (r=0,1,\dots n-1)$$

und für x eine primitive $p$te Wurzel der Einheit setzt; nur dass in diesem speciellen Falle das zweite Product auf der rechten Seite der Gleichung (Q) sich auf eine ganze (positive oder negative) Potenz der Primzahl p reducirt. *Jacobi* stellt überdies, wie oben auseinandergesetzt worden ist, an jene in der Gleichung (Q) enthaltene Darstellung von ϖ^n die Anforderung, dass sie „erkennen lasse", welche der $n$ten Wurzeln den verschiedenen conjugirten Werthen ϖ_t, d. h. dass bei einer solchen Darstellung das Verhältniss $\varpi^n_{t\gamma} : \varpi_t^{n\gamma}$ durch vollständige $n$te Potenzen der ψ-Functionen ausgedrückt erscheine. Hiernach müssen die Exponenten r_h, da in $\varpi^n_{t\gamma}$ das erste Product rechts:

$$\prod_h \psi^{r_h}_{t\gamma^{h+1},\,t\gamma^{h+m+1}} \quad \text{oder} \quad \prod_h \psi^{r_{h-1}}_{t\gamma^h,\,t\gamma^{h+m}} \qquad (h=0,1,\dots n-2)$$

wird, den Congruenzbedingungen

$$(\mathrm{R}^0) \qquad \gamma r_h \equiv r_{h-1} \pmod{n} \qquad (h=0,1,\dots n-2)$$

genügen. — Setzt man in der Gleichung (Q) an Stelle der Functionen ψ ihre Ausdrücke durch die Functionen ϖ, so kommt:

$$(\mathrm{Q}') \qquad \varpi_t^n = \prod_h \varpi^{r_h}_{t\gamma^h} \varpi^{r_h}_{t\gamma^{h+m}} \varpi^{-r_h}_{t\gamma^{h+l}} \prod_h \varpi^{s_k}_{t\gamma^k} \varpi^{s_k}_{-t\gamma^k} \qquad \begin{pmatrix} h,k=0,1,\dots n-2 \\ t=1,2,\dots n-1 \end{pmatrix},$$

wenn die Zahl l durch die Congruenz:

$$\gamma^l \equiv 1 + \gamma^m \pmod{n} \quad \text{oder} \quad l \equiv \text{ind.}(1 + \gamma^m) \pmod{(n-1)}$$

bestimmt wird. Die Exponenten r und s sind hiernach, abgesehen von den Congruenzbedingungen (R^0), einzig und allein durch die Bedingungen:

$$(\mathrm{R}) \qquad r_h - r_{h-l} + r_{h-m} + s_h + s_{h-\nu} = n\,\delta_{0h} \qquad (h=0,1,\dots n-2)$$

bestimmt, wenn

$$\nu = \tfrac{1}{2}(n-1),\ \delta_{0h} = 0 \quad \text{für} \quad h > 0,\ \delta_{00} = 1$$

ist, und wenn sowohl die Exponenten r als auch die Exponenten s, deren Indices sich nur durch ganze Vielfache von n unterscheiden, als identisch gelten, so dass für jede Zahl k

$$r_k = r_{k+n},\quad s_k = s_{k+n}$$

ist. Bedeutet nun ζ irgend eine primitive $(n-1)$te Wurzel der Einheit und multiplicirt man die Gleichung (R) mit ζ^{hk} und summirt alsdann über alle Zahlen $h = 0, 1, \dots n-2$, so erhält man die Gleichung:

$$\sum_h (r_h - r_{h-l} + r_{h-m})\zeta^{hk} + \sum_h (s_h + s_{h-\nu})\zeta^{hk} = n \qquad (h, k=0,1,\dots n-2),$$

welche unmittelbar in folgende zu transformiren ist:

$$(1 - \zeta^{kl} + \zeta^{km})\sum_h r_h \zeta^{hk} + (1 + \zeta^{\nu k})\sum_h s_h \zeta^{hk} = n \qquad (h, k=0,1,\dots n-2);$$

diese liefert, da $\zeta^\nu = -1$ ist, für ungerade Zahlen k die Bedingungsgleichung:

$$(\mathrm{R}') \qquad (1 - \zeta^{kl} + \zeta^{km})\sum_h r_h \zeta^{hk} = n \qquad \binom{h=0,1,\dots\ n-2}{k=1,3,5,\dots n-2},$$

und also, wenn unter z eine Variable verstanden wird, die Congruenzbedingung:

$$(1 - z^l + z^m)\sum_h r_h z^h + (1 + z^\nu)\sum_h s_h z^h \equiv n \pmod{(z^{n-1} - 1)} \qquad (h=0,1,\dots n-2).$$

Da $n - 1 = 2\nu$ ist, so enthält diese Congruenzbedingung die folgende:

$$(\mathrm{R}'') \qquad (1 - z^l + z^m)\sum_h r_h z^h \equiv n \pmod{(z^\nu + 1)} \qquad (h=0,1,\dots n-2),$$

welche aber zugleich *hinreichend* ist; denn, wenn $\sum_h r_h z^h$ dieser Congruenz und also einer Gleichung

$$(1 - z^l + z^m)\sum_h r_h z^h = n + (1 + z^\nu)\Phi(z) \qquad (h=0,1,\dots n-2)$$

genügt, so werden die Zahlen s durch die Congruenz

$$\sum_h s_h z^h \equiv -\Phi(z) \pmod{(z^\nu - 1)} \qquad (h=0,1,\dots n-2)$$

bestimmt. Die Gleichung (R') oder die damit vollständig äquivalente Congruenz (R'') bildet also zusammen mit den Congruenzen (R^0) die nothwendige und hinreichende Bedingung für die Lösbarkeit der oben bezeichneten *Jacobi*schen Aufgabe.

Die Congruenzbedingungen (R^0) lassen sich in die folgenden transformiren:

$$r_\lambda \equiv \gamma^{-\lambda} r_0 \pmod{n} \qquad (\lambda = 1, 2, \ldots n-2),$$

welche zeigen, dass

$$\sum_\lambda r_\lambda \zeta^\lambda \equiv r_0 \sum_\lambda \gamma^{-\lambda} \zeta^\lambda \pmod{n} \qquad (\lambda = 0, 1, \ldots n-2)$$

sein muss. Da hiernach für das Divisoren-System (vgl. Bd. 92 S. 72)[1])

$$(n, \gamma - \zeta^k)$$

die Congruenz

$$\sum_\lambda r_\lambda \zeta^\lambda \equiv r_0 \sum_\lambda \zeta^{\lambda(1-k)} \qquad (\lambda = 0, 1, \ldots n-2)$$

und also, falls $k > 1$ ist, die Congruenz

$$\sum_\lambda r_\lambda \zeta^\lambda \equiv 0 \qquad (\lambda = 0, 1, \ldots n-2)$$

bestehen muss, so folgt, dass die complexe Zahl $\sum_\lambda r_\lambda \zeta^\lambda$ durch jeden der „algebraischen Divisoren"*)

$$\operatorname{div}[nu + \gamma - \zeta^k] \qquad (k = 2, 3, \ldots n-2)$$

theilbar sein muss. Nimmt man für k nur Zahlen, die kleiner als $n-1$ und zu $n-1$ relativ prim sind, so repräsentiren die verschiedenen algebraischen Divisoren $\operatorname{div}[nu + \gamma - \zeta^k]$ die sämmtlichen conjugirten oder verbundenen Primtheiler von n in der Theorie der aus *primitiven* Wurzeln der Einheit ζ gebildeten complexen Zahlen, so dass das über alle Zahlen k erstreckte Product

$$\prod_k \operatorname{div}[nu + \gamma - \zeta^k]$$

der Primzahl n absolut äquivalent wird. Da nun für $k > 1$ die Congruenz

$$\sum_\lambda r_\lambda \zeta^\lambda \equiv 0 \;(\operatorname{mod.}[nu + \gamma - \zeta^k]) \qquad (\lambda = 0, 1, \ldots n-2),$$

also für *alle* Werthe von k die Congruenz

$$\operatorname{div}[nu + \gamma - \zeta] \cdot \sum_\lambda r_\lambda \zeta^\lambda \equiv 0 \;(\operatorname{mod.}[nu + \gamma - \zeta^k]) \qquad (\lambda = 0, 1, \ldots n-2)$$

*) Vergl. § 15 meiner Arbeit im 92. Bande dieses Journals.[2])

[1]) Bd. II, S. 329 dieser Ausgabe von *L. Kronecker's* Werken. H

[2]) Bd. II, S. 301 dieser Ausgabe von *L. Kronecker's* Werken. H

besteht, so muss das Product auf der linken Seite dieser Congruenz durch das Product aller conjugirten Primtheiler div $[nu+\gamma-\zeta^h]$, d. h. also durch die Primzahl n theilbar sein. Mit Benutzung der Gleichung (R') kommt daher:

$$\operatorname{div}[nu+\gamma-\zeta]\cdot\sum_h r_h\zeta^h \equiv 0 \pmod{(1-\zeta^l+\zeta^m)\sum_h r_h\zeta^h} \qquad (h=0,1,\ldots n-2)$$

oder

$$\operatorname{div}[nu+\gamma-\zeta] \equiv 0 \pmod{(1-\zeta^l+\zeta^m)}.$$

Andererseits ist aber:

$$1-\zeta^l+\zeta^m \equiv 1-\gamma^l+\gamma^m \pmod{(\gamma-\zeta)},$$

$$1-\gamma^l+\gamma^m \equiv 0 \pmod{n}$$

und also:

$$1-\zeta^l+\zeta^m \equiv 0 \pmod{[nu+\gamma-\zeta]}.$$

Es muss daher

$$1-\zeta^l+\zeta^m \sim \operatorname{div}[nu+\gamma-\zeta],$$

d. h. es muss die complexe Zahl $1-\zeta^l+\zeta^m$ selbst ein Primtheiler von n und also

$$\text{(S)} \qquad \operatorname{Nm}(1-\zeta^l+\zeta^m) = n$$

sein, wenn die Norm das Product aller derjenigen complexen Zahlen $1-\zeta^l+\zeta^m$ bedeutet, in welchen ζ irgend eine *primitive* $(n-1)$te Wurzel der Einheit ist.

Die für die Lösbarkeit der *Jacobi*schen Aufgabe erforderliche, aber nicht ausreichende Bedingung (S) ist für alle Primzahlen $n=3, 5, 7, \ldots$ bis $n=43$ erfüllt; für $n=47$ aber *nicht*. In diesem letzteren Falle ist nämlich $-\zeta$ eine primitive 23ste Wurzel der Einheit, und die Zahl 47 ist nicht als Norm einer aus 23sten Wurzeln der Einheit gebildeten complexen Zahl darstellbar; es giebt also überhaupt keine complexe Zahl, welche der *Primform* $nu-2-\zeta$ oder dem algebraischen Primtheiler div $[nu-2-\zeta]$ äquivalent wäre, welche also die für eine der complexen Zahlen $1-\zeta^l+\zeta^m$ verlangte Bedingung erfüllte.*) Wenn aber von der *zweiten* durch die Congruenzbedingungen (R°) ausgedrückten *Jacobi*schen Forderung abgesehen wird, so ist die Aufgabe auch für $n=47$ noch lösbar, d. h. es lässt sich auch in diesem Falle noch $\bar{\omega}''$ als Product von Potenzen conjugirter ψ-Functionen darstellen. Hierfür ist nämlich die in der Gleichung (R') oder in der Congruenz (R'') ausgedrückte Bedingung einzig massgebend, und es soll deren Inhalt nunmehr näher dargelegt werden.

---

*) Es ist hier die primitive Wurzel -2 für γ genommen.

Da die Congruenz (R″) für sich, d. h. abgesehen von den jetzt bei Seite zu lassenden Congruenzbedingungen (R^0), ganz beliebige ganzzahlige Werthe der Coefficienten r gestattet, so kann dieselbe, unter Anwendung der in meiner Arbeit (im 92. Bande dieses Journals[1])) eingeführten Divisoren-Systeme höherer Stufen, einfach durch die Congruenz:

$$\text{(T)} \qquad n \equiv 0 \,(\text{modd.}\, 1 - z^l + z^m, 1 + z^r)$$

dargestellt werden, in welcher $(1 - z^l + z^m, 1 + z^r)$ ein Divisoren-System zweiter Stufe ist. Dieses Divisoren-System ist in Factoren zerlegbar, welche den einzelnen irreductibeln Factoren von $1 + z^r$ entsprechen. Sind nämlich $F(z)$ und $G(z)$ zwei Divisoren von $1 + z^r$, die mit einander keinen gemeinsamen Theiler (erster Stufe) haben, so ist das Modulsystem

$$(1 - z^l + z^m, F(z) \cdot G(z))$$

aus den beiden Modulsystemen

$$(1 - z^l + z^m, F(z)), \quad (1 - z^l + z^m, G(z))$$

zusammengesetzt*), da bei der Multiplication der Elemente dieser beiden Modulsysteme zuvörderst das System

$$\big((1 - z^l + z^m)^2, (1 - z^l + z^m)F(z), (1 - z^l + z^m)G(z), F(z) \cdot G(z)\big)$$

resultirt und aber die in den drei ersten Elementen mit $(1 - z^l + z^m)$ multiplicirten Functionen

$$1 - z^l + z^m, F(z), G(z)$$

ein Modulsystem bilden, welches äquivalent *Eins* und daher kein Modulsystem im eigentlichen Sinne des Wortes ist. Um dies näher darzulegen, hebe ich zuvörderst

*) Vergl. Bd. 92 dieses Journals, S. 78, V.[2]) Es kan nübrigens an der bezeichneten Stelle hinzugefügt werden, dass ein Modulsystem $(M \cdot M', M_1, M_2, \ldots)$ auch dann aus den beiden Systemen $(M, M_1, M_2, \ldots)$, $(M', M_1, M_2, \ldots)$ zusammengesetzt ist, wenn das Modulsystem $(M, M', M_1, M_2, \ldots) \sim 1$ ist; denn das componirte System ist aus den Elementen

$$M \cdot M', M \cdot M_1, M \cdot M_2, \ldots, \quad M' \cdot M_1, M' \cdot M_2, \ldots, \quad M_1 \cdot M_1, M_1 \cdot M_2, \ldots$$

zu bilden, und für jeden Werth $h = 1, 2, \ldots$ können die Elemente $M \cdot M_h, M' \cdot M_h, M_1 \cdot M_h, M_2 \cdot M_h, \ldots$ durch das einzige Element M_h ersetzt werden, weil das aus den damit multiplicirten Elementen gebildete System der gemachten Voraussetzungen gemäß äquivalent Eins ist.

[1]) Bd. II, S. 329 dieser Ausgabe von *L. Kronecker*'s Werken. H

[2]) Bd. II, S. 386 dieser Ausgabe von *L. Kronecker*'s Werken. H

hervor, dass die Eliminationsresultante von $F(z)$ und $G(z)$, als homogene lineare Function derselben, dem Modulsystem $(F(z), G(z))$ als ferneres Element hinzugefügt werden kann. Diese Resultante wird durch das Product aller Factoren $(\zeta^h - \zeta^k)$ dargestellt, welche man erhält, wenn man für ζ^h alle Wurzeln der Gleichung $F(z) = 0$ und für ζ^k alle diejenigen der Gleichung $G(z) = 0$ setzt; ihr Werth ist eine ganze Zahl d, und da sie durch ein Product

$$\pm \prod_{h,k} (1 - \zeta^{h-k}) \quad \text{oder} \quad \pm \prod_{h,k} \left(1 - e^{\frac{(h-k)\pi i}{\nu}}\right)$$

gegeben ist, so kann sie nur ein Divisor von ν sein. Es mag hier beiläufig bemerkt werden, dass, wenn dieser Divisor d von Eins verschieden ist, die Functionen $F(z)$ und $G(z)$ ein Divisoren-System zweiter Stufe gemein haben; so ist z. B.

$$1 + z^3 + z^6 = (1 + z + z^2)(-2 + 2z - z^3 + z^4) + 3,$$

also

$$1 + z^3 + z^6 \equiv 0 \ (\text{modd. } 1 + z + z^2, 3)$$

und das hier auftretende Modulsystem *zweiter* Stufe $(1 + z + z^2, 3)$ ist daher in den *beiden* Functionen $1 + z + z^2$, $1 + z^3 + z^6$ zugleich enthalten, wenn dieselben auch keinen Divisor *erster* Stufe gemein haben. — Nach vorstehender Darlegung findet nun die Aequivalenz

$$(1 - z^l + z^m, F(z), G(z)) \sim (1 - z^l + z^m, F(z), G(z), d)$$

statt, und da auf Grund der Congruenz (T) die Zahl n die *beiden* Modulsysteme

$$(1 - z^l + z^m, F(z)), \quad (1 - z^l + z^m, G(z))$$

und demnach auch das den beiden gemeinsame Modulsystem

$$(1 - z^l + z^m, F(z), G(z)),$$

also auch das diesem äquivalente

$$(1 - z^l + z^m, F(z), G(z), d)$$

enthalten muss, so kann eben diesem Modulsystem die Zahl n als Element hinzugefügt werden.*) Alsdann kommen aber die beiden Zahlen d und n als Elemente vor, und da d ein Theiler von ν und also von $n - 1$ ist, so ist schon das Modulsystem (d, n) und daher auch das Modulsystem

$$(1 - z^l + z^m, F(z), G(z))$$

---

*) Vergl. Bd. 92 dieses Journals, S. 77, III.[1])

[1]) Bd. II, S. 385 dieser Ausgabe von *L. Kronecker*'s Werken.

H

äquivalent Eins. Hieraus folgt aber, dass in der That, wie oben behauptet worden, das System

$$(1 - z^l + z^m, F(z) \cdot G(z))$$

aus den beiden Modulsystemen

$$(1 - z^l + z^m, F(z)), \quad (1 - z^l + z^m, G(z))$$

componirt ist. Führt man, wie im § 22[1]) meiner im 92. Bande dieses Journals abgedruckten Arbeit, an Stelle der Divisoren-Systeme die „*Formen*" mit „Unbestimmten" $u, u', \ldots$ ein, so besagt die Congruenz (T),

> dass die Form zweiter Stufe $(1 - z^l + z^m)u + 1 + z^\nu$ in der Zahl n enthalten sein muss.*)

Hiernach muss, wenn $F(z)$, wie oben, einen Divisor von $1 + z^\nu$ bedeutet, auch die Form

$$(1 - z^l + z^m)u + F(z)$$

in der Zahl n enthalten sein, und andererseits ist, wenn die beiden Formen

$$(1 - z^l + z^m)u + F(z), \quad (1 - z^l + z^m)u + G(z)$$

in n enthalten sind, nothwendig auch die aus beiden componirte Form

$$(1 - z^l + z^m)u + F(z) \cdot G(z)$$

in der Zahl n enthalten. Da nämlich, wie oben dargelegt worden, das Modulsystem

$$(1 - z^l + z^m, F(z), G(z))$$

äquivalent Eins ist, so haben jene beiden Formen keine andere mit einander gemein, und das Enthalten-Sein jeder einzelnen hat darum das des Products zur Folge. Um dies aber hier ohne Bezugnahme auf meine mehrfach erwähnte Arbeit nachzuweisen, seien $P(z), Q(z), R(z)$ ganzzahlige Functionen, welche die für die Aequivalenz

$$(1 - z^l + z^m, F(z), G(z)) \sim 1$$

erforderliche Gleichung

$$(1 - z^l + z^m)P(z) + F(z)Q(z) + G(z)R(z) = 1$$

---

*) Vgl. Bd. 92 dieses Journals, S. 85, I. und S. 91, IX°.[2])

[1]) Bd. II, S. 342 dieser Ausgabe von *L. Kronecker*'s Werken. H

[2]) Bd. II, S. 348 u. S. 351 dieser Ausgabe von *L. Kronecker*'s Werken. H

erfüllen. Es seien ferner $\Phi(z)$, $\Phi_1(z)$, $\Psi(z)$, $\Psi_1(z)$ ganzzahlige Functionen, welche die den Congruenzen

$$n \equiv 0 \;(\text{modd. } 1 - z^l + z^m, F(z)), \quad n \equiv 0 \;(\text{modd. } 1 - z^l + z^m, G(z))$$

entsprechenden Gleichungen

$$n = (1 - z^l + z^m)\Phi(z) + F(z)\Phi_1(z), \quad n = (1 - z^l + z^m)\Psi(z) + G(z)\Psi_1(z)$$

befriedigen. Alsdann findet die Gleichung

$$n = (1 - z^l + z^m)(G(z)R(z)\Phi(z) + F(z)Q(z)\Psi(z) + nP(z)) + F(z)G(z)(R(z)\Phi_1(z) + Q(z)\Psi_1(z))$$

statt, welche sich durch die Congruenz

$$n \equiv 0 \;(\text{modd. } 1 - z^l + z^m, F(z) \cdot G(z))$$

darstellen lässt und welche zeigt, dass in der That die Form

$$(1 - z^l + z^m)u + F(z) \cdot G(z)$$

in der Zahl n enthalten ist. Die Congruenz (T) kann demnach durch die Congruenz

$$(\text{T}^0) \qquad n \equiv 0 \;(\text{modd. } 1 - z^l + z^m, f_h(z)) \qquad (h = 1, 2, \ldots)$$

ersetzt werden, wenn darin $f_h(z)$ alle verschiedenen irreductiblen Factoren von $z^\nu + 1$ repräsentirt, und die nothwendigen und hinreichenden Bedingungen dafür, dass sich $\bar{\omega}^n$ in der Form (Q') mit *irgend welchen* Exponenten r, d. h. ohne die beschränkenden Congruenzen (R^0) darstellen lasse, können also auch dahin formulirt werden, dass es Zahlen l, m geben muss,

> für welche die sämmtlichen Formen zweiter Stufe $(1 - z^l + z^m)u + f_h(z)$ in der Primzahl n enthalten sind, oder für welche die Primzahl n durch jede der complexen Zahlen
>
> $$1 - \zeta^{kl} + \zeta^{km} \qquad (k = 1, 3, 5, \ldots n-2)$$
>
> theilbar ist.

Die Werthe $\zeta, \zeta^3, \zeta^5, \ldots \zeta^{n-2}$ sind nämlich die ν verschiedenen Wurzeln der sämmtlichen Gleichungen $f_h(z) = 0$, und es zeigt sich daher als Resultat der vorstehenden Entwickelung, dass die aus der Gleichung (R') unmittelbar als *nothwendige* Bedingungen folgenden Congruenzen

$$(\text{T}') \qquad n \equiv 0 \left(\text{mod.}(1 - \zeta^{kl} + \zeta^{km})\right) \qquad (k = 1, 3, 5, \ldots n-2)$$

zugleich ein System von *hinreichenden* Bedingungen für die Darstellung (Q′) bilden. Es sind also Eigenschaften der Zahl n in der Theorie der aus $(n-1)$ten Wurzeln der Einheit gebildeten complexen Zahlen oder also Eigenschaften von n im Rationalitäts-Bereich $\left[e^{\frac{2\pi i}{n-1}}\right]$ *), auf denen die Möglichkeit jener Darstellung der Kreistheilungs-Ausdrücke durch ψ-Functionen beruht, und darin liegt es, dass *Jacobi*, der in seinen Vorlesungen im Jahre 1836 die Theorie der complexen Zahlen des Bereichs $\left[e^{\frac{2\pi i}{n-1}}\right]$ noch nicht benutzen konnte, bei Aufsuchung jener Darstellung zu der schon oben citirten Aeusserung veranlasst wurde: „es sei sehr schwer ein allgemeines Verfahren anzugeben, indem jede Primzahl (n) hier als *Individuum* auftrete, für welches bis jetzt ganz besondere Verfahrungsarten angewendet werden müssten".

Um die obigen Ausführungen an einigen Beispielen zu erläutern, knüpfe ich zuvörderst an die auf S. 347[1]) mitgetheilte *Jacobi*sche Darstellung von $\bar{\omega}^{19}$ oder $(\alpha, x)^{19}$ an, so dass

$$n = 19,\ \gamma = 2,\ \psi_3(\alpha) = \varpi_1\varpi_2\varpi_3^{-1},\ m = 1,\ l = 18,\ \nu = 9$$

wird, da $2^{13} \equiv 3 \pmod{19}$ ist. Alsdann ist

$$(1 - s^{13} + s)\sum_h r_h s^h \equiv 19\ (\text{mod.}\,(s^9+1)),$$

wenn

$$\text{(U)} \qquad \sum_h r_h s^h = 4 + 2s + s^3 + 5s^4 + 6s^6 + 8s^7 + 9s^{12} + 7s^{14} + 8s^{17}$$

genommen wird, und die hierdurch definirten Zahlen r bilden die Exponenten der conjugirten ψ-Functionen bei jenem *Jacobi*schen Ausdrucke. Hier ist also, wenn $-\zeta$ eine primitive neunte Wurzel der Einheit bedeutet,

$$19 \equiv 0\ (\text{mod.}\,(1 - \zeta^{13k} + \zeta^k)) \qquad (k = 1, 3, 5, \ldots 17),$$

und diese Congruenz besteht für alle neun Werthe von k, wenn sie nur für $k = 1, 3, 9$ erfüllt ist. Für $k = 1$ ist nun $1 - \zeta^{13} + \zeta$ oder, was dasselbe ist, $1 + \zeta + \zeta^4$ in der That ein complexer Primfactor von 19 und erfüllt daher die obige Bedingung (S), während sowohl für $k = 3$ als für $k = 9$

$$1 - \zeta^{13k} + \zeta^k = 1$$

---

*) Vergl. Bd. 92 dieses Journals, S. 14.[2])

[1]) Bd. IV, S. 144 dieser Ausgabe von *L. Kronecker*'s Werken. H
[2]) Bd. II, S. 260—261 dieser Ausgabe von *L. Kronecker*'s Werken. H

wird. Die durch die Gleichung (U) definirten Exponenten r genügen somit *allen* *Jacobi*schen Forderungen. Wird aber

$$n = 47, \gamma = -2, \nu = 23$$

genommen, so kann — wie schon oben dargelegt worden — den sämmtlichen *Jacobi*schen Forderungen nicht genügt werden, sondern nur insoweit, als von den Congruenzbedingungen (R^0) abgesehen wird. Jede ψ-Function, welche nach der *Jacobi*schen Bezeichnung den Index γ^m hat, d. h. also:

$$\psi_{\gamma^m} \quad \text{oder} \quad \varpi_1 \varpi_{\gamma^m} \varpi_{1+\gamma^m}^{-1}$$

wird durch die Zahl m oder auch durch die complexe Zahl

$$1 - \zeta^l + \zeta^m,$$

bei welcher l durch die Congruenz

$$1 - \gamma^l + \gamma^m \equiv 0 \pmod{n}$$

bestimmt ist, vollkommen characterisirt. Für je sechs dieser ψ-Functionen, welche nach der oben mitgetheilten *Jacobi*schen Bemerkung sich unmittelbar auf einander reduciren, sind die beiden Zahlen l, m beziehungsweise:

$$(l, m), (l - m, -m), (m + \nu, l + \nu), (m - l, -l - \nu), (-m + \nu, l - m + \nu), (-l, m - l - \nu);$$

es sind also die complexen Zahlen

$$1 - \zeta^l + \zeta^m, 1 - \zeta^{l-m} + \zeta^{-m}, 1 + \zeta^m - \zeta^l, 1 - \zeta^{m-l} - \zeta^{-l}, 1 + \zeta^{-m} - \zeta^{l-m}, 1 - \zeta^{-l} - \zeta^{m-l},$$

welche den sechs Functionen ψ entsprechen. Diese unterscheiden sich von einander theils gar nicht, theils nur durch einfache Einheiten ζ^m, $-\zeta^l, \ldots$ Die *eine* complexe Zahl

$$1 - \zeta^l + \zeta^m$$

ist daher für die sämmtlichen sechs auf einander zurückführbaren ψ-Functionen charakteristisch, und es ist für die Zahl l z. B. nur je einer von den sechs Werthen

$$l, l - m, m + \nu, m - l, -m - \nu, -l$$

zu nehmen. Setzt man nun $\beta = -\zeta$, so dass für $n = 47$ mit β eine primitive 23ste Wurzel der Einheit bezeichnet ist, so sind die einzig in Betracht kommenden acht Functionen ψ:

$$\frac{\varpi_1^2}{\varpi_2}, \quad \frac{\varpi_1 \varpi_2}{\varpi_3}, \quad \frac{\varpi_1 \varpi_3}{\varpi_4}, \quad \frac{\varpi_1 \varpi_4}{\varpi_5}, \quad \frac{\varpi_1 \varpi_5}{\varpi_6}, \quad \frac{\varpi_1 \varpi_6}{\varpi_7}, \quad \frac{\varpi_1 \varpi_9}{\varpi_{10}}, \quad \frac{\varpi_1 \varpi_{10}}{\varpi_{11}}$$

beziehungsweise durch die komplexen Zahlen

$$2-\beta,\ 1+\beta-\beta^{-4},\ 1+\beta^{-4}-\beta^{2},\ 1+\beta^{2}+\beta^{9},\ 1-\beta^{9}-\beta^{-3},\ 1+\beta^{-3}-\beta^{-11},$$
$$1+\beta^{-8}+\beta^{10},\ 1-\beta^{10}+\beta^{-6}$$

charakterisirt. Von diesen Zahlen sind die 2te und 6te, sowie auch die 4te und 7te mit einander conjugirt. Die 5te und 8te Zahl sind, abgesehen von einer einfachen Einheit, ebenfalls mit einander conjugirt, da

$$-\beta^{3}(1-\beta^{9}-\beta^{-3})=1-\beta^{3}+\beta^{12}=1-\beta^{-2\cdot10}+\beta^{2\cdot6}$$

ist. Da nun jede der acht complexen Zahlen den algebraischen Primtheiler

$$\operatorname{div}[47u+2-\beta]$$

enthält, so enthalten jene sechs, d. h. die 2te, 4te, 5te, 6te, 7te und 8te der complexen Zahlen ausser $\operatorname{div}[47u+2-\beta]$ noch einen der damit conjugirten Primtheiler. Die erste und dritte dagegen, nämlich $2-\beta$ und $1+\beta^{-4}-\beta^{2}$, enthalten *nur* $\operatorname{div}[47u+2-\beta]$ und keinen der damit conjugirten Divisoren; diese beiden complexen Zahlen enthalten daher, da $\operatorname{div}[47u+2-\beta]$ keiner complexen Zahl in β absolut äquivalent ist, noch algebraische Divisoren gewöhnlicher, von 47 *verschiedener* Primzahlen, und können also nicht, wie es die Congruenz (T′) verlangt, als Theiler in der Zahl 47 enthalten sein. Die anderen sechs complexen Zahlen sind dagegen in der That Divisoren der Zahl 47, und jede derselben ist dem Producte von zwei conjugirten Primtheilern

$$\operatorname{div}[47u+2-\beta]$$

absolut äquivalent. So ist z. B.

$$1+\beta-\beta^{-4}\sim\operatorname{div}[47u+2-\beta]\cdot\operatorname{div}[47u+2-\beta^{-8}],$$

da einerseits die complexe Zahl links durch jeden der beiden Primtheiler rechts theilbar ist, und da andererseits das Product der 11 conjugirten Zahlen

$$1+\beta^{h^2}-\beta^{-4h^2} \qquad (h=1,2,3,\dots 11)$$

gleich 47 ist, so dass die Zahl $1+\beta-\beta^{-4}$ nur Primtheiler von 47 und von diesen selbst nur zwei conjugirte enthalten kann. Da die Zahl $1+\beta-\beta^{-4}$ die ψ-Function $\varpi_1\varpi_2\varpi_3^{-1}$ charakterisirt, so ist die 47ste Potenz von ϖ mittels eben dieser ψ-Function in der Form (Q) darstellbar, ohne dass jedoch die Exponenten r darin die Congruenzen (R^0) befriedigen.

Dass, wie *Jacobi* vermuthet zu haben scheint[1]), die von ihm mit $(\alpha, x)^1$ bezeichneten Kreistheilungs-Ausdrücke, *stets* als Producte conjugirter ψ-Functionen darstellbar sein sollten, ist nach den oben dafür gefundenen Bedingungen (T′) kaum anzunehmen; denn darnach müsste stets eine Zahl m existiren, für welche jede der complexen Zahlen

$$1 + \zeta^{km} - \zeta^{k \operatorname{ind.}(1+g^m)} \qquad (k=1, 2, \ldots \lambda-2),$$

wo ζ eine Wurzel der Gleichung $\zeta^{\frac{1}{2}(\lambda-1)} + 1 = 0$ bedeutet, entweder eine complexe Einheit oder aber ein Product conjugirter algebraischer Primtheiler von λ ist. Ich habe jedoch noch für keinen Werth von λ feststellen können, dass diese Bedingungen nicht erfüllbar sind. Die erste Primzahl, welche in dieser Beziehung zur Untersuchung geeignet erscheint, ist $\lambda = 83$.[1]) Indessen hat die von *Jacobi* erstrebte Darstellung von $(\alpha, x)^1$, *ohne* jene Congruenzbedingungen (R^0) keinerlei theoretischen Werth; und *mit* den bezeichneten Congruenzbedingungen ist — wie oben gezeigt worden — die Darstellung schon für $\lambda = 47$ nicht mehr möglich. Wenn die Congruenzbedingungen (R^0) erfüllbar sind, ist die für die Funktion $\psi_{\gamma m}$ charakteristische complexe Zahl $1 - \zeta^l + \zeta^m$ ein complexer Primfactor der Primzahl n, welche bei *Jacobi* mit λ bezeichnet ist, und gerade auf dieser Eigenschaft, nicht auf der einfachen Bildung und Gestalt der ψ-Functionen, beruht ihre theoretische Bedeutung für die Kreistheilungs-Gleichungen wie für die *Abel*schen Gleichungen überhaupt. Tritt nämlich an die Stelle von $1 - \zeta^l + \zeta^m$ irgend eine complexe Zahl

$$\sum_h q_h \beta^h \qquad (h=0, 1, \ldots n-2),$$

für welche die Bedingungsgleichung (R′)

$$\sum_h q_h \zeta^{hk} \cdot \sum_h r_h \zeta^{hk} = n \qquad \binom{h=0, 1, \ \ldots n-2}{k=1, 3, 5, \ldots n-2}$$

erfüllt ist, während die Zahlen r_h den Congruenzbedingungen (R^0) genügen, so ist genau so wie oben zu erschliessen, dass der Gleichung (S) gemäss

$$\text{(S′)} \qquad \operatorname{Nm} \sum_h q_h \zeta^h = n$$

sein muss. Eine solche complexe Zahl $\sum_h q_h \zeta^h$ charakterisirt alsdann einen Ausdruck Ψ_l, der sich durch die Gleichung

$$\Psi_l = \prod_h \varpi_{l\gamma^h}^{q_h}$$

[1]) Vgl. Zusatz 85 am Ende dieses Bandes.

bestimmt und die Eigenschaft hat, dass sich $\bar{\omega}^n$ in der Form (Q) darstellen lässt, wenn darin an Stelle jener specielleren Functionen ψ diese allgemeineren Ψ gesetzt werden. Aber nicht bloss für den Fall, dass gemäss der Bedingung (S') die Primzahl n sich als Norm einer complexen Zahl in ζ darstellen lässt, sondern ganz allgemein führt die obige Deduction, wenn darin an Stelle von $1 - \zeta^l + \zeta^m$ *irgend eine* complexe Zahl in ζ genommen wird, zu Resultaten über die verschiedenen Arten der Darstellbarkeit von Wurzeln *Abel*scher Gleichungen, welche ich in einem anderen Aufsatze näher darlegen werde.

Für den Fall der Kreistheilung erlangt man mit Hülfe der ψ-Functionen, wie von *Jacobi* in seinen Vorlesungen hervorgehoben wird, eine zahlentheoretische Definition für die Coefficienten der oben mit $\bar{\omega}^n$ bezeichneten Ausdrücke, welche auch zu deren Berechnung sehr geeignet erscheint. Aber wenn man zu Gunsten der Einfachheit der zahlentheoretischen Definition auf die Einfachheit der wirklichen Ausrechnung verzichtet, so ist es besser, den Werth des Kreistheilungs-Ausdrucks $\bar{\omega}^n$ direct, d. h. ohne Vermittelung durch die ψ-Functionen darzustellen.

III.

Bezeichnet man, wie oben (I.), mit w eine Variable, mit x eine primitive $p$te Wurzel der Einheit und mit g eine primitive Congruenzwurzel von p, ist ferner n irgend ein Theiler von $p-1$ und ω eine primitive $n$te Wurzel der Einheit, so ist gemäss der obigen Formel (A), wenn darin $l = n$, $m = 1$ genommen wird,

$$\Big(\sum_r w^r x^{g^r}\Big)^n \equiv p \sum_i c_i w^i \pmod{(w^n - 1)} \qquad \left(\begin{smallmatrix} r=0,1,\dots p-2 \\ i=0,1,\dots n-1 \end{smallmatrix}\right),$$

wo $c_0, c_1, \dots c_{n-1}$ ganze Zahlen bedeuten, und es sind eben diese ganzzahligen Coefficienten c, deren Bestimmung die Kreistheilung erfordert. Da nun, je nachdem k einen der Werthe $1, 2, \dots p-1$ oder den Werth p hat,

$$\sum_r w^r x^{kg^r} \equiv w^{n-\text{ind.}k} \sum_r w^r x^{g^r} \quad \text{oder} \quad \equiv 0 \pmod{(w^n - 1)} \qquad (r=0,1,\dots p-2)$$

ist, so wird

$$\sum_k \Big(\sum_r w^r x^{kg^r}\Big)^n \equiv (p-1)\Big(\sum_r w^r x^{g^r}\Big)^n \pmod{(w^n - 1)} \qquad \left(\begin{smallmatrix} k=0,1,\dots p-1 \\ r=0,1,\dots p-2 \end{smallmatrix}\right),$$

und die $(n+1)$-fache Summe

$$\sum_k \sum_{r_1} \sum_{r_2} \cdots \sum_{r_n} w^{r_1+r_2+\cdots+r_n} x^{k(g^{r_1}+g^{r_2}+\cdots+g^{r_n})} \qquad \left(\begin{smallmatrix} k=0,1,\dots p-1 \\ r_1, r_2, \dots r_n = 0,1,\dots p-2 \end{smallmatrix}\right)$$

ist daher dem Ausdrucke
$$p(p-1)\sum_i c_i w^i \qquad (i=0,1,\ldots n-1)$$
für den Modul (w^n-1) congruent. Die in Beziehung auf k allein ausgeführte Summation
$$\sum_k x^{k(g^{r_1}+g^{r_2}+\cdots+g^{r_n})} \qquad (k=0,1,\ldots p-1)$$
liefert aber den Werth p oder *Null*, je nachdem $g^{r_1}+g^{r_2}+\cdots+g^{r_n}$ durch p theilbar ist oder nicht, und es wird daher

$$\text{(V)} \qquad \sum_i c_i w^i \equiv \frac{1}{p-1}\sum_{r_1,r_2,\ldots r_n} w^{r_1+r_2+\cdots+r_n} \ (\text{mod.}\ (w^n-1)) \qquad (i=0,1,\ldots n-1),$$

wenn die Summation rechts auf alle Werthe $r_1, r_2, \ldots r_n = 0, 1, \ldots p-2$ erstreckt wird, welche die Congruenzbedingung
$$g^{r_1}+g^{r_2}+\cdots+g^{r_n}\equiv 0\ (\text{mod.}\ p)$$
erfüllen. Setzt man ω^h an Stelle der Variabeln w, so werden die Coefficienten c *algebraisch* dadurch charakterisirt, dass für alle ganzzahligen Werthe von h die Gleichung
$$\left(x+\omega^h x^g+\omega^{2h}x^{g^2}+\cdots+\omega^{(p-2)h}x^{g^{p-2}}\right)^n = p\sum_i c_i\omega^{hi} \qquad (i=0,1,\ldots n-1)$$
besteht, und jeder dieser Coefficienten c_i wird auf Grund der Gleichung (V) in der elegantesten Weise rein *arithmetisch als der* $(p-1)$te *Theil der Anzahl der modulo* $(p-1)$ *unter einander verschiedenen Werthsysteme* $r_1, r_2, \ldots r_n$ *definirt, welche den beiden Congruenzen*
$$r_1+r_2+\cdots+r_n\equiv i\ (\text{mod.}\ n),\quad g^{r_1}+g^{r_2}+\cdots+g^{r_n}\equiv 0\ (\text{mod.}\ p)$$
zugleich genügen. Dieselbe Definition läßt sich noch in etwas anderer Weise formuliren, wenn man an Stelle der Zahlen r die durch die Congruenzen $g^r\equiv s$ (mod. p) erklärten Zahlen s einführt. Alsdann hat man für $s_1, s_2, \ldots s_n$ alle diejenigen von den Werthen $1, 2, \ldots p-1$ zu nehmen, für welche die beiden Congruenzen
$$s_1 s_2\ldots s_n\equiv g^{i+hn},\quad s_1+s_2+\cdots+s_n\equiv 0\ (\text{mod.}\ p)$$
zugleich erfüllt sind, wenn h eine beliebige ganze Zahl bedeutet. Unterscheidet man nun die sämmtlichen modulo p verschiedenen Zahlen nach den n Gruppen, von denen eine durch die $n$ten Potenzreste gebildet wird, so wird der Werth von
$$(p-1)c_i \qquad (i=0,1,\ldots n-1)$$
einfach als *die Anzahl der nach dem Modul* p *verschiedenen Systeme von* n *Zahlen* $s_1, s_2, \ldots s_n$ *definirt, deren Summe durch* p *theilbar ist, und deren Product zu der*

durch g^t bestimmten Gruppe von $\frac{p-1}{n}$ Zahlen gehört. Endlich möge noch die Gleichung selbst, welche entsteht, wenn in (V) die Variable w durch ω^h ersetzt wird, hier ausdrücklich hervorgehoben werden, nämlich die Gleichung:

$$(\mathrm{V}^0) \qquad \Big(\sum_r \omega^{hr} x^{g^r}\Big)^n = \frac{p}{p-1} \sum_{r_1, r_2, \ldots r_n} \omega^{h(r_1+r_2+\cdots+r_n)} \qquad (r=0,1,\ldots p-2),$$

in der die Summation rechts nur auf alle diejenigen Werthe $r_1, r_2, \ldots r_n = 0, 1, \ldots p-2$ zu erstrecken ist, welche die Congruenzbedingung

$$g^{r_1} + g^{r_2} + \cdots + g^{r_n} \equiv 0 \ (\mathrm{mod.}\ p)$$

erfüllen.

Es bedarf kaum der Erwähnung, dass bei der Zählung der verschiedenen Werthsysteme $r_1, r_2, \ldots r_n$ und $s_1, s_2, \ldots s_n$ z. B. die beiden Werthsysteme

$$r_1 = 0, \quad r_2 = 1, \quad r_3 = 2, \quad \ldots; \quad r_1 = 1, \quad r_2 = 0, \quad r_3 = 2, \quad \ldots$$

als zwei verschiedene zu rechnen sind. Bezeichnet man nun mit m_k die Anzahl derjenigen Zahlen r, die gleich k sind, so gehen die beiden obigen Congruenzen

$$r_1 + r_2 + \cdots + r_n \equiv t \ (\mathrm{mod.}\ n), \quad g^{r_1} + g^{r_2} + \cdots + g^{r_n} \equiv 0 \ (\mathrm{mod.}\ p)$$

in folgende über:

$$(\mathrm{W}) \qquad \sum_k k m_k \equiv t \ (\mathrm{mod.}\ n), \quad \sum_k k m_{\mathrm{ind.}(k+1)} \equiv -n \ (\mathrm{mod.}\ p)$$

mit den Bedingungen

$$\sum_k m_k \leqq n, \quad k = 1, 2, \ldots p-2.$$

Denn jene Congruenz $g^{r_1} + g^{r_2} + \cdots + g^{r_n} \equiv 0$ (mod. p) ergiebt zuvörderst die folgende:

$$\sum_{h=0}^{h=p-2} m_h g^h \equiv 0 \quad \text{oder} \quad n + \sum_{h=1}^{h=p-2} m_h (g^h - 1) \equiv 0 \ (\mathrm{mod.}\ p),$$

da $n = m_0 + m_1 + \cdots + m_{p-2}$ ist, und die letztere Congruenz führt, wenn $g^h - 1 \equiv k$ (mod. p) gesetzt wird, unmittelbar zu der zweiten von den Congruenzen (W). Es läßt sich hiernach der Coefficient c_t auch in der Form:

$$\frac{n!}{p-1} \sum \frac{1}{m_0!\, m_1!\, m_2! \ldots m_{p-2}!}$$

darstellen, wenn die Summation auf alle Werthe $m_0, m_1, \ldots m_{p-2} = 0, 1, 2, \ldots n$ erstreckt wird, für welche ausser der Bedingung

$$m_0 + m_1 + m_2 + \cdots + m_{p-2} = n$$

noch die beiden Congruenzen (W) befriedigt sind. Dabei hat man, wie gewöhnlich, $m!$ gleich dem Product $1 \cdot 2 \cdot 3 \ldots m$ zu nehmen, wenn $m > 0$ ist, während man, wenn $m = 0$ ist, $m! = 1$ zu setzen hat. — Setzt man $m_h = l_h$, so ist l_h die Anzahl derjenigen Zahlen s, die gleich h sind, und es wird:

$$c_t = \frac{n!}{p-1} \sum \frac{1}{l_1! \, l_2! \ldots l_{p-1}!},$$

wenn die Summation auf alle diejenigen Werthe $l_1, l_2, \ldots l_{p-1} = 1, 2, \ldots n$ erstreckt wird, für welche

$$l_1 + l_2 + l_3 + \cdots + l_{p-1} = n, \quad l_1 + 2l_2 + 3l_3 + \cdots + (p-1)l_{p-1} \equiv 0 \pmod{p}$$

ist, und für welche zu gleicher Zeit der Rest der Zahl

$$2^{l_2} \cdot 3^{l_3} \ldots (p-1)^{l_{p-1}}$$

modulo p zu der Gruppe der Reste $g^t, g^{t+n}, g^{t+2n}, \ldots$ gehört. So erfüllen für $n = 3$, $p = 7$ die Werthsysteme:

$$l_1 = 1, \; l_2 = 1, \; l_4 = 1; \quad l_3 = 1, \; l_5 = 1, \; l_6 = 1$$

$$l_1 = 2, \; l_5 = 1; \; l_1 = 1, \; l_3 = 2; \; l_2 = 2, \; l_3 = 1; \; l_4 = 2, \; l_6 = 1;$$

$$l_4 = 1, \; l_5 = 2; \; l_2 = 1, \; l_6 = 2$$

die Bedingungen

$$l_1 + l_2 + l_3 + l_4 + l_5 + l_6 = 3, \quad l_1 + 2l_2 + 3l_3 + 4l_4 + 5l_5 + 6l_6 \equiv 0 \pmod{7},$$

wenn diejenigen l, die weggelassen sind, gleich Null genommen werden; für die beiden ersten Systeme l wird nun $t = 0$, für die sechs anderen $t = 2$, und also, da hier $n! = p - 1$ ist,

$$c_0 = 2, \quad c_1 = 0, \quad c_2 = 3.$$

Für *eine beliebige* Primzahl p von der Form $6k + 1$ und für $n = 3$ ist die Anzahl der Werthsysteme s_1, s_2, s_3, für welche $s_1 + s_2 + s_3 \equiv 0 \pmod{p}$ ist, gleich $(p-1)(p-2)$. Es ist daher $c_0 + c_1 + c_2 = p - 2$; ferner wird, da

$$\Big(\sum_r \omega^{hr} x^{g^r}\Big)^3 = p(c_0 + c_1\omega^h + c_2\omega^{2h}) \qquad (r = 0, 1, \ldots p-2)$$

ist, die Zahl $\pm a$ in der Gleichung $4p = a^2 + 27b^2$ durch die Bestimmung

$$3c_0 - (c_0 + c_1 + c_2) = \pm a \quad \text{oder} \quad 3c_0 - (p-2) = \pm a$$

gegeben. Nach obigen Darlegungen ist nun $(p-1)c_0$ gleich der Anzahl der Werthsysteme s_1, s_2, s_3, wofür $s_1 s_2 s_3$ kubischer Rest von p ist, und da $s_1+s_2+s_3 \equiv 0$ (mod. p), also

$$s_1^3+s_2^3+s_3^3 \equiv 3 s_1 s_2 s_3 \pmod{p}$$

ist, so resultirt folgende bemerkenswerthe Lösung der Gleichung $4p = a^2+27b^2$: *Es wird*

$$a^2 = (3c_0 - p + 2)^2,$$

wenn $(p-1)c_0$ *die Anzahl der verschiedenen Systeme von Zahlen*

$$s_1, \quad s_2, \quad s_3 = 1, \; 2, \; 3, \; \ldots \; p-1$$

bedeutet, wofür die Summe $s_1+s_2+s_3$ *durch* p *theilbar und zugleich die neunfache Summe der Kuben* $9\,(s_1^3+s_2^3+s_3^3)$ *kubischer Rest von* p *wird.* So giebt es, um einige einfache Beispiele anzuführen, im Falle $p=7$, nur die den Bedingungen genügenden Systeme:

$$s_1, \; s_2, \; s_3 = 1, \; 2, \; 4; \quad s_1, \; s_2, \; s_3 = 3, \; 5, \; 6,$$

deren Gesammtanzahl 12 ist, so dass $c_0 = 2$ und $a^2 = 1$ wird. Für $p = 13$ giebt es nur die Systeme

$$s_1, \; s_2, \; s_3 = 1, \; 3, \; 9; \;\; 2, \; 5, \; 6; \;\; 4, \; 10, \; 12; \;\; 7, \; 8, \; 11,$$

deren Gesammtanzahl 24 beträgt, so dass ebenfalls $c_0 = 2$ und aber $a^2 = (3\cdot 2 - 11)^2$, also $a^2 = 25$ wird. Für $p = 19$ existiren folgende Systeme:

$$s_1, \; s_2, \; s_3 \equiv h, \; 3h, \; -4h \pmod{19} \qquad (h = 1, 2, \ldots 18),$$

$$s_1, \; s_2, \; s_3 \equiv k, \; 7k, \; -8k \pmod{19} \qquad (k = 1, 2, 2^2, 2^3, 2^4, 2^5);$$

die Gesammtanzahl ist daher $6\cdot 18 + 6\cdot 6$, und da diese den Werth von $18c_0$ giebt, so wird $c_0 = 8$ und $a^2 = (3\cdot 8 - 17)^2 = 49$, und es ist in der That $4\cdot 19 = 49 + 27$. Ich bemerke schliesslich, dass sich ähnliche elegante Bestimmungen für die Darstellung der Primzahlen in den Formen a^2+b^2 und a^2+2b^2 aus den obigen Entwickelungen herleiten und aber auch auf die bekannten Resultate der Kreistheilungs-Theorie zurückführen lassen.

UEBER EINE STELLE IN JACOBIS AUFSATZ „OBSERVATIUNCULAE AD THEORIAM AEQUATIONUM PERTINENTES"

VON

L. KRONECKER.

Crelle, Journal für die reine und angewandte Mathematik.
Bd. 107, S. 349—352.

UEBER EINE STELLE IN JACOBIS AUFSATZ „OBSERVATIUNCULAE AD THEORIAM AEQUATIONUM PERTINENTES".

(Auszug aus einem Schreiben an Herrn *Weierstrass*.)

Ich habe von Herrn *Cayley* eine Zuschrift erhalten, in welcher er darauf aufmerksam macht, dass an einer Stelle in *Jacobis* Aufsatz „*Observatiunculae ad theoriam aequationum pertinentes*" der Text augenscheinlich verdorben ist. Der erste Satz des Abschnittes, welcher die Ueberschrift trägt „*Observatio de aequatione sexti gradus, ad quam aequationes quinti gradus revocari possunt*" lautet nämlich in dem Originalabdruck wie folgt*):

„*Sint elementa quinque proposita* x_1, x_2, x_3, x_4, x_5, *ac designemus per symbolum*

$$(1\,2\,3\,4\,5)$$

functionem elementorum rationalem, quae et immutata manet, si elementa x_1, x_2, x_3, x_4, x_5 *eodem ordine, quo ea exhibemus, commutamus respective cum his*

$$x_2,\quad x_3,\quad x_4,\quad x_5,\quad x_1,$$

et cum his

$$x_5,\quad x_1,\quad x_2,\quad x_3,\quad x_4."$$

Hierzu bemerkt Herr *Cayley*, dass aus der Unveränderlichkeit der Function (12345) bei der ersten Substitution offenbar die Unveränderlichkeit bei der zweiten Substitution von selbst folge, dass aber doch eine Verbesserung der Stelle nicht, wie es beim Abdruck im dritten Bande von *Jacobis* gesammelten Werken (S. 276) versucht worden, durch Weglassung der zweiten Substitution sondern dadurch zu erreichen sei, dass in der Angabe der zweiten Substitution anstatt x_5, x_1, x_2, x_3, x_4 vielmehr

$$x_1,\quad x_3,\quad x_4,\quad x_5,\quad x_2$$

gesetzt werde.

---

*) Dieses Journal, Bd. XIII, S. 345.

In ähnlicher Weise war, wie ich aus Ihren eigenen Mittheilungen weiss, für den Abdruck in *Jacobis* gesammelten Werken eine Veränderung in der Angabe der zweiten Substitution, nicht aber deren Weglassung, beabsichtigt. Doch ist es eben diese auf einem blossen Versehen beruhende Weglassung, durch welche bei Herrn *Runge* die Meinung entstanden ist*), *Jacobi* habe mit (12345) „cyklische" Functionen bezeichnet und nicht bemerkt, dass die Function:

$$x_5x_1 + x_1x_2 + x_2x_3 + x_3x_4 + x_4x_5$$

noch bei gewissen anderen als den cyklischen Substitutionen ungeändert bleibt. In der That geht aber, wie auch Herr *Cayley* in seiner Zuschrift erwähnt, aus den Entwickelungen in dem Abschnitt mit der Ueberschrift: „*Observatio de aequatione sexti gradus, ad quam aequationes quinti gradus revocari possunt*" deutlich hervor, dass *Jacobi* die Functionen (12345) als der „*hemimetacyklischen*" Gattung**) angehörige hat charakterisiren wollen, und zwar in ebenso natürlicher als einfacher Weise durch nur zwei Substitutionen, bei welchen die Functionen ungeändert bleiben. Solche zwei Substitutionen können, der Natur der Sache nach, in mannigfacher Weise gewählt werden; aber es liegt wohl am nächsten, die Functionen zuerst als cyklische zu charakterisiren und deshalb als die erste der beiden Substitutionen, so wie es *Jacobi* gethan hat, die cyklische:

$$\begin{pmatrix} x_1, & x_2, & x_3, & x_4, & x_5 \\ x_2, & x_3, & x_4, & x_5, & x_1 \end{pmatrix}$$

zu wählen. Alsdann konnte die zweite Substitution nur eine solche sein, bei welcher x_1, x_2, x_3, x_4, x_5, respective in:

$$x_4,\quad x_3,\quad x_2,\quad x_1,\quad x_5$$

oder:

$$x_3,\quad x_2,\quad x_1,\quad x_5,\quad x_4$$

oder:

$$x_2,\quad x_1,\quad x_5,\quad x_4,\quad x_3$$

oder:

$$x_1,\quad x_5,\quad x_4,\quad x_3,\quad x_2$$

oder:

$$x_5,\quad x_4,\quad x_3,\quad x_2,\quad x_1$$

*) Acta Mathematica, Bd. VII, S. 176.

**) Von der Bezeichnung „hemimetacyklisch" oder „halbmetacyklisch" mache ich seit vielen Jahren in meinen algebraischen Vorlesungen Gebrauch. (Vergl. auch Herrn *Nettos* Substitutionentheorie.)

übergeht. Herr *Cayley* nimmt von diesen fünf Anordnungen die dritte; dabei müssen, ebenso wie bei *jeder* der fünf möglichen Anordnungen, *vier* von den Indices in der Anordnung des *Jacobis*chen Textes:

$$x_5,\quad x_1,\quad x_2,\quad x_3,\quad x_4$$

abgeändert werden. Aber es ist doch kaum wahrscheinlich, dass der Text in der einen Reihe von nur 5 Indices durch 4 Indexfehler entstellt sein sollte, und ich möchte Ihnen daher eine ganz andere Art der Textverbesserung vorschlagen, nämlich nur die Einschaltung der Worte: „*inverso ordine*" zwischen *et* und *cum his*. Dann können die Indices der Elemente x_1, x_2, x_3, x_4, x_5 überall im *Jacobis*chen Text ungeändert bleiben, und die Stelle lautet sonach:

> „*Sint elementa quinque proposita* x_1, x_2, x_3, x_4, x_5, *ac designemus per symbolum*
>
> $$(1\,2\,3\,4\,5)$$
>
> *functionem elementorum rationalem, quae et immutata manet, si elementa* $x_1; x_2, x_3, x_4, x_5$ *eodem ordine, quo ea exhibemus, commutamus respective cum his*
>
> $$x_2,\quad x_3,\quad x_4,\quad x_5,\quad x_1$$
>
> *et inverso ordine cum his*
>
> $$x_5,\quad x_1,\quad x_2,\quad x_3,\quad x_4."^{1)}$$

Nach diesem Wortlaut soll die Function (12345) bei den zwei Substitutionen:

$$\begin{pmatrix} x_1, & x_2, & x_3, & x_4, & x_5 \\ x_2, & x_3, & x_4, & x_5, & x_1 \end{pmatrix}, \quad \begin{pmatrix} x_5, & x_4, & x_3, & x_2, & x_1 \\ x_5, & x_1, & x_2, & x_3, & x_4 \end{pmatrix}$$

oder:

$$\begin{pmatrix} x_k \\ x_{k+1} \end{pmatrix}, \quad \begin{pmatrix} x_k \\ x_{-k} \end{pmatrix} \qquad (k \equiv 0, 1, 2, 3, 4 \pmod{5})$$

ungeändert bleiben, und hierdurch wird die „Gattung" der Functionen (12345) als „hemimetacyklische" vollkommen definirt, genau übereinstimmend mit der Stelle, wo *Jacobi* die Function: $x_1x_2 + x_2x_3 + x_3x_4 + x_4x_5 + x_5x_1$

als eine die Gattung (12345) repräsentirende bezeichnet*). Ueberdies sind jene

*) Dieses Journal, Bd. XIII, S. 346 und *Jacobis* Werke, Bd. III, S. 277.

1) Vgl. Zusatz 36 am Ende des Bandes. H

zwei Substitutionen die ihrer Form nach einfachsten, durch deren Zusammensetzung sich *alle* herstellen lassen, bei welchen eine hemimetacyklische Function (12345) ungeändert bleibt, d. h. eine solche Function wird am einfachsten durch die beiden Gleichungen:

$$(1\,2\,3\,4\,5) = (2\,3\,4\,5\,1) = (4\,3\,2\,1\,5)$$

charakterisirt, und eben weil ich von dieser Bestimmungsweise der hemimetacyklischen Functionen schon bei meinen ersten Arbeiten über Gleichungen fünften Grades Gebrauch gemacht hatte, lag mir der Gedanke nahe, den *Jacobi*schen Text in der obigen Weise richtig zu stellen.

Die vorgeschlagene Einschaltung der Worte „*inverso ordine*“ bei der Angabe der zweiten Substitution empfiehlt sich übrigens auch insofern, als dadurch erst die Worte „*eodem ordine, quo ea exhibemus*“ bei der Angabe der ersten Substitution eine wirkliche Bedeutung erhalten.

In Beziehung auf das Geschichtliche des Inhalts des *Jacobi*schen Aufsatzes bemerkt Herr *Cayley* am Schlusse seiner Zuschrift: *The history of the sextic equation in question is rather curious; originally discovered by Malfatti in 1771 (See Brioschi, Math. Ann. T. XIII, p. 151), it was independently rediscovered by Jacobi in 1835, and by Cookle and Harley (1858—59), see my Memoir „On a new auxiliary equation in the theory of equations of the fifth order“ (Phil. Trans. T. CLII. 1861).*

In Beziehung auf das Sachliche der *Jacobi*schen Deduction möchte ich hinzubemerken, dass dieselbe an Durchsichtigkeit gewinnt, wenn man statt der Zahl 5 eine beliebige ungerade Primzahl n nimmt und also rationale Functionen der n Elemente $x_0, x_1, x_2, \dots x_{n-1}$ betrachtet. Dann wird nämlich eine rationale Function $\mathfrak{H}(x_0, x_1, x_2, \dots x_{n-1})$, welche der hemimetacyklischen Gattung angehört, durch die zwei Gleichungen:

$$\mathfrak{H}(\dots x_k, \dots) = \mathfrak{H}(\dots x_{k+1}, \dots) = \mathfrak{H}(\dots x_{g^2 k}, \dots) \qquad (k=0,1,\dots n-1)$$

vollständig charakterisirt, wobei in üblicher Weise $x_k = x_{k+n}$ und für g eine primitive Congruenzwurzel von n zu nehmen ist. Die $\frac{1}{2}n(n-1)$ Permutationen der hemimetacyklischen Gattung werden demgemäss durch die folgende repräsentirt:

$$(x_r, x_{g^{2\nu}+r}, \dots x_{g^{2\nu}k+r}, \dots x_{g^{2\nu}(n-1)+r}),$$

wenn man darin den Buchstaben ν, r die Werthe:

$$\nu = 1, 2, \dots \frac{n-1}{2}; \quad r = 0, 1, 2, \dots n-1$$

beilegt. Hiernach ist ersichtlich, dass auch die Differenz:

$$\mathfrak{H}(\ldots x_k, \ldots) - \mathfrak{H}(\ldots x_{gk}, \ldots) \qquad (k=0,1,\ldots n-1)$$

eine Function der hemimetacyklischen Gattung ist, und wenn dieselbe zur Abkürzung mit $H(\ldots x_k, \ldots)$ und das Product der $\frac{1}{2}n(n-1)$ Differenzen der Grössen $x_0, x_1, \ldots x_{n-1}$ mit $\varDelta(\ldots x_k, \ldots)$ bezeichnet wird, so bestehen die Relationen:

$$H(\ldots x_k, \ldots) = -H(\ldots x_{gk}, \ldots), \quad \varDelta(\ldots x_k, \ldots) = -\varDelta(\ldots x_{gk}, \ldots).$$

Der Quotient:

$$\frac{H(\ldots x_k, \ldots)}{\varDelta(\ldots x_k, \ldots)} \qquad (k=0,1,\ldots n-1)$$

ist also eine Function der *metacyklischen* Gattung und genügt daher einer Gleichung vom Grade $(n-2)!$, deren Coefficienten symmetrische Functionen von $x_0, x_1, \ldots x_{n-1}$ sind. Hieraus folgt aber unmittelbar, dass die *hemimetacyklische* Function $H(\ldots x_k, \ldots)$ einer Gleichung desselben Grades genügt, in welcher die Coefficienten der *geraden* Potenzen von H *symmetrische*, die der ungeraden Potenzen *alternirende* Functionen der Grössen x sind.

Dass endlich jede beliebige hemimetacyklische Function $\mathfrak{H}(\ldots x_k, \ldots)$ Wurzel einer Gleichung des Grades $(n-2)!$ ist, deren Coefficienten zweiwerthige Functionen der Grössen x sind, geht einfach daraus hervor, dass die Permutationen der hemimetacyklischen Gattung unter denen der zweiwerthigen enthalten sind, und dass demnach umgekehrt die Gattung der zweiwerthigen Functionen selbst unter der hemimetacyklischen Gattung enthalten ist.

SUR UNE FORMULE DE GAUSS

PAR

M. LÉOPOLD KRONECKER.

Liouville, Journal de mathématiques pures et appliquées.
Sér. II. Tome 1. p. 392—395.

SUR UNE FORMULE DE GAUSS.[1])

Si l'on désigne par n un nombre premier impair, a et b respectivement les résidus et les non résidus (pris positivement) de n, et que l'on fasse

$$\omega = \cos\frac{2\pi}{n} + \sqrt{-1}\cdot\sin\frac{2\pi}{n}$$

on aura l'équation

$$\text{(I)} \qquad \sum\omega^a - \sum\omega^b = \pm\sqrt{(-1)^{\frac{n-1}{2}}\cdot n},$$

que l'on déduit aisément de la théorie des équations binômes. Des méthodes dont l'usage est très-fréquent dans cette théorie suffisent même pour fixer le signe du radical, ce que je vais exposer en peu de mots.

On a par considérations les plus simples

$$\text{(II)} \qquad \Pi[\omega^{2k-1} - \omega^{n-(2k-1)}] = +\sqrt{(-1)^{\frac{n-1}{2}}n},$$

où le signe Π s'étend à toutes les valeurs de $k = 1, 2, \ldots, \frac{n-1}{2}$. Donc, pour faire disparaître l'ambiguïté de l'équation (I), il faut décider si, dans l'égalité

$$\text{(III)} \qquad \sum\omega^a - \sum\omega^b = \varepsilon\,\Pi(\omega^{2k-1} - \omega^{n-2k+1})$$

la lettre ε a la valeur $+1$ ou -1.

Désignons par $F(x)$ la fonction entière de x à coefficients entiers que voici:

$$\sum x^a - \sum x^b - \varepsilon\,\Pi(x^{2k-1} - x^{n-2k+1})$$

Cela posé, il résulte de l'équation (III) que la fonction $F(x)$ s'annule pour $x = \omega$; donc elle contiendra le facteur $(x-\omega)$. Or, ce facteur étant en même temps un des facteurs linéaires de la fonction irréductible $\frac{x^n-1}{x-1}$, il faut que le polynôme $F(x)$ soit divisible par cette fonction même. Observons enfin que la fonction $F(x)$ s'annule pour $x = 1$, c'est-à-dire qu'elle doit contenir le facteur linéaire $(x-1)$, d'où l'on

[1]) Vgl. Zusatz 87 am Ende dieses Bandes. H

voit que la fonction $F(x)$ doit être divisible par $(x^n - 1)$, et le quotient sera évidemment une fonction entière de x à coefficients entiers. C'est pourquoi l'on peut poser

$$\sum x^a - \sum x^b - \varepsilon \prod (x^{2k-1} - x^{n-2k+1}) = (x^n - 1)(A + Bx + Cx^2 + \cdots + Hx^h),$$

$A, B, C, \ldots, H$ désignant des nombres entiers. En substituant e^z au lieu de x, il vient

$$\text{(IV)} \quad \sum e^{az} - \sum e^{bz} - \varepsilon \prod [e^{(2k-1)z} - e^{(n-2k+1)z}] = (e^{nz} - 1)(A + Be^z + Ce^{2z} + \cdots + He^{hz}).$$

En développant le facteur $\left[e^{(2k-1)z} - e^{(n-2k+1)z}\right]$ en série, le premier terme sera $(4k - 2 - n)z$; par suite, le premier terme dans le développement du produit Π sera

$$z^{\frac{n-1}{2}} \cdot \prod (4k - 2 - n).$$

Donc en développant toutes les parties de l'équation (IV) en séries suivant les puissances de z, et en égalant les coefficients du terme $z^{\frac{n-1}{2}}$, on aura

$$\text{(V)} \qquad \frac{\sum a^{\frac{n-1}{2}} - \sum b^{\frac{n-1}{2}}}{1 \cdot 2 \cdot 3 \cdots \frac{n-1}{2}} - \varepsilon \prod (4k - 2 - n) = \frac{M}{N},$$

M et N designant des nombres entiers. Le numérateur M sera évidemment un multiple de n, parce que, dans le développement de $(e^{nz} - 1)$, les numérateurs des coefficients sont tous divisibles par n. Ensuite on voit aisément que le dénominateur N ne pourra contenir des facteurs premiers que ceux par lesquels le produit $1 \cdot 2 \cdot 3 \cdots \frac{n-1}{2}$ soit divisible. Donc, N étant premier à n, l'équation (V) fournit la congruence

$$\sum a^{\frac{n-1}{2}} - \sum b^{\frac{n-1}{2}} \equiv \varepsilon \cdot 1 \cdot 2 \cdot 3 \cdots \frac{n-1}{2} \prod (4k - 2 - n) \pmod{n},$$

ou, en observant que l'on a

$$a^{\frac{n-1}{2}} \equiv 1, \; b^{\frac{n-1}{2}} \equiv -1,$$

il vient

$$n - 1 \equiv \varepsilon \cdot 1 \cdot 2 \cdot 3 \cdots \frac{n-1}{2} \prod (4k - 2 - n) \pmod{n},$$

et comme par le théorème de *Wilson*, le produit qui est multiplié par ε, se trouve congru à -1 suivant le module n, on a enfin

$$1 \equiv \varepsilon \pmod{n},$$

d'où il résulte que la lettre ε doit être déterminée par l'égalité $\varepsilon = +1$ dans l'équation (III), et qu'il faut rejeter par suite le signe inférieur dans l'équation (I).

J'ajoute encore une remarque: Le problème en question étant résolu par des considérations plus générales dans les deux Mémoires célèbres de *Gauss* et de M. *Dirichlet*,[1]) j'ai eu en vue seulement de donner une méthode qui puisse s'expliquer facilement dans des leçons sur la théorie des équations binômes. En considérant cette méthode que je viens d'exposer, on voit que j'ai réussi à trouver la valeur exacte de s en me bornant à déterminer la valeur à laquelle s est congrue suivant le module n. C'est en ce point que la méthode exposée ci-dessus ressemble à celle que M. *Cauchy* a donnée dans un Mémoire publié dans le tome (V) de ce Journal (page 161 et les suivantes). Mais les moyens que j'ai employés pour obtenir le resultat

$$s \equiv 1 \pmod{n},$$

sont tout à fait différents de ceux dont M. *Cauchy* s'est servi pour y parvenir. En effet, le moyen principal et fort ingénieux de cet illustre auteur consiste à remplacer dans l'équation (III) tous les termes ω^h par $\left(\frac{h}{n}\right)$, et à changer alors l'égalité en une congruence suivant le module n. Cela est permis, il est vrai, si préalablement on imagine que le produit du second membre de l'équation est développé suivant les puissances de ω; mais pour le démontrer, il faudrait encore quelques considérations assez simples, dont l'énonciation complète nuirait cependant à la brièveté.

---

[1]) *Gauss*, Summatio quarumdam serierum singularium, Werke, Bd. II, S. 9. *L-Dirichlet*, Über eine neue Anwendung bestimmter Integrale auf die Summation endlicher oder unendlicher Reihen, Werke, Bd. I, S. 237. H

ÜBER DIE ELLIPTISCHEN FUNCTIONEN, FÜR WELCHE COMPLEXE MULTIPLICATION STATTFINDET

VON

L. KRONECKER.

Monatsberichte der Königlich Preussischen Akademie der Wissenschaften zu Berlin vom Jahre 1857. S. 455—460.

ÜBER DIE ELLIPTISCHEN FUNCTIONEN, FÜR WELCHE COMPLEXE MULTIPLICATION STATTFINDET.[1])

[Gelesen in der Akademie der Wissenschaften am 29. October 1857.]

In einem Aufsatze *Abel*'s (Band I. p. 272)[2]) der oeuvres complètes) findet sich die Bemerkung, daß die Moduln derjenigen elliptischen Functionen, für welche complexe Multiplication stattfindet, sämmtlich durch Wurzelzeichen darstellbar seien. Doch fehlt jede Andeutung über die Art und Weise, wie *Abel* diese merkwürdige Eigenschaft jener besonderen Gattung von elliptischen Functionen gefunden hat. Daß dies erst *nach* Abfassung des Aufsatzes „Recherches sur les fonctions elliptiques" geschehen, geht aus einer in demselben befindlichen Stelle (Band I. pag. 248 der oeuvres complètes oder Band III. pag. 182 des *Crelle*schen Journals)[3]) hervor, die noch Zweifel an der Auflösbarkeit der Gleichungen enthält, durch welche die oben erwähnten Moduln bestimmt werden. — Angeregt durch die zuerst angeführte Bemerkung *Abel*'s und in der Absicht einen Beweis dafür zu suchen beschäftigte ich mich im vergangenen Winter mit der Untersuchung derjenigen elliptischen Functionen, für welche complexe Multiplication stattfindet, und ich habe dabei außer dem gesuchten Beweise noch mehrere interessante Resultate gefunden, von denen ich einige hier in Kürze mittheilen will.

Bedeutet n eine positive ungrade Zahl welche größer als 3 ist, bezeichnet man ferner mit $\varkappa$ den Modul der elliptischen Functionen und mit k dessen Quadrat, so ist die Anzahl der verschiedenen Werthe von k, für welche eine Multiplication der elliptischen Functionen mit $\sqrt{-n}$ möglich ist d. h. für welche $\sin^2 am\left(\sqrt{-n}\cdot u, \varkappa\right)$ als rationale Function von $\sin^2 am\,(u, \varkappa)$ und $\varkappa$ dargestellt werden kann, gleich dem Sechsfachen der Anzahl der verschiedenen zur Determinante $-n$ gehörigen Classen quadratischer Formen. Alle diese Werthe von k sind explicite algebraische Func-

[1]) Vgl. Zusatz 38 am Ende dieses Bandes.
[2]) *Abel*, Oeuvres (Nouv. Éd), T. I, p. 426.
[3]) *Abel*, Oeuvres, T. I, p. 383.

tionen irgend eines derselben; sie sind ferner Wurzeln einer ganzzahligen Gleichung, deren Grad gleich der Anzahl jener Werthe ist und welche in so viel ganzzahlige Factoren zerlegt werden kann, wie die Anzahl der verschiedenen zur Determinante $-n$ gehörigen Ordnungen beträgt. Zu jeder dieser Ordnungen gehört ein bestimmter Factor jener Gleichung, dessen Grad gleich der sechsfachen Anzahl der in der bezüglichen Ordnung enthaltenen Classen ist. Der zu der eigentlich primitiven Ordnung gehörige Factor ist endlich in sechs Factoren von gleichem Grade zerlegbar, deren Coefficienten nur ganze Zahlen und $\sqrt{n}$ enthalten.[1]) Der Grad einer jeden dieser sechs Theilgleichungen ist also gleich der Anzahl der zur Determinante $-n$ gehörigen eigentlich primitiven Classen und eine dieser Theilgleichungen ist es, welche den Charakter der Auflösbarkeit am klarsten darlegt. Die Wurzeln derselben haben nämlich die Eigenschaft, daß sie sämmtlich als rationale (nur ganzzahlige Coefficienten enthaltende) Functionen irgend einer derselben dargestellt werden können, und daß für je zwei solche Functionen $\varphi(k)$ und $\psi(k)$ die Gleichung $\varphi(\psi(k)) = \psi(\varphi(k))$ stattfindet.[2]) Wenn n Primzahl und $-n$ als Determinante quadratischer Formen regulär[3]) ist, so ist die erwähnte Theilgleichung eine *Abel*sche Gleichung und in allen andern Fällen hängt der specielle Charakter derselben, die Anzahl der Perioden ihrer Wurzeln u. s. w. von der Anzahl der Genera und dem Exponenten der Irregularität[3]) für die Determinante $-n$ ab. Wenn endlich n eine grade Zahl ist oder die Werthe 1, 3 hat, so haben die zugehörigen Werthe von k Eigenschaften, welche den eben angeführten durchaus analog sind. Welchen Werth die Zahl n aber auch haben möge, so entsprechen stets einer und derselben Classe der zur Determinante $-n$ gehörigen quadratischen Formen bestimmte zusammengehörige Werthe von k, und zwar so, daß durch die Coefficienten irgend einer in jener Classe enthaltenen Form die Werthe des k und umgekehrt jene Coefficienten durch diese Werthe des k in transcendenter Weise ausgedrückt werden können.[4])

Die elliptischen Functionen, für welche complexe Multiplication stattfindet, stehen ihren wesentlichen Eigenschaften nach zwischen den Kreisfunktionen einerseits und den übrigen elliptischen Functionen andrerseits. Wie nämlich die den Kreisfunctionen entsprechenden Werthe $k = 0$ und $k = \pm 1$ als äußerste Grenz-

---

[1]) Vgl. Zusatz 39 am Ende dieses Bandes. H
[2]) Vgl. Zusatz 40 am Ende dieses Bandes. H
[3]) Vgl. Zusatz 41 am Ende dieses Bandes. H
[4]) Vgl. Zusatz 42 am Ende dieses Bandes. H

werthe zu betrachten sind, so werden auch die Werthe der Moduln jener besonderen Gattung von elliptischen Functionen dadurch als Grenzwerthe charakterisirt, daß nur für diese, so wie für jene speciellen Werthe 0 und ± 1, die Modulargleichungen gleiche Wurzeln enthalten. Während ferner für die Kreisfunctionen nur Multiplication, für die allgemeinen elliptischen Functionen aber Multiplication und Transformation stattfindet, verliert die Transformation bei jener besondern Gattung elliptischer Functionen zum Theil ihren eigenthümlichen Charakter und wird selbst eine Art von Multiplication, indem sie gewissermaaßen die Multiplication mit idealen Zahlen darstellt. Wie nämlich für eine Zahl p, welche sich durch die zur Determinante $-n$ gehörige Hauptform: $x^2 + ny^2$ darstellen läßt, eine der Transformationen $p$ter Ordnung die Multiplication mit $x + y\sqrt{-n}$ d. h. die Darstellung von $\sin^2 am\left(x + y\sqrt{-n}\right)u$ als rationale Function von $\sin^2 am\, u$ und $\varkappa$ gewährt, so ergiebt eine der Transformationen $q$ter Ordnung, wenn q durch eine der übrigen zur Determinante $-n$ gehörigen Formen darstellbar ist, eine transformirte Function: $\sin^2 am\,(\mu\cdot u, \lambda)$ ausgedrückt als rationale Function von $\sin^2 am\,(u, \varkappa)$ und $\varkappa$, in welcher λ einer der andern Moduln ist, für welche Multiplication mit $\sqrt{-n}$ stattfindet, in welcher ferner μ zu einem bestimmten Werthe von $\sqrt{-n}$ (mod. q) gehört und gradezu die Stelle eines idealen Factors von q vertritt. Diese Multiplicatoren: μ sind explicite algebraische Irrationalitäten und es ist in vielfacher Hinsicht bemerkenswerth, daß hier ein erstes Beispiel gegeben ist, in welchem die Analysis die Irrationalitäten zur Darstellung idealer Zahlen gewährt.

Bei dem genauen Zusammenhange, in welchem die elliptischen Functionen, für welche Multiplication mit $\sqrt{-n}$ stattfindet, zu den quadratischen Formen für die Determinante $-n$ stehen, ist es erklärlich, daß aus der Untersuchung jener besondern Gattung von elliptischen Functionen viele auf die Theorie der quadratischen Formen bezügliche Resultate hervorgehen. Unter diesen will ich hier nur gewisse höchst einfache recurrirende Formeln hervorheben, welche sich für die zu negativen Determinanten gehörigen Classenanzahlen aufstellen lassen und welche namentlich zu deren Berechnung sehr geeignet sind.[1]) Die Formeln sind aber auch von rein theoretischem Interesse, zumal einige derselben auf arithmetischem Wege schwer zu beweisen sein dürften. Ein anderer Theil der erwähnten Formeln kann zwar aus der bekannten Beziehung zwischen der Anzahl der Darstellungen einer Zahl n als

[1]) Vgl. Zusatz 43 am Ende dieses Bandes.

Summe von drei Quadraten und der zur Determinante $-n$ gehörigen Classenanzahl hergeleitet werden; die Benutzung dieser Beziehung zur Aufstellung jener Formeln ist indessen durchaus neu, und — was viel wichtiger ist — diese Beziehung selbst kann umgekehrt vermittelst jener aus der Theorie der elliptischen Functionen resultirenden Formeln bewiesen werden. Als Beispiele der erwähnten Formeln mögen die folgenden drei dienen, von denen nur die zweite in der eben bezeichneten Weise auf arithmetischem Wege hergeleitet werden kann. Es ist nämlich

$$\text{(I)} \qquad 2F(n) + 4F(n-2^2) + 4F(n-4^2) \qquad + \cdots = \varphi(n) - \psi(n)$$

$$\text{(II)} \qquad 4F(n-1^2) + 4F(n-3^2) + 4F(n-5^2) + \cdots = \varphi(n) + \psi(n)$$

$$\text{(III)} \qquad F(n) + 2F(n-1^2) + 2F(n-2^2) \qquad + \cdots = \varphi(n)$$

wenn $n \equiv 3 \bmod. 4$, wenn ferner $F(m)$ die Anzahl aller zur Determinante $-m$ gehörigen eigentlich primitiven und von diesen derivirten Classen bedeutet und wenn endlich $\varphi(n)$ die Summe derjenigen Divisoren von n, welche größer als $\sqrt{n}$ sind, und $\psi(n)$ die Summe der übrigen Divisoren bezeichnet. Ich bemerke noch, daß die Reihe der Zahlen $n, n-1^2, n-2^2, \ldots.$ in allen drei Formeln nur so weit fortzusetzen ist, als dieselben positiv bleiben und daß die Formel (III) eine unmittelbare Folge der Formeln (I) und (II) ist. — Bezeichnet man mit $H(m)$ die Anzahl der eigentlich primitiven Classen für die Determinante $-m$, so kann man die in den obigen Formeln enthaltenen Resultate auch in einer andern bemerkenswerthen Weise darstellen. Wenn nämlich D alle diejenigen positiven Zahlen bedeutet, für welche n durch die Form $x^2 + Dy^2$ darstellbar ist, wenn ferner die Anzahl dieser verschiedenen Darstellungen (wobei die positiven und negativen Werthe von x und y von einander zu unterscheiden sind) mit h bezeichnet wird, so enthält die Gleichung:

$$\sum h \cdot H(D) = 2\varphi(n)$$

genau das durch die Formel (III) ausgedrückte Resultat. — Die angegebenen drei Formeln gewähren überdieß noch eine sehr elegante Lösung der von Hrn. *Dirichlet* im *Crelle*schen Journal Bd. III. pag. 407[1]) gestellten Aufgabe, eine Lösung, welche wohl der von *Jacobi* im IX. Bande desselben Journals pag. 189[2]) gegebenen vorzuziehen sein dürfte. Die erwähnte Aufgabe verlangt nämlich für diejenigen Primzahlen n, welche durch 4 dividirt den Rest 3 lassen, die Bestimmung des Exponenten ν in der Congruenz:

$$1.2.3.\ldots\frac{n-1}{2} \equiv (-1)^{\nu} \bmod. n$$

[1]) *G. L.-Dirichlet*, Werke Bd. I, S. 107—108. H

[2]) *Jacobi*, Werke, Bd. VI, S. 248. H

Die obigen Formeln ergeben nun, wenn man die berühmten von Hrn. *Dirichlet* (*Crelle's* Journal Bd. XXI. pag. 152)[1]) gegebenen Ausdrücke der Classenanzahl für die Determinante $-n$ zu Hülfe nimmt, folgende Bestimmung der Zahl ν: „die Zahl ν ist die Anzahl aller derjenigen verschiedenen ungraden negativen Determinanten, für welche sich n durch die Hauptform darstellen läßt und welche Primzahlen oder Primzahlpotenzen sind.“ Diese Bestimmung kann auch so gefaßt werden „daß ν die Anzahl aller derjenigen unter den Zahlen $n-2^2, n-4^2, n-6^2, \ldots$ ist, welche — wenn p eine Primzahl und r eine nicht durch p theilbare Zahl bedeutet — von der Form: $r^2 \cdot p^{4\mu+1}$ sind“; und man sieht hieraus, daß die Ermittelung der Zahl ν auf die Zerlegung gewisser Zahlen in ihre Primfactoren reducirt ist, welche selbst kleiner als n sind und deren Anzahl kleiner als $\frac{1}{2}\sqrt{n}$ ist.

H

1) *G. L.-Dirichlet*, Werke, Bd. I, S. 492—493.

ÜBER DIE ANZAHL DER VERSCHIEDENEN CLASSEN QUADRATISCHER FORMEN VON NEGATIVER DETERMINANTE

VON

L. KRONECKER.

Crelle, Journal für die reine und angewandte Mathmatik.
Bd. 57, S. 248—255.

ÜBER DIE ANZAHL DER VERSCHIEDENEN CLASSEN QUADRATISCHER FORMEN VON NEGATIVER DETERMINANTE.[1])

Die Untersuchung derjenigen elliptischen Functionen, für welche complexe Multiplication *stattfindet*, hat mir höchst merkwürdige Formeln für die Anzahl der verschiedenen nicht äquivalenten Classen quadratischer Formen von negativer Determinante geliefert. Einige von diesen Formeln habe ich bereits in einer Notiz mitgetheilt, welche in dem Monatsberichte der hiesigen Akademie vom Oktober 1857 abgedruckt ist[2]); und zwar habe ich dort, da es mir nur darauf ankam, den allgemeinen Charakter der Formeln anschaulich zu machen, diejenigen ausgewählt, welche sich mit einfachen Bezeichnungen geben lassen. In dem Folgenden werde ich aber die erwähnten Formeln *sämmtlich* aufstellen und führe zu diesem Zwecke mehrere Bezeichnungen ein:

Es bedeute n eine beliebige positive ganze Zahl, m eine beliebige positive ungerade Zahl, r eine beliebige positive Zahl von der Form $8k - 1$ und s eine beliebige positive Zahl von der Form $8k + 1$.

Ferner sei:

$G(n)$ die Anzahl aller nicht äquivalenten Classen quadratischer Formen für die Determinante $-n$;

$F(n)$ die Anzahl der verschiedenen Classen *solcher* quadratischer Formen der Determinante $-n$, in welchen wenigstens einer der beiden äußeren Coefficienten ungrade ist;

$X(n)$ sei die Summe aller *ungräden* Divisoren von n;

$\Phi(n)$ die Summe *sämmtlicher* Divisoren von n;

$\Psi(n)$ der Betrag, um welchen die Summe der Divisoren von n, die größer als $\sqrt{n}$ sind, die Summe derjenigen übersteigt, die kleiner als $\sqrt{n}$ sind;

---

1) Vgl. Zusatz 44 am Ende dieses Bandes. H

2) Bd. IV, S. 182—183 dieser Ausgabe von *L. Kronecker's* Werken. H

$\Phi'(n)$ die Summe der Divisoren von n, die von der Form $8k \pm 1$ sind, vermindert um den Betrag der Summe derjenigen, die von der Form $8k \pm 3$ sind;

$\Psi'(n)$ die Summe der Divisoren $8k \pm 1$, die größer als $\sqrt{n}$, und der Divisoren $8k \pm 3$, die kleiner als $\sqrt{n}$ sind, vermindert um die Summe derer von der Form $8k \pm 1$, die kleiner als $\sqrt{n}$, und derer von der Form $8k \pm 3$, die größer als $\sqrt{n}$ sind;

$\varphi(n)$ der Betrag, um welchen die Anzahl der Divisoren von der Form $4k+1$ die Anzahl derjenigen von der Form $4k-1$ übersteigt;

$\psi(n)$ der Betrag, um welchen die Anzahl der Divisoren von der Form $3k+1$ die Anzahl derjenigen von der Form $3k-1$ übersteigt;

$\varphi'(n)$ die halbe Anzahl der verschiedenen Auflösungen der Gleichung $n = x^2 + 64y^2$ und

$\psi'(n)$ die halbe Anzahl der verschiedenen Auflösungen der Gleichung $n = x^2 + 3 \cdot 64 y^2$ in ganzen Zahlen, wobei aber die positiven und negativen Werthe von x und y als verschiedene und auch die Nullwerthe derselben zu berücksichtigen sind.

Nach diesen Festsetzungen lassen sich die aus der Theorie der elliptischen Funktionen resultirenden Beziehungen für die Classenanzahlen der quadratischen Formen negativer Determinante folgendermaaßen ausdrücken:[1]).

$$\text{(I)}\quad F(4n) + 2F(4n-1^2) + 2F(4n-2^2) + 2F(4n-3^2) + \cdots = 2X(n) + \Phi(n) + \Psi(n),$$

$$\text{(II)}\quad F(2m) + 2F(2m-1^2) + 2F(2m-2^2) + 2F(2m-3^2) + \cdots = 2\Phi(m) + \varphi(m),$$

$$\text{(III)}\quad F(2m) - 2F(2m-1^2) + 2F(2m-2^2) - 2F(2m-3^2) + \cdots = -\varphi(m),$$

(IV)[2])
$$3G(m) + 6G(m-1^2) + 6G(m-2^2) + 6G(m-3^2) + \cdots = \Psi(m) + 3\Psi(m) + 3\varphi(m) + 2\psi(m),$$

$$\text{(V)}\quad 2F(m) + 4F(m-1^2) + 4F(m-2^2) + 4F(m-3^2) + \cdots = \Phi(m) + \Psi(m) + \varphi(m),$$

$$\text{(VI)}\quad 2F(m) - 4F(m-1^2) + 4F(m-2^2) - 4F(m-3^2) + \cdots = (-1)^{\frac{(m-1)}{2}} (\Phi(m) - \Psi(m)) + \varphi(m),$$

$$\text{(VII)}\quad 2F(r) - 4F(r-4^2) + 4F(r-8^2) - 4F(r-12^2) + \cdots = (-1)^{\frac{1}{8}(r-1)} (\Phi'(r) - \Psi'(r)),$$

[1]) Vgl. Zusatz 45 am Ende dieses Bandes. H

[2]) Vgl. Zusatz 46 am Ende dieses Bandes. H

$$\text{(VIII)}\quad 4\sum(-1)^{\frac{1}{16}(s-k^2)}\left(2F\left(\frac{s-k^2}{16}\right)-8G\left(\frac{s-k^2}{16}\right)\right)=(-1)^{\frac{1}{8}(s-1)}(\Phi'(s)-\Psi'(s))$$
$$+\varphi(s)+4\psi(s)-4\varphi'(s)-8\psi'(s).$$

In den ersten sieben dieser Formeln ist die Reihe der Functionen F und G nur so weit fortzusetzen, als die dazu gehörigen Zahlen nicht negativ werden, so daß, wenn man z. B. das letzte Glied in der ersten Formel mit $F(4n-k^2)$ bezeichnet, die Zahl k durch die Bedingung $k^2 \leqq 4n$ bestimmt wird. In der letzten Formel (VIII) bezieht sich das Summenzeichen auf alle diejenigen verschiedenen positiven Zahlen k, für welche $\frac{1}{16}(s-k^2)$ ganz und größer oder gleich Null ist; und in allen Formeln ist $F(0)=0$, aber $G(0)=\frac{1}{4}$ zu setzen.

Für die zahlentheoretischen Functionen F und G bestehen außerdem folgende Fundamental-Beziehungen, welche ebenfalls aus der Theorie der elliptischen Functionen sich ergeben, aber auch mittelst einfacher arithmetischer Betrachtungen hergeleitet werden können:

$$F(4n)=2F(n) \text{ für jede beliebige Zahl } n,$$

doch mit der Ausnahme, daß, wenn n ein ungerades Quadrat, $F(4n)=2F(n)-1$ ist;

$$G(4n)=F(4n)+G(n) \text{ für jede beliebige Zahl } n;$$

$$G(n)=F(n), \text{ wenn } n \text{ für den Modul 4 den Rest 1 oder 2 läßt;}$$

$$G(n)=2F(n), \text{ wenn } n\equiv 7 \pmod{8};$$

$$3G(n)=4F(n), \text{ wenn } n\equiv 3 \pmod{8},$$

jedoch mit der Ausnahme, daß, wenn n das Dreifache eines ungraden Quadrats ist, $3G(n)=4F(n)+2$ wird.

Es ist ferner die Classenanzahl $F(n)$ gleich der Summe der Anzahlen der *eigentlich primitiven* Classen quadratischer Formen für alle diejenigen Determinanten $-\nu$, welche Theiler von n sind und für welche der Quotient $\frac{n}{\nu}$ ein ungerades Quadrat ist. In Folge dessen lassen sich aus den obigen acht Formeln für die Classenanzahlen F und G folgende entsprechende Formeln für die Function $f(n)$ ableiten, welche die Anzahl der eigentlich primitiven Classen quadratischer Formen der Determinante $-n$ bezeichnen soll:

$$\text{(1)}\qquad u_1 f(1)+u_2 f(2)+u_3 f(3)+u_4 f(4)+\cdots=4X(n)+2\Phi(n)+2\Psi(n),$$

wo u_k die Anzahl aller möglichen Darstellungen der Zahl $4n$ durch die Form: $x^2 + k(2y+1)^2$ bedeutet, also da $u_k = 0$ wird, wenn $k > 4n$, die Reihe auf der linken Seite abbricht. Jene Anzahl der Darstellungen wird übrigens hier, wie im Folgenden immer in dem gewöhnlichen Sinne genommen; nämlich so, daß darunter die Anzahl der verschiedenen Systeme positiver oder negativer ganzzahliger Werthe der Unbestimmten x und y verstanden wird, für welche die Darstellung möglich ist. Es ist nun

$$u_1 f(1) + u_2 f(2) + u_3 f(3) + u_4 f(4) + \cdots = 4\Phi(m) + \tfrac{1}{2} u_1, \tag{2}$$

$$u_1 f(1) - u_2 f(2) + u_3 f(3) - u_4 f(4) + \cdots = \tfrac{1}{2} u_1, \tag{3}$$

wenn die Anzahl der Darstellungen von $2m$ durch die Form: $x^2 + k(2y+1)^2$ mit u_k bezeichnet wird. Ferner ist:

$$3\sum u_i f(i) + \sum (2 + (-1)^i) u_{4i-1} f(4i-1) = 2\Phi(m) + 6\Psi(m) + \tfrac{1}{2}(u_0 + 3u_1), \tag{4}$$

wo sich die Summationen auf alle positiven Zahlen i erstrecken, und u_k die Anzahl derjenigen Darstellungen von m durch die Form: $x^2 + ky^2$ bedeutet, bei welchen y von Null verschieden ist. Man hat ferner:

$$u_1 f(1) + u_2 f(2) + u_3 f(3) + u_4 f(4) + \cdots = \Phi(m) + \Psi(m) + \tfrac{1}{2} u_1, \tag{5}$$

$$u_1 f(1) - u_2 f(2) + u_3 f(3) - u_4 f(4) + \cdots = (-1)^{\frac{1}{2}(m-1)} (\Phi(m) - \Psi(m)) + \tfrac{1}{2} u_1, \tag{6}$$

wenn u_k die Anzahl der Darstellungen von m durch die Form: $x^2 + k(2y+1)^2$ angiebt. Ferner ist, wenn $r \equiv 7 \pmod{8}$:

$$2\sum u_{8i-1} f(8i-1) = \Psi(r) - \tfrac{1}{2}\Phi(r) + (-1)^{\frac{1}{8}(r+1)} (\Psi'(r) - \Phi'(r)), \tag{7}$$

wo sich die Summation auf alle positiven Zahlen i erstreckt, und u_k die Anzahl der Darstellungen von r durch die Form: $64x^2 + ky^2$ bedeutet. Endlich ist, wenn $s \equiv 1 \pmod{8}$:

$$\begin{aligned} &\sum (3u_i \pm v_i) f(i) + \sum (2 \pm 1)(u_{4i-1} - v_{4i-1}) f(4i-1) \\ &= (-1)^{\frac{1}{8}(s+7)} (\Phi'(s) - \Psi'(s)) + \tfrac{1}{2}(u_0 + 3u_1 - v_1), \end{aligned} \tag{8}$$

wo sich die beiden Summationszeichen auf alle positiven Zahlen i beziehen und das obere oder untere Zeichen gilt, je nachdem i gerade oder ungrade ist, wo ferner u_k die Anzahl der Darstellungen von s durch die Form: $x^2 + 64ky^2$, bei welchen y von Null verschieden ist, und v_k die Anzahl aller Darstellungen von s durch die Form: $x^2 + 16k(2y+1)^2$ bedeutet.

Die oben für die Classenanzahlen F und G gegebenen acht Formeln werden insoweit vereinfacht, daß auf der rechten Seite derselben die Ausdrücke φ, ψ, φ', ψ' überall gänzlich fortfallen, wenn man die zahlentheoretischen Functionen $F(n)$ und $G(n)$ durch andere: $\mathrm{F}(n)$ und $\mathrm{G}(n)$ ersetzt, welche für $n = 0$ respective die Werthe: 0 und $-\frac{1}{12}$ haben und für alle positiven Werthe von n durch folgende Gleichungen bestimmt werden:

$$\mathrm{F}(4n) = F(4n), \text{ für jede beliebige Zahl } n;$$

$$\mathrm{F}(4n) = 2\mathrm{F}(n) \text{ und } \mathrm{G}(4n) = \mathrm{F}(4n) + \mathrm{G}(n) \text{ für jede positive Zahl } n;$$

$$\mathrm{G}(n) = \mathrm{F}(n), \text{ wenn } n \equiv 1 \text{ oder } 2 \pmod{4} \text{ und}$$

$$3\,\mathrm{G}(n) = \left(5 - (-1)^{\frac{1}{4}(n-3)}\right)\mathrm{F}(n), \text{ wenn } n \equiv 3 \pmod{4} \text{ ist.}$$

Es bestehen demgemäß für die Functionen F und G *dieselben* Fundamentalbeziehungen wie für die Classenanzahlen F und G, aber ohne die Ausnahmen; und die Functionen $\mathrm{F}(n)$ und $F(n)$ stimmen überhaupt überein, sobald nicht n ein ungrades Quadrat, $\mathrm{G}(n)$ und $G(n)$ stimmen mit einander überein, sobald nicht n irgend ein vollständiges Quadrat oder das Dreifache eines solchen ist. Aber auch für diese besonderen Werthe von n haben die Functionen $\mathrm{F}(n)$ und $\mathrm{G}(n)$ ihre unmittelbare zahlentheoretische Bedeutung, deren Erörterung indessen hier zu weit führen würde.[1]

Außer den erwähnten Veränderungen, welche die obigen Formeln (I) bis (VIII) durch Einführung der zahlentheoretischen Functionen: $f(n)$, $\mathrm{F}(n)$, $\mathrm{G}(n)$ und anderer erfahren, kann man die Formeln auch dadurch in der mannigfaltigsten Weise umgestalten, daß man sie unter sich so wie mit den für die Functionen F und G bestehenden Fundamentalrelationen combinirt; und man erhält dadurch viele neue elegante Formeln. Aber keine der Gleichungen (I) bis (VIII) *selbst* läßt sich aus den übrigen durch bloße Benutzung jener Fundamental-Beziehungen ableiten, und sie bilden insofern ein System von unter einander unabhängigen Formeln. Von den durch Verbindung derselben resultirenden Gleichungen hebe ich nur die folgenden beiden hervor, indem ich dabei der größeren Einfachheit wegen die *Functionen* F und G benutze und $2\mathrm{F}(n) - \mathrm{G}(n) = \mathrm{E}(n)$ setze:

$$\text{(IX)}\quad \mathrm{F}(n) + \mathrm{F}(n-2) + \mathrm{F}(n-6) + \mathrm{F}(n-12) + \mathrm{F}(n-20) + \cdots = \tfrac{1}{8}\Psi(4n+1)$$

$$\text{(X)}\quad \mathrm{E}(n) + 2\mathrm{E}(n-1) + 2\mathrm{E}(n-4) + 2\mathrm{E}(n-9) + \cdots = \tfrac{2}{3}\left(2 + (-1)^n\right)X(n).$$

[1]) Vgl. Zusatz 47 am Endes dieses Bandes.

Beide Formeln gelten für jede positive Zahl n; die letztere derselben ergiebt, wie ich unten zeigen werde, die merkwürdigen Beziehungen zwischen der Anzahl der Darstellungen einer Zahl n als Summe von drei Quadraten und der zur Determinante $-n$ gehörigen Classenanzahl quadratischer Formen; die Formel (X) läßt sich auch andererseits aus diesen Beziehungen ableiten, sie enthält also bereits bekannte zahlentheoretische Sätze nur in neuer Form. Dasselbe ist bei den Formeln (II) und (III) der Fall, so wie überhaupt bei allen denjenigen Verbindungen der Formeln (I) bis (VIII), aus welchen die Functionen Ψ und Ψ' wegfallen. Die übrigen in jenen Formeln enthaltenen Resultate aber lassen sich mit den vorhandenen arithmetischen Hülfsmitteln nicht herleiten und sind also der Form wie dem Inhalt nach durchaus neu. Der wesentliche Unterschied, welcher hiernach zwischen den Functionen X, Φ, Φ' einerseits und Ψ, Ψ' andererseits begründet wird, tritt übrigens auch in der gänzlich verschiedenen Natur der Reihen hervor, welche man erhält, wenn man jene Functionen als Entwickelungscoefficienten darstellt. Es ist nämlich:

$$\sum (2 \pm 1) X(n) q^n = \sum \frac{q^n}{(1 \pm q^n)^2},$$

wo sich die Summationen auf alle positiven Werthe $n = 1$ bis ∞ erstrecken und auf beiden Seiten das obere oder untere Zeichen gilt, je nachdem n grade oder ungrade ist. Ferner:

$$\sum \Phi(n) q^n = \sum \frac{n q^n}{1 - q^n} = \sum \frac{q^n}{(1 - q^n)^2}$$

$$\sum \Psi(n) q^n = \sum \frac{q^{n^2+n}}{(1 - q^n)^2},$$

wo sich die Summationen ebenfalls auf alle positiven Werthe von $n = 1$ bis ∞ erstrecken. Endlich ist:

$$\sum \Phi'(m) q^m = \sum (-1)^{\frac{1}{8}(m^2-1)} \frac{m q^m}{1 - q^{2m}}$$

$$\sum \Psi'(m) q^m = \sum (-1)^{\frac{1}{8}(m^2+7)} m \frac{q^{m^2}(1 + q^{2m}) - q^m}{1 - q^{2m}},$$

wo für m alle positiven ungraden Zahlen zu nehmen sind.

Verbindet man diese Gleichungen mit den acht Formeln für die Classenanzahlen der quadratischen Formen von negativen Determinanten, so erhält man auch diese als Entwickelungscoefficienten dargestellt. Namentlich ergeben die erste und dritte obiger Gleichungen in Verbindung mit den Formeln (IX) und (X) die beiden folgenden Relationen:

$$\text{(XI)} \qquad \sum \mathrm{F}(n)q^n = \frac{q^{\frac{1}{4}}}{H(K)} \sum \frac{q^{n^2+3n+1}}{(1-q^{2n+1})^2},$$

$$\text{(XII)} \qquad 12\sum \mathrm{E}(n)q^n = \frac{1}{\Theta(K)} + \frac{8}{\Theta(K)} \sum \frac{q^{n+1}}{(1 \mp q^{n+1})^2},$$

wo sich die Summationen auf alle Werthe von $n = 0$ bis ∞ beziehen und in der letzten Summe das obere oder untere Zeichen gilt, je nachdem n grade oder ungrade ist. Die Buchstaben H, Θ, K und q haben hier die ihnen von *Jacobi* beigelegte Bedeutung; die letztere der beiden Gleichungen läßt sich deshalb durch Benutzung der Formel (8) pag. 103 von *Jacobis* „Fundamenta"[1]) in folgende verwandeln:

$$12\sum \mathrm{E}(n)q^n = (\Theta(K))^3 = (1 + 2q + 2q^4 + 2q^9 + \cdots)^3;$$

und hieraus ergiebt sich unmittelbar, daß die Anzahl der Darstellungen einer Zahl n, als Summe von drei Quadraten, gleich $12\mathrm{E}(n)$ ist. Dieses aus der Theorie der elliptischen Functionen hervorgehende Resultat enthält in einfacher Zusammenfassung die schon oben erwähnten *Gauß*ischen Sätze über den Zusammenhang, welcher zwischen der Anzahl der Darstellungen einer Zahl n durch die Form: $x^2 + y^2 + z^2$ und der Anzahl der verschiedenen Classen binärer quadratischer Formen der Determinante $-n$ besteht. Auf diese Weise können also aus der Theorie der elliptischen Functionen *allein* jene schönen Sätze der höheren Arithmetik geschöpft werden, welche bisher nur durch die tief liegenden Betrachtungen in *Gauß*, Disq. arithm. begründet waren. Da der *Fermat*sche Satz über die Triagonalzahlen eine einfache Consequenz jener Sätze bildet, so ist also auch dieser aus der Theorie der elliptischen Functionen ohne alle zahlentheoretische Vorbereitung herzuleiten, und hiermit ein von *Jacobi* in seinen Vorlesungen oftmals ausgesprochener Wunsch erfüllt. — Dieser grosse Mathematiker fand nämlich, wie bekannt, in seiner bedeutendsten analytischen Schöpfung, der Theorie der elliptischen Functionen, zugleich eine reiche Quelle zahlentheoretischer Sätze, und er scheint grade diese mit Vorliebe daraus entwickelt zu haben. So wie er nun aus den Reihen für die graden Potenzen von $\Theta(K)$ die Sätze über die Anzahl der Zerlegungen einer Zahl in 2, 4, 6 und 8 Quadrate erlangt hatte, wünschte er auch aus der Entwickelung des Cubus von $\Theta(K)$ oder ähnlicher Reihen die Sätze über die Zerfällung einer Zahl in drei Quadrate und in drei

[1]) *Jacobi*, Werke, Bd. I, S. 160.

Triagonalzahlen abzuleiten. Dies ist in den oben angedeuteten Untersuchungen nunmehr geschehen; freilich nicht durch directe analytische Umformung des Cubus von $\Theta(K)$, sondern mit Hülfe der speziellen Moduln, für welche complexe Multiplikation stattfindet, also doch immerhin durch Betrachtungen, welche ausschließlich dem Gebiete der elliptischen Functionen angehören.[1])

Es deutet Alles darauf hin, daß, wie die zahlentheoretischen Functionen $\mathrm{E}(n)$ und $X(n)$ mit der Anzahl der Zerfällungen von n in drei und vier Quadraten zusammenhängen, so auch den Functionen $\mathrm{F}(n)$ und $\Psi(n)$ eine ähnliche Bedeutung für die Darstellung von n durch quadratische Formen mit mehreren Variabeln zukommt. Nur aus einer solchen anderweiten zahlentheoretischen Bedeutung von $\mathrm{F}(n)$ und $\Psi(n)$ dürfte man auf rein arithmetischem Wege die gegenseitigen Beziehungen derselben herleiten können, welche in den obigen acht Formeln enthalten sind. Indessen ist zu vermuthen, daß die betreffende Eigenschaft der Classenanzahl $\mathrm{F}(n)$ und somit die Begründung jener acht Formeln auf zahlentheoretischem Wege sehr tief liegt, da selbst *Gauß* bei seiner umfassenden arithmetischen Behandlung der binären quadratischen Formen nicht auf jene einfachen Gesetze für die Klassenanzahl derselben geführt worden ist. Übrigens handelt es sich nunmehr, da die zwischen den Functionen F und Ψ bestehenden Relationen gegeben sind, nur darum, die vermuthete Eigenschaft der einen von beiden zu ermitteln, und daraus unmittelbar eine entsprechende der anderen zu erschließen. Und diese Zurückführung dürfte von Wichtigkeit sein, weil die Analogie zwischen den Functionen X und Ψ einerseits und zwischen E und F andrerseits zu der Annahme berechtigt, daß eine etwaige Bedeutung von $\Psi(n)$ für die Darstellung der Zahl n durch eine quadratische Form näher liegen wird als die entsprechende Bedeutung von $\mathrm{F}(n)$. Namentlich auf Grund dieser Betrachtungen habe ich auch die obigen Reihen aufgestellt, in denen $\mathrm{F}(n)$ und $\Psi(n)$ die Entwickelungscoefficienten bilden, aber es ist mir bisher noch nicht gelungen, befriedigende Resultate für die gesuchte weitere Bedeutung der Functionen F und Ψ daraus abzuleiten. Leichter scheint es, auf rein analytischem Wege die Eigenschaften der unendlichen Reihe auf der rechten Seite der Gleichung (XI) insoweit zu ergründen und aufzustellen, daß man vermittelst derselben aus dieser Gleichung allein die obigen acht Formeln sämmtlich entwickeln kann. Hierzu bedürfte es nämlich nur gewisser Umformungen, deren jene Reihe fähig ist, wenn man

[1]) Vgl. Zusatz 48 am Ende dieses Bandes.

H

in derselben q mit den verschiedenen achten Wurzeln der Einheit behaftet annimmt; Umformungen, welche sich andrerseits durch Benutzung der Gleichungen (I) bis (VIII) ergeben.

Ich bemerke schließlich, daß die Formeln (V) und (VI) zur Berechnung der Classenanzahlen der quadratischen Formen negativer Determinante vorzüglich geeignet sind. Ich habe auch bereits nach einer Verbindung dieser Formeln den Werth von $F(m)$ für alle ungraden Zahlen m bis zu 10000 ausrechnen lassen, wobei die Leichtigkeit und Sicherheit der Rechnung nichts zu wünschen übrig ließ. Die Anzahl der *eigentlich primitiven* Classen der quadratischen Formen von negativer Determinante ergiebt sich aus den berechneten Werthen von $F(m)$ mit leichter Mühe.

ÜBER EINE NEUE EIGENSCHAFT DER QUADRATISCHEN FORMEN VON NEGATIVER DETERMINANTE

VON

L. KRONECKER.

Monatsberichte der Königlich Preussischen Akademie der Wissenschaften zu Berlin vom Jahre 1862. S. 302—311.

ÜBER EINE NEUE EIGENSCHAFT DER QUADRATISCHEN FORMEN VON NEGATIVER DETERMINANTE.[1])

[Gelesen in der Akademie der Wissenschaften am 26. Mai 1862.]

Die Formeln für die Anzahl der verschiedenen Klassen quadratischer Formen von negativer Determinante, welche ich vor fünf Jahren gefunden und theilweise im Oktober 1857[2]) der Akademie mitgeteilt habe, gaben mir schon damals Veranlassung den inneren Grund der darin enthaltenen Relationen gewisser Determinanten zu erforschen, d. h. einen Zusammenhang der verschiedenen quadratischen Formen selbst aufzusuchen. Während ich nun sehr bald durch eine aus der analytischen Quelle jener Formeln geschöpfte Induction zur Auffindung des vermutlichen Zusammenhangs geführt wurde, ist es mir erst vor kurzem gelungen, das betreffende Resultat, welches eine Beziehung zwischen den reducirten Formen verschiedener Determinanten angiebt, und welches den Gegenstand der vorliegenden Mitteilung bildet, vollständig und zwar auf rein arithmetischem Wege zu beweisen.

Man denke sich für eine ungrade Primzahl p die sämmtlichen reducirten positiven quadratischen Formen der Determinanten: $-p$, $-(p-1^2)$, $-(p-2^2)$, $-(p-3^2)$, ... aufgestellt, bei denen wenigstens einer der äußeren Coefficienten ungrade ist; von den hierbei vorkommenden Ambigen nehme man diejenigen, bei welchen $a = -2b$ ist, so wie diejenigen, bei welchen $a = c$ und zugleich b positiv ist; endlich bilde man für alle übrig bleibenden Formen: (a_1, b_1, c_1), (a_2, b_2, c_2), (a_3, b_3, c_3), ... die Congruenzen:

$$a_1 z^2 + 2b_1 z + c_1 \equiv 0, \quad a_2 z^2 + 2b_2 z + c_2 \equiv 0, \quad \ldots \text{mod. } p,$$

welche offenbar, je nachdem die Determinante der betreffenden Form $-p$ selbst oder eine der Zahlen: $-(p-1)$, $-(p-4)$, $-(p-9)$, ... ist, je eine oder je zwei Wurzeln haben. Alsdann ist, wenn $F(n)$ die Anzahl der verschiedenen Klassen

[1]) Vgl. Zusatz 49 am Ende dieses Bandes. H

[2]) Bd. IV, S. 181—182 dieser Ausgabe von *L. Kronecker's* Werken. H

quadratischer Formen für die Determinante $-n$ bedeutet, die Anzahl aller jener Congruenzwurzeln gleich:

$$F(p) + 2F(p-1^2) + 2F(p-2^2) + 2F(p-3^2) + \cdots$$

d. h. also — zufolge der von mir im Journal für Mathematik (Bd. 57, pag. 249)[1]) gegebenen Formel No. V. — gleich $(p+1)$ oder gleich p, je nachdem $p \equiv 1$ oder 3 mod. 4 ist. Wenn man nur im ersteren Falle für diejenigen ambigen Formen, in welchen $a = c < \sqrt{p}$ ist, die eine der beiden Congruenzwurzeln (und zwar diejenige, welche dem *unter* $\frac{1}{2}p$ liegenden positiven Werte von $\sqrt{b^2 - ac}$ entspricht) mit dem negativen Werte derselben vertauscht, in dem einzigen Falle aber, wo dieser Wert mit der andern Congruenzwurzel identisch, nämlich wo $b = 0$ wird, wegläßt, so ist die Anzahl aller auf diese Weise aus jenen Congruenzwurzeln gebildeten Zahlen in jedem Falle gleich p. *Alle diese Zahlen sind modulo p von einander verschieden, d. h. sie bilden für eben diesen Modul ein vollständiges Restensystem.*

Aus dieser merkwürdigen Eigenschaft der quadratischen Formen von negativer Determinante geht unmittelbar folgender Satz hervor:

„Wenn $D, D', D'', \ldots$ die verschiedenen Zahlen bedeuten, für welche p durch die Formen: $x^2 + Dy^2$, $x^2 + D'y^2$, $x^2 + D''y^2, \ldots$ darstellen und y ungrade ist, wenn ferner mit (a_1, b_1, c_1), $(a_2, b_2, c_2), \ldots$ die sämtlichen eigentlich primitiven positiven reducirten Formen der Determinanten: $-D$, $-D'$, $-D'', \ldots$ bezeichnet werden, so ergeben die Congruenzen:

$$a_1 z^2 + 2b_1 z + c_1 \equiv 0, \quad a_2 z^2 + 2b_2 z + c_2 \equiv 0, \quad \cdots \text{mod. } p$$

für z alle p verschiedenen Werte, und zwar jeden genau zweimal, sobald man die Wurzeln aller derjenigen Congruenzen doppelt nimmt, bei welchen der Coefficient von z^2 mit dem absoluten Werte eines der beiden andern Coefficienten nicht übereinstimmt."

Da, wenn $p = 4n + 3$ ist, für keine der Determinanten $-D$ ambige Formen existiren, in denen $a = \pm 2b$ oder $a = c$ wäre, so läßt der erwähnte Satz in diesem Falle folgende einfachere Fassung zu:

„Wenn (a_1, b_1, c_1), $(a_2, b_2, c_2), \ldots$ die sämmtlichen eigentlich primitiven positiven reducirten Formen aller derjenigen negativen Determinanten $-D$ sind, für

[1]) Bd. IV, S. 188 dieser Ausgabe von L. Kronecker's Werken.

welche p durch die Hauptform $x^2 + Dy^2$ darstellbar und y ungrade ist, so bilden die Wurzeln der *modulo* p genommenen Congruenzen:

$$a_1 z^2 + 2b_1 z + c_1 \equiv 0, \quad a_2 z^2 + 2b_2 z + c_2 \equiv 0, \ldots$$

für eben diesen Modul ein vollständiges Restsystem."

Endlich kann, indem man die Wurzeln jener quadratischen Congruenzen selbst in Betracht zieht, für jede beliebige Primzahl p der Satz folgendermaßen formulirt werden:

„Wenn d irgend eine der positiven ganzen Zahlen bedeutet, welche kleiner als $\sqrt{p}$ sind, und wenn ferner mit (a_1, b_1, c_1), (a_2, b_2, c_2), ... alle diejenigen positiven reducirten Formen der Determinanten $-(p-d^2)$ bezeichnet werden, in denen wenigstens einer der beiden äußeren Coefficienten ungrade und der mittlere Coefficient nicht negativ ist, so bilden die Ausdrücke: $\frac{\pm b \mp d}{a}$ ein vollständiges Restensystem für den Modul p, sobald man im Allgemeinen alle vier Zeichenkombinationen zuläßt, aber in den besonderen Fällen, wo $a = 2b$ ist, b nur negativ nimmt und für den Fall: $a = c$ nur das obere Zeichen der größeren von den beiden Zahlen b, d beibehält."

Der Beweis dieses Satzes wird einerseits auf die schon oben erwähnte Formel (Journal für Mathematik, Bd. 57, pag. 249)[1]) gegründet, mit Hilfe deren sich ergibt, daß die Anzahl der Ausdrücke: $\frac{\pm b \pm d}{a}$ genau gleich p ist, und andrerseits wird gezeigt, daß je zwei von diesen Ausdrücken, *modulo* p betrachtet, von einander verschieden sind. Von den beiden Hauptteilen, in welche sonach der Beweis zerfällt, enthält der erstere eine rein arithmetische Herleitung jener Formel für die Klassenanzahlen, während im zweiten Teile die Unmöglichkeit der Congruenz:

$$a'(\pm b \pm d) + a(\mp b' \mp d') \equiv 0 \quad \text{mod.}\, p$$

in folgender Weise dargetan wird. Es wird zufördert nachgewiesen, daß in der für die Congruenz zu setzenden Gleichung:

$$a'(\pm b \pm d) + a(\mp b' \mp d') = hp$$

mit Rücksicht auf die für die Zahlen a, b, d, a', b', d' bestehenden Ungleichheitsbedingungen der absolute Wert von h nur gleich Null oder Eins sein kann. Da nun,

[1]) Bd. IV, S. 188 dieser Ausgabe von *L. Kronecker's* Werken. H

wenn jene Gleichung stattfindet, die Zeichen auf der linken Seite so gewählt werden können, daß h positiv ist, so sind nur die beiden Fälle $h = 0$ und $h = 1$ zu betrachten, d. h. es ist nur die Unmöglichkeit der beiden Gleichungen:

$$a'(\pm b \pm d) + a(\mp b' \mp d') = 0$$
$$a'(\pm b \pm d) + a(\mp b' \mp d') = p$$

darzutun. Es wird nun angenommen, daß die Gleichungen durch gewisse Werte von a, b, d, a', b', d', erfüllt seien und daß von den beiden resp. mit a' und a multiplicirten Ausdrücken der erstere positiv sei. Wird derselbe mit s bezeichnet, so ergeben sich aus der ersteren Gleichung die Relationen:

$$a = a', \quad \pm b \pm d = \pm b' \pm d', \quad c \equiv c' \text{ mod. } s.$$

Es zeigt sich nun zuvörderst, daß $\frac{c-c'}{s}$ nur die Werte: $0, \pm 1, \pm 2$ haben könnte, daß aber im ersten Falle a, b, c, resp. mit a', b', c' identisch sind, während im zweiten Falle der aufgestellten Bedingung zuwider entweder a und c, oder a' und c' gleichzeitig gerade sein müßten. Im dritten Fall wird: $\pm 2b = \mp 2b' = \pm a = \pm a'$, und dieß widerspricht der über die Wahl des Vorzeichens von b und b' getroffenen Festsetzung. Nachdem auf diese Weise die Unmöglichkeit der Gleichung:

$$a'(\pm b \pm d) + a(\mp b' \mp d') = 0$$

nachgewiesen ist, werden aus der zweiten obigen Gleichung:

$$a'(\pm b \pm d) + a(\mp b' \mp d') = p,$$

folgende Bestimmungen für a', b', c' entwickelt:

$$\begin{aligned} a' &= na - 2b + s, \\ 2b' &= (mn - 1)a - 2mb + c + (m - n)s, \\ c' &= mc - (mn - 1)s, \end{aligned}$$

in welchen der Kürze halber b für $\pm b$, b' für $\mp b'$ gesetzt ist, und in welchen m und n nur ganzzahlige positive oder negative Werte haben oder auch gleich Null sein können. Aus diesen drei Gleichungen werden endlich sechs Relationen abgeleitet, welche nicht ohne Mühe zu erlangen waren und den Kernpunkt des Beweises bilden, insofern mit Hilfe derselben für alle verschiedenen Annahmen, welche in Bezug auf die Größen m und n gemacht werden können, die Unvereinbarkeit derselben mit den für die Zahlen a, b, c, a', b', c', geltenden Bedingungen leicht nachzuweisen ist. Die in Rede stehenden sechs Gleichungen sind folgende:

$$(c'-a')-m(a'+2b')+(m^2+m)a'+(a-2b)=(m-n+1)a,$$
$$(a-2b')+(m-1)a'+(c-a)=ns,$$
$$m(a'-2b')+(c'-a')+(a-2b)+(m^2-m)(a-2b)+(m^2-m)s$$
$$=(m-(n-1)(m^2-m+1))a,$$
$$(a'-2b')+(c-2b-1)+(m-2)(a-2b+s)+1=(n-1)(s+a-ma),$$
$$(a'-2b')+ma'+(c+2b-1)+1=(n+1)(a+s),$$
$$(c'-a')+(c-2b-1)+n(a+ms)+1=(m+1)c;$$

und es sind hierin auf der linken Seite diejenigen Verbindungen der Zahlen a, b, c, a', b', c', s in Parenthesen eingeschlossen worden, welche an sich vermöge der Ungleichheitsbedingungen *nicht negative* Größen darstellen.

Der hiermit bewiesene arithmetische Satz läßt, wie leicht zu sehen ist, eine Verallgemeinerung in der Weise zu, daß statt der Primzahl p eine zusammengesetzte Zahl genommen wird. Überdieß sind daraus Andeutungen für eine neue zahlentheoretische Herleitung jener Formeln für die Klassenanzahlen zu entnehmen, und diese Andeutungen erscheinen um so wichtiger, als die arithmetische Begründung der erwähnten Formeln, welche den ersten Hauptteil des obigen Beweises bildet, auf ganz andern Betrachtungen beruht. Ich richtete nämlich mein Augenmerk auf die Art und Weise, wie *Jacobi* den durch die Reihen (Fundamenta nova etc. pag. 188)[1]) erhaltenen Ausdruck für die Anzahl der Zerfällungen in vier Quadrate im 12. Bande des Journals für Mathematik[2]) hergeleitet hat, indem er die analytische Entwicklung gewissermaßen zu einer arithmetischen umgestaltete. Im Anschluß an diese Methode habe ich die Klassenanzahlen für die quadratischen Formen negativer Determinante als Entwicklungscoefficienten dargestellt und einige Andeutungen darüber in dem oben erwähnten Aufsatze im 57. Bande des Journals für Mathematik[3]) veröffentlicht. Aber ich habe die Mitteilung der weiteren Resultate dieser Art unterlassen, weil ich damals zwar eine neue Art analytischer Verifikation der betreffenden Formeln nicht aber das eigentliche Ziel, eine arithmetische Herleitung derselben, erlangt hatte. Inzwischen hat Hr. *Hermite* in einer interessanten Notiz (Comtes rendus etc. 5 Août 1861)[4]) einige analoge Relationen publicirt, welche ich hier durch die Mit-

[1]) *Jacobi*, Werke, Bd. I, S. 239. H
[2]) *Jacobi*, Werke, Bd. VI, S. 245. H
[3]) Bd. IV, S. 192 u. f. dieser Ausgabe von *L. Kronecker*'s Werken. H
[4]) *Hermite*, Oeuvres T. II, P. 109. H

teilung derjenigen vervollständigen will, auf die ich, wie oben bemerkt, bei der Aufsuchung arithmetischer Beweismethoden geführt worden bin.[1])

Ich behalte zu diesem Zwecke alle Bezeichnungen und Erklärungen bei, welche ich in dem mehrerwähnten Aufsatze (Journal für Mathematik, Bd. 57, pag. 248 sqq.)[2]) gebraucht habe und beziehe mich im Folgenden überall auf die dort unter No. (I) bis (VIII) gegebenen Formeln. Ich setze aber dabei voraus, daß eben diese Formeln in der Weise, wie ich a. a. O. pag. 251[3]) ausgeführt habe, durch Benutzung der Functionen F und G umgestaltet seien. — Wenn in den Formeln (I), (II), (V) auf beiden Seiten resp. mit q^{4n}, q^{2m}, $\frac{1}{2}q^m$ multiplicirt wird, wenn man ferner die hierdurch entstehenden drei Gleichungen addiert und alsdann über alle Werte von n und m summiert, so erhält man mit Hilfe der auf pag. 252 sqq.[4]) für X, Φ, Ψ gegebenen Ausdrücke die Gleichung:

$$\text{(1)} \qquad \sum \mathrm{F}(n) q^n = \frac{1}{2} \sqrt{\frac{\pi}{2K}} \sum \frac{n}{q^n - q^{-n}} \left(q^{n^2+n} - 2 + q^{n^2-n}\right).$$

Ebenso ergibt sich aus den Formeln (I), (III) und (VI):

$$\text{(2)} \qquad \sum \mathrm{F}(n) q^n = \frac{1}{2} \sqrt{\frac{\pi}{2k'K}} \sum n(-q)^{n^2} \cdot \frac{q^n - q^{-n}}{q^n + q^{-n}},$$

wo die Buchstaben q, K, k' ebenso wie die im Folgenden vorkommenden Buchstaben k, Θ, H, die Bedeutung haben, in welcher dieselben in *Jacobi*'s „Fundamenta" gebraucht werden. Die beiden angegebenen Formeln drücken nun andererseits genau die in den Formeln (I), (II), (III), (V), (VI) enthaltenen Beziehungen aus, wenn man die auf der rechten Seite stehenden Summen nach Potenzen von q entwickelt. Die Formel (IV) aber läßt sich als eine Folge der Gleichungen (1) und (2) aufzeigen, indem zuvörderst die Relationen:[5])

$$\sum \mathrm{F}(2m) q^{\frac{1}{2}m} = \frac{kK}{\pi} \sqrt{\frac{K}{2\pi}},$$

$$\sum \mathrm{F}(4n+1) q^n = \frac{1}{q^{\frac{1}{4}}} \frac{K}{\pi} \sqrt{\frac{kK}{2\pi}},$$

$$\sum \mathrm{F}(8n+3) q^{3n} = \frac{1}{q^{\frac{3}{4}}} \frac{kK}{2\pi} \sqrt{\frac{kK}{2\pi}}$$

---

1) Vgl. Zusatz 50 am Ende dieses Bandes. H

2) Bd. IV, S. 185 u. f. dieser Ausgabe von *L. Kronecker*'s Werken. H

3) Bd. IV, S. 191 dieser Ausgabe von *L. Kronecker*'s Werken. H

4) Bd. IV, S. 191 u. f. dieser Ausgabe von *L. Kronecker*'s Werken. H

5) Vgl. Zusatz 51 am Ende dieses Bandes. H

daraus abgeleitet werden. — Mit Hilfe der Entwicklung von $\sin^2 \operatorname{am} \frac{2Kx}{\pi}$ nach Cosinus der Vielfachen von x (Fundamenta pag. 110)[1]) läßt sich die Reihe auf der rechten Seite der Gleichung (1) unmittelbar als bestimmtes Integral darstellen, und man erhält auf diese Weise, wenn die üblichen Bezeichnungen:

$$\Theta\left(\frac{2Kx}{\pi}\right) = \vartheta_0(x), \quad \mathrm{H}\left(\frac{2Kx}{\pi}\right) = \vartheta_1(x), \quad \vartheta_0\left(x+\frac{\pi}{2}\right) = \vartheta_3(x), \quad \vartheta_1\left(x+\frac{\pi}{2}\right) = \vartheta_2(x)$$

eingeführt werden:

$$\sum \mathrm{F}(n) q^n = \frac{1}{q^{\frac{1}{4}}} \frac{k^2 K}{2\pi^2} \sqrt{\frac{K}{2\pi}} \int_0^\pi \sin^2 \operatorname{am} \frac{2Kx}{\pi} \cdot \vartheta_2(x) \cos x \, dx. \tag{3}$$

Diese Relation, welche also mit der Gleichung (1) identisch ist, kann als Erklärung für die Funktion $\mathrm{F}(n)$ aufgefaßt werden. Eine directe Bestimmung des Integrals ergibt auch die zahlentheoretische Bedeutung von $\mathrm{F}(n)$, und dies ist unter Anderem in der Weise möglich, daß man für $\sin^2 \operatorname{am} \frac{2Kx}{\pi}$ das Quadrat der Reihenentwicklung von $\sin \operatorname{am} \frac{2Kx}{\pi}$ setzt. Diese Bestimmungsweise hat mich nach mancherlei Reduktionen zu dem oben erwähnten arithmetischen Beweise der in der Relation (3) enthaltenen Formeln (I), (II), (V) geführt. Aus der Gleichung (3) lassen sich die sämtlichen Formeln (I) bis (VIII) ableiten; so geht namentlich, wenn man unter dem Integralzeichen $\vartheta_2(x)$ durch $\frac{1}{\sqrt{k'}} \vartheta_1(x) \cot \operatorname{am} \frac{2kx}{\pi}$ ersetzt, die Formel (3) über in:

$$\sum \mathrm{F}(n) q^n = \frac{1}{q^{\frac{1}{4}}} \frac{k^2 K}{2\pi^2} \sqrt{\frac{K}{2\pi k'}} \int_0^\pi \sin \operatorname{am} \frac{2Kx}{\pi} \cos \operatorname{am} \frac{2Kx}{\pi} \vartheta_1(x) \cos x \, dx,$$

und hieraus resultiert die Gleichung (2), wenn man für

$$\sin \operatorname{am} \frac{2Kx}{\pi} \cos \operatorname{am} \frac{2Kx}{\pi}$$

unter dem Integralzeichen die Reihenentwickelung nimmt. Ebenso erhält man, wenn in (3) für

$$\vartheta_2(x) \sin^2 \operatorname{am} \frac{2Kx}{\pi}$$

der damit identische Ausdruck:

$$\frac{1}{k^2} \vartheta_2(x) - \frac{1}{k\sqrt{k}} \cos \operatorname{am} \frac{2Kx}{\pi} \Delta \operatorname{am} \frac{2Kx}{\pi} \vartheta_3(x)$$

gesetzt wird:

$$\sum \mathrm{F}(n) q^n - \frac{kK}{2\pi} \sqrt{\frac{kK}{2\pi}} = -\frac{1}{q^{\frac{1}{4}}} \frac{K}{2\pi^2} \sqrt{\frac{kK}{2\pi}} \int_0^\pi \cos \operatorname{am} \frac{2Kx}{\pi} \Delta \operatorname{am} \frac{2Kx}{\pi} \vartheta_3(x) \cos x \, dx,$$

[1]) *Jacobi*, Werke, Bd. I, S. 166.

und hieraus geht die Formel (XI) (Journal für Mathematik, Bd. 57, pag. 253)[1]) hervor, wenn man unter dem Integralzeichen die durch Differentiation der Formel 19 pag. 101[2]) in *Jacobi*'s „Fundamenta" entstehende Entwicklung anwendet. Auf diese Weise wird die Vermutung bestätigt, welche ich an dem Schlusse meines mehrerwähnten Aufsatzes „Über die Anzahl der verschiedenen Klassen quadratischer Formen" ausgesprochen habe, indem die sämtlichen acht Formeln durch analytische Umformungen aus einer einzigen erlangt werden. Aber im arithmetisch-algebraischen Sinne bleiben diese Formeln (s. a. a. O. pag. 252)[3]) von einander unabhängig und enthalten in expliziter Weise alle die mannigfachen analogen Relationen, welche mir die Theorie der complexen Multiplication der elliptischen Functionen geliefert hat, und hierzu gehören auch alle diejenigen, welche von Hrn. *Hermite* in dem oben angeführten Aufsatze[4]) gegeben worden sind. Ich werde dies wie die übrigen in der vorliegenden Notiz enthaltenen Andeutungen nächstens an einem anderen Orte vollständig ausführen.[5])

---

[1]) Bd. IV, S. 198 dieser Ausgabe von *L. Kronecker*'s Werken. H
[2]) *Jacobi*, Werke, Bd. I, S. 157. H
[3]) Bd. IV, S. 191—192 dieser Ausgabe von *L. Kronecker*'s Werken. H
[4]) *Hermite*, Oeuvres, T. II, P. 109. H
[5]) Vgl. Zusatz 52 am Ende dieses Bandes. H

ÜBER DIE COMPLEXE MULTIPLICATION DER ELLIPTISCHEN FUNCTIONEN

VON

L. KRONECKER.

Monatsberichte der Königlich Preussischen Akademie der Wissenschaften zu Berlin vom Jahre 1862. S. 363—372.

ÜBER DIE COMPLEXE MULTIPLICATION DER ELLIPTISCHEN FUNCTIONEN.[1])

[Gelesen in der Akademie der Wissenschaften am 26. Juni 1862.]

Im Verlauf meiner Untersuchungen über diejenigen elliptischen Functionen, für welche complexe Multiplication *stattfindet*, bin ich durch die Sache selbst darauf hingewiesen worden, hauptsächlich die arithmetischen Eigenschaften der betreffenden Moduln zu erforschen, um in die Natur dieser merkwürdigen Zahlenirrationalitäten tiefer einzudringen. Dabei habe ich mich auf eine neue und allgemeine Theorie der zerlegbaren Formen stützen können, mit der ich mich kurz vorher in möglichst umfassender Weise beschäftigt hatte, und deren Anwendbarkeit sich bei dieser speciellen Frage vollkommen bewährte. Da ich nun schon im Juli v. J. die Ergebnisse meiner in Rede stehenden Untersuchungen angekündigt habe und doch andrerseits, durch algebraische Arbeiten in Anspruch genommen, voraussichtlich in der nächsten Zeit noch nicht in der Lage sein werde, dieselben in ihrem ganzen Umfange der Akademie vorlegen zu können, so erlaube ich mir heute einige von diesen Resultaten mitzutheilen, deren Inhalt und Bedeutung ohne weitere Auseinandersetzung verständlich zu machen ist.

Ich habe bereits im Monatsbericht vom October 1857[2]) einige Eigenschaften der Gleichung angegeben, deren Wurzeln die verschiedenen Moduln bilden, für welche eine Multiplication mit $\sqrt{-n}$ stattfindet. Es ist namentlich dort erwähnt worden, daß diese Gleichung in Faktoren zerfällt, welche den verschiedenen Ordnungen der zur Determinante $-n$ gehörigen quadratischen Formen entsprechen, und daß der zur eigentlich primitiven Ordnung gehörige Faktor wiederum in sechs Factoren von gleichem Grade zerlegbar ist, deren Coefficienten nur ganze Zahlen und $\sqrt{n}$ enthalten und deren Grad genau gleich der Anzahl der sämtlichen Klassen

[1]) Vgl. Zusatz 58 am Ende dieses Bandes. H

[2]) Bd. IV, S. 177 dieser Ausgabe von *L. Kronecker's* Werken. H

eigentlich primitiver Formen der Determinante $-n$ ist. Die speziellere Untersuchung dieser Theilgleichungen ergiebt aber noch eine weitere Zerlegung derselben in solche, welche den einzelnen *Gattungen*[1]) der quadratischen Formen entsprechen, und es erhält hierdurch die innerhalb der Zahlentheorie schon so wichtige Eintheilung der Klassen in Genera (Disqq. arithm. art. 227)[2]) noch auf einem anderen sowohl der Algebra als der Analysis angehörigen Gebiete in der überraschendsten Weise ihre Bedeutung. Den wesentlichen Charakter der erwähnten Zerlegung der Gleichungen in Kürze auseinanderzusetzen ist hauptsächlich der Zweck vorliegender Mittheilung.[3])

Wenn mit n eine positive ungrade Zahl, welche größer als 3 ist und mit N die Klassenanzahl für die eigentlich primitiven quadratischen Formen der Determinante $-n$ bezeichnet wird, wenn ferner $\varkappa$ und q die in der Theorie der elliptischen Functionen übliche Bedeutung haben und $\varkappa^2 = k$ gesetzt wird, so giebt es $6N$ verschiedene Werthe von k, für welche complexe Multiplication mit $\sqrt{-n}$ stattfindet und welche der eigentlich primitiven Ordnung der quadratischen Formen der Determinante $-n$ entsprechen. Von diesen Werthen ordnen sich je $2N$ als Wurzeln einer und derselben Gleichung mit rationalen Zahlcoefficienten einander zu, und wenn man in den bezüglichen drei Gleichungen $2N$ten Grades sämmtliche Coefficienten *ganz* macht, so ist in der einen sowohl der erste als der letzte Coefficient gleich Eins, in den andern zwei Gleichungen aber ist resp. der erste *oder* der letzte Coefficient gleich Eins und der andre eine Potenz von Zwei. Eine dieser drei Gleichungen enthält als Wurzel den bekannten Wert von k, welcher zu $q = e^{-\pi\sqrt{n}}$ gehört. Sind nun $p_1, p_2, p_3, \dots p_\nu$ die verschiedenen in der Zahl n enthaltenen Primfactoren, so zerfällt die erwähnte Gleichung $2N$ten Grades unter Adjunction von $\sqrt{p_1}$, $\sqrt{p_2}, \dots \sqrt{p_\nu}$ in 2^ν Factoren, deren jeder vom Grade $(\frac{1}{2})^{\nu-1}N$ ist. Der Grad einer jeden dieser Theilgleichungen ist also, je nachdem $n \equiv 3$ oder 1 mod. 4 ist, gleich der einfachen oder doppelten Anzahl der in einem Genus enthaltenen Klassen quadratischer Formen der Determinante $-n$. In dem letzteren Falle ist aber mit jedem Werthe von k zugleich der entsprechende Werth von: $1-k$ in derselben Gleichung enthalten, so daß alsdann Gleichungen für: $k(1-k)$ existiren, deren Grad ebenfalls gleich der einfachen Anzahl der zu einem Genus gehörigen Klassen ist.[4]) Hiernach läßt

1) Vgl. Zusatz 54 am Ende dieses Bandes. H
2) *Gauss*, Werke, Bd. I, S. 229. H
3) Vgl. Zusatz 55 am Ende dieses Bandes. H
4) Vgl. Zusatz 56 am Ende dieses Bandes. H

sich das erwähnte Resultat dahin formuliren, *daß die singulären Moduln, für welche complexe Multiplication mit* $\sqrt{-n}$ *stattfindet, — je nachdem* $n \equiv 3$ *oder* 1 *mod.* 4 *ist — durch Gleichungen für* k *oder* $k(1-k)$ *bestimmt werden, deren Coefficienten aus den Quadratwurzeln der einzelnen in* n *enthaltenen Primfactoren zusammengesetzt sind, und deren Grad genau gleich der Anzahl der zu einem und demselben Genus gehörigen Klassen eigentlich primitiver Formen der Determinante* $-n$ *ist.*[1])

Die hier angegebene weitere Zerlegung der Gleichungen, von denen jene singulären Moduln der elliptischen Functionen abhängen, ist nicht nur für die Einsicht in die Natur dieser Moduln selbst von der größten Wichtigkeit, sondern dieselbe vervollständigt auch die bereits früher erwähnten Anwendungen der Theorie der elliptischen Functionen auf die der quadratischen Formen, indem nunmehr auch die auf die Eintheilung in Genera bezüglichen arithmetischen Sätze aus der in Rede stehenden analytischen Untersuchung herzuleiten sind. Es findet nämlich ein genauerer Zusammenhang zwischen jenen Theilgleichungen und den einzelnen Gattungen quadratischer Formen in der Weise statt, daß jedem Genus eine bestimmte Theilgleichung und jeder einzelnen darin enthaltenen Klasse quadratischer Formen eine bestimmte Wurzel dieser Gleichung entspricht. Dem Hauptgenus entspricht z. B. diejenige Theilgleichung, in welcher der zu $q = e^{-\pi\sqrt{n}}$ gehörige Werth von k und resp. von $k(1-k)$ als Wurzel enthalten ist, und hieraus entstehen die den übrigen Gattungen entsprechenden Theilgleichungen, indem die Vorzeichen der in den Coefficienten vorkommenden Quadratwurzeln aus $p_1, p_2, \ldots p_\nu$ den zugehörigen Charakteren gemäß verändert werden. Hierbei ist jedoch zu bemerken, daß für $n = 4m + 3$ kein Charakter mod. 4 existirt und daß also in diesem Falle *eine* Bestimmung für die Zeichenänderung fehlt. Diese wird dadurch ersetzt, daß die Verwandlung von $+\sqrt{n}$ in $-\sqrt{n}$ gleichzeitig mit der von k in: $1-k$ zu machen ist. Es gelten übrigens ganz analoge Resultate für *grade* Zahlen n und um die Zerlegung der Gleichungen für die verschiedenartigen Werte $n \equiv 1, 2, 3$ mod. 4 durch einige Beispiele anschaulich zu machen, lasse ich hier die betreffenden Bestimmungen für die zur complexen Multiplication mit $\sqrt{-n}$ gehörigen Moduln folgen. Die Werthe von n sind hierbei absichtlich in der mannigfaltigsten Weise ausgewählt, so daß sich darunter sowohl Primzahlen als zusammengesetzte Zahlen finden und unter den letzteren wiederum solche, welche einen quadratischen Factor enthalten.

---

[1]) Vgl. Zusatz 57 am Ende dieses Bandes. H

Für $n \equiv 2 \bmod. 4$ und zwar für:

$$n = 6:\quad k = (1 + \sqrt{2})^2 (1 + \sqrt{2} + \sqrt{6})^2,$$
$$n = 10:\quad k = (1 + \sqrt{2})^4 (3 + \sqrt{10})^2.$$

Für $n \equiv 3 \bmod. 4$:

$$n = 15:\quad 2^5 (2k - 1) = \sqrt{3}\,(7 + \sqrt{5}),$$
$$n = 39:\quad 2^7 (2k - 1)^2 + 2^4 \sqrt{3}\,(7 + 2\sqrt{13})\,(2k - 1) + 21\,(5 + 3\sqrt{13}) = 0,$$
$$n = 63:\quad 2^7 (2k - 1)^2 + 3(7\sqrt{3} + 9\sqrt{7})\,(2k - 1) + \sqrt{3}\,(155\sqrt{3} + 109\sqrt{7}) = 0.$$

Für $n \equiv 1 \bmod. 4$:

$$n = 5:\quad 4k(1 - k) = (2 + \sqrt{5})^2,$$
$$n = 13:\quad 4k(1 - k) = (18 + 5\sqrt{13})^2,$$
$$n = 21:\quad 4k(1 - k) = (8 + 3\sqrt{7})^2 (3\sqrt{3} + 2\sqrt{7})^2,$$
$$n = 37:\quad 4k(1 - k) = (6 + \sqrt{37})^6,$$
$$n = 49:\quad 2\varkappa\varkappa' + 4(11 + 4\sqrt{7})\sqrt{2\varkappa\varkappa'} + 1 = 0,$$
$$n = 105:\quad 4k(1 - k) = (3\alpha - 2\gamma)^4 (5 + 9\alpha + 16\beta + 4\gamma + 7\beta\gamma + 12\alpha\beta + 8\alpha\beta\gamma)^2,$$

wenn unter α, β, γ resp. die Quadratwurzeln aus den drei Primfactoren von 105, d. h. also $\sqrt{3}$, $\sqrt{5}$ und $\sqrt{7}$ verstanden werden. Bei dem für $n = 21$ angegebenen Werthe von k entspricht der positive Werth von $\sqrt{3}$ und der negative von $\sqrt{7}$ dem Hauptgenus d. h. der Bestimmung: $a = 1$ in der Relation:

$$\frac{1}{\pi i} \lg q = \frac{b + \sqrt{-21}}{a},$$

während überhaupt für alle vier Werthe von $k(1 - k)$ die Zeichenbestimmung für $\sqrt{3}$ und resp. $\sqrt{7}$ durch die *Legendre*schen Zeichen: $\left(\frac{3}{a}\right)$, $\left(\frac{7}{a}\right)$ erfolgt, sobald der positive Werth von $\sqrt{3}$ und der negative von $\sqrt{7}$ beibehalten wird. Ebenso sind bei $n = 105$ in den Ausdrücken für $k(1 - k)$ die negativen Werthe von $\sqrt{3}$, $\sqrt{5}$, $\sqrt{7}$ für α, β, γ zu setzen, wenn derselbe dem Werthe $a = 1$ entsprechen soll. Bezeichnet man diese negativen Werthe beziehungsweise mit α', β', γ', so muß für jede beliebige Zahl a:

$$\alpha = \left(\frac{3}{a}\right)\alpha', \quad \beta = \left(\frac{5}{a}\right)\beta', \quad \gamma = \left(\frac{7}{a}\right)\gamma'$$

genommen werden.

Für die Fälle $n = 21, 37, 105$ wäre die Ausrechnung der bezüglichen Werthe der Moduln auf algebraischem Wege kaum möglich; ich habe dieselbe in ganz andrer Weise ausgeführt, nachdem ich die Form des Resultates vorher theoretisch ergründet hatte. Die oben auseinandergesetzte Zerlegung der Gleichungen gewährt nämlich ein Mittel, die Werthe der Moduln durch ziemlich einfache Rechnung zu erhalten, namentlich wenn die Anzahl der zu einem Genus gehörigen Klassen nicht groß ist. So habe ich z. B. in dem Falle: $n = 21$ aus den a priori bekannten vier Werthen von $\frac{1}{\pi i}\lg q$ die zugehörigen Werthe von $2\varkappa\varkappa'$ auf nur wenige Decimalen genau berechnet, für dieselben die durch obige Erörterungen gegebene Form:

$$A \pm B\sqrt{3} \pm C\sqrt{7} \pm D\sqrt{21}$$

angesetzt, und die ganzzahligen Werthe von A, B, C, D daraus mit Leichtigkeit gefunden. Die hier angedeutete neue Methode zur Berechnung der Moduln, für welche complexe Multiplication stattfindet, und resp. der Coefficienten der Gleichungen, von denen dieselben abhängen, läßt sich auf noch größere Werthe als $n = 105$ praktisch anwenden, und ich werde mit Hilfe derselben ein Schema für die auf einander folgenden Zahlen $n = 1, 2, 3, \ldots$ anfertigen und so weit als möglich fortsetzen lassen.

Eine der schwierigsten Fragen, welche sich mir in Bezug auf die oben erwähnten Theilgleichungen aufdrängten, war die nach der Irreductibilität derselben. Für spezielle Werthe der Zahl n ließ sich zwar die Irreductibilität jener Gleichungen leicht feststellen, aber zu einem allgemeinen Beweise dieser Eigenschaft reichten alle bisher bekannten und gebräuchlichen Methoden nicht aus. Es liegt dieß an einem ganz eigenthümlichen Umstande, welcher bei den in Rede stehenden Gleichungen auftritt und welcher wiederum zeigt, daß — wie ich schon wiederholt ausgesprochen habe — der Fortschritt der Algebra und ihrer Methoden wesentlich durch das ihr von Außen herzugebrachte Material an Gleichungen bedingt ist oder, wenn ich mich so ausdrücken darf, durch die Mannigfaltigkeit algebraischer Phänomene, welche die Analysis in ihrer weiteren Entwickelung darbietet. — Die bisherigen Beweismethoden für die Irreductibilität von Gleichungen mit Zahlcoefficienten stützen sich fast sämmtlich auf die Natur der in der Discriminante enthaltenen wesentlichen Primfactoren. Die Discriminanten jener Theilgleichungen aber, von denen die Multiplication mit $\sqrt{-n}$ gehörigen Moduln abhängen, enthalten mit gewissen Ausnahmen gar keine Primzahlen als wesentliche Factoren, sondern nur Einheiten. Ich habe diese merkwürdige Eigenschaft jener Gleichungen zwar nur durch Induction gefunden und noch nicht allgemein beweisen können; aber auf Grund der bisher gewonnenen Erkenntniß mußte ich doch schon von der Benutzung der gebräuchlichen Methoden abstehen und durch andre Mittel den Beweis der Irreductibilität der erwähnten Gleichungen zu führen suchen. Dieß ist mir in der Tat gelungen, nachdem ich mit Hilfe der *Dirichlet*schen Principien die Klassenanzahl für die aus jenen Moduln gebildeten complexen Zahlen ermittelt habe.[1]) Hierdurch wird nämlich, was sonst am Anfange zu geschehen pflegt, erst am Schlusse der arithmetischen Theorie die Irreductibilität der zu Grunde gelegten Gleichung bewiesen, und es ergiebt sich zugleich der damit nahe verwandte Nachweis, daß durch jede eigentlich primitive quadratische Form von negativer Determinante unendlich viel Primzahlen dargestellt werden.[2])

Die hier erwähnte Theorie complexer Zahlen, deren Behandlung ich großen Theils durchgeführt habe, schließt die Theorie der quadratischen Formen mit complexen Coefficienten: $a + b\sqrt{-n}$ als speziellen Fall in sich, und es wird hierdurch unter Anderem Dasjenige erledigt, was allen Vermuthungen nach den Inhalt des nicht erschienenen zweiten Theils der die Zahlen $a + b\sqrt{-1}$ betreffenden *Dirichlet*schen Abhandlung (Journal für Mathematik, Bd. 24)[3]) bilden sollte. Ferner ist in jener Theorie der complexen Zahlen als spezieller Fall auch die Theorie aller derjenigen enthalten, welche aus Quadratwurzeln ganzer Zahlen zusammengesetzt sind. Eine nähere Angabe der hierbei gewonnenen arithmetischen Resultate würde dem Zwecke dieser vorläufigen Notiz nicht entsprechen, aber ich darf eine *algebraische* Folgerung nicht übergehen, welche die obige Zerlegung der Gleichung für k und $k(1-k)$ gestattet. Der Affect der Theilgleichungen, deren Coefficienten die Quadratwurzeln der einzelnen Primfactoren von n enthalten, hat nämlich für jede beliebige Zahl n zur Regularität[4]) der betreffenden Determinante jene einfache Beziehung, welche ich in meiner Notiz vom October 1857[5]) nur für den Fall angeben konnte, wo n Primzahl ist. Die Anzahl der verschiedenen Perioden der Wurzeln ist gradezu gleich dem Exponenten der Irregularität[4]) und die Theilgleichung selbst ist für den Fall, wo die Determinante $-n$ regulär ist, eine *Abel*sche Gleichung in dem Sinne, daß die cyklischen Functionen ihrer Wurzeln rationale Functionen von $\sqrt{-1}$ und den Quadratwurzeln der einzelnen Primfactoren der Zahl n sind. Auch hierin zeigt

---

[1]) Vgl. Zusatz 58 am Ende dieses Bandes. H
[2]) Vgl. Zusatz 59 am Ende dieses Bandes. H
[3]) *L. Dirichlet*, Werke, Bd. I, S. 535. H
[4]) Vgl. Zusatz 41 am Ende dieses Bandes. H
[5]) Bd. IV, S. 180 dieser Ausgabe. H

sich die Bedeutung der weiteren Zerlegung der Gleichungen, durch welche ursprünglich jene singulären Moduln der elliptischen Functionen bestimmt werden, und ich will nun zum Schlusse die Methode kurz andeuten, mit Hilfe deren ich dazu gelangt bin, zumal die Auffindung derselben nicht ohne Schwierigkeiten gewesen ist.[1]) — Das dabei angewendete Princip ist dasselbe, welches mir schon die Trennung der Moduln nach verschiedenen Determinanten der zugehörigen quadratischen Formen und überhaupt die Aufstellung jener früher erwähnten Gleichungen Nten Grades ermöglicht hat, deren Coefficienten nur $\sqrt{n}$ enthalten und deren Wurzeln sämmtlich als rationale Functionen einer einzigen mit ganzzahligen Coefficienten von der Form $a+bi$ ausdrückbar sind. Ich setzte nämlich in der Gleichung: $\varphi(\mu, k) = 0$, welcher die verschiedenen Multiplicatoren der Transformation $n$ter Ordnung genügen, und deren Coefficienten ganzzahlige Functionen von $\varkappa^2$ oder k sind, für den Multiplicator μ den Werth: $\sqrt{n}$. Da nun die Modulargleichung für die Transformation $n$ter Ordnung: $\varphi(\lambda^2, \varkappa^2) = 0$, wenn man in derselben $\lambda^2 = 1 - \varkappa^2$ setzt, d. h. also die Gleichung: $\varphi(1-k, k) = 0$ Werthe von k ergiebt, für welche Multiplication mit $\sqrt{-n}$ stattfindet, so enthält der gemeinsame Factor von $\varphi(\sqrt{n}, k)$ und $\varphi(1-k, k)$ grade nur diejenigen Werthe von k, für welche der Multiplicator gleich $\sqrt{n}$ ist. Alle diese Grössen sind also durch eine Gleichung mit einander verbunden, deren Coefficienten $\sqrt{n}$ enthalten, und es werden auf diese Weise nicht nur die zu den quadratischen Formen der Determinante $-n$ gehörigen Werthe von k isolirt, sondern auch für $n \equiv 3 \bmod. 4$ je zwei complementäre Moduln, für $n \equiv 1$ aber diejenigen beiden Arten von Moduln von einander getrennt, für welche sich die entsprechenden quadratischen Formen durch den auf die Zahl 4 bezüglichen Charakter unterscheiden.

Zum Zwecke der allgemeinen Trennung der Genera und also der quadratischen Formen von entgegengesetztem Charakter in Bezug auf eine in n enthaltene Primzahl p handelte es sich nun darum, eine Gleichung für k aufzustellen, welche in ihren Coefficienten die Quadratwurzel aus p enthielte, und zwar so, daß deren Vorzeichen durch den Charakter der Formen, welche den verschiedenen Werthen von k entsprechen, bestimmt sei. Zur Ermittelung einer solchen Gleichung dienen folgende Betrachtungen. Wenn p eine ungrade Primzahl und λ einen der Moduln bedeutet, welche durch eine Transformation $p$ter Ordnung aus $\varkappa$ entstehen, wenn ferner $\varkappa^2 = k$ und $\lambda^2 = l$ gesetzt wird, so besteht bekanntlich zwischen l und k eine ganz-

[1]) Vgl. Zusatz 60 am Ende dieses Bandes.

zahlige Gleichung $(p+1)$sten Grades. Die Quadratwurzel aus der Discriminante derselben ist, wie leicht zu sehen, eine ganzzahlige Function von k multiplicirt mit $\sqrt{\pm p}$, wo das obere oder untere Zeichen gilt, je nachdem $p \equiv 1$ oder 3 mod. 4 ist. Hiernach wird für die Gleichung $p$ten Grades, deren Wurzeln p von den transformirten Moduln: $l_0, l_1, \ldots l_{p-1}$ und deren Coefficienten rationale Functionen des übrig bleibenden l' und k sind, die Quadratwurzel aus der Discriminante, abgesehen vom Factor $\sqrt{\pm p}$, eine rationale Function von k und l', so daß eine Relation von der Form:

$$\Pi(l_r - l_s) = \sqrt{\pm p} \cdot f(k, l')$$

besteht. Nimmt man k gleich einem der Werthe, für welchen complexe Multiplication mit $\sqrt{-n}$ stattfindet und $n \equiv 0$ mod. p ist, so giebt es unter den $(p+1)$ Werthen von l einen und *nur* einen, welcher ebenfalls zu jenen Werthen gehört. Bezeichnet man denselben mit l', so wird also l' als rationale Function von k und $\sqrt{n}$ darstellbar und die Gleichung für $l_0, l_1, \ldots l_{p-1}$ eine solche sein, deren Coefficienten nur k und $\sqrt{n}$ rational enthalten. Diese Gleichung ist nun in dem bezüglichen Sinne eine *Abel*sche Gleichung, wie namentlich aus dem oben Gesagten unmittelbar hervorgeht, wenn man berücksichtigt, daß die Wurzeln zugleich Werthe des Moduls für die Multiplication mit $\sqrt{-np^2}$ ergeben. Demnach ist jedes der $\frac{1}{2}(p-1)$ Producte:

$$(l_0 - l_m)(l_1 - l_{m+1}) \cdots \quad (l_{p-1} - l_{m-1})$$

eine rationale Function von k, $\sqrt{n}$ und $\sqrt{-1}$. Hieraus resultirt also in Verbindung mit der oben angegebenen Form der Discriminante eine Gleichung für k, deren Coefficienten außer $\sqrt{n}$ und $\sqrt{-1}$ noch $\sqrt{\pm p}$ enthalten, und eine genauere Untersuchung zeigt, daß *dieselbe* Gleichung für alle zur Multiplication mit $\sqrt{-n}$ gehörigen Werthe von k bestehen bleibt, jedoch so, daß für die Hälfte derselben das Zeichen jenes Products Π also das Zeichen von $\sqrt{\pm p}$ verändert werden muß. Diese Veränderung selbst hängt von dem Charakter derjenigen Form in Beziehung auf p ab, welche dem betreffenden Modul entspricht, dergestalt, daß für Werthe von k, für welche der Charakter der zugehörigen Formen der Determinante $-n$ derselbe ist, auch das Vorzeichen $\sqrt{\pm p}$ beizubehalten, für die übrigen aber in das entgegengesetzte zu verwandeln ist. Alsdann ist nur noch durch einfache Betrachtungen zu zeigen, daß aus den Coefficienten der Gleichung für k die Quadratwurzel aus -1 verschwindet, um die oben gegebene Form jener Theilgleichungen zu erschließen, welche die einzelnen Genera der quadratischen Formen repräsentiren. Die spezielle Ausführung der hier angedeuteten Methode wird nur dadurch einigermaßen weitläufig, daß bei dem Nachweis der Gültigkeit jener Gleichung für alle und resp. für die Hälfte der Werthe von k die Composition der quadratischen Formen angewendet werden muß. Doch giebt auch hierfür die Theorie der complexen Multiplication einige neue und einfache Gesichtspunkte, wie ich später bei der vollständigen Darstellung derselben zeigen werde.

ÜBER DIE AUFLÖSUNG DER PELLSCHEN GLEICHUNG MITTELS ELLIPTISCHER FUNCTIONEN

VON

L. KRONECKER.

Monatsberichte der Königlich Preussischen Akademie der Wissenschaften zu Berlin
vom Jahre 1863. S. 44—50.

ÜBER DIE AUFLÖSUNG DER PELLSCHEN GLEICHUNG MITTELS ELLIPTISCHER FUNCTIONEN.[1])

[Gelesen in der Akademie der Wissenschaften am 29. Januar 1863.]

Über die dabei angewendeten Methoden sollen hier einige Andeutungen gegeben und zugleich diejenigen Resultate herausgehoben werden, welche sich mit einfachen Bezeichnungen darstellen lassen.

Wenn P und Q positive ungrade Zahlen ohne quadratischen Factor bedeuten, von denen die erstere größer als Eins ist, und wenn ferner den Buchstaben m und n nach einander alle positiven ganzzahligen Werthe beigelegt werden, welche beziehungsweise zu $2P$ und $2Q$ relativ prim sind, so ergiebt sich der Grenzwerth, den die beiden Reihen

$$\sum\left(\frac{P}{m}\right)\frac{1}{m^{1+\varrho}}, \quad \sum\left(\frac{-Q}{n}\right)\frac{1}{n^{1+\varrho}}$$

für $\varrho = 0$ erhalten, unmittelbar aus der *Dirichlet*schen Abhandlung im 19. und 21. Bande des *Crelle*schen Journals.[2]) Hiernach wird[3]):

$$\lim_{\varrho=0}\sum\left(\frac{P}{m}\right)\frac{1}{m^{1+\varrho}}\sum\left(\frac{-Q}{n}\right)\frac{1}{n^{1+\varrho}} = \frac{\pi}{4\sqrt{D}}H(-Q)H(P)(\log T + U\sqrt{P}),$$

wo $P \cdot Q = D$ gesetzt ist, mit: $H(-Q)$, $H(P)$ resp. die Klassenanzahlen der eigentlich primitiven quadratischen Formen der Determinanten $-Q$ und P bezeichnet sind, und wo T und U die kleinsten Zahlen bedeuten, für welche $T^2 - PU^2 = 1$ sind. Es ist aber hierbei zu bemerken, daß $H(-1) = \frac{1}{2}$ genommen werden muß.

Im Falle D ohne quadratischen Factor und von der Form $4\nu + 1$ ist, läßt sich das Product jener beiden Reihen oder, was dasselbe ist, die Doppelreihe:

$$\sum\sum\left(\frac{P}{m}\right)\left(\frac{-Q}{n}\right)\frac{1}{(mn)^{1+\varrho}}$$

in

$$\frac{1}{2^{2+\varrho}}\left(2^{1+\varrho} - \left(\frac{2}{R}\right)\right)\sum\left[\frac{a}{R}\right]\sum\sum\frac{1}{(ax^2 + 2bxy + cy^2)^{1+\varrho}}$$

---

1) Vgl. Zusatz 61 am Ende dieses Bandes. H

2) *Lejeune-Dirichlet*, Werke, Bd. I, S. 418. H

3) Vgl. Zusatz 62 am Ende dieses Bandes. H

umwandeln. Hierin ist R gleich P oder Q zu setzen, je nachdem $P \equiv 1$ oder 3 mod. 4 ist, das erste Summationszeichen bezieht sich auf alle nicht äquivalenten eigentlich primitiven Formen (a, b, c) der Determinante: $-D$, das Zeichen $\left[\frac{a}{R}\right]$ bedeutet den Charakter der bezüglichen Form für alle Primfactoren von R in der Weise, daß

$$\left[\frac{a}{R}\right] = \left(\frac{a'}{R}\right),$$

wenn (a', b', c') eine mit (a, b, c) äquivalente Form ist, deren erster Coefficient a' keinen gemeinsamen Theiler mit R hat; endlich sind die beiden letzten Summationen auf alle positiven und negativen ganzzahligen Werthe von x und y zu erstrecken mit alleiniger Ausnahme des Werthsystems: $x = 0$, $y = 0$. Demnach erhält man:

$$\frac{\pi}{\sqrt{D}} H(-Q) H(P) \log(T + U\sqrt{P}) = \left(2 - \left(\frac{2}{R}\right)\right) \lim_{\varrho = 0} \sum \sum \sum \left[\frac{a}{R}\right] \frac{1}{(ax^2 + 2bxy + cy^2)^{1+\varrho}}.$$

Um den Grenzwert auf der rechten Seite dieser Gleichung zu bestimmen, wird

$$\lim_{\varrho = 0} \sum \sum \frac{e^{2\pi i(\sigma x + \tau y)}}{(ax^2 + 2bxy + cy^2)^{1+\varrho}}$$

untersucht für den Fall, daß σ, τ, a, b, c irgend welche reelle Größen bedeuten, welche indessen der Bedingung: $ac - b^2 = D > 0$ genügen. Dieser Werth findet sich in folgender Weise ausgedrückt:[1])

$$\frac{2\sigma^2\pi^2}{a} + \frac{\pi}{8\sqrt{D}} \log \frac{1}{4\pi^2} \vartheta'(0, w_1) \vartheta'(0, w_2) - \frac{\pi}{\sqrt{D}} \log \vartheta(\tau + \sigma w_1, w_1) \vartheta(\tau + \sigma w_2, w_2),$$

wo $\vartheta(z, w)$ die Reihe:

$$-i \sum_{n=-\infty}^{n=+\infty} (-1)^n e^{\left(n+\frac{1}{2}\right)^2 w\pi i + (2n+1) z\pi i},$$

ϑ' deren in Bezug auf z genommenen Differentialquotienten bedeutet, und wo der Kürze halber

$$w_1 = \frac{-b + i\sqrt{D}}{a}, \quad w_2 = \frac{+b + i\sqrt{D}}{a}$$

gesetzt ist. Mit Benutzung des eben angegebenen Ausdrucks, welcher für alle meine bezüglichen Untersuchungen die Grundlage bildet, ergiebt sich für die Differenz:

$$\sum \sum \frac{1}{(ax^2 + 2bxy + cy^2)^{1+\varrho}} - \sum \sum \frac{1}{(a'x^2 + 2b'xy + c'y^2)^{1+\varrho}},$$

[1]) Vgl. Zusatz 68 am Ende dieses Bandes.

H

in welcher (a, b, c) und (a', b', c') zwei verschiedene Formen der Determinante $-D$ bedeuten, der Grenzwerth:[1])

$$\frac{2\pi}{8\sqrt{D}} \log \frac{a\sqrt{a}}{a'\sqrt{a'}} \frac{\vartheta'(0, w_1')\vartheta(0, w_2')}{\vartheta'(0, w_1)\vartheta(0, w_2)},$$

wenn sich ϱ der Null nähert und wenn für w_1', w_2', die den Größen w_1, w_2 analogen aus a', b', c' gebildeten Ausdrücke gesetzt werden. Hiernach bekommt man für $D \equiv 1 \bmod. 4$ die Gleichung:

$$H(-Q)H(P)\log(T + U\sqrt{P}) = \frac{2}{3}\left(2 - \left(\frac{2}{R}\right)\right)\sum\left[\frac{a}{R}\right]\log\frac{a\sqrt{a}}{\vartheta'(0, w_1)\vartheta'(0, w_2)},$$

in welcher vermöge der obigen Bestimmungen die rechte Seite gleich:

$$\frac{2}{3}\sum\left[\frac{a}{P}\right]\log\frac{a\sqrt{a}}{\vartheta'(0, w_1)\vartheta'(0, w_2)},$$

wird, wenn $P \equiv 1 \bmod. 8$ ist, aber das Dreifache davon, wenn $P \equiv 5 \bmod. 8$, während dieselbe gleich:

$$\frac{2}{3}\sum\left[\frac{a}{Q}\right]\log\frac{a\sqrt{a}}{\vartheta'(0, w_1)\vartheta'(0, w_2)}$$

wird, sobald $Q \equiv 7 \bmod. 8$ und das Dreifache davon, sobald $Q \equiv 3 \bmod. 8$ ist. Die Summen sind hier überall auf irgend ein System nicht äquivalenter Formen der Determinante $-D$ auszudehnen, und der Factor:

$$H(P)\log(T + U\sqrt{P})$$

auf der linken Seite der vorstehenden Gleichung kann nach *Dirichlet* durch einen aus $4P$ten Wurzeln der Einheit gebildeten Ausdruck ersetzt werden.[2])

In ähnlicher Weise läßt sich mit Hilfe der obigen Formeln der Werth von:

$$H(-Q)H(P)\log(T + U\sqrt{P})$$

auch für alle anderen Zahlformen von P und Q und selbst dann, wenn dieselben einen gemeinsamen Factor haben, durch elliptische Functionen darstellen.

Berücksichtigt man, daß für *reducirte* Formen (a, b, c) bei einer gewissen Annäherung nur das erste Glied der Reihe $\vartheta'(0, w)$ genommen zu werden braucht, so sieht man leicht, daß der Werth von:

$$H(-Q)H(P)\log(T + U\sqrt{P})$$

---

[1]) Vgl. Zusatz 64 am Ende dieses Bandes. H

[2]) Vgl. Zusatz 65 am Ende dieses Bandes. H

annäherungsweise durch: $\left(2-\left(\frac{2}{R}\right)\right)\sum\left[\frac{a}{R}\right]\left(\frac{\pi\sqrt{D}}{8a}+\lg a\right)$

ausgedrückt ist, wenn die Summation auf alle Zahlen a erstreckt wird, welche die ersten Coefficienten der verschiedenen reducirten Formen bilden. Eine größere Genauigkeit kann man durch Hinzufügung weniger Glieder der Reihe ϑ' ohne Mühe erlangen, aber schon jene erste Annäherung ist besonders interessant, weil sie einerseits auf die leichteste Weise einen ungefähren Überschlag über die Größe der Zahlen T, U gestattet, und andrerseits über die Vertheilung der Zahlen a in den verschiedenen Gattungen einigen Aufschluß giebt. Um die überaus merkwürdige Beziehung jener zwei auf so ganz verschiedenen Definitionen beruhenden Zahlenausdrücke durch einige Beispiele anschaulich zu machen, wähle ich zuvörderst die Fälle:

$$P=D=5,\quad P=D=13,\quad P=D=37,$$

in denen resp. die Zahlenwerthe:

$$2+\sqrt{5},\quad 18+5\sqrt{13},\quad 882+145\sqrt{37}$$

durch den gemeinsamen Ausdruck: $\frac{1}{8}e^{\frac{1}{2}\pi\sqrt{D}}$

annäherungsweise dargestellt werden.[1]) Ferner wird die Fundamentalauflösung der Gleichung: $T^2-PU^2=-1$ in den Fällen $P=17$ und $P=97$ nämlich:

$$4+\sqrt{17},\quad 5604+569\sqrt{97}$$

resp. annäherungsweise durch: $\frac{2}{9}e^{\frac{5}{18}\pi\sqrt{17}}$, $\frac{2}{49}e^{\frac{17}{42}\pi\sqrt{97}}$

ausgedrückt, wenn man in den obigen Formeln wiederum $Q=1$ setzt. Endlich findet man für $D=85$ je nachdem $Q=1$, 5 oder 17 genommen wird, die Fundamentalauflösungen der Gleichungen:

$$T^2-85U^2=-1,\quad T^2-17U^2=-1,\quad T^2-5U^2=-1,$$

d. h. also

$$378+41\sqrt{85},\quad 4+\sqrt{17},\quad 2+\sqrt{5}$$

resp. ungefähr gleich

$$\frac{1}{8}e^{\frac{3}{10}\pi\sqrt{85}},\quad \frac{1}{\sqrt{5}}e^{\frac{1}{10}\pi\sqrt{85}},\quad e^{\frac{1}{20}\pi\sqrt{85}}.$$

[1]) Vgl. Zusatz 66 am Ende dieses Bandes.

Die verschiedenen Formen, welche man auf diese Weise (wie in vorstehenden Beispielen für $4 + \sqrt{17}$) für eine und dieselbe Auflösung der *Pell*schen Gleichung erhält, geben zu vielen interessanten Bemerkungen Anlaß; aber bei weitem wichtiger sind die theoretischen Folgerungen, welche aus den erwähnten Resultaten zu ziehen sind. Nicht allein daß in denselben ein überraschender Zusammenhang zwischen den quadratischen Formen, welche zwei entgegengesetzten Determinanten entsprechen, offenbart wird, sondern es ergiebt sich hierbei auch jene Zerlegbarkeit der Gleichungen für die singulären Moduln, welche den Hauptgegenstand meiner Mittheilung vom Juni v. J. bildet.[1]) Eben diese Zerlegbarkeit ließ zwar die Möglichkeit leicht erkennen, durch die singulären Moduln der elliptischen Functionen *gewisse* Lösungen der *Pell*schen Gleichung darzustellen; aber um die interessante Beziehung derselben zu der betreffenden Fundamentalauflösung zu ermitteln, bedurfte es jener Anwendung der *Dirichlet*schen Methoden, denen die höhere Mathematik schon so viele merkwürdige Resultate verdankt, und welche sich hier auch für die Algebra so fruchtbar erweisen. Es ist nämlich die algebraische Natur der oben eingeführten ϑ-Ausdrücke von besonderer Wichtigkeit für die Theorie der singulären Moduln der elliptischen Functionen überhaupt, wenn auch in speziellen Fällen jene Ausdrücke durch diese Moduln selbst ersetzt werden können. In dieser Hinsicht mag nur die eine für $D = 8n + 5$ giltige Formel erwähnt werden:

$$\prod \frac{\sin \frac{\alpha\pi}{D}}{\sin \frac{\beta\pi}{D}} = \prod \sqrt[3]{4\varkappa^2\varkappa'^2},$$

in welcher α und β resp. alle Zahlen bedeuten, die kleiner als D sind, und für die $\left(\frac{\alpha}{D}\right) = +1$, $\left(\frac{\beta}{D}\right) = -1$, während das Productzeichen auf der rechten Seite über einen gewissen sechsten Teil aller derjenigen Moduln k auszudehnen ist, für welche complexe Multiplication mit $\sqrt{-D}$ stattfindet. Die eigenthümliche Verknüpfung von zwei verschiedenen algebraischen Theorieen, welche in sämmtlichen oben erwähnten Resultaten enthalten sind, tritt in dieser speciellen Formel deutlich hervor, insofern dieselbe eine unmittelbare Beziehung zwischen den Wurzeln der Einheit und den singulären Moduln der elliptischen Functionen angiebt.

[1]) Bd. IV, S. 207 dieser Ausgabe von *L. Kronecker's* Werken. Vgl. auch Zusatz 67 am Ende dieses Bandes. H

ÜBER DEN GEBRAUCH DER DIRICHLETSCHEN METHODEN IN DER THEORIE DER QUADRATISCHEN FORMEN

VON

L. KRONECKER.

Monatsberichte der Königlich Preussischen Akademie der Wissenschaften zu Berlin vom Jahre 1864. S. 285—308.

ÜBER DEN GEBRAUCH DER DIRICHLETSCHEN METHODEN IN DER THEORIE DER QUADRATISCHEN FORMEN.[1])

[Gelesen in der Akademie der Wissenschaften am 12. Mai 1864.]

Die klassische Abhandlung *Dirichlet*'s, welche im 19ten und 21sten Bande des Journals für Mathematik[2]) veröffentlich ist, und in welcher seine „Untersuchungen über verschiedene Anwendungen der Analysis des Unendlichen auf die Zahlentheorie" ausführlich dargelegt sind, enthält die Lösung zweier Hauptprobleme aus der Theorie der quadratischen Formen, nämlich die Bestimmung der Anzahl der Klassen und der Gattungen.[3]) Die hierbei entwickelten Methoden haben seitdem ihre große Fruchtbarkeit in vielfacher Weise bewährt. Namentlich sind dieselben für analoge Fragen aus höheren Gebieten der Arithmetik mit Erfolg benutzt worden. Die Arbeiten *Dirichlet*'s über quadratische Formen mit complexen Coefficienten, diejenigen des Hrn. *Kummer* über complexe Zahlen, welche aus Wurzeln der Einheit gebildet werden, so wie endlich meine eigenen Untersuchungen über die arithmetischen Eigenschaften der singulären Moduln der elliptischen Functionen verdanken die werthvollsten und überraschendsten Resultate der Anwendung eben jener Methoden. Aber auch für die Lehre von den gewöhnlichen binären quadratischen Formen kann man noch weiteren Nutzen daraus ziehen und sogar fast diese ganze Theorie mit Hilfe analytischer Betrachtungen entwickeln, wenn nur die einfachsten arithmetischen Grundbegriffe zuvor festgestellt sind. Bei einer derartigen Behandlungsweise der quadratischen Formen ist die Eintheilung des gesammten Stoffes in zwei verschiedene Theile, wie sich dieselbe in der fünften Section der „*disquisitiones arithmeticae*" vorfindet, im Wesentlichen beizubehalten. Indessen ist in dem ersten elementaren Theile die Lehre von der Reduction der Formen gänzlich auszuschließen, weil die wichtigsten Resultate, zu deren rein arithmetischer Begründung sie dient, sich anderweit ergeben. Ferner ist die Lehre von den ambigen

---

[1]) Vgl. Zusatz 68 am Ende dieses Bandes.
[2]) *G. L.-Dirichlet*, Werke, Bd. I, S. 418.
[3]) Vgl. Zusatz 69 am Ende dieses Bandes.

Klassen aus dem ersten Theile in den zweiten zu verweisen, welcher die tiefer liegenden Eigenschaften der quadratischen Formen behandelt, weil bei einer solchen Darstellungsweise die Theorie der Ambigen durch die der Composition begründet werden muß.

Nach diesen Vorbemerkungen will ich in kurzen Umrissen andeuten, wie sich eine systematische Entwickelung der Theorie der quadratischen Formen gestaltet, wenn man von den *Dirichlet*schen Methoden Gebrauch macht und zugleich rein arithmetische Betrachtungen so viel als möglich ausschließt. Ich werde hierbei zuvörderst Gelegenheit nehmen, einige nicht unwesentliche und in mancher Hinsicht vortheilhafte Modificationen jener Methoden anzugeben, alsdann aber zu dem Hauptzwecke der vorliegenden Mittheilung übergehend eine der wichtigsten Eigenschaften der quadratischen Formen in ganz directer Weise auf analytischem Wege herleiten.

Bedeuten (A, B, C) und (a, b, c) eigentlich primitive Formen einer Determinante D, welche nur keine positive Quadratzahl sein darf, so hat man vermöge des Begriffes der Äquivalenz die rein formale Gleichung:

$$\text{(I)} \qquad \tau \cdot \sum F(A, B) = \sum F(a\alpha^2 + 2b\alpha\gamma + c\gamma^2, \quad a\alpha\beta + b(\alpha\delta + \beta\gamma) + c\gamma\delta),$$

wenn F irgend eine eindeutige Function zweier Variabeln bezeichnet, und wenn die Summation links auf alle möglichen Werthe von A und B erstreckt wird, rechts aber einerseits auf alle Zahlen a, b, c, welche einem Systeme nichtäquivalenter Formen angehören, andrerseits auf alle ganzzahligen Werthe von $\alpha, \beta, \gamma, \delta$, für welche $\alpha\delta - \beta\gamma = 1$ ist. Mit dem Buchstaben τ ist die Anzahl der Transformationen einer Form in sich selbst bezeichnet und es ist hierbei zu erinnern, daß, wie die einfachsten arithmetischen Betrachtungen zeigen, diese Anzahl mit derjenigen der ganzzahligen Werthe von t, u übereinstimmt, für welche die Gleichung $t^2 - Du^2 = 1$ stattfindet. Hieraus erhellt unmittelbar, daß τ den Werth 2 hat, wenn D negativ und seinem absoluten Werthe nach größer als Eins ist. Ebenso leicht ist einzusehen, daß für positive Determinanten τ entweder gleich 2 oder unendlich groß sein muß. Daß aber der letztere Fall eintritt, d. h. daß die *Pell*sche Gleichung stets unendlich viele Lösungen darbietet, soll hier nicht als bewiesen angenommen, und es soll auch die Endlichkeit der Anzahl der Formen (a, b, c) nicht vorausgesetzt werden, da sich diese beiden Eigenschaften der quadratischen Formen als Folgerungen aus der obigen Gleichung (I) ergeben. — Wenn man in dieser Gleichung nur je eines der unendlich vielen Werthepaare für β, δ beibehält, welche zu denselben Zahlen α, γ gehören, so dürfen links für jedes bestimmte A nur solche Werthe von B genommen werden, welche für den Modul A mit einander incongruent sind. Bezeichnet man die Anzahl derselben mit $\psi(A)$, so ist alsdann, wenn die Function $F(A, B)$ von B unabhängig ist, die auf die verschiedenen Zahlen B bezügliche Summation durch Hinzufügung des Factors $\psi(A)$ zu ersetzen. Die Gleichung (I) verwandelt sich demnach, wenn z eine unbestimmte Größe bedeutet und für $F(A, B)$ die Function einer einzigen Variabeln: $f(Az)$ genommen wird, in folgende:

$$\text{(II)} \qquad \tau \sum \psi(A) \cdot f(Az) = \sum f((a\alpha^2 + 2b\alpha\gamma + c\gamma^2)z);$$

und man kann sich in derselben alle diejenigen Glieder weggelassen denken, in denen die unter dem Functionszeichen stehende ganze Zahl negativ ist, so wie diejenigen, in welchen sie einen gemeinsamen Factor mit irgend einer durch die Determinante theilbaren graden Zahl P hat. Alsdann sind für A sämmtliche positiven Zahlen zu setzen, welche zu P prim sind und von denen D quadratischer Rest ist. Alle diese Zahlen, welche offenbar die Eigenschaft haben, daß D auch quadratischer Rest von jedem ihrer Primfactoren ist, mögen jetzt durch μ bezeichnet werden; durch ν dagegen alle diejenigen Zahlen, von deren sämmtlichen Primfactoren D Nichtrest ist, und welche überdieß ebenfalls zu P relativ prim sind. Da nun die oben definirte Function $\psi(\mu)$ die Anzahl aller Lösungen der Congruenz: $B^2 \equiv D$ mod. μ bedeutet, oder — was dasselbe ist — die Anzahl aller Systeme relativer Primzahlen μ', μ'', für welche $\mu = \mu'\mu''$ wird, so ist

$$\psi(\mu) = \sum \left(\frac{D}{\mu'}\right)$$

und also:

$$\text{(III)} \qquad \tau \sum \left(\frac{D}{\mu'}\right) f(\mu'\mu''z) = \sum f((a\alpha^2 + 2b\alpha\gamma + c\gamma^2)z),$$

wo unter dem Summenzeichen links sowohl für μ' als für μ'' alle Zahlen μ zu nehmen sind, jedoch mit Ausschluß derjenigen Werthsysteme, für welche μ' und μ'' einen gemeinsamen Factor mit einander haben. Diese Einschränkung für die Werthe von μ', μ'' kann aber wegfallen, wenn man zugleich auf der rechten Seite für α, γ nicht bloß wie früher relative Primzahlen sondern auch solche ganzzahlige Werthe nimmt, deren größter gemeinsamer Factor irgend eine Zahl μ ist; denn für alle Zahlen α, γ und resp. für alle Zahlen μ', μ'', welche eine *bestimmte* Zahl μ als größten gemeinsamen Theiler haben, gilt ebenfalls die obige Gleichung (III), da dieselbe, wenn $a = a_1\mu$, $\gamma = \gamma_1\mu$, $\mu' = \mu_1\mu$, $\mu'' = \mu_2\mu$, $z\mu^2 = z'$ gesetzt wird, in:

$$\tau\sum\left(\frac{D}{\mu'}\right)f(\mu_1\mu_2 z') = \sum f\left((a\alpha_1^2 + 2b\alpha_1\gamma_1 + c\gamma_1^2)z'\right)$$

übergeht und hier $\mu_1, \mu_2, \alpha_1, \gamma_1$ resp. die Bedeutung haben, welche ursprünglich in der Gleichung (III) den Buchstaben $\mu', \mu'', \alpha, \gamma$ beigelegt worden ist. Berücksichtigt man endlich, daß die auf alle Divisoren ν' einer Zahl ν ausgedehnte Summe $\sum\left(\frac{D}{\nu'}\right)$ den Werth Eins oder Null hat, je nachdem ν ein vollständiges Quadrat ist oder nicht, so erhält man für eine beliebige Function φ die Gleichung:

$$\sum\left(\frac{D}{\nu'}\right)\varphi(\nu'\nu'') = \sum\varphi(\nu^2),$$

wo für ν, ν', ν'' resp. sämmtliche oben definirte Zahlen ν zu nehmen sind. Man hat demnach, wenn

$$\varphi(z) = \tau\sum\left(\frac{D}{\mu'}\right)f(\mu'\mu'' z) = \sum f\left((a\alpha^2 + 2b\alpha\gamma + c\gamma^2)z\right)$$

gesetzt wird:

$$\tau\sum\left(\frac{D}{\mu'\nu'}\right)f(\mu'\nu'\mu''\nu'') = \sum f\left((a\alpha^2 + 2b\alpha\gamma + c\gamma^2)\nu^2\right)$$

oder, wenn man die Producte $\mu'\nu'$, $\mu''\nu''$, $\alpha\nu$, $\gamma\nu$ resp. durch die Bezeichnungen n, n', x, y zusammenfaßt:

$$\text{(IV)} \qquad \tau\sum\left(\frac{D}{n}\right)f(nn') = \sum f(ax^2 + 2bxy + cy^2),$$

wo unter den Summenzeichen für a, b, c alle Coefficienten eines Systems nicht-äquivalenter Formen, für n, n' nur alle positiven, für x, y aber *alle* ganzzahligen Werthe mit alleiniger Ausnahme derjenigen zu nehmen sind, für welche die unter dem Functionszeichen stehenden Zahlen einen negativen Werth oder einen gemeinsamen Theiler mit P bekommen. Auf diese Weise ist also die fundamentale *Dirichlet*sche Gleichung, welche im 21sten Bande des Journals für Mathematik[1]) zuerst entwickelt ist, direct und mit Umgehung der unendlichen Producte herzuleiten. Ich bemerke dabei, daß eine ähnliche Herleitung sich auch in einem der verdienstvollen Supplemente[2]) findet, welche Hr. *Dedekind* seiner überaus dankenswerthen, mit geschickter und sorgsamer Hand veranstalteten Herausgabe der *Dirichlet*schen Vorlesungen über Zahlentheorie beigefügt hat.

---

[1]) *G. L.-Dirichlet*, Werke, Bd. I, S. 449 u. 454.

[2]) Supplement IV.

Um nun zuvörderst den Nachweis zu liefern, daß für positive Determinanten die Anzahl der Transformationen einer Form in sich selbst unendlich groß ist, braucht man auf der rechten Seite der Gleichung (IV) nur diejenigen Glieder zu nehmen, in denen $(a, b, c) = (1, 0, -D)$, in denen ferner sowohl x als y nicht negativ und $x \equiv 1 \bmod. 2D$, y aber grade ist. Die Summe aller dieser Glieder ist:

$$\Sigma\Sigma f((2D\xi+1)^2 - 4D\eta^2),$$

wo die beiden Summationen auf alle diejenigen nicht negativen ganzen Zahlen ξ, η auszudehnen sind, für welche der unter dem Functionszeichen stehende Ausdruck positiv und zu P prim ist. Die letztere Bedingung ist an sich erfüllt, wenn man — wie es erlaubt ist — $P = 2D$ setzt. Bedeutet nun ϱ eine positive Größe und nimmt man $f(z) = z^{-1-\varrho}$, so ist die einfache auf ξ allein bezügliche Summe größer als:

$$\int\limits_u^\infty f((2D\xi+1)^2 - 4D\eta^2)d\xi,$$

wo die untere Grenze u durch die Gleichung: $2Du = 2\eta\sqrt{D} + 2D - 1$ bestimmt wird. Da dieses Integral selbst eine mit wachsendem η abnehmende Function dieser Größe ist, so folgt ferner, daß jene obige Doppelsumme größer sein muß als der Werth des Doppelintegrals:

$$\int\limits_0^\infty d\eta \int\limits_u^\infty f((2D\xi+1)^2 - 4D\eta^2)d\xi$$

d. h. größer als:

$$\frac{(2D)^{-2\varrho}}{16D\sqrt{D}} \cdot \frac{1}{\varrho^2}.$$

Für positive Determinanten muß daher, wenn man sich bei der über die Function f gemachten Annahme die Gleichung (IV) erst mit ϱ multiplicirt denkt und alsdann ϱ ins Unendliche abnehmen läßt, selbst ein Theil der aus lauter positiven Gliedern bestehenden rechten Seite schon jede beliebige Größe übersteigen, während die auf der linken Seite mit dem Factor τ multiplicirte Summe auch für $\varrho = 0$ einen endlichen Werth behält. Also ist die Anzahl der Transformationen einer Form in sich selbst und ebenso die Anzahl der Auflösungen der *Pell*schen Gleichung unendlich groß. Nachdem dieser eine Fundamentalsatz des elementaren Theils der Theorie der Formen erwiesen ist, sind für den Fall positiver Determinanten die

Summationsbeschränkungen in der Gleichung (IV) wie gewöhnlich einzuführen. Die Gleichung:

(IV) $$\tau \sum \left(\frac{D}{n}\right) f(nn') = \sum f(ax^2 + 2bxy + cy^2)$$

ist demgemäß in folgender Weise aufzufassen:

1. Unter den Formen (a, b, c) sind nur solche zu verstehen, in denen a positiv ist.

2. Bezüglich der Werthe von n, n' bleiben die früheren Bestimmungen maßgebend. Was ferner die Summationsbuchstaben x, y anlangt, so erhalten diese für negative Determinanten alle möglichen ganzzahligen Werthe, für positive Determinanten aber nur solche, die den Ungleichheitsbedingungen:
$$ax + (b \pm \sqrt{D})y > 0,$$
$$1 \leqq \frac{ax + (b + \sqrt{D})\,y}{ax + (b - \sqrt{D})\,y} < \frac{t + u\sqrt{D}}{t - u\sqrt{D}},$$
wo $\sqrt{D}$ positiv zu nehmen ist, genügen. Überdieß sind in beiden Fällen diejenigen Werthsysteme auszuschließen, für welche $ax^2 + 2bxy + cy^2$ einen Primfactor von P enthält.

3. Für negative Determinanten ist $\tau = 2$, für positive dagegen $\tau = m$ anzunehmen, vorausgesetzt daß im letzteren Falle
$$t + u\sqrt{D} = (T + U\sqrt{D})^m$$
ist, während T, U die kleinsten positiven der Gleichung: $T^2 - DU^2 = 1$ genügenden ganzen Zahlen bedeuten.

Die wesentlich formalen Umgestaltungen der Gleichung (I), welche zu der Gleichung (IV) geführt haben, sind in gewissem Sinne für jede beliebige Function f gestattet; aber es ist nicht nöthig hierauf näher einzugehen, da die Zulässigkeit jener Umwandlungen an sich klar ist, wenn man speziell $f(s) = q^s$ setzt, und da schon aus dem Bestehen jener Gleichung für diesen besondern Fall deren allgemeinere Gültigkeit und Bedeutung unmittelbar hervorgeht. Die aus dieser Gleichung weiter zu entwickelnden Folgerungen erlangt man auf die einfachste Weise, wenn man wie *Dirichlet* für die Function $f(s)$ eine negative Potenz von s nimmt, deren Exponent seinem absoluten Werthe nach größer als *Eins* ist, obwohl auch andre Specialisationen von $f(z)$ — wie z. B. die Annahme: $f(z) = q^z$ — zu eben denselben Resultaten führen.

Setzt man der Kürze halber

$$(ax^2 + 2bxy + cy^2)^{-1-\varrho} = \varphi(x, y),$$

so hat man, um die Endlichkeit der Klassenanzahl zu beweisen, zuvörderst den Werth jeder einzelnen auf eine bestimmte Form (a, b, c) bezüglichen Summe: $\varrho\,\Sigma\varphi(x, y)$ für $\varrho = 0$ zu ermitteln. Dieß kann, ohne den allgemeinen *Dirichlet*schen Satz (J. f. M. Bd. 19 pag. 326)[1]) zu Hilfe zu nehmen, in einfacher Weise geschehen, wenn man von der Bemerkung ausgeht, daß der Werth von:

$$\sum_{x=s}^{x=\infty} \varphi(x, y)$$

zwischen den beiden Werthen des Ausdruckes:

$$\pm\,\varphi(hy, y) + \int_{hy}^{\infty} \varphi(x, y)\,dx$$

liegt, sobald für die ganze Zahl s die Ungleichheiten: $hy < s < hy + 1$ stattfinden. Hiernach wird nämlich, wenn $ah^2 + 2bh + c$ von Null verschieden ist, der Werth der Doppelsumme:

$$\varrho \sum_{y=1}^{y=\infty} \sum_{x=s}^{x=\infty} \varphi(x, y)$$

für $\varrho = 0$ durch die einfache Summe:

$$\varrho \sum_{y=1}^{y=\infty} \int_{hy}^{\infty} \varphi(x, y)\,dx$$

dargestellt und diese reducirt sich nach Substitution von $ax + by = zy$ auf:

$$\frac{1}{2} \int_{ah+b}^{\infty} \frac{dz}{z^2 - D}.$$

Da nun $\varrho\,\Sigma\varphi(x, 0)$ gleichzeitig mit ϱ verschwindet, so wird der gesuchte Werth von $\varrho\,\Sigma\varphi(x, y)$ für positive Determinanten identisch mit dem der obigen Doppelsumme,

[1]) *G. L.-Dirichlet*, Werke, Bd. I, S. 415.

also auch mit dem dafür gefundenen Integrale, wenn darin $ah + b = \frac{t}{u}$ gesetzt wird. Man hat daher in diesem Falle für $\varrho = 0$:

$$\varrho \Sigma \varphi(x, y) = \frac{1}{4\sqrt{D}} \log \frac{t + u\sqrt{D}}{t - u\sqrt{D}}.$$

Für negative Determinanten ist der gesuchte Werth identisch mit demjenigen der Doppelsumme:

$$2\varrho \sum_{y=1}^{y=\infty} \sum_{x=-\infty}^{x=+\infty} \varphi(x, y),$$

wenn ϱ ins Unendliche abnimmt. Zerlegt man hierin die auf x bezügliche Summe in zwei Theile, von denen der eine die positiven der andre die negativen Werthe von $ax + by$ umfaßt, so ergiebt die obige Bemerkung für jede der beiden hierdurch entstehenden Doppelsummen den Werth:

$$\int_0^\infty \frac{dz}{z^2 - D},$$

so daß in diesem Falle für $\varrho = 0$:

$$\varrho \Sigma \varphi(x, y) = \frac{\pi}{\sqrt{-D}}$$

wird. Die beiden auf positive und negative Determinanten bezüglichen Resultate können nunmehr in folgender Weise zusammengefaßt werden:

„Es ist für $\varrho = 0$:

$$\varrho \sum_{x, y} (ax^2 + 2bxy + cy^2)^{-1-\varrho} = \frac{1}{2} \tau \lambda,$$

wenn mit λ der kleinste reelle positive Werth bezeichnet wird, welchen der Ausdruck:

$$\frac{1}{\sqrt{D}} \log (t_1 + u_1 \sqrt{D})$$

für irgend welche der Gleichung: $t_1^2 - Du_1^2 = 1$ genügende reelle ganze Zahlen t_1, u_1 überhaupt annehmen kann.“

Bei der angegebenen Bestimmung des Grenzwerthes von $\varrho \Sigma \varphi(x, y)$ sind diejenigen Zahlen x, y, für welche der Werth der quadratischen Form durch eine der verschiedenen in P enthaltenen Primzahlen p theilbar wird, noch nicht ausgeschlossen. Diese Ausschließung ist aber leicht zu bewerkstelligen, wenn man berücksichtigt, daß die obigen Ausführungen auch für nicht primitive Formen (a, b, c) ihre Geltung behalten. Man hat nämlich von dem gefundenen Gesammtwerthe von $\varrho\,\Sigma\varphi(x, y)$ nur den Werth derjenigen Theile abzuziehen, in welchen die Form durch eine der Primzahlen p theilbar wird, und dadurch reducirt sich derselbe auf:

$$\frac{1}{2}\,\tau\lambda\cdot\Pi\left(1-\frac{1}{p}\right)\left(1-\frac{s}{p}\right),$$

wo $s = 0$ oder $s = \left(\frac{D}{p}\right)$ zu setzen ist, je nachdem p ein Primfactor von $2D$ ist oder nicht. Die obige Gleichung (IV) ergiebt daher:

$$\varrho\sum\left(\frac{D}{n}\right)(nn')^{-1-\varrho} = \frac{1}{2}\,\lambda H\cdot\Pi\left(1-\frac{1}{p}\right)\left(1-\frac{s}{p}\right)$$

für $\varrho = 0$, wenn H die Anzahl der Werthsysteme a, b, c, d. h. also die Klassenanzahl bedeutet. Die Endlichkeit dieser Anzahl erschließt man demnach ebenso wie oben die Auflösbarkeit der *Pell*schen Gleichung daraus, daß der Ausdruck auf der linken Seite einen endlichen bestimmten Werth hat; und bei dem hierfür erforderlichen Nachweise bildet bekanntlich das Reciprocitätsgesetz die zahlentheoretische Grundlage. Die Anwendung der *Dirichlet*schen Methoden zeigt daher, daß dieser Fundamentalsatz aus der Theorie der quadratischen Reste merkwürdiger Weise auch als eigentliche Quelle für jene beiden elementaren Haupteigenschaften der quadratischen Formen angesehen werden kann.

Im zweiten Theile der fünften Section der „*disquisitiones arithmeticae*“ sind folgende drei Punkte als Hauptziele der Untersuchung zu betrachten:

erstens: die Bestimmung der Anzahl der Ambigen;

zweitens: der Nachweis, daß alle zum Hauptgenus gehörigen Klassen durch Duplication zu erzeugen sind, oder — was damit unmittelbar zusammenhängt — daß sämmtliche Formen des Hauptgenus quadratische Werthe annehmen können*);

drittens: die Ermittelung der Anzahl der Genera.

Durch die rein arithmetischen Methoden von *Gauß* werden diese drei Punkte in der angegebenen Reihenfolge erledigt, während dieselben bei Anwendung der analytischen Hilfsmittel in umgekehrter Ordnung erörtert werden müssen.

*) Näheres über den erwähnten Zusammenhang findet man auch in zwei Abhandlungen des Hrn. *Arndt* (J. f. M. Bd. 56).

Die Anzahl der in irgend einem Genus enthaltenen Klassen ist nach *Dirichlet*scher Weise zu bestimmen, indem die Function f in der obigen Gleichung (IV) so gewählt wird, daß

$$\sum_{x,y} f(ax^2 + 2bxy + cy^2)$$

für jede dem gegebenen Genus angehörige Form einen und denselben Werth hat, für jede andre Form aber verschwindet. Dieß geschieht unter Anderm, wenn man

$$f(s) = \varrho \cdot s^{-1-\varrho} \Pi(1 + \delta \cdot \chi(s)),$$

und alsdann $\varrho = 0$ setzt. Die sämmtlichen Einzelcharaktere des betreffenden Genus sind hierbei durch δ, χ bezeichnet, dergestalt, daß die Gleichungen:

$$\chi_0(a) = \delta_0, \quad \chi_1(a) = \delta_1, \quad \chi_2(a) = \delta_2, \quad \ldots,$$

in denen sämmtliche δ bestimmte Werthe ± 1 haben, das System der Charaktere bilden. Da bekanntlich alle zulässigen Charaktere einer Form (a, b, c), in welcher a keinen Theiler mit $2D$ gemein hat, durch Angabe der Werthe von

$$\left(\frac{a}{q_1}\right), \quad \left(\frac{a}{q_2}\right), \quad \left(\frac{a}{q_3}\right), \quad \ldots$$

und (in gewissen Fällen) auch von $\left(\frac{-1}{a}\right)$ bestimmt werden können, wenn je nach den verschiedenen Zahlformen von D mod. 8 unter $q_1, q_2, q_3, \ldots$ sämmtliche Primfactoren der Determinante verstanden werden oder einer derselben weggelassen wird, so hat man oben

$$\chi_1(a) = \left(\frac{a}{q_1}\right), \quad \chi_2(a) = \left(\frac{a}{q_2}\right), \quad \ldots$$

und eintretenden Falls auch

$$\chi_0(a) = \left(\frac{-1}{a}\right)$$

zu setzen. Man kann demnach den Werth der Form unter dem Functionszeichen χ durch den ersten Coefficienten a ersetzen. Alsdann tritt bei der Summation über alle Werthe von x, y der Factor:

$$\Pi(1 + \delta \cdot \chi(a))$$

heraus, und dieser hat offenbar, wenn $\varkappa$ die Anzahl aller zulässigen Einzelcharaktere bedeutet und wenn (a, b, c) eine Form aus jenem bestimmten Genus ist, den Werth $2^\varkappa$, während derselbe für alle übrigen Formen verschwindet. Da nun überdieß

$$\varrho \sum_{x,y} (ax^2 + 2bxy + cy^2)^{-1-\varrho}$$

für alle Formen einer und derselben Determinante einen bestimmten von dieser allein abhängigen Werth S hat, wenn $\varrho = 0$ gesetzt wird, so ist bei der obigen Bestimmung von f in der That:

$$\sum_{x,y} f(ax^2 + 2bxy + cy^2) = 2^\varkappa \cdot S \quad \text{oder} \quad = 0,$$

je nachdem (a, b, c) zu dem gegebenen Genus gehört oder nicht. Benutzt man diese Function f in der Gleichung (IV), so erhält die linke Seite derselben den Werth: $H \cdot S$, während die rechte Seite gleich: $2^\varkappa \cdot G \cdot S$ wird, wenn G die gesuchte Anzahl der in dem gegebenen Genus enthaltenen Klassen bedeutet. Dieselbe wird demnach durch die Relation:

$$2^\varkappa \cdot G = H$$

bestimmt, aus welcher zugleich die Anzahl der Genera resultirt.

Für die Erledigung des zweiten der oben erwähnten drei Punkte sind die *Dirichlet*schen Methoden bisher noch nicht benutzt worden; sie sind aber in der That auch darauf anwendbar und ergeben in bemerkenswerther Weise eine directe Bestimmung der Anzahl aller derjenigen Klassen, durch welche Quadrate darstellbar sind, d. h. solche, die keinen Theiler mit $2D$ gemein haben. Es können nämlich alle diese Klassen offenbar durch Formen (A^2, B, C) repräsentirt werden, in denen A eine ungrade keinen Primfactor der Determinante enthaltende ganze Zahl ist. Die Anzahl aller dieser Formen sei G und das Product sämmtlicher in $2D, A, A'$ $A'', \ldots$ enthaltenen verschiedenen Primzahlen sei gleich P. Setzt man nun fest, daß durch $[x, y]$ der Werth *Eins* oder *Null* bezeichnet werden soll, je nachdem die beiden Zahlen x, y relativ prim sind oder nicht, so kann die obige Gleichung (II) mit Beibehaltung von μ und $\psi(\mu)$ in folgender Weise dargestellt werden:

$$\tau \sum \psi(\mu) \cdot f(\mu) = \sum [x, y] f(ax^2 + 2bxy + cy^2).$$

Für die auf a, b, c, x, y bezügliche Summation gelten hierbei die auf pag. 234 angegebenen Bestimmungen, und wenn man in denselben für den Fall einer positiven Determinante

$$t + u\sqrt{D} = (T + U\sqrt{D})^2$$

setzt, so erhält τ sowohl für positive als auch für negative Determinanten den Werth *Zwei*. Es ist also bei diesen Festsetzungen:

$$\text{(V)} \qquad 2 \sum \psi(\mu) \cdot f(\mu) = \sum [x, y] f(ax^2 + 2bxy + cy^2),$$

während in der Gleichung:

(VI) $$\tau' \sum \psi(\mu) \cdot f(\mu) = \sum [\xi, \eta] f(a\xi^2 + 2b\xi\eta + c\eta^2)$$

der Factor τ', je nachdem D negativ oder positiv ist, den Werth *Zwei* oder *Eins* erhalten muß, wenn man die für x, y aufgestellten Bedingungen auch für die Summationsbuchstaben ξ, η gelten läßt, jedoch mit der Maßgabe, daß darin für positive Determinanten

$$t + u\sqrt{D} = T + U\sqrt{D}$$

angenommen wird.

Man kann die Formen (a, b, c) so wählen, daß sämmtliche Formen (A^2, B, C) darunter vorkommen; ferner kann man unter $f(n)$ eine solche Function der ganzen Zahl n verstehen, die verschwindet, sobald n kein vollständiges Quadrat ist, die aber für jede Quadratzahl n den Werth: $(\sqrt{n})^{-1-\varrho}$ erhält. Alsdann bleiben auf der rechten Seite der Gleichung (V) nur diejenigen Glieder übrig, welche die Formen (A^2, B, C) enthalten, und es wird, da offenbar $\psi(\mu^2) = \psi(\mu)$ ist,

$$2 \sum \psi(\mu) \cdot \mu^{-1-\varrho} = \sum [x, y] (A^2 x^2 + 2Bxy + Cy^2)^{-\frac{1}{2}(1+\varrho)},$$

wo nunmehr zu den für x, y geltenden Bedingungen noch die hinzukommt, daß $A^2 x^2 + 2Bxy + Cy^2$ ein vollständiges Quadrat sein muß. Andrerseits ergiebt die Gleichung (VI), wenn darin $f(z) = z^{-1-\varrho}$ genommen wird:

$$\tau' \sum \psi(\mu) \cdot \mu^{-1-\varrho} = \sum [\xi, \eta] (a\xi^2 + 2b\xi\eta + c\eta^2)^{-1-\varrho},$$

so daß also die Relation:

$$2 \sum [\xi, \eta] (a\xi^2 + 2b\xi\eta + c\eta^2)^{-1-\varrho} = \tau' \sum [x, y] (A^2 x^2 + 2Bxy + Cy^2)^{-\frac{1}{2}(1+\varrho)}$$

stattfindet. Der Grenzwerth der in Beziehung auf ξ, η allein genommenen Summe:

$$\varrho \sum [\xi, \eta] (a\xi^2 + 2b\xi\eta + c\eta^2)^{-1-\varrho},$$

für $\varrho = 0$, ist von den Coefficienten a, b, c unabhängig. Derselbe ist, wenn man ihn mit R bezeichnet, durch die Gleichung:

$$\pi^2 \cdot R = 8\tau' \lambda \cdot \Pi \left(\frac{p - s}{p + 1} \right)$$

bestimmt, in welcher λ, p, s die auf pag. 236—237 angegebene Bedeutung haben. Es ist daher:

(VII) $$2RH = \tau' \varrho \sum [x, y] (A^2 x^2 + 2Bxy + Cy^2)^{-\frac{1}{2}(1+\varrho)},$$

wenn man die auf A, B, C, x, y bezügliche Summation unter den angegebenen Modalitäten ausführt und alsdann $\varrho = 0$ setzt.

Zum Zwecke der erwähnten Summation sind vor Allem die Bedingungen zu ermitteln, unter denen der Werth der Form ein vollständiges Quadrat, also

$$A^2x^2 + 2Bxy + Cy^2 = \mu^2$$

wird. Da zugleich weder $A\mu$ und $2D$ noch auch A und μ einen gemeinsamen Theiler haben sollen, so folgt aus der Gleichung:

$$(A^2x + By + A\mu)(A^2x + By - A\mu) = Dy^2,$$

daß die beiden Factoren auf der linken Seite resp. gleich:

$$\frac{2}{r}d\cdot\theta^2,\quad \frac{2}{r}\delta\cdot\eta^2$$

sein müssen, wo η, θ, d, δ ganze Zahlen bedeuten, für deren letztere $d\cdot\delta = D$ ist, und wo $r = 1$ oder 2 genommen werden muß, je nachdem y grade oder ungrade ist. Die Zahlen η, θ, A, μ können als positiv vorausgesetzt werden, während die Vorzeichen von d und δ nur durch die Gleichung: $d\cdot\delta = D$ zu beschränken sind. Da nun:

$$rA^2x = d\theta^2 - 2B\theta\eta + \delta\eta^2,\quad ry = 2\theta\eta$$

wird, so folgt: $d\theta \equiv B\eta \bmod. A$, und also, wenn man B ungrade voraussetzt und mit s eine durch die Congruenz $ds \equiv 1 \bmod. A$ definirte ungrade Zahl bezeichnet:

$$\theta = B\eta s + Ar\xi.$$

In den hier aufgestellten Gleichungen für x, y, θ sind die nothwendigen und hinreichenden Bedingungen dafür enthalten, daß der Werth des Ausdrucks: $A^2x^2 + 2Bxy + Cy^2$ ein vollständiges Quadrat werde; nämlich wenn für d, δ irgend welche der Gleichung: $d\delta = D$ genügende Zahlen und für ξ, η irgend welche beliebige ganze Zahlen gesetzt und alsdann x und y in der angegebenen Weise bestimmt werden, so ist:

$$A^2x^2 + 2Bxy + Cy^2 = (l\xi^2 + 2m\xi\eta + n\eta^2)^2,$$

wo der Kürze halber die drei ganzen Zahlen:

$$drA,\ dsB,\ \frac{ds^2B^2 - d}{rA}$$

beziehungsweise durch l, m, n bezeichnet sind. Demgemäß handelt es sich nur noch darum, diejenigen Bestimmungen für r, d, δ, ξ, η zu ermitteln, welche bewirken, daß

x und y auch die übrigen oben für die Summation aufgestellten Bedingungen erfüllen.

Was zuvörderst den Werth von r anlangt, so sieht man leicht, daß derselbe sowohl *Eins* als *Zwei* sein kann, wenn D durch 8 theilbar oder von der Form $4n+3$ ist. In allen andern Fällen kann für r nur der Werth *Eins* angenommen werden. Was ferner die Wahl der beiden Divisoren der Determinante d und δ betrifft, so ergiebt eine einfache Diskussion der bei den Zahlen x, y, A, μ vorausgesetzten Eigenschaften hierfür die folgenden Bedingungen: erstens müssen d und δ den größten gemeinsamen Factor *Zwei* haben, wenn D grade ist und $r=2$ angenommen wird; zweitens dürfen in allen übrigen Fällen d und δ gar keinen Theiler mit einander gemein haben; drittens sind d und δ dem Zeichen nach so zu bestimmen, daß d stets positiv ist. Endlich resultiren in ähnlicher Weise für ξ und η die einschränkenden Bestimmungen, daß sie relative Primzahlen sein und für den Fall positiver Determinanten den Ungleichheitsbedingungen:

$$l\xi + (m \pm \sqrt{D})\eta > 0,$$

$$1 \leqq \frac{l\xi + (m + \sqrt{D})\eta}{l\xi + (m - \sqrt{D})\eta} < \frac{T + U\sqrt{D}}{T - U\sqrt{D}}$$

genügen müssen, so wie daß der Werth von $l\xi^2 + 2m\xi\eta + n\eta^2$ keinen Primfactor von P enthalten darf.

Giebt man den Größen r, d, δ, ξ, η alle hiernach zulässigen Werthe, so erhält man alle durch die obigen Bedingungen gestatteten Systeme von Zahlen x, y und keine andern; und zwar erhält man jedes dieser Systeme sovielmal als der Werth von r' angiebt d. h. einmal oder zweimal, je nachdem die Determinante positiv oder negativ ist. Denn die Zahlen d, δ, θ, η sind in dem ersteren Falle durch x, y eindeutig bestimmt, im zweiten aber so, daß für ein und dasselbe System d, δ die Zahlen θ, η und $-\theta, -\eta$ genommen werden können.

Aus vorstehenden Erörterungen folgt unmittelbar die Gleichung:

$$r'\Sigma[x, y](A^2x^2 + 2Bxy + Cy^2)^{-\frac{1}{2}(1+\varrho)} = \Sigma[\xi, \eta](l\xi^2 + 2m\xi\eta + n\eta^2)^{-1-\varrho},$$

wenn die Summation links über alle gestatteten Werthe von x, y ausgedehnt wird, rechts aber einerseits über alle zulässigen Werthe der in den Ausdrücken von l, m, n enthaltenen Zahlen r und d, andrerseits über alle den obigen Bedingungen genügenden Zahlen ξ, η. Die in dieser Weise in Beziehung auf ξ, η allein genommene Summe:

$$\varrho \sum [\xi, \eta](l\xi^2 + 2m\xi\eta + n\eta^2)^{-1-\varrho}$$

hat aber für $\varrho = 0$ den oben definirten Werth R, da $m^2 - ln = D$ ist und die so eben für ξ, η aufgestellten Summationsbedingungen mit denjenigen genau übereinstimmen, welche auf pag. 240 für ξ, η festgesetzt worden sind. Hiernach wird für $\varrho = 0$, wenn die Anzahl der für r, d zu wählenden Werthsysteme mit N bezeichnet wird:

$$r'\varrho \sum [x, y](A^2x^2 + 2Bxy + Cy^2)^{-\frac{1}{2}(2+\varrho)} = N \cdot R,$$

und die rechte Seite dieser Gleichung ist noch mit G d. h. mit der Anzahl der Formen (A^2, B, C) zu multipliciren, wenn die Summation links nicht bloß über alle Werthe von x, y sondern auch über alle diejenigen von A, B, C ausgedehnt wird. Vergleicht man dieses Resultat mit demjenigen, welches durch die Gleichung (VII) ausgedrückt ist, so erhält man zur Bestimmung der gesuchten Zahl G die Relation:

$$NG = 2H,$$

in welcher nur noch der Werth von N näher zu untersuchen ist. — Zu diesem Zwecke bemerke man, daß die Anzahl der vermöge der obigen Bedingungen gestatteten Werthsysteme von d, δ gleich 2^{ϖ} ist, wenn durch ϖ die Anzahl der verschiedenen in der Determinante enthaltenen Primfactoren bezeichnet wird. Die Anzahl der zulässigen Werthe von r ist aber, wie schon oben erwähnt worden, gleich *Eins*, wenn $D \equiv 1, 2, 4, 5$ mod. 8, und gleich *Zwei*, wenn $D \equiv 0, 3, 7$ mod. 8 vorausgesetzt wird. Hiernach ist je nach den beiden unterschiedenen Fällen:

$$N = 2^{\varpi} \text{ oder } N = 2^{\varpi+1},$$

d. h. es wird, wenn die Zahl $\varkappa$ in dem auf pag. 238 definirten Sinne genommen wird, in jedem Falle $N = 2^{\varkappa+1}$. Die Zahl G wird somit durch die Gleichung:

$$2^{\varkappa} \cdot G = H$$

bestimmt und ist also identisch mit der oben gefundenen Anzahl der in jedem einzelnen Genus enthaltenen Klassen, welche dort ebenfalls mit G bezeichnet wurde. Die Anzahl aller derjenigen unter einander nicht äquivalenten Formen, welche die Eigenschaft haben, daß ungrade, keinen Factor der Determinante enthaltende Quadratzahlen durch dieselben dargestellt werden können, ist also gleich der Anzahl aller verschiedenen zum Hauptgenus gehörigen Formen; und da es einleuchtend ist, daß nur solche Formen die erwähnte Eigenschaft haben *können*, so folgt daß alle diese Formen auch eben jene Eigenschaft haben *müssen*.

Nachdem hiermit auch das zweite der drei oben angeführten Haupttheoreme mit Benutzung analytischer Methoden bewiesen worden, läßt sich das erste derselben, welches die Anzahl der ambigen Klassen bestimmt, mit Hilfe der Theorie der Composition leicht ableiten. Man bedarf hierzu nämlich bloß des Begriffes der Composition von *Klassen*, welcher sich sehr einfach auseinandersetzen läßt, wenn man aus den zu componirenden Klassen solche Formen auswählt, deren mittlerer Coefficient identisch ist. Werden alsdann die ambigen Klassen als solche definirt, die mit sich selbst zusammengesetzt die Hauptklasse ergeben, so kann man sich im Wesentlichen der bei *Gauß* vorkommenden rein arithmetischen Schlüsse bedienen, um die Identität der Anzahl der Ambigen und der Genera nachzuweisen.

ÜBER QUADRATISCHE FORMEN VON NEGATIVER DETERMINANTE

VON

L. KRONECKER.

Monatsberichte der Königlich Preussischen Akademie der Wissenschaften zu Berlin vom Jahre 1875. S. 223—236.

ÜBER QUADRATISCHE FORMEN VON NEGATIVER DETERMINANTE.[1])

[Gelesen in der Akademie der Wissenschaften am 19. April 1875.]

Es sei wie in meinem Aufsatze in *Borchardt*'s Journal, Bd. 57. pag. 248[2]):

$G(n)$ die Anzahl der verschiedenen Classen quadratischer Formen für die Determinante $-n$,

$F(n)$ die Anzahl der verschiedenen Classen *solcher* quadratischen Formen der Determinante $-n$, in welchen wenigstens einer der beiden äusseren Coefficienten ungrade ist,

$\Phi(n)$ die Summe der Divisoren von n,

$\Psi(n)$ der Betrag, um welchen die Summe der Divisoren von n, die grösser als $\sqrt{n}$ sind, die Summe derjenigen übersteigt, die kleiner als $\sqrt{n}$ sind,

und es seien ferner die Functionen E, F, G folgendermassen definirt:

$$\mathrm{F}(4n) = F(4n),\ \mathrm{F}(n) = \tfrac{1}{2} F(4n)$$

$$\mathrm{G}(4n) = \mathrm{F}(4n) + \mathrm{G}(n)$$

$$\mathrm{G}(4n+1) = \mathrm{F}(4n+1), \quad \mathrm{G}(4n+2) = \mathrm{F}(4n+2)$$

$$3\,\mathrm{G}(8n+3) = 4\mathrm{F}(8n+3), \quad \mathrm{G}(8n+7) = 2\mathrm{F}(8n+7)$$

$$\mathrm{E}(n) = 2\mathrm{F}(n) - \mathrm{G}(n).$$

Alsdann ergeben die a. a. O. mit (II), (III), (V), (VI) bezeichneten Formeln den Werth der Summe

$$\sum_h \varepsilon^h \mathrm{F}(n - h^2) \qquad (\varepsilon = \pm 1),$$

---

1) Vgl. Zusatz 70 am Ende dieses Bandes. H

2) Bd. IV S. 187 dieser Ausgabe von *L. Kronecker*'s Werken. H

erstreckt über alle Zahlen $h = 0, \pm 1, \pm 2, \ldots$, deren Quadrat kleiner als die positive Zahl n ist, gleich

$$\frac{1}{2}\, \varepsilon^{\frac{1}{2}(n-1)} \{\Phi(n) + \varepsilon \Psi(n)\} \quad \text{oder} \quad \frac{1}{8}(1+\varepsilon)\Phi(n),$$

je nachdem n ungrade oder das Doppelte einer ungraden Zahl ist. Aber der Werth der Summe

$$\sum_h (-1)^h \mathrm{F}(n - 4h^2),$$

erstreckt über alle Zahlen $h = 0, \pm 1, \pm 2, \ldots$, deren Quadrat kleiner als $\frac{1}{4} n$ ist, geht aus den a. a. O. aufgestellten Formeln nur für den Fall hervor, wo $n \equiv 3$ mod. 4 ist, und zwar ist dieser Werth dann, wie sich durch Combination der Formeln (IV), (V) und (VI) ergiebt, gleich

$$\frac{1}{2}(-1)^{\frac{1}{4}(n-3)} \{\Phi(n) - \Psi(n)\}.$$

Es ist mir nun gelungen, die Lücke, welche sich hier zeigt, auszufüllen, und den Werth jener Summe auch für die Fälle $n \equiv 1$ und $n \equiv 2$ mod. 4 zu ermitteln.

Bezeichnet man mit m eine positive ungrade Zahl, so hat man gemäss den Formeln (II) und (III) meines oben citirten Aufsatzes

$$\sum_h \mathrm{F}(2m - 4h^2) = \sum_h \mathrm{F}(2m - (2h+1)^2) = \Phi(m),$$

wo die Summationen über alle Zahlen $h = 0, \pm 1, \pm 2, \ldots$ auszudehnen sind, wofür die Argumente der Function F positiv sind. Multiplicirt man diese Gleichungen mit $q^{\frac{1}{2}m}$ und summirt alsdann über alle positiven ungraden Zahlen m, so erhält man vermöge der Formel 39. pag. 106 von *Jacobi's Fundamenta nova theoriae Functionum Ellipticarum*[1]):

$$\sum_m \sum_h \mathrm{F}(2m - 4h^2) q^{\frac{1}{2}m} = \sum_m \sum_h \mathrm{F}(2m - (2h+1)^2) q^{\frac{1}{2}m} = \frac{kK^2}{\pi^2}$$

und hieraus, wie ich bereits im Monatsberichte vom Mai 1862 pag. 309[2]) angegeben habe,

$$\sum_{n=0}^{n=\infty} \mathrm{F}(4n+2) q^n = q^{-\frac{1}{2}} \frac{kK}{\pi} \sqrt{\frac{K}{2\pi}},$$

$$\sum_{n=0}^{n=\infty} \mathrm{F}(4n+1) q^n = q^{-\frac{1}{4}} \frac{K}{\pi} \sqrt{\frac{kK}{2\pi}}.$$

[1]) *Jacobi*, Werke, Bd. I, S. 162. H

[2]) Bd. IV, S. 204 dieser Ausgabe von *L. Kronecker's* Werken. H

Werden nun diese beiden Gleichungen mit $\sqrt{\frac{2k'K}{\pi}}$ multiplicirt und alsdann die Formeln 6, 7, 8, 9 pag. 184[1]) von *Jacobi's Fundamenta* benutzt, so kommt

$$\sum_{n}\sum_{n_1}(-1)^{n_1}\mathrm{F}(4n+2)q^{n_1^2+n+\frac{1}{2}}=\sum_{m}\sum_{m_1}(-1)^{\frac{1}{2}(m-1)}mq^{\frac{1}{4}(m^2+m_1^2)}$$

$$2\sum_{n}\sum_{n_1}(-1)^{n_1}\mathrm{F}(4n+1)q^{n_1^2+n+\frac{1}{4}}=\sum_{m}\sum_{n_1}(-1)^{\frac{1}{2}(m-1)}mq^{\frac{1}{4}(m^2+n_1^2)},$$

$$(m, m_1 = 1, 3, 5, 7, \ldots;\ n = 0, 1, 2, 3, \ldots;\ n_1 = 0, \pm 1, \pm 2, \pm 3, \ldots)$$

und aus der Vergleichung der Coefficienten der einzelnen Potenzen von q folgt für jede positive ganze Zahl n, welche $\equiv 1$ oder $2 \bmod 4$ ist, die Relation:

(A) $$2\sum_{h}(-1)^h\mathrm{F}(n-4h^2)=\sum_{m} m.$$

Die Summe links ist hier auf alle Zahlen $h = 0, \pm 1, \pm 2, \ldots$ zu erstrecken, für welche $h^2 < \frac{1}{4}n$ ist, rechts dagegen nur auf alle diejenigen positiven oder negativen Zahlen m, welche durch 4 dividirt den Rest 1 lassen, und wofür $n = l^2 + m^2$ ist; dabei ist die Zahl m sovielmal zu nehmen, als es zugehörige Werthe von l giebt, d. h. also nur einmal, wenn $l = 0$ ist, aber zweimal, sobald l von Null verschieden ist. Bezeichnet man die zahlentheoretische Function von n, welche auf der rechten Seite der Gleichung (A) steht, mit $\Omega(n)$, so findet sich der Werth der Summe

$$2\sum_{h}(-1)^h\mathrm{F}(n-4h^2)$$

durch

$$\Omega(n) \quad \text{oder} \quad (-1)^{\frac{1}{4}(n-3)}(\Phi(n)-\Psi(n))$$

ausgedrückt, je nachdem n durch 4 dividirt die Reste 1, 2 oder den Rest 3 lässt, und es ist auch überhaupt, wenn ω irgend eine achte Wurzel der Einheit bedeutet, die Summe

$$\sum_{h}\omega^{h^2}\mathrm{F}(n-h^2) \qquad (h = 0, \pm 1, \pm 2, \ldots;\ h^2 < n)$$

durch die arithmetischen Functionen $\Omega(n), \Phi(n), \Psi(n)$ darstellbar.

Der zahlentheoretische Character der Function $\Omega(n)$ unterscheidet sich zwar wesentlich von dem der Functionen $\Phi(n), \Psi(n)$, aber es ist doch auch eine

[1]) *Jacobi*, Werke, Bd. I, S. 235—236.

gewisse Analogie zwischen diesen beiden Arten von Functionen zu bemerken. Da nämlich

$$\sum_{n=0}^{n=\infty} \Omega(4n+1)q^n = 2\sqrt{\frac{kk'}{\sqrt{q}}} \cdot \frac{K^2}{\pi^2}$$

$$\sum_{n=0}^{n=\infty} \Omega(4n+2)q^n = 2\sqrt{\frac{k'}{q}} \cdot \frac{kK^2}{\pi^2}$$

ist, so kommt, wenn man die erste Gleichung mit $\sqrt{\frac{2kK}{\pi}}$ und die zweite mit $\sqrt{\frac{2K}{\pi}}$ multiplicirt:

$$\sum_{n,n_1} \Omega(4n+1)q^{n+n_1+n_1^2} = \sum_{n,n_1} \Omega(4n+2)q^{n+n_1^2} \qquad (n, n_1 = 0, 1, 2, \ldots),$$

und beide Doppelsummen sind mit Hilfe der Formel (13) p. 104[1]) der *Fundamenta* durch

$$2\sum_{n,n_1}(-1)^n \frac{(2n_1+1)\,q^{n^2+n_1}}{1-q^{2n_1+1}} \qquad (n, n_1 = 0, 1, 2, \ldots)$$

oder

$$2\sum_{n,n_1}(-1)^n \Phi(2n_1+1)q^{n^2+n_1} \qquad (n, n_1 = 0, 1, 2, \ldots)$$

darzustellen. Hieraus resultiren die Gleichungen

$$\sum_g \Omega(4n+2-g^2) = \sum_u \Omega(4n+2-u^2) = 2\sum_h (-1)^h \Phi(2n+1-2h^2)$$

$$(g = 0, \pm 2, \pm 4, \ldots;\ u = \pm 1, \pm 3, \pm 5, \ldots;\ h = 0, \pm 1, \pm 2, \ldots)$$

und es folgt die Recursionsformel

$$3\sum_h \Omega(4n+2-4h^2) = 2\sum_h (-1)^h \Phi(4n+2-4h^2), \qquad (h = 0, \pm 1, \pm 2, \ldots;\ 4n+2 > 4h^2)$$

in welcher sich offenbar eine gewisse Analogie zwischen den Functionen Ω und Φ zu erkennen giebt.*) Eine formale Analogie zwischen den Functionen Ω und Ψ zeigt sich aber auch darin, dass für $s = (-1)^{\frac{1}{2}n(n+1)}$ in den drei Fällen $n \equiv 1, 2, 3 \bmod. 4$ resp.

$$\sum s^{\frac{1}{2}(m-1)} m = \Omega(n), \quad \Omega(n), \quad \Psi(n)$$

*) In der einfacheren Gestalt, welche der obigen Recursionsformel auf der übernächsten Seite gegeben wird, tritt die Analogie zwischen den Funktionen Ω und Φ noch deutlicher hervor.

1) *Jacobi*, Werke, Bd. I, S. 160.

wird, wenn man die Summation links auf alle positiven ungraden Zahlen m erstreckt, für welche $n + sm^2$ ein vollständiges Quadrat ist, und dabei jede Zahl m, für welche $n + sm^2 > 0$ ist, zweimal nimmt.

Da die Functionen $\Omega(4n+1)$, $\Omega(4n+2)$ als Entwickelungscoefficienten auftreten, wenn die Quadrate der Ausdrücke

$$\sum_n q^{2n^2+n} \sum_n (-1)^n q^{2n^2}, \quad \sum_n q^{4n^2+2n} \sum_n (-1)^n q^{2n^2} \qquad (n=0,\pm 1,\pm 2,\ldots)$$

nach Potenzen von q entwickelt werden, so erhält man mit Hilfe der Formeln (5) (6) pag. 103[1]) der *Fundamenta* für die beiden Reihen

$$\sum_{n=0}^{n=\infty} \Omega(4n+1) q^{4n+1}, \quad \sum_{n=0}^{n=\infty} \Omega(4n+2) q^{2n+1}$$

resp. die beiden Ausdrücke

$$\left\{1 - 4\sum_m \frac{(-1)^{\frac{1}{2}(m-1)} q^{8m}}{1+q^{8m}}\right\} \sum_m \frac{(-1)^{\frac{1}{2}(m-1)} q^m}{1-q^{2m}}$$

$$\left\{1 - 4\sum_m \frac{(-1)^{\frac{1}{2}(m-1)} q^{4m}}{1+q^{4m}}\right\} \sum_m \frac{(-1)^{\frac{1}{2}(m-1)} q^m}{1-q^{2m}} \qquad (m=1,3,5,\ldots)$$

und hieraus die für jede positive, nicht durch 4 theilbare Zahl n geltende Relation:

$$\Omega(n) = 2(8 + (-1)^n) \sum_h (-1)^h \varphi(h) \varphi(n-8h) \qquad \left(0 \leq h < \frac{n}{8}\right),$$

wenn, wie in meinem oben citirten Aufsatze in *Borchardt*'s Journal, $\varphi(n)$ der Betrag ist, um welchen die Anzahl der Divisoren von der Form $4k+1$ die Anzahl derjenigen von der Form $4k-1$ übersteigt und $\varphi(0) = \frac{1}{4}$ gesetzt wird, so dass überhaupt $4\varphi(n)$ die Gesammtanzahl der Darstellungen von n als Summe zweier Quadrate bedeutet.

Da jeder Darstellung einer ungraden Zahl n als Summe zweier Quadrate $n = l^2 + m^2$ eine Darstellung von $2n$, nämlich $2n = (l+m)^2 + (l-m)^2$ entspricht, so lässt sich die Function $\Omega(2n)$ unmittelbar auf $\Omega(n)$ reduciren, und zwar wird

$$(-1)^{\frac{1}{8}(n^2-1)} \Omega(2n) = 2\Omega(n).$$

[1]) *Jacobi*, Werke, Bd. I, S. 159.

Bemerkt man überdies, dass $\Omega(2n)$ und $\Omega(n)$ gleich Null sind, sobald $n \equiv 3 \bmod 4$ ist, so lässt sich die oben aufgestellte Recursionsformel auf die einfachere Gestalt bringen:

$$\pm\sum_h(-1)^h\Omega(m-2h^2)=\sum_h(-1)^h\Phi(m-2h^2) \qquad (h=0,\pm 1,\pm 2,\ldots),$$

wo links für $m \equiv \pm 1 \bmod 8$ das obere, für $m \equiv \pm 3 \bmod 8$ aber das untere Zeichen zu nehmen ist. — Die Function $\Omega(n)$, welche nunmehr nur für ungrade Zahlen n zu betrachten ist, kann auch in einfacher Weise durch die in der Zahl n enthaltenen complexen Primfactoren von der Form $a+bi$ dargestellt werden. Ist nämlich

$$n=r^2(a_1+b_1i)^{\lambda_1-1}(a_2+b_2i)^{\lambda_2-1}\ldots,$$

wo r nur reelle Primzahlen von der Form $4k-1$ enthält und $a_1+b_1i,\ a_2+b_2i,\ldots$ lauter complexe Primzahlen in der primären Form bedeuten, d. h. lauter solche, für welche $a \equiv 1 \bmod 4$ ist,*) so wird

$$\Omega(n)=(-1)^{\frac{1}{2}(r-1)}r\prod_k\frac{(a_k+b_ki)^{\lambda_k}-(a_k-b_ki)^{\lambda_k}}{2b_ki} \qquad (k=1,2,\ldots)$$

oder, wenn $\frac{a_k+b_ki}{a_k-b_ki}=e^{v_ki}$ gesetzt wird,

$$\Omega(n)=\sqrt{n}\prod_k\frac{\sin\lambda_kv_k}{\sin v_k} \qquad (k=1,2,\ldots),$$

die Quadratwurzel positiv oder negativ genommen, je nachdem $r \equiv +1$ oder $-1 \bmod 4$ ist. Falls auch nur für *einen* Primfactor von der Form $4k-1$ die höchste in n enthaltene Potenz ungrade ist, hat $\Omega(n)$ den Werth Null.

Aus der Addition der Formeln (V) und (VI) meines mehrfach citirten Aufsatzes in *Borchardt*'s Journal (Bd. 57) resultirt unmittelbar die bereits im Monatsberichte von 1862 pag. 309[1]) aufgestellte Gleichung**):

$$\sum_{n=0}^{n=\infty}\mathrm{F}(8n+3)q^{2n}=\left(\frac{kK}{2\pi\sqrt{q}}\right)^{\frac{3}{2}}.$$

*) Der Ausdruck „primär" ist hier im *Dirichlet*schen Sinne genommen (cf. *Crelle*'s Journal Bd. 24, pag. 301[2])).

**) Die Gleichung kommt schon in dem *Hermite*schen Aufsatze vor, welcher in den Comptes Rendus vom 5. August 1861 abgedruckt ist (Bd. 53, pag. 226).

[1]) Bd. IV, S. 204 dieser Ausgabe von *L. Kronecker*'s Werken. H

[2]) *Dirichlet*, Werke, Bd. I, S. 545. H

Es ist daher, wenn in üblicher Weise

$$\vartheta_0(q) = \sum_{-\infty}^{+\infty}(-1)^n q^{n^2}, \quad \vartheta_3(q) = \sum_{-\infty}^{+\infty} q^{n^2}$$

$$\vartheta_2(q) = 2q^{\frac{1}{4}}\sum_0^{\infty} q^{n^2+n}, \quad \vartheta_1'(q) = 2q^{\frac{1}{4}}\sum_0^{\infty}(-1)^n(2n+1)q^{n^2+n}$$

gesetzt wird:[1])

(𝔄)
$$4\sum_0^{\infty} F(4n+2)q^{n+\frac{1}{2}} = \vartheta_2^2(q)\vartheta_3(q)$$

(𝔅)
$$4\sum_0^{\infty} F(4n+1)q^{n+\frac{1}{4}} = \vartheta_2(q)\vartheta_3^2(q)$$

(ℭ)
$$8\sum_0^{\infty} F(8n+3)q^{2n+\frac{3}{4}} = \vartheta_2^3(q).$$

Wird die Gleichung (ℭ) mit $\vartheta_0(q^2)$ multiplicirt, so kommt, da

$$\vartheta_2^2(q) = 2\vartheta_2(q^2)\vartheta_3(q^2) \quad \text{und} \quad \vartheta_1'(q^2) = \vartheta_0(q^2)\vartheta_2(q^2)\vartheta_3(q^2)$$

ist:

$$4\vartheta_0(q^2)\sum_0^{\infty} F(8n+3)q^{2n+\frac{3}{4}} = \vartheta_2(q)\vartheta_1'(q^2),$$

und wenn hierin die Reihen für $\vartheta_0(q^2)$, $\vartheta_2(q)$, $\vartheta_1'(q^2)$ eingesetzt werden, so resultirt die für $n = 8k + 3$ geltende Formel:

(B)
$$\Sigma(-1)^h F(n-8h^2) = \Sigma(-1)^{\frac{1}{2}(m-1)} m,$$

wo die Summe links auf alle Zahlen $h = 0, \pm 1, \pm 2, \ldots$ zu erstrecken ist, für welche $8h^2 < n$ ist, rechts aber auf alle diejenigen positiven Zahlen m, für welche $n - 2m^2$ ein vollständiges Quadrat, also

$$n = l^2 + 2m^2$$

ist. — Combinirt man die Gleichung*)

$$12\sum_0^{\infty} E(n)q^n = \vartheta_3^3(q)$$

*) cf. *Borchardt*'s Journal Bd. 57 pag. 253.[2])

[1]) Vgl. Zusatz 71 am Ende dieses Bandes. H

[2]) Bd. IV, S. 198 dieser Ausgabe von *L. Kronecker*'s Werken. H

mit der obigen Formel (𝔄), so kommt:

$$12\sum_0^\infty \mathrm{E}(n)q^n - 4\sum_0^\infty \mathrm{F}(4n+2)q^{n+\frac{1}{2}} = \vartheta_0\left(q^{\frac{1}{4}}\right)\vartheta_3\left(q^{\frac{1}{4}}\right)\vartheta_3(q),$$

und wenn diese Gleichung mit $\vartheta_2\left(q^{\frac{1}{4}}\right)$ multiplicirt und dann q^4 statt q gesetzt wird,

$$12\vartheta_2(q)\sum_0^\infty \mathrm{E}(n)q^{4n} - 4\vartheta_2(q)\sum_0^\infty \mathrm{F}(4n+2)q^{4n+2} = \vartheta_3(q^4)\,\vartheta_1'(q).$$

Vergleicht man hierin die Coefficienten der einzelnen Potenzen von q und benutzt alsdann die Formel

$$4\sum_h \mathrm{F}(m-h^2) = \Psi(m) \qquad {\scriptstyle (h=1,\,3,\,5,\,\ldots)},$$

welche für $m \equiv 1 \bmod 4$ aus den Formeln (V) und (VI) meines Aufsatzes hervorgeht, so erhält man die für jede Zahl $s = 8k+1$ geltende Relation:

$$\text{(C)} \qquad \sum_h \left\{8\mathrm{F}\left(\frac{s-h^2}{16}\right) - 8\,\mathrm{G}\left(\frac{s-h^2}{16}\right)\right\} = \frac{1}{8}\Psi(s) + \frac{1}{4}\Omega(s),$$

in welcher ganz ebenso wie in der Formel (VIII) meines mehrerwähnten Aufsatzes für h alle positiven ganzen Zahlen zu nehmen sind, für die das Argument der Functionen F und G ganz und nicht negativ wird, und welche auch im Übrigen eine gewisse Analogie mit der angeführten älteren Formel darbietet.

Durch Subtraction der Gleichung (ℭ) von (𝔅) erhält man, wenn q^4 an Stelle von q genommen wird:

$$4\sum_0^\infty c_n \mathrm{F}(2n+1)q^{2n+1} = \vartheta_0(q)\vartheta_3(q)\vartheta_2(q^4)$$

und also

$$4\vartheta_2(q)\sum_0^\infty c_n \mathrm{F}(2n+1)q^{2n+1} = \vartheta_1'(q)\vartheta_2(q^4),$$

wo für

$$n \equiv -1,\ +1,\ 0,\ 2 \bmod 4$$

resp.

$$c_n = 0,\ -2,\ 1,\ 1$$

zu nehmen ist. Vergleicht man hierin die Coefficienten der verschiedenen Potenzen von q mit einander und benutzt alsdann die Relation

$$12\sum_h \mathrm{E}\left(\frac{s'-h^2}{4}\right) = \Phi(s') \qquad {\scriptstyle (h=1,\,3,\,5,\,\ldots)},$$

so gelangt man zu der für jede Zahl $s' = 8k + 5$ geltenden Formel:

(D) $$32\sum_h \mathrm{F}\left(\frac{s'-h^2}{4}\right) = \Phi(s') - 3\,\Omega(s'),$$

in welcher die Summation nur auf diejenigen ungraden Zahlen h zu erstrecken ist, für welche das Argument der Function F durch 8 dividirt den Rest 3 lässt. Für $s' = 325$ ist z. B. nur $h = 5$ und $h = 11$ zu nehmen und die zugehörigen Werthe sind

$$\mathrm{F}(75) = 7, \quad \mathrm{F}(51) = 6,$$

während aus den Darstellungen

$$325 = 1^2 + 18^2 = 15^2 + 10^2 = 17^2 + 6^2$$

$$\Omega(325) = 2(1 - 15 + 17)$$

resultirt und $\Phi(325) = 434$ wird.

Um die durch Einführung der Function Ω ermöglichte Vervollständigung meiner älteren Formeln genauer darlegen zu können, muss ich zuvörderst einige Verbindungen aus jenen Relationen (I) bis (VIII) herleiten, welche ich in meinem Aufsatze im 57. Bande von *Borchardt's* Journal[1]) angegeben habe. Wird aus den Formeln (IV), (V), (VI) die durch

$$\tfrac{1}{6}(\mathrm{IV}) - \tfrac{5}{16}(\mathrm{V}) + \tfrac{1}{16}(\mathrm{VI})$$

angedeutete Verbindung gebildet, so kommt für $s \equiv 1 \bmod 8$:

(Q) $$\sum_h \mathrm{G}\left(\frac{s-h^2}{16}\right) = -\tfrac{1}{12}\Phi(s) + \tfrac{1}{8}\Psi(s),$$

und hieraus folgt mit Hilfe der obigen Gleichung (C) die correspondirende Formel:

(P) $$\sum_h \mathrm{F}\left(\frac{s-h^2}{16}\right) = -\tfrac{1}{32}\Phi(s) + \tfrac{1}{16}\Psi(s) + \tfrac{1}{32}\Omega(s),$$

wo die Summationen stets, wie überall im Folgenden, nur auf alle diejenigen positiven Zahlen h zu erstrecken sind, wofür die Argumente $\frac{1}{16}(s - h^2)$ ganz werden. Die Verbindung der beiden Formeln (P) und (Q) ergiebt:

$$\sum_h \mathrm{E}\left(\frac{s-h^2}{16}\right) = \tfrac{1}{48}\Phi(s) + \tfrac{1}{16}\Omega(s),$$

[1]) Bd. IV, S. 188 dieser Ausgabe von *L. Kronecker's* Werken.

also eine Relation, welche, da $\mathrm{E}(4n) = \mathrm{E}(n)$ ist, einer auf der vorhergehenden Seite für $s' \equiv 5 \bmod 8$ angegebenen entspricht. — Führt man nunmehr zur Abkürzung die durch die Gleichung

$$\mathrm{G}(n) - \mathrm{F}(n) = \mathrm{H}(n)$$

definirte Function H ein, welche offenbar auch an sich eine Bedeutung als Classenanzahl quadratischer Formen hat, so ist:

$$\mathrm{H}(0) = -\frac{1}{12}$$

$$\mathrm{H}(4n) = \mathrm{G}(n) \text{ für jede beliebige Zahl } n,$$

ferner $\mathrm{H}(n) = 0,\quad 3\mathrm{H}(n) = \mathrm{F}(n),\quad \mathrm{H}(n) = \mathrm{F}(n),$

je nachdem $n \equiv 1, 2 \bmod 4,\quad n \equiv 3 \bmod 8,\quad n \equiv 7 \bmod 8$

ist, und die Formel (VIII) nimmt die Gestalt an:

$$(\mathrm{R})\qquad 8\Sigma\mathrm{H}(l) - 8\Sigma\mathrm{H}(m) + \Sigma\mathrm{F}(l) - \Sigma\mathrm{F}(m) = -\frac{1}{2}\Sigma d_0 + \frac{1}{2}\Sigma d_1,$$

wenn mit l alle positiven graden und mit m alle positiven ungraden Zahlen bezeichnet werden, wofür $s - 16l$ oder $s - 16m$ ein vollständiges Quadrat, also

$$16l + h^2 = s,\quad 16m + h^2 = s \qquad (s \equiv 1 \bmod 8)$$

wird, und wenn d_0 und d_1 die sämmtlichen positiven Divisoren von s bedeuten, die kleiner als $\sqrt{s}$ sind, und zwar d_0 nur alle diejenigen, wofür d_0 seinem complementären Divisor $\frac{s}{d_0}$ mod 16 congruent ist. Dabei muss jedoch, falls s ein vollständiges Quadrat ist, der Werth $d_0 = \frac{1}{2}\sqrt{s}$ hinzugenommen werden. Hiernach ergeben sich unmittelbar aus den durch

$$-(P) + \frac{2}{3}(Q) \pm \frac{1}{2}(R),\quad -2(P) + \frac{3}{2}(Q) \pm \frac{1}{2}(R)$$

angedeuteten Formel-Verbindungen die vier einfachen Relationen:

$$(\mathrm{S})\qquad \begin{aligned}
8\Sigma\mathrm{H}(l) + \Sigma\mathrm{F}(l) &= -\frac{1}{2}\Sigma d_0 + \frac{1}{32}(\Phi(s) - \Omega(s)),\\
8\Sigma\mathrm{H}(m) + \Sigma\mathrm{F}(m) &= -\frac{1}{2}\Sigma d_1 + \frac{1}{32}(\Phi(s) - \Omega(s)),\\
8\Sigma\mathrm{H}(l) - \Sigma\mathrm{F}(m) &= -\frac{3}{8}\Sigma d_0 + \frac{1}{8}\Sigma d_1 - \frac{1}{16}\Omega(s),\\
8\Sigma\mathrm{H}(m) - \Sigma\mathrm{F}(l) &= -\frac{3}{8}\Sigma d_1 + \frac{1}{8}\Sigma d_0 - \frac{1}{16}\Omega(s),
\end{aligned}$$

durch welche auf der linken Seite von (R) einzelne Theile gesondert bestimmt werden, und welche daher eine wesentliche Vervollständigung der früheren Formeln enthalten.

Vermöge der für die Function $\mathrm{H}(n)$ bestehenden fundamentalen Relationen reducirt sich die Summe $\Sigma H(l)$ auf

$$\sum_k \mathrm{G}\left(\frac{s-k^2}{16}\right),$$

wo die Summation auf alle diejenigen positiven Zahlen k zu erstrecken ist, für welche das Argument von G ganz und nicht negativ wird. Durch Addition der Gleichung (P) und der ersten von den vier Gleichungen (S) resultirt demgemäss die Formel:

$$\sum_h \mathrm{F}\left(\frac{s-h^2}{16}\right)+\sum_i \mathrm{F}\left(\frac{s-i^2}{4}\right)+8\sum_k \mathrm{G}\left(\frac{s-k^2}{64}\right)=\frac{1}{16}\Psi(s)-\frac{1}{2}\Sigma d_0,$$

in welcher die Summationen auf alle positiven Zahlen h, i, k zu erstrecken sind, die kleiner als $\sqrt{s}$ sind und für welche

$$s\equiv h^2+16 \bmod 32,\quad s\equiv i^2 \bmod 32,\quad s\equiv k^2 \bmod 64$$

wird; da aber für den Fall, dass s ein vollständiges Quadrat ist, durch die beschränkende Summations-Bedingung $k<\sqrt{s}$ das Glied $8\,\mathrm{G}(0)$ ausgeschlossen wird, so muss in dem erwähnten besondern Falle auf der rechten Seite der Werth $\frac{1}{4}$ hinzugefügt werden. Die angegebene Formel ist nichts Anderes als eine durch

$$\frac{1}{4}(\mathrm{IV})-\frac{15}{32}(\mathrm{V})+\frac{3}{32}(\mathrm{VI})-\frac{1}{8}(\mathrm{VIII})$$

angedeutete Combination meiner älteren Formeln, und sie geht für den speciellen Fall, wo $s=n^2$ und n Primzahl ist, in eine *Hermite*'sche Formel über, welche von Hrn. *Stephen Smith* in einem seiner trefflichen, mit vorzüglicher Sachkenntniss abgefassten Berichte besonders hervorgehoben worden ist.*) Die drei Summen auf der linken Seite der Formel sind für $s=n^2$ der Reihe nach identisch mit denjenigen, welche Hr. *Stephen Smith* durch

$$\Sigma_1\mathrm{F}(\Delta),\quad \Sigma_2\mathrm{F}(\Delta),\quad \Sigma_3\mathrm{G}(\Delta)$$

bezeichnet, und auf der rechten Seite kommt, da

$$\Psi(n^2)=n^2-1,\quad \sum d_0=\frac{1}{2}n+\frac{1}{2}\left(1+(-1)^{\frac{1}{8}(n^2-1)}\right),$$

*) Report of the thirty-fifth meeting of the British Association for the advancement of science. London 1866. Report on the Theory of Numbers. p. 365.

wird, der Ausdruck: $$\frac{1}{16}(n^2-1)-\frac{1}{4}\left(n+\left(\frac{2}{n}\right)\right),$$

übereinstimmend mit demjenigen, welchen Hr. *Hermite* angegeben und Hr. *Stephen Smith* in dem erwähnten Berichte aufgenommen hat.

Da ich wusste, dass die *Hermite*'sche Formel aus derselben Quelle gewonnen war, wie die sämmtlichen acht Formeln für die Classenanzahlen quadratischer Formen von negativer Determinante, welche ich im 57. Bande von *Borchardt*'s Journal[1]) aufgestellt habe, so war ich gewiss, dass jene Formel durch eine Combination dieser darzustellen sein musste, wie sehr auch dem äusseren Anscheine nach der Charakter jener Formel sich von dem der meinigen abweichend zeigte.*) Die Aufsuchung einer die *Hermite*'sche Formel ergebenden Combination der meinigen wurde mir aber wesentlich erleichtert durch die Erkenntniss, dass Hr. *Hermite* bei seinen bezüglichen Betrachtungen nur zu solchen Formeln gelangen konnte, für welche die Ausgangszahl n der verschiedenen Determinanten

$$-n,\quad -(n-1^2),\quad -(n-2^2),\quad -(n-3^2),\quad \ldots$$

ein vollständiges Quadrat ist. Übrigens habe ich schon in meiner Notiz im Monatsberichte vom Mai 1862[2]) ausdrücklich hervorgehoben, dass in den mehrerwähnten acht Formeln alle diejenigen explicite enthalten sind, welche aus der Theorie der singulären Moduln der elliptischen Functionen hergeleitet werden können, nämlich dadurch, dass man in irgend welchen Modulargleichungen die beiden Moduln einander gleich setzt. *Diese* Quelle arithmetischer Relationen für die Classenanzahlen quadratischer Formen war also mit jenen acht Formeln erschöpft, aber andre Quellen liefern doch, wie ich in den vorstehenden Entwickelungen gezeigt habe, noch neue ähnliche Relationen, die freilich — wie bemerkt werden muss — zur Summation der Reihen von Classenanzahlen höhere arithmetische Functionen er-

*) Hr. *Stephen Smith* sagt a. a. O. p. 364 mit Recht: And it is certain that the system of the eight formulae does, in this sense, explicitly contain all the relations of similar form, which have been subsequently given by MM. Hermite and Joubert. Ferner aber pag. 365 in Bezug auf die im Text erwähnte *Hermite*'sche Formel: One formula, however, has been obtained by Mr. Hermite from his investigation of the discriminant of the modular equation, which is entirely distinct in form, and as it would seem in substance, from those of M. Kronecker.

[1]) Bd. IV, S. 188 dieser Ausgabe von *L. Kronecker*'s Werken. H

[2]) Bd. IV, S. 208 dieser Ausgabe von *L. Kronecker*'s Werken. H

fordern als jene elementaren Divisorensummen, welche ausschliesslich in meinen älteren Formeln auftreten. In allen diesen Relationen wird nämlich ein Aggregat von Classenanzahlen quadratischer Formen von negativen Determinanten, die eine arithmetische Reihe zweiter Ordnung bilden, unmittelbar durch eine zahlentheoretische Function des Anfangsgliedes ausgedrückt, und die Natur dieser Functionen ist bei den neueren Formeln eine wesentlich andere und complicirtere als bei den älteren. Es bleibt daher immer noch *möglich*, dass ausser jenen acht Formeln überhaupt keine andern existiren, in denen nur die einfacheren, aus den Divisoren zusammengesetzten zahlentheoretischen Functionen zur Summation von Classenanzahlen gebraucht werden, *dass* also jene Formeln nicht bloss in Bezug auf die Methode, mittels deren sie ursprünglich hergeleitet sind, sondern auch an und für sich ihrem Inhalte nach ein abgeschlossenes System von Relationen bilden. Bis jetzt wenigstens hat der Weg, welchen Hr. *Hermite* in seinen beiden Artikeln in den Comptes Rendus vom August 1861[1]) und Juli 1862[2]) eingeschlagen, sowie der im Wesentlichen damit übereinstimmende Entwickelungsgang, welchen ich damals zu einer neuen Verification meiner Formeln benutzt und im Monatsbericht vom Mai 1862 veröffentlicht habe[3]), zu keinem Resultate geführt, welches jener Möglichkeit widerspräche. Ob aber derartige Resultate etwa schon implicite in den zahlentheoretischen Aufsätzen des Hrn. *Liouville* enthalten sind, muss ich dahingestellt sein lassen; denn ausdrücklich ist darin nur an einzelnen Stellen von Classenanzahlen quadratischer Formen die Rede, und ich vermag nicht zu übersehen, ob irgend welche der sonst darin vorkommenden interessanten Resultate auch für diese Classenanzahlen eine Bedeutung gewinnen können.

---

[1]) *Hermite*, Oeuvres T. II, P. 109. H

[2]) *Hermite*, Oeuvres T. II, P. 241. H

[3]) Bd. IV, S. 197 dieser Ausgabe von *L. Kronecker's* Werken. H

ÜBER DIE ALGEBRAISCHEN GLEICHUNGEN, VON DENEN DIE THEILUNG DER ELLIPTISCHEN FUNCTIONEN ABHÄNGT

VON

L. KRONECKER.

Monatsberichte der Königlich Preussischen Akademie der Wissenschaften zu Berlin vom Jahre 1875. S. 498—507 und 1876. S. 242.

ÜBER DIE ALGEBRAISCHEN GLEICHUNGEN, VON DENEN DIE THEILUNG DER ELLIPTISCHEN FUNCTIONEN ABHÄNGT.[1])

[Gelesen in der Akademie der Wissenschaften am 19. Juli 1875.]

Der Affect derjenigen Gleichungen vom Grade $\frac{1}{2}(n^2-1)$, deren Wurzeln in der *Jacobi*'schen Bezeichnungsweise die Quadrate von

$$\sin\operatorname{am}\frac{2mK+2m'K'i}{n}\qquad\left(\begin{matrix}m=0,1,\dots n-1;\ m'=1,\dots\frac{1}{2}(n-1)\\ m=1,\dots\frac{1}{2}(n-1);\ m'=0\end{matrix}\right)$$

sind, ist meines Wissens bisher noch nicht bestimmt worden, obgleich diese Bestimmung oder, wie es in der *Galois*'schen Ausdrucksweise heissen würde, die Ermittelung der Gruppe der Gleichung offenbar eine ganz fundamentale Bedeutung für den algebraischen Theil der Theorie der elliptischen Functionen hat.*) Freilich würde die bezügliche Untersuchung auch ganz besondere Schwierigkeiten darbieten, wenn keinerlei Anhaltspunkte dafür vorhanden wären; aber das Endresultat lässt sich fast unmittelbar aus zwei werthvollen Notizen ableiten, die beinahe seit einem halben Jahrhundert in einem *Abel*'schen und einem *Jacobi*'schen Aufsatze gedruckt vorliegen, und die Kenntniss des Zieles erleichterte mir wesentlich die Auffindung des Weges.

Versteht man unter g alle ganzen Zahlen von $-\infty$ bis $+\infty$, unter h die sämmtlichen positiven und negativen *ungraden* Zahlen und setzt nach *Jacobi* (Fundamenta pag. 85)

$$e^{\frac{-\pi K'}{K}}=q,$$

ferner

$$\sqrt{\varkappa}=\frac{\Sigma q^{\frac{1}{4}h^2}}{\Sigma q^{g^2}},\quad \sqrt{\lambda}=\frac{\Sigma q^{\frac{1}{4}nh^2}}{\Sigma q^{ng^2}},$$

*) Hr. *C. Jordan* hat in seinem Traité des Substitutions pag. 348 die bezeichnete Frage zwar erwähnt, ist aber nicht näher darauf eingegangen.

[1]) Vgl. Zusatz 72 am Ende dieses Bandes.

die Summationen resp. auf alle Zahlen g und h bezogen, so sind $\varkappa$ und λ zwei Moduln elliptischer Functionen und der eine der transformirte des andern. Die Zahl n, welche die Ordnung der Transformation angiebt, sei ungrade, ferner sei q_0 irgend ein bestimmter Werth von $q^{\frac{1}{n}}$, $i = \sqrt{-1}$ und

$$e^{\frac{2\pi i}{n}} = \omega, \quad q_r = \omega^r q_0.$$

Alsdann sind auch n von den transformirten Moduln durch die Gleichung

$$\sqrt{\lambda_r} = \frac{\Sigma q_r^{\frac{1}{4}h^2}}{\Sigma q_r^{g^2}} \qquad (r = 0, 1, \ldots n-1)$$

bestimmt. Setzt man noch $\varepsilon = (-1)^{\frac{1}{2}(n-1)}$ und

$$\sqrt{\mu} = \sqrt{\varepsilon n} \cdot \frac{\Sigma q^{ng^2}}{\Sigma q^{g^2}}, \quad \sqrt{\mu_r} = \frac{\Sigma q_r^{g^2}}{\Sigma q^{g^2}} \qquad (r = 0, 1, \ldots n-1),$$

so sind die Grössen μ die Multiplicatoren bei der Transformation der elliptischen Functionen und stimmen mit denjenigen überein, welche *Jacobi* im III. Bande von *Crelle*'s Journal pag. 308[1]) mit M sonst aber und namentlich in den Formeln der Fundamenta überall mit $\frac{1}{M}$ bezeichnet hat. Dies vorausgeschickt geht der Quotient

$$\frac{\sum_r \omega^{-4rs^2} \sqrt{\lambda_{4r} \mu_{4r}}}{\sum_r \omega^{-4rs^2} \sqrt{\lambda \mu_{4r}}} \qquad (r = 0, 1 \ldots n-1)$$

bei Ausführung der Summationen im Zähler und Nenner in

$$\frac{\sum_h q^{\frac{1}{4}nh^2 + sh}}{\sum_g q^{ng^2 + 2sg}}$$

über*), und es resultirt bei Anwendung der Bezeichnungen der Fundamenta die Formel

$$(\mathfrak{A}) \qquad \frac{\sum_r \omega^{-4rs^2} \sqrt{\lambda_{4r} \mu_{4r}}}{\sum_r \omega^{-4rs^2} \sqrt{\lambda \mu_{4r}}} = \sin \operatorname{coam}\left(\frac{2sA'^4}{n}, \lambda\right) \qquad (r = 0, 1, \ldots n-1).$$

*) Die Ausdrücke $\sum q^{ng^2 + 2sg}$ sind für $s = 0, 1 \cdots \frac{1}{2}(n-1)$ den $\frac{1}{2}(n+1)$ Größen $\varDelta$ proportional, welche bei *Jacobi* a. a. O. (*Crelle*'s Journal III pag. 308)[1]) vorkommen.

[1]) *Jacobi*, Werke, Bd. I, S. 261.

H

Gemäss den Formeln 15 und 21 pag. 101 der Fundamenta[1]) ist nun:

$$\frac{\varepsilon\lambda\Lambda}{\pi}\sin\operatorname{coam}\left(\frac{2s\Lambda' i}{n},\lambda\right)=\sum_h\sum_{h'}(-1)^{\frac{1}{2}(h-1)}q^{\frac{1}{2}nhh'}(q^{hs}+q^{-hs}),$$

$$\frac{\varkappa K}{\pi}\cos\operatorname{am}\frac{4rK}{n}=2\sum_h\sum_{h''}(-1)^{\frac{1}{2}(h-1)}q^{\frac{1}{2}hh''}\cos\frac{2rh''\pi}{n},$$

wo die auf h, h', h'' bezüglichen Summationen auf alle *positiven* ungraden Zahlen zu erstrecken sind, und also

$$\varepsilon\varkappa K\sum_{r=0}^{r=n-1}\cos\frac{4rs\pi}{n}\cos\operatorname{am}\frac{4rK}{n}=n\lambda\Lambda\sin\operatorname{coam}\left(\frac{2s\Lambda' i}{n},\lambda\right),$$

da bei der Summation in Beziehung auf die n Werthe von r alle diejenigen Theile

$$2\sum_r\cos\frac{4rs\pi}{n}\cos\frac{2rh''\pi}{n}$$

oder

$$\sum_r\cos\frac{2r(h''+s)\pi}{n}+\sum_r\cos\frac{2r(h''-s)\pi}{n}$$

wegfallen, in denen $h''+s$ oder $h''-s$ nicht durch n theilbar ist, so dass, wenn die ganze Zahl $s<\frac{1}{2}n$ vorausgesetzt wird, nur diejenigen Werthe von h'' beizubehalten sind, für welche resp.

$$h''=nh'-2s,\quad h''=nh'+2s$$

und h' irgend eine positive ungrade Zahl ist. Es ist hier im Anschluss an die Bezeichnungen der Fundamenta

$$\Lambda=\frac{\mu K}{n},\quad \Lambda'=\mu K'$$

gesetzt. Die entwickelte Formel und die ganz ebenso abzuleitende für *sin am* kann man auch folgendermaassen darstellen:

$$\text{(I)}\qquad\begin{aligned}&\sum_{r=0}^{r=n-1}\sin\frac{4rs\pi}{n}\sin\operatorname{am}\frac{4rK}{n}=\frac{i\lambda\mu}{\varkappa}\sin\operatorname{am}\left(\frac{2s\Lambda' i}{n},\lambda\right)\\&\sum_{r=0}^{r=n-1}\cos\frac{4rs\pi}{n}\cos\operatorname{am}\frac{4rK}{n}=\frac{\varepsilon\lambda\mu}{\varkappa}\sin\operatorname{coam}\left(\frac{2s\Lambda' i}{n},\lambda\right),\end{aligned}$$

und diese Formeln gelten für jede beliebige ganze Zahl s, auch für $s=0$. Sie ver-

[1]) *Jacobi*, Werke, Bd. I, S. 157.

wandeln sich bei Anwendung der Transformations-Gleichungen No. 16 sqq. p. 48 der Fundamenta[1]) in folgende:

$$\text{(Ia)} \quad \begin{aligned} \sum_{r=0}^{r=n-1} \sin\frac{4rs\pi}{n} \sin\operatorname{am}\frac{4rK}{n} &= i\sum_{r=0}^{r=n-1} \sin\operatorname{am}\frac{4rK+2sK'i}{n} \\ \sum_{r=0}^{r=n-1} \cos\frac{4rs\pi}{n} \cos\operatorname{am}\frac{4rK}{n} &= s\sum_{r=0}^{r=n-1} \sin\operatorname{coam}\frac{4rK+2sK'i}{n}, \end{aligned}$$

welche auch direct auf dem angegebenen Wege mit Hilfe der Entwickelungen No. 15, 19 und 21 pag. 101 der Fundamenta[2]) verificirt werden können. Endlich führt dieselbe Methode zu der Gleichung

$$\text{(II)} \qquad \Sigma \omega^{4rs} \sin\operatorname{am}\frac{4rK+4sK'i}{n} = 0,$$

in welcher die Summation entweder auf die n Werthe $r = 0, 1, \ldots n-1$ oder auf die n Werthe $s = 0, 1, \ldots n-1$ zu erstrecken ist. Die Gleichung (II) kommt schon bei *Abel* in *Crelle*'s Journal Bd. IV p. 241[3]) (Oeuvres complètes I p. 331) vor, nur dass a. a. O. die mit sin am multiplicirten $n$ten Wurzeln der Einheit nicht näher bestimmt sind. Die Gleichung repräsentirt, wenn in Beziehung auf r summirt wird, $(n-1)$ Gleichungen für die $(n-1)$ Werthe $s = 1, 2, \ldots n-1$ und ergiebt also die $n$ten Wurzeln der Einheit rational (als Quotienten von Determinanten) dargestellt durch die Wurzeln der betreffenden Theilungsgleichung der elliptischen Functionen. — Die Formeln (I) und (II) lassen sich auch aus der *Jacobi*'schen Formel No. 1 im 4. Bande des *Crelle*'schen Journals pag. 190[4]) ableiten oder auch aus derjenigen, welche Hr. *Hermite* im 32. Bande desselben Journals p. 287[5]) angegeben hat, und welche zu jener *Jacobi*'schen Formel führt.

Die oben zuerst entwickelte Formel (𝔄) geht mit Benutzung der letzteren von den beiden Formeln I in folgende über:

$$\frac{s\lambda\mu}{\varkappa} \cdot \frac{\sum_r \omega^{-4rs}\sqrt{\lambda_{4r}\mu_{4r}}}{\sum_r \omega^{-4rs}\sqrt{\lambda\mu_{4r}}} = \sum_r \cos\frac{4rs\pi}{n} \cos\operatorname{am}\frac{4rK}{n},$$

---

1) *Jacobi*, Werke, Bd. I, S. 99.
2) *Jacobi*, Werke, Bd. I, S. 157.
3) *Abel*, Oeuvres T. I, p. 523.
4) *Jacobi*, Werke, Bd. I, S. 272.
5) *Hermite*, Oeuvres T. I, p. 18 et seq.

und hieraus folgt eine bemerkenswerthe Darstellung von Wurzeln der Theilungsgleichung durch die der Modulargleichung:

$$\text{(III)}\qquad \cos\operatorname{am}\frac{4tK}{n} = \frac{s\lambda\mu}{\varkappa n}\sum_{s}\cos\frac{4st\pi}{n}\cdot\frac{\sum\limits_{r}\omega^{-4rs^2}\sqrt{\lambda_{4r}\mu_{4r}}}{\sum\limits_{r}\omega^{-4rs^2}\sqrt{\lambda\mu_{4r}}} \qquad (r, s = 0, 1, \ldots n-1),$$

Aus der identischen Gleichung am Ende von pag. 47[1]) der Fundamenta folgt mit Hilfe der ersten der beiden Formeln (I), dass der Ausdruck

$$\text{(IV)}\qquad s\prod_{r}\left(s^2 - \sin^2\operatorname{am}\frac{2rK}{n}\right) + 2i\sum_{t}\sin\frac{4st\pi}{n}\sin\operatorname{am}\frac{4tK}{n}\cdot\prod_{r}\left(s^2 - \frac{1}{\varkappa^2\sin^2\operatorname{am}\frac{2rK}{n}}\right)$$
$$\left(r, t = 1, 2, \cdots \tfrac{1}{2}(n-1)\right)$$

mit dem Producte

$$\prod_{r}\left(s - \sin\operatorname{am}\frac{4rK + 2sK'i}{n}\right) \qquad (r = 0, 1, \ldots n-1)$$

vollständig übereinstimmt. Jener Ausdruck (IV) verschwindet also für $s = \sin\operatorname{am}\frac{2sK'i}{n}$ und *es ist daher* $\sin\operatorname{am}\frac{2sK'i}{n}$ *Wurzel einer Gleichung nten Grades, deren Coefficienten rationale Functionen von*

$$e^{\frac{2\pi i}{n}},\ \varkappa^2 \ \text{ und } \ \sin\operatorname{am}\frac{2K}{n}$$

sind. Die Gleichung ist eine *Abel*'sche und es geht unmittelbar aus derselben hervor, dass für jede beliebige Zahl r und s

$$\sin\operatorname{am}\frac{4rsK + 2sK'i}{n}$$

sich als das Product zweier Factoren darstellen lässt, von denen der eine

$$\sum_{t=1}^{t=n-1}\omega^{2st}\sin\operatorname{am}\frac{4tK}{n},$$

der andere eine rationale Function der Grössen

$$\varkappa^2,\ \lambda^2,\ \sin^2\operatorname{am}\frac{4rsK + 2sK'i}{n}$$

ist. Daraus folgt, dass das Verhältniss der beiden Producte

$$\prod_{s}\sin\operatorname{am}\frac{4rsK + 2sK'i}{n},\quad \prod\sin\operatorname{am}\frac{2sK}{n} \qquad \left(s = 1, 2, \cdots \tfrac{1}{2}(n-1)\right)$$

[1]) *Jacobi*, Werke, Bd. I, S. 98.

und also auch jeder Quotient

$$\sqrt{\frac{\mu_{4r}}{\mu}}, \quad \sqrt{\frac{\lambda_{4r}\mu_{4r}}{\lambda\mu}} \qquad (r=0, 1, \dots n-1)$$

sich als rationale Function der Grössen

$$\varkappa^2, \lambda^2, \lambda_{4r}^2$$

ausdrücken lässt. Die Formel (III) ergiebt hiernach $\sin^2 \operatorname{am} \frac{2K}{n}$ als rationale Function von

$$e^{\frac{2\pi i}{n}}, \varkappa^2, \lambda^2, \lambda_0^2, \lambda_1^2, \dots \lambda_{n-1}^2$$

dargestellt, und zwar ist dieselbe in Bezug auf die letzten n Grössen λ^2 cyklisch, wie aus den algebraischen Eigenschaften der Modulargleichung vorauszusehen war. Dass eine solche Darstellung möglich ist, hat schon *Jacobi* im *Crelle*'schen Journal Bd. 4 pag. 193[1]) Art. VI erwähnt und in einem seiner Briefe an *Legendre*[2]) (*Borchardt*'s Journal Bd. 80 pag. 257) als bemerkenswerth hervorgehoben, ohne jedoch irgend eine Andeutung über die Herleitungsweise beizufügen. Dass an beiden citirten Orten sin am selbst steht, muss auf einem Versehen beruhen; denn es ist klar, dass nur das *Quadrat* von sin am als rationale Function der Moduln ausdrückbar ist, da der Affect der Modulargleichung bekanntlich für eine Primzahl n von der Ordnung $\frac{1}{2}n(n^2-1)$ ist, und also die Ordnung jeder algebraischen Function von $\varkappa$, die eine rationale Function der $(n+1)$ Moduln λ ist, nur ein Theiler von $\frac{1}{2}n(n^2-1)$ sein kann.

Die Existenz einer *Abel*'schen Gleichung $n$ten Grades für $\sin \operatorname{am} \frac{2K'i}{n}$, deren Coëfficienten rationale Functionen von ω, $\varkappa^2$ und $\sin \operatorname{am} \frac{2K}{n}$ sind, führt unmittelbar zum Affect der Theilungsgleichung oder des primitiven Factors derselben, welcher nur alle diejenigen Wurzeln

$$\sin \operatorname{am} \frac{4rK + 2sK'i}{n}$$

enthält, bei denen nicht alle drei Zahlen n, r, s einen gemeinsamen Theiler haben. Die Anzahl dieser Wurzeln ist nämlich, wenn sämmtliche Primfactoren von n mit p bezeichnet werden,

$$n^2 \prod_p \left(1 - \frac{1}{p^2}\right),$$

---

1) *Jacobi*, Werke, Bd. I, S. 275.

2) *Jacobi*, Werke, Bd. I, S. 436.

und es ist daher bei Adjunction der $n$ten Wurzel der Einheit ω die Ordnung des Affects oder der Grad des irreductibeln Theils des Gleichungssystems

$$y = \sin\operatorname{am}\frac{2K}{n},\quad z = \sin\operatorname{am}\frac{2K'i}{n}$$

höchstens gleich dem $n$fachen jener Zahl d. h. höchstens gleich

$$n^3\prod_p\left(1-\frac{1}{p^2}\right).$$

Nun ist aber die Anzahl der verschiedenen Lösungen der Congruenz

$$ad - bc \equiv 1 \bmod n$$

genau gleich eben jener Zahl
$$n^3\prod_p\left(1-\frac{1}{p^2}\right);$$

denn für $n = p^\alpha$ giebt es $p^{3\alpha-1}(p-1)$ Lösungen, bei denen a prim zu p ist und b, c beliebig sind und noch $p^{3\alpha-2}(p-1)$ Lösungen, bei denen a durch p theilbar, b prim zu p und d beliebig ist, und aus je zwei Lösungen zweier Congruenzen

$$a_1d_1 - b_1c_1 \equiv 1 \bmod n_1,\quad a_2d_2 - b_2c_2 \equiv 1 \bmod n_2$$

lässt sich, falls n_1 und n_2 relativ prim sind, eine Lösung der Congruenz

$$ad - bc \equiv 1 \bmod n_1n_2$$

zusammensetzen. Da ferner der irreductible Theil jenes Gleichungssystems in der That für alle Werthsysteme

$$(8)\qquad y = \sin\operatorname{am}\frac{2aK + 2bK'i}{n},\quad z = \sin\operatorname{am}\frac{2cK + 2dK'i}{n}$$

erfüllt sein muss, bei denen $ad - bc \equiv 1 \bmod n$ ist, also der Grad desselben oder die Ordnung des Affects *mindestens* gleich

$$n^3\prod_p\left(1-\frac{1}{p^2}\right)$$

sein muss, so giebt diese Zahl genau die Ordnung des Affects an. Wenn daher $F(y^2, \varkappa^2) = 0$ den primitiven Factor der Theilungsgleichung und $\Phi(y, z, \varkappa^2, \omega)$ den Ausdruck IV bedeutet, sofern man sich darin $\sin\operatorname{am}\frac{2rK}{n}$ und $\sin\operatorname{am}\frac{4iK}{n}$ als rationale Functionen von $\sin\operatorname{am}\frac{2K}{n}$ und $\varkappa^2$ ausgedrückt und alsdann $\sin\operatorname{am}\frac{2K}{n}$ durch y ersetzt denkt, so genügen dem Gleichungssystem

$$F(y^2, \varkappa^2) = 0,\quad \Phi(y, z, \varkappa^2, \omega) = 0$$

jene

$$n^2 \prod_p \left(1 - \frac{1}{p^2}\right)$$

Werthe (𝔅) und keine andern, und es ist dabei in dem Sinne irreductibel, dass kein System von Gleichungen in y, z, deren Coefficienten rational in $\varkappa$ sind, durch die Werthe

$$y = \sin\operatorname{am}\frac{2K}{n}, \quad z = \sin\operatorname{am}\frac{2K'i}{n}$$

befriedigt werden kann, ohne zugleich die sämmtlichen Werthsysteme (𝔅) zu enthalten. — Ist n Primzahl und also $F(y^2, \varkappa^2)$ in Beziehung auf y vom Grade $(n^2 - 1)$, so zerfällt F bei Adjunction von $e^{\frac{2\pi i}{n}}$ und $\sin\operatorname{am}\frac{2K}{n}$ in $(n-1)$ lineare Factoren und in $(n-1)$ Factoren vom Grade n; die letzteren unterscheiden sich untereinander nur durch die $(n-1)$ verschiedenen $n$ten Wurzeln der Einheit, und jeder derselben ist durch den Ausdruck IV gegeben, wenn darin die Variable z durch y ersetzt wird.

Die Gleichung $F(x, \varkappa^2) = 0$, deren Wurzeln $x = \sin^2\operatorname{am}\frac{2K}{n}$ etc. sind, ist vom Grade

$$\frac{1}{2} n^2 \prod_p \left(1 - \frac{1}{p^2}\right),$$

hat also einen Affect von der Ordnung

$$\frac{1}{2} n^3 \prod_p \left(1 - \frac{1}{p^2}\right),$$

und da sich, wie schon *Jacobi* ausgesprochen hat, die Wurzeln x durch die Wurzeln der Modulargleichung rational ausdrücken lassen, so muss der Affect der Gleichung $F(x, \varkappa^2) = 0$ mit demjenigen des primitiven Factors der Modulargleichung übereinstimmen. Diese primitive Gleichung ist vom Grade

$$n \prod_p \left(1 + \frac{1}{p}\right),$$

und da die Ermittelung ihres Affects keine Schwierigkeiten bietet, so konnte aus dem *Jacobi*'schen Ausspruche, wie oben in den einleitenden Worten erwähnt worden ist, auf den Affect der Theilungsgleichung geschlossen werden. Ebenso konnte aus den schon bei *Abel* vorkommenden Gleichungen (II) a priori die Existenz einer Gleichung

$$\Phi\left(\sin\operatorname{am}\frac{2K}{n},\ \sin\operatorname{am}\frac{2K'i}{n}, \varkappa^2, \omega\right) = 0$$

erschlossen werden; denn setzt man in (II) die Zahl $s = \frac{1}{2}(n+1)$, und denkt man sich alsdann die sin am darin als rationale Functionen von

$$\sin\operatorname{am}\frac{2K}{n},\ \sin\operatorname{am}\frac{2K'i}{n},\ \varkappa^2$$

ausgedrückt, so erhält man eine Gleichung von der Form

$$\Psi\left(\sin\operatorname{am}\frac{2K}{n},\ \sin\operatorname{am}\frac{2K'i}{n},\ \varkappa^2,\ \omega\right) = 0,$$

und man ersieht unmittelbar, dass die beiden Gleichungen

$$F(z^2, \varkappa^2) = 0,\quad \Psi\left(\sin\operatorname{am}\frac{2K}{n},\ z,\ \varkappa^2,\ \omega\right) = 0$$

nur die n Wurzeln

$$z = \sin\operatorname{am}\frac{4rK + 2K'i}{n} \qquad (r=0,1,\ldots n-1)$$

gemein haben können, dass also wirklich eine Gleichung

$$\Phi\left(\sin\operatorname{am}\frac{2K}{n},\ z;\ \varkappa^2,\ \omega\right) = 0$$

existiren muss, welche in Beziehung auf z vom Grade n ist.

Die fundamentale Natur der Theilungsgleichung zeigt sich vor Allem darin, dass ihre Discriminante nur wesentliche Factoren oder nur Factoren der Discriminante der Gattung enthält, diesen Ausdruck in dem Sinne genommen wie im Monatsbericht von 1874 pag. 447.[1]) Geht man nämlich von den zwei Hauptformeln für die Θ-Function aus, welche in *Jacobi*'s Fundamenta auf pag. 145 mit No. 2[2]) und auf pag. 152 mit No. 3[3]) bezeichnet sind, so gelangt man unmittelbar zu der Gleichung[4])

$$\prod_{m,m'}\left(1 - \varkappa^2\sin^2\operatorname{am} u \sin^2\operatorname{am}\frac{4mK + 4m'K'i}{n}\right) = \Theta(0)^{n^2-1}\cdot\frac{\Theta(nu)}{\Theta(u)^{n^2}},$$
$$\left(1 \leqq m < \tfrac{1}{2}n,\ 0 \leqq m' < n \text{ und } m = 0,\ 1 \leqq m' < \tfrac{1}{2}n\right)$$

und hieraus folgt mittels der Additionsformel

$$\sin^2\operatorname{am} u - \sin^2\operatorname{am} v = \sin\operatorname{am}(u+v)\sin\operatorname{am}(u-v)\left(1 - \varkappa^2\sin^2\operatorname{am} u \sin^2\operatorname{am} v\right),$$

[1]) Bd. I, S. 488 dieser Ausgabe von *L. Kronecker*'s Werken. H
[2]) *Jacobi*, Werke, Bd. I, S. 198. H
[3]) *Jacobi*, Werke, Bd. I, S. 204. H
[4]) Vgl. Zusatz 78 am Ende dieses Bandes. H

dass das Product der sämmtlichen $\frac{1}{8}(n^2-1)(n^2-3)$ Differenzen der $\frac{1}{2}(n^2-1)$ Grössen

$$\varkappa \sin^2 \operatorname{am} \frac{2mK+2m'K'i}{n} \qquad \left(\begin{matrix} m=0;\ m'=1,2,\ldots \frac{1}{2}(n-1) \\ 0<m<\frac{1}{2}n;\ 0 \leqq m' < n \end{matrix}\right)$$

gleich[1])

$$(en)^{\frac{1}{2}(n^2-3)}\left(4\varkappa-\frac{4}{\varkappa}\right)^{\frac{1}{12}(n^2-1)(n^2-3)}$$

ist. Die Discriminante der Theilungsgleichung ergiebt daher nur die wirklich kritischen Werthe $\varkappa=\infty, 0, \pm 1$, während die Discriminanten abgeleiteter Gleichungen wie z. B. die der Modular- und Multiplicator-Gleichungen noch ausserwesentliche Factoren enthalten, die als solche für die Gattung algebraischer Functionen von $\varkappa$, welche durch die Gleichung definirt werden, ohne alle Bedeutung sind. Das angedeutete Verhältniss ist ganz ähnlich, wie das der Gleichung $x^{p-1}+x^{p-2}+\cdots+1=0$ (p Primzahl) zu den daraus abgeleiteten Gleichungen für die *Gauss*'schen Perioden. Wenn bei den Modulargleichungen grade auch die ausserwesentlichen Factoren der Discriminante insofern eine Bedeutung haben, als sie für die singulären Werthe des Moduls verschwinden, so liegt dies nur darin, dass zwei verschiedene transformirte Moduln für die Ordnung n aus einander durch eine Transformation der Ordnung n^2 entstehen, und dass überhaupt die Gleichsetzung eines Moduls mit einem transformirten zu jenen Moduln führt, welche ich singuläre genannt habe. Aber die Beschränkung auf eine *quadratische* Ordnungszahl ist hierbei ganz unwesentlich und in Beziehung auf tiefere algebraische und arithmetische Untersuchungen sogar nachtheilig.

NACHTRÄGLICHE NOTIZ VOM 10. APRIL 1876.

In einem aus Christiania vom 4. April d. J. datirten Briefe macht Hr. *Sylow* mich darauf aufmerksam, dass er bereits vor einigen Jahren die Frage behandelt habe, welche in meiner Mittheilung vom 19. Juli v. J. den Ausgangspunkt bildet. Hr. *Sylow* hat die Güte gehabt, mir gleichzeitig einen Separatabdruck seiner mir bis dahin unbekannt gebliebenen Notiz (*Om den Gruppe af Substitutioner, der tilhorer Ligningen for Division af Perioderne ved de elliptiske Funktioner. Af L. Sylow. Saerskilt aftrykt af Vidensk.-Selsk. Förhandlinger for 1871.*) zu übersenden und eine deutsch geschriebene Erläuterung beizufügen. Daraus ersehe ich, dass die *Sylow*'sche Deduction ganz auf den in meiner Abhandlung (Monatsbericht 1875. S. 501)[2]) mit

[1]) Vgl. Zusatz 74 am Ende dieses Bandes. H

[2]) Bd. IV, S. 266 dieser Ausgabe von *L. Kronecker*'s Werken. H

(II) bezeichneten *Abel*schen Formeln beruht und ihrem eigentlichen Inhalte nach mit der Betrachtung übereinstimmt, welche ich dort in der Einleitung angedeutet und auf S. 506[1]) (Zeile 9 bis 21) vollständig ausgeführt habe. Diese Deduction führt allerdings zur Bestimmung des Affects der Theilungsgleichung, denn sie zeigt, wie aus jenen *Abel*schen Formeln a priori die Existenz einer Gleichung zu erschliessen ist, deren Wurzeln die n Grössen

$$\sin \operatorname{am} \frac{4rK + 2K'i}{n} \qquad (r = 0, 1, \ldots, n-1)$$

und deren Coëfficienten rationale Functionen von $\sin \operatorname{am} \frac{2K}{n}$, $\varkappa^2$ und ω sind, aber für die wirkliche Aufstellung dieser Gleichung, für die Ermittelung ihrer Eigenschaften und für die Wiederauffindung jener damit zusammenhängenden (schon von *Jacobi* angegebenen) Eigenschaften der Modulargleichung bedurfte es anderweiter Hülfsmittel der Untersuchung.

[1]) Bd. IV, S. 271 (Zeile 1 bis 12) dieser Ausgabe von *L. Kronecker*'s Werken. H

ÜBER DEN VIERTEN GAUSS'SCHEN BEWEIS DES RECIPROCITÄTSGESETZES FÜR DIE QUADRATISCHEN RESTE

VON

L. KRONECKER.

Monatsberichte der Königlich Preussischen Akademie der Wissenschaften zu Berlin vom Jahre 1880. S. 686—698 und S. 854—860.

ÜBER DEN VIERTEN GAUSS'SCHEN BEWEIS DES RECIPROCITÄTS-GESETZES FÜR DIE QUADRATISCHEN RESTE.

[Gelesen in der Akademie der Wissenschaften am 29. Juli und 28. Oktober 1880].

Gauß hat im Art. 33 seiner Abhandlung *Summatio quarumdam serierum singularium*[1]) (19. September 1808) das Reciprocitätsgesetz für die quadratischen Reste als eine Folge der in den vorhergehenden Artikeln erlangten vollständigen Werthbestimmung jener Reihen, die jetzt als *Gauß*sche bezeichnet werden, aufgezeigt, ohne aber die eigentliche Quelle der algebraischen Identitäten anzugeben, welche den Ausgangspunkt der ganzen Entwickelungen bilden. Als nun im Jahre 1837 *Dirichlet* im 17. Bd. des *Crelle*schen Journals[2]) die *Gauß*schen Reihen mittels bestimmter Integrale summirte und im letzten Paragraphen seines Aufsatzes die *Gauß*sche Ableitung des Reciprocitätsgesetzes reproducirte, konnte man wohl in den *Dirichlet*schen Integral-Betrachtungen eine neue Beweismethode für dieses Fundamentaltheorem der Theorie der quadratischen Reste sehen. Wenige Jahre nach *Dirichlet*, im Jahre 1840, hat aber *Cauchy* im V. Bande des *Liouville*schen Journals pag. 154 sqq. einen Aufsatz veröffentlicht, in welchem er die vollständige Bestimmung der *Gauß*schen Reihen aus einer von ihm früher publicirten Formel herleitete und eine werthvolle Bemerkung über einen daraus hervorgehenden Beweis des Reciprocitätsgesetzes daran knüpfte. *Cauchy* sagt in der Einleitung von jener Bestimmung: „... et cette détermination, comme l'ont observé MM. *Gauß* et *Dirichlet*, est un problème, qui présente de grandes difficultés. Les méthodes à l'aide desquelles on est parvenu jusqu'ici à surmonter cet obstacle, sont celles que M. *Gauß* a developpées dans son beau Mémoire, qui a pour titre: "summatio serierum quarundam singularium" et celle que M. *Dirichlet* a déduite de la considération des intégrales définies. En réfléchissant sur cette matière j'ai été assez heureux pour trouver d'autres moyens de parvenir au même but; et d'abord il est assez remarquable, que la formule de

---

[1]) *Gauß*, Werke, Bd. II, S. 11.

[2]) *Dirichlet*, Werke, Bd. I, S. 259.

Gauß, qui détermine complètement les sommes alternées avec leur signe, se trouve comprise comme cas particulier dans une autre formule que j'ai donnée en 1817 dans le Bulletin de la Société Philomatique. Cette dernière formule, qui parut digne d'attention à l'auteur de la Mécanique céleste, sert à la transformation d'une somme d'exponentielles dont les exposants croissent comme les carrés des nombres naturels; et lorsqu'on attribue à ces exposants des valeurs imaginaires, on retrouve avec la formule de M. *Gauß* la loi de réciprocité, qui existe entre deux nombres premiers." Dieser *Cauchy*sche Weg zur Bestimmung der *Gauß*schen Reihen führt auf die eigentliche Quelle der *Dirichlet*schen Methode; denn die Transformation der θ-Reihen, auf welche sich die *Cauchy*sche Entwickelung gründet, wird von *Jacobi* mittels derselben Methode hergeleitet, welche *Dirichlet* auf die Summation der Reihen

$$\sum_{i=0}^{i=q-1} \sin\frac{2i^2\pi}{q}, \quad \sum_{i=0}^{i=q-1} \cos\frac{2i^2\pi}{q}$$

anwendet. Da nun bei *Cauchy* die θ-Reihen an der Grenze der Convergenz benutzt werden, so beschränkt sich der Unterschied zwischen der *Cauchy*schen und der *Dirichlet*schen Methode nur darauf, daß in der einen der Grenzübergang nach Herleitung der Transformationsformel, in der andern vorher gemacht wird. Aber die von *Cauchy* zuerst bemerkte Beziehung zwischen der linearen Transformation der θ-Reihen und der Werthbestimmung der *Gauß*schen Reihen ist noch enger, als wohl *Cauchy* vermuthet hat. Beides ist mit einander vollkommen äquivalent; denn es läßt sich nicht nur, wie bei *Cauchy*, die Werthbestimmung der *Gauß*schen Reihe aus der θ-Transformation sondern auch umgekehrt diese aus jener ableiten, und wenn dabei wiederum jene andern Entwickelungen *Cauchy*s zur Verwendung kommen, welche die Grundlagen der Functionentheorie bilden, so ist dies wohl geeignet, die Bedeutung *Cauchy*scher Forschungen für den Fortschritt der mathemetischen Erkenntniß in ein helles Licht zu setzen. Das Merkwürdige der erwähnten Beziehung zwischen der θ-Transformation und der Werthbestimmung der *Gauß*schen Reihen tritt aber noch mehr hervor, wenn man die nahe Beziehung der letzteren zum Reciprocitätsgesetz ins Auge faßt und darnach erkennt, daß durch die *Gauß*schen Reihen ein Zusammenhang zwischen der Transformationsgleichung der θ-Reihen und der Reciprocitätsgleichung für die quadratischen Reste vermittelt wird, der die beiden auf so ganz verschiedenen Gebieten liegenden Resultate als gewissermaaßen äquivalent zu bezeichnen gestattet.

Um den Zusammenhang klar zu legen, werde ich den bekannten *Cauchy*-schen Satz in Kurzem entwickeln und alsdann auch die θ-Transformation unmittelbar darauf gründen.

Ist $f(x, y)$ eine eindeutige Function, deren erste und zweite Ableitungen in einem von einer geschlossenen Curve umgrenzten Gebiete durchweg endlich sind, so ist das über diese Curve erstreckte Integral $\int df(x, y)$ gleich Null.[1]) Wenn nämlich in einem Theilgebiete die Coordinaten x, y eindeutig als Functionen von r und s

$$x = \varphi(r, s), \quad y = \psi(r, s)$$

ausgedrückt werden, und zwar so, daß das Gebiet durch eine Schaar geschlossener Curven erfüllt ist, von denen jede dadurch charakterisirt ist, daß r fest bleibt und s von 0 bis 1 variirt, während die Schaar entlang r von 0 bis 1 geht, so sind die Punkte $x = \varphi(r, 0)$, $y = \psi(r, 0)$ durchweg mit den Punkten $x = \varphi(r, 1)$, $y = \psi(r, 1)$ identisch und die Begrenzung des Gebiets wird durch die beiden Curven

$$x = \varphi(0, s), \quad y = \psi(0, s)$$
$$x = \varphi(1, s), \quad y = \psi(1, s)$$

gebildet. Das über jenes Theilgebiet erstreckte Integral

$$\iint \frac{\partial^2 f(\varphi, \psi)}{\partial r\, \partial s}\, dr\, ds$$

wird daher, je nachdem mit der einen oder der andern Integration begonnen wird,

$$\int_0^1 \left(\frac{\partial f}{\partial s}\right)_{r=0}^{r=1} ds \quad \text{oder} \quad \int_0^1 \left(\frac{\partial f}{\partial r}\right)_{s=0}^{s=1} dr,$$

und da der Werth von $\frac{\partial f}{\partial r}$ für $s = 0$ und $s = 1$ derselbe ist, so folgt, daß der Werth des Integrals

$$\int_0^1 \left(\frac{\partial f}{\partial s}\right)_{r=0}^{r=1} ds \quad \text{oder} \quad \int_0^1 \left(\frac{\partial f}{\partial x}\frac{\partial \varphi}{\partial s} + \frac{\partial f}{\partial y}\frac{\partial \psi}{\partial s}\right)_{r=0}^{r=1} ds$$

oder also des über die ganze Begrenzung des Theilgebietes erstreckten Integrals

$$\int df(x, y)$$

in der That verschwindet. Das ursprünglich gegebene Gesammtgebiet kann nun in lauter solche Theilgebiete zerlegt werden; es kann ferner angenommen werden, daß

[1]) Vgl. Zusatz 75 am Ende dieses Bandes.

die Ableitungen $\frac{\partial f}{\partial x}$ und $\frac{\partial f}{\partial y}$ außerhalb des Gebietes überall den Werth Null haben. In Folge dessen kann jenes Resultat dahin formulirt werden, daß

$$\text{(I)} \qquad \int df(x, y) = 0$$

wird, wenn die Integration über die gesammte „natürliche Begrenzung" erstreckt wird, d. h. über eine Linie, die alle Flächentheile aus- oder abschließt und alle *Linien* und Punkte umschließt, in denen die ersten und zweiten Ableitungen von f jene Bedingung, endliche Werthe zu haben, nicht erfüllen. Man sieht aber zugleich, daß unbeschadet des Resultats Theile der natürlichen Begrenzung weggelassen werden können, welche einzelne Punkte umschließen, in denen die ersten Ableitungen von f unstetig aber zugleich endlich sind, und solche, die ganze Linien von endlicher Länge umschließen, in denen die Bedingung der Endlichkeit der zweiten Ableitungen nicht mehr erfüllt ist, während die Stetigkeit der ersten Ableitungen bestehen bleibt. Für die nachher zu machende Anwendung ist aber noch hervorzuheben, daß für ein Gebiet, in welchem die Punkte durch

$$x = \varphi(r, s), \quad y = \psi(r, s); \qquad r = 0 \text{ bis } 1,\ s = 0 \text{ bis } 1,$$

dargestellt sind, das Resultat

$$\int_0^1 \left(\frac{\partial f}{\partial s}\right)_{r=0}^{r=1} ds = 0$$

sich, wenn

$$\frac{\partial f}{\partial x}\frac{\partial \varphi}{\partial s} + \frac{\partial f}{\partial y}\frac{\partial \psi}{\partial s} = \chi(r, s)$$

gesetzt wird, explicite folgendermaaßen darstellt:

$$\text{(II)} \qquad \lim_{n=\infty} \cdot \frac{1}{n} \sum_{h=0}^{h=n-1} \lim_{r=1} \cdot \chi\left(r, \frac{h}{n}\right) - \lim_{n=\infty} \cdot \frac{1}{n} \sum_{h=0}^{h=n-1} \lim_{r=0} \cdot \chi\left(r, \frac{h}{n}\right) = 0,$$

wobei die Reihenfolge der Grenzoperationen besonders zu beachten ist.

Schließlich ist daran zu erinnern, daß die *Cauchy*sche Darstellung der Function einer complexen Veränderlichen z:

$$F(z) = \frac{1}{2\pi i}\int \frac{F(\zeta)}{\zeta - z} d\zeta$$

nur ein Corollar der vorstehenden Entwickelung ist, und daß hieraus wiederum ganz unmittelbar die Sätze folgen, daß wenn $F(z)$ auf der ganzen Begrenzung constant oder wenn es auch im Unendlichen durchweg endlich bleibt, es nothwendig überall constant sein muß.

Dies vorausgeschickt soll nunmehr die lineare Transformation der θ-Reihen mit Hülfe der *Cauchy*schen Betrachtungen entwickelt werden.[1])

Bedeutet u eine Größe, deren absoluter Betrag größer als Eins ist, so ist die auf alle unendlich vielen Werthe von $\log z$ bezügliche Summe

$$\sum u^{(\log z)^2}$$

eine eindeutige Function von z. Bezeichnet man dieselbe mit $F(z)$, so ist

$$F(z) = \frac{1}{2\pi i}\int \frac{F(\zeta)}{\zeta - z}\, d\zeta,$$

wenn die Integration im gewöhnlichen Sinne über einen Kreis mit dem Radius r und im entgegengesetzten Sinne über einen Kreis mit dem Radius $\frac{1}{r}$ erstreckt wird, vorausgesetzt, daß der absolute Betrag von z zwischen r und $\frac{1}{r}$ liegt, und daß $r > 1$ ist. Die Entwickelung nach Potenzen von z ergiebt hiernach als Coefficienten sowohl für z^n als für z^{-n} für jede nicht negative ganze Zahl n:

$$\frac{1}{2\pi i}\int F(\zeta)\cdot \zeta^{-n}\, d\log\zeta,$$

wenn die Integration über den Kreis mit dem Radius r oder also auch über irgend eine den Punkt $\zeta = 0$ umschließende Curve erstreckt wird. Setzt man

$$-\frac{n}{2\log u} = \log\sigma,$$

so ist

$$\zeta^{-n} F(\zeta) = u^{-(\log\sigma)^2} \sum u^{(\log\sigma\zeta)^2} = e^{-\frac{n^2}{4\log u}} \cdot F(\sigma\zeta),$$

und da

$$\int F(\zeta)\, d\log\zeta$$

ungeändert bleibt, wenn $\sigma\zeta$ statt ζ gesetzt, d. h. über eine andere ebenfalls den Punkt $\zeta = 0$ umschließende Curve integrirt wird, so erhält man als Coefficienten von z^n und z^{-n} den Ausdruck

$$\frac{1}{2\pi i} v^{-n^2\pi} \int F(\zeta)\, d\log\zeta,$$

wo v mit u durch die Relation $4\pi \log u \cdot \log v = 1$ verbunden ist. Integrirt man in Bezug auf ζ über den Kreis mit dem Radius 1, so geht dieser Ausdruck unmittelbar in folgenden über:

$$v^{-n^2\pi} \int_{-\infty}^{+\infty} u^{-4\pi^2 w^2}\, dw$$

[1]) Vgl. Zusatz 76 am Ende dieses Bandes.

oder in

$$\frac{v^{-n^2\pi}}{\varphi+\psi i}\int e^{-\pi s^2}\,ds,$$

wenn die Quadratwurzel der complexen Größe $4\pi\log u$ mit $\varphi+\psi i$ bezeichnet, dabei φ positiv genommen und die Integration über die grade Linie $s=w(\varphi+\psi i)$ d. h. über die Linie $x\psi=y\varphi$ erstreckt wird. Der Winkel, den diese Linie mit der x-Achse bildet, ist unter 45°, da der reelle Theil von $\log u$ d. h. also $\varphi^2-\psi^2$ positiv sein muß. Die Integration kann daher, ohne den Integralwerth zu alteriren, über die x-Achse selbst erstreckt werden, da das Resultat der Integration von $y=0$ bis $y=x$ bei festem x für wachsende Werthe von x sich der Null nähert. Hiernach führt die Entwickelung von $F(z)$ nach Potenzen von z zu der Gleichung

$$\sum u^{(\log z)^2}=\left(\sqrt{\log v}\right)\sum_{n=-\infty}^{n=+\infty}v^{-n^2\pi}z^n\int_{-\infty}^{+\infty}e^{-\pi x^2}\,dx,$$

aus welcher sich, wenn man $v=e$, $z=1$ setzt, der Werth des Integrals rechts gleich Eins ergiebt. Setzt man $x=u^{-4\pi}$, $y=v^{-1}$, so geht die Gleichung in folgende über:

$$\text{(III)}\qquad \left(\sqrt{\log\frac{1}{x}}\right)\frac{\sum x^{-\frac{1}{4\pi}(\log z+2n\pi i)^2}}{\sum y^{n^2\pi}z^n}=1,$$

wo die Summationen auf alle Zahlen von $n=-\infty$ bis $n=+\infty$ zu erstrecken sind und für $\log z$ irgend ein bestimmter Werth des Logarithmus zu nehmen ist. Ferner ist hierbei

$$\log x\cdot\log y=1,$$

der absolute Betrag von x so wie der von y ist kleiner als Eins, und die eingeklammerte Quadratwurzel aus einer complexen Größe $\left(\sqrt{re^{2vi}}\right)$ soll den absoluten Werth von $\sqrt{r}$ multiplicirt mit demjenigen Werthe von e^{vi} bedeuten, bei welchem $-\pi<2v\leqq\pi$ ist. Für $z=1$ reducirt sich die Gleichung (III) auf folgende

$$\text{(IV)}\qquad \left(\sqrt{\log\frac{1}{x}}\right)\frac{\sum x^{n^2\pi}}{\sum y^{n^2\pi}}=1.$$

Ist nun der imaginäre Theil von $\log x$ rational, also

$$-\log x=w^2+\frac{\lambda i}{\mu},$$

wo λ und μ ganze Zahlen bedeuten, und läßt man die reelle positive Größe w sich der Null nähern, so wird

$$\lim_{w=0}(\mu w)\sum x^{n^2\pi}=\frac{1}{2}\sum_{k=0}^{k=2\mu-1}e^{-k^2\frac{\lambda\pi i}{\mu}}\int_{-\infty}^{+\infty}e^{-s^2\pi}\,ds$$

oder also, wenn die über ein vollständiges Restensystem k mod. 2μ erstreckte Summe

$$\sum e^{-k^2\frac{\lambda\pi i}{\mu}}$$

mit

$$2G\left(\frac{\lambda i}{\mu}\right)$$

bezeichnet wird:

$$\text{(V)} \qquad \lim_{w=0}(\mu w)\sum x^{n^2\pi} = G\left(\frac{\lambda i}{\mu}\right),$$

da $\int e^{-x^2\pi}dx = 1$ gefunden worden ist. Unter (μw) ist hierbei der absolute Werth von μw zu verstehen. Da nun ferner

$$-\left(1+\frac{\mu^2 w^4}{\lambda^2}\right)\log y = \frac{\mu^2 w^2}{\lambda^2} + \frac{\mu}{\lambda i}$$

ist, so wird

$$\text{(Va)} \qquad \lim_{w=0}(\mu w)\sum y^{n^2\pi} = G\left(\frac{\mu}{\lambda i}\right)$$

und also vermöge der Gleichung (IV)

$$\left(\sqrt{\frac{\lambda i}{\mu}}\right) G\left(\frac{\lambda i}{\mu}\right) = G\left(\frac{\mu}{\lambda i}\right),$$

d. h. es gilt für jeden rationalen, rein imaginären Werth von ϱ die Relation

$$\text{(VI)} \qquad (\sqrt{\varrho})\frac{G(\varrho)}{G\left(\frac{1}{\varrho}\right)} = 1,$$

welche als Grenzausdruck der Gleichung (IV) angesehen werden kann und welche direkt resultirt, wenn die von *Dirichlet* zur Summation der Reihe $G\left(\frac{2i}{\mu}\right)$ benutzte Methode auf die allgemeinere Reihe $G\left(\frac{\lambda i}{\mu}\right)$ angewendet wird. — Für die Ermittelung des Grenzwerthes von $\sum y^{n^2\pi}$ ist nur noch zu bemerken, daß sich zuvörderst nur $G\left(\frac{\mu}{\lambda i}\right)$ als Grenzwerth von $\mu w \sum (\eta y)^{n^2\pi}$ ergiebt, wenn

$$-\log \eta y = \frac{\mu^2 w^2}{\lambda^2} + \frac{\mu}{\lambda i}$$

gesetzt wird, so daß $\log\eta$ von der Ordnung w^4 ist. Alsdann aber läßt sich zeigen, daß durch geeignete Wahl von k die Werthe von jeder der drei Reihen, welche die rechte Seite der Gleichung

$$\sum_{n=-\infty}^{n=+\infty}(\eta y)^{n^2\pi} - \sum_{n=-\infty}^{n=+\infty} y^{n^2\pi} = \sum_{n=-k}^{n=+k}(\eta^{n^2\pi}-1)y^{n^2\pi} + 2\sum_{n=k+1}^{n=\infty}(\eta y)^{n^2\pi} - 2\sum_{n=k+1}^{n=\infty} y^{n^2\pi}$$

bilden, beliebig klein gemacht werden können.

Wenn λ und μ beide ungrade sind, so ist $G\left(\frac{\lambda i}{\mu}\right) = 0$; es sind deshalb nur solche Werthe von ϱ in Betracht zu ziehen, bei denen in der reducirten Form der Zähler oder der Nenner grade ist. Ferner läßt sich der Bruch ϱ stets auf die Form bringen, daß die durch Addition von Zähler und Nenner entstehende ganze complexe Zahl im *Dirichlet*schen Sinne primär ist, d. h. daß der reelle Theil den Rest 1 mod. 4 läßt und der imaginäre Theil grade ist. Man hat also nur Summen

$$G\left(\frac{2\lambda i}{\mu}\right), \quad G\left(\frac{\mu}{2\lambda i}\right)$$

zu betrachten, in denen $\mu \equiv 1$ mod. 4 ist. Setzt man nun

$$\text{(VII)} \qquad \frac{G\left(\frac{2\lambda i}{\mu}\right)}{(\sqrt{\mu})} = \left(\frac{\lambda}{\mu}\right), \quad \frac{G\left(\frac{\mu}{2\lambda i}\right)}{(\sqrt{2\lambda i})} = \left(\frac{\mu}{\lambda}\right),$$

wo in Folge der obigen Festsetzung unter $(\sqrt{\mu})$, je nachdem μ positiv oder negativ ist, die positiv genommene Quadratwurzel aus dem absoluten Werthe von μ oder dieselbe mit i multiplicirt zu verstehen ist, so sind die Werthe von $\left(\frac{\lambda}{\mu}\right)$ und $\left(\frac{\mu}{\lambda}\right)$ stets gleich ± 1, es ist ferner

$$\left(\frac{\mu}{\lambda}\right) = \left(\frac{\lambda}{\mu}\right)(-1)^{\frac{1}{4}(\gamma-1)(\delta-1)},$$

wenn γ, δ die Vorzeichen von λ, μ bedeuten; endlich stimmt der Werth von $\left(\frac{\lambda}{\mu}\right)$ und für den Fall, daß λ ungrade ist, auch der von $\left(\frac{\mu}{\lambda}\right)$ mit dem des verallgemeinerten *Legendre*schen Zeichens überein. Alles dies ist unmittelbar aus den folgenden Haupteigenschaften der *Gauß*schen Reihen G herzuleiten:

$$G(\varrho + 2hi) = G(\varrho), \text{ wenn } h \text{ eine ganze Zahl ist,}$$

$$G(2\lambda i) = 1, \; G\left(\frac{\mu}{2i}\right) = 1 + i, \text{ wenn } \lambda \text{ und } \mu \text{ ganz und } \mu \equiv 1 \text{ mod. } 4 \text{ ist,}$$

$$G\left(\frac{\lambda i}{\mu\nu}\right) = G\left(\frac{\lambda\nu i}{\mu}\right) G\left(\frac{\lambda\mu i}{\nu}\right), \text{ wenn } \lambda, \mu, \nu \text{ zu einander prim sind,}$$

$$(\sqrt{\varrho})G(\varrho) = G\left(\frac{1}{\varrho}\right)$$

$$G(\varrho n^2) = G(\varrho) = \frac{1}{m} G\left(\frac{\varrho}{m^2}\right), \text{ wenn } m \text{ zum Zähler von } \varrho \text{ und } n \text{ zum Nenner von } \varrho \text{ prim ist.}$$

So folgt aus der zuletzt erwähnten Eigenschaft von G, daß

$$G\left(\frac{2\alpha\lambda i}{\mu}\right) = G\left(\frac{2\lambda i}{\mu}\right)$$

ist, wenn μ Primzahl und a quadratischer Rest von μ ist, und da überdies

$$\sum G\left(\frac{2h\lambda i}{\mu}\right)=0$$

wird, wenn man die Summation auf alle Werthe $h=1,2,\ldots\mu-1$ erstreckt, so muß für jeden quadratischen Nichtrest b offenbar

$$G\left(\frac{2b\lambda i}{\mu}\right)=-G\left(\frac{2\lambda i}{\mu}\right),$$

also allgemein

$$G\left(\frac{2r\lambda i}{\mu}\right)=\left(\frac{r}{\mu}\right)G\left(\frac{2\lambda i}{\mu}\right)$$

werden, wo unter $\left(\frac{r}{\mu}\right)$ das *Legendre*sche Zeichen zu verstehen ist. Da also

$$G\left(\frac{2\lambda i}{\mu}\right)=\left(\frac{\lambda}{\mu}\right)G\left(\frac{2i}{\mu}\right),$$

und

$$G\left(\frac{2i}{\mu}\right)=\left(\sqrt{\frac{\mu}{2i}}\right)G\left(\frac{\mu}{2i}\right)=(\sqrt{\mu})$$

ist, so folgt in der That, daß für eine Primzahl μ der Quotient

$$\frac{G\left(\frac{2\lambda i}{\mu}\right)}{(\sqrt{\mu})}$$

mit dem *Legendre*schen Zeichen $\left(\frac{\lambda}{\mu}\right)$ übereinstimmt. Ferner folgt aus der dritten Eigenschaft von G, wenn λ ungrade ist,

$$G\left(\frac{\mu}{2\lambda i}\right)=G\left(\frac{-2\mu i}{\lambda}\right)G\left(\frac{\lambda\mu}{2i}\right).$$

und hieraus ergiebt sich, daß auch der Quotient

$$\frac{G\left(\frac{\mu}{2\lambda i}\right)}{(\sqrt{2\lambda i})}$$

für Primzahlen λ mit dem *Legendre*schen Zeichen $\left(\frac{\mu}{\lambda}\right)$ identisch wird. Endlich führt eben diese dritte Eigenschaft von G zur *Jacobi*schen Verallgemeinerung des *Legendre*schen Zeichens.

In den vorstehenden Entwickelungen hat sich als Grenzwerth von

$$\left(\sqrt{\log\frac{1}{x}}\right)\frac{\sum x^{n^2\kappa}}{\sum y^{n^2\kappa}}$$

für den Fall, daß der reelle Theil von $\log x$ verschwindet, während der imaginäre einen rationalen Werth ϱ hat, der Ausdruck

$$(\sqrt{\varrho})\frac{G(\varrho)}{G\left(\frac{1}{\varrho}\right)}$$

oder, wenn $\varrho = \frac{2\lambda i}{\mu}$ ist, der Ausdruck

$$\frac{\left(\frac{\lambda}{\mu}\right)}{\left(\frac{\mu}{\lambda}\right)}(-1)^{\frac{1}{4}(\nu-1)(\delta-1)}$$

ergeben, und es hat sich gezeigt, daß die Zeichen $\left(\frac{\lambda}{\mu}\right)$, $\left(\frac{\mu}{\lambda}\right)$ mit den verallgemeinerten *Legendre*schen Zeichen übereinstimmen. Die Transformationsgleichung (IV), welche als Werth dieser Ausdrücke die positive Einheit ergiebt, führt also in der That mittels der *Cauchy*schen Grenzbetrachtung sowohl zu der in der Gleichung (VI) enthaltenen Werthbestimmung der *Gauß*schen Reihen G als auch zum Reciprocitätsgesetz für die quadratischen Reste. Aber es läßt sich auch umgekehrt aus der Gleichung (VI) die Gleichung (IV) erschließen. Denn die auf der linken Seite der Gleichung (IV) stehende Function von x, welche der Kürze halber mit $\Phi(x)$ bezeichnet werden möge, ist ebenso wie jede ihrer Ableitungen im Innern des Kreises mit dem Radius 1 mit Ausschluß des Nullpunkts überall endlich, da die den Nenner bildende Reihe $\sum y^{n^2 n}$, wie z. B. die ebenfalls mit den *Cauchy*schen Principien herzuleitende *Productentwickelung*[1]) zeigt, in dem angegebenen Gebiete nirgends verschwindet. Für den Nullpunkt selbst nähert sich $\Phi(x)$ dem reciproken Werthe des von $-\infty$ bis $+\infty$ erstreckten Integrals $\int e^{-u^2 \pi} du$, so daß bei dem *Cauchy*schen Integral nur die Peripherie des Kreises mit dem Radius 1 als natürliche Begrenzung anzusehen ist. Setzt man nun $x = re^{2si\pi}$, so daß auf der Begrenzung s von 0 bis 1 geht, und nimmt alsdann in der obigen Gleichung (II) für die Function $\chi(r, s)$

$$\frac{\Phi(x)-1}{x-\xi} \quad \text{oder} \quad \frac{\Phi(re^{2s\pi i})-1}{re^{2s\pi i}-\xi},$$

so wird für einen beliebigen Punkt (ξ) im Innern des Kreises[2])

$$\Phi(\xi)-1 = \lim_{\mu=\infty}\cdot\frac{1}{\mu}\sum_{\lambda=0}^{\lambda=\mu-1}\lim_{r=1}\cdot\chi\left(r,\frac{\lambda}{\mu}\right)\cdot re^{2\pi\frac{\lambda}{\mu}i}$$

[1]) Vgl. Zusatz 77 am Ende dieses Bandes.

[2]) Vgl. Zusatz 78 am Ende dieses Bandes.

und es ist auf Grund der in der Gleichung VI gegebenen Voraussetzung grade der Grenzwerth

$$\lim_{r=1} \cdot \chi\left(r, \frac{\lambda}{\mu}\right),$$

der für jede ungrade Zahl μ gleich Null wird. Hiernach wird also für jeden Punkt ξ im Innern des Kreises $\Phi(\xi) = 1$, d. h. die Gleichung (IV) findet für alle Werthe von x im Innern des Kreises statt, und es ergiebt sich dadurch auch wiederum der Werth des für $\Phi(0)$ gefundenen Integrals $\int e^{-u^2\pi} du$ *gleich Eins*. Ferner zeigt sich mit Hülfe derselben *Cauchy*schen Principien die Transformationsgleichung (III) als eine Folge der specielleren Gleichung (IV), da die auf der linken Seite der Gleichung (III) stehende Function von z, wie leicht zu sehen ist, für alle und zwar auch für die im Unendlichen liegenden Werthe dieser Variabeln stets endlich bleibt und daher überall einen constanten, durch die speciellere Gleichung (III) zu bestimmenden Werth haben muß. Endlich ist daran zu erinnern, daß die allgemeinste lineare Transformation der θ-Reihen durch wiederholte Anwendung der Gleichung (III) und aber auch direkt wie eben diese Gleichung abgeleitet werden kann. Wird in üblicher Weise die auf alle ungraden (positiven und negativen) Zahlen ν erstreckte Summe

$$\sum e^{\frac{1}{4}\pi i(\nu^2\tau + 4\nu\zeta - 2\nu)}$$

mit $\theta(\zeta, \tau)$ bezeichnet, so kommt:

$$\text{(VIII)} \qquad \theta\left(\frac{\zeta}{\gamma\tau + \delta}, \frac{\alpha\tau + \beta}{\gamma\tau + \delta}\right) = C\left(\sqrt{\gamma\tau + \delta}\right) e^{\frac{\gamma\zeta^2}{\gamma\tau + \delta}\pi i}\, \theta(\zeta, \tau),$$

wo die ganzen Zahlen $\alpha, \beta, \gamma, \delta$ der Bedingung $\alpha\delta - \beta\gamma = 1$ genügen, und der von ζ wie von τ unabhängige constante Factor C bestimmt sich unmittelbar, wenn

$$\zeta = \frac{1}{2}(\alpha\tau + \beta + \gamma\tau + \delta)$$

gesetzt, alsdann, je nachdem $\beta + \delta$ ungrade oder grade ist,

$$\tau = iw^2 \quad \text{oder} \quad \tau = \frac{i}{w^2}$$

genommen und schließlich zum Grenzwerth $w = 0$ übergegangen wird. Bei dieser Methode findet sich C je nach den beiden Fällen durch die *Gauß*schen Reihen

$$G\left(\frac{\beta i}{\delta}\right),\ G\left(\frac{\alpha i}{\gamma}\right)$$

ausgedrückt, deren Werth ja sich oben durch die Transformationsgleichung selbst bestimmt hat, so daß alles für die lineare Transformation Erforderliche aus einer und derselben Quelle herzuleiten ist. — Bei wiederholter Anwendung der Gleichung (III) gelangt man zur Gleichung (VIII) und dabei auch zur Bestimmung von C durch einen Algorithmus, welcher auch von den Hauptgleichungen für die *Gauß*schen Reihen

$$G(\varrho + 2hi) = G(\varrho), \quad (\sqrt{\varrho})\, G(\varrho) = G\left(\frac{1}{\varrho}\right)$$

zu deren Werthbestimmung und damit auch zur Bestimmung des *Legendre*schen Zeichens führt. Setzt man

$$\varrho = \frac{n_1 i}{n},$$

so hat man ganze Zahlen $n_2, n_3, \ldots h_1, h_2, \ldots$ so zu bestimmen, daß

$$n + 2h_1 n_1 + n_2 = 0, \quad n_1 + 2h_2 n_2 + n_3 = 0, \ldots$$

also

$$\frac{n_1}{n} = \cfrac{-1}{2h_1 - \cfrac{1}{2h_2 - \cdots - \cfrac{1}{2h_\nu}}}$$

wird. Die Zahlen n sind positiv oder negativ, aber ihrem absoluten Werthe nach mit wachsendem Index abnehmend, und das Vorzeichen von h_k ist dem des Products $n_{k-1} \cdot n_k$ entgegengesetzt. Der Wert von $G(\varrho)$ bestimmt sich hiernach gleich der Quadratwurzel aus dem absoluten Werthe von n multiplicirt mit $e^{\frac{1}{4} r\pi i}$, wo für r die algebraische Summe der Vorzeichen der Zahlen $h_1, h_2, \ldots h_\nu$ zu nehmen ist.

Die *Cauchy*sche Auffassung der *Gauß*schen Reihen als Grenzwerthe der θ-Reihen zeigt sich als naturgemäß und bedeutungsvoll namentlich darin, daß sich hierbei grade jene wichtige Vorzeichenbestimmung, bei welcher *Gauß* „auf ganz unerwartete Schwierigkeiten traf" (vgl. *Gauß*' Werke Bd. II, p. 156), ganz unmittelbar ergiebt, ja — so zu sagen — in Evidenz tritt. Setzt man nämlich den absoluten Werth der Summen der *Gauß*schen Reihen als bekannt voraus, so gilt für jeden rationalen, rein imaginären Werth von ϱ die Relation

(VIa)
$$\varrho \cdot \left\{ \frac{G(\varrho)}{G\left(\frac{1}{\varrho}\right)} \right\}^2 = 1,$$

welche nichts Anderes ist als die quadrirte Relation (VI). Hieraus folgt nun das Bestehen der quadrirten Gleichung (IV), nämlich

(IVa)
$$\log \frac{1}{x} \cdot \left\{ \frac{\sum x^{n^2 \varkappa}}{\sum y^{n^2 \varkappa}} \right\}^2 = 1,$$

auf Grund eben jener Betrachtungen, welche die Gleichung (IV) selbst als eine Folge der Gleichung (VI) erkennen ließen, und welche nur noch durch die Bemerkung vervollständigt werden mögen, daß aus dem Verhalten der Function $\Phi(x)$ in der Nähe von $x = 0$ auch deren Eindeutigkeit hervorgeht; denn die verschiedenen Werthe von $\log x$ können keine Werthänderung der Function $\Phi(x)$ zur Folge haben, da $\Phi(x)$ bei jeder beliebigen Art der Annäherung an $x = 0$ gegen einen und denselben festen Werth convergirt. Es ist ferner hervorzuheben, daß die eingeklammerte Quadratwurzel eindeutig bestimmt ist und auch in eindeutiger Form dargestellt werden kann, indem offenbar

$$(\sqrt{a}) = \int_{-\infty}^{+\infty} e^{-\frac{u^2}{a}\pi}\, du$$

ist, wenn a eine complexe Größe bedeutet, deren reeller Theil positiv ist. — Die eindeutige Function von x, welche die linke Seite der Gleichung (IVa) bildet, ist das Quadrat von $\Phi(x)$; die Function $\Phi(x)$ selbst kann daher nur den Werth $+1$ oder -1 haben, und von diesen beiden Alternativen wird die letztere dadurch ausgeschlossen, dass $\Phi(x)$ für $x = 0$ sich dem reciproken Werthe des von $-\infty$ bis $+\infty$ erstreckten Integrals $\int e^{-u^2\pi} du$, also einer offenbar positiven Größe nähert. Hieraus folgt aber, daß auch der Grenzwerth, dem sich $\Phi(e^{-w^2-\varrho})$ für $w = 0$ nähert, d. h. der Werth von

$$(\sqrt{\varrho})\frac{G(\varrho)}{G\left(\frac{1}{\varrho}\right)}$$

gleich $+1$ ist, daß also die mit (VI) bezeichnete Gleichung besteht, welche die vollständige Werthbestimmung der *Gauß*schen Reihen in sich schließt. Diese Deduction führt also, nur von dem absoluten Werthe der Summen der *Gauß*schen Reihen ausgehend, zur Transformation der ϑ-Reihen und mit Hülfe derselben alsdann auch zur Bestimmung des Vorzeichens der Quadratwurzel, welche bei der Summation der *Gauß*schen Reihen erscheint. Die dabei benutzte Schlußweise läßt sich ganz übersichtlich darstellen, wenn man, wie oben, den Ausdruck

$$\left(\sqrt{\log\frac{1}{x}}\right)\frac{\sum x^{n^2\pi}}{\sum y^{n^2\pi}},$$

in welchem $\log x \cdot \log y = 1$ ist, mit $\Phi(x)$ bezeichnet, so daß

$$\lim_{w=0} \cdot \Phi(e^{-w^2-\varrho}) = (\sqrt{\varrho})\frac{G(\varrho)}{G\left(\frac{1}{\varrho}\right)} \qquad \left(\varrho = \frac{2\nu}{\mu}\right)$$

wird. Dann ist nämlich die Voraussetzung, von welcher ausgegangen wird, in der Gleichung

$$\lim_{w=0} \cdot \Phi(e^{-w^2-\varrho}) = \pm 1$$

enthalten, und aus dieser folgt mit Hülfe der *Cauchy*schen Principien, daß

$$(\Phi(x))^2 = 1, \quad \text{also} \quad \Phi(x) = +1 \quad \text{oder} \quad \Phi(x) = -1$$

sein muß. Da aber $\lim_{x=0} \cdot \Phi(x) > 0$ ist, so resultirt die Gleichung

$$\Phi(x) = 1,$$

welche die Transformation der θ-Reihen enthält, und hieraus ergiebt sich schließlich die Vorzeichenbestimmung in der Gleichung, welche den Ausgangspunkt bildete, nämlich

$$\lim_{w=0} \cdot \Phi(e^{-w^2-\varrho}) = +1,$$

und eben damit auch die Vorzeichenbestimmung für die Werthe der *Gauß*schen Reihen.[1])

Der absolute Werth der *Gauß*schen Reihen, welcher bei vorstehender Deduction zu Grunde gelegt worden, läßt sich ermitteln, ohne die Existenz der primitiven Congruenzwurzeln zu Hülfe zu nehmen, also ohne über die Sphäre der quadratischen Reste hinauszugehen. Zuvörderst sind nämlich mittels der Gleichung (vgl. S. 284)

$$G\left(\frac{\lambda i}{\mu\nu}\right) = G\left(\frac{\lambda\nu i}{\mu}\right) G\left(\frac{\lambda\mu i}{\nu}\right),$$

in welcher λ, μ, ν als zu einander prim vorausgesetzt sind, alle *Gauß*schen Reihen auf diejenigen zurückzuführen, in welchen der Nenner eine Primzahlpotenz p^α ist. Wenn nun ferner $\mu = p^\alpha$ und in der *Gauß*schen Reihe

$$\sum_k e^{-k^2 \frac{\lambda\pi i}{\mu}}$$

$k = mp^{\alpha-1} + n$ genommen wird, so wird hierdurch der Werth der *Gauß*schen Reihe für $\mu = p^\alpha$ ganz unmittelbar auf den Werth der *Gauß*schen Reihe für $\mu = p^{\alpha-2}$ zurückgeführt. Ist endlich μ eine ungrade Primzahl p, und bezeichnet man mit a die quadratischen Reste von p und mit b die Nichtreste, so ist

$$G\left(\frac{\nu\lambda i}{p}\right) = \sum_{k=0}^{k=p-1} e^{-k^2 \frac{\nu\lambda\pi i}{p}} = 1 + 2\sum_a e^{-\frac{a\nu\lambda\pi i}{p}}$$

1) Vgl. Zusatz 79 am Ende des Bandes.

und

$$1+2\sum_a e^{-\frac{ar\lambda\pi i}{p}}+1+2\sum_b e^{-\frac{br\lambda\pi i}{p}}=0,$$

also

$$G\left(\frac{r\lambda i}{p}\right)=\left(\frac{r}{p}\right)G\left(\frac{\lambda i}{p}\right),$$

wo $\left(\frac{r}{p}\right)$ das *Legendre*sche Zeichen d. h. gleich $+1$ oder -1 ist, je nachdem r zu den Zahlen a oder b gehört. Da nun ferner

$$G\left(\frac{\lambda i}{p}\right)G\left(\frac{-\lambda i}{p}\right)=\sum_h\sum_k e^{(h^2-k^2)\frac{\lambda\pi i}{p}}=\sum_r\sum_s e^{rs\frac{\lambda\pi i}{p}}$$

ist, wo für die Summationsbuchstaben h, k, r, s alle Werthe von 0 bis $p-1$ zu nehmen sind, so resultirt die Gleichung

$$\left(\frac{-1}{p}\right)\left(G\left(\frac{\lambda i}{p}\right)\right)^2=p,$$

mit Hülfe deren die Bestimmung des absoluten Werthes der *Gauß*schen Reihen vollendet wird.

Die Herleitung der Productentwickelung der ϑ-Reihen, welche oben S. 286 erwähnt worden ist, geschieht durch den Nachweis, daß der Quotient jener für

$$q=e^{\tau\pi i},\quad z=e^{\zeta\pi i}$$

mit $\vartheta(\zeta,\tau)$ übereinstimmenden Reihe

$$\sum_\nu q^{\frac{1}{4}\nu^2}(-iz)^\nu$$

und des Products

$$-iq^{\frac{1}{4}}(z-z^{-1})\prod_{n=1}^{n=\infty}(1-q^{2n})(1-q^{2n}z^2)(1-q^{2n}z^{-2}),$$

gleich *Eins* ist. Es ist nämlich zuvörderst klar, daß dieser Quotient für alle, auch für unendlich große Werthe von z stets endlich bleibt und also von z unabhängig sein muß. Es ist ferner zu sehen, daß dieser Quotient ungeändert bleibt, wenn q^4 für q gesetzt wird, indem sowohl für die Reihe als auch für das Product die Relation

$$\text{(IX)}\qquad \vartheta\left(\frac{1}{2},\tau\right)=2e^{\frac{1}{4}\tau\pi i}\vartheta\left(\frac{1}{2}-\tau,4\tau\right)$$

fast unmittelbar erhellt. Der Quotient hat also für jedes q denjenigen Werth, welchen er für unendlich kleine Größen q erhält, d. h. eben den Werth *Eins*. — Ganz ebenso ist auch die auf S. 282 mit (III) bezeichnete Transformationsgleichung zu verificiren. Denn die auf der linken Seite stehende Function von x und z muß — wie schon oben S. 287 ausgeführt ist — von z unabhängig sein, oder, was damit übereinkommt, es muß der Quotient

$$-i(\sqrt{-\tau i})e^{\zeta^2\tau\pi i}\cdot\frac{\vartheta(\zeta\tau,\tau)}{\vartheta\left(\zeta,-\frac{1}{\tau}\right)}$$

von ζ unabhängig sein. Setzt man hierin

erstens $\zeta = \frac{1}{2\tau}$,

zweitens 4τ an Stelle von τ und dann $\zeta = -\frac{1}{4}+\frac{1}{8\tau}$,

so ist leicht zu zeigen, daß die beiden resultirenden Werthe jenes Quotienten mit einander übereinstimmen. In der That bedarf es dazu außer der Gleichung (IX) nur noch der ebenso unmittelbar sowohl aus der Reihenform als auch aus der Productentwickelung von ϑ hervorgehenden Relation

$$\text{(X)} \qquad e^{\frac{1}{4}\cdot(8\tau-1)\pi i}\vartheta(2\tau,4\tau) = \vartheta\left(\frac{1}{4}+\frac{1}{2}\tau,\tau\right),$$

welche gewissermaßen die „transformirte" der Relation (IX) ist. Da nun jener Quotient seinen Werth nicht ändert, wenn τ in 4τ verwandelt wird, so ist der Werth constant, nämlich derjenige, der für $\tau = \infty$ oder $q = 0$ eintritt, und dieser constante Werth ergiebt sich unmittelbar gleich *Eins*, wenn $\tau = i$ und $\zeta = \frac{1}{2}(1+i)$ genommen wird.

Ich bemerke noch, daß ebenso wie die Gleichung (IX) auch andere Transformations-Relationen der ϑ-Reihen benutzt werden können, und daß Hr. *Rausenberger* in einer mir neulich als Beitrag zum Journal für Mathematik eingesandten Arbeit[1]), von den Productentwickelungen ausgehend, eine Herleitung der einfachen linearen Transformation mittels Functional-Gleichungen, die der Transformation 2ter und 3ter Ordnung entstammen, gegeben hat.

IV. Die allgemeinste lineare Transformation der ϑ-Reihen kann, wie schon auf S. 287 angedeutet worden, genau in derselben Weise wie die speciellere, die durch die Gleichung (III) ausgedrückt ist, oder auch mit Hülfe dieser Gleichung aus der Entwickelung von

$$e^{-\gamma\zeta'\zeta'\pi i}\vartheta(\zeta',\tau')$$

---

[1]) Journal f. Mathematik, Bd. 91, S. 335.

nach Potenzen von $e^{\zeta\pi i}$ hergeleitet werden. Die Transformationsgleichung erscheint alsdann in folgender Gestalt:

(XI) $$\vartheta(\zeta', \tau') = \left(\sqrt{\frac{\gamma\tau+\delta}{\gamma i}}\right) e^{(\gamma\zeta\zeta'+\varphi)\pi i} G_{\eta,0}\left(\frac{\alpha}{\gamma i}\right) \vartheta(\zeta, \tau),$$

und es bedeuten hier $\alpha, \beta, \gamma, \delta$ beliebige ganze Zahlen, welche die Bedingung $\alpha\delta - \beta\gamma = 1$ erfüllen, es ist ferner

$$\tau' = \frac{\alpha\tau+\beta}{\gamma\tau+\delta}, \quad \zeta' = \frac{\zeta}{\gamma\tau+\delta}$$

$$\varphi = \frac{1}{2}(\alpha\delta - \gamma)(1-\delta) + \frac{1}{4}\beta\delta + \frac{1}{4}\alpha\gamma(1-\delta)^2$$

und

$$G_{\eta,0}\left(\frac{\alpha}{\gamma i}\right) = \sum_{n=1}^{n=\gamma}(-1)^{\eta n} e^{n^2\frac{\alpha\pi i}{\gamma}}, \quad \eta = \alpha(\beta+\delta).$$

Die Constante C in der Gleichung (VII) bestimmt sich demgemäß durch die Bedingung

$$C(\sqrt{\gamma i}) = e^{\varphi\pi i} G_{\eta,0}\left(\frac{\alpha}{\gamma i}\right).$$

Geht man zu einem rationalen Grenzwerthe von τ über, so nimmt auch τ' einen rationalen Grenzwerth an, und wenn der erstere in reducirter Form mit $-\frac{\lambda}{\mu}$, der letztere mit $-\frac{\lambda'}{\mu'}$ bezeichnet wird, so ist

$$\lambda' = \alpha\lambda - \beta\mu, \quad \mu' = -\gamma\lambda + \delta\mu.$$

Es ist nun in diesem Falle auch für 2ζ ein rationaler Bruch mit dem Nenner μ zu nehmen, weil für alle andern Werthe von 2ζ der Grenzwerth von

$$w \cdot \vartheta\left(\zeta, w^2 i - \frac{\lambda}{\mu}\right)$$

für $w = 0$ verschwindet. Demgemäß seien p, q beliebige ganze Zahlen, und es sei

$$2\zeta = p + 1 + (q+1)\frac{\lambda}{\mu}, \quad 2\zeta' = p' + 1 + (q'+1)\frac{\lambda'}{\mu'}$$

$$p' + 1 = \alpha(p+1) + \beta(q+1), \quad q' + 1 = \gamma(p+1) + \delta(q+1);$$

es bedeute ferner $G_{p,q}\left(\frac{\lambda i}{\mu}\right)$ den Ausdruck

$$\frac{1}{2} i^{-pq(q+1)} \sum_{n=1}^{n=2\mu} (-1)^{np} e^{-(n-\frac{1}{2}q)^2\frac{\lambda\pi i}{\mu}}.$$

Alsdann geht die Transformationsformel (XI) in folgende über:

$$\text{(XII)} \qquad \frac{e^{t'\pi i} G_{p',q'}\left(\frac{\lambda' i}{\mu'}\right)}{e^{t\pi i} G_{p,q}\left(\frac{\lambda i}{\mu}\right)} = \left(\sqrt{\frac{\mu'}{\mu\gamma i}}\right) e^{\varphi\pi i} G_{\eta,0}\left(\frac{\alpha}{\gamma i}\right),$$

wo η, φ die oben angegebene Bedeutung haben, während t und t' der Abkürzung halber für die Größen

$$\frac{1}{2}pq^2 + \frac{1}{4}(p-1)(q+1), \quad \frac{1}{2}p'q'^2 + \frac{1}{4}(p'-1)(q'+1)$$

gesetzt sind. Für ungrade Werthe von p und q wird $G_{p,q}$ gleich Null und für beliebige ganze Zahlen h, k wird

$$G_{p+2h,\, q+2k} = G_{p,q},$$

so daß in Wahrheit nur die drei verschiedenen Reihen

$$G_{00},\ G_{01},\ G_{10}$$

zu betrachten sind, von denen die erste mit derjenigen übereinstimmt, welche oben mit G ohne Indices bezeichnet worden ist. Die Formel (XII) liefert die Werthe der Reihen G sowie die allgemeinste Reciprocitäts-Beziehung zwischen *Legendre*schen Zeichen $\left(\frac{\lambda}{\mu}\right)$ und $\left(\frac{\lambda'}{\mu'}\right)$, von denen das eine durch lineare Transformation aus dem andern entstanden ist. Für den speciellen Fall $\alpha = \delta = 0$ und $\beta = -\gamma = 1$ kommt analog der obigen Gleichung (VI)

$$(\sqrt{\varrho})G_{p,q}(\varrho) = G_{q,p}\left(\frac{1}{\varrho}\right),$$

wenn $\varrho = \frac{\lambda i}{\mu}$ ist, und auch aus dieser specielleren Gleichung allein folgen schon die Werthe der Reihen G.

Ich bemerke schließlich, daß ich die auf S. 281 bis 285 gegebene Ausführung *Cauchy*scher Betrachtungen bereits im Februar 1868 in der Akademie, und schon im December 1867 sowie von da ab regelmäßig in meinen Universitäts-Vorlesungen vorgetragen habe. Die weitere auf S. 286 und 287 angeschlossene Entwickelung habe ich zuerst im Februar d. J. in meinen Universitäts-Vorlesungen mitgetheilt.

SUMMIRUNG DER GAUSS'SCHEN REIHEN $\sum_{h=0}^{h=n-1} e^{\frac{2h^2\pi i}{n}}$

VON

L. KRONECKER.

Crelle, Journal für die reine und angewandte Mathematik. Bd. 105. S. 267—268.

SUMMIRUNG DER GAUSS'SCHEN REIHEN $\sum_{h=0}^{h=n-1} e^{\frac{2h^2\pi i}{n}}$[1]).

Das *Cauchy*sche Theorem, wonach $\int f(x+yi)d(x+yi) = 0$ wird, wenn man die Integration über die Umgrenzung eines Gebiets erstreckt, innerhalb dessen die Function f und ihre erste Ableitung eindeutig und endlich ist, führt auf überraschend einfache Weise zur Lösung jenes berühmten Problems der Werthbestimmung der *Gauß*schen Reihen, und dies ist deshalb von besonderem Interesse, weil bisher eigentlich nur *zwei* verschiedene directe Methoden zur Summirung dieser Reihen für beliebige Zahlen n existirten, die *Gauß*sche*) und die *Dirichlet*sche**). Allerdings hat *Cauchy* noch zwei Methoden angegeben***); aber zwischen der ersten von diesen beiden und der *Dirichlet*schen findet, wie ich in meinem im Monatsbericht der Berliner Akademie vom Juli 1880 abgedruckten Aufsatze[2]) dargelegt habe, eine innere Uebereinstimmung statt, und die zweite *Cauchy*sche Methode führt ebenso wie diejenige, welche ich in meiner Notiz†) „Sur une formule de *Gauss*"

*) „Summatio quarumdam seriérum singularium." Commentationes soc. reg. scientiarum Gottingensis rec. Vol. I, 1811. *Gauß*' Werke, Bd. II, S. 9. Vgl. auch *Gauß*' Werke, Bd. II, S. 155.

**) „Ueber eine neue Anwendung bestimmter Integrale auf die Summation endlicher oder unendlicher Reihen" (Abhandlungen der Berliner Akademie von 1835, S. 391, und *G. Lejeune-Dirichlet*'s Werke Bd. I, S. 237) ferner „Sur l'usage des intégrales définies dans la sommation des séries finies ou infinies" (dieses Journal Bd. XVII, S. 57, und *G. Lejeune-Dirichlet*'s Werke, Bd. I, S. 257), sowie § 9 der Abhandlung: „Recherches sur diverses applications de l'analyse infinitésimale à la théorie des nombres" (dieses Journal Bd. XXI, S. 134, und *G. Lejeune-Dirichlet*'s Werke, Bd. I, S. 473).

***) „Méthode simple et nouvelle pour la détermination des sommes alternées, formées avec les racines primitives des équations binômes." (Comptes Rendus T. X, p. 560; *Liouville*'s Journal, Jahrgang 1840, Bd. V, S. 154, Oeuvres complètes, Ire Série, T. V, p. 152.)

†) *Liouville*'s Journal, Jahrgang 1856, Sér. II, Bd. I, S. 392.[3])

[1]) Vgl. Zusatz 80 am Ende dieses Bandes. H

[2]) Bd. IV, S. 275 dieser Ausgabe von *L. Kronecker*'s Werken. H

[3]) Bd. IV, S. 171 dieser Ausgabe von *L. Kronecker*'s Werken. H

entwickelt habe, *direct* nur zur Werthbestimmung der *Gauß*schen Reihen für den Fall, wo n Primzahl ist, zur *allgemeinen* also nur mittels des Reciprocitätsgesetzes, während dieses bekanntlich aus der allgemeinen Werthbestimmung folgt.

Gemäß dem *Cauchy*schen Theorem ist:

$$\text{(I)} \qquad \int \frac{e^{\frac{2\pi i}{n}(x+yi)^2}}{1-e^{2\pi i(x+yi)}}\, d(x+yi) = 0,$$

wenn vom Punkte $(0, -y_1)$ nach $(0, -y_0)$ in gerader Linie integrirt wird, alsdann um $(0, 0)$ als Mittelpunkt im Halbkreise, dessen Inneres links lassend, nach $(0, y_0)$, dann in gerader Linie von $(0, y_0)$ nach $(0, y_1)$, von da nach $\left(\frac{1}{2}n, y_1\right)$ und von da nach $\left(\frac{1}{2}n, y_0\right)$, alsdann um $\left(\frac{1}{2}n, 0\right)$ als Mittelpunkt im Halbkreise, dessen Inneres links lassend, nach $\left(\frac{1}{2}n, -y_0\right)$, ferner in gerader Linie von $\left(\frac{1}{2}n, -y_0\right)$ nach $\left(\frac{1}{2}n, -y_1\right)$ und von da nach $(0, -y_1)$, endlich um jeden der in der x-Achse liegenden Punkte $(k, 0)$, für welche k eine positive ganze Zahl und kleiner als $\frac{1}{2}n$ ist, in einem Kreise mit dem Radius y_0, das Innere zur Linken lassend. Dabei wird y_0 und y_1 als positiv vorausgesetzt und $y_0 < \frac{1}{4}$. Läßt man nun y_0 zu Null hin abnehmen, so geht die Gleichung (I) in folgende über:

$$\text{(II)} \quad \lim_{y_0=0} i \sum_{\alpha, \varepsilon} (-1)^\alpha \varepsilon \int_{\varepsilon y_0}^{\varepsilon y_1} \frac{e^{\frac{2\pi i}{n}(x_\alpha+yi)^2}}{1-e^{2\pi i(x_\alpha+yi)}}\, dy + \sum_{\varepsilon} \varepsilon \int^{\frac{1}{2}n} \frac{e^{\frac{2\pi i}{n}(x+\varepsilon y_1 i)^2}}{1-e^{2\pi i(x+\varepsilon y_1 i)}}\, dx - \frac{1}{2} \sum_{h} e^{\frac{2h^2\pi i}{n}} = 0,$$

$$\left(\alpha=0, 1;\ x_0=0,\ x_1=\tfrac{1}{2}n;\ \varepsilon=+1\ -1;\ h=0, 1, 2, \ldots n-1\right)$$

und zwar ist der letzte der drei Theile auf der linken Seite gleich dem Gesammtresultat der Integration über die beiden Halbkreise und über die Kreise, da das Resultat der Integration um den ersten Halbkreis gleich $-\frac{1}{2}$ wird, um den zweiten aber gleich $-\frac{1}{2} e^{\frac{2\pi i}{n}\left(\frac{n}{2}\right)^2}$ oder gleich Null, je nachdem n gerade oder ungerade ist, und um einen Kreis mit dem Mittelpunkt $(k, 0)$ gleich $-e^{\frac{2k^2\pi i}{n}}$, also um sämmtliche Kreise gleich:

$$-\sum_k e^{\frac{2k^2\pi i}{n}} \quad \text{oder} \quad -\frac{1}{2} \sum_k e^{\frac{2k^2\pi i}{n}} - \frac{1}{2} \sum_k e^{\frac{2(n-k)^2\pi i}{n}} \qquad \left(0<k<\tfrac{1}{2}n\right).$$

Wird in dem ersten Theile auf der linken Seite der Gleichung (II) an Stelle der Integrationsvariabeln y eine neue Variable u mittelst der Substitution $y = su|\sqrt{n}|$ eingeführt, und im zweiten Theile, für den Fall $s = -1$, die Integrationsvariable x mit $\frac{1}{2}n - x$ vertauscht, so resultirt die Gleichung:

$$\text{(III)} \quad \lim_{y_0=0} |\sqrt{n}|(i + i^{1-n}) \int\limits_{\frac{y_0}{|\sqrt{n}|}}^{\frac{y_1}{|\sqrt{n}|}} e^{-2u^2\pi i} du + \sum_{\sigma} i^{\sigma n} \int\limits_0^{\frac{1}{2}n} \frac{e^{\frac{2\pi i}{n}(x+y_1 i)^2} dx}{(-1)^{\sigma n} - e^{2\pi i(x+y_1 i)}} = \frac{1}{2} \sum_h e^{\frac{2h^2\pi i}{n}}, \quad (\sigma = 0, 1) \quad (h = 0, 1, 2, \ldots n-1)$$

in welcher $|\sqrt{n}|$ nach *Weierstraß*scher Weise den absoluten Werth von $\sqrt{n}$ bezeichnet. Läßt man nunmehr y_1 ins Unendliche wachsen, so wird der zweite Theil des Ausdrucks auf der linken Seite gleich Null; denn der absolute Werth jedes der beiden Integrale, aus welchen dieser zweite Theil besteht, ist kleiner als

$$(1 + 2e^{-2\pi y_1}) \int\limits_0^{\frac{1}{2}n} e^{-\frac{4\pi}{n} x y_1} dx,$$

sobald nur $2e^{-2\pi y_1} < 1$ ist. Die Gleichung (III) geht daher in folgende über:

$$\sum_{h=0}^{h=n-1} e^{\frac{2h^2\pi i}{n}} = 2|\sqrt{n}|(i + i^{1-n}) \int\limits_0^{\infty} e^{-2u^2\pi i} du,$$

aus welcher, indem darin $n = 3$ oder $n = 4$ genommen wird, der Werth des Integrals auf der rechten Seite und sonach die Finalgleichung:

$$\sum_{h=0}^{h=n-1} e^{\frac{2h^2\pi i}{n}} = \frac{i + i^{1-n}}{i+1} |\sqrt{n}|$$

hervorgeht, welche die vollständige Summirung der *Gauß*schen Reihen enthält.

Da die Gleichung (II) leicht aus der Formel (A) in der schon aus dem Jahre 1814 stammenden *Cauchy*schen Abhandlung „Mémoire sur les intégrales définies" (Oeuvres complètes, Ire Série, T. I, p. 338) abgeleitet werden kann und ganz unmittelbar aus der Formel (11), p. 98 der „Exercices de Mathématiques" vom Jahre 1826 (Oeuvres complètes, IIe Série, p. 128) hervorgeht, wenn darin für $f(x + yi)$ die in der obigen Gleichung (I) unter dem Integralzeichen stehende Function von $x + yi$ genommen wird, so erscheint es auffallend — namentlich mit Rücksicht auf die Bemerkungen in der Einleitung zu der angeführten Abhandlung „Méthode simple et nouvelle etc." —, daß *Cauchy* darin nicht von seinen erwähnten Formeln Gebrauch gemacht hat. Aber auch *Gauß*, der doch wenigstens gegen Ende des Jahres, in welchem die Abhandlung „Summatio quarumdam serierum singularium" erschienen ist, das Theorem schon kannte*), mittels dessen oben die Summirung der Reihen ausgeführt worden ist, hat dasselbe, soviel ich weiß, niemals dazu benutzt.

*) „Briefwechsel zwischen *Gauß* und *Bessel*", S. 157.

ÜBER DIE DIRICHLETSCHE METHODE DER WERTBESTIMMUNG DER GAUSS'SCHEN REIHEN

VON

L. KRONECKER.

Festschrift der Mathematischen Gesellschaft in Hamburg
aus dem Jahre 1890. S. 32—36.

ÜBER DIE DIRICHLETSCHE METHODE DER WERTBESTIMMUNG DER GAUSS'SCHEN REIHEN.

I. In der *Dirichlet*schen Summenformel:

$$\frac{1}{2}f(0)+f(1)+\cdots+f(r-1)+\frac{1}{2}f(r)=\lim_{s=\infty}\int_0^r f(x)\sum_{n=-s}^{n=+s}\cos 2nx\pi dx,$$

welche unmittelbar aus der *Fourier*schen Reihenentwickelung von $f(x)$ hervorgeht, kann der Ausdruck auf der rechten Seite durch:

$$\text{(A)}\qquad \lim_{s=\infty}\int_0^r f(x)\sum_n e^{2nx\pi i}dx \qquad (-s-p\leqq n\leqq s+q)$$

ersetzt werden, wo p, q beliebige positive ganze Zahlen bedeuten. Denn hierbei ist nur das Aggregat:

$$i\int_0^r f(x)\sum_{n=-s}^{n=+s}\sin 2nx\pi dx+\int_0^r f(x)\sum_m \cos 2mx\pi dx+i\int_0^r f(x)\sum_m \sin 2mx\pi dx$$
$$(-s-p\leqq m<-s,\ s<m\leqq s+q)$$

hinzugefügt, dessen erster Teil an sich gleich Null ist, während jedes der Integrale:

$$\int_0^r f(x)\cos 2(s+h)x\pi dx,\quad \int_0^r f(x')\sin 2(s+h)x'\pi dx',$$

welche den zweiten und dritten Teil bilden, für wachsende Werte von s gleich Null wird. Führt man nämlich neue Integrationsvariabeln z, z' mittels der Substitutionen:

$$x=3rz-\frac{1}{4(s+h)},\quad x'=3rz'$$

ein und setzt zur Abkürzung $6r(s+h)=w$, so verwandeln sich die beiden Integrale in folgende:

$$\text{(B)}\qquad 3r\int_{\frac{1}{2w}}^{\frac{1}{2w}+\frac{1}{3}} f\left(3rz-\frac{3r}{2w}\right)\sin wz\pi dz,\quad 3r\int_0^{\frac{1}{3}} f(3rz')\sin wz'\pi dz'.$$

Nun ist aber nach jener berühmten *Dirichlet*schen Abhandlung über die Konvergenz der trigonometrischen Reihen*):

$$\lim_{w=\infty}\int_0^{\zeta} F(z)\sin wz\pi dz = \frac{1}{2}\lim_{v=0}\sin v\pi F(v),$$

wenn $\zeta \leq \frac{1}{2}$ ist, die Variable v sich von der *positiven* Seite her der Null nähert, und $\sin v\pi F(v)$ die a. a. O. von *Dirichlet* angegebenen Bedingungen erfüllt. Jene beiden Integrale (B) nähern sich daher mit wachsendem Werte von w der *Null*, wenn — wie hier vorausgesetzt werden soll — $f(x)$ für endliche Werte von x endlich bleibt und in jedem endlichen Intervalle nur eine endliche Anzahl von Maxima und Minima hat.

II. Nimmt man oben in (A) $p = 0$, $q = 2\lambda - 1$, $s = 2t\lambda$, wo λ eine beliebige ganze Zahl bedeutet, und setzt dann $n = 2k\lambda + h$, so erhält man den Ausdruck (A) in folgender Form:

$$\lim_{t=\infty}\int_0^r f(x)\sum_{h,k} e^{2(2k\lambda+h)x\pi i}dx \qquad \begin{pmatrix} h=0,1,2,\ldots 2\lambda-1 \\ k=0,\pm 1,\pm 2,\cdots \pm t \end{pmatrix},$$

und wenn endlich hierin $x - kr$ für x gesetzt wird, so nimmt die *Dirichlet*sche Summenformel die Gestalt an:

$$\text{(C)}\qquad \frac{1}{2}f(0) + f(1) + \cdots + f(r-1) + \frac{1}{2}f(r) = \lim_{t=\infty}\sum_{h,k}\int_{kr}^{(k+1)r} f(x-kr)e^{2(2k\lambda+h)x\pi i}dx,$$
$$(h=0,1,2,\ldots 2\lambda-1;\ k=0,\pm 1,\pm 2,\cdots \pm t)$$

in welcher sie sich am besten zur Benutzung bei Summirung der *Gauß*schen Reihen eignet.

III. Wird für r eine *gerade* Zahl 2μ genommen, ferner jene Funktion $f(x)$ durch $e^{\frac{x^2\lambda\pi i}{\mu}}f(x)$ ersetzt und hierbei $f(x)$ als periodisch mit der Periode 2μ angenommen, so resultiert unmittelbar aus der Gleichung (C) die Formel:

$$\text{(D)}\qquad \sum_{k=0}^{k=2\mu-1} e^{\frac{k^2\lambda\pi i}{\mu}}f(k) = \int_{-\infty}^{+\infty} e^{\frac{x^2\lambda\pi i}{\mu}}f(x)\sum_{h=0}^{h=2\lambda-1} e^{2hx\pi i}dx,$$

und man erhält also für ganz beliebige Werte von $f(0), f(1), f(2), \ldots f(2\mu-1)$ die Summe:

$$\sum_k e^{\frac{k^2\lambda\pi i}{\mu}}f(k) \qquad (k=0,1,2,\ldots 2\mu-1)$$

*) *Crelle*'s Journal Bd. 4, S. 157 und *G. Lejeune-Dirichlet*'s Werke, Bd. I, S. 117.

durch das Integral:

$$\int_{-\infty}^{+\infty} e^{\frac{x^2\lambda\pi i}{\mu}+(2\lambda-1)x\pi i}\cdot\frac{\sin 2\lambda x\pi}{\sin x\pi}f(x)\,dx$$

ausgedrückt, wenn nur die Funktion $f(x)$ außerhalb des Intervalles $(0, 2\mu)$ gemäß der Periodicitätsgleichung $f(x) = f(x + 2\mu)$ bestimmt wird.

IV. Nimmt man in der Formel (D) $f(k) = 1$ und führt auf der rechten Seite eine neue Integrationsvariable mittels der Substitution:

$$x = y\sqrt{\frac{\mu}{\lambda}} - h\frac{\mu}{\lambda}$$

ein, wobei $\frac{\mu}{\lambda}$ und $\sqrt{\frac{\mu}{\lambda}}$ als positiv anzunehmen sind, so erhält man die fundamentale Relation:

$$\text{(E)} \qquad \sum_{k=0}^{k=2\mu-1} e^{\frac{\lambda i}{\mu}k^2\pi} = \left|\sqrt{\frac{\mu}{\lambda}}\right| \sum_{h=0}^{h=2\lambda-1} e^{\frac{\mu}{\lambda i}h^2\pi} \int_{-\infty}^{+\infty} e^{y^2\pi i}\,dy,$$

welche eine Reciprocitätsbeziehung zwischen den zwei *Gauß*schen Reihen:

$$\sum_{h=0}^{h=2\lambda-1} e^{\frac{\mu}{\lambda i}h^2\pi}, \quad \sum_{k=0}^{k=2\mu-1} e^{\frac{\lambda i}{\mu}k^2\pi}$$

darstellt. Diese Relation hat *Dirichlet* nur für den besonderen Fall $\lambda = 2$ aus seiner Summenformel abgeleitet, und dies genügt auch zur Wertbestimmung der *Gauß*schen Reihen $\sum_{k=0}^{k=2\mu-1} e^{\frac{2k^2\pi i}{\mu}}$. Aber die *allgemeinere* Relation (E) geht, wie sich hier gezeigt hat, ebenso einfach aus der *Dirichlet*schen Summenformel hervor, wie die speciellere für $\lambda = 2$, und sie gewährt überdies den Vorteil, ganz unmittelbar zur Wertbestimmung der *allgemeinen Gauß*schen Reihen $\sum_{k=0}^{k=2\mu-1} e^{\frac{\lambda i}{\mu}k^2\pi}$ zu führen.

V. Um dies näher darzulegen, bezeichne ich, wie in meinem Aufsatze „Über den vierten *Gauß*schen Beweis des Reciprocitätsgesetzes für die quadratischen Reste"*), mit $(\sqrt{re^{2vi}})$ den durch die Gleichung:

$$(\sqrt{re^{2vi}}) = |\sqrt{r}|\,e^{vi} \qquad \left(-\tfrac{1}{2}\pi < v \leqq \tfrac{1}{2}\pi\right)$$

*) Monatsbericht der Berliner Akademie vom Juli 1880.[1])

[1]) Bd. IV, S. 275 dieser Ausgabe von *L. Kronecker*'s Werken.

definierten Wert der Quadratwurzel aus einer komplexen Größe $re^{\varphi\pi i}$ und mit $G\binom{\lambda i}{\mu}$ die durch die Gleichung:

$$G\binom{\lambda i}{\mu} = \frac{1}{2}\sum_{h=0}^{h=2\mu-1} e^{-\frac{\lambda i}{\mu}h^2\pi}$$

definierte *Gauß*sche Reihe. Alsdann stellt sich die Relation (E), wenn darin $-i$ für i gesetzt wird, in folgender Weise dar:

$$G\binom{\lambda i}{\mu} = \left|\sqrt{\frac{\mu}{\lambda}}\right| G\binom{\mu}{\lambda i}\int_{-\infty}^{+\infty} e^{-y^2\pi i}\,dy,$$

und da sich hieraus der Wert des Integrals, indem man $\lambda = 2$, $\mu = 1$ setzt, gleich $\frac{|\sqrt{2}|}{1+i}$ bestimmt, so resultiert die Hauptgleichung:

$$\text{(F)}\qquad \left(\sqrt{\frac{\lambda i}{\mu}}\right) G\left(\frac{\lambda i}{\mu}\right) = G\left(\frac{\mu}{\lambda i}\right).$$

Diese Gleichung ist allerdings nur unter der Voraussetzung, daß $\frac{\lambda}{\mu}$ positiv sei, abgeleitet worden, aber sie gilt offenbar auch für den Fall, daß $\frac{\lambda}{\mu}$ negativ ist; denn, um dies einzusehen, braucht man nur i in $-i$ zu verwandeln.

Da $G\binom{\lambda i}{\mu} = 0$ ist, wenn λ und μ beide ungerade sind, so bedarf es allein der Betrachtung der *Gauß*schen Reihen:

$$G\left(\frac{2\lambda i}{\mu}\right),\quad G\left(\frac{\mu}{2\lambda i}\right),$$

und hierbei kann noch angenommen werden, daß $\mu \equiv 1 \pmod{4}$ ist, da ja gleichzeitig das Vorzeichen von λ und μ verändert werden kann, ohne den Wert des Arguments von G zu verändern. Setzt man nun:

$$\text{(G)}\qquad G\left(\frac{2\lambda i}{\mu}\right) = (\sqrt{\mu})\left(\frac{\lambda}{\mu}\right),\quad G\left(\frac{\mu}{2\lambda i}\right) = (\sqrt{2\lambda i})\left(\frac{\mu}{\lambda}\right),$$

so stimmen die Zeichen $\left(\frac{\lambda}{\mu}\right)$, $\left(\frac{\mu}{\lambda}\right)$ mit den *Legendre-Jacobi*schen Zeichen überein, welche sich auf diese Weise analytisch dargestellt finden.

Der Beweis dieser Übereinstimmung läßt sich genau so, wie ich es in dem erwähnten Aufsatze ausgeführt habe, aus den folgenden, fast evidenten Grundeigenschaften der *Gauß*schen Reihen G:

$$G\left(\frac{\lambda i}{\mu} + 2i\right) = G\binom{\lambda i}{\mu} \qquad (\lambda, \mu \text{ beliebige ganze Zahlen}),$$

$$G(2\lambda i) = 1,\ G\left(\frac{\mu}{2i}\right) = 1 + i \quad (\lambda,\ \mu \text{ ganze Zahlen und } \mu \equiv 1 \ (\text{mod. } 4)),$$

$$G\left(\frac{\lambda i}{\mu\nu}\right) = G\left(\frac{\lambda\nu i}{\mu}\right) G\left(\frac{\lambda\mu i}{\nu}\right) \quad (\lambda,\ \mu,\ \nu \text{ ganze Zahlen und zu einander prim}),$$

in Verbindung mit jener durch die Gleichung (F) dargestellten Haupteigenschaft derselben herleiten, und diese Gleichung (F) liefert alsdann direkt die Reciprocitätsbeziehung für das allgemeinere *Legendre-Jacobi*sche Zeichen in der bemerkenswerten Form:

$$\left(\frac{\lambda}{\mu}\right)\left(\frac{\mu}{\lambda}\right) = \frac{(\sqrt{\mu})}{(\sqrt{2\lambda i})}\left(\sqrt{\frac{2\lambda i}{\mu}}\right),$$

oder:

$$\left(\frac{\lambda}{\mu}\right)\left(\frac{\mu}{\lambda}\right) = (-1)^{\frac{1}{4}(1-\text{sgn.}\,\lambda)(1-\text{sgn.}\,\mu)},$$

wenn, wie vorausgesetzt worden, $\mu \equiv 1$ (mod. 4) ist.

ZUR THEORIE DER ELLIPTISCHEN FUNCTIONEN

VON

L. KRONECKER.

Monatsberichte der Königlich Preussischen Akademie der Wissenschaften zu Berlin
vom Jahre 1881. S. 1165—1172.

ZUR THEORIE DER ELLIPTISCHEN FUNCTIONEN.[1])

[Gelesen in der Akademie der Wissenschaften am 22. Dezember 1881.]

Die Formeln, welche *Jacobi* in der Einleitung zu seiner Abhandlung „sur la rotation d'un corps"[2]) gegeben hat, lassen sich in einer einzigen Formel von bemerkenswerther Eleganz zusammenfassen. Bedeuten nämlich μ, ν alle positiven ungraden Zahlen, m und n aber *alle* ganzen Zahlen von $-\infty$ bis $+\infty$, so ist der Quotient von ϑ-Reihen

$$\frac{\Sigma(-1)^{\frac{\mu-1}{2}}\mu q^{\frac{1}{4}\mu^2}\cdot\Sigma(-1)^{\frac{\nu-1}{2}}q^{\frac{1}{4}\nu^2}(x^\nu y^\nu-x^{-\nu}y^{-\nu})}{\Sigma(-q)^{m^2}x^{2m}\cdot\Sigma(-q)^{n^2}y^{2n}}$$

eine Function $F(q, x, y)$, deren Entwickelung nach ganzen Potenzen der Variabeln x und y die Gleichung

$$\text{(I)}\qquad F(q, x, y)=\sum_\mu\sum_\nu q^{\frac{1}{2}\mu\nu}(x^\mu y^\nu-x^{-\mu}y^{-\nu})$$

ergiebt. Bezeichnet man mit r den absoluten Betrag von q, so muß $r<1$ sein, und die Gleichung (I) gilt für alle Werthe von x und y, deren absoluter Betrag zwischen $r^{\frac{1}{2}}$ und $r^{-\frac{1}{2}}$ liegt. Ich habe die Gleichung (I) bereits im Juli 1876 der Akademie mitgetheilt, aber seither noch nicht durch den Druck, sondern nur in meinen Universitätsvorlesungen veröffentlicht.

Setzt man in der Gleichung (I) $xy=z$, differentiirt nach z und nimmt alsdann $z=1$, so resultirt die Formel

$$\text{(II)}\qquad \left\{\frac{\Sigma(-1)^{\frac{\nu-1}{2}}\nu q^{\frac{1}{4}\nu^2}}{\Sigma(-q)^{n^2}x^{2n}}\right\}^2=\frac{1}{2}\sum_\mu\sum_\nu \mu q^{\frac{1}{2}\mu\nu}(x^{\mu-\nu}+x^{-\mu+\nu}),$$

[1]) Vgl. Zusatz 31 am Ende des Bandes.

[2]) *Jacobi*, Werke, Bd. II, S. 291.

und wenn $x = e^{\xi\pi i}$, $y = e^{\eta\pi i}$ gesetzt wird, gehen die beiden Formeln (I) und (II) in folgende über:

$$(\mathrm{I}^0) \qquad \frac{\Sigma(-1)^{\frac{\mu-1}{2}}\mu q^{\frac{1}{4}\mu^2}\cdot\Sigma(-1)^{\frac{\nu-1}{2}}q^{\frac{1}{4}\nu^2}\sin(\xi+\eta)\nu\pi}{\Sigma(-q)^{m^2}\cos 2m\xi\pi\,\Sigma(-q)^{n^2}\cos 2n\eta\pi} = \sum_\mu\sum_\nu q^{\frac{1}{2}\mu\nu}\sin(\mu\xi+\nu\eta)\pi$$

$$(\mathrm{II}^0) \qquad \left\{\frac{\Sigma(-1)^{\frac{\nu-1}{2}}\nu q^{\frac{1}{4}\nu^2}}{\Sigma(-q)^{n^2}\cos 2n\xi\pi}\right\}^2 = \sum_\mu\sum_\nu \mu q^{\frac{1}{2}\mu\nu}\cos(\mu-\nu)\xi\pi,$$

in welchen der absolute Betrag des imaginären Theiles von $2\pi\xi$ und $2\pi\eta$ kleiner sein muß als $\log r$.

Für die Function $F(q, x, y)$ besteht die Fundamental-Relation

$$(\mathrm{III}) \qquad F(q, x, y) = q^{2mn}x^{2n}y^{2m}F(q, xq^m, yq^n),$$

mittels deren die sämmtlichen Functionswerthe von F auf solche reduciert werden, für welche die Werthe von x und y innerhalb des durch die Kreise mit den Radien $r^{\frac{1}{2}}$ und $r^{-\frac{1}{2}}$ begrenzten Ringes liegen.

Die Formel (I) kann unmittelbar aus dem *Cauchy*schen Integralausdrucke hergeleitet werden, welchen man für die Function $F(q, x, y)$ erhält, wenn man dieselbe nur als Function von y betrachtet. Denkt man sich nämlich in

$$\int \frac{F(q, x, s)}{s-y}\cdot\frac{ds}{2\pi i}$$

die Integration erst über einen den Punkt y umschließenden Kreis erstreckt, dessen Radius kleiner als $r^{-\frac{1}{2}}$ ist, alsdann über einen den Punkt y ausschließenden Kreis, dessen Radius größer als $r^{\frac{1}{2}}$ ist, so ist das Resultat der ersten Integration vermindert um das der zweiten gleich $F(q, x, y)$. Ersetzt man nun den ersten Kreis durch einen beliebig großen, den zweiten durch einen beliebig kleinen, so treten nach dem *Cauchy*schen Satze die Werthe von

$$-\frac{F(q, x, s)}{s-y}(s-\zeta)$$

an den Unstetigkeitspunkten ζ hinzu, d. h. lauter Glieder

$$-\frac{1}{2}\,\frac{q^{\frac{1}{2}\varepsilon\nu}x^{-\varepsilon\nu}}{\pm q^{\frac{1}{2}\varepsilon\nu}-y},$$

in denen ε die beiden Werthe $+1$ und -1 hat, und bei hinreichender Vergrößerung des einen und Verkleinerung des anderen Kreises werden, wie sogleich gezeigt werden soll, die Integrationsresultate unendlich klein. Auf diese Weise erhält man für $F(q, x, y)$ die Entwickelung

$$\sum_{\varepsilon}\sum_{\nu}\frac{x^{\varepsilon\nu}}{yq^{\frac{1}{2}\varepsilon\nu}-y^{-1}q^{-\frac{1}{2}\varepsilon\nu}} \qquad (\varepsilon=+1,-1),$$

welche unmittelbar zu der Gleichung (I) führt.

Jenes *Cauchy*sche Integral

$$\text{(J)} \qquad \int\frac{F(q, x, z)}{z-y}\,dz$$

kann auch als Summe von zwei Integralen

$$\int F(q, x, z)\,d\log z+\int\frac{F(q, x, z)}{z^{-1}-y^{-1}}\,dz^{-1}$$

dargestellt werden. Das erstere dieser beiden Integrale verschwindet, wenn die Integration über einen Kreis mit *beliebigem* Radius erstreckt wird, weil $F(q, x, z)$ eine ungrade Function von z, d. h. weil

$$F(q, x, z) = -F(q, x, -z)$$

ist; das letztere der beiden Integrale aber geht vermöge der Relation

$$F(q, x, z) = -F(q, x^{-1}, z^{-1})$$

in das Integral

$$-\int\frac{F(q, x^{-1}, z^{-1})}{z^{-1}-y^{-1}}\,dz^{-1}$$

über, und dieses — integrirt über einen Kreis mit dem Radius R — ist nichts Anderes als das Integral (J), integrirt über einen Kreis mit dem Radius $\frac{1}{R}$, wenn dabei x^{-1} für x und y^{-1} für y substituirt wird. Es ist also nur zu zeigen, daß das Integral (J) verschwindet, wenn die Integration über einen Kreis mit unendlich kleinem Radius erstreckt wird, und zwar auch dann, wenn x^{-1} an Stelle von x gesetzt wird. — Wird nun das Integral (J) über einen Kreis mit dem Radius $r^n\varrho$ genommen, so geht es, wenn $q = re^{wi}$ gesetzt und die Relation (III) angewendet wird, in

$$(rx^{-2})^n\int_0^{2\pi}\frac{F(q, x, \varrho e^{(\vartheta-nw)i})}{r^n-y\varrho^{-1}e^{-\vartheta i}}\,i\,d\vartheta$$

über, und der Factor $(rx^{-2})^n$ — sowie auch $(rx^2)^n$, welcher daraus entsteht, wenn man x^{-1} statt x setzt — wird mit wachsendem n unendlich klein, weil der absolute Betrag von x zwischen $r^{\frac{1}{2}}$ und $r^{-\frac{1}{2}}$ liegt; aber das mit dem Factor $(rx^{-2})^n$ multiplicirte Integral behält offenbar auch für unendlich große Zahlen n einen endlichen Werth, und es ist hiermit der oben vorbehaltene Nachweis vollständig geführt.

Setzt man $q = e^{\tau\pi i}$, $z = e^{\zeta\pi i}$ und alsdann (wie in den Monatsberichten vom Juli 1880 S. 697[1]) und vom October 1880 S. 857[2]):

$$\text{(IV)}\qquad \begin{aligned} &\sum_\nu (-1)^{\frac{\nu-1}{2}} q^{\frac{1}{4}\nu^2}(z^\nu - z^{-\nu}) = i\vartheta(\zeta, \tau), \\ &\sum_\nu (-1)^{\frac{\nu-1}{2}} \nu q^{\frac{1}{4}\nu^2}(z^\nu + z^{-\nu}) = \frac{1}{\pi}\vartheta'(\zeta, \tau), \end{aligned} \qquad (\nu = 1, 3, 5, \ldots)$$

so ist, wenn zur Vereinfachung das zweite Argument in $\vartheta(\zeta, \tau)$ weggelassen und also $\vartheta(\zeta)$ an Stelle von $\vartheta(\zeta, \tau)$ genommen wird,

$$\text{(IV')}\qquad \begin{aligned} &\sum_\nu q^{\frac{1}{4}\nu^2}(z^\nu + z^{-\nu}) = \vartheta\left(\zeta + \tfrac{1}{2}\right), \qquad (\nu = 1, 3, 5, \ldots) \\ &\sum_n q^{n^2} z^{2n} = q^{\frac{1}{4}} z\vartheta\left(\zeta + \tfrac{1+\tau}{2}\right), \\ &\sum_n (-q)^{n^2} z^{2n} = -iq^{\frac{1}{4}} z\vartheta\left(\zeta + \tfrac{\tau}{2}\right). \end{aligned} \qquad (n = 0, \pm 1, \pm 2, \pm 3, \ldots)$$

Wenn nun in üblicher Weise*) $\vartheta(\zeta)$ mit dem Index 1 versehen wird und die drei ϑ-Functionen mit den Indices 0, 2, 3 durch die Gleichungen

$$\text{(V)}\qquad \vartheta_0(\zeta) = -iq^{\frac{1}{4}} z\vartheta_1\left(\zeta + \tfrac{\tau}{2}\right), \quad \vartheta_2(\zeta) = \vartheta_1\left(\zeta + \tfrac{1}{2}\right), \quad \vartheta_3(\zeta) = q^{\frac{1}{4}} z\vartheta_1\left(\zeta + \tfrac{1+\tau}{2}\right)$$

*) Vergl. *Königsberger*, Vorlesungen über die Theorie der elliptischen Functionen, S. 324 sqq.

[1]) Bd. IV, S. 287 dieser Ausgabe von *L. Kronecker*'s Werken. H

[2]) Bd. IV, S. 291 dieser Ausgabe von *L. Kronecker*'s Werken. H

definirt werden, so ist bei Festhaltung der übrigen Bezeichnungen

$$2\pi i x y \sqrt{q} F(q, x, y) = \frac{\vartheta'(0)\vartheta(\xi+\eta)}{\vartheta\left(\xi+\frac{\tau}{2}\right)\vartheta\left(\eta+\frac{\tau}{2}\right)}$$

oder

$$-2\pi i F(q, x, y) = \frac{\vartheta_1'(0)\vartheta_1(\xi+\eta)}{\vartheta_0(\xi)\vartheta_0(\eta)},$$

also gemäß der Formel (I)

$$\text{(I')} \qquad \frac{\vartheta_1'(0)\vartheta_1(\xi+\eta)}{\vartheta_0(\xi)\vartheta_0(\eta)} = 4\pi \sum_\mu \sum_\nu q^{\frac{1}{2}\mu\nu} \sin(\mu\xi + \nu\eta)\pi$$

und gemäß der Formel (II)

$$\text{(II')} \qquad \left(\frac{\vartheta'(0)}{\vartheta_0(\xi)}\right)^2 = 4\pi^2 \sum_\mu \sum_\nu \mu q^{\frac{1}{2}\mu\nu} \cos(\mu-\nu)\xi\pi$$

oder auch

$$\left(\frac{\vartheta'(0)}{\vartheta_0(\xi)}\right)^2 = 2\pi^2 \sum_\mu \sum_\nu (\mu+\nu) q^{\frac{1}{2}\mu\nu} \cos(\mu-\nu)\xi\pi.$$

Nimmt man endlich die aus der Productentwickelung von $\vartheta(\zeta)$ unmittelbar hervorgehende Relation

$$\text{(VI)} \qquad \vartheta_1'(0) = \pi\vartheta_0(0)\vartheta_2(0)\vartheta_3(0)$$

hinzu, so resultiren die beiden Formeln

$$\text{(I'')} \qquad \vartheta_2(0)\vartheta_3(0) \cdot \frac{\vartheta_0(0)\vartheta_1(\xi+\eta)}{\vartheta_0(\xi)\vartheta_0(\eta)} = 4 \sum_\mu \sum_\nu q^{\frac{1}{2}\mu\nu} \sin(\mu\xi + \nu\eta)\pi,$$

$$\text{(II'')} \qquad \frac{\vartheta_0(0)^2\vartheta_2(0)^2\vartheta_3(0)^2}{\vartheta_0(\xi)^2} = 2 \sum_\mu \sum_\nu (\mu+\nu) q^{\frac{1}{2}\mu\nu} \cos(\mu-\nu)\xi\pi,$$

von denen die erstère, wenn man nach einander $\eta = 0, \frac{1}{2}, \frac{1+\tau}{2}$ setzt, die Reihenentwickelungen für die Quotienten

$$\frac{\vartheta_1(\xi)}{\vartheta_0(\xi)}, \quad \frac{\vartheta_2(\xi)}{\vartheta_0(\xi)}, \quad \frac{\vartheta_3(\xi)}{\vartheta_0(\xi)}$$

und also die im § 39 von *Jacobi*'s Fundamenta[1]) enthaltenen Reihen für die elliptischen Functionen ergiebt. — Bei der oben angegebenen Herleitung dieser beiden Formeln mittels des *Cauchy*schen Integralausdrucks für $F(q, x, y)$ bedurfte es nur der Kenntniß der Unendlichkeits-Werthe von $F(q, x, y)$ d. h. also der Nullwerthe von $\vartheta_0(\eta)$. Da diese nun aus der Productentwickelung der ϑ-Functionen resul-

[1]) *Jacobi*, Werke, Bd. I, S. 155.

tiren, welche selbst ebenfalls aus dem *Cauchy*schen Integralsatze herzuleiten ist*), so erweist sich dieser als die alleinige Quelle der obigen Deduction. Aber anstatt, wie es bei dieser Deduction geschehen ist, die functionentheoretischen Eigenschaften von $F(q, x, y)$ zu Grunde zu legen, kann man auch — wie jetzt gezeigt werden soll — von der formalen Zusammensetzung des mit $F(q, x, y)$ bezeichneten Ausdrucks ausgehend zu einer directen Verification der Formel (I) gelangen.

Bedeuten v und w zwei complexe Größen, für welche der absolute Werth des reellen Theiles von $2v \cdot \log q$ und $2w \cdot \log q$ kleiner ist als der absolute Werth des reellen Theiles von $\log q$ selbst, so liegt der absolute Betrag von q^v und q^w zwischen $r^{\frac{1}{2}}$ und $r^{-\frac{1}{2}}$, und es gilt daher gemäß der Formel (I) die Entwickelung:

$$\text{(VII)} \qquad q^{2vw} F(q, q^v, q^w) = \sum_{s,\mu,\nu} s q^{\frac{1}{2}(2v+s\mu)(2w+s\nu)},$$

wo sich die Summation auf die beiden Werthe $s = +1$ und $s = -1$ und auf alle positiven ungraden Zahlen μ, ν bezieht. Ferner ist gemäß der Definition der Function $F(q, x, y)$:

$$\text{(VIII)} \qquad 2q^{2vw} F(q, q^v, q^w) = \frac{\sum (-1)^n (2n+1) q^{\left(n+\frac{1}{2}\right)^2} \cdot \sum (-1)^n q^{\left(v+w+n+\frac{1}{2}\right)^2}}{\sum (-1)^n q^{(v+n)^2} \cdot \sum (-1)^n q^{(w+n)^2}},$$

wo sich die vier Summationen auf alle ganzen Zahlen n von $-\infty$ bis $+\infty$ beziehen. Zur Verification der Reihenentwickelung (VII) bedarf es also nur des Nachweises, daß das Reihen-Product

$$2 \sum_{s,\mu,\nu} s q^{\frac{1}{2}(2v+s\mu)(2w+s\nu)} \cdot \sum_n (-1)^n q^{(v+n)^2} \cdot \sum_n (-1)^n q^{(w+n)^2}$$

oder die hiermit identische Reihe

$$\text{(IX)} \qquad 2 \sum_{s,\mu,\nu,m,n} (-1)^{m+n} s q^{\frac{1}{2}(2v+s\mu)(2w+s\nu)+(v+m)^2+(w+n)^2} \qquad \begin{pmatrix} s = +1, -1 \\ \mu, \nu = 1, 3, 5, \ldots \\ m, n = 0, \pm 1, \pm 2, \ldots \end{pmatrix}$$

mit dem Zähler auf der rechten Seite der Gleichung (VIII), d. h. also mit dem Reihen-Producte

$$\text{(X)} \qquad \sum_\kappa (-1)^{\frac{\kappa-1}{2}} \kappa q^{\frac{1}{4}\kappa^2} \cdot \sum_\lambda (-1)^{\frac{\lambda-1}{2}} q^{\left(v+w+\frac{1}{2}\lambda\right)^2} \qquad (\kappa, \lambda = \pm 1, \pm 3, \pm 5, \ldots)$$

*) Vergl. meine beiden Mittheilungen in den Monatsberichten vom Juli und October 1880, S. 696 und S. 857.[1])

[1]) Bd. IV, S. 286 und 291 dieser Ausgabe von *L. Kronecker's* Werken.

übereinstimmt. Setzt man in dem Ausdruck (IX)

$$\lambda = m + n + \frac{1}{2}\varepsilon(\mu + \nu), \quad \varrho = -m + n + \frac{1}{2}\varepsilon(\mu - \nu), \quad \sigma = \frac{1}{2}(\mu + \nu),$$

so verwandelt sich derselbe in folgenden:

$$\text{(IX')} \qquad 2\sum_{\lambda,\varrho}(-1)^{\lambda} q^{(v+w)(v+w+\lambda)-\varrho(v-w)+\frac{1}{4}(\lambda^2+\varrho^2)} \sum_{\varepsilon,\sigma}(-1)^{\sigma}\varepsilon q^{\sigma(\sigma-\varepsilon\lambda+\varepsilon\varrho)} \sum_{\mu} q^{-\varepsilon\mu\varrho},$$

in welchem die letzte Summation sich auf die Werthe $\mu = 1, 3, 5, \ldots 2\sigma - 1$ erstreckt. Bei Ausführung dieser Summation wird für $\varrho \lesseqgtr 0$:

$$\sum_{\varepsilon,\sigma}(-1)^{\sigma}\varepsilon q^{\sigma(\sigma-\varepsilon\lambda+\varepsilon\varrho)} \sum_{\mu} q^{-\varepsilon\mu\varrho} = \sum_{\varepsilon,\sigma}(-1)^{\sigma} \frac{q^{\sigma(\sigma+\varepsilon\lambda-\varepsilon\varrho)} - q^{\sigma(\sigma+\varepsilon\lambda+\varepsilon\varrho)}}{q^{\varrho} - q^{-\varrho}},$$

und die Summation auf der rechten Seite ist auf $\varepsilon = +1$ und $\varepsilon = -1$ sowie auf alle ganzen *positiven* Zahlen σ zu erstrecken, da $\sigma = \frac{1}{2}(\mu + \nu)$ und sowohl μ als ν positiv ist. Setzt man aber $\sigma = \varepsilon n$, so wird der Ausdruck rechts gleich der Differenz der beiden Summen

$$\sum_{n}(-1)^{n} q^{n(n+\lambda-\varrho)}, \quad \sum_{n}(-1)^{n} q^{n(n+\lambda+\varrho)} \qquad {\scriptstyle (n=0,\pm 1,\pm 2,\ldots)},$$

dividirt durch $(q^{\varrho} - q^{-\varrho})$, und jede dieser beiden Summen ist gleich Null, da, wenn man $-m = n + \lambda \pm \varrho$ setzt,

$$\sum_{n}(-1)^{n} q^{n(n+\lambda\pm\varrho)} = \sum_{m}(-1)^{m+\lambda\pm\varrho} q^{m(m+\lambda\pm\varrho)} \qquad {\scriptstyle (m,n=0,\pm 1,\pm 2,\ldots)}$$

wird, und $\lambda \pm \varrho$ ungrade ist. Es ist also in dem Ausdruck (IX') nur noch $\varrho = 0$ zu nehmen, und derselbe reducirt sich daher, da alsdann $\sum_{\mu} q^{-\varepsilon\mu\varrho} = \sigma$ wird, auf die Reihe:

$$2\sum_{\varepsilon,\lambda,\sigma}(-1)^{\lambda+\sigma}\varepsilon\sigma q^{\left(v+w+\frac{1}{2}\lambda\right)^2+\left(\varepsilon\sigma-\frac{1}{2}\lambda\right)^2},$$

welche, wenn $2\varepsilon\sigma - \lambda = \varkappa$ gesetzt wird, in die Doppelreihe

$$\text{(X')} \qquad \sum_{\varkappa,\lambda}(-1)^{\frac{1}{2}(\varkappa-\lambda)}(\varkappa + \lambda) q^{\left(v+w+\frac{1}{2}\lambda\right)^2+\frac{1}{4}\varkappa^2}$$

übergeht. In dieser verschwindet offenbar der mit λ multiplicirte Theil, weil für zwei entgegengesetzte Werthe von $\varkappa$ das Vorzeichen $(-1)^{\frac{1}{2}(\varkappa-\lambda)}$ auch entgegengesetzte Werthe hat; der übrige mit $\varkappa$ multiplicirte Theil aber verwandelt sich unmittelbar in das Reihen-Product (X), wenn an Stelle des Vorzeichens $(-1)^{\frac{1}{2}(\varkappa-\lambda)}$ das Product $(-1)^{\frac{1}{2}(\varkappa-1)}(-1)^{\frac{1}{2}(\lambda-1)}$ genommen wird.

Der Werth von $2q^{2vw}F(q, q^v, q^w)$ bleibt, wie aus dem Ausdruck auf der rechten Seite der Gleichung (VIII) ersichtlich ist, ungeändert, wenn v oder w um eine Einheit vermehrt oder vermindert wird; aber die Reihenentwickelung (VII) muß alsdann *modificirt* werden. Indessen läßt sich auch die für *beliebige* Werthe von v und w geltende Reihenentwickelung in ganz einfacher Weise darstellen, wenn man mit $s(h)$ das Vorzeichen des reellen Theiles von $h \cdot \log \frac{1}{q}$ bezeichnet; alsdann ist nämlich

$$2q^{2vw}F(q, q^v, q^w) = \sum_{m,n}\left(s\left(v + m + \frac{1}{2}\right) + s\left(w + n + \frac{1}{2}\right)\right)q^{2\left(v+m+\frac{1}{2}\right)\left(w+n+\frac{1}{2}\right)},$$

wenn die Summation auf alle ganzen Zahlen m, n von $-\infty$ bis $+\infty$ erstreckt wird. Die Doppelreihe auf der rechten Seite dieser Gleichung ist eine Reihe von Potenzen einer beliebigen Variabeln, deren Exponenten die Producte von Gliedern zweier arithmetischen Reihen, und deren Coëfficienten in gewisser Weise als ± 1 oder 0 bestimmt sind; die Gleichung zeigt also, daß eine solche Doppelreihe sich als Quotient von ϑ-Reihen (VIII) ausdrücken läßt.

Nimmt man in der Formel (I′) $\xi = \frac{1}{2}$, $\eta = 0$, so kommt

$$\frac{\vartheta_1'(0)\vartheta_2(0)}{\vartheta_0(0)\vartheta_0\left(\frac{1}{2}\right)} = 4\pi\sum_{\mu,\nu}(-1)^{\frac{\mu-1}{2}}q^{\frac{1}{2}\mu\nu},$$

und daß der Ausdruck auf der rechten Seite gleich $\pi\vartheta_2(0)^2$ wird, kann auf *arithmetischem* Wege daraus gefolgert werden, daß die Anzahl der Darstellungen einer ungraden Zahl als Summe von zwei Quadraten sich durch den Überschuß der Divisoren von der Form $4n + 1$ über diejenigen von der Form $4n + 3$ ausdrückt. Es ergiebt sich daher auf diese Weise die obige Gleichung (VI) und mit Hülfe derselben resultirt aus der Gleichung (II′) für $\xi = 0$ die Formel

$$\vartheta_2(0)^2\vartheta_3(0)^2 = 4\sum_{\mu,\nu}\mu q^{\frac{1}{2}\mu\nu},$$

welche den von *Jacobi* am Schlusse der Fundamenta entwickelten *Fermat*schen Satz über die Darstellung der Zahlen als Summen von vier Quadraten enthält. Diese Formel erscheint aber hier auf wesentlich *arithmetischem* Wege hergeleitet, da bei der zuletzt angegebenen Verifications-Methode für die Gleichung (VII) nur arithmetische Mittel zur Anwendung gekommen sind.

BEMERKUNGEN ÜBER DIE MULTIPLICATION DER ELLIPTISCHEN FUNCTIONEN

VON

L. KRONECKER.

Sitzungsberichte der Königlich Preussischen Akademie der Wissenschaften zu Berlin vom Jahre 1883. S. 717—729.

BEMERKUNGEN ÜBER DIE MULTIPLICATION DER ELLIPTISCHEN FUNCTIONEN.

[Gelesen in der Akademie der Wissenschaften am 7. Juni 1883].

I.

In seinem ersten, die Theorie der elliptischen Functionen behandelnden Aufsatz*) leitet *Abel* die Multiplicationsformeln aus dem Additionstheorem in einer Weise her, welche sich bei Anwendung der *Jacobi*'schen Bezeichnungen folgendermaassen darstellen lässt.

Die aus dem Additionstheorem:

$$\text{(A)} \qquad \sin\operatorname{am}(a+b) = \frac{\sin\operatorname{am}a\cos\operatorname{am}b\,\Delta\operatorname{am}b + \sin\operatorname{am}b\cos\operatorname{am}a\,\Delta\operatorname{am}a}{1-k^2\sin^2\operatorname{am}a\sin^2\operatorname{am}b}$$

hervorgehenden Formeln:

$$\text{(A')} \qquad \begin{aligned} \sin\operatorname{am}(a+b) - \sin\operatorname{am}(a-b) &= \frac{2\sin\operatorname{am}b\cos\operatorname{am}a\,\Delta\operatorname{am}a}{1-k^2\sin^2\operatorname{am}a\sin^2\operatorname{am}b} \\ \cos\operatorname{am}(a+b) + \cos\operatorname{am}(a-b) &= \frac{2\cos\operatorname{am}a\cos\operatorname{am}b}{1-k^2\sin^2\operatorname{am}a\sin^2\operatorname{am}b} \\ \Delta\operatorname{am}(a+b) + \Delta\operatorname{am}(a-b) &= \frac{2\Delta\operatorname{am}a\,\Delta\operatorname{am}b}{1-k^2\sin^2\operatorname{am}a\sin^2\operatorname{am}b} \end{aligned}$$

zeigen unmittelbar, indem man darin der Reihe nach $b = a, 2a, 3a, \ldots$ setzt, dass sich für jede *grade* Zahl n:

$$\text{(B)} \qquad \frac{\sin\operatorname{am}na}{\sin\operatorname{am}a}\cos\operatorname{am}a\,\Delta\operatorname{am}a, \quad \cos\operatorname{am}na, \quad \Delta\operatorname{am}na$$

und für jede *ungrade* Zahl n:

$$\text{(B')} \qquad \frac{\sin\operatorname{am}na}{\sin\operatorname{am}a}, \quad \frac{\cos\operatorname{am}na}{\cos\operatorname{am}a}, \quad \frac{\Delta\operatorname{am}na}{\Delta\operatorname{am}a}$$

---

*) Recherches sur les fonctions elliptiques. Journal für Mathematik Bd. II, S. 101 und Oeuvres complètes de *Niels Henrik Abel*, nouvelle édition, 1881, tome I, p. 263.

als rationale gebrochene Functionen von $\sin^2 \operatorname{am} a$ darstellen lassen.*) Diese erscheinen aber dabei nicht in reducirter Form, sondern Zähler und Nenner der Multiplicationsformeln erhalten bei dieser inductiven Herleitung aus dem Additionstheorem gemeinschaftliche Factoren und werden demgemäss von zu hohem Grade. Dass aber der Grad von Zähler und Nenner der *reducirten* gebrochenen Functionen von $\sin^2 \operatorname{am} a$ in den drei mit (B) bezeichneten Ausdrücken genau gleich $\frac{1}{2} n^2$ und in den drei mit (B′) bezeichneten Ausdrücken genau gleich $\frac{1}{2}(n^2 - 1)$ ist, kann im Anschluss an die Deduction *Abel*'s in einer Weise dargethan werden, welche der Kürze halber hier nur für die beiden auf $\sin \operatorname{am} na$ bezüglichen Ausdrücke entwickelt werden soll.

Gemäss der inductiven Herleitung der Multiplicationsformeln aus dem Additionstheorem, kann für *grade* Zahlen n:

$$\sin \operatorname{am} na \cdot G(\sin^2 \operatorname{am} a) = \sin \operatorname{am} a \cos \operatorname{am} a \, \Delta \operatorname{am} a \cdot F(\sin^2 \operatorname{am} a)$$

und für *ungrade* Zahlen n:

$$\sin \operatorname{am} na \cdot G_1(\sin^2 \operatorname{am} a) = \sin \operatorname{am} a \cdot F_1(\sin^2 \operatorname{am} a)$$

gesetzt werden, wo $F(x)$, $F_1(x)$, $G(x)$, $G_1(x)$ ganze Functionen von x bedeuten, deren Coefficienten rationale Functionen von k sind. Dabei kann angenommen werden, dass weder $F(x)$ und $G(x)$ noch $x(1-x)(1-k^2x)$ und $G(x)$ noch auch $xF_1(x)$ und $G_1(x)$ einen gemeinschaftlichen Theiler haben. Alsdann sind offenbar, wenn x und y unbestimmte oder variable Grössen bedeuten, die beiden ganzen Functionen von x, y:

$$x(1-x)(1-k^2x)F^2(x) - yG^2(x), \quad xF_1^2(x) - yG_1^2(x)$$

irreductibel, in dem Sinne, dass sie keine Factoren haben können, welche ganze rationale Functionen von x und y wären, auch wenn in deren Coefficienten Irrationalitäten zugelassen würden. Denn beide Functionen sind in Beziehung auf y nur linear, und einen von y unabhängigen Theiler können sie nicht haben, da der Voraussetzung nach weder $x(1-x)(1-k^2x)F^2(x)$ und $G^2(x)$, noch $xF_1^2(x)$ und $G_1^2(x)$ einen gemeinschaftlichen Theiler haben können. Die beiden Gleichungen

$$x(1-x)(1-k^2x)F^2(x) = yG^2(x), \quad xF_1^2(x) = yG_1^2(x)$$

können nun, da sie irreductibel sind, nicht gleiche Wurzeln x haben, und ihr Grad ist daher gleich der Anzahl der *verschiedenen* Werthe von x, welche einem und dem-

*) *Anmerkung.* Der Zähler der rationalen Function, welche den ersten der drei Ausdrücke (B) darstellt, enthält den Ausdruck $(1 - \sin^2 \operatorname{am} a)(1 - k^2 \sin^2 \operatorname{am} a)$ als Factor.

selben Werthe von y entsprechen, d. h. gleich der Anzahl derjenigen Werthe a', a'', ..., wofür

$$\sin^2 \operatorname{am} na, \quad \sin^2 \operatorname{am} na', \quad \sin^2 \operatorname{am} na'',$$

einander gleich und

$$\sin^2 \operatorname{am} a, \quad \sin^2 \operatorname{am} a', \quad \sin^2 \operatorname{am} a'', \ldots$$

unter einander verschieden sind. Hieraus ergiebt sich, dass der Grad beider Gleichungen in x gleich n^2 ist, und dass also die Grade von

$$F(x), \quad G(x), \quad F_1(x), \quad G_1(x)$$

beziehungsweise: $\frac{1}{2}n^2 - 2, \quad \frac{1}{2}n^2, \quad \frac{1}{2}(n^2 - 1), \quad \frac{1}{2}(n^2 - 1)$

sein müssen.

Die hier entwickelte Bestimmung des Grades von Zähler und Nenner der Multiplicationsformeln beruht recht eigentlich, wie auch bei *Abel* deutlich hervortritt, auf der Ermittelung der sämmtlichen Wurzeln der transcendenten Gleichung $\sin \operatorname{am} u = 0$, d. h. also auf dem Nachweise, dass erstens für alle ganzen Zahlen m, m':

$$\sin \operatorname{am} (2mK + 2m'K'i) = 0$$

wird, und dass zweitens $\sin \operatorname{am} u$ *nur* für die Werthe:

$$u = 2mK + 2m'K'i$$

verschwindet. Das Letztere folgt, wie *Abel* zeigt, mit Hülfe des Additionstheorems unmittelbar aus dem Ersteren, wenn der Modul k reell und kleiner als Eins vorausgesetzt wird. Diese Voraussetzung thut aber der Allgemeinheit jener Gradbestimmung von Zähler und Nenner der Multiplicationsformeln keinen Eintrag, da der Grad, auf welchen Zähler und Nenner der reducirten Multiplicationsformeln für jene beschränkten Werthe von k steigt, offenbar für *jeden* Werth von k derselbe bleiben muss. Es zeigt sich daher, dass die *Abel*'sche Deduction überhaupt nur die unmittelbar aus der Definition:

$$a = \int_0^{\sin \operatorname{am} a} \frac{dx}{\sqrt{(1-x^2)(1-k^2x^2)}}$$

hervorgehenden Eigenschaften von $\sin \operatorname{am} a$ zu Hülfe nimmt, um die *reducirte Form* der rein algebraisch durch wiederholte Anwendung des Additionstheorems entstehenden Multiplicationsformeln zu ermitteln.

Als ich dies neulich in meinen Universitäts-Vorlesungen auseinandersetzte, fügte ich hinzu, dass es wohl wünschenswerth erscheine, die Herleitung der reducirten Multiplicationsformeln aus dem Additionstheorem von *jeder* Zuhülfenahme der analytischen Eigenschaften der elliptischen Functionen frei zu machen. Einer meiner Zuhörer, Hr. Dr. *C. Runge*, fand sich dadurch angeregt, sich mit dem Gegenstande zu beschäftigen, und theilte mir schon nach einigen Tagen als Resultat seiner Bemühungen eine rein algebraische Herleitung der reducirten Multiplicationsformel für cos am mit, welche nächstens in dem von Hrn. *Weierstrass* und mir redigirten Journal für Mathematik abgedruckt werden wird.[1]) Um mir nun die Ursache des Erfolges der von Hrn. *Runge* angewendeten Methode völlig klar zu machen, suchte ich den eigentlichen Grund der Schwierigkeit zu erforschen, welcher bei *Abel* der rein algebraischen Durchführung seiner Herleitung der Multiplication aus dem Additionstheorem, d. h. der rein algebraischen Herleitung der *reducirten* Multiplicationsformel, entgegensteht. Ich fand diesen Grund, indem ich auf die in meiner „*arithmetischen Theorie der algebraischen Grössen*"*) entwickelten Principien zurückging, sehr bald darin, dass *im Additionstheorem selbst* Zähler und Nenner des Ausdrucks für $\sin\operatorname{am}(a+b)$, wenn man dieselben als *ganze* Grössen des aus den Elementen:

$$\sin\operatorname{am}a,\quad \cos\operatorname{am}a\cdot\Delta\operatorname{am}a,\quad \sin\operatorname{am}b,\quad \cos\operatorname{am}b\cdot\Delta\operatorname{am}b$$

gebildeten Rationalitäts-Bereichs auffasst, einen gemeinschaftlichen Theiler, in dem a. a. O. dargelegten Sinne, haben. Dieser Theiler lässt sich durch die jenem Gattungs-Bereich *associirten Formen***) wirklich darstellen, *und es bewährt sich also hier die arithmetische Theorie der algebraischen Grössen und namentlich die darin entwickelte Association algebraischer Formen, indem dadurch das Additionstheorem der elliptischen Functionen rein algebraisch in reducirter Form dargestellt und damit eine neue Einsicht in die Natur des so vielfach behandelten Theorems erlangt wird.* Nimmt man diese *reducirte* Form des Ausdrucks für $\sin\operatorname{am}(a+b)$ zum Ausgangspunkt, so gelangt man, indem man der Reihe nach $b = a, 2a, 3a, \ldots$ annimmt, unmittelbar und in rein algebraischer Weise zu der *reducirten* Form des Ausdrucks für $\sin\operatorname{am}na$, d. h. zu der reducirten Multiplicationsformel.

*) Journal für Mathematik, Bd. 92, S. 1 (Festschrift zu Hrn. *Kummer*'s Doctor-Jubiläum).[2])

**) A. a. O. § 22. S. 84 und 93.[3])

[1]) *Runge*, Journal für Mathematik, Bd. 94, S. 349—351. H
[2]) Bd. II, S. 237 dieser Ausgabe von *L. Kronecker*'s Werken. H
[3]) Bd. II, S. 342—343 u. S. 353—354 dieser Ausgabe von *L. Kronecker*'s Werken. H

II.

Es soll nun zuvörderst der gemeinsame Theiler ermittelt werden, mit welchem Zähler und Nenner der Multiplicationsformel bei der *Abel*'schen Herleitung behaftet sind.

Bezeichnet man die Ableitung von sin am$a$ mit sin′am$a$, so dass

$$\sin'\operatorname{am} a = \cos\operatorname{am} a \cdot \Delta\operatorname{am} a$$

ist, so erhält das Additionstheorem die Form:

$$(\mathrm{A}^0)\qquad \sin\operatorname{am}(a+b) = \frac{\sin\operatorname{am} a \sin'\operatorname{am} b + \sin\operatorname{am} b \sin'\operatorname{am} a}{1 - k^2 \sin^2\operatorname{am} a \sin^2\operatorname{am} b}$$

und geht mit Benutzung der Relation:

$$k \sin\operatorname{am} b \sin\operatorname{am}(b + K'i) = 1$$

über in:

$$(\mathrm{A}'')\qquad k\sin\operatorname{am}(a+b) = \frac{\sin\operatorname{am} a \sin'\operatorname{am}(b+K'i) - \sin'\operatorname{am} a \sin\operatorname{am}(b+K'i)}{\sin^2\operatorname{am} a - \sin^2\operatorname{am}(b+K'i)}.$$

In dieser Form wird es evident, dass Zähler und Nenner des Ausdrucks für sin am$(a+b)$ verschwinden, wenn sin am$a$ = sin am$(b+K'i)$ ist, dass also, wenn man $a = rv$, $b = sv$ und für r, s ganze Zahlen nimmt, der aus (A^0) hervorgehende Ausdruck für sin am$(r+s)v$ im Zähler und Nenner alle verschiedenen Factoren

$$\sin\operatorname{am} v - \sin\operatorname{am} v_h \qquad (h = 0, 1, 2, \ldots)$$

enthalten muss, welche durch die Gleichung:

$$\sin\operatorname{am} r v_h = \sin\operatorname{am}(s v_h + K'i)$$

definirt werden.

Um nun zu zeigen, dass die rationalen Functionen von sin² am$v$, durch welche sich, je nachdem n grade oder ungrade ist, die oben unter (B) und (B′) aufgestellten Ausdrücke:

$$(\mathrm{B}'')\qquad \frac{\sin\operatorname{am} nv \cdot \sin'\operatorname{am} v}{\sin\operatorname{am} v},\quad \frac{\sin\operatorname{am} nv}{\sin\operatorname{am} v}$$

darstellen lassen, in ihrer reducirten Form im Zähler und Nenner von den Graden

$$\tfrac{1}{2}n^2,\quad \tfrac{1}{2}(n^2-1)$$

sind, braucht man dies nur für alle Zahlen vorauszusetzen, die kleiner als eine gegebene Zahl n sind. Nimmt man alsdann für r und s irgend zwei positive Zahlen, deren Summe gleich n ist, und denkt man sich die Ausdrücke (B″) erst mittels des Additionstheorems (A^0) durch $\sin \mathrm{am}\, rv$, $\sin' \mathrm{am}\, rv$, $\sin \mathrm{am}\, sv$, $\sin' \mathrm{am}\, sv$, diese aber alsdann durch die der Voraussetzung nach schon reducirten Ausdrücke in $\sin \mathrm{am}\, v$, $\sin' \mathrm{am}\, v$ dargestellt, so erhält man rationale gebrochene Functionen von $\sin^2 \mathrm{am}\, v$, deren Zähler und Nenner, je nachdem $r + s$ grade oder ungrade ist, von den Graden:

$$r^2 + s^2 \text{ oder } r^2 + s^2 - 1$$

sind. Die Anzahl der verschiedenen Werthe von $\sin^2 \mathrm{am}\, v_h$, wofür:

$$\sin \mathrm{am}\, rv_h = \sin \mathrm{am}\,(sv_h + K'i)$$

wird, ist aber je nachdem $r + s$ grade oder ungrade ist, gleich:

$$\frac{1}{2}(r - s)^2 \text{ oder } \frac{1}{2}((r - s)^2 - 1);$$

der Grad im Zähler und Nenner der rationalen Functionen für die Ausdrücke (B″) muss sich also mindestens auf:

$$r^2 + s^2 - \frac{1}{2}(r - s)^2 \text{ oder } r^2 + s^2 - 1 - \frac{1}{2}((r - s)^2 - 1),$$

d. h. also, je nachdem $r + s$ grade oder ungrade ist, auf

$$\frac{1}{2}(r + s)^2 \text{ oder } \frac{1}{2}((r + s)^2 - 1)$$

reduciren. Dass aber keine weitere Reduction des Grades stattfinden kann, wird nunmehr in ähnlicher Weise wie bei *Abel* daraus erschlossen, dass z. B. für ungrade Zahlen n die Anzahl der verschiedenen Werthe von $\sin^2 \mathrm{am}\, v$, wofür:

$$\frac{\sin \mathrm{am}\, nv}{\sin \mathrm{am}\, v}$$

gleich Null wird, genau gleich $\frac{1}{2}(n^2 - 1)$ ist.

Die vorstehende Deduction zeigt, *dass der überflüssige gemeinschaftliche Factor, welcher bei der auf das Additionstheorem* (A^0) *gegründeten Bildung von* $\sin \mathrm{am}(r + s)v$ *aus* $\sin \mathrm{am}\, rv$ und $\sin \mathrm{am}\, sv$ *im Zähler und Nenner erscheint, nichts Anderes ist, als der Nenner in dem Ausdrucke für* $\sin \mathrm{am}(r - s)v$, d. h. der Nenner der rationalen Function von $\sin^2 \mathrm{am}\, v$, in ihrer reducirten Form, durch welche, je nachdem $r - s$ grade oder ungrade ist,

$$\frac{\sin \mathrm{am}\,(r - s)v}{\sin \mathrm{am}\, v} \sin' \mathrm{am}\, v \quad \text{oder} \quad \frac{\sin \mathrm{am}\,(r - s)v}{\sin \mathrm{am}\, v}$$

dargestellt wird. Dieser Nenner ist gleich Eins, wenn $r = s$ oder $r = s + 1$ ist, und die Bildung von sin amnv aus sin amrv und sin amsv führt also, wenn $n = r + s$ und, je nachdem n grade oder ungrade ist, $r = s$ oder $r = s + 1$ angenommen wird, unmittelbar zur *reducirten* Multiplicationsformel. Eine solche Bildungsweise findet sich in Hrn. *Königsberger's* „*Vorlesungen über die Theorie der elliptischen Functionen*“ (Theil II, S. 194); doch bedarf es zur Vervollständigung der dortigen Deduction, ebenso wie oben, des Nachweises, dass die aus derselben hervorgehende Multiplicationsformel wirklich in der reducirten Form ist, d. h. dass Zähler und Nenner keinen gemeinsamen Theiler haben. Dieser Nachweis ist oben auf die Kenntniss der Wurzeln der Gleichung sin am$v = 0$ gegründet worden; derselbe kann für *grade* Zahlen n, also für $r = s$ rein algebraisch geführt werden, indem man die reducirte Form des Ausdrucks für sin am $\frac{1}{2}nv$ voraussetzt; ob aber für *ungrade* Zahlen n der Nachweis in ähnlicher Weise geführt werden kann, muss ich dahin gestellt sein lassen.

III.

Ebenso wie es *Jacobi* in einem seiner Aufsätze*) bei Aufstellung der Transformations- und Multiplications-Formeln gethan hat, will ich auch bei Aufstellung der reducirten Form des Additionstheorems die Grösse $k + \frac{1}{k}$ an Stelle des Moduls k einführen. Wird demgemäss:

$$k + \frac{1}{k} = 4\mathfrak{M} - 2$$

gesetzt, so ist der reciproke Werth von $\sqrt{\mathfrak{M}}$, nämlich $\frac{2\sqrt{k}}{1+k}$, nichts Anderes als derjenige Werth des Moduls k, welcher bei einer Transformation zweiter Ordnung, und zwar bei der Verwandlung der *Jacobi*'schen Grösse q in $\sqrt{q}$ resultirt.**) Die hier mit $\mathfrak{M}$ bezeichnete Grösse ist demnach selbst das Quadrat eines durch eine Transformation zweiter Ordnung aus k hervorgehenden Moduls, und deren Einführung erweist sich dadurch als naturgemäss.

Setzt man in der bei *Jacobi* üblichen Weise:

$$e^{-\frac{\pi K'}{K}} = q$$

*) „Suite des notices sur les fonctions elliptiques.“ Journal für Mathematik, Bd. IV, S. 185 und *Jacobi*'s gesammelte Werke, Bd. I, S. 266.

**) *Jacobi*'s Fundamenta S. 92 und *Jacobi*'s gesammelte Werke, Bd. I, S. 149.

und bezeichnet das unendliche Product:

$$(1+qz)(1+q^3z^{-1})(1+q^5z)(1+q^7z^{-1})(1+q^9z)(1+q^{11}z^{-1})\dots$$

mit $P(z, q)$, so ist:*)

$$\mathfrak{M} = \frac{P^{16}(1, \sqrt{q})\,P^8(-1, \sqrt{q})}{16\sqrt{q}},$$

also, wenn man die Function $Q(z, q)$ durch die Gleichung:

$$2^{\frac{1}{6}} q^{\frac{1}{24}} z^{\frac{1}{4}} Q(z, q) = P(z, q)$$

definirt:

$$\mathfrak{M} = Q^{16}(1, \sqrt{q})\,Q^8(-1, \sqrt{q}).$$

Dabei ist:

$$\mathfrak{M} - 1 = Q^8(1, \sqrt{q})\,Q^{16}(-1, \sqrt{q})$$

und für $z = e^{\pi\zeta i}$:

$$\sqrt{k}\sin\operatorname{am}\left(\zeta K + K + \frac{1}{2}iK'\right) = \frac{Q(z, \sqrt{q})}{Q(z^{-1}, \sqrt{q})}.$$

Da es aber für die Aufstellung der reducirten Form des Additionstheorems wesentliche Vortheile bietet, die elliptische Function sin am, mit dem Factor $\frac{k\sqrt{k}}{4k'^2}$ versehen, einzuführen, so setze ich:

$$f(a) = \frac{1}{16}\left(\frac{1}{\sqrt{\mathfrak{M}}} + \frac{1}{\sqrt{\mathfrak{M}-1}}\right)\sin\operatorname{am} a,$$

und diese Function $f(a)$ ist, wenn man in den obigen Formeln überall q an Stelle von $\sqrt{q}$ setzt, vollständig durch die Function $P(z, q)$ zu definiren. Wenn nämlich mit $P'(z, q)$ die nach z genommene Ableitung von $P(z, q)$ bezeichnet wird, so ist die Gleichung:

$$16\,Q^{12}(1, q)\,Q^{12}(-1, q)\,f(a) = \frac{Q(z, q)}{Q(z^{-1}, q)}$$

durch den Werth:

$$a = \frac{1}{2iq}P'(-q^{-1}, q)\,P^4(i, q)\,P^4(-i, q)\log(-qz)$$

erfüllt. Dann ist zugleich:

$$16\,f(a) = \left(\frac{1}{\sqrt{\mathfrak{M}}} + \frac{1}{\sqrt{\mathfrak{M}-1}}\right)\sin\operatorname{am}(a, k),$$

wenn die hier vorkommenden Grössen $\mathfrak{M}$ und k durch die Gleichungen:

$$\mathfrak{M} = Q^{16}(1, q)\,Q^8(-1, q), \quad \mathfrak{M} - 1 = Q^8(1, q)\,Q^{16}(-1, q)$$

$$k - \frac{1}{k} = -4\,Q^{12}(1, q)\,Q^{12}(-1, q)$$

*) *Jacobi*'s Fundamenta S. 89 und *Jacobi*'s gesammelte Werke, Bd. I, S. 146.

bestimmt werden. Diese Bestimmung von k resultirt unmittelbar aus der Formel No. 1 des § 36 von *Jacobi*'s *Fundamenta*, wenn darin q^2 für q gesetzt wird. Ich bemerke noch, dass

$$P'(-q^{-1}, q) = q\prod_n (1-q^{4n})^2 \qquad (n=1,2,3,\ldots)$$

ist, und dass daher die Zurückführung des Products $P(z, q)$ auf Θ-Reihen durch die Formel:

$$\frac{P(z,q)}{P'(-q^{-1},q)} = \frac{\sum_n q^{2n^2-n} z^n}{\sum_n (-1)^{n-1} n q^{2n^2-2n+1}} \qquad (n=0,\pm 1,\pm 2,\ldots)$$

gegeben wird.

Es sei nun:

$$f(a) = \mathfrak{A}, \quad f(b) = \mathfrak{B},$$

$$1 - 2^8\mathfrak{M}(\mathfrak{M}-1)(2\mathfrak{M}-1)\mathfrak{A}^2 + 2^{16}\mathfrak{M}^2(\mathfrak{M}-1)^2\mathfrak{A}^4 = \mathfrak{A}'^2,$$

$$1 - 2^8\mathfrak{M}(\mathfrak{M}-1)(2\mathfrak{M}-1)\mathfrak{B}^2 + 2^{16}\mathfrak{M}^2(\mathfrak{M}-1)^2\mathfrak{B}^4 = \mathfrak{B}'^2,$$

$$1 - 2^{16}\mathfrak{M}^2(\mathfrak{M}-1)^2\mathfrak{A}^2\mathfrak{B}^2 = F(\mathfrak{A}, \mathfrak{B}), \; \mathfrak{A}^2 - \mathfrak{B}^2 = G(\mathfrak{A}, \mathfrak{B}),$$

$$\mathfrak{A}\mathfrak{B}' + \mathfrak{A}'\mathfrak{B} = \Phi(\mathfrak{A}, \mathfrak{B}), \; \mathfrak{A}\mathfrak{B}' - \mathfrak{A}'\mathfrak{B} = \Psi(\mathfrak{A}, \mathfrak{B}).$$

Dann wird das Additionstheorem durch die Gleichung:

$$\text{(C)} \qquad f(a+b) = \frac{\Phi(\mathfrak{A}, \mathfrak{B})}{F(\mathfrak{A}, \mathfrak{B})}$$

dargestellt, in welcher Φ und F „*ganze*" algebraische Grössen des aus den Elementen $\mathfrak{A}, \mathfrak{A}', \mathfrak{B}, \mathfrak{B}', \mathfrak{M}$ gebildeten Gattungs-Bereichs $[\mathfrak{A}, \mathfrak{A}', \mathfrak{B}, \mathfrak{B}', \mathfrak{M}]$ sind. Der gemeinsame Theiler dieser beiden Grössen Φ und F wird nach dem im § 14[1]) meiner Festschrift*) dargelegten Princip durch den Bruch:

$$\frac{F+u\Phi}{\mathrm{Fm}(F+u\Phi)}$$

dargestellt, wo u eine Unbestimmte bedeutet und der Kürze halber F, Φ für $F(\mathfrak{A}, \mathfrak{B})$, $\Phi(\mathfrak{A}, \mathfrak{B})$ gesetzt ist. Da nun die Fundamental-Relation:

$$\text{(D)} \qquad F(\mathfrak{A}, \mathfrak{B})\, G(\mathfrak{A}, \mathfrak{B}) = \Phi(\mathfrak{A}, \mathfrak{B})\, \Psi(\mathfrak{A}, \mathfrak{B})$$

besteht und $\mathrm{Nm}(F+u\Phi)$ das Product:

$$(F+u\Phi)(F+u\Psi)(F-u\Phi)(F-u\Psi)$$

*) Vgl. das Citat am Schlusse von Art. I.

1) Bd. II, S. 297 dieser Ausgabe von *L. Kronecker*'s Werken.

bedeutet, so kommt:

$$\mathrm{Nm}(F+u\Phi) = F^2\cdot(F+u\Phi+u\Psi+u^2G)(F-u\Phi-u\Psi+u^2G).$$

Die Norm von $F+u\Phi$ hat daher den von u unabhängigen Theiler F^2, und es ist also nach der *Definition* von $\mathrm{Fm}(F+u\Phi)$:

$$\mathrm{Nm}(F+u\Phi) = F^2\cdot\mathrm{Fm}(F+u\Phi),$$

wenn F^2 der *grösste* von u unabhängige Theiler der Norm und demgemäss $\mathrm{Fm}(F+u\Phi)$ eine *primitive* Form der Unbestimmten u ist. Dass dies aber wirklich der Fall ist, leuchtet schon daraus ein, dass die beiden Functionen $F(\mathfrak{A},\mathfrak{B})$ und $G(\mathfrak{A},\mathfrak{B})$ keinen gemeinsamen Theiler (erster Stufe) haben, und dass demnach, wenn

$$\mathrm{Fm}(F+u\Phi) = (F+u\Phi+u\Psi+u^2G)(F-u\Phi-u\Psi-u^2G)$$

genommen wird, $\mathrm{Fm}(F+u\Phi)$ in der That eine (eigentlich oder uneigentlich) *primitive* Form wird. Dividirt man nun sowohl Φ als auch F durch ihren gemeinsamen Theiler:

$$\frac{F+u\Phi}{\mathrm{Fm}(F+u\Phi)},$$

so werden die beiden Quotienten der Division beziehungsweise:

$$(\Phi+uG)(F-u\Phi-u\Psi+u^2G),\quad (F+u\Psi)(F-u\Phi-u\Psi+u^2G),$$

und man erhält sonach für den Bruch $\frac{\Phi}{F}$ den Ausdruck:

$$(\mathrm{C}^0)\qquad \frac{\Phi(\mathfrak{A},\mathfrak{B})+uG(\mathfrak{A},\mathfrak{B})}{F(\mathfrak{A},\mathfrak{B})+u\Psi(\mathfrak{A},\mathfrak{B})},$$

welcher gemäss der Gleichung (C) den Wert von $f(a+b)$, und zwar in *reducirter Form*, darstellt.

Dass der Ausdruck (C^0), zu welchem die allgemeine Theorie der algebraischen Divisoren geführt hat, seinem Werthe nach mit dem Bruche $\frac{\Phi}{F}$ übereinstimmt, lässt sich unmittelbar mittels der Gleichung (D) verificiren. Dass ferner der Ausdruck (C^0) in der That ein *reducirter* Bruch ist, geht aus der Gleichung:

$$F_1F+G_1G+\Phi_1\Phi+\Psi_1\Psi = 1$$

hervor, in welcher F_1, G_1, Φ_1, Ψ_1 die Werthe:

$$\begin{aligned}
F_1 &= 1+2^4(2\mathfrak{M}-1)(\mathfrak{A}^2+\mathfrak{B}^2)-2^{11}\mathfrak{M}(\mathfrak{M}-1)(\mathfrak{A}^2+\mathfrak{B}^2)^2\\
G_1 &= 2^{12}\mathfrak{M}(\mathfrak{M}-1)(\mathfrak{A}^2-\mathfrak{B}^2)\\
\Phi_1 &= 2^3(1-2\mathfrak{M}-2^7\mathfrak{M}(\mathfrak{M}-1)(\mathfrak{A}^2+\mathfrak{B}^2))\Phi\\
\Psi_1 &= 2^3(1-2\mathfrak{M}-2^7\mathfrak{M}(\mathfrak{M}-1)(\mathfrak{A}^2+\mathfrak{B}^2))\Psi
\end{aligned}$$

haben und also „*ganze*" Grössen des Bereichs $[\mathfrak{A}, \mathfrak{A}', \mathfrak{B}, \mathfrak{B}', \mathfrak{M}]$ sind. Denn die angegebene Gleichung zeigt, dass das Modulsystem (F, G, Φ, Ψ) äquivalent Eins ist, und dies ist nach § 22[1]) meiner oben citirten Festschrift die nothwendige und hinreichende Bedingung dafür, dass die Form mit den Unbestimmten U, U', U'', U''':

$$FU + GU' + \Phi U'' + \Psi U'''$$

„*eigentlich*" primitiv sei. Die Grössen F, G, Φ, Ψ haben daher überhaupt keinen Divisor irgend welcher Stufe mit einander gemein.

Durch die Relation $FG = \Phi\Psi$ lassen sich die Gleichungen:

$$(\mathrm{D}') \qquad \begin{aligned} (\Phi + u'F)(\Phi + uG) &= E\Phi, \\ (\Phi + u'F)(F + u\Psi) &= EF, \end{aligned}$$

in denen E die eigentlich primitive Form:

$$u'F + uG + \Phi + uu'\Psi$$

bedeutet, unmittelbar verificiren. Diese Gleichungen (D′) ergeben eine Zerlegung von Zähler und Nenner des Bruches $\frac{\Phi}{\Psi}$, welcher $f(a + b)$ darstellt, in je zwei Factoren, und zwar im *strengsten* Sinne der absoluten Äquivalenz, d. h. hier, da der Gattungs-Bereich $[\mathfrak{A}, \mathfrak{A}', \mathfrak{B}, \mathfrak{B}', \mathfrak{M}]$ genau drei unabhängige Elemente $\mathfrak{A}, \mathfrak{B}, \mathfrak{M}$ enthält, im Sinne einer Äquivalenz *vierter* Stufe (vgl. meine Festschrift S. 91).[2]) Die Factoren:

$$\Phi + u'F, \quad \Phi + uG, \quad F + u\Psi$$

sind ganze algebraische, dem Gattungs-Bereich $[\mathfrak{A}, \mathfrak{A}', \mathfrak{B}, \mathfrak{B}', \mathfrak{M}]$ „*associirte*" Formen, und die erste dieser drei Formen stellt den grössten gemeinsamen Theiler von Φ und F dar. Diese drei Formen sind nicht irreductibel; jede derselben lässt sich vielmehr noch weiter in je zwei Factoren zerlegen.

IV.

Bezeichnet man zur Abkürzung die durch den Bruch $\frac{\Phi(\mathfrak{A}, \mathfrak{B})}{F(\mathfrak{A}, \mathfrak{B})}$ dargestellte algebraische Function der Grössen $\mathfrak{A}, \mathfrak{B}$ durch $\mathrm{H}(\mathfrak{A}, \mathfrak{B})$ und fixirt die darin vorkommenden Quadratwurzeln $\mathfrak{A}', \mathfrak{B}'$ so, dass dieselben für $\mathfrak{A} = 0$, $\mathfrak{B} = 0$ der positiven Einheit gleich werden, so genügt die Function $\mathrm{H}(\mathfrak{A}, \mathfrak{B})$ den Relationen:

$$\mathrm{H}(x, 0) = x, \quad \mathrm{H}(x, y) = \mathrm{H}(y, x) = -\mathrm{H}(-x, -y),$$
$$\mathrm{H}(\mathrm{H}(x, y), z) = \mathrm{H}(\mathrm{H}(x, z), y) = \mathrm{H}(\mathrm{H}(y, z), x),$$

[1]) Bd. II, S. 348 dieser Ausgabe von *L. Kronecker's* Werken. H

[2]) Bd. II, S. 351 dieser Ausgabe von *L. Kronecker's* Werken. H

welche durch Rechnung verificirt werden können. Aus diesen Relationen folgt nicht nur, dass $H(H(x, y), z)$ eine symmetrische Function von x, y, z ist, sondern auch, dass ebenso:

$$H(H(H(x, y), z), t)$$

eine symmetrische Function von x, y, z, t und mit:

$$H(H(x, y), \ H(z, t))$$

übereinstimmend wird. Es ist demnach allgemein, wenn die auf diese Weise aus r Grössen $z_1, z_2, \ldots z_r$ gebildete Function mit H_r bezeichnet wird:

$$H_{r+s}(z_1, z_2, \ldots z_{r+s}) = H\left(H_r(z_1, z_2, \ldots z_r), \ H_s(z_1, z_2, \ldots z_s)\right).$$

Setzt man endlich der Einfachheit halber für den Fall *gleicher* Elemente z:

$$H_n(z, z, \ldots z) = H_n(z)$$

und

$$H_0(z) = 0, \quad H_1(z) = z, \quad H_{-1}(z) = -z,$$

so ist allgemein für positive und negative Zahlen r, s:

$$H_{r+s}(z) = H(H_r(z), H_s(z)).$$

Dies vorausgeschickt, lässt sich die Aufgabe der algebraischen Herleitung der Multiplicationsformeln aus dem Additionstheorem in folgender Weise präcisiren: es soll gezeigt werden, dass, wenn H'_n ebenso aus H_n gebildet wird wie $\mathfrak{A}'$ aus $\mathfrak{A}$, die algebraischen Functionen $H_n(z)$, $H'_n(z)$ sich in der Form:

$$H_n(z) = z \cdot z^{(n)} \frac{P_n(z^2)}{Q_n(z^2)}, \quad H'_n(z) = z^{(n-1)} \frac{R_n(z^2)}{Q_n^2(z^2)}$$

darstellen lassen, wo, je nachdem n grade oder ungrade ist,

$$z^{(n)} = z' \text{ oder } z^{(n)} = 1$$

genommen werden muss, und wo P_n, Q_n, R_n ganze rationale Functionen von z^2 bedeuten, die so beschaffen sind, dass Zähler und Nenner in den Ausdrücken von $H_n(z)$ und $H'_n(z)$ für keinen Werth von z gleichzeitig verschwinden, und dass alsdann die Grade von:

	P_n,	Q_n,	R_n
für *grade* n:	$\frac{1}{2}n^2 - 2$,	$\frac{1}{2}n^2$,	n^2,
für *ungrade* n:	$\frac{1}{2}(n^2-1)$,	$\frac{1}{2}(n^2-1)$,	$n^2 - 1$

in Beziehung auf z^2 werden.

Die hier bezeichnete Aufgabe wird unmittelbar gelöst, wenn man bei der Bildung von H_{r+s} aus H_r und H_s die Function H in der reducirten Form (C^0) zu Grunde legt. Setzt man nämlich H_r, H_s in der nachzuweisenden Form voraus, so resultirt eine Gleichung:

$$H_{r+s}(z) = \frac{\Phi_0 + uG_0}{F_0 + u\Psi_0},$$

wenn darin

$$\Phi_0 = z\left(z^{(r)} z^{(s-1)} P_r Q_r R_s + z^{(r-1)} z^{(s)} P_s Q_s R_r\right)$$

$$\Psi_0 = z\left(z^{(r)} z^{(s-1)} P_r Q_r R_s - z^{(r-1)} z^{(s)} P_s Q_s R_r\right)$$

$$F_0 = Q_r^2 Q_s^2 - z^4 z^{(r)} z^{(r)} z^{(s)} z^{(s)} P_r^2 P_s^2$$

$$G_0 = z^2\left(z^{(r)} z^{(r)} P_r^2 Q_s^2 - z^{(s)} z^{(s)} P_s^2 Q_r^2\right)$$

genommen wird. Die Functionen Φ_0, Ψ_0, F_0, G_0 entstehen beziehungsweise aus $\Phi(\mathfrak{A}, \mathfrak{B})$, $\Psi(\mathfrak{A}, \mathfrak{B})$, $F(\mathfrak{A}, \mathfrak{B})$, $G(\mathfrak{A}, \mathfrak{B})$, wenn in diesen

$$\mathfrak{A} = H_r(z), \quad \mathfrak{B} = H_s(z)$$

gesetzt und alsdann mit $Q_r^2 Q_s^2$ multiplicirt wird. Da nun oben gezeigt worden ist, dass das Modulsystem (Φ, Ψ, F, G) äquivalent Eins ist, so folgt, dass:

$$Q_r^2 Q_s^2 \equiv 0 \ (\text{modd. } \Phi_0, \Psi_0, F_0, G_0)$$

sein muss. Gäbe es nun irgend einen Werth von z, für welchen gleichzeitig:

$$\Phi_0 = \Psi_0 = F_0 = G_0 = 0$$

wäre, so müsste auch Q_r oder Q_s gleich Null sein. Auf Grund der Gleichungen $F_0 = 0, G_0 = 0$ würde aber für $Q_r = 0$ auch:

$$zz^{(r)} z^{(s)} P_r P_s = 0, \quad zz^{(r)} P_r Q_s = 0$$

sein müssen, während der Voraussetzung nach weder $zz^{(r)} P_r$ und Q_r noch $zz^{(s)} P_s$ und Q_s gleichzeitig verschwinden. Der Ausdruck für $zz^{(r+s)} H_{r+s}(z)$, nämlich:

$$zz^{(r+s)} \frac{\Phi_0 + uG_0}{F_0 + u\Psi_0} \quad \text{oder} \quad zz^{(r+s)} \frac{\Phi_0 + u^0 zz^{(r+s)} G_0}{F_0 + u^0 zz^{(r+s)} \Psi_0},$$

ist hiernach ein reducirter Bruch, in dem Sinne, dass Zähler und Nenner nur eine *primitive* Linearform von u als gemeinschaftlichen Theiler haben. Denn:

$$\frac{1}{zz^{(r+s)}} \Phi_0, \ G_0, \ F_0, \ zz^{(r+s)} \Psi_0$$

sind ganze Grössen des *natürlichen* Rationalitäts-Bereichs $[z^2, \mathfrak{M}]$; sowohl der in den zwei ersten als auch der in den zwei letzten dieser vier Grössen enthaltene gemeinsame Theiler erster Stufe lässt sich daher ebenfalls als eine *Grösse* des Bereichs $[z^2, \mathfrak{M}]$, also ohne Zuhülfenahme von *Formen*, vollständig darstellen.

Die Gradbestimmungen der von u unabhängigen Factoren in $\Phi_0 + uG_0$ und $F_0 + u\Psi_0$ kann auf die Gleichungen (D′) gegründet werden, aus denen analoge Gleichungen:

$$(\mathrm{D}^0) \qquad \begin{aligned} (\Phi_0 + u'F_0)(\Phi_0 + uG_0) &= E_0\Phi_0, \\ (\Phi_0 + u'F_0)(F_0 + u\Psi_0) &= E_0F_0, \end{aligned}$$

hervorgehen. Dabei ist E_0 eine primitive Form von u, u', und $\Phi_0 + u'F_0$ ist der Nenner des Ausdrucks für $\mathrm{H}_{r-s}(z)$. Wird also der Grad des von u' unabhängigen Factors in $\Phi_0 + u'F$ als bekannt angenommen, so bestimmen sich daraus die Grade der von u unabhängigen Factoren von $\Phi_0 + uG_0$ und $F_0 + u\Phi_0$, und zwar genau in derselben Weise wie es in Art. II ausgeführt ist.

Nachdem auf die angegebene Weise der Grad von Zähler und Nenner des Ausdrucks für $\mathrm{H}_{r+s}(z)$, d. h. also der Grad von $P_{r+s}(z^2)$ und $Q_{r+s}(z^2)$, bestimmt worden, ergiebt sich der Grad des Zählers von $\mathrm{H}'_{r+s}(z)$, d. h. also der Grad von $R_{r+s}(z^2)$, einfach aus der Definition von H'. Denn diese ist durch eine Gleichung:

$$1 - c\mathrm{H}^2 + c'\mathrm{H}^4 = \mathrm{H}'^2$$

gegeben, in welcher die Coefficienten c, c' nur von $\mathfrak{M}$ abhängig sind, und eben diese Definition zeigt auch, dass Zähler und Nenner des daraus resultirenden Ausdrucks von H' für keinen Werth von z gleichzeitig verschwinden.

WEITERE BEMERKUNGEN ÜBER DIE MULTIPLICATION DER ELLIPTISCHEN FUNCTIONEN

VON

L. KRONECKER.

Sitzungsberichte der Königlich Preussischen Akademie der Wissenschaften zu Berlin
vom Jahre 1888. S. 949—956.

WEITERE BEMERKUNGEN ÜBER DIE MULTIPLICATION DER ELLIPTISCHEN FUNCTIONEN.

[Gelesen in der Akademie der Wissenschaften am 26. Juli 1883.]

In meiner vorigen Mittheilung[1]) habe ich gezeigt, wie mit Hülfe der associirten Formen das Additionstheorem der elliptischen Functionen in reducirter Form dargestellt werden kann, und wie daraus die Formeln für die Multiplication unmittelbar in ihrer reducirten Form hervorgehen. Man kann aber bei dieser *Anwendung* des Additionstheorems die Einführung der associirten Formen, gemäss den allgemeinen, in meiner Festschrift[2]) gegebenen Entwickelungen, auf zwei verschiedene Weisen umgehen, und man gelangt dabei zu zwei verschiedenen Methoden der Herleitung der Multiplications-Formeln, welche ich im Anschluss an meine vorige Mittheilung und unter Beibehaltung der darin angenommenen Bezeichnungen hier auseinandersetzen will.

I.

Nach den mit (C) und (D) bezeichneten beiden Gleichungen kann das Additionstheorem in den zwei verschiedenen Weisen:

$$(C') \qquad \begin{aligned} f(a+b)\cdot F(f(a), f(b)) &= \Phi(f(a), f(b)) \\ f(a+b)\cdot \Psi(f(a), f(b)) &= G(f(a), f(b)) \end{aligned}$$

dargestellt werden, deren Zusammenfassung in der Gleichung:

$$f(a+b)[F(f(a), f(b)) + u\Psi(f(a), f(b))] = \Phi(f(a), f(b)) + uG(f(a), f(b))$$

durch die Theorie der associirten Formen ermöglicht wird und zu dem mit (C^0) bezeichneten Ausdrucke für $f(a+b)$ führt. Hierbei ist:

$$f(a) = \frac{k\sqrt{k}}{4(k^2-1)} \sin \mathrm{am}\,(a, k), \quad f(b) = \frac{k\sqrt{k}}{4(k^2-1)} \sin \mathrm{am}\,(b, k),$$

[1]) Bd. IV, S. 319 dieser Ausgabe von *L. Kronecker*'s Werken. H

[2]) Bd. II, S. 237 dieser Ausgabe von *L. Kronecker*'s Werken. H

und wenn:
$$f(o) = z, \quad f(no) = \mathrm{H}_n(z)$$
gesetzt wird, so geht aus dem Gleichungssystem (C′), welches die Darstellung des Additionstheorems in reducirter Form vertritt, das System der beiden Gleichungen:

(E) $$F_0 \mathrm{H}_{r+s}(z) = \Phi_0, \quad \Psi_0 \mathrm{H}_{r+s}(z) = G_0$$

hervor, welches die Darstellung der Multiplications-Formeln in ihrer reducirten Form enthält. Denn nach den in meiner vorigen Mittheilung eingeführten Bezeichnungen sind
$$F_0, \quad G_0, \quad \frac{\Phi_0}{z^{(r+s)}}, \quad \frac{\Psi_0}{z^{(r+s)}}$$
ganze rationale Functionen von z, und $z^{(r+s)}$ ist für ungrade Werthe von $r+s$ gleich Eins, für grade Werthe aber gleich z', d. h. gleich der Quadratwurzel aus:
$$1 - \left(k + \frac{1}{k}\right)\left(4k - \frac{4}{k}\right)^2 z^2 + \left(4k - \frac{4}{k}\right) z^4;$$
der grösste gemeinsame Theiler von F_0 und $\frac{\Psi_0}{z^{(r+s)}}$ kann daher auch als grösster gemeinsamer Divisor von F_0 und Ψ_0 selbst bezeichnet werden, und wenn:
$$\mathrm{Dv}(F_0, \Psi_0)$$
eben diesen Divisor bedeutet, so folgt unmittelbar aus den Gleichungen (E), dass:

(E′) $$\mathrm{H}_{r+s}(z) = \frac{\mathrm{Dv}(G_0, \Phi_0)}{\mathrm{Dv}(F_0, \Psi_0)}$$

sein muss. Diese Gleichung, welche dasselbe besagt, wie die Gleichung:
$$\mathrm{H}_{r+s}(z) = \frac{\Phi_0 + uG_0}{F_0 + u\Psi_0}$$
in meiner vorigen Mittheilung (vergl. S. 333), ergiebt $\mathrm{H}_{r+s}(z)$ in der reducirten Form, da die vier Functionen F_0, G_0, Φ_0, Ψ_0, wie in meiner vorigen Mittheilung nachgewiesen ist, für keinen Werth von z gleichzeitig verschwinden und also der grösste gemeinsame Theiler von G_0 und Φ_0 mit demjenigen von F_0 und Ψ_0 keinen Factor gemein haben kann.

Die Darstellung der Multiplications-Formeln in ihrer reducirten Form ist zwar in der Gleichung (E′) gegeben, aber zur Bestimmung des Grades von Zähler und Nenner muss man noch die analoge Gleichung:

(E″) $$\mathrm{H}_{r-s}(z) = \frac{\mathrm{Dv}(G_0, \Psi_0)}{\mathrm{Dv}(F_0, \Phi_0)}$$

zu Hülfe nehmen, welche aus den beiden Gleichungen:

$$(\mathrm{E}^0)\qquad \mathrm{H}_{r-s}(z) = \frac{\Psi_0}{F_0} = \frac{G_0}{\Phi_0}$$

resultirt.

Da gemäss den Gleichungen (E), (E°), (E′), (E″):

$$\frac{\Phi_0}{F_0} = \frac{G_0}{\Psi_0} = \frac{\mathrm{Dv}(G_0, \Phi_0)}{\mathrm{Dv}(F_0, \Psi_0)}, \quad \frac{\Psi_0}{F_0} = \frac{G_0}{\Phi_0} = \frac{\mathrm{Dv}(G_0, \Psi_0)}{\mathrm{Dv}(F_0, \Phi_0)}$$

ist, so muss:

$$(\mathrm{F})\qquad \begin{array}{ll} \mathrm{Dv}(F_0, \Phi_0)\cdot \mathrm{Dv}(F_0, \Psi_0) = F_0, & \mathrm{Dv}(G_0, \Phi_0)\cdot \mathrm{Dv}(G_0, \Psi_0) = G_0 \\ \mathrm{Dv}(F_0, \Phi_0)\cdot \mathrm{Dv}(G_0, \Phi_0) = \Phi_0, & \mathrm{Dv}(F_0, \Psi_0)\cdot \mathrm{Dv}(G_0, \Psi_0) = \Psi_0 \end{array}$$

sein. Denn die erste und dritte dieser vier Gleichungen geht daraus hervor, dass der Bruch $\frac{\Phi_0}{F_0}$, wenn er auf die reducirte Form gebracht wird,

$$\frac{\Phi_0}{\mathrm{Dv}(F_0, \Phi_0)} \text{ als Zähler und } \frac{F_0}{\mathrm{Dv}(F_0, \Phi_0)} \text{ als Nenner}$$

haben muss, während andererseits derselbe Bruch $\frac{\Phi_0}{F_0}$ in seiner reducirten Form durch den Ausdruck:

$$\frac{\mathrm{Dv}(G_0, \Phi_0)}{\mathrm{Dv}(F_0, \Psi_0)}$$

dargestellt ist. In ähnlicher Weise ergeben sich aus der reducirten Form des Bruches $\frac{\Psi_0}{G_0}$ die zweite und vierte von jenen vier Gleichungen (F).

Die in meiner vorigen Mittheilung angegebene Bildungsweise der Functionen F_0 und G_0 zeigt, dass die Grade von:

	F_0,	G_0
für *grade* Werthe von $r + s$:	$2(r^2 + s^2)$,	$2(r^2 + s^2 - 1)$
für *ungrade* Werthe:	$2(r^2 + s^2 - 1)$,	$2(r^2 + s^2)$

in Beziehung auf z werden. Setzt man also voraus, dass die Grade von Zähler und Nenner des reducirten Ausdrucks (E″) für $\mathrm{H}_{r-s}(z)$, d. h. die Grade von:

	$\mathrm{Dv}(F_0, \Phi_0)$,	$\mathrm{Dv}(G_0, \Psi_0)$
für *grade* Werthe von $r \pm s$:	$(r - s)^2$	$(r - s)^2 - 1$
für *ungrade* Werthe:	$(r - s)^2 - 1$	$(r - s)^2$

sind, so folgt aus den beiden ersten der vier Gleichungen (F), dass die Grade von:

	$\mathrm{Dv}(F_0, \Psi_0)$,	$\mathrm{Dv}(G_0, \Phi_0)$
für *grade* Werthe von $r+s$:	$(r+s)^2$,	$(r+s)^2-1$
für *ungrade* Werthe:	$(r+s)^2-1$,	$(r+s)^2$

sein müssen, und hiermit ist die Gradbestimmung für Zähler und Nenner des reducirten Ausdrucks (E′) von $\mathrm{H}_{r+s}(z)$ vollständig geliefert.

Abel hat ausser der ersten, im Eingang meiner vorigen Mittheilung erwähnten, eine zweite Methode der Herleitung der Multiplications-Formeln gegeben*), in welcher er die analytischen Eigenschaften der elliptischen Functionen nicht zu Hülfe nimmt, sondern nur algebraische Betrachtungen anwendet. Diese zweite *Abel*'sche Entwickelung der Multiplications-Formeln aus dem Additionstheorem, auf welche ich neuerdings durch meinen Freund *Weierstrass* aufmerksam gemacht worden bin, lässt sich unter Benutzung der obigen Bezeichnungen folgendermaassen darstellen.

Aus den Additionsformeln:

$$f(a+b) = \frac{\Phi(f(a), f(b))}{F(f(a), f(b))}, \quad f(a-b) = \frac{\Psi(f(a), f(b))}{F(f(a), f(b))}$$

folgt, unter Anwendung der Relation $FG = \Phi\Psi$, die Gleichung:

$$f(a+b)f(a-b) = \frac{G(f(a), f(b))}{F(f(a), f(b))},$$

und hieraus geht für die Multiplication der elliptischen Functionen die Formel:

$$\text{(G)} \qquad \mathrm{H}_{r+s}(z) \cdot \mathrm{H}_{r-s}(z) = \frac{G_0}{F_0}$$

hervor, welche — übereinstimmend mit der Formel (44′) bei *Abel* — den Ausgangspunkt der dortigen und auch der schon in meiner vorigen Mittheilung (S. 327) citirten *Königsberger*'schen Entwickelung für den (allein in Betracht kommenden) Fall der Multiplication mit *ungraden* Zahlen bildet. Setzt man $r = s+1$, so wird $\mathrm{H}_{r-s}(z) = z$, und es resultirt die Gleichung:

$$\text{(H)} \qquad \mathrm{H}_{2r+1}(z) = \frac{\frac{1}{z} G_0}{F_0},$$

*) Précis d'une théorie des fonctions elliptiques. Journal für Mathematik. Bd. IV, S. 258 und Oeuvres complètes de *Niels Henrik Abel*, nouvelle édition, 1881. tome I, p. 548.

durch welche $H_{s,r+1}(z)$ in *reducirter* Form dargestellt wird. Der Nachweis, dass dies wirklich der Fall ist, lässt sich direct aus den obigen Gleichungen (E'), (E''), (F) entnehmen, welche für $r = s + 1$ ergeben, dass gemäss (E''):

(J) $$\mathrm{Dv}(G_0, \Psi_0) = z, \quad \mathrm{Dv}(F_0, \Phi_0) = 1,$$

folglich G_0 durch z theilbar und nun gemäss (F):

(K) $$\mathrm{Dv}(G_0, \Phi_0) = \frac{1}{z} G_0, \quad \mathrm{Dv}(F_0, \Psi_0) = F_0$$

also endlich gemäss (E') der Bruch auf der rechten Seite von (H) ein reducirter sein muss. Derselbe Nachweis ist auch schon von *Abel* a. a. O. vollständig geführt, und es ist dabei ebenfalls — wie besonders hervorgehoben werden muss — das Additionstheorem in den *beiden* Ausdrucksweisen (C'):

(C') $$f(a+b) = \frac{\Phi(f(a), f(b))}{F(f(a), f(b))} = \frac{G(f(a), f(b))}{\Psi(f(a), f(b))}$$

benutzt worden, deren Zusammenfassung mittels der Theorie der associirten Formen das Additionstheorem *in reducirter Form* ergiebt. Dies scheint daher den am Schlusse des Art. II meiner vorigen Mittheilung ausgesprochenen Zweifel noch zu bestätigen, nämlich den Zweifel daran, dass der Nachweis der reducirten Form des Bruches für $H_{s,r+1}(z)$ in (H) in ähnlicher Weise wie für $H_{s,r}(z)$ geführt werden kann, ohne wie in jenem Art. II die analytischen Eigenschaften der elliptischen Functionen oder wie in jenem Art. IV die reducirte Form des Additionstheorems zu Hülfe zu nehmen.

In der angeführten *Abel*'schen Deduction erscheint auf den ersten Blick die Gleichung (G), sowie die Annahme $r = s + 1$, welche den Ausgangspunkt bilden, als die Hauptsache und das spätere Zurückgehen auf die Additionsformeln (C') als etwas nur Beiläufiges. Die obige Entwickelung zeigt dagegen, dass es sich gerade umgekehrt verhält. Sobald man überhaupt von den Gleichungen (C') Gebrauch machen muss, bedarf es weder der beschränkenden Annahme $r = s + 1$ noch der Benutzung der zusammengesetzten Additionsformel (G) an Stelle der einfachen (E):

$$H_{r+s}(z) = \frac{\Phi_0}{F_0} = \frac{G_0}{\Psi_0};$$

grade *diese* Gleichungen führen vielmehr ganz direct und ganz allgemein in der Gleichung (E') zum reducirten Ausdruck für $H_{r+s}(z)$. Freilich vereinfacht sich derselbe formal für den Fall $r = s + 1$ insofern, als dann gemäss (K) der Zähler gleich $\frac{1}{s}G_0$ und der Nenner gleich F_0 wird; aber für den bezüglichen Nachweis muss man doch ebenso den Ausdruck für $\mathrm{H}_{r-s}(z)$ zu Hülfe nehmen, wie für die obige Gradbestimmung von Zähler und Nenner des reducirten Ausdrucks von $\mathrm{H}_{r+s}(z)$ bei *beliebigen* Werthen von r und s.

II.

Der eine wie der andere der durch die Gleichung (C') gegebenen Ausdrücke von $f(a+b)$ genügt der Gleichung:

(L) $$F^2Z^4 - (\Phi^2 + \Psi^2)Z^2 + G^2 = 0,$$

wenn der Kürze halber $$F,\ \Phi,\ \Psi,\ G$$

an Stelle von $$F(f(a), f(b)),\quad \Phi(f(a), f(b)),\quad \Psi(f(a), f(b)),\quad G(f(a), f(b))$$

gesetzt wird. Diese Gleichung definirt gewissermaassen den algebraischen Ausdruck von $f(a+b)$ *in der reducirten Form*, nämlich in derselben Weise, wie jede *ganze* algebraische Grösse eines Gattungs-Bereichs, als solche, durch eine Gleichung charakterisirt wird, in welcher der Coëfficient der höchsten Potenz der Unbekannten gleich Eins ist, während die übrigen Coëfficienten *ganze* Grössen des natürlichen Rationalitäts-Bereichs sind, dem der Gattungs-Bereich entstammt. Die vier Wurzeln der Gleichung (L) sind:

$$Z = \pm f(a+b),\quad \pm f(a-b),$$

und das aus den drei Coëfficienten der Gleichung gebildete Modulsystem:

$$(F^2,\ \Phi^2 + \Psi^2,\ G^2)$$

ist *aequivalent Eins*, da nach Art. III. meiner vorigen Mittheilung eine Gleichung:

(M) $$F_1F + G_1G + V(\Phi^2 + \Psi^2) = 1$$

besteht, in welcher F_1, G_1, V „*ganze*" Grössen des Bereichs $[\mathfrak{A}, \mathfrak{A}', \mathfrak{B}, \mathfrak{B}', \mathfrak{M}]$ sind. Hierbei ist V durch die Gleichung $V\Phi' = \Phi_1$ bestimmt und also:

$$V = 2^8(1 - 2\mathfrak{M} - 2^7\mathfrak{M}(\mathfrak{M} - 1)(\mathfrak{A}^2 + \mathfrak{B}^2)).$$

Es ist daher:

(N) $$F_0^2Z^4 - (\Phi_0^2 + \Psi_0^2)Z^2 + G_0^2$$

eine ganze Grösse des natürlichen Rationalitäts-Bereichs $(\mathfrak{M}, Z, z^2)$, welche für keinen von Z unabhängigen Werth von z, aber für die vier Werthe von Z:

$$Z = \pm \mathrm{H}_{r+s}(z), \quad \pm \mathrm{H}_{r-s}(z)$$

verschwindet und also in vier Factoren zerlegbar ist, die, je nachdem $r+s$ grade oder ungrade ist, dem Rationalitäts-Bereich:

$$[\mathfrak{M}, Z, z, z'] \text{ oder } [\mathfrak{M}, Z, z]$$

angehören. *Diese Zerlegung des Ausdrucks* (N) *liefert unmittelbar die reducirten Brüche für $H_{r+s}(z)$ und $H_{r-s}(z)$.* Denn, wenn

$$F_0^2 Z^4 - \left(\Phi_0^2 + \Psi_0^2\right) Z^2 + G_0^2 = (Q^2 Z^2 - P^2)(S^2 Z^2 - R^2)$$

ist, so sind die Werthe von $H^2_{r+s}(z)$, $\mathrm{H}^2_{r+s}(z)$ durch die Brüche:

$$\frac{P^2}{Q^2}, \quad \frac{R^2}{S^2}$$

gegeben, und diese sind in reducirter Form, weil die drei ganzen Functionen von z:

$$F_0^2, \; \Phi_0^2 + \Psi_0^2, G_0^2$$

keinen Theiler mit einander gemein haben. Da die Grade von:

	F_0^2,	G_0^2
für *grade* Werthe von $r+s$:	$2(r^2+s^2)$,	$2(r^2+s^2-1)$
für *ungrade* Werthe aber:	$2(r^2+s^2-1)$,	$2(r^2+s^2)$

in Beziehung auf z^2 sind, da ferner die Grade von:

	R^2,	S^2
für *grade* Werthe von $r+s$ gleich:	$(r-s)^2-1$,	$(r-s)^2$
für *ungrade* Werthe aber gleich:	$(r-s)^2$,	$(r-s)^2-1$

vorausgesetzt werden können, so ergeben sich aus den Relationen:

$$F_0^2 = Q^2 S^2, \quad G_0^2 = P^2 R^2$$

die Grade von:

	P^2,	Q^2
für *grade* Werthe von $r+s$ gleich:	$(r+s)^2-1$,	$(r+s)^2$
für *ungrade* Werthe aber gleich:	$(r+s)^2$,	$(r+s)^2-1$.

Die *beiden* hier dargelegten Methoden führen, wie man sieht, zu zwei verschiedenen rein algebraischen Bestimmungen der Zähler und Nenner der Multiplications-Formeln und ihres Grades; die erstere schliesst sich derjenigen an, welche *Abel* in seinem *Précis d'une théorie des Fonctions elliptiques* angewendet hat, die letztere stimmt fast vollständig mit der Herleitungsweise überein, welche Hr. *Runge* neuerdings für die Multiplication von cos am u gegeben hat.*) Der Vereinigungspunkt der beiden Methoden und der eigentliche Grund ihres Erfolges liegt darin, dass das Additionstheorem in reducirter Form benutzt wird, freilich nur *implicite*, und also nicht deutlich hervortretend; denn bei der wirklichen Aufstellung der reducirten Form des Additionstheorems kann nicht füglich — wie es hier bei dessen Anwendung auf die Herleitung der Multiplications-Formeln geschehen ist — die Theorie der associirten Formen umgangen werden. Wohl lässt sich auch aus jener Hauptformel (III) des § 54[1]) von *Jacobi's Fundamenta* ersehen, dass Zähler und Nenner der Additionsformel (A^0) für sin am a = sin am $(b + K'i)$**), gleichzeitig mit $\Theta(a-b)$, verschwinden; aber die Division durch $\Theta(a-b)$ führt doch nicht allgemein zu einer „reducirten Form" des Additionstheorems, da z. B., wenn für sin am a, sin am b und k ganze Zahlen genommen werden, der gemeinsame Theiler von Zähler und Nenner nicht durch $\Theta(a-b)$ dargestellt wird.

---

*) Journal für Mathematik, Bd. 94, S. 349.

**) Vergl. Art. II meiner vorigen Mittheilung, S. 325.

[1]) *Jacobi*, Werke, Bd. I, S. 207. H

ZUR THEORIE DER ELLIPTISCHEN FUNCTIONEN

VON

L. KRONECKER.

Sitzungsberichte der Königlich Preussischen Akademie der Wissenschaften von den Jahren: 1883, S. 497—506, 525—530; 1885, S. 761—784; 1886, S. 701—780 und 1889, S. 53—63, 123—135.

ZUR THEORIE DER ELLIPTISCHEN FUNCTIONEN.[1])

[Gelesen in der Akademie der Wissenschaften am 19. April 1883 (I—III), am 26. April 1883 (IV—V), am 30. Juli 1885 (VI—X), am 27. Mai und 29. Juli 1886 (XI), am 31. Januar 1889 (XII), am 21. Februar 1889 (XIII).]

Die hier folgenden Entwickelungen sollen zur Vorbereitung und Begründung von Resultaten dienen, welche ich einerseits bei meinen Untersuchungen über die allgemeinen Invarianten (vgl. die Sitzung vom 20. April v. J.)[2]) und andererseits bei denen über die elliptischen Functionen mit singulären Moduln erlangt habe, und welche ich in weiteren Mittheilungen auseinandersetzen werde.

I.

Ich behalte die Bezeichnungen bei, welche ich in meinen früheren auf die Theorie der elliptischen Functionen bezüglichen Aufsätzen, namentlich in den Monatsberichten vom Januar 1863[3]), vom Juli 1880[4]), vom October 1880[5]) und vom December 1881[6]) angewendet habe und setze demgemäss[7]):

$$\vartheta(\zeta, \omega) = \sum_{\nu} e^{\frac{1}{4}(\nu^2 w + 4\nu\zeta - 2\nu)\pi i} \qquad (\nu = \pm 1, \pm 3, \pm 5, \ldots).$$

Hiernach ist auch (vgl. Monatsbericht vom October 1880)[5]):

$$\vartheta(\zeta, w) = 2e^{\frac{1}{4}w\pi i} \sin \zeta\pi \prod_{n} (1 - e^{2nw\pi i}) \prod_{n,\varepsilon} (1 - e^{2(nw+\varepsilon\zeta)\pi i}),$$
$$(\varepsilon = +1, -1;\ n = 1, 2, 3, \ldots)$$

---

[1]) Vgl. Zusatz 82 am Endes dieses Bandes. H
[2]) Vgl. Zusatz 83 am Ende dieses Bandes. H
[3]) Bd. IV, S. 222 dieser Ausgabe von *L. Kronecker*'s Werken. H
[4]) Bd. IV, S. 287 dieser Ausgabe von *L. Kronecker*'s Werken. H
[5]) Bd. IV, S. 291 dieser Ausgabe von *L. Kronecker*'s Werken. H
[6]) Bd. IV, S. 314 dieser Ausgabe von *L. Kronecker*'s Werken. H
[7]) Vgl. Zusatz 84 am Ende dieses Bandes. H

und wenn $\vartheta'(\zeta, w)$ die nach ζ genommene Ableitung von $\vartheta(\zeta, w)$ bedeutet:

$$\vartheta'(0, w) = \pi \sum_{\nu} (-1)^{\frac{1}{2}(\nu-1)} \nu e^{\frac{1}{4}\nu^2 w\pi i} = 2\pi e^{\frac{1}{4}w\pi i} \prod (1 - e^{2nw\pi i})^3,$$
$$(\nu = \pm 1, \pm 3, \pm 5, \ldots; \; n = 1, 2, 3, \ldots)$$

also:

$$\left(\frac{2\pi}{\vartheta'(0, w)}\right)^{\frac{1}{3}} \vartheta(\zeta, w) = 2e^{\frac{1}{6}w\pi i} \sin \zeta\pi \prod_{n, s} (1 - e^{2(nw+s\zeta)\pi i})$$
$$(s = +1, -1; \; n = 1, 2, 3, \ldots).$$

Die Grösse ζ ist hierbei ganz beliebig, die Grösse w aber der einzigen Bedingung unterworfen, dass der reelle Theil von wi negativ sein muss. Bedeuten nun ferner σ, τ beliebige complexe Grössen, w_1, w_2 aber solche, für die der reelle Theil von $w_1 i$ und $w_2 i$ negativ wird, und setzt man zur Abkürzung:

$$(4\pi^2)^{\frac{1}{3}} e^{\tau^2(w_1+w_2)\pi i} \cdot \frac{\vartheta(\sigma+\tau w_1, w_1)\,\vartheta(\sigma-\tau w_2, w_2)}{(\vartheta'(0, w_1)\,\vartheta'(0, w_2))^{\frac{1}{3}}}$$

gleich

$$\Lambda(\sigma, \tau, w_1, w_2),$$

so wird:

$$\Lambda(\sigma, \tau, w_1, w_2) = e^{(\tau^2-\tau+\frac{1}{6})(w_1+w_2)\pi i} \prod_{\alpha, s, n} \left(1 - e^{2(nw_\alpha + s\tau w_\alpha \pm s\sigma)\pi i}\right).$$

Die Multiplication ist hier auf die Werthe $\alpha = 1, 2$ und $s = +1, -1$ und für $s = +1$ auf die Werthe $n = 0, 1, 2, 3, \ldots$, für $s = -1$ aber nur auf die Werthe $n = 1, 2, 3, \ldots$ zu erstrecken; das obere oder untere Zeichen bei $\pm s\sigma$ gilt, je nachdem $\alpha = 1$ oder $\alpha = 2$ ist. Geht man zu den Logarithmen über, so kommt:

$$\log \Lambda(\sigma, \tau, w_1, w_2) = \left(\tau^2 - \tau + \tfrac{1}{6}\right)(w_1 + w_2)\pi i + \sum_{\alpha, s, n} \log\left(1 - e^{2(nw_\alpha + s\tau w_\alpha \pm s\sigma)\pi i}\right),$$

und die Summation ist hier auf die Werthe

$$\alpha = 1, 2; \; s = 1; \qquad n = 0, 1, 2, 3, \ldots$$
$$\alpha = 1, 2; \; s = -1; \qquad n = 1, 2, 3, \ldots$$

zu erstrecken.

Beschränkt man jetzt die Grössen σ, τ durch die Bedingung, dass der reelle Theil von $(nw_\alpha + s\tau w_\alpha \pm s\sigma)i$ für beide Werthe $s = +1$ und $s = -1$ negativ sein soll, so ist die Reihenentwickelung

$$\log\left(1 - e^{2(nw_\alpha + s\tau w_\alpha \pm s\sigma)\pi i}\right) = -\sum_{m} \frac{1}{m} e^{2m(nw_\alpha + s\tau w_\alpha \pm s\sigma)\pi i} \qquad (m = 1, 2, 3, \ldots)$$

zulässig, und für den Logarithmus links ist derjenige zu nehmen, dessen absoluter Betrag möglichst klein ist. Da für $s = +1$ der kleinste Werth von n gleich Null, für

$s = -1$ aber gleich Eins ist, so ist die einschränkende Bedingung für σ, τ dahin zu formuliren, dass die reellen Theile der vier Grössen

$$(\tau w_1 + \sigma)i, \quad w_1 i - (\tau w_1 + \sigma)i, \quad (\tau w_2 - \sigma)i, \quad w_2 i - (\tau w_2 - \sigma)i$$

negativ sein müssen. Wird nun noch die Bedingung hinzugenommen, dass τ reell, nicht negativ und kleiner als Eins sei, so ist

$$\frac{1}{2\pi^2}\sum_n \frac{e^{2n\tau\pi i}}{n^2} = \tau^2 - \tau + \frac{1}{6} \qquad (n = \pm 1, \pm 2, \pm 3, \ldots),$$

und man erhält für $\log A(\sigma, \tau, w_1, w_2)$ folgenden Ausdruck:

$$\frac{(w_1 + w_2)i}{2\pi}\sum_{n_0}\frac{e^{2n_0\tau\pi i}}{n_0^2} - \lim_{k=\infty,\, h=\infty}\lim \sum_{\alpha, s, m, n}\frac{1}{m}e^{2m(nw_\alpha + s\tau w_\alpha \pm s\sigma)\pi i}.$$

$$(n_0 = \pm 1, \pm 2, \pm 3, \ldots;\ \alpha = 1, 2;\ s = +1, -1;\ m = 1, 2, \ldots h;\ n = 1, 2, \ldots k \text{ und } n = 0 \text{ für } s = +1)$$

Führt man in dem zweiten Theile dieses Ausdrucks zuerst die Summation in Beziehung auf n aus, so geht derselbe in folgenden über:

$$-\lim_{k=\infty,\, h=\infty}\lim \sum_{\alpha, s, m}\frac{e^{2sm(\tau w_\alpha \pm \sigma)\pi i}}{sm}\cdot\frac{1 - e^{2kmw_\alpha\pi i}}{1 - e^{2smw_\alpha\pi i}}.$$

Hierin ist unter dem Summenzeichen die Grösse $e^{2kmw_\alpha\pi i}$ mit dem Ausdrucke

$$\frac{e^{2m(\tau w_\alpha \pm \sigma)\pi i} + e^{2m(w_\alpha - \tau w_\alpha \mp \sigma)\pi i}}{m(1 - e^{2mw_\alpha\pi i})}$$

multiplicirt; da nun die auf alle Werthe von $m = 1, 2, 3, \ldots$ erstreckte Summe dieser Ausdrücke vermöge der Bedingung, dass die reellen Theile von

$$w_\alpha i, (\tau w_\alpha \pm \sigma)i, (w_\alpha - \tau w_\alpha \mp \sigma)i$$

negativ sein sollen, einen endlichen Werth hat, der Factor $e^{2kmw_\alpha\pi i}$ aber für wachsende Werthe von k sich der Null nähert, so fallen die mit eben diesem Factor multiplicirten Glieder weg, und es bleibt nur

$$-\lim_{h=\infty}\sum_{\alpha, s, m}\frac{1}{sm}\cdot\frac{e^{2sm(\tau w_\alpha \pm \sigma)\pi i}}{1 - e^{2smw_\alpha\pi i}}$$

übrig. Wird hierin m an Stelle von sm gesetzt, so ist die Summation auf die Werthe $m = \pm 1, \pm 2, \ldots \pm h$ zu erstrecken, und es kommt daher:

$$\log A(\sigma, \tau, w_1, w_2) = \frac{(w_1 + w_2)i}{2\pi}\sum_{n_0}\frac{e^{2n_0\tau\pi i}}{n_0^2} - \lim_{h=\infty}\sum_{\alpha, m}\frac{1}{m}\cdot\frac{e^{2m(\tau w_\alpha \pm \sigma)\pi i}}{1 - e^{2mw_\alpha\pi i}}.$$

$$(n_0 = \pm 1, \pm 2, \pm 3, \ldots;\ \alpha = 1, 2;\ m = \pm 1, \pm 2, \ldots \pm h)$$

Zur weiteren Umformung des Summenausdrucks rechts bediene ich mich der Formel[1])

$$\frac{e^{2mw\tau\pi i}}{1-e^{2mw\pi i}} = \frac{1}{2\pi i}\lim_{k=\infty}\sum_n \frac{e^{2n\tau\pi i}}{n-mw} \qquad (n = 0 \pm 1, \pm 2, \ldots \pm k),$$

welche für beliebige complexe Grössen w und unter der Bedingung, dass τ reell, nicht negativ und kleiner als Eins sei, gültig ist, und welche unmittelbar aus der Entwickelung von $\cos 2mw\tau\pi$ und $\sin 2mw\tau\pi$ nach den cosinus und sinus der Vielfachen von $\tau\pi$ hervorgeht. Mit Hülfe der angegebenen Formel wird

$$2\pi i\sum_{\alpha,m}\frac{1}{m}\cdot\frac{e^{2m(\tau w_\alpha \pm \sigma)\pi i}}{1-e^{2mw_\alpha \pi i}} = \lim_{k=\infty}\sum_{\alpha,m,n}\frac{e^{(\pm 2m\sigma + 2n\tau)\pi i}}{m(n-mw_\alpha)},$$

und der Ausdruck auf der rechten Seite geht, wenn für $\alpha = 2$ der Summationsbuchstabe m mit dem entgegengesetzten Vorzeichen genommen wird, in folgenden über:

$$\lim_{k=\infty}\sum_{m,n}\left(\frac{1}{m(n-mw_1)} - \frac{1}{m(n+mw_2)}\right)e^{2(m\sigma+n\tau)\pi i}$$

oder

$$-(w_1+w_2)\lim_{k=\infty}\sum_{m,n}\frac{e^{2(m\sigma+n\tau)\pi i}}{m^2 w_1 w_2 + mn(w_1-w_2) - n^2}.$$

$$(m = \pm 1, \pm 2, \ldots \pm k;\ n = 0, \pm 1, \pm 2, \ldots \pm k)$$

Setzt man zur Vereinfachung

$$\frac{w_1 w_2}{w_1+w_2} = a_0 i,\quad \frac{w_1-w_2}{w_1+w_2} = b_0 i,\quad \frac{-1}{w_1+w_2} = c_0 i,$$

so sind w_1 und $-w_2$ die beiden Wurzeln der quadratischen Gleichung

$$a_0 + b_0 w + c_0 w^2 = 0,$$

und der zweite Theil des obigen Ausdrucks für $\log A(\sigma, \tau, w_1, w_2)$, nämlich:

$$-\lim_{k=\infty}\sum_{\alpha,m}\frac{1}{m}\cdot\frac{e^{2m(\tau w_\alpha \pm \sigma)\pi i}}{1-e^{2mw_\alpha \pi i}}$$

erhält gemäss vorstehender Entwickelung die Form:

$$-\frac{1}{2\pi}\lim_{h=\infty,\,k=\infty}\lim\sum_{m,n}\frac{e^{2(m\sigma+n\tau)\pi i}}{a_0 m^2 + b_0 mn + c_0 n^2} \qquad \begin{pmatrix} m = \pm 1, \pm 2, \cdots \pm h \\ n = 0, \pm 1, \pm 2, \cdots \pm k \end{pmatrix},$$

während der erste Theil, nämlich

$$\frac{(w_1+w_2)i}{2\pi}\sum_n \frac{e^{2n\tau\pi i}}{n^2} \qquad (n = \pm 1, \pm 2, \ldots)$$

[1]) Vgl. Zusatz 85 am Endes dieses Bandes.

gleich
$$-\frac{1}{2\pi}\lim_{k=\infty}\sum_{n}\frac{e^{2n\tau\pi i}}{c_0 n^2} \qquad (n=\pm 1, \pm 2, \ldots \pm k)$$
wird. Es resultirt daher die Hauptgleichung:

$$(\mathfrak{A}) \qquad \log \Lambda(\sigma, \tau, w_1, w_2) = \frac{-1}{2\pi}\lim_{h=\infty,\, k=\infty}\lim \sum_{m,n}\frac{e^{2(m\sigma+n\tau)\pi i}}{a_0 m^2 + b_0 mn + c_0 n^2};$$

die Summation ist hierbei auf alle ganzen Zahlen m von $-h$ bis $+h$ und auf alle ganzen Zahlen n von $-k$ bis $+k$ auszudehnen, jedoch mit Ausschluss des Werthsystems $m=0$, $n=0$; die Grössen w_1, w_2 sind complex und zwar so, dass die reellen Theile von $w_1 i$ und $w_2 i$ negativ werden; die Grössen a_0, b_0, c_0 sind hieraus so zu bestimmen, dass w_1 und $-w_2$ die beiden Wurzeln der quadratischen Gleichung
$$a_0 + b_0 w + c_0 w^2 = 0$$
werden und dass
$$4a_0 c_0 - b_0^2 = 1$$
wird; endlich sind σ und τ den Bedingungen unterworfen, dass τ reell sein und der Ungleichheit
$$0 \leqq \tau < 1$$
genügen muss, während für
$$\sigma = \sigma^0 + \sigma' i, \quad w_1 = w_1^0 + w_1' i, \quad w_2 = w_2^0 + w_2' i$$
die Werthe der *beiden* Quotienten $\frac{\sigma'}{w_1'}$ und $\frac{-\sigma'}{w_2'}$ zwischen $-\tau$ und $1-\tau$ liegen müssen. Für das Werthsystem $\sigma=0$, $\tau=0$ werden in der Gleichung ($\mathfrak{A}$) beide Seiten negativ unendlich, und die Gleichung selbst verliert also in diesem Falle ihre concrete Bedeutung.

II.

Für die Function $\vartheta(\zeta, w)$ bestehen die Relationen:
$$\vartheta(\zeta, w) = -\vartheta(-\zeta, w) = -\vartheta(\zeta+1, w),$$
$$-\vartheta(\zeta, w) = e^{(w+2\zeta)\pi i}\vartheta(\zeta+w, w) = e^{(w-2\zeta)\pi i}\vartheta(\zeta-w, w),$$
deren Anwendung auf den mit $\Lambda(\sigma, \tau, w_1, w_2)$ bezeichneten Ausdruck
$$(4\pi^2)^{\frac{1}{3}} e^{\tau^2(w_1+w_2)\pi i}\cdot\frac{\vartheta(\sigma+\tau w_1, w_1)\vartheta(\sigma-\tau w_2, w_2)}{(\vartheta'(0, w_1)\vartheta'(0, w_2))^{\frac{1}{3}}}$$
unmittelbar die Relationen:
$$(\mathfrak{B}^0) \qquad \Lambda(\sigma, \tau, w_1, w_2) = \Lambda(\sigma+1, \tau, w_1, w_2) = \Lambda(\sigma, \tau+1, w_1, w_2)$$

ergiebt. Ebenso führt die Transformationsgleichung:

$$\vartheta(\zeta, w+1) = e^{\frac{1}{4}\pi i}\vartheta(\zeta, w)$$

zu der Relation:

$$(\mathfrak{B}') \qquad \Lambda(\sigma, \tau, w_1, w_2) = \Lambda(\sigma+\tau, \tau, w_1 - 1, w_2 + 1),$$

während die Transformationsgleichung:

$$\vartheta\left(\zeta, \frac{-1}{w}\right) = -i(\sqrt{-wi})\, e^{\zeta^2 w\pi i}\vartheta(\zeta w, w)$$

und die durch Differentiation daraus entstehende:

$$\vartheta'\left(0, \frac{-1}{w}\right) = (\sqrt{-wi})^3\vartheta'(0, w)$$

die Relation:

$$(\mathfrak{B}'') \qquad \Lambda(\sigma, \tau, w_1, w_2) = \Lambda\left(-\tau, \sigma, \frac{-1}{w_1}, \frac{-1}{w_2}\right)$$

liefert. — Die eingeklammerte Quadratwurzel $(\sqrt{-wi})$ bedeutet hier, wie in meinem Aufsatz im Monatsbericht vom Juli 1880[1]) denjenigen der beiden Werthe der Quadratwurzel, für welchen der reelle Theil *positiv* ist, aber im Falle, wo wi reell und also der reelle Theil von $\sqrt{-wi}$ gleich Null ist, denjenigen Werth, bei welchem der Coefficient von i positiv genommen wird. Diese Werthbestimmung der Quadratwurzel aus einer complexen Grösse re^{2vi} habe ich a. a. O. einfach durch die Gleichung:

$$(\sqrt{re^{2vi}}) = |\sqrt{r}| \cdot e^{vi} \text{ mit der Bedingung } -\pi < 2v \leq \pi$$

charakterisirt. Ich bemerke jedoch, dass dort bei der Ungleichheitsbedingung für v der Factor 2, wie hier geschehen, hinzuzufügen ist, und dass die in dem citirten Aufsatz auf S. 696 und 697[2]) gegebene Herleitung der ϑ-Transformation noch in einem Punkte einer Vervollständigung bedarf, die ich nächstens in einer für das Journal für Mathematik bestimmten, in allen Einzelheiten ausgeführten Bearbeitung jenes Aufsatzes näher darlegen werde. Hier will ich nur kurz erwähnen, dass es der Nachweis der Endlichkeit und Stetigkeit der a. a. O. mit $\Phi(x)$ bezeichneten Function ist, welcher noch eine andere Begründung als diejenige, die dort angedeutet ist, erfordert, und dass die erforderliche Ergänzung am leichtesten durch den Hinweis auf die im Monatsberichte vom October 1880[3]) hergeleitete Gleichung $\Phi(x) = \Phi(x^4)$ zu geben ist.[4])

---

[1]) Bd. IV, S. 282 dieser Ausgabe von *L. Kronecker's* Werken. H

[2]) Bd. IV, S. 286 und 287 dieser Ausgabe von *L. Kronecker's* Werken. H

[3]) Bd. IV, S. 292 dieser Ausgabe von *L. Kronecker's* Werken. H

[4]) Vgl. hierzu den Zusatz 78 am Endes dieses Bandes. H

Die oben mit $(\mathfrak{B}^0)$ bezeichnete Relation zeigt, dass die Function Λ ungeändert bleibt, wenn σ und τ um ganze Zahlen vermehrt oder vermindert werden; die Relationen $(\mathfrak{B}')$ und $(\mathfrak{B}'')$ zeigen, dass Λ bei den „elementaren" Substitutionen

$$\begin{pmatrix} \sigma, & \tau, & w_1, & w_2, \\ \sigma+\tau, & \tau, & w_1-1, & w_2+1 \end{pmatrix}, \begin{pmatrix} \sigma, & \tau, & w_1, & w_2 \\ -\tau, & \sigma, & \frac{-1}{w_1}, & \frac{-1}{w_2} \end{pmatrix}$$

ungeändert bleibt. Da ich nun im Monatsbericht vom October 1866[1]) gezeigt habe, dass sich jede Substitution

$$\begin{pmatrix} \sigma, & \tau \\ \alpha\sigma+\alpha'\tau, & \beta\sigma+\beta'\tau \end{pmatrix}$$

mit ganzzahligen Coefficienten $\alpha, \alpha', \beta, \beta'$, deren Determinante $\alpha\beta'-\alpha'\beta=1$ ist, als eine Aufeinanderfolge jener zwei elementaren Substitutionen darstellen lässt, so folgt, dass für die Function Λ die allgemeine Relation:

$$(\mathfrak{B}) \qquad \Lambda(\sigma, \tau, w_1, w_2) = \Lambda\left(\alpha\sigma+\alpha'\tau+\alpha'', \beta\sigma+\beta'\tau+\beta'', \frac{\alpha w_1-\alpha'}{-\beta w_1+\beta'}, \frac{\alpha w_2+\alpha'}{\beta w_2+\beta'}\right)$$

bestehen muss, wenn darin $\alpha, \alpha', \alpha'', \beta, \beta', \beta''$ beliebige, nur der Bedingung $\alpha\beta'-\alpha'\beta=1$ unterworfene ganze Zahlen bedeuten.

Führt man an Stelle der Grössen w_1, w_2, die Grössen a_0, b_0, c_0 ein, für welche

$$w_1 = \frac{-b_0+i}{2c_0}, \quad w_2 = \frac{b_0+i}{2c_0}, \quad 4a_0c_0-b_0^2$$

ist, so kann die Relation $(\mathfrak{B})$ in folgender Form dargestellt werden:

$$(\mathfrak{B}) \qquad \Lambda\left(\sigma, \tau, \frac{-b_0+i}{2c_0}, \frac{b_0+i}{2c_0}\right) = \Lambda\left(\sigma', \tau', \frac{-b_0'+i}{2c_0'}, \frac{b_0'+i}{2c_0'}\right),$$

mit den Bedingungen:

$$(\mathfrak{B}^0) \qquad \begin{aligned} \sigma' = \alpha\sigma+\alpha'\tau+\alpha'', \ \tau' = \beta\sigma+\beta'\tau+\beta'', \ \alpha\beta'-\alpha'\beta=1 \\ a_0' = a_0\alpha^2+b_0\alpha\alpha'+c_0\alpha'^2, \\ b_0' = 2a_0\alpha\beta+b_0(\alpha\beta'+\alpha'\beta)+2c_0\alpha'\beta', \\ c_0' = a_0\beta^2+b_0\beta\beta'+c_0\beta'^2, \end{aligned}$$

in welchen $\alpha, \alpha', \alpha'', \beta, \beta', \beta''$ ganze Zahlen bedeuten. Es besteht daher die Relation:

$$(\mathfrak{B}_1) \qquad \Lambda(\sigma, \tau, w_1, w_2) = \Lambda(\sigma', \tau', w_1', w_2'),$$

[1]) Bd. I, S. 159 dieser Ausgabe von *L. Kronecker's* Werken. H

wenn $$\sigma' = \alpha\sigma + \alpha'\tau + \alpha'', \tau' = \beta\sigma + \beta'\tau + \beta''$$

ist, wenn ferner w_1 und $-w_2$ die beiden Wurzeln der Gleichung $a_0 + b_0 w + c_0 w^2 = 0$ und w'_1, $-w'_2$ diejenigen der Gleichung $a'_0 + b'_0 w' + c'_0 w'^2 = 0$ sind, und wenn endlich a'_0, b'_0, c'_0 die Coefficienten der durch die ganzzahlige Substitution

$$x = \alpha x' + \beta y', y = \alpha' x' + \beta' y' \qquad (\alpha\beta' - \alpha'\beta = 1)$$

aus der quadratischen Form $a_0 x^2 + b_0 xy + c_0 y^2$ hervorgehenden transformirten Form $a'_0 x'^2 + b'_0 x'y' + c'_0 y'^2$ bedeuten. Definirt man zwei Systeme

$$(\sigma, \tau, a_0, b_0, c_0), \ (\sigma', \tau', a'_0, b'_0, c'_0)$$

als äquivalent, wenn ihre Elemente durch die Bedingungsgleichungen ($\mathfrak{B}_0$) mit einander verbunden sind, so ist dies vermöge der Bedingung, dass die Substitutionscoefficienten $\alpha, \alpha', \alpha'', \beta, \beta', \beta''$ ganze Zahlen sein sollen, eine *„arithmetische Äquivalenz“*, und es ist auf Grund der Relation ($\mathfrak{B}_1$)

die transcendente Function der Systems-Elemente σ, τ, b_0, c_0

$$\Lambda\left(\sigma, \tau, \frac{-b_0 + i}{2c_0}, \frac{b_0 + i}{2c_0}\right)$$

als *„analytische Invariante“* jener arithmetischen Äquivalenz

zu bezeichnen.

Die hier entwickelte Invarianten-Eigenschaft von Λ führt zu der interessanten Aufgabe, die Function Λ so umzuformen, dass eben diese Invarianten-Eigenschaft in Evidenz tritt. Für den Logarithmus von Λ ist diese Aufgabe durch die obige Gleichung ($\mathfrak{A}$) der Hauptsache nach gelöst; für die Function Λ selbst soll aber diese Aufgabe zunächst behandelt werden, und erst dann soll eine weitere Umformung der Gleichung ($\mathfrak{A}$) zur völligen Klarlegung der Invarianten-Eigenschaft gegeben und eine Reihe allgemeiner Erörterungen daran geknüpft werden.

III.

Wird zur Abkürzung das Product

$$e^{\tau^2(w_1+w_2)\pi i}\vartheta(\sigma + \tau w_1, w_1)\vartheta(\sigma - \tau w_2, w_2)$$

durch $P(\sigma, \tau, w_1, w_2)$ bezeichnet, so ist auf Grund der Definition der ϑ-Reihen:

$$P(\sigma, \tau, w_1, w_2) = \sum_{\mu, \nu} e^{\pi i \varphi(\mu, \nu)} \qquad (\mu, \nu = \pm 1, \pm 3, \pm 5, \ldots),$$

wo unter $\varphi(\mu, \nu)$ der Ausdruck:

$$\frac{1}{4}\left(\mu^2 w_1 + \nu^2 w_2\right) + (\mu + \nu)\left(\sigma - \frac{1}{2}\right) + (\mu w_1 - \nu w_2)\tau + (w_1 + w_2)\tau^2$$

zu verstehen ist. Setzt man hierin $\mu + \nu = 2m$, so kommt:

$$\varphi(\mu, \nu) = \frac{1}{4}(w_1 + w_2)(\nu - 2\tau)^2 - m w_1(\nu - 2\tau) + m^2 w_1 + m(2\sigma - 1)$$

oder:

$$\varphi(\mu, \nu) = \frac{1}{4}(w_1 + w_2)\left(2\tau - \nu + \frac{2 m w_1}{w_1 + w_2}\right)^2 + \frac{m^2 w_1 w_2}{w_1 + w_2} + m(2\sigma - 1).$$

Die Transformationsgleichung

$$\vartheta\left(\zeta, \frac{-1}{w}\right) = -i\left(\sqrt{-wi}\right)e^{\zeta^2 w \pi i}\,\vartheta(\zeta w, w)$$

ergiebt aber, wenn darin $\zeta = \eta + \frac{1}{2w}$ gesetzt wird, die Relation:

$$\left(\sqrt{-wi}\right)\sum_{\nu} e^{w\pi i\left(\eta - \frac{1}{2}\nu\right)^2} = \sum_{n=-\infty}^{n=+\infty} e^{-(n^2 w' - 2n\eta + n)\pi i} \qquad \left(w' = \frac{1}{w}\right).$$

Wendet man nun diese Relation auf $\sum e^{\pi i \varphi(\mu, \nu)}$ an, indem

$$w = w_1 + w_2 \text{ und } \eta = \tau + \frac{m w_1}{w_1 + w_2} = \tau + \frac{1}{2}m + \frac{1}{2}m \cdot \frac{w_1 - w_2}{w_1 + w_2}$$

genommen wird, so resultirt die Gleichung:

$$\left(\sqrt{-(w_1 + w_2)i}\right)\sum_{\mu, \nu} e^{\pi i \varphi(\mu, \nu)} = \sum_{m, n} e^{\pi i \psi(m, n)},$$

in welcher $\psi(m, n)$ den Ausdruck:

$$\frac{1}{w_1 + w_2}\left(m^2 w_1 w_2 + mn(w_1 - w_2) - n^2\right) + mn + m(2\sigma - 1) + n(2\tau - 1)$$

bedeutet und die Summation auf alle ganzzahligen Werthe $m, n = -\infty$ bis $+\infty$ auszudehnen ist. Demnach ist, wenn, wie oben:

$$\frac{w_1 w_2}{w_1 + w_2} = a_0 i, \quad \frac{w_1 - w_2}{w_1 + w_2} = b_0 i, \quad \frac{-1}{w_1 + w_2} = c_0 i$$

gesetzt wird:

$$(\mathfrak{C}_0) \qquad -P(\sigma, \tau, w_1, w_2) = \left(\sqrt{c_0}\right)\sum_{m, n}(-1)^{(m-1)(n-1)} e^{-(a_0 m^2 + b_0 mn + c_0 n^2)\pi + 2(m\sigma + n\tau)\pi i}$$

oder, wenn man zur Abkürzung die quadratische Form $a_0 x^2 + b_0 xy + c_0 y^2$ durch $f(x, y)$ bezeichnet:

$$-P(\sigma, \tau, w_1, w_2) = \left(\sqrt{c_0}\right)\sum_{m, n}(-1)^{(m-1)(n-1)} e^{-\pi f(m, n) + 2(m\sigma + n\tau)\pi i}.$$

Die Differentiation des mit $P(\sigma, \tau, w_1, w_2)$ bezeichneten Products

$$e^{\tau^2(w_1+w_2)\pi i}\vartheta(\sigma+\tau w_1, w_1)\vartheta(\sigma-\tau w_2, w_2)$$

ergiebt die drei Gleichungen:

$$\frac{\partial^2 P}{\partial\sigma\partial\sigma}{}_{(\sigma=0,\tau=0)} = 2\vartheta'(0, w_1)\vartheta'(0, w_2)$$

$$\frac{\partial^2 P}{\partial\sigma\partial\tau}{}_{(\sigma=0,\tau=0)} = (w_1 - w_2)\vartheta'(0, w_1)\vartheta'(0, w_2)$$

$$\frac{\partial^2 P}{\partial\tau\partial\tau}{}_{(\sigma=0,\tau=0)} = -2w_1 w_2\vartheta'(0, w_1)\vartheta'(0, w_2),$$

welche, wenn die drei zweiten Ableitungen für $\sigma = 0, \tau = 0$ kurz mit P_{11}, P_{12}, P_{22} bezeichnet werden, sich in folgender Weise darstellen lassen:

$$c_0 P_{11} = 2c_0\vartheta'(0, w_1)\vartheta'(0, w_2),$$

$$c_0 P_{12} = -b_0\vartheta'(0, w_1)\vartheta'(0, w_2),$$

$$c_0 P_{22} = 2a_0\vartheta'(0, w_1)\vartheta'(0, w_2).$$

Wenn man diese drei Gleichungen der Reihe nach mit a_0, b_0, c_0 multiplicirt und dann zu einander addirt, so wird der Factor von $\vartheta'(0, w_1)\vartheta'(0, w_2)$ gleich $4a_0c_0 - b_0^2$, also gleich Eins, und man gelangt demnach zu der Relation:

$$c_0(a_0P_{11} + b_0P_{12} + c_0P_{22}) = \vartheta'(0, w_1)\vartheta'(0, w_2).$$

Die Differentiation der auf der rechten Seite der Gleichung ($\mathfrak{C}_0$) stehenden Reihe führt aber zu dem Ergebniss:

$$c_0(a_0P_{11} + b_0P_{12} + c_0P_{22}) = 4\pi^2(\sqrt{c_0})^3\sum_{m,n}(-1)^{(m-1)(n-1)}f(m, n)e^{-\pi f(m,n)},$$

und da

$$\Lambda(\sigma, \tau, w_1, w_2) = \frac{(4\pi^2)^{\frac{1}{3}}P(\sigma, \tau, w_1, w_2)}{\left(\vartheta'(0, w_1)\vartheta'(0, w_2)\right)^{\frac{1}{3}}}$$

ist, so resultirt die für beliebige Grössen σ, τ gültige Hauptgleichung

$$(\mathfrak{C}) \qquad \Lambda(\sigma, \tau, w_1, w_2) = -\frac{\sum(-1)^{(m-1)(n-1)}e^{-\pi f(m,n)+2(m\sigma+n\tau)\pi i}}{\left(\sum(-1)^{(m-1)(n-1)}f(m, n)e^{-\pi f(m,n)}\right)^{\frac{1}{3}}},$$

welche die gesuchte Darstellung der Function Λ enthält.

Die Reihen auf der rechten Seite sind specielle (*Rosenhain*'sche) ϑ-Reihen mit zwei Variabeln; sie sind convergent, weil der reelle Theil von c_0 positiv und $4c_0 f(m, n) = m^2 + (b_0 m + 2c_0 n)^2$ ist. Die Gleichung ($\mathfrak{C}$) selbst kann auch als eine Formel zur Reduction jener speciellen ϑ-Reihen mit zwei Variabeln auf einfache ϑ-Reihen angesehen werden, und diese Reduction lässt sich, wenn in ($\mathfrak{C}_0$) $\sigma = s + \frac{1}{2}$, $\tau = t + \frac{1}{2}$ genommen wird, so darstellen, dass die Doppelreihe

$$\sum_{m,n} (-1)^{mn} e^{-(a_0 m^2 + b_0 mn + c_0 n^2)\pi + 2(sm+tn)\pi i} \qquad (m, n = 0, \pm 1, \pm 2, \ldots)$$

sich auf das Product von zwei einfachen Reihen, nämlich auf:

$$\frac{1}{(\sqrt{c_0})} \sum_n e^{((n+t)^2 w_1 + 2sn)\pi i} \cdot \sum_n e^{((n+t)^2 w_2 - 2sn)\pi i} \qquad (n = 0, \pm 1, \pm 2, \ldots)$$

reducirt.

IV.

Die von *Abel* im Lehrsatz III (Art. II) seiner Abhandlung über die binomische Reihe und nachher von Anderen vielfach angewendete Reihen-Umformung*), welche der Umformung von Integralen durch partielle Integration entspricht, lässt sich, wie es auch an der citirten Stelle geschehen ist, durch die identische Gleichung:

$$\varphi(k)\psi(k) + \sum_n (\varphi(n) - \varphi(n-1))\psi(n) = \varphi(k')\psi(k') + \sum_n \varphi(n-1)(\psi(n-1) - \psi(n))$$
$$(n = k+1, k+2, \ldots k')$$

darstellen. Wenn nun für reelle Werthe von ξ, welche in dem durch die Bedingung:

$$n \leqq \xi < n + 1$$

bestimmten Intervalle liegen, $\varphi(\xi) = \varphi(n)$

genommen und $\psi(\xi)$ als eine für alle reellen Werthe von ξ definirte, differentiirbare Function vorausgesetzt wird, so kann jene Gleichung auf folgende Form gebracht werden:

$$\varphi(k)\psi(k) + \sum_n (\varphi(n) - \varphi(n-1))\psi(n) = \varphi(k')\psi(k') - \int_k^{k'} \varphi(\xi)\, d\psi(\xi).$$
$$(n = k+1, k+2, \ldots k')$$

Bei dieser Form tritt es in Evidenz, dass die unendliche Reihe:

$$\sum_n (\varphi(n) - \varphi(n-1))\psi(n) \qquad (n = 1, 2, 3 \ldots)$$

*) *Crelle*'s Journal, Bd. I, S. 314 und *Abel*, Oeuvres complètes, Nouvelle édition 1881, Tome I, p. 222.

convergirt, wenn der absolute Werth von $\varphi(k)$ auch für beliebig grosse Zahlen k stets kleiner als eine bestimmte positive Zahl $\mathfrak{p}$ bleibt, und wenn $\psi(\xi)$ eine stets positive, mit wachsendem Argument unendlich abnehmende Function ist. Denn es ist, wenn nach *Weierstrass*'scher Weise der absolute Werth einer Grösse A mit $|A|$ bezeichnet wird,

$$\left|\int_k^{k'}\varphi(\xi)d\psi(\xi)\right| < \mathfrak{p}\psi(k) \qquad (k<k'),$$

und das Integral:

$$\int_0^\infty \varphi(\xi)d\psi(\xi),$$

welches bei der (offenbar gestatteten) Annahme $\varphi(0)=0$ mit dem negativen Werth der unendlichen Reihe:

$$\sum_n \big(\varphi(n)-\varphi(n-1)\big)\psi(n) \qquad (n=1,2,3\ldots)$$

übereinstimmt, ist also convergent.

Wenn die Function $\psi(\xi)$, ausser von dem Argument ξ, noch von einer reellen Grösse ϱ abhängt und, bei Festhaltung eines Werthes von ξ, in dem ganzen Intervalle $\varrho_0 \leqq \varrho < \varrho_1$, *stetig* abnimmt, so ist für alle in jenem Intervalle liegenden Werthe von ϱ der Voraussetzung nach $\psi(k,\varrho) \leqq \psi(k,\varrho_0)$ und also:

$$\left|\int_k^{k'}\varphi(\xi)d\psi(\xi)\right| < \mathfrak{p}\psi(k,\varrho_0). \qquad (\varrho_0<\varrho\leqq\varrho_1)$$

Hieraus folgt unmittelbar, dass unter den angegebenen Bedingungen das Integral $\int_0^\infty\varphi(\xi)d\psi(\xi)$ und also auch die damit übereinstimmende Reihe $\sum\big(\varphi(n)-\varphi(n-1)\big)\psi(n)$ eine im Intervalle $\varrho_0 \leqq \varrho \leqq \varrho_1$ durchweg *stetige* Function von ϱ ist.

Man kann nun unter Beibehaltung der oben eingeführten Bezeichnungen

$$\big(m^2+(b_0m+2c_0n)^2\big)^{-1-\varrho} \qquad (\varrho>-1)$$

für $\psi(n)$ und sowohl $\cos 2n\tau\pi$ als $\sin 2n\tau\pi$ für $\varphi(n)-\varphi(n-1)$ nehmen, falls man nur den Werth $\tau=0$, ferner complexe (imaginäre) Werthe von b_0, c_0 und endlich solche Werthe von n ausschließt, für welche b_0m+2c_0n negativ ist. Unter diesen Vorbehalten erfüllen nämlich die Functionen $\varphi(n)$ und $\psi(n)$ die oben für dieselben aufgestellten Bedingungen.

Es sei jetzt λ[1]) eine reelle, positive, beliebig kleine Grösse, und k_m bedeute die kleinste positive, den beiden Bedingungen:

$$2ok_m + bm > \frac{1}{\lambda}, \quad 2ok_m - bm > \frac{1}{\lambda}$$

zugleich genügende ganze Zahl. Alsdann ist gemäss der vorstehenden Entwickelungen:

$$\left| \sum_n e^{2n\tau\pi i} \left((2c_0 n \pm b_0 m)^2 + m^2\right)^{-1-\varrho} \right| < \mathfrak{p}' \left(m^2 + \frac{1}{\lambda^2}\right)^{-1-\varrho_0},$$

$$(n = k_m + 1, k_m + 2, \ldots; \ \varrho_0 < \varrho \leq \varrho_1)$$

wo $\mathfrak{p}'$ eine bestimmte positive Zahl, wie oben $\mathfrak{p}$, bedeutet. Da nun

$$\lambda \cdot \sum_{m=1}^{m=\infty} (\lambda^2 m^2 + 1)^{-1-\varrho_0} < \lambda \cdot \int_0^\infty \frac{d\xi}{(\lambda^2 \xi^2 + 1)^{1+\varrho_0}} = \int_0^\infty \frac{dx}{(x^2+1)^{1+\varrho_0}}$$

ist, und das letztere Integral unter der Voraussetzung $\varrho_0 > -\frac{1}{2}$ einen endlichen Werth hat, so wird unter derselben Voraussetzung:

$$\lim_{\lambda=0} \sum_{m=1}^{m=\infty} \left(m^2 + \frac{1}{\lambda^2}\right)^{-1-\varrho_0} = \lim_{\lambda=0} \lambda^{1+2\varrho_0} \cdot \lambda \sum_{m=1}^{m=\infty} (\lambda^2 m^2 + 1)^{-1-\varrho_0} = 0.$$

Die Grösse λ kann hiernach stets so klein gewählt werden, dass der Werth der Summe:

$$\sum_{m=-\infty}^{m=+\infty} \left| \sum_n e^{2n\tau\pi i} \left((2c_0 n + b_0 m)^2 + m^2\right)^{-1-\varrho} \right| \qquad (\pm n = k_m + 1, k_m + 2, \ldots)$$

und also auch der Werth von:

$$\sum_{m=-\infty}^{m=+\infty} \left| e^{2m\sigma\pi i} \sum_n e^{2n\tau\pi i} f(m,n)^{-1-\varrho} \right|$$

oder:

$$\sum_{m=-\infty}^{m=+\infty} \left| \sum_n e^{2(m\sigma + n\tau)\pi i} f(m,n)^{-1-\varrho} \right|$$

für alle Werthe von ϱ, die nicht kleiner als ϱ_0 sind, unter einer beliebig klein anzunehmenden Grenze bleibt, vorausgesetzt, dass σ *reell* und $\varrho_0 > -\frac{1}{2}$ ist. Unter den angegebenen Voraussetzungen zeigt sich also einerseits der Grenzwerth:

$$\lim_{h=\infty,\, k=\infty} \lim \sum_{m,n} e^{2(m\sigma + n\tau)\pi i} f(m,n)^{-1-\varrho} \qquad (-h \leq m \leq h, -k \leq n < k \text{ außer } m = n = 0),$$

[1]) Vgl. Zusatz 86 am Endes des Bandes.

als mit dem Grenzwerth:

$$\lim_{\lambda=0}\lim_{h=\infty}\lim_{k=\infty}\sum e^{2(m\sigma+n\tau)\pi i}f(m,n)^{-1-\varrho} \quad (-h\leqq m\leqq h,\ -k_m\leqq n\leqq k_m \text{ ausser } m=n=0),$$

in welchem die Summationsgrenzen k_m von λ abhängen, übereinstimmend, und andererseits zeigt sich dieser letztere Grenzwerth selbst als eine für $\varrho > -\frac{1}{2}$ durchweg stetige Function von ϱ. Da überdies für positive Werthe von ϱ die über alle positiven und negativen Zahlen m, n ausgedehnte Summe $\sum(m^2+n^2)^{-1-\varrho}$ ebenso wie das über alle reellen x und y, mit der Bedingung $x^2+y^2>1$, ausgedehnte Doppelintegral $\int(x^2+y^2)^{-1-\varrho}dx\,dy$ convergent ist, so ist die Reihe

$$\sum_{m,n} e^{2(m\sigma+n\tau)\pi i}f(m,n)^{-1-\varrho} \qquad (m,n=0,\pm1,\pm2,\ldots \text{ ausser } m=n=0)$$

für $\varrho > 0$ auch dann convergent, wenn man für die einzelnen Glieder ihre absoluten Werthe nimmt, und sie behält demnach bei jeder beliebigen Weise der Summationsordnung denselben Werth. Die obige Hauptgleichung $(\mathfrak{A})$ geht daher in folgende über:

$$(\mathfrak{D}_0) \qquad \log\Delta(\sigma,\tau,w_1,w_2) = \frac{-1}{2\pi}\lim_{\varrho=0}\sum_{m,n}\frac{e^{2(m\sigma+n\tau)\pi i}}{(a_0m^2+b_0mn+c_0n^2)^{1+\varrho}},$$

in welcher $\varrho, \sigma, \tau, a_0, b_0, c_0$ beliebige, nur den Bedingungen:

$$\varrho>0, a_0>0, c_0>0, \quad 4a_0c_0-b_0^2=1$$

unterworfene, *reelle* Grössen und $w_1, -w_2$ die Wurzeln der Gleichung

$$a_0+b_0w+c_0w^2=0$$

bedeuten, und in welcher die Summation rechts auf alle ganzzahligen Werthe von m und n, mit Ausschluss des Werthsystems $m=n=0$, in beliebig zu bestimmender Folge zu erstrecken ist. Die frühere Beschränkung von τ auf das Intervall zwischen Null und Eins konnte in diesem Resultat offenbar fallen gelassen werden; aber das Werthsystem $\sigma=0$, $\tau=0$ ist in der Gleichung $(\mathfrak{D}_0)$ aus eben demselben Grunde wie in der Gleichung $(\mathfrak{A})$ auszuschliessen, da hier wie dort beide Seiten der Gleichung negativ unendlich werden.

Bedeutet Δ eine reelle positive Grösse und setzt man:

$$a=a_0\sqrt{\Delta},\ b=b_0\sqrt{\Delta},\ c=c_0\sqrt{\Delta},$$

so sind die drei reellen Grössen a, b, c einzig und allein der Beschränkung unterworfen, dass der mit Δ übereinstimmende Werth von $4ac - b^2$ *positiv* sei. Gemäss der Gleichung ($\mathfrak{D}_0$) ist daher für solche Grössen a, b, c, wenn zur Abkürzung

$$w_1 = \frac{-b + i\sqrt{\Delta}}{2c}, \quad w_2 = \frac{b + i\sqrt{\Delta}}{2c}$$

gesetzt wird:

$$(\mathfrak{D}) \qquad \log \Lambda(\sigma, \tau, w_1, w_2) = \frac{-\sqrt{\Delta}}{2\pi} \lim_{\varrho = 0} \sum_{m,n} \frac{e^{2(m\sigma + n\tau)\pi i}}{(am^2 + bmn + cn^2)^{1+\varrho}}.$$

Das durch diese Gleichung ausgedrückte Resultat habe ich bereits in meinem oben citirten Aufsatze*) vom Januar 1863, jedoch ohne Beweis, mitgetheilt. Die dort angewendeten Bezeichnungen sind von den hier eingeführten etwas verschieden; um die Übereinstimmung herzustellen, müsste für die dortigen Grössen

$$\sigma, \tau, a, \ b, c, \ D, x, y$$

der Reihe nach

$$\tau, \sigma, 2c, b, 2a, \ \Delta, n, m$$

genommen werden.

V.

Setzt man in der mit $f(m, n)$ bezeichneten quadratischen Form:

$$a_0 m^2 + b_0 mn + c_0 n^2$$

$m = \alpha m' + \beta n'$, $n = \alpha' m' + \beta' n'$, wo $\alpha, \alpha', \beta, \beta'$ ganze Zahlen bedeuten, für welche $\alpha\beta' - \alpha'\beta = 1$ ist, so geht dieselbe nach der oben im art. II angewandten Bezeichnung in die transformirte Form

$$a'_0 m'^2 + b'_0 m'n' + c'_0 n'^2$$

über. Diese transformirte Form $f'(m', n')$ stellt für die verschiedenen ganzzahligen Werthe von m', n' genau dieselben Grössen dar, wie die ursprüngliche Form, und die beiden unendlichen Doppelreihen:

$$\sum_{m,n} e^{2(m\sigma + n\tau)\pi i} f(m, n)^{-1-\varrho}, \quad \sum_{m',n'} e^{2(m'\sigma' + n'\tau')\pi i} f'(m', n')^{-1-\varrho}$$

stimmen in den einzelnen Gliedern und folglich für $\varrho > 0$ auch in ihrem Werthe mit einander überein. Durch die Gleichung ($\mathfrak{D}_0$) wird daher die Invarianten-Eigenschaft

*) Vergl. den Monatsbericht vom Januar 1863[1]), sowie auch den vom Februar 1880[2]).

[1]) Bd. IV, S. 222 dieser Ausgabe von *L. Kronecker's* Werken. H

[2]) Bd. II, S. 92 dieser Ausgabe von *L. Kronecker's* Werken. H

von $\log \Lambda$ in Evidenz gesetzt, während der Ausdruck von $-2\pi \log \Lambda$ in der Gleichung ($\mathfrak{A}$), nämlich:

$$\lim_{h=\infty,\, k=\infty} \lim \sum_{m,n}' e^{2(m\sigma+n\tau)\pi i} f(m,n)^{-1} \quad \left(\begin{matrix} m=0, \pm 1, \pm 2, \dots \pm h \\ n=0, \pm 1, \pm 2, \dots \pm k \end{matrix} \text{ außer } m=n=0\right)$$

bei Einführung der transformirten Form f' an Stelle von f formal verändert wird. Es bedurfte eben, um die Invarianten-Eigenschaft von $\log \Lambda$ unmittelbar hervortreten zu lassen, noch des Nachweises, dass jener Ausdruck von $-2\pi \log \Lambda$ in der Gleichung ($\mathfrak{A}$) zugleich

$$\lim \sum_{m,n}' e^{2(m\sigma+n\tau)\pi i} f(m,n)^{-1-\varrho} \qquad (m, n=0, \pm 1, \pm 2, \dots \text{ außer } m=n=0)$$

für $\varrho = 0$ darstellt. Dieser Nachweis ist im art. IV in einfachster Weise geführt; eben derselbe Nachweis kann aber auch nach jener Methode gegeben werden, welche *Dirichlet* im § 1 seiner Abhandlung: „*Recherches sur diverses applications de l'analyse infinitésimale à la théorie des nombres*" (*Crelle*'s Journal Bd. XIX, S. 331)[1]) angewendet hat.

Die citirte *Dirichlet*'sche Methode beruht auf der Darstellung von $h^{-1-\varrho}$ durch den Integral-Ausdruck:

$$-\frac{1}{\Gamma(\varrho+2)}\int_0^1 x^h d\left(\log\frac{1}{x}\right)^{1+\varrho}.$$

Mit Hülfe derselben wird:

$$\sum_{m,n}' e^{2(m\sigma+n\tau)\pi i} f(m,n)^{-1-\varrho} = -\frac{1}{\Gamma(\varrho+2)}\int_0^1 F(x)\, d\left(\log\frac{1}{x}\right)^{1+\varrho},$$

wo zur Abkürzung:

$$F(x) = \sum_{m,n}' e^{2(m\sigma+n\tau)\pi i} x^{f(m,n)}$$

gesetzt ist, und es ist nun nur noch zu zeigen, dass $F(x)$ in dem Intervalle der Integration stets endlich bleibt. Dies erhellt unmittelbar, so lange nicht x gleich oder in der Nähe von Eins ist. Für die nahe bei Eins liegenden Werthe von x lässt sich aber die Endlichkeit von $F(x)$ durch „Transformation"[2]) der ϑ-Reihe:

$$\sum_{m,n}' e^{(a_0 m^2 + b_0 mn + c_0 n^2)\xi + 2(m\sigma+n\tau)\pi i},$$

welche für $\xi = \log x$ mit $F(x)$ identisch ist, nachweisen, da die transformirte ϑ-Reihe sich — unter der Voraussetzung, dass nicht σ und τ zugleich Null sind — mit abnehmendem ξ der Null nähert.[3])

---

[1]) *Lejeune-Dirichlet*, Werke, Bd. I, S. 419—421. H

[2]) Vgl. Zusatz 37 am Ende dieses Bandes. H

[3]) Vgl. Zusatz 38 am Ende dieses Bandes. H

Verbindet man die beiden mit ($\mathfrak{C}$) und ($\mathfrak{D}_0$) bezeichneten Gleichungen mit einander und berücksichtigt dabei, dass

$$f(m,n) = f(-m,-n)$$

und also
$$\sum_{m,n} e^{2(m\sigma+n\tau)\pi i} f(m,n)^{-1-\varrho} = \sum_{m,n} f(m,n)^{-1-\varrho} \cos 2(m\sigma+n\tau)\pi$$

ist, so gelangt man zu der merkwürdigen Formel:

$$(\mathfrak{E}) \qquad \frac{\sum(-1)^{(m-1)(n-1)} e^{-\pi f(m,n)+2(m\sigma+n\tau)\pi i}}{\left(\sum(-1)^{(m-1)(n-1)} f(m,n) e^{-\pi f(m,n)}\right)^{\frac{1}{3}}} = -e^{-\lim \Sigma\left((2\pi f(m,n))^{-1-\varrho} \cos 2(m\sigma+n\tau)\pi\right)},$$

in welcher sich der *limes* rechts auf den Werth $\varrho = 0$ und jede der drei Summationen auf alle ganzzahligen Werthe von m und n, jedoch rechts mit Ausschluss des Systems $m = n = 0$, bezieht; dabei ist

$$f(m,n) = a_0 m^2 + b_0 mn + c_0 n^2$$

und $\varrho, \sigma, \tau, a_0, b_0, c_0$ bedeuten reelle, nur den Bedingungen:

$$\varrho > 0,\ a_0 > 0,\ c_0 > 0,\ 4a_0 c_0 - b_0^2 = 1$$

unterworfene Grössen.

VI.

Bezeichnet man mit u, v zwei zu einander reciproke complexe Grössen, deren reelle Theile positiv sind, ferner mit ϱ, a_0, c_0 (wie im art. V) irgend welche reelle positive Grössen, und mit b_0 irgend einen der beiden (als reell vorausgesetzten) Werthe von $\sqrt{4a_0 c_0 - 1}$, so kann man die identische Relation:[1])

$$(\mathfrak{F}^0) \qquad \sqrt{u} \sum_{m,n} e^{-2\pi u(a_0 m^2 + b_0 mn + c_0 n^2)} = \sqrt{v} \sum_{m,n} e^{-2\pi v(a_0 m^2 - b_0 mn + c_0 n^2)}$$

aufstellen, in welcher die Summationen auf alle ganzen Zahlen m, n von $-\infty$ bis $+\infty$ auszudehnen und die Werthe der Quadratwurzeln $\sqrt{u}, \sqrt{v}$ durch die Bedingung $\sqrt{u}\,\sqrt{v} = 1$ zu bestimmen sind.

Die Relation ($\mathfrak{F}^0$) lässt sich durch die Substitution:

$$u = \log x, \quad v = \log y$$

[1]) Vgl. Zusatz 89 am Endes des Bandes.

auf die Form bringen:

$$(\mathfrak{F})\qquad \log\frac{1}{x}\sum_{m,n} x^{2\pi(a_0m^2+b_0mn+c_0n^2)} = \sum_{m,n} y^{2\pi(a_0m^2-b_0mn+c_0n^2)},$$

mit der Bedingung:

$$\log x \log y = 1,$$

und ihre Richtigkeit erhellt unmittelbar, wenn man die im art. II erwähnte Transformationsgleichung:

$$\vartheta\left(\zeta, \frac{-1}{w}\right) = -i(\sqrt{-wi})e^{\zeta^2 w\pi i}\vartheta(\zeta w, w)$$

erst auf die einfache ϑ-Reihe:

$$\sum_m e^{-2\pi u(a_0m^2+b_0mn)}$$

anwendet und dann, nach Multiplication des Resultats mit $e^{-2\pi u c_0 n^2}$, auf diejenige ϑ-Reihe, welche durch Summation in Beziehung auf n charakterisirt ist.

Wenn man nun, wie im art. III, zur Abkürzung:

$$a_0m^2 + b_0mn + c_0n^2 = f(m, n)$$

setzt und nach *Dirichlet*'scher Weise die über alle Werthe von m, n mit Ausnahme von $m = n = 0$, erstreckte Summe:

$$\sum_{m,n}(2\pi f(m, n))^{-1-\varrho}$$

durch das Integral:

$$\frac{1}{\Gamma(\varrho+1)}\int_0^1\left(\log\frac{1}{x}\right)^\varrho \sum_{m,n} x^{2\pi f(m,n)}\, d\log x$$

darstellt, so erhält man, mit Benutzung der Relation:

$$\frac{\Gamma(\varrho+1)}{\varrho} = \int_0^1\left(\log\frac{1}{x}\right)^{\varrho-1} dx$$

die Gleichung:

$$(\mathfrak{G})\qquad -\frac{1}{\varrho} + \sum_{m,n}(2\pi f(m, n))^{-1-\varrho} = \frac{1}{\Gamma(\varrho+1)}\int_0^1\left(\log\frac{1}{x}\right)^\varrho \left\{\sum_{m,n} x^{2\pi f(m,n)} - \frac{x}{\log\frac{1}{x}}\right\}\frac{dx}{x}.$$

Dass das Integral rechts, wenn es nur bis zu einem beliebig nahe der Eins liegenden Werthe δ erstreckt wird, eine bis zum Werthe $\varrho = 0$ stetige Function von ϱ darstellt, ist an sich klar. Für den übrigen Theil des Integrations-Intervalles, von δ bis 1, erhellt es aus jener Relation ($\mathfrak{F}$), die eben zu diesem Zwecke oben aufgestellt worden ist.

Wird nämlich zuvörderst in der Gleichung $(\mathfrak{G})$ die Summe unter dem Integralzeichen rechts durch:

$$-1+\sum_{m,n} x^{2\pi f(m,n)}$$

ersetzt, wo nunmehr — genau wie in der Relation $(\mathfrak{F})$ — die Summation auf *alle* ganzzahligen Werthe von m, n ohne Ausnahme zu erstrecken ist, so kann vermöge eben dieser Relation der Ausdruck unter dem Integralzeichen auf folgende Form gebracht werden:

$$\left(\log\frac{1}{x}\right)^{\varrho-1}\left\{\sum_{m,n} y^{2\pi(a_0 m^2-b_0 mn+c_0 n^2)}-x+\log x\right\},$$

und er lässt sich daher nach Absonderung des einen Gliedes der Reihe für $m=n=0$, als Aggregat von drei Ausdrücken darstellen:

$$\left(\log\frac{1}{x}\right)^{\varrho}\log\frac{1}{y}\sum_{m,n} y^{2\pi(a_0 m^2-b_0 mn+c_0 n^2)}+\left(\log\frac{1}{x}\right)^{\varrho-1}(1-x)-\left(\log\frac{1}{x}\right)^{\varrho}.$$

In dem ersten dieser drei Ausdrücke ist die Summation auf alle ganzzahligen Werthe von m, n, jedoch mit Ausnahme des Werthsystems $m=n=0$, zu erstrecken, und es ist ferner darin y durch die Gleichung:

$$\log x \log y = 1$$

zu bestimmen. Dieser Ausdruck verschwindet demnach, ebenso wie die beiden folgenden, für $x=1$ oder, was dasselbe ist, für $y=0$, und es bleiben daher alle drei Ausdrücke in dem Intervalle von $x=\delta$ bis $x=1$ endlich, auch wenn ϱ bis zu Null abnimmt.

Man kann also, um den Grenzwerth:

$$\lim_{\varrho=0}\left\{-\frac{1}{\varrho}+\sum_{m,n}(2\pi f(m,n))^{-1-\varrho}\right\}$$

zu erhalten, auf der rechten Seite der Gleichung $(\mathfrak{G})$ $\varrho=0$ setzen; und dieser Grenzwerth wird alsdann durch das Integral:

$$\int_0^1\left\{\sum_{m,n} x^{2\pi f(m,n)}-\frac{x}{\log\frac{1}{x}}\right\}d\log x$$

dargestellt, wenn hierbei stets die Summation auf alle ganzzahligen Werthe von m, n, mit Ausnahme des Werthsystems $m=n=0$, erstreckt wird.

Dass dieses Integral, für alle reellen positiven Grössen a_0, c_0, einen endlichen Werth hat, und dass also, wenn:

$$\lim_{\varrho=0}\left\{-\frac{1}{\varrho}+\sum_{m,n}\left(2\pi(a_0m^2+b_0mn+c_0n^2)\right)^{-1-\varrho}\right\}=L(a_0,c_0)$$

gesetzt wird, durch $L(a_0, c_0)$ eine bestimmte, endliche Function der beiden reellen positiven Variabeln a_0, c_0 dargestellt wird, ist als das Resultat und auch als das Ziel der bisherigen Entwickelungen zu bezeichnen.[1]) Dass sich die Werthe dieser Function $L(a_0, c_0)$ für alle diejenigen Argumente a_0, c_0, für welche die Verhältnisse der drei Grössen $a_0 : b_0 : c_0$ oder:

$$a_0 : \sqrt{4a_0c_0-1} : c_0$$

in ganzen Zahlen ausdrückbar sind, mit Hülfe der elliptischen Functionen darstellen lassen, soll im Folgenden gezeigt werden.[2])

VII.

Ist $a_0 : b_0 : c_0 = a : b : c$ und bedeuten a, b, c drei ganze Zahlen, von denen die erste und dritte positiv ist, so kann man, wie im art. IV:

$$a=a_0\sqrt{\Delta},\quad b=b_0\sqrt{\Delta},\quad c=c_0\sqrt{\Delta},$$

$$4ac-b^2=\Delta$$

$$w_1=\frac{-b+i\sqrt{\Delta}}{2c},\quad w_2=\frac{b+i\sqrt{\Delta}}{2c}$$

setzen, und es ist alsdann sowohl Δ als auch $\sqrt{\Delta}$ positiv. Ferner ist gemäss der Gleichung ($\mathfrak{D}$) des art. IV:

$$(\mathfrak{D})\qquad \log \Lambda(\sigma, \tau, w_1, w_2)=\frac{-\sqrt{\Delta}}{2\pi}\lim_{\varrho=0}\sum_{m,n}\frac{e^{2(m\sigma+n\tau)\pi i}}{(am^2+bmn+cn^2)^{1+\varrho}},$$

wo die Summation, wie stets im Folgenden, auf alle ganzen Zahlen m, n, mit Ausschluß des Systems $m = n = 0$, zu erstrecken ist.

Nimmt man nun rechts an Stelle der quadratischen Form:

$$am^2+bmn+cn^2$$

den Ausdruck:

$$\frac{1}{4c}(\Delta m^2+(bm+2cn)^2)$$

---

[1]) Vgl. Zusatz 90 am Ende des Bandes. H

[2]) Vgl. Zusatz 91 am Ende des Bandes. H

und setzt dann zur Abkürzung:

$$n_1 = bm + 2cn,\quad \sigma' = \sigma - \frac{b\tau}{2c},\quad \tau' = \frac{\tau}{2c},$$

so kommt:

$$\log \Lambda(\sigma, \tau, w_1, w_2) = \frac{-\sqrt{\Delta}}{2\pi} \lim_{\varrho=0} \sum_{m,n} \frac{(4c)^{1+\varrho} e^{2(m\sigma' + n_1\tau')\pi i}}{(\Delta m^2 + n_1^2)^{1+\varrho}}.$$

Die Summation bezieht sich hier auf die ganzzahligen Werthe von m, während für n_1 nur diejenigen ganzen Zahlen zu nehmen sind, wofür:

$$n_1 \equiv bm \pmod{2c}$$

wird, jedoch mit Ausschluss des Werthsystems $m = 0$, $n_1 = 0$. Das Resultat dieser Summationsbeschränkung in Beziehung auf n_1 erlangt man aber auch, wenn man die auf *alle* Werthe von m und n, mit Ausschluss von $m = n = 0$, ausgedehnte Summe:

$$\sum_{m,n} \frac{e^{2(m\sigma' + n\tau')\pi i}}{(\Delta m^2 + n^2)^{1+\varrho}}$$

mit $\frac{1}{2c} e^{\frac{n-bm}{c} h\pi i}$ multiplicirt und dann in Beziehung auf $h = 0, 1, 2, \ldots 2c-1$ summirt. Hiernach wird:

$$\log \Lambda(\sigma, \tau, w_1, w_2) = \frac{-\sqrt{\Delta}}{2\pi} \lim_{\varrho=0} (2c)^{\varrho} \sum_{h=0}^{h=2c-1} \sum_{m,n} \frac{e^{\frac{n-bm}{c} h\pi i} \cdot e^{2(m\sigma' + n\tau')\pi i}}{\left(\frac{1}{2}\Delta m^2 + \frac{1}{2} n^2\right)^{1+\varrho}}.$$

Gemäss den Entwickelungen im art. IV nähert sich jede der $2c$ verschiedenen Reihen, welche den Werthen $h = 0, 1, 2, \ldots 2c-1$ entsprechen, für $\varrho = 0$ einem bestimmten endlichen Grenzwerth; jedoch für $h = 0$ nur unter der Voraussetzung, dass nicht σ und τ zugleich Null sind. Wenn nunmehr diese Voraussetzung gemacht wird, so kann der Factor $(2c)^{\varrho}$ auf der rechten Seite weggelassen werden. Führt man dann noch σ, τ an Stelle von σ', τ' wieder ein, so geht die Gleichung in folgende über:

$$(\mathfrak{H})\qquad \log \Lambda(\sigma, \tau, w_1, w_2) = \frac{-\sqrt{\Delta}}{2\pi} \sum_{h=0}^{h=2c-1} \lim_{\varrho=0} \sum_{m,n} \frac{e^{2\left(m\left(\sigma - b\frac{\tau+h}{2c}\right) + n\cdot\frac{\tau+h}{2c}\right)\pi i}}{\left(\frac{1}{2}\Delta m^2 + \frac{1}{2} n^2\right)^{1+\varrho}}.$$

Werden endlich gemäss der Formel ($\mathfrak{D}$):

$$\log \Lambda(\sigma_1, \tau_1, w, w) = -\frac{\sqrt{\Delta}}{2\pi} \lim_{\varrho=0} \sum_{m,n} \frac{e^{2(m\sigma_1 + n\tau_1)\pi i}}{\left(\frac{1}{2}\Delta m^2 + \frac{1}{2} n^2\right)^{1+\varrho}} \qquad (w = i\sqrt{\Delta})$$

die Summen auf der rechten Seite der Gleichung ($\mathfrak{H}$) durch die bezüglichen Ausdrücke: $\log \Lambda$ ersetzt, so resultiren die Gleichungen:

$$(\mathfrak{H}^0) \qquad \log \Lambda(\sigma, \tau, w_1, w_2) = \sum_{h=0}^{h=2c-1} \log \Lambda\left(\sigma - b\,\frac{\tau+h}{2c}, \frac{\tau+h}{2c}, w, w\right)$$

$$(\mathfrak{H}') \qquad \Lambda(\sigma, \tau, w_1, w_2) = \prod_{h=0}^{h=2c-1} \left(\sigma - b\,\frac{\tau+h}{2c}, \frac{\tau+h}{2c}, w, w\right),$$

welche als „Transformations-Formeln" für die Function Λ bezeichnet werden können.

Die Formel ($\mathfrak{H}'$) ergiebt sich direct, wenn man für die Functionen Λ auf beiden Seiten ihre art. I angegebenen Product-Ausdrücke nimmt. Man erhält nämlich dann auf der linken Seite den Ausdruck:

$$(\mathrm{A}_1) \qquad e^{\left(\tau^2-\tau+\frac{1}{6}\right)\frac{w}{c}\pi i} \prod_{\alpha, \varepsilon, n} \left(1 - e^{2(n w_\alpha + \varepsilon \tau w_\alpha \pm \varepsilon\sigma)\pi i}\right)$$

und auf der rechten Seite:

$$(\mathrm{A}_2) \qquad \prod_{h=0}^{h=2c-1} e^{2\left(\left(\frac{\tau+h}{2c}\right)^2 - \frac{\tau+h}{2c} + \frac{1}{6}\right) w\pi i} \prod_{\alpha, \varepsilon, h, n} \left(1 - e^{2((2cn+\varepsilon h)w_\alpha + \varepsilon\tau w_\alpha \pm \varepsilon\sigma)\pi i}\right),$$

wo die Multiplicationen auf die Werthe $\alpha = 1, 2$ und $\varepsilon = +1, -1$, und für $\varepsilon = +1$ auf die Werthe $n = 0, 1, 2, 3, \ldots$, für $\varepsilon = -1$, aber nur auf die Werthe $n = 1, 2, 3, \ldots$ zu erstrecken ist; das obere oder untere Zeichen bei $\pm\varepsilon\sigma$ gilt, je nachdem $\alpha = 1$ oder $\alpha = 2$ ist. Der Werth des ersteren der beiden Producte in (A_2) ist gleich dem Exponentialfactor in (A_1); es stimmt ferner das zweite Product in (A_2) mit dem unendlichen Product in (A_1) überein, da einerseits die Zahlen:

$$2cn + h \qquad {\scriptstyle (h=0,1,\ldots 2c-1;\; n=0,1,2,3,\ldots)}$$

in (A_2) die sämmtlichen Werthe $0, 1, 2, 3, \ldots$ annehmen, welche n in (A_1) für $\varepsilon = +1$ anzunehmen hat; und da andererseits auch die Zahlen:

$$2cn - h \qquad {\scriptstyle (h=0,1,\ldots 2c-1;\; n=1,2,3,\ldots)}$$

in (A_2) genau die sämmtlichen Werthe $1, 2, 3, \ldots$ erhalten, welche n in (A_1) für $\varepsilon = -1$ zu erhalten hat.

Bezeichnet man, wie oben im art. III, mit $P(\sigma, \tau, w_1, w_2)$ das Product:

$$e^{\tau^2 (w_1+w_2)\pi i}\,\vartheta(\sigma + \tau w_1, w_1)\,\vartheta(\sigma - \tau w_2, w_2),$$

so ist:

$$\frac{\Lambda(\sigma, \tau, w_1, w_2)}{\Lambda(\sigma', \tau', w, w)} = \left(\frac{\vartheta'(0, w)\,\vartheta'(0, w)}{\vartheta'(0, w_1)\,\vartheta'(0, w_2)}\right)^{\frac{1}{3}} \frac{P(\sigma, \tau, w_1, w_2)}{P(\sigma', \tau', w, w)},$$

und gemäss den a. a. O. entwickelten Werthen von:

$$\frac{\partial^2 P}{\partial\sigma\partial\sigma},\quad \frac{\partial^2 P}{\partial\sigma\partial\tau},\quad \frac{\partial^2 P}{\partial\tau\partial\tau}$$

wird:

$$\lim_{\sigma=\tau=0} \frac{P(\sigma,\tau,w_1,w_2)}{(\sigma+\tau w_1)(\sigma-\tau w_2)} = 2\vartheta'(0,w_1)\vartheta'(0,w_2)$$

und ebenso:

$$\lim_{\sigma'=\tau'=0} \frac{P(\sigma',\tau',w,w)}{(\sigma'+\tau' w)(\sigma'-\tau' w)} = 2\vartheta'(0,w)\vartheta'(0,w).$$

Da nun:

$$\sigma'+\tau' w = \sigma+\tau w_1,\ \sigma'-\tau' w = \sigma-\tau w_2$$

ist, so ergiebt sich die Relation:

$$\lim_{\sigma=\tau=0} \frac{\Lambda(\sigma,\tau,w_1,w_2)}{\Lambda(\sigma',\tau',w,w)} = \left(\frac{\vartheta'(0,w_1)\vartheta'(0,w_2)}{\vartheta'(0,w)\vartheta'(0,w)}\right)^{\frac{2}{3}},$$

mit deren Benutzung die Gleichungen ($\mathfrak{H}$) und ($\mathfrak{H}^0$) für $\sigma=\tau=0$ in folgende übergehen:

$$(\mathfrak{J})\qquad \frac{2}{3}\log\frac{\vartheta'(0,w_1)\vartheta'(0,w_2)}{\vartheta'(0,w)\vartheta'(0,w)} = \frac{-\sqrt{\Delta}}{2\pi}\lim_{\varrho=0}\sum_{h=1}^{h=2c-1}\sum_{m,n}\frac{e^{\frac{n-bm}{c}h\pi i}}{\left(\frac{1}{2}\Delta m^2+\frac{1}{2}n^2\right)^{1+\varrho}}$$

$$(\mathfrak{J}^0)\qquad \frac{2}{3}\log\frac{\vartheta'(0,w_1)\vartheta'(0,w_2)}{\vartheta'(0,w)\vartheta'(0,w)} = \sum_{h=1}^{h=2c-1}\log\Lambda\left(\frac{-bh}{2c},\frac{h}{2c},w,w\right).$$

Führt man in der Formel ($\mathfrak{J}$) die Summation in Beziehung auf h aus, so verwandelt sich der Ausdruck auf der rechten Seite in folgenden:

$$\frac{\sqrt{\Delta}}{2\pi}\lim_{\varrho=0}\left\{\sum_{m,n}\frac{1}{\left(\frac{1}{2}\Delta m^2+\frac{1}{2}n^2\right)^{1+\varrho}}-\sum_{m,n}\frac{(2c)^{-\varrho}}{(am^2+bmn+cn^2)^{1+\varrho}}\right\}.$$

Es ist aber gemäss den Entwickelungen im art. VI:

$$\lim_{\varrho=0}\varrho\sum_{m,n}(2\pi(a_0m^2+b_0mn+c_0n^2))^{-1-\varrho}=1,\ \text{also}\ \lim_{\varrho=0}\varrho\sum_{m,n}(2\pi(am^2+bmn+cn^2))^{-1-\varrho}=\frac{1}{\sqrt{\Delta}},$$

und folglich:

$$\lim_{\varrho=0}\sum_{m,n}\frac{1-(2c)^{-\varrho}}{(am^2+bmn+cn^2)^{1+\varrho}}=\frac{2\pi}{\sqrt{\Delta}}\log 2c.$$

Die Gleichung ($\mathfrak{J}$) lässt sich daher auf folgende Gestalt bringen:

$$\frac{2\pi}{\sqrt{\Delta}}\log\frac{1}{2c}\left(\frac{\vartheta'(0,w_1)\vartheta'(0,w_2)}{\vartheta'(0,w)\vartheta'(0,w)}\right)^{\frac{2}{3}} = \lim_{\varrho=0}\sum_{m,n}\left\{\frac{1}{\left(\frac{1}{2}\Delta m^2+\frac{1}{2}n^2\right)^{1+\varrho}}-\frac{1}{(am^2+bmn+cn^2)^{1+\varrho}}\right\},$$

und wenn man mit dieser Gleichung eine zweite verbindet, in welcher die Grössen:

$$w_1,\ w_2,\ a,\ b,\ c$$

durch andere analoge Grössen:

$$w_1',\ w_2',\ a',\ b',\ c' \qquad (4a'c'-b'^2=\Delta)$$

ersetzt sind, so resultirt endlich die merkwürdige Relation:

$$(\mathfrak{K}) \quad \lim_{\varrho=0} \sum_{m,n} \left\{ \frac{1}{(am^2+bmn+cn^2)^{1+\varrho}} - \frac{1}{(a'm^2+b'mn+c'n^2)^{1+\varrho}} \right\} = \frac{2\pi}{\sqrt{\Delta}} \log \frac{c\left(\vartheta'(0,w_1')\,\vartheta'(0,w_2')\right)^{\frac{2}{3}}}{c'\left(\vartheta'(0,w_1)\,\vartheta'(0,w_2)\right)^{\frac{2}{3}}},$$

in welcher:

$$w_1 = \frac{-b+i\sqrt{\Delta}}{2a}, \quad w_2 = \frac{b+i\sqrt{\Delta}}{2c}, \quad w_1' = \frac{-b'+i\sqrt{\Delta}}{2a'}, \quad w_2' = \frac{b'+i\sqrt{\Delta}}{2c'}$$

ist, und welche ich — nur in etwas anderer Form — schon in meinem mehrfach citirten Aufsatze vom Januar 1863[1]) mitgetheilt habe. Um die Übereinstimmung mit der hier gewählten Form herzustellen, müsste für die dortigen Grössen:

$$\sigma,\ \tau,\ a,\ b,\ c,\ D,\ x,\ y$$

der Reihe nach:

$$\tau,\ \sigma,\ 2c,\ b,\ 2a,\ \Delta,\ n,\ m$$

genommen werden.

Der Ausdruck auf der rechten Seite der Gleichung ($\mathfrak{K}$) kann noch, da

$$\vartheta'(0,w) = 2\pi e^{\frac{1}{4}w\pi i} \prod (1-e^{2nw\pi i})^3$$

ist, auf folgende Form gebracht werden:

$$\frac{\pi^2}{8}\left(\frac{1}{c} - \frac{1}{c'}\right) + \frac{2\pi}{\sqrt{\Delta}}(\log c - \log c') - \frac{4\pi}{\sqrt{\Delta}} \sum_{n=1}^{n=\infty} \log \frac{(1-e^{2nw_1\pi i})(1-e^{2nw_2\pi i})}{(1-e^{2nw_1'\pi i})(1-e^{2nw_2'\pi i})}.$$

Dass dieser Ausdruck eine Invariante der durch die quadratischen Formen (a, b, c), (a', b', c') repräsentirten Classen sein muss, tritt durch den Ausdruck auf der linken Seite der Gleichung ($\mathfrak{K}$) in Evidenz. Es geht aber auch daraus hervor, dass:

$$\frac{1}{c}\left(\vartheta'(0,w_1)\,\vartheta'(0,w_2)\right)^{\frac{2}{3}}$$

eine Invariante der durch die Form (a, b, c) repräsentirten Classe ist. Dies erhellt un-

---

[1]) Bd. IV, S. 222—228 dieser Ausgabe von *L. Kronecker*'s Werken.

mittelbar bei Anwendung der Relationen:

$$\vartheta'(0, w+1) = e^{\frac{1}{4}\pi i}\vartheta'(0, w),$$
$$\vartheta'\left(0, \frac{-1}{w}\right) = (\sqrt{-wi})^3\vartheta'(0, w),$$

welche schon im art. II für die Invarianten-Eigenschaft der Function A benutzt worden sind.

VIII.

Um nun die Anwendungen auseinandersetzen zu können, welche von der Formel ($\mathfrak{K}$) zu machen sind, muss ich hier einige Entwickelungen aus der arithmetischen Theorie der quadratischen Formen voranschicken, wie ich sie seit mehr als zwanzig Jahren in meinen Universitäts-Vorlesungen gegeben habe. Ich sah mich dabei zu gewissen Modificationen der *Gauss*'schen Terminologie veranlasst, nicht nur weil die Resultate dadurch ganz wesentlich an Einfachheit gewinnen, sondern auch deshalb, weil diese Modificationen sich durch die Theorie der höheren Formen als naturgemäss erweisen.[1])

Sind a, b, c ganze Zahlen ohne irgend einen allen dreien gemeinsamen Theiler, so soll:

$$ax^2 + bxy + cy^2,$$

oder mit Weglassung der „Unbestimmten" (Indeterminatae) x, y:

$$(a, b, c)$$

eine „primitive (binäre) quadratische Form der *Discriminante* $b^2 - 4ac$" heissen. Zwei Formen, die durch ganzzahlige lineare Transformation mit der Determinante Eins in einander übergeführt werden können, sind einander „(eigentlich) aequivalent" und gehören zu derselben „Classe". Die Discriminante kann nur $\equiv 0$ oder $\equiv 1$ (mod. 4) sein, und diese Zahlformen sollen deshalb als „Discriminantenformen der Zahlen" bezeichnet werden. Ist:

$$b^2 - 4ac = D, \quad b_0^2 - 4a_0c_0 = D_0, \quad D = D_0Q^2,$$

und D nicht ein positives Quadrat, so soll D_0 die der Discriminante D entsprechende „Fundamental-Discriminante" genannt werden, wenn D_0 keinen quadratischen Factor oder wenigstens keinen solchen enthält, nach dessen Abtrennung noch eine Zahl

[1]) Vgl. Zusatz 92 am Ende des Bandes.

von einer „Discriminantenform" übrig bleibt. So sind also z. B. -4 und 12 Fundamental-Discriminanten. Die möglichen Zahlformen der Fundamental-Discriminanten sind nun folgende:

$$D_0 = P, \text{ wenn } P \equiv 1 \pmod{4} \text{ ist,}$$

$$D_0 = 4P, \text{ wenn } P \equiv -1 \pmod{4} \text{ ist,}$$

$$D_0 = 8P, \text{ wenn } P \equiv \pm 1 \pmod{4} \text{ ist,}$$

wo P irgend ein Product von lauter *verschiedenen* Primfactoren ist.

Bedeutet $\psi(D, 4A)$ die Anzahl der (mod. $4A$) verschiedenen Lösungen der Congruenz:

$$B^2 \equiv D \pmod{4A},$$

so ist:

$$(\mathfrak{L}) \qquad \frac{1}{2}\tau \sum_A \frac{\psi(D,4A)}{A^{1+\varrho}} = \sum_{a,b,c} \sum_{\alpha,\gamma} \frac{1}{(a\alpha^2 + b\alpha\gamma + c\gamma^2)^{1+\varrho}} \qquad (\varrho > 0),$$

Hierbei ist links die Summation auf *alle* verschiedenen positiven Zahlen A zu erstrecken*), rechts aber erstens auf je zwei Zahlen α, γ (ohne gemeinsamen Theiler), für welche — falls $D > 0$ ist — die Ungleichheit:

$$\left(2a\frac{\alpha}{\gamma} + b\right)^2 > \frac{T^2}{U^2}$$

besteht, und zweitens auf irgend welche Systeme:

$$(a', b', c'), \quad (a'', b'', c''), \ldots$$

mit positiven ersten Coefficienten $a', a'', \ldots$, durch welche die sämmtlichen verschiedenen Classen quadratischer Formen der Discriminante D, und zwar jede nur *ein*mal repräsentiert werden.[1]) Ferner bedeuten T, U die Zahlen, für welche:

$$T^2 - DU^2 = 1 \text{ oder } = 4$$

eine Fundamentallösung der *Pell*'schen Gleichung darstellt, und es ist:

$$\tau = 1 \text{ für } D > 0$$

$$\tau = 6 \text{ für } D = -3, \quad \tau = 4 \text{ für } D = -4, \quad \tau = 2 \text{ für } D < -4.$$

---

*) Dabei kommen doch nur solche Zahlen vor, welche den ersten Koeffizienten einer quadratischen Form der Diskriminante D bilden können, weil für die anderen Zahlen ψ $\psi(D, 4A) = 0$ wird.

[1]) Vgl. Zusatz 93 am Ende des Bandes.

Eine Discussion der Eigenschaften der mit φ bezeichneten zahlentheoretischen Function, auf welche ich an einer anderen Stelle näher eingehen werde, führt nun, wie bei *Dirichlet*, von der Gleichung ($\mathfrak{L}$) zu der Gleichung[1]):

$$(\mathfrak{M}^0)\qquad \tau\sum\left(\frac{D}{h}\right)\frac{1}{(hk)^{1+\varrho}}=\sum_{a,b,c}\sum_{m,n}\frac{1}{(am^2+bmn+cn^2)^{1+\varrho}},$$

aus welcher, wegen der Beliebigkeit von ϱ, die Gültigkeit der allgemeineren Gleichung:

$$(\mathfrak{M}')\qquad \tau\sum\left(\frac{D}{h}\right)F(hk)=\sum_{a,b,c}\sum_{m,n}F(am^2+bmn+cn^2)$$

unmittelbar zu erschliessen ist.*) Die Summation links ist auf alle positiven Zahlen h, k zu erstrecken, die zu Q relativ prim sind, rechts auf alle Zahlen m, n, für welche $am^2+bmn+cn^2$ prim zu Q ist. Die Zahl Q hat hier, wie oben, die durch die Gleichung:

$$D=D_0Q^2$$

definirte Bedeutung. Ferner ist:

$$\left(\frac{D}{h}\right)=0,$$

sobald D und h einen gemeinsamen Theiler haben. Wenn aber h zu D relativ prim und gleich: $2^{\nu}h'$ ist, so ist:

$$\left(\frac{D}{h}\right)=\left(\frac{2^{\nu}}{D}\right)\left(\frac{D}{h'}\right)$$

zu setzen, wo h' eine ungerade Zahl und $\left(\frac{2^{\nu}}{D}\right)$ sowie $\left(\frac{D}{h'}\right)$ das *Jacobi-Legendre*'sche Zeichen ist.

Die Gleichung ($\mathfrak{M}'$) kann in folgender eleganteren Weise dargestellt werden:

$$(\mathfrak{M})\qquad \tau\sum_{h,k}\left(\frac{Q^2}{h}\right)\left(\frac{D}{k}\right)F(hk)=\sum_{a,b,c}\sum_{m,n}\left(\frac{Q^2}{m}\right)F(am^2+bmn+cn^2),$$

wo nunmehr die Summe links auf *alle* positiven Zahlen h, k und rechts auf *alle* Zahlen m, n mit Ausschluss des Systems $m=n=0$ zu erstrecken ist. Die Systeme (a, b, c) sind hierbei so zu wählen, dass:

> a relativ prim zu Q, jede der Zahlen b und c aber durch alle Primfactoren von Q theilbar wird.

*) Vergl. meine Mittheilung vom 12. Mai 1864 im betreffenden Monatsbericht[2]).

[1]) Vgl. Zusatz 94 am Ende des Bandes. H

[2]) Bd. IV, S. 227 und Formel (IV), S. 232 dieser Ausgabe von *L. Kronecker*'s Werken. H

Dies ist immer möglich und für viele Anwendungen vortheilhaft, und es sollen von jetzt ab die Systeme (a, b, c) stets als so beschaffen vorausgesetzt werden.[1])

Setzt man zur Abkürzung:

$$\sum_h \left(\frac{D}{h}\right)\frac{1}{h} = H(D)$$

und bezeichnet die Anzahl der Systeme (a, b, c), d. h. also die Anzahl der verschiedenen Classen quadratischer Formen der Discriminante D, mit:

$$K(D),$$

so folgt aus der Gleichung $(\mathfrak{M}^0)$, dass[2]):

$$(\mathfrak{N})\qquad \begin{aligned} \tau H(D) &= \frac{2\pi}{\sqrt{-D}}K(D) && \text{für } D < 0, \\ H(D) &= \frac{K(D)}{2|\sqrt{D}|}\log\frac{T + U\sqrt{D}}{T - U\sqrt{D}} && \text{für } D > 0 \end{aligned}$$

ist. Diese beiden Resultate lassen sich in das eine:

$$(\mathfrak{N}')\qquad H(D) = K(D)\int_{\frac{T}{U}}^{\infty}\frac{ds}{s^2 - D}$$

zusammenfassen, wenn man die Zahlen T, U als diejenigen Lösungen der Gleichung $T^2 - DU^2 = 1$ oder 4 definirt, für welche das Integral möglichst klein, also die untere Grenze möglichst gross wird.

An Stelle der Gleichung $(\mathfrak{N}')$ kann auch die folgende treten:

$$(\mathfrak{N}^0)\qquad H(D) = \frac{K(D)}{(\sqrt{D})}\log E(D),$$

wo die eingeklammerte Quadratwurzel die im art. II auseinandergesetzte Bedeutung hat, und wo mit $E(D)$ für alle Fälle die Fundamental-Einheit:

$$\frac{T + U\sqrt{D}}{r} \qquad (r = 1, 2)$$

d. h. diejenige Einheit bezeichnet ist, durch deren *ganze* Potenzen sich sämmtliche Einheiten ausdrücken lassen. Es ist danach:

$$E(-3) = e^{\frac{1}{3}\pi i},\quad E(-4) = e^{\frac{1}{2}\pi i},\quad E(D) = e^{\pi i} \qquad (D < -4).$$

---

[1]) Vgl. Zusatz 95 am Ende des Bandes. H

[2]) Vgl. Zusatz 96 am Ende des Bandes. H

Setzt man wieder $D = D_0 Q^2$, wo D_0 die Fundamental-Discriminante bedeutet, so ist:

$$H(D) = H(D_0) \prod_q \left(1 - \left(\frac{D_0}{q}\right) \frac{1}{q}\right) \qquad (q \text{ alle Primfactoren von } Q),$$

und also[1]):

$$(\mathfrak{O}) \qquad \frac{K(D)}{K(D_0)} = Q \prod_q \left(1 - \left(\frac{D_0}{q}\right) \frac{1}{q}\right) \frac{\log E(D_0)}{\log E(D)}.$$

Hiermit wird die Klassenanzahl jeder Discriminante auf die der Fundamental-Discriminanten zurückgeführt, und für diese selbst ergeben sich mit Hülfe der Gleichung ($\mathfrak{R}^0$) die einfachen Ausdrücke:

$$(\mathfrak{P}) \qquad K(D_0) = \frac{\tau}{2 D_0} \sum_{k=1}^{k=-D_0-1} \left(\frac{D_0}{k}\right) k \qquad (D_0 < 0),$$

$$(\mathfrak{P}_1) \qquad K(D_0) \log E(D_0) = - \sum_{k=1}^{k=D_0-1} \left(\frac{D_0}{k}\right) \log \left(1 - e^{\frac{2k\pi i}{D_0}}\right) \qquad (D_0 > 0).$$

Dass hier nur die beiden Fälle positiver und negativer Discriminanten zu unterscheiden sind, während *Dirichlet* am Schlusse seiner grundlegenden Abhandlung im XXI. Bande des *Crelle*'schen Journals (S. 151)[2]) acht verschiedene Fälle aufführen musste, ist eben durch die obige Modification der *Gauss*'schen Theorie ermöglicht worden.

Geht man von den Logarithmen zu den Zahlen über, so kommt an Stelle der Gleichung ($\mathfrak{P}_1$):

$$(\mathfrak{P}_2) \qquad E(D_0)^{K(D_0)} = \left(\frac{T + U\sqrt{D_0}}{r}\right)^{K(D_0)} = \prod_{k=1}^{k=D_0-1} \left(1 - e^{\frac{2k\pi i}{D_0}}\right)^{-\left(\frac{D_0}{k}\right)} \qquad (r = 1, 2),$$

wo der Ausdruck auf der rechten Seite die sogenannte Kreistheilungs-Einheit der Discriminante D_0 ist, d. h. also ein Ausdruck:

$$\frac{\overline{T} + \overline{U}\sqrt{D_0}}{r},$$

dessen Elemente $\overline{T}, \overline{U}$ einerseits sich aus den D_0ten Wurzeln der Einheit und andererseits auch aus den Elementen der Fundamental-Lösung T, U zusammensetzen lassen, indem man $\frac{T + U\sqrt{D_0}}{r}$ zur Potenz $K(D_0)$ erhebt.

---

[1]) Vgl. Zusatz 97 am Ende des Bandes.

[2]) *Lejeune-Dirichlet*, Werke, Bd. I, S. 492.

IX.

Es soll nun zuvörderst gezeigt werden, wie man mit Hülfe der Formel ($\mathfrak{K}$) zu einer Darstellung der im art. VI mit $L(a_0, c_0)$ bezeichneten Function gelangt, falls a_0^2, a_0c_0 und c_0^2 *rationale* Werthe haben.

Unter der angegebenen Voraussetzung können nämlich ganze Zahlen a, b, c gefunden werden, für welche:

$$a = a_0\sqrt{\varDelta}, \quad b = b_0\sqrt{\varDelta}, \quad c = c_0\sqrt{\varDelta}, \quad 4ac - b^2 = \varDelta$$

ist. Setzt man dann:

$$w_1 = \frac{-b+i\sqrt{\varDelta}}{2c}, \quad w_2 = \frac{b+i\sqrt{\varDelta}}{2c},$$

so bestimmen sich daraus unmittelbar die Grössen a_0, c_0 mittels der Gleichungen:

$$a_0 = \frac{-iw_1w_2}{w_1+w_2}, \quad c_0 = \frac{i}{w_1+w_2},$$

und es sind auch a, b, c als die drei ganzzahligen Coefficienten der quadratischen Gleichung:

$$a + bw + cw^2 = 0,$$

welcher w_1 und $-w_2$ genügen, bis auf einen allen dreien gemeinsamen Theiler bestimmt.

Der Ausdruck:

$$\log c\left(\vartheta'(0, w_1)\vartheta'(0, w_2)\right)^{-\frac{2}{3}}$$

kann bei Festhaltung des Werthes von $\varDelta$ als eine Function von w_1 und w_2 *allein* betrachtet und zur Abkürzung mit:

$$\mathfrak{L}(w_1, w_2)$$

bezeichnet werden. Die Gleichung ($\mathfrak{K}$) erhält hiernach die Form:

$$(\mathfrak{K}') \quad \lim_{\varrho=0}\left\{\sum_{m,n}{}'(am^2+bmn+cn^2)^{-1-\varrho} - \sum_{m,n}{}'(a'm^2+b'mn+c'n^2)^{-1-\varrho}\right\} = \frac{2\pi}{\sqrt{\varDelta}}\left(\mathfrak{L}(w_1, w_2) - \mathfrak{L}(w_1', w_2')\right),$$

wo (a, b, c), (a', b', c') irgend welche Formen derselben Discriminante $-\varDelta$ bedeuten, die auch verschiedenen Ordnungen angehören können.

Setzt man hierin für (a', b', c') jedes der übrigen Systeme:

$$(a'', b'', c''), \quad (a''', b''', c'''), \ldots (a^{(\varkappa)}, b^{(\varkappa)}, c^{(\varkappa)}),$$

welche mit (a', b', c') die sämmtlichen einer und derselben Ordnung angehörigen

Classen der Discriminante $-\varDelta$ repräsentiren, so resultirt bei Summation der auf diese Weise entstehenden Gleichungen die Formel:

$$(\mathfrak{Q})\quad \lim_{\varrho=0}\Big\{K\sum_{m,n}(am^2+bmn+cn^2)^{-1-\varrho}-\sum_{i=1}^{i=K}\sum_{m,n}(a^{(i)}m^2+b^{(i)}mn+c^{(i)}n^2)^{-1-\varrho}\Big\}=$$
$$\frac{2\pi}{\sqrt{\varDelta}}\sum_{i=1}^{i=K}\Big\{\mathfrak{L}(w_1,w_2)-\mathfrak{L}\big(w_1^{(i)},w_2^{(i)}\big)\Big\}.$$

Da die Function $L(a_0, c_0)$ gemäss den Entwickelungen im art. VI als der Grenzwerth von:
$$\frac{\sqrt{\varDelta}}{2\pi}\Big\{-\Big(\frac{2\pi}{\sqrt{\varDelta}}\Big)^{1+\varrho}\frac{1}{\varrho}+\sum_{m,n}(am^2+bmn+cn^2)^{-1-\varrho}\Big\}$$
definirt ist, so kann die Gleichung $(\mathfrak{K}')$ auf folgende Form gebracht werden:

$$(\mathfrak{N})\qquad \mathfrak{L}\Big(\frac{-b_0+i}{2c_0},\frac{b_0+i}{2a_0}\Big)-L(a_0,c_0)=\mathfrak{L}\Big(\frac{-b_0'+i}{2c_0'},\frac{b_0'+i}{2a_0'}\Big)-L(a_0',c_0'),$$

in welcher $a_0, b_0, c_0, a_0', b_0', c_0'$ durch die Gleichungen:
$$a=a_0\sqrt{\varDelta},\quad b=b_0\sqrt{\varDelta},\quad c=c_0\sqrt{\varDelta};\quad a'=a_0'\sqrt{\varDelta},\quad b'=b_0'\sqrt{\varDelta},\quad c'=c_0'\sqrt{\varDelta}$$
bestimmt sind.

Geht man andrerseits von irgend welchen Grössen a_0, c_0, a_0', c_0' aus, so gilt die Relation $(\mathfrak{N})$, wenn beide Verhältnisse:
$$a_0 : b_0 : c_0,\qquad a_0' : b_0' : c_0'$$
rational sind, und wenn sie beide mit Hülfe eines und desselben Proportionalitäts-Factors durch die Verhältnisse ganzer Zahlen ausgedrückt werden können. Alsdann bestehen nämlich Gleichungen:
$$a=Pa_0,\quad b=Pb_0,\quad c=Pc_0;\quad a'=Pa_0',\quad b'=Pb_0',\quad c'=Pc_0',$$
in denen a, b, c, a', b', c' ganze Zahlen sind, und es folgt also aus den Relationen:
$$4ac-b^2=4a'c'-b'^2=P^2,$$
dass auch P^2 eine ganze Zahl sein muss.

Aus der Gleichung $(\mathfrak{N})$ folgt, dass die Differenz:
$$\mathfrak{L}\Big(\frac{-b_0+i}{2c_0},\frac{b_0+i}{2a_0}\Big)-L(a_0,c_0)$$

oder:

$$\mathfrak{L}\left(\frac{-b+i\sqrt{\Delta}}{2c}, \frac{b+i\sqrt{\Delta}}{2c}\right) - L\left(\frac{a}{\sqrt{\Delta}}, \frac{c}{\sqrt{\Delta}}\right)$$

für alle quadratischen Formen (a, b, c) der Discriminante $-\Delta$ einen festen Werth hat. Dieser Werth gehört daher auch denjenigen Formen (a, b, c) an, die von den primitiven Formen der Fundamental-Discriminante abgeleitet sind. Wird, wie oben:

$$\Delta = \Delta_0 Q^2$$

gesetzt, wo unter $-\Delta_0$ die der Discriminante $-\Delta$ entsprechende Fundamental-Discriminante zu verstehen ist, so kann also der Werth jener Differenz mit:

$$M(\Delta_0)$$

bezeichnet und mit Hülfe der Gleichung ($\mathfrak{O}$), indem darin $\Delta = \Delta_0$ genommen wird, bestimmt werden. Alsdann ist nämlich gemäss der Gleichung ($\mathfrak{M}^0$), in welcher nun $Q = 1$ und $D = -\Delta_0$ gesetzt werden muss:

$$(\mathfrak{S}) \qquad \tau \sum_{h,k} \left(\frac{-\Delta_0}{k}\right)(hk)^{-1-\varrho} = \sum_{i=1}^{i=K(-\Delta_0)} \sum_{m,n} (a^{(i)}m^2 + b^{(i)}mn + c^{(i)}n^2)^{-1-\varrho}.$$

Wird nun, wie oben, im art. VIII:

$$\sum_{k=1}^{k=\infty} \left(\frac{-\Delta_0}{k}\right)\frac{1}{k} = H(-\Delta_0),$$

und ferner:

$$\sum_{k=1}^{k=\infty} \left(\frac{-\Delta_0}{k}\right)\frac{\log k}{k} = \overline{H}(-\Delta_0),$$

gesetzt, so wird der Ausdruck auf der linken Seite der Gleichung ($\mathfrak{S}$) gleich:

$$\tau(H(-\Delta_0) - \varrho \overline{H}(-\Delta_0))\left(\frac{1}{\varrho} + C\right) + Z(\varrho),$$

wo $Z(\varrho)$ eine Function von ϱ ist, welche für $\varrho = 0$ verschwindet, und wo C die *Euler*'sche Constante, d. h. also den Grenzwerth:

$$\lim_{n=\infty}\left(1 + \frac{1}{2} + \frac{1}{3} + \cdots + \frac{1}{n} - \log n\right)$$

bedeutet. Es ist daher:

$$\sum_{i=1}^{i=K(-\Delta_0)} \sum_{m,n} (a^{(i)}m^2 + b^{(i)}mn + c^{(i)}n^2)^{-1-\varrho} = \frac{\tau}{\varrho} H(-\Delta_0) + \tau C H(-\Delta_0) - \tau \overline{H}(-\Delta_0) + Z^0(\varrho);$$

es ist ferner gemäss der Definition von $L(a_0, c_0)$:

$$\sum_{m,n}(am^2+bmn+cn^2)^{-1-\varrho} = \frac{2\pi}{\sqrt{\Delta_0}}\left(\frac{1}{\varrho}+\log\frac{2\pi}{\sqrt{\Delta_0}}\right)+\frac{2\pi}{\sqrt{\Delta_0}}L\left(\frac{a}{\sqrt{\Delta_0}},\frac{c}{\sqrt{\Delta_0}}\right)+Z'(\varrho);$$

wo $Z^0(\varrho)$, $Z'(\varrho)$ Functionen von ϱ bedeuten, die zugleich mit ϱ verschwinden; und man kann nun mit Hülfe dieser beiden Gleichungen, sowie unter Hinzuziehung der oben mit $(\mathfrak{R})$ bezeichneten Relation:

$$K(-\Delta_0) = \frac{\tau\sqrt{\Delta_0}}{2\pi}H(-\Delta_0),$$

die Gleichung $(\mathfrak{Q})$ in die folgende transformiren:

$$(\mathfrak{T}) \qquad M(\Delta_0) = \mathfrak{M}(\Delta_0) - C + \log\frac{2\pi}{\sqrt{\Delta_0}} + \frac{\bar{H}(-\Delta_0)}{H(-\Delta_0)}.$$

Hier bedeutet $\mathfrak{M}(\Delta_0)$ den mittleren Werth von $\mathfrak{L}\left(\frac{-b+i\sqrt{\Delta_0}}{2c}, \frac{b+i\sqrt{\Delta_0}}{2c}\right)$, d. h. die Summe aller Werthe:

$$\sum_{i=1}^{i=K(-\Delta_0)}\mathfrak{L}\left(\frac{-b^{(i)}+i\sqrt{\Delta_0}}{2c^{(i)}}, \frac{b^{(i)}+i\sqrt{\Delta_0}}{2c^{(i)}}\right),$$

dividirt durch ihre Anzahl, die Gleichung $(\mathfrak{T})$ stellt also den zu bestimmenden Werth von $M(\Delta_0)$ durch diesen mittleren Werth der Function $\mathfrak{L}$ und durch jene mit H, $\bar{H}$ bezeichneten Reihen dar, und der gesuchte Werth von $L(a_0, c_0)$ wird alsdann durch die Gleichung:

$$L(a_0, c_0) = \mathfrak{L}\left(\frac{-b_0+i}{2c_0}, \frac{b_0+i}{2c_0}\right) - M(\Delta_0)$$

ausgedrückt.

X.

Nimmt man in der Gleichung $(\mathfrak{M})$ des art. VIII für die willkürliche Function: $F(am^2+bmn+cn^2)$ die folgende:

$$\left(\frac{D_1}{am^2+bmn+cn^2}\right)(am^2+bmn+cn^2)^{-1-\varrho},$$

und für D_1 irgend einen Divisor der Discriminante D, welcher selbst eine Discriminantenform hat, so kann der Factor:

$$\left(\frac{D_1}{am^2+bmn+cn^2}\right)$$

durch $\left(\frac{D_1}{am^2}\right)$ oder also auch durch:

$$\left(\frac{D_1}{a}\right)\left(\frac{D_1^2}{m}\right)$$

ersetzt werden. Dies ist leicht zu sehen, wenn man für die Form (a, b, c) eine solche wählt, deren mittlerer Coefficient b die Discriminante D als Divisor enthält[1]), und wenn man berücksichtigt, dass für jede Zahl D_1 die von der Discriminantenform, d. h. also die $\equiv 0$ oder 1 (mod. 4) ist, und für jede positive Zahl s die aus dem Reciprocitäts-Gesetz zu erschliessende Relation:

$$\left(\frac{D_1}{s}\right) = \left(\frac{D_1}{s+D_1}\right)$$

besteht, vorausgesetzt nur, dass auch $s + D_1$ positiv ist.

Die Gleichung $(\mathfrak{M})$ geht hiernach bei jener Bestimmung der Function F in folgende über:

$$\tau\sum_{h,k}\left(\frac{Q^2}{h}\right)\left(\frac{D}{k}\right)\left(\frac{D_1}{hk}\right)\frac{1}{(hk)^{1+\varrho}} = \sum_{a,b,c}\left(\frac{D_1}{a}\right)\sum_{m,n}\left(\frac{D_1^2Q^2}{m}\right)\frac{1}{(am^2+bmn+cn^2)^{1+\varrho}},$$

in welcher Q^2, wie oben, als Quotient der Discriminante D und der entsprechenden Fundamental-Discriminante D_0 bestimmt ist, und welche sich, wenn $D_2 = \frac{D}{D_1}$ gesetzt wird, auch *so* darstellen lässt:

$$(\mathfrak{U})\qquad \tau\sum_{k}\left(\frac{D_1Q^2}{k}\right)\frac{1}{k^{1+\varrho}}\sum_{k}\left(\frac{D_1^2D_2}{k}\right)\frac{1}{k^{1+\varrho}} = \sum_{a,b,c}\left(\frac{D_1}{a}\right)\sum_{m,n}\left(\frac{D_1^2Q^2}{m}\right)\frac{1}{(am^2+bmn+cn^2)^{1+\varrho}}.$$

Aus dieser Gleichung folgt unmittelbar, wie bei *Dirichlet*, dass die Anzahl der Classen (a, b, c) mit dem Charakter $\left(\frac{D_1}{a}\right) = +1$ genau so gross ist, wie die Anzahl der Classen mit dem Charakter $\left(\frac{D_1}{a}\right) = -1$, sobald nur D_1 kein positives Quadrat ist. Denn unter dieser Voraussetzung ist auch D_2 kein positives Quadrat, und die beiden Reihen auf der linken Seite nähern sich also für $\varrho = 0$ endlichen Werthen.

Die Gleichung $(\mathfrak{U})$ kann noch in wesentlicher Beziehung vereinfacht werden. Bezeichnet man nämlich mit $p_1', p_1'', p_1''', \ldots$ diejenigen verschiedenen Primfactoren von D_1, welche nicht zugleich in Q enthalten und welche also ausschliesslich Primfactoren der Fundamental-Discriminante D_0 sind, so ist:

$$\left(\frac{D_1^2}{m}\right) = 0 \quad \text{oder} \quad 1,$$

---

[1]) Vgl. Zusatz 98 am Ende dieses Bandes.

je nachdem die Zahl m eine von den Primzahlen $p_1', p_1'', p_1''', \ldots$ als Factor enthält oder zu $p_1', p_1'', p_1''', \ldots$ relativ prim ist. Wenn man nun Zahlen $\varpi_0, \varpi_1, \varpi_2, \ldots$ durch die Gleichung:

$$\left(1 - p_1'^{s}\right)\left(1 - p_1''^{s}\right)\left(1 - p_1'''^{s}\right) \cdots = \varpi_0 - \varpi_1^{s} + \varpi_2^{s} - \cdots$$

definirt[1]), so kann jener Ausdruck auf der rechten Seite der Gleichung $(\mathfrak{U})$ in folgender Weise dargestellt werden:

$$\sum_{\nu}\sum_{a,b,c}\sum_{m,n}(-1)^{\nu}\left(\frac{D_1}{a}\right)\left(\frac{Q^2}{m}\right)\left(\frac{Q^2}{\varpi_\nu}\right)\left(am^2\varpi_\nu^2 + bmn\varpi_\nu + cn^2\right)^{-1-\varrho}, \qquad (\nu = 0, 1, 2, \ldots)$$

und es kann hier auch, da ϖ_ν zu Q prim ist, der Factor $\left(\frac{Q^2}{\varpi_\nu}\right)$ wegbleiben. Der obigen Festsetzung nach ist a prim zu D und $c \equiv 0 \pmod{D}$[2]), also $\frac{c}{\varpi_\nu}$ eine ganze Zahl; es besteht ferner vermöge der Gleichungen:

$$D = D_1 D_2, \quad D = b^2 - 4ac \quad \text{also} \quad \left(\frac{D}{a}\right) = 1$$

die Relation:

$$\left(\frac{D_1}{a}\right) = \left(\frac{D_2}{a}\right) = \left(\frac{D_2}{a\varpi_\nu}\right)\left(\frac{D_2}{\varpi_\nu}\right),$$

da keiner der in D_1 enthaltenen Primfaktoren $p_1', p_1'', p_1''', \ldots$ zugleich in D_2 enthalten sein kann. Der Ausdruck auf der rechten Seite der Gleichung $(\mathfrak{U})$ wird hiernach gleich:

$$\sum_{\nu}(-1)^{\nu}\left(\frac{D_2}{\varpi_\nu}\right)\varpi_\nu^{-1-\varrho}\sum_{a,b,c}\sum_{m,n}\left(\frac{D_2}{a\varpi_\nu}\right)\left(\frac{Q^2}{m}\right)\left(a\varpi_\nu m^2 + bmn + \frac{c}{\varpi_\nu}n^2\right)^{-1-\varrho}.$$

Nimmt man nun hier für die Form $\left(a\varpi_\nu, b, \frac{c}{\varpi_\nu}\right)$ irgend eine aequivalente Form (a', b', c'), in welcher a' wieder prim zu D ist, so wird:

$$\left(\frac{D_2}{a\varpi_\nu}\right) = \left(\frac{D_2}{a'}\right) = \left(\frac{D_1}{a'}\right),$$

und die auf a, b, c, m, n bezügliche Summe wird also von ϖ_ν unabhängig. Der ganze Ausdruck geht alsdann in folgenden über:

$$\prod_{p_1}\left(1 - \left(\frac{D_2}{p_1}\right)p_1^{-1-\varrho}\right)\sum_{a,b,c}\sum_{m,n}\left(\frac{D_1}{a}\right)\left(\frac{Q^2}{m}\right)\left(am^2 + bmn + cn^2\right)^{-1-\varrho},$$

wo sich die Multiplication auf alle jene Primzahlen $p_1', p_1'', p_1''', \ldots$ erstreckt.

In der zweiten Summe auf der *linken* Seite der Gleichung $(\mathfrak{U})$ kann der Factor $\left(\frac{D_1^2 D_2}{k}\right)$ auch durch $\left(\frac{D_1^2}{k}\right)\left(\frac{D_2 Q^2}{k}\right)$ ersetzt werden, da $\left(\frac{Q^2}{k}\right) = 1$ ist, wenn k und Q keinen

[1]) Vgl. Zusatz 99 am Ende des Bandes. H

[2]) Vgl. Zusatz 100 am Ende des Bandes. H

gemeinschaftlichen Theiler haben, während andernfalls schon:

$$\left(\frac{D_1^2 D_2}{k}\right) = \left(\frac{D_1}{k}\right)\left(\frac{D}{k}\right) = \left(\frac{D_0 Q^2}{k}\right) = 0$$

ist. Es folgt nun, wie oben, dass jene zweite Reihe auf der linken Seite der Gleichung $(\mathfrak{U})$ nämlich:

$$\sum_k \left(\frac{D_1^2}{k}\right)\left(\frac{D_2 Q^2}{k}\right)\frac{1}{k^{1+\varrho}} \quad \text{in die Reihe} \quad \sum_\nu \sum_k (-1)^\nu \left(\frac{D_2 Q^2}{k\varpi_\nu}\right)\frac{1}{(k\varpi_\nu)^{1+\varrho}}$$

umgeformt werden kann, welche sich unmittelbar als Product von zwei Reihen:

$$\sum_\nu (-1)^\nu \left(\frac{D_2 Q^2}{\varpi_\nu}\right)\frac{1}{\varpi_\nu^{1+\varrho}} \sum_k \left(\frac{D_2 Q^2}{k}\right)\frac{1}{k^{1+\varrho}}$$

darstellen lässt. Da nun:

$$\left(\frac{Q^2}{\varpi_\nu}\right) = 1 \quad \text{und} \quad \sum_\nu (-1)^\nu \left(\frac{D_2}{\varpi_\nu}\right)\frac{1}{\varpi_\nu^{1+\varrho}} = \prod_{p_1}\left(1 - \left(\frac{D_2}{p_1}\right)p_1^{-1-\varrho}\right)$$

ist, so wird der ganze Ausdruck auf der linken Seite der Gleichung $(\mathfrak{U})$ gleich:

$$\tau \prod_{p_1}\left(1 - \left(\frac{D_2}{p_1}\right)\frac{1}{p_1^{1+\varrho}}\right) \sum_k \left(\frac{D_1 Q^2}{k}\right)\frac{1}{k^{1+\varrho}} \sum_k \left(\frac{D_2 Q^2}{k}\right)\frac{1}{k^{1+\varrho}},$$

und die Gleichung $(\mathfrak{U})$ selbst geht in folgende über.[1])

$$(\overline{\mathfrak{U}}) \quad \tau \sum_k \left(\frac{D_1 Q^2}{k}\right)\frac{1}{k^{1+\varrho}} \sum_k \left(\frac{D_2 Q^2}{k}\right)\frac{1}{k^{1+\varrho}} = \frac{1}{2}\sum_{a,b,c}\left\{\left(\frac{D_1}{a}\right) + \left(\frac{D_2}{a}\right)\right\}\sum_{m,n}\left(\frac{Q^2}{m}\right)(am^2 + bmn + cn^2)^{-1-\varrho},$$

in welcher D_1, D_2 irgend zwei complementäre Divisoren der Discriminante D bedeuten, die selbst Discriminantenform haben, und in welcher auf der rechten Seite nur, um auch äußerlich die Symmetrie in Beziehung auf die beiden Divisoren zu wahren:

$$\frac{1}{2}\left\{\left(\frac{D_1}{a}\right) + \left(\frac{D_2}{a}\right)\right\}$$

an Stelle von $\left(\frac{D_1}{a}\right)$ gesetzt ist. Hieraus ergiebt sich unmittelbar die allgemeinere bemerkenswerthe Gleichung:

$$(\mathfrak{M}^*) \quad \tau \sum_{h,k}\left(\frac{D_1 Q^2}{h}\right)\left(\frac{D_2 Q^2}{k}\right)F(hk) = \frac{1}{2}\sum_{a,b,c}\left\{\left(\frac{D_1}{a}\right) + \left(\frac{D_2}{a}\right)\right\}\sum_{m,n}\left(\frac{Q^2}{m}\right)F(am^2 + bmn + cn^2),$$

---

[1]) Vgl. Zusatz 101 am Ende des Bandes.

welche für $D_1 = 1$ mit der Gleichung ($\mathfrak{M}$) im art. VIII identisch ist, und welche auch in folgender Form dargestellt werden kann:

$$(\mathfrak{M}) \qquad \tau\sum_{r_1,r_2}\left(\frac{D_1}{r_1}\right)\left(\frac{D_2}{r_2}\right)F(r_1r_2) = \frac{1}{2}\sum_{a,b,c}\left\{\left(\frac{D_1}{a}\right)+\left(\frac{D_2}{a}\right)\right\}\sum_{m,n}F(am^2+bmn+cn^2),$$

wenn man die Summation links nur auf alle diejenigen positiven Zahlen r_1, r_2 erstreckt, die zu Q oder also zum Quotienten $\frac{D_1D_2}{D_0}$ relativ prim sind, rechts aber auf alle diejenigen positiven und negativen Zahlen m, n, für welche die Zahl $am^2+bmn+cn^2$ zu $\frac{D_1D_2}{D_0}$ relativ prim wird.

Aus der Gleichung ($\mathfrak{U}$) resultirt, wenn man zum Grenzwerth $\varrho = 0$ übergeht und von den im art. VIII eingeführten Bezeichnungen Gebrauch macht, die Formel:

$$(\mathfrak{U}^0) \qquad \tau H(D_1Q^2)\,H(D_2Q^2) = \lim_{\varrho=0}\sum_{a,b,c}\left(\frac{D_1}{a}\right)\sum_{m,n}\left(\frac{Q^2}{m}\right)(am^2+bmn+cn^2)^{-1-\varrho},$$

und der Ausdruck auf der linken Seite kann hier gemäss der Gleichung ($\mathfrak{N}^0$) im art. VIII mittels der Classenanzahlen und Fundamentaleinheiten für die Discriminanten D_1Q^2 und D_2Q^2 dargestellt werden.

In dem Falle, wo D negativ und $Q = 1$ ist, lässt sich nun aber der Ausdruck auf der rechten Seite von ($\mathfrak{U}^0$) mit Hülfe der Gleichung ($\mathfrak{K}$) durch ϑ-Functionen darstellen. Man erhält alsdann die Gleichung:

$$(\mathfrak{B}) \qquad \frac{\tau\sqrt{\varDelta}}{2\pi}H(D_1)H(D_2) = \sum_{a,b,c}\left(\frac{D_1}{a}\right)\log c\left(\vartheta'\left(0,\frac{-b+i\sqrt{\varDelta}}{2c}\right)\vartheta'\left(0,\frac{b+i\sqrt{\varDelta}}{2c}\right)\right)^{-\frac{2}{3}},$$

in welcher:

$$D_1D_2 = D = -\varDelta$$

und also einer der beiden Divisoren D_1 oder D_2 negativ ist.

Nimmt man nun D_1 als den negativen, also D_2 als den positiven Divisor an, so ist gemäss den Gleichungen ($\mathfrak{N}$) im art. VIII:

$$\frac{\tau\sqrt{\varDelta}}{\pi}H(D_1)H(D_2) = K(D_1)K(D_2)\log\frac{T+U\sqrt{D_2}}{T-U\sqrt{D_2}},$$

und daher:

$$(\mathfrak{B}^0) \qquad K(D_1)K(D_2)\log\frac{T+U\sqrt{D_2}}{r} = \sum_{a,b,c}\left(\frac{D_1}{a}\right)\log c\left(\vartheta'\left(0,\frac{-b+i\sqrt{\varDelta}}{2c}\right)\vartheta'\left(0,\frac{b+i\sqrt{\varDelta}}{2c}\right)\right)^{-\frac{2}{3}}.$$

Wegen der Voraussetzung $Q = 1$ sind beide Divisoren D_1 und D_2 Fundamental-Discriminanten; man kann daher von den Formeln ($\mathfrak{P}$) und ($\mathfrak{P}_1$) des art. VIII Gebrauch machen und erhält alsdann die Gleichung:

$$(\mathfrak{B}') \qquad -\frac{1}{2}\tau \sum_{k=1}^{k=-D_1-1} \left(\frac{D_1}{k}\right)\frac{k}{D_1} \sum_{k=1}^{k=D_2-1} \left(\frac{D_2}{k}\right) \log\left(1 - e^{\frac{2k\pi i}{D_2}}\right)$$

$$= \sum_{a,b,c} \left(\frac{D_1}{a}\right) \log c \left(\vartheta'\left(0, \frac{-b+i\sqrt{\Delta}}{2c}\right)\vartheta'\left(0, \frac{b+i\sqrt{\Delta}}{2c}\right)\right)^{-\frac{2}{3}},$$

oder wenn man den Factor $K(D_1)$ auf der linken Seite von ($\mathfrak{B}^0$) beibehält und von den Logarithmen zu den Grössen selbst übergeht:

$$(\overline{\mathfrak{B}}) \qquad \prod_{k=1}^{k=D_2-1} \left(1 - e^{\frac{2k\pi i}{D_2}}\right)^{2\left(\frac{D_2}{k}\right) K\left(\frac{-\Delta}{D_2}\right)} = \prod_{a,b,c} \left(\frac{1}{c^3}\vartheta'\left(0, \frac{-b+i\sqrt{\Delta}}{2c}\right)^2 \vartheta'\left(0, \frac{b+i\sqrt{\Delta}}{2c}\right)^2\right)^{\left(\frac{D_2}{a}\right)}.$$

Diese Gleichung liefert eben jene höchst interessanten Beziehungen, die ich in meiner schon oben citirten Mittheilung vom 22. Januar 1863[1]) angegeben habe, nämlich Beziehungen zwischen Zahlenausdrücken, die aus der Theorie der Kreisfunctionen und solchen, die aus der Theorie der elliptischen Functionen stammen. Sie liefert auch einen zweiten ganz einfachen Beweis jener Zerlegbarkeit der Gleichungen für die singulären Moduln, welche ich in meiner Mittheilung vom 26. Juni 1862[2]) entwickelt habe.

Anknüpfend an jene werthvollen Andeutungen, welche *Dirichlet* am Schlusse des § 7 seiner mehrerwähnten classischen Abhandlung[3]) gegeben hat*), kann man auf die Gleichung ($\mathfrak{M}^*$) die Theorie der elliptischen Functionen noch in ganz anderer Weise, als oben, anwenden.

Um dies darzulegen, sollen zuerst die *Jacobi-Legendre*schen Zeichen in der Gleichung ($\overline{\mathfrak{M}}$) durch die *Gauss*'schen Reihen ausgedrückt werden. Für den Fall, dass

*) Einige weitere Ausführungen finden sich in einem von *Dirichlet* an mich gerichteten Briefe, welcher von Hrn. *E. Schering* in den Göttinger Nachrichten veröffentlicht wird.[4])

[1]) Bd. IV, S. 225 dieser Ausgabe von *L. Kronecker*'s Werken. H
[2]) Bd. IV, S. 207 dieser Ausgabe von *L. Kronecker*'s Werken. H
[3]) *Dirichlet*, Werke, Bd. I, S. 461. H
[4]) Bd. V dieser Ausgabe von *L. Kronecker*'s Werken. H

D_0 irgend eine Fundamental-Discriminante ist, lässt sich nämlich $\left(\frac{D_0}{r}\right)$ in besonders eleganter Weise, wie folgt, darstellen[1]):

$$\left(\frac{D_0}{r}\right) = \frac{1}{(\sqrt{D_0})}\sum_k \left(\frac{D_0}{k}\right) e^{\frac{2rk\pi i}{|D_0|}} \qquad (k=1,3,5,\ldots 2|D_0|-1),$$

Hier bedeutet r irgend eine positive Zahl, mit $|D_0|$ ist in *Weierstrass*'scher Weise der absolute Werth von D_0 bezeichnet, und $(\sqrt{D_0})$ hat die im art. II angegebene und oben durchweg beibehaltene Bedeutung, wonach:

$$(\sqrt{D_0}) = |\sqrt{D_0}| \quad \text{für } D_0 > 0$$
$$(\sqrt{D_0}) = i|\sqrt{D_0}| \quad \text{für } D_0 < 0$$

ist. Die Summation rechts kann, wenn D_0 ungrade ist, auch auf die Zahlen von 1 bis $|D_0|$ erstreckt werden[1]).

Mit Hülfe der angegebenen Darstellung der *Legendre*'schen Zeichen verwandelt sich die Gleichung $(\ddot{\mathfrak{M}})$ in folgende:

$$(\overline{\mathfrak{M}}) \qquad \frac{2r}{(\sqrt{D_1})(\sqrt{D_2})}\sum_{k_1,k_2}\sum_{r_1,r_2}\left(\frac{D_1}{k_1}\right)\left(\frac{D_2}{k_2}\right) e^{2\pi i\left(\frac{k_1 r_1}{|D_1|}+\frac{k_2 r_2}{|D_2|}\right)} F(r_1 r_2) =$$
$$\sum_{a,b,c}\left(\left(\frac{D_1}{a}\right)+\left(\frac{D_2}{a}\right)\right)\sum_{m,n} F(am^2+bmn+cn^2),$$

in welcher für a, b, c, m, n, r_1, r_2 dieselben Summationsbedingungen gelten wie in der obigen Gleichung $(\ddot{\mathfrak{M}})$, während die Summation in Beziehung auf k_1, k_2 über[2]):

$$k_1 = 1,3,5,\ldots 2|D_1|-1;\ k_2 = 1,3,5,\ldots 2|D_2|-1$$

zu erstrecken ist. Die beiden Zahlen D_1 und D_2 sind nur der Bedingung unterworfen, dass sie beide Fundamental-Discriminanten-Form haben müssen, und dass ihr Product der Discriminante b^2-4ac gleich sein muss. Es kann dabei auch, wie ausdrücklich hervorzuheben ist, $D_2 = 1$ genommen werden.

Nimmt man jetzt wieder an, dass:

$$D = D_1 D_2 < 0,\ D_1 < 0 \quad \text{und} \quad Q^2 = \frac{D_1 D_2}{D_0} = 1$$

[1]) Vgl. Zusatz 102 am Ende dieses Bandes. H

[2]) Vgl. Zusatz 103 am Ende dieses Bandes. H

sei, so ist die Summation in $(\overline{\mathfrak{M}})$ auf *alle* positiven Zahlen r_1, r_2 sowie auf *alle* (positiven und negativen) Zahlen m, n mit alleinigem Ausschluss des Systems $m = n = 0$ auszudehnen. Wenn man nun in der Gleichung $(\overline{\mathfrak{M}})$ die Summationsbuchstaben k_1, k_2 beziehungsweise durch[1]):

$$-2D_1 - k_1,\ 2D_2 - k_2$$

ersetzt und von den Relationen[2]):

$$\left(\frac{D_1}{k}\right) = -\left(\frac{D_1}{-2D_1 - k}\right),\quad \left(\frac{D_2}{k}\right) = \left(\frac{D_2}{2D_2 - k}\right)$$

Gebrauch macht, so wird ersichtlich, dass die Gleichung $(\overline{\mathfrak{M}})$ bestehen bleibt, sobald man auf der linken Seite im Exponentialfactor i in $-i$ verwandelt, aber zugleich auch den ganzen Ausdruck links mit -1 multiplicirt. Addirt man nun die ursprüngliche zu der so veränderten Gleichung hinzu und berücksichtigt, dass bei den gemachten Annahmen:

$$(\sqrt{D_1})(\sqrt{D_2}) = i\,|\sqrt{D}|$$

ist, so erhält man die Gleichung:

$$(\overline{\mathfrak{M}}_1)\qquad \frac{2\tau}{|\sqrt{D}|}\sum_{k_1,k_2}\sum_{r_1,r_2}\left(\frac{D_1}{k_1}\right)\left(\frac{D_2}{k_2}\right)\sin 2\pi\left(\frac{k_2 r_2}{D_2} - \frac{k_1 r_1}{D_1}\right)F(r_1 r_2)$$
$$\sum_{a,b,c}\left(\left(\frac{D_1}{a}\right) + \left(\frac{D_2}{a}\right)\right)\sum_{m,n}F(am^2 + bmn + cn^2),$$

wegen deren Wichtigkeit die Bedeutung aller darin vorkommenden Bezeichnungen hier noch einmal wiederholt werden soll:

1. D_1 und D_2 sind beide irgend welche Fundamental-Discriminanten, also irgend welche Zahlen, die entweder ungrade oder das Vierfache einer ungraden Zahl oder das Achtfache einer solchen sind, deren ungrade Primfactoren ferner sämmtlich von einander verschieden, und die endlich noch der Beschränkung unterworfen sind, dass sie $\equiv 1 \pmod{4}$ sein müssen, wenn sie ungrade sind, und aber $\equiv -4 \pmod{16}$, wenn sie nur durch 4 und nicht durch 8 theilbar sind.
2. D_1 ist negativ und D_2 positiv, und es ist $D = D_1 D_2$. Für $D_1 = -3$ ist $\tau = 6$, für $D_1 = -4$ ist $\tau = 4$, für $D_1 < -4$ ist $\tau = 2$.

---

[1]) Vgl. Zusatz 104 am Ende dieses Bandes.

[2]) Vgl. Zusatz 105 am Ende dieses Bandes.

3. Für k_1 sind die Zahlen $1, 3, 5, \ldots 2D_1 - 1$ zu setzen, für k_2 die Zahlen $1, 3, 5, \ldots 2D_2 - 1$[1]).
4. Für ν_1, ν_2 sind alle positiven Zahlen zu nehmen.
5. Für (a, b, c) sind solche Repräsentanten aller verschiedenen Classen von Formen der Discriminante D oder $D_1 D_2$ zu nehmen, in denen a relativ prim zu D ist.
6. Für m, n sind alle Zahlen von $-\infty$ bis $+\infty$ zu setzen, mit alleinigem Ausschluss des Werthsystems $m = n = 0$.

Bedeutet nun, wie bei *Jacobi*, q eine reelle oder complexe Grösse, wofür $|q| < 1$ ist, so kann man in der allgemeinen Gleichung $(\mathfrak{M}_1)$:

$$F(h) = (1 - (-1)^h) q^{\frac{1}{2}h}$$

setzen, da alsdann die Reihen auf beiden Seiten convergiren. Man erhält somit die speciellere Gleichung:

$$\frac{2\tau}{|\sqrt{D}|} \sum_{k_1, k_2} \sum_{\nu_1, \nu_2} \left(\frac{D_1}{k_1}\right) \left(\frac{D_2}{k_2}\right) q^{\frac{1}{2}\nu_1 \nu_2} \sin 2\pi \left(\frac{k_2 \nu_2}{D_2} - \frac{k_1 \nu_1}{D_1}\right) = \sum_{a, b, c} \left(\frac{D_1}{a}\right) \sum_{m, n} q^{\frac{1}{2}(am^2 + bmn + cn^2)},$$

in welcher die Summation links nur auf alle positiven *ungraden* Zahlen ν_1, ν_2 und rechts nur auf alle diejenigen Systeme von Zahlen m, n auszudehnen ist, für welche der Werth von:

$$am^2 + bmn + cn^2$$

ungrade wird.

Die auf ν_1 und ν_2 bezügliche Summation lässt sich mit Hülfe jener Formel:

$$\frac{\vartheta_1'(0)\,\vartheta_1(\xi + \eta)}{\vartheta_0(\xi)\,\vartheta_0(\eta)} = 4\pi \sum_{\mu, \nu} q^{\frac{1}{2}\mu\nu} \sin(\mu\xi + \nu\eta)\pi \qquad (\mu, \nu = 1, 3, 5, \ldots),$$

welche ich in meiner Mittheilung vom 22. December 1881 entwickelt habe[2]), vollständig ausführen. Man gelangt auf diese Weise ganz unmittelbar zu der Gleichung:

$$(23) \qquad \frac{\tau \vartheta_1'(0)}{2\pi |\sqrt{D}|} \sum_{k_1, k_2} \left(\frac{D_1}{k_1}\right) \left(\frac{D_2}{k_2}\right) \frac{\vartheta_1\left(\frac{2k_2}{D_2} - \frac{2k_1}{D_1}\right)}{\vartheta_0\left(\frac{2k_1}{D_1}\right) \vartheta_0\left(\frac{2k_2}{D_2}\right)} = \sum_{a, b, c} \left(\frac{D_1}{a}\right) \sum_{m, n} q^{\frac{1}{2}(am^2 + bmn + cn^2)}$$

---

[1]) Vgl. Zusatz 106 am Ende dieses Bandes. H

[2]) Bd. IV, S. 315 dieser Ausgabe von *L. Kronecker*'s Werken. H

in welcher die Summation links auf[1]):

$$k_1 = 1, 3, 5, \ldots -D_1 - 1; \quad k_2 = 1, 3, 5, \ldots D_2 - 1,$$

rechts aber auf alle diejenigen positiven und negativen Zahlen m, n zu erstrecken ist, wofür $am^2 + bmn + cn^2$ ungerade wird. Die Function ϑ_1 ist mit der hier überall mit ϑ bezeichneten Function identisch, wenn in dieser $\omega\pi i = \log q$ gesetzt wird; ϑ_0 ist durch die Relation:

$$\vartheta_0(\zeta) = -iq^{\frac{1}{4}} e^{\zeta\pi i} \vartheta\left(\zeta + \frac{1}{2\pi i} \log q\right)$$

definirt, und die ϑ-Functionen in der Formel ($\mathfrak{B}$) sind daher durch die Gleichungen:

$$\vartheta_0(\zeta) = \sum_{n=-\infty}^{n=+\infty} (-q)^{n^2} \cos 2n\zeta\pi, \quad \vartheta_1(\zeta) = q^{\frac{1}{4}} \sum_{n=-\infty}^{n=+\infty} (-1)^n q^{n^2+n} \sin(2n+1)\zeta\pi$$

bestimmt.

Die zweifache Summe auf der linken Seite der Gleichung ($\mathfrak{B}$) stellt eine in wesentlicher Hinsicht verallgemeinerte *Gauss*'sche Reihe dar, und die Wichtigkeit jener in der citirten Mittheilung eingeführten Function zweier Variabeln:

$$\frac{\vartheta_1(\xi + \eta)}{\vartheta_0(\xi)\vartheta_0(\eta)},$$

tritt hier, wo sie die Stelle des *sinus* in den *Gauss*'schen Reihen einnimmt, besonders deutlich hervor.

Für $D_2 = 1$ reducirt sich die zweifache Summe auf eine einfache *Gauss*'sche Summe, in welcher die elliptische Function *sin am* die Stelle des *sinus* einnimmt. Die Formel ($\mathfrak{B}$) geht alsdann in eine speciellere über, deren Herleitung *Dirichlet* schon a. a. O. im § 7 seiner Abhandlung[2]) skizzirt, und welche er mir in fertiger Gestalt für den Fall, wo $-\frac{1}{4}D_1$ eine Primzahl von der Form $4n + 3$ ist, im Juli 1858 brieflich mitgetheilt hat.*)

Dividirt man die Gleichung ($\mathfrak{B}$) durch q und integrirt dann in Beziehung auf q von *Null* an, so resultirt rechts eine Reihe, deren Grenzwerth für $q = 1$ oben sowohl durch Kreisfunctionen, als auch durch elliptische Functionen mit singulären Moduln ausgedrückt worden ist. Mit $\frac{\sqrt{-D}}{\pi}$ multiplicirt, wird dieser Grenzwerth gleich dem

*) Vergl. die obige Anmerkung S. 384.

[1]) Vgl. Zusatz 107 am Ende dieses Bandes. H

[2]) *Lejeune-Dirichlet*, Werke, Bd. I, S. 461. H

Logarithmus einer Einheit von der Form: $t + u\sqrt{D_2}$, und durch einen solchen Werth findet sich also schliesslich das von 0 bis 1 erstreckte Integral jener allgemeineren zweifachen *Gauss*'schen Reihe ausgedrückt.[1])

Nicht bloss diese Ergebnisse der Gleichung (𝔚), sondern auch die übrigen in diesem Paragraphen entwickelten Resultate gehören wohl zu den merkwürdigsten von allen, die bisher aus der Theorie der elliptischen Functionen abgeleitet worden sind.

XI.

In einem jener nicht genug zu schätzenden und doch wohl nicht genug gekannten *Jacobi*'schen Aufsätze über die elliptischen Functionen, welche eine Hauptzierde der ersten Bände des Journals für Mathematik bilden, findet sich eine Recursionsformel zur Bestimmung der bei der Transformation der elliptischen Functionen auftretenden Coefficienten, welche, wie es a. a. O. heisst, die allgemeine Lösung dieses Transformationsproblems in gewissem Sinne vollständig enthält, und zwar in einer von den früher durch *Abel* und *Jacobi* gegebenen Lösungen ganz verschiedenen Weise.*) Ich habe von dieser Recursionsformel bei meinen Untersuchungen über die elliptischen Functionen mit singulären Moduln vielfach Gebrauch gemacht und bin hierdurch auf eine allgemeine Eigenschaft der erwähnten Coefficienten geführt worden, welche sich dann als bestes Fundament für die arithmetische Behandlung der singulären Moduln und der zugehörigen elliptischen Functionen selbst erwies.

---

*) *Suite des notices sur les fonctions elliptiques.* Journal für Mathematik Bd. IV, S. 185 und *Jacobi*'s gesammelte Werke Bd. I, S. 266. Hierin gibt *Jacobi* auch die vollständige Auflösung der Transformationsgleichungen durch einen Satz, von welchem er a. a. O. sagt: „*Ce théorème est un des plus importants, trouvés jusqu'ici dans la théorie des fonctions elliptiques. Il fournit aussi la solution algébrique et générale de l'équation du degré nn, de laquelle dépend la division de la fonction elliptique en n parties, comme on va le voir dans ce qui suit.*" In dem *Kiepert*schen Aufsatze „Auflösung der Transformationsgleichungen und Division der elliptischen Funktionen", welcher im 76. Bande des Journals für Mathematik (S. 34 ff.) abgedruckt ist, wird die *Jacobi*'sche Auflösung nicht erwähnt; doch ist diese in einem Aufsatze der HH. *Frobenius* und *Stickelberger* im 88. Bande des Journals für Mathematik ausdrücklich angeführt. Dass viele der Resultate, welche sich schon in jenen *Jacobi*'schen Aufsätzen finden, von *Eisenstein* bei seinen Arbeiten über elliptische Funktionen unberücksichtigt geblieben sind, hat *Jacobi* selbst in einer äusserst kurzen aber sehr inhaltreichen Notiz „über einige, die elliptischen Funktionen betreffenden Formeln" im 80. Bande des Journals für Mathematik angedeutet.

[1]) Vgl. Zusatz 108 am Ende des Bandes. H

§ 1.

Setzt man, wie es *Jacobi* a. a. O. thut:

$$x = \sqrt{\varkappa} \sin \operatorname{am} (u, \varkappa),$$

so ist, gemäss den *Jacobi*schen Bezeichnungen, der Zusammenhang zwischen u und x sowohl durch die Gleichung:

$$u = \int_0^x \frac{dx}{\sqrt{(\varkappa - x^2)(1 - \varkappa x^2)}},$$

als auch durch die Gleichungen:

$$x = \frac{\vartheta_1(\xi, w)}{\vartheta_0(\xi, w)}, \quad u = 2K\xi, \quad \sqrt{\frac{2K}{\pi}} = \vartheta_3(0, w), \quad \sqrt{\varkappa} = \frac{\vartheta_2(0, w)}{\vartheta_3(0, w)}$$

gegeben, wenn die Functionszeichen $\vartheta_0, \vartheta_1, \vartheta_2, \vartheta_3$ die übliche, auch in den vorhergehenden Artikeln entwickelte Bedeutung haben:

$$\vartheta_0(\zeta, w) = \sum (-q)^{n^2} \cos 2n\zeta\pi, \quad \vartheta_1(\zeta, w) = q^{\frac{1}{4}} \sum (-1)^n q^{n^2+n} \sin (2n+1)\zeta\pi,$$

$$\vartheta_2(\zeta, w) = q^{\frac{1}{4}} \sum q^{n^2+n} \cos (2n+1)\zeta\pi, \quad \vartheta_3(\zeta, w) = \sum q^{n^2} \cos 2n\zeta\pi,$$

und wenn dabei $q = e^{w\pi i}$ genommen und die Summation auf alle ganzzahligen Werthe von $n = -\infty$ bis $n = +\infty$ erstreckt wird. Führt man nun noch, wie in dem citirten *Jacobi*'schen Aufsatze, die Grösse $\varkappa + \frac{1}{\varkappa}$ an Stelle des Moduls $\varkappa$ selbst ein und setzt:*)

$$\varkappa + \frac{1}{\varkappa} = \varrho = 4\mathfrak{M} - 2,$$

$$\sin' \operatorname{am} u = \cos \operatorname{am} u \, \Delta \operatorname{am} u,$$

so stellt sich die Beziehung zwischen den drei durch die Gleichungen:

$$x = \sqrt{\varkappa} \sin \operatorname{am}(u, \varkappa), \quad y = \sqrt{\varkappa} \sin \operatorname{am}(v, \varkappa), \quad z = \sqrt{\varkappa} \sin \operatorname{am}(u + v, \varkappa)$$

definirten Grössen x, y, z mittels des Additionstheorems in folgender Form dar:

$$z = \frac{x\sqrt{1 - \varrho y^2 + y^4} + y\sqrt{1 - \varrho x^2 + x^4}}{1 - x^2 y^2}. \tag{1}$$

---

*) Vergl. meine „Bemerkungen über die Multiplication der elliptischen Funktionen". Sitzungsberichte 1883.[1])

[1]) Bd. IV, S. 327 dieser Ausgabe von *L. Kronecker*'s Werken. H

Hiernach wird:

$$\text{(2)} \qquad \sqrt{\varkappa}\sin\operatorname{am} 2u = \frac{2x\sqrt{1-\varrho x^2+x^4}}{1-x^4},$$

$$\text{(2')} \qquad \sin'\operatorname{am} 2u = \frac{x^8-2\varrho x^6+6x^4-2\varrho x^2+1}{x^8-2x^4+1},$$

und, wenn man jetzt $v = nu$, also $y = \sqrt{\varkappa}\sin\operatorname{am} nu$ nimmt:

$$\text{(3)} \qquad \sqrt{\varkappa}\sin\operatorname{am}(n+2)u = \frac{2x(1-x^4)\sqrt{1-\varrho x^2+x^4}\cdot\sin'\operatorname{am} nu + (1-x^4)^2 y \sin'\operatorname{am} 2u}{(1-x^4)^2-4x^2y^2(1-\varrho x^2+x^4)}.$$

Für $n = 1$ wird demgemäss:

$$\sqrt{\varkappa}\sin\operatorname{am} 3u = -\frac{3x-4\varrho x^3+6x^5-x^9}{3x^8-4\varrho x^6+6x^4-1},$$

und ebenso resultirt für *jede* ungrade Zahl n eine Gleichung:

$$\text{(4)} \qquad \sqrt{\varkappa}\sin\operatorname{am} nu = (-1)^{\frac{1}{2}(n-1)}\frac{\varphi_{n0}x+\varphi_{n1}x^3+\varphi_{n2}x^5+\cdots+\varphi_{n\nu}x^{n^2-2}+x^{n^2}}{\varphi_{n0}x^{n^2-1}+\varphi_{n1}x^{n^2-3}+\cdots+\varphi_{n\nu}x^2+1},$$

in welcher $\nu = \frac{1}{2}(n^2-3)$ ist, und in welcher die $\frac{1}{2}(n^2-1)$ Coefficienten $\varphi_{n0}, \varphi_{n1}, \varphi_{n2}, \ldots$ ganze ganzzahlige Functionen von ϱ, also „*ganze Grössen*“ des natürlichen Rationalitätsbereichs (ϱ) und folglich auch ganze Grössen des Rationalitätsbereichs $(\mathfrak{R})$ sind.

Setzt man dies nämlich für eine bestimmte ungrade Zahl n als bewiesen voraus, so lässt es sich mit Hülfe der Gleichung (3) für die Zahl $n+2$ erschliessen.

Denn, wenn wieder $y = \sqrt{\varkappa}\sin\operatorname{am} nu$ genommen wird, so ergiebt sich zuvörderst mittels der Relation:

$$\sin'\operatorname{am} nu = \frac{1}{n}\sin'\operatorname{am} u\frac{dy}{dx},$$

dass der im Zähler auf der rechten Seite der Gleichung (3) vorkommende Ausdruck:

$$\sqrt{1-\varrho x^2+x^4}\cdot\sin'\operatorname{am} nu$$

in der Form:

$$\frac{1}{n}(1-\varrho x^2+x^4)\frac{d\sqrt{\varkappa}\sin\operatorname{am} nu}{dx},$$

also als rationale Function von x und ϱ mit ganzzahligen Coefficienten dargestellt werden kann. Setzt man demgemäss:

$$\sqrt{1-\varrho x^2+x^4}\cdot\sin'\operatorname{am} nu = \frac{P}{Q},$$

wo P, Q zwei ganze Grössen des Bereiches (ϱ, x) ohne gemeinsamen Theiler bedeuten, so ist $\frac{P^2}{Q^2}$ gleich dem Product:

$$(1-\varrho x^2+x^4)\,(1-\varrho y^2+y^4)$$

also, gemäss der durch die Gleichung (4) vorausgesetzten Darstellung von y oder $\sqrt{\varkappa}\sin\operatorname{am} nu$, gleich einem Bruche $\frac{\Phi}{\Psi}$, in welchem Φ und Ψ ganze ganzzahlige Functionen von x und ϱ, dabei aber so beschaffen sind, dass in Φ der Coefficient der höchsten Potenz von x, in Ψ aber das von x unabhängige Glied gleich Eins ist. Es muss nun offenbar auch in jedem der irreductibeln Factoren, als deren Product Φ dargestellt werden kann*), der Coefficient der höchsten Potenz von x den absoluten Werth Eins haben, und ebenso muss in jedem der irreductibeln Fartoren von Ψ das von x unabhängige Glied gleich ± 1 sein. Es ist aber, da durch $\frac{P^2}{Q^2}$ der Werth von $\frac{\Phi}{\Psi}$ in reducirter Form dargestellt wird, P ein Divisor von Φ und ebenso Q ein Divisor von Ψ; das von x unabhängige Glied in Q ist daher gleich ± 1.

Ersetzt man nunmehr auf der rechten Seite der Gleichung (3) das Product:

$$\sqrt{1-\varrho x^2+x^4}\cdot\sin'\operatorname{am} nu$$

durch $\frac{P}{Q}$, ferner $\sin'\operatorname{am} 2u$ durch seinen in der Gleichung (2') enthaltenen Werth und y durch den Ausdruck auf der rechten Seite der Gleichung (4), so resultirt ein Bruch, dessen Nenner N durch die Gleichung:

$$N=(1-x^4)^2(g^2(1-x^4)-4f^2x^2(1-\varrho x^2+x^4))Q$$

gegeben werden, wenn f den Zähler und g den Nenner des Bruches auf der rechten Seite der Gleichung (4) bedeutet. Da nun f, g und Q ganze Grössen des Bereiches (ϱ, x) sind und sowohl g als Q für $x=0$ den Werth ± 1 haben, so ist auch N eine ganze Grösse des Bereiches (ϱ, x), deren von x unabhängiges Glied den Werth ± 1 hat. Jeder Divisor von N muss offenbar eben dieselbe Eigenschaft haben, und es ist somit $\sqrt{\varkappa}\sin\operatorname{am}(n+2)u$

als eine Grösse des Rationalitätsbereiches (ϱ, x) erwiesen, welche in der reducirten Form einen Nenner hat, der für $x=0$ den Werth ± 1 annimmt.

---

*) Vergl. meinen Aufsatz „Die Zerlegung der ganzen Größen eines natürlichen Rationalitätsbereiches in ihre irreductibeln Faktoren" im Journal für Mathematik Bd. 94, S. 344.[1])

[1]) Bd. II, S. 409 dieser Ausgabe von *L. Kronecker's* Werken.

H

Da ferner dieser Nenner, wie ich in meiner Mittheilung vom Juni 1883[1]) ebenfalls auf arithmetischem Wege nachgewiesen habe, in Beziehung auf die Variable x vom Grade $(n+2)^2-1$ ist und nur Potenzen derselben mit *graden* Exponenten enthält, so kann er in der Form:

$$\varphi_{n+2,0}\,x^{(n+2)^2-1}+\varphi_{n+2,1}\,x^{(n+2)^2-3}+\cdots+\varphi_{n+2,\nu}\,x^2+1 \qquad (2\nu=(n+2)^2-3)$$

dargestellt werden, in welcher die Coefficienten $\varphi_{n+2,0}, \varphi_{n+2,1}, \ldots$ ganze Grössen des Rationalitätsbereiches (ϱ) sind.

Bezeichnet man diese ganze Function von x zur Abkürzung mit $g(x)$ und setzt:

$$\sqrt{\varkappa}\sin\operatorname{am}(n+2)\,u=(-1)^{\frac{1}{2}(n+1)}\,x\,\frac{f(x)}{g(x)},$$

so wird:

$$\sqrt{\varkappa}\sin\operatorname{am}(n+2)(u+iK')=\frac{1}{\sqrt{\varkappa}\sin\operatorname{am}(n+2)\,u}=(-1)^{\frac{1}{2}(n+1)}\frac{g(x)}{x f(x)},$$

wo K' die Bedeutung wie in *Jacobi*'s Fundamenta:

$$K'=\int_0^{\frac{1}{2}\pi}\frac{dv}{\sqrt{\cos^2 v+\varkappa^2\sin^2 v}}$$

hat. Andererseits ist:

$$\sqrt{\varkappa}\sin\operatorname{am}(n+2)(u+iK')=(-1)^{\frac{1}{2}(n+1)}\,y\,\frac{f(y)}{g(y)},$$

wenn:

$$y=\sqrt{\varkappa}\sin\operatorname{am}(u+iK')=\frac{1}{\sqrt{\varkappa}\sin\operatorname{am}u}=\frac{1}{x}$$

genommen wird. Es muß daher die Relation:

$$\frac{g(x)}{x f(x)}=\frac{f\left(\frac{1}{x}\right)}{x g\left(\frac{1}{x}\right)}$$

bestehen, aus welcher unmittelbar hervorgeht, dass:

$$c g(x)=x^{(n+2)^2-1}f\left(\frac{1}{x}\right),\quad c f(x)=x^{(n+2)^2-1}g\left(\frac{1}{x}\right),$$

also:

$$c f(x)=\varphi_{n+2,0}+\varphi_{n+2,1}\,x^2+\varphi_{n+2,2}\,x^4+\cdots+x^{(n+2)^2-1}$$

sein muss. Die hier vorkommende Constante c bestimmt sich aus der Gleichung:

$$c^2 f(x)g(x)=x^{2(n+2)^2-2}f\left(\frac{1}{x}\right)g\left(\frac{1}{x}\right)$$

[1]) Bd. IV, S. 319 dieser Ausgabe von *L. Kronecker*'s Werken.

durch den Werth $x = 1$, als positive oder negative Einheit; es wird daher:

$$c\sqrt{\varkappa}\sin\operatorname{am}(n+2)u = (-1)^{\frac{1}{2}(n+1)} \frac{\varphi_{n+2,0}\,x + \varphi_{n+2,1}\,x^3 + \varphi_{n+2,2}\,x^5 + \cdots + x^{(n+2)^2}}{\varphi_{n+2,0}\,x^{(n+2)^2-1} + \varphi_{n+2,1}\,x^{(n+2)^2-3} + \cdots + 1},$$

wo $c = \pm 1$ ist. Dass aber $c = +1$ sein muss, folgt, wenn man:

$$u = K, \quad \varkappa^2 = -1 \quad \text{und also} \quad \sin\operatorname{am} u = 1, \quad \sin\operatorname{am}(n+2)u = (-1)^{\frac{1}{2}(n+1)}$$

nimmt, und es ist hiermit der Nachweis der Richtigkeit der Multiplicationsformel (4) zu Ende geführt.

§ 2.

Gemäss der Multiplicationsformel (4) wird die Gleichung:

$$x^{n^2} + \sum_r \varphi_{nr}\,x^{2r+1} = (-1)^{\frac{1}{2}(n-1)}\Big(1 + \sum_r \varphi_{nr}\,x^{n^2-2r-1}\Big) X \tag{5}$$

$$\left(r = 0, 1, 2, \ldots \tfrac{1}{2}(n^2-3)\right)$$

durch die n^2 Werthe:

$$x = \sqrt{\varkappa}\sin\operatorname{am}\left(u + \frac{4hK + 2h'K'i}{n}\right) \qquad (h, h' = 0, 1, \ldots n-1)$$

befriedigt, wenn u als Function von X durch die Gleichung:

$$\sqrt{\varkappa}\sin\operatorname{am} nu = X$$

bestimmt wird. *Die n^2 Grössen:*

$$\sqrt{\varkappa}\sin\operatorname{am}\left(u + \frac{4hK + 2h'K'i}{n}\right) \qquad (h, h' = 0, 1, \ldots n-1)$$

sind daher ganze algebraische, dem natürlichen Bereiche (ϱ, X) *entstammende Grössen, und zwar mit einander conjugirt,* da jede Gleichung:

$$F(\sqrt{\varkappa}\sin\operatorname{am} u) = 0,$$

deren Coefficienten dem Rationalitätsbereiche $(\varrho, \sqrt{\varkappa}\sin\operatorname{am} nu)$ angehören, offenbar bestehen bleiben muss, wenn darin u durch irgend einen der Werthe: $u + \frac{4hK + 2h'K'i}{n}$ ersetzt wird.

Nimmt man $X = 0$, so geht die Gleichung (5) in die Gleichung:

$$x^{n^2} + \sum_r \varphi_{nr}\,x^{2r+1} = 0 \qquad \left(r = 0, 1, 2, \ldots \tfrac{1}{2}(n^2-3)\right) \tag{6}$$

über, deren Coefficienten φ_{nr} ganze Grössen des Rationalitätsbereichs (ϱ) und deren Wurzeln:

$$\sin\operatorname{am}\frac{4hK+2h'K'i}{n} \qquad (h,h'=0,1,\ldots n-1)$$

ganze algebraische dem Bereiche (ϱ) entstammende Grössen sind.

Der Ausdruck auf der linken Seite der Gleichung (6) stellt eine ganze Grösse des Bereichs (ϱ, x) dar, welche in so viel Factoren zerlegbar ist, als n Divisoren hat.

Um dies nachzuweisen, sei zuvörderst:

$$x^{n^2}+\sum_r \varphi_{nr}\,x^{2r+1}=\Phi_n(x) \qquad \left(r=0,1,2,\ldots \tfrac{1}{2}\cdot(n^2-3)\right),$$

ferner sei ε_m gleich Null, wenn m irgend einen Primfactor mehrfach enthält, sonst aber gleich $+1$ oder gleich -1, je nachdem die Anzahl der Primfactoren von m grade oder ungrade ist, und es sei $\varepsilon_1 = 1$. Endlich sei $F_m(x)$ definirt durch die Gleichung:

$$\text{(7)} \qquad \log F_m(x)=\sum \varepsilon_{d'} \log \Phi_d(x),$$

in welcher sich die Summation auf alle mit d, d' bezeichneten positiven complementären Divisoren von m bezieht, d. h. also auf alle Zahlenpaare d, d', für welche $dd' = m$ ist. Alsdann ist:

$$F_m(x)=\prod\left(x-\sqrt{\varkappa}\sin\operatorname{am}\frac{4hK+2h'K'i}{m}\right),$$

wo sich die Multiplication nur auf diejenigen Systeme von Zahlen h, $h' = 0, 1, \ldots m-1$ erstreckt, welche keinen gemeinsamen Theiler haben, der zugleich Theiler von m ist. Es ist daher $F_m(x)$ eine ganze Function von x, in welcher der Coefficient der höchsten Potenz von x gleich Eins und jeder der übrigen eine ganze algebraische dem Bereich (ϱ) entstammende Grösse ist. Andererseits zeigt aber die Gleichung:

$$F_m(x)=\prod(\Phi_d(x))^{\varepsilon_{d'}},$$

welche aus der Definitionsgleichung (7) hervorgeht, dass die Coefficienten von $F_m(x)$ *rationale* Grössen des Bereichs (ϱ) sein müssen. Es muss also $F_m(x)$ eine ganze Grösse des Bereichs (ϱ, x) sein.

Man kann die Grössen ε, wie ich es seit einer langen Reihe von Jahren in meinen Universitätsvorlesungen zu thun pflege, durch die Gleichung:

$$\text{(8)} \qquad \sum_n n^{-s}\sum_n \varepsilon_n n^{-s}=1 \qquad (n=1,2,3,\ldots \text{in inf.})$$

definiren, in welcher die Variable s aber nur Werthe annehmen darf, bei denen der reelle Theil grösser als Eins ist. Dann ist nämlich offenbar:

$$\sum_n \varepsilon_n n^{-s} = \prod_p (1 - p^{-s}) \qquad (n = 1, 2, 3, \ldots \text{ in inf.}),$$

wenn die Multiplication rechts auf alle Primzahlen p erstreckt wird, und also in der That:

$$\varepsilon_1 = 1, \; \varepsilon_m = (-1)^\nu,$$

wenn m lauter verschiedene Primzahlen enthält und ν deren Anzahl bedeutet, aber:

$$\varepsilon_m = 0,$$

wenn m irgend eine Primzahl mehrmals enthält. Die Gleichung (8) kann in der Form:

$$\sum_m \sum_n \varepsilon_m (mn)^{-s} = 1 \qquad (m, n = 1, 2, 3, \ldots \text{ in inf.})$$

dargestellt werden, und man sieht hieraus, dass:

(9) $$\sum \varepsilon_d = 0$$

ist, wenn die Summation auf alle Divisoren d irgend einer von Eins verschiedenen ganzen Zahl erstreckt wird.

Bedeuten nun $f(n)$, $g(n)$ irgend welche Functionen der Zahlen n, und wird die Function $h(n)$ durch die Gleichung:

(10) $$h(n) = \sum_{d, d'} f(d) g(d') \qquad (dd' = n)$$

definirt, in welcher die Summation rechts auf alle Zahlenpaare d, d' zu erstrecken ist, für die $dd' = n$ wird, so besteht die Relation:

(11) $$f(n) = \sum_{d, d'} \varepsilon_d g(d) h(d') \qquad (dd' = n),$$

unter der einzigen Voraussetzung, dass für je zwei Zahlen m, n die Bedingung:

(12) $$g(mn) = g(m) g(n)$$

erfüllt wird. Setzt man nämlich in der Gleichung (11) den Werth der Function $h(d')$ aus der Gleichung (10) ein, so kommt:

$$f(n) = \sum_{d, d_1, d_2} \varepsilon_d g(d) g(d_1) f(d_2) \qquad (d d_1 d_2 = n)$$

also vermöge der Bedingung (12):

$$f(n) = \sum_{d, d_1, d_2} \varepsilon_d\, g(d d_1) f(d_2) \qquad (d d_1 d_2 = n)$$

oder:

$$(13) \qquad f(n) = \sum_{l, m} f(l) g(m) \sum_d \varepsilon_d \qquad (lm = n),$$

wo sich die letzte Summe auf alle Divisoren d von m bezieht. Diese Summation ergiebt aber vermöge der Gleichung (9) den Werth Null, sobald $m > 1$ ist, und den Werth Eins für $m = 1$. Der Ausdruck auf der rechten Seite der Gleichung (13) hat also in der That den Werth $f(n)$.

Die beiden, nur an die Bedingung: $g(mn) = g(m)g(n)$ geknüpften, correspondirenden Gleichungen:

$$f(n) = \sum_{d, d'} \varepsilon_d\, g(d) h(d'), \quad h(n) = \sum_{d, d'} f(d) g(d') \qquad (d d' = n)$$

enthalten selbst die Gleichung (9), da diese resultirt, wenn:

$$f(n) = 0 \text{ oder } f(n) = 1$$

gesetzt wird, je nachdem $n > 1$ oder $n = 1$ ist, und wenn demnach, wegen der zweiten der beiden Gleichungen, $g(n) = h(n)$ genommen wird. Dabei ist zu bemerken, dass wegen der Bedingung $g(mn) = g(m)g(n)$ offenbar $g(1) = 1$ sein muss.

Nimmt man jetzt:

$$f(n) = \log F_n(x), \quad g(n) = 1, \quad h(n) = \log \Phi_n(x),$$

so geht die Gleichung (11) in die Gleichung (7) über, und die Gleichung (10) in folgende:

$$(14) \qquad \log \Phi_n(x) = \sum_d \log F_d(x) \qquad (d d' = n);$$

es ergiebt sich daher die Relation:

$$(15) \qquad \Phi_n(x) = \prod_d F_d(x),$$

in welcher sich die Multiplication auf alle Divisoren d von n bezieht.

Die Gleichung (15) enthält die Zerlegung von $\Phi_n(x)$, welche nachgewiesen werden sollte. Bezeichnet man den Grad von $F_d(x)$ mit $f(d)$, so ist offenbar:

$$n^2 = \sum_d f(d) \qquad (d d' = n),$$

und man hat also in der Gleichung (10) nur $g(n) = 1$, $h(n) = n^2$ zu nehmen, um unmittelbar mit Hülfe der Gleichung (11) zu erschliessen, dass:

$$f(n) = \sum_{d,d'} \varepsilon_{d'} d^2 \qquad (dd' = n)$$

oder also:

$$f(n) = n^2 \prod \left(1 - \frac{1}{p^2}\right)$$

sein muss, wenn die Multiplication rechts auf alle in n enthaltenen, verschiedenen Primfactoren p erstreckt wird.

§ 3.

Es soll nunmehr dargethan werden, dass $F_m(x)$ eine *irreductible* Grösse des Bereichs $(x, \sqrt{\varkappa})$ ist.

Bezeichnet man nämlich mit $f(x, \sqrt{\varkappa})$ einen Divisor von $F_m(x)$, welcher dem Bereiche $(x, \sqrt{\varkappa})$ angehört und für welchen:

$$f\left(\sqrt{\varkappa} \sin \operatorname{am} \frac{4K}{m}, \sqrt{\varkappa}\right) = 0$$

ist, so lässt sich zeigen, dass eben dieselbe Gleichung auch bestehen muss, wenn an Stelle von $\sin \operatorname{am} \frac{4K}{m}$ irgend eine andere Wurzel der Gleichung $F_m(x) = 0$, d. h. also irgend eine der elliptischen Functionen:

$$\sqrt{\varkappa} \sin \operatorname{am} \frac{4hK + 2h'K'i}{m}$$

gesetzt wird, für welche h und h' nicht einen und denselben Theiler mit m gemein haben.

Um dies zu zeigen, gehe ich von der Transformationsgleichung:

$$\vartheta(\zeta', w') = C\left(\sqrt{\gamma w + \delta}\right) e^{\gamma \zeta \zeta' \pi i} \vartheta(\zeta, w) \tag{16}$$

aus, in welcher:

$$w' = \frac{\alpha w + \beta}{\gamma w + \delta}, \quad \zeta' = \frac{\zeta}{\gamma w + \delta} = (\alpha - \gamma w')\zeta,$$

und C eine (von ζ und w unabhängige) Constante ist, während $\alpha, \beta, \gamma, \delta$ ganze Zahlen bedeuten, welche der Bedingung $\alpha\delta - \beta\gamma = 1$ genügen.*) Leitet man hieraus eine

*) Vergl. die Formel VIII in meiner Mittheilung vom 29. Juli 1880[1]). Vergl. auch die Transformationsformeln im Art. II.

[1]) Bd. IV, S. 287 dieser Ausgabe von *L. Kronecker's* Werken.

zweite Gleichung ab, indem man $\zeta + \frac{1}{2}(\alpha w + \beta)$ an Stelle von ζ setzt, und dividirt man alsdann die eine Gleichung durch die andere, so erhält man unter Benutzung der für beliebige ganze Zahlen r, s gültigen Relation:*)

$$\vartheta(\zeta + rw + s, w) = e^{-(r^2 w + 2r\zeta + r + s)\pi i}\,\vartheta(\zeta, w) \tag{16*}$$

die Transformationsgleichung:

$$\frac{\vartheta_1(\zeta', w')}{\vartheta_0(\zeta', w')} = i^{\alpha+\beta-1-\frac{1}{2}\alpha\beta} \cdot \frac{\vartheta_1(\zeta, w)}{\vartheta_0(\zeta, w)}, \tag{17}$$

falls β grade und also α ungrade ist. Nimmt man hier $\zeta = \frac{1}{2}$, so wird:

$$\frac{\vartheta_1(\zeta', w')}{\vartheta_0(\zeta', w')} = \frac{\vartheta_1\left(\frac{1}{2}(\alpha - \gamma w'), w'\right)}{\vartheta_0\left(\frac{1}{2}(\alpha - \gamma w'), w'\right)},$$

also, wenn γ *grade* ist:

$$\frac{\vartheta_1(\zeta', w')}{\vartheta_0(\zeta', w')} = (-1)^{\frac{1}{2}(\alpha-1)} \frac{\vartheta_1\left(\frac{1}{2}, w'\right)}{\vartheta_0\left(\frac{1}{2}, w'\right)},$$

und es resultirt daher die Gleichung:

$$i^{\frac{1}{2}\alpha\beta-\beta} \frac{\vartheta_1\left(\frac{1}{2}, w'\right)}{\vartheta_0\left(\frac{1}{2}, w'\right)} = \frac{\vartheta_1\left(\frac{1}{2}, w\right)}{\vartheta_0\left(\frac{1}{2}, w\right)}, \tag{18}$$

in welcher der Ausdruck rechts gleich $\sqrt{\varkappa}$ ist.

Wählt man nun die Zahlen $\alpha, \beta, \gamma, \delta$ gemäss den Bedingungen:

$$\alpha \equiv 1 \pmod{4}, \quad \beta \equiv 0 \pmod{8}, \quad \gamma \equiv 0 \pmod{2}, \quad \alpha\delta - \beta\gamma = 1,$$

so bestehen die Relationen:

$$\frac{\vartheta_1((\alpha-\gamma w')\zeta, w')}{\vartheta_0((\alpha-\gamma w')\zeta, w')} = \frac{\vartheta_1(\zeta, w)}{\vartheta_0(\zeta, w)}, \quad \frac{\vartheta_1\left(\frac{1}{2}, w'\right)}{\vartheta_0\left(\frac{1}{2}, w'\right)} = \frac{\vartheta_1\left(\frac{1}{2}, w\right)}{\vartheta_0\left(\frac{1}{2}, w\right)}. \tag{19}$$

Da ferner, wenn:

$$\sqrt{\varkappa} = \frac{\vartheta_1\left(\frac{1}{2}, w\right)}{\vartheta_0\left(\frac{1}{2}, w\right)} = \frac{\vartheta_2(0, w)}{\vartheta_3(0, w)}$$

*) Diese Relation ist eine unmittelbare Folge derjenigen, welche im Art. II angegeben sind. Aber es fehlt dort in der zweiten Reihe der Relationen das Minuszeichen. Man hat daher a. a. O. auf der linken Seite $-\vartheta(\zeta, w)$ an Stelle von $\vartheta(\zeta, w)$ zu setzen.

gesetzt wird,

$$\sqrt{\varkappa}\sin\operatorname{am}\left(\frac{4K}{m},\varkappa\right)=\frac{\vartheta_1\left(\frac{2}{m},w\right)}{\vartheta_0\left(\frac{2}{m},w\right)}$$

ist, so lässt sich die obige Gleichung:

$$f\left(\sqrt{\varkappa}\sin\operatorname{am}\frac{4K}{m},\sqrt{\varkappa}\right)=0$$

in folgender Weise darstellen:

$$f\left(\frac{\vartheta_1\left(\frac{2}{m},w\right)}{\vartheta_0\left(\frac{2}{m},w\right)},\frac{\vartheta_1\left(\frac{1}{2},w\right)}{\vartheta_0\left(\frac{1}{2},w\right)}\right)=0.$$

Vermöge der Relationen (19) besteht daher die Gleichung:

$$f\left(\frac{\vartheta_1\left((\alpha-\gamma w')\frac{2}{m},w'\right)}{\vartheta_0\left((\alpha-\gamma w')\frac{2}{m},w'\right)},\frac{\vartheta_1\left(\frac{1}{2},w'\right)}{\vartheta_0\left(\frac{1}{2},w'\right)}\right)=0,$$

welche, wenn man w an Stelle von w' und, wie oben:

$$\frac{\vartheta_1\left(\frac{1}{2},w\right)}{\vartheta_0\left(\frac{1}{2},w\right)}=\sqrt{\varkappa},\quad w=\frac{K'i}{K}$$

setzt, in folgende übergeht:

$$f\left(\sqrt{\varkappa}\sin\operatorname{am}\frac{4\alpha K-4\gamma K'i}{m},\sqrt{\varkappa}\right)=0.$$

Die Gleichung:

$$f\left(\sqrt{\varkappa}\sin\operatorname{am}\frac{4hK+2h'K'i}{m},\sqrt{\varkappa}\right)=0,$$

deren Gültigkeit dargethan werden sollte, ist daher erfüllt, wenn die Zahlen α, γ den obigen Bedingungen gemäss und zugleich *so* bestimmt werden, dass:

$$\alpha\equiv h,\quad 2\gamma\equiv -h'\ (\text{mod.}\ m)$$

wird. Eine solche Bestimmung ist nun in der That möglich, denn man braucht nur erstens:

$$\alpha=h+rm$$

zu setzen, und die Zahl r hierbei *so* zu wählen, dass $\alpha\equiv 1$ (mod. 4) wird. Ist dann m_1 der grösste gemeinschaftliche Theiler von α und m, so lässt sich die Zahl s gemäss der Congruenzbedingung:

$$ms\equiv h'+1\left(\text{mod.}\ \frac{\alpha}{m_1}\right),$$

und dann t so bestimmen, dass

$$m\left(s + t\frac{a}{m_1}\right) \equiv h' \pmod{4}$$

wird. Setzt man nunmehr:

$$2\gamma = -h' + m\left(s + t\frac{a}{m_1}\right),$$

so ist $\alpha \equiv 1 \pmod{4}$, $\gamma \equiv 0 \pmod{2}$ und die beiden Zahlen α und γ sind zu einander prim, da erstens:

$$2\gamma \equiv 1 \left(\mathrm{mod.}\ \frac{a}{m_1}\right)$$

ist, und da zweitens γ keinen Theiler mit m_1 gemein haben kann, weil ein solcher Theiler gleichzeitig in h und h' enthalten sein müsste und dies der Voraussetzung widerspricht, dass h und h' nicht einen und denselben Theiler mit m gemein haben sollen. Da die Zahlen α, γ zu einander prim sind, lassen sich offenbar Zahlen b so bestimmen, dass:

$$8b\gamma \equiv -1 \pmod{\alpha}$$

wird, und wenn man dann:

$$\beta = 8b, \quad \frac{1+\beta\gamma}{\alpha} = \delta$$

setzt, so sind die obigen Bedingungen:

$$\alpha \equiv 1 \pmod{4}, \quad \beta \equiv 0 \pmod{8}, \quad \gamma \equiv 0 \pmod{2}, \quad \alpha\delta - \beta\gamma = 1,$$
$$\alpha = h, \quad 2\gamma \equiv -h' \pmod{m}$$

sämmtlich erfüllt.

§ 4.

Die im vorigen Paragraphen enthaltene Deduction vereinfacht sich in formaler Hinsicht, wenn man — wie ich es öfters in meinen Universitätsvorlesungen gethan habe — für den Quotienten $\frac{\vartheta_1(\zeta, w)}{\vartheta_0(\zeta, w)}$ eine besondere Bezeichnung einführt. Setzt man nämlich, da dieser Quotient eine elliptische Function darstellt:

$$\mathrm{El}(\zeta, w) = \frac{\vartheta_1(2\zeta, 2w)}{\vartheta_0(2\zeta, 2w)}, \tag{20}$$

so wird die Beziehung zu den *Jacobi*'schen Bezeichnungen durch folgende Gleichungen ausgedrückt:

$$\frac{\mathrm{El}(\zeta, w)}{\mathrm{El}\left(\frac{1}{4}, w\right)} = \sin\mathrm{am}\,(4K\zeta, \varkappa),$$

$$\sqrt{\varkappa} = \mathrm{El}\left(\tfrac{1}{4}, w\right), \quad 2K = \pi\left(\vartheta_3(0, 2w)\right)^2, \quad 2w = \frac{K'i}{K}. \tag{21}$$

Für diese Function $\mathrm{El}(\zeta, w)$ bestehen die Fundamentalgleichungen:

$$\mathrm{El}\left(\zeta+\frac{1}{2}, w\right)=-\mathrm{El}(\zeta, w), \quad \mathrm{El}\left(\zeta+\frac{1}{2} w, w\right)=(\mathrm{El}(\zeta, w))^{-1}, \tag{22}$$

und es ist also für beliebige ganze Zahlen m, n:

$$\mathrm{El}(\zeta+m+n w)=\mathrm{El}(\zeta, w). \tag{22*}$$

Es ist ferner:

$$\mathrm{El}(0, w)=0$$

und:

$$\mathrm{El}\left(\frac{1}{4}(1+w), \frac{1}{2} w\right)=\sqrt{\frac{\varkappa+1}{2 \sqrt{\varkappa}}},$$

wenn $\sqrt{\varkappa}$, wie oben, durch die Gleichung:

$$\sqrt{\varkappa}=\mathrm{El}\left(\frac{1}{4}, w\right)$$

definirt wird. Die Grössen ϱ und $\mathfrak{M}$, welche im § 1 an Stelle von $\varkappa$ eingeführt sind, bestimmen sich also in folgender Weise:

$$\frac{1}{4}(\varrho+2)=\mathfrak{M}=\left(\mathrm{El}\left(\frac{1}{4}(1+w), \frac{1}{2} w\right)\right)^4,$$

und bei dieser Bestimmung von ϱ gilt die Additionsformel (1) im § 1:

$$z=\frac{x \sqrt{1-\varrho y^2+y^4}+y \sqrt{1-\varrho x^2+x^4}}{1-x^2 y^2},$$

wenn für beliebige Werthe von ξ und η:

$$x=\mathrm{El}(\xi, w), \quad y=\mathrm{El}(\eta, w), \quad z=\mathrm{El}(\xi+\eta, w)$$

gesetzt wird.

Die lineare Transformation der elliptischen Function $\mathrm{El}(\zeta, w)$ wird gemäss den im § 3 enthaltenen Entwickelungen durch die Gleichung:

$$\mathrm{El}\left(\frac{\zeta}{\gamma w+\delta}, \frac{\alpha w+\beta}{\gamma w+\delta}\right)=i^{\alpha+2\beta-\alpha\beta-1} \mathrm{El}(\zeta, w) \tag{23}$$

gegeben, wenn $\alpha, \beta, \gamma, \delta$ ganze Zahlen bedeuten, von denen γ *grade* und für welche $\alpha\delta-\beta\gamma=1$ ist, und dieselbe Gleichung kann auch in der Form:

$$\mathrm{El}\left((\alpha-\gamma w') \zeta, w'\right)=i^{\alpha+2\beta-\alpha\beta-1} \mathrm{El}(\zeta, w) \tag{23*}$$

dargestellt werden, wenn darin $w'=\frac{\alpha w+\beta}{\gamma w+\delta}$ genommen wird.

Mit Hülfe der hier eingeführten Bezeichnungen lassen sich die Wurzeln der Gleichung: $F_m(x) = 0$ durch die Grössen:

$$\mathrm{El}\left(\frac{h + h'w}{m}, w\right)$$

ausdrücken, wenn darin für h, h' alle diejenigen *modulo* m verschiedenen Zahlenpaare genommen werden, die nicht einen und denselben Factor mit m gemein haben. Wenn nun $f(x, \sqrt{\varkappa})$ für:

$$x = \mathrm{El}\left(\frac{1}{m}, w\right), \quad \sqrt{\varkappa} = \mathrm{El}\left(\frac{1}{4}, w\right)$$

bei beliebigen Werthen von w verschwindet, so muss es gemäss jener Transformationsgleichung (23*) auch für:

$$x = \mathrm{El}\left(\frac{\alpha - \gamma w}{m}, w\right), \quad \sqrt{\varkappa} = \mathrm{El}\left(\frac{1}{4}, w\right)$$

verschwinden, falls:

$$\zeta^{\alpha + 2\beta - \alpha\beta - 1} = 1 \text{ und } \alpha - \gamma w \equiv 1 \pmod{4}$$

ist. Dies tritt ein, wenn die Bedingungen:

$$\alpha \equiv 1, \quad \beta \equiv 0, \quad \gamma \equiv 0, \quad \delta \equiv 1 \pmod{4}$$

erfüllt sind. Aber diese Bedingungen, sowie die fernere:

$$\alpha\delta - \beta\gamma = 1,$$

legen den Zahlenpaaren α, γ keine andere Beschränkung für ihre Werthe *modulo* m auf, als die, dass sie nicht einen und denselben Theiler mit m gemein haben dürfen. Es werden also durch die verschiedenen Grössen:

$$\mathrm{El}\left(\frac{\alpha - \gamma w}{m}, w\right)$$

alle verschiedenen Wurzeln der Gleichung $F_m(x) = 0$ repraesentirt, und diese müssen daher sämmtlich auch Wurzeln *jeder* Gleichung $f(x, \sqrt{\varkappa}) = 0$ sein, welche die eine Wurzel $\mathrm{El}\left(\frac{1}{m}, w\right)$ enthält.

§ 5.

Die Gleichung $F_n(x) = 0$ enthält genau nur diejenigen Wurzeln:

$$\sqrt{\varkappa} \sin \mathrm{am} \frac{4hK + 2h'K'i}{n} \quad \text{oder} \quad \mathrm{El}\left(\frac{h + h'w}{n}, w\right),$$

für welche h und h' keinen Divisor von n als gemeinsamen Factor haben, und welche daher als „primitive Wurzeln der Theilungsgleichung $\Phi_n(x) = 0$“ bezeichnet werden können. Diese primitiven Wurzeln sind sämmtlich ganze algebraische Grössen des Bereichs (ϱ) oder des Bereichs $\left(4\left(\mathrm{El}\left(\frac{1}{4}(1+w), \frac{1}{2}w\right)\right)^4\right)$ und zwar *mit einander conjugirte Grössen*, da $F_n(x)$, wie in den beiden vorhergehenden Paragraphen gezeigt worden, in dem angegebenen Bereiche irreductibel ist.

Da die Gleichung (5) des § 2 die n^2 Wurzeln:

$$\sqrt{\varkappa}\sin\mathrm{am}\left(u + \frac{4hK + 2h'K'i}{n}\right) \qquad (h, h' = 0, 1, \ldots n-1)$$

hat, so ist deren Product gleich dem Coefficienten des von x unabhängigen Gliedes auf der rechten Seite dieser Gleichung. Hiernach wird:

$$(24) \qquad \sqrt{\varkappa}\sin\mathrm{am}\, nu = (-1)^{\frac{1}{2}(n-1)} \prod_{h, h'} \sqrt{\varkappa}\sin\mathrm{am}\left(u + \frac{4hK + 2h'K'i}{n}\right). \qquad (h, h' = 0, 1, \ldots n-1)$$

Setzt man hierin m statt n und alsdann $u = \frac{4lK}{n}$, wo l eine ganze Zahl bedeutet, so erhält man die für beliebige ungrade Werthe von m und n geltende Gleichung:

$$(25) \qquad \frac{\sqrt{\varkappa}\sin\mathrm{am}\frac{4lmK}{n}}{\sqrt{\varkappa}\sin\mathrm{am}\frac{4lK}{n}} = (-1)^{\frac{1}{2}(m-1)} \prod_{h, h'} \sqrt{\varkappa}\sin\mathrm{am}\left(\frac{4lK}{n} + \frac{4hK + 2h'K'i}{m}\right),$$

in welcher sich die Multiplication auf alle m^2 Werthsysteme:

$$h, h' = 0, 1, \ldots m-1$$

mit Ausnahme des Systems $h = h' = 0$ erstreckt.

Alle Factoren des Products auf der rechten Seite dieser Gleichung (25) sind ganze algebraische dem Bereiche (ϱ) entstammende Grössen; der Quotient auf der linken Seite ist also auch eine solche ganze algebraische Grösse. Ist nun m prim zu n, und bestimmt man eine ungrade Zahl m' gemäss der Congruenz: $mm' \equiv 1 \pmod{n}$ und setzt: $lm \equiv l'$, so wird: $l \equiv l'm' \pmod{n}$, und man ersieht also, dass auch der Quotient:

$$\frac{\sqrt{\varkappa}\sin\mathrm{am}\frac{4l'm'K}{n}}{\sqrt{\varkappa}\sin\mathrm{am}\frac{4l'K}{n}} \quad \text{oder} \quad \frac{\sqrt{\varkappa}\sin\mathrm{am}\frac{4lK}{n}}{\sqrt{\varkappa}\sin\mathrm{am}\frac{4lmK}{n}}$$

eine ganze algebraische dem Bereiche (ϱ) entstammende Grösse sein muss. Vermöge der Voraussetzung, dass m prim zu n sei, sind die beiden Grössen $\sqrt{\varkappa}\sin\mathrm{am}\frac{4lK}{n}$

und $\sqrt{\varkappa}$ sin am $\frac{4lmK}{n}$ mit einander conjugirt, und andererseits lässt sich für je zwei conjugirte Grössen $\sqrt{\varkappa}$ sin am $\frac{4hK}{n}$ und $\sqrt{\varkappa}$ sin am $\frac{4h_1K}{n}$ eine Zahl m so bestimmen, dass $h_1 \equiv hm \pmod{n}$ wird. Es zeigt sich daher,

> dass der Quotient je zweier conjugirter Grössen $\sqrt{\varkappa}$ sin am $\frac{4hK}{n}$, $\sqrt{\varkappa}$ sin am $\frac{4h_1K}{n}$ eine ganze algebraische dem Bereiche (ϱ) entstammende *Einheit* ist; oder, was damit vollständig übereinkommt, dass jede der mit einander conjugirten Grössen $\sqrt{\varkappa}$ sin am $\frac{4hK}{n}$ sich nur durch eine ganze algebraische Einheit von einer derselben unterscheidet.

Ganz ebenso folgt natürlich, dass, wenn man in dem Ausdruck:

$$\sqrt{\varkappa}\,\mathrm{sin\,am}\,\frac{4hlK+2h'lK'i}{n}$$

für l der Reihe nach alle Zahlen nimmt, die zu n relativ prim und kleiner als n sind, die hierdurch entstehenden verschiedenen Grössen*) sich sämmtlich nur durch Factoren von einander unterscheiden, welche ganze algebraische dem Bereiche (ϱ) entstammende Einheiten sind.

Setzt man in der Formel (24):

$$u = \frac{4gK+2g'K'i}{m},$$

so resultirt die Gleichung:

$$(26)\qquad \frac{\sqrt{\varkappa}\,\mathrm{sin\,am}\,\frac{4gnK+2g'nK'i}{m}}{\sqrt{\varkappa}\,\mathrm{sin\,am}\,\frac{4gK+2g'K'i}{m}} = (-1)^{\frac{1}{2}(n-1)}\prod_{h,h'}\sqrt{\varkappa}\,\mathrm{sin\,am}\left(\frac{4gK+2g'K'i}{m}+\frac{4hK+2h'K'i}{n}\right),$$

wo die Multiplication rechts auf alle n^2 Werthsysteme $h, h' = 0, 1, \ldots n-1$ mit Ausnahme von $h = h' = 0$ zu erstrecken ist. Wenn nun n prim zu m ist, so stellen die beiden Ausdrücke im Zähler und Nenner auf der linken Seite *conjugirte* algebraische Grössen dar, die sich also, wie soeben gezeigt worden ist, nur durch Einheiten

*) Wenn h und h' keinen gemeinsamen Theiler mit n haben, so ist die Anzahl der verschiedenen Größen offenbar $\varphi(n)$, diese Zahl in derselben Bedeutung genommen, wie im art. 38 von *Gauss* Disqq. Arithm.[1]) Je zwei der $\varphi(n)$ Grössen unterscheiden sich aber nur durch das Vorzeichen von einander.

[1]) *Gauss*, Werke, Bd. I, S. 30.

H

von einander unterscheiden. Es folgt daher, dass das Product auf der rechten Seite und also auch jeder der Factoren für sich eine ganze algebraische Einheit sein muss. Jeder dieser Factoren lässt sich in der Form:

$$\sqrt{\varkappa}\sin\operatorname{am}\frac{4lK+2l'K'i}{r}$$

und zwar so darstellen, dass der Bruch unter dem Zeichen sin am in der reducirten Form ist, d. h. dass l und l' keinen Divisor von r als gemeinsamen Theiler haben. Setzt man nun voraus, dass auch der Bruch $\frac{4gK+2g'K'i}{m}$ in der reducirten Form ist, d. h. dass g und g' keinen Divisor von m mit einander gemein haben, so muss offenbar für jeden Factor auf der rechten Seite der Gleichung (26) der Nenner r sowohl den Divisor m als auch irgend einen Divisor von n als Factor enthalten. Es muss also r mindestens zwei verschiedene Primfactoren enthalten. Geht man andererseits von irgend einem reducirten Bruche:

$$\frac{4lK+2l'K'i}{r}$$

aus, bei welchem der Nenner r mindestens zwei verschiedene Primfactoren enthält, so kann dieser stets in der Form:

$$\frac{4gK+2g'K'i}{m}+\frac{4hK+2h'K'i}{n}$$

dargestellt werden, bei welcher m und n zu einander relativ prim sind. Das hiermit erlangte Resultat lässt sich folgendermaassen formuliren:

> Jede Grösse $\sqrt{\varkappa}\sin\operatorname{am}\frac{4hK+2h'K'i}{n}$, für welche der Nenner des Bruches unter dem Zeichen sin am (in der reducirten Form) mehr als eine einzige Primzahl enthält, ist eine ganze algebraische dem Bereiche (ϱ) entstammende *Einheit*.

Da ferner der absolute Werth des von x unabhängigen Gliedes in $F_n(x)$ gleich dem absoluten Werthe des Products:

$$\prod\sqrt{\varkappa}\sin\operatorname{am}\frac{4hK+2h'K'i}{n}$$

ist, wenn darin die Multiplication auf alle diejenigen Werthsysteme $h, h' = 0, 1, \ldots n-1$ erstreckt wird, bei denen h und h' nicht einen Divisor von n als gemeinsamen Theiler haben, für welche also der Bruch unter dem Zeichen sin am in der reducirten Form ist, so folgt, dass $F_n(0) = \pm 1$ sein muss, wenn die Zahl n mehr als eine einzige Primzahl enthält.

Es soll nun andererseits gezeigt werden, dass wenn n die Potenz einer einzigen Primzahl p ist, $F_n(0) = \pm p$ und also $\sqrt{\varkappa}$ sin am $\frac{4hK + 2h'K'i}{n}$ *nicht* algebraische Einheit ist.

Differentiirt man nämlich die Multiplicationsformel (4) des § 1 nach x und setzt dann $x = 0$, so ergiebt sich $(-1)^{\frac{1}{2}(n-1)} n$ als Werth des Coefficienten φ_{n0}. Es ist daher:

(27) $$\prod_{h,h'} \sqrt{\varkappa} \sin \mathrm{am} \frac{4hK + 2h'K'i}{n} = (-1)^{\frac{1}{2}(n-1)} n,$$
$$(h, h' = 0, 1, \ldots n-1, \text{ ausser } h = h' = 0)$$

und da im § 2:
$$x^{n^2} + \sum_r \varphi_{nr} x^{2r+1} = \Phi_n(x) \qquad \left(r = 0, 1, 2, \ldots \tfrac{1}{2}(n^2 - 3)\right)$$

gesetzt worden und ferner gemäss der Gleichung (15) am Schlusse desselben Paragraphen:
$$\Phi_n(x) = \prod_d F_d(x)$$

ist, wenn die Multiplication auf alle Divisoren d von n erstreckt wird, so ergiebt sich, dass $(-1)^{\frac{1}{2}(n-1)} n$, als Wert von φ_{n0}, zugleich der Werth des nach x genommenen Differentialquotienten von $\prod F_d(x)$ für $x = 0$ ist. Der Factor $F_1(x)$ dieses Products ist x selbst; der Differentialquotient von $\prod F_d(x)$ reducirt sich also für $x = 0$ auf das Product derjenigen Factoren, bei denen $d > 1$ ist, und es ergiebt sich daher die Gleichung:

(28) $$\prod_d F_d(0) = \pm n,$$

wenn die Multiplication auf alle von Eins verschiedenen Divisoren der Zahl n erstreckt wird.

Ist n gleich einer Primzahl p, so ist daher $F_p(0) = \pm p$. Ist ferner $n = p^2$, so kommt:
$$F_p(0) F_{p^2}(0) = \pm p^2,$$
und es muss also, da $F_p(0) = \pm p$ ist, auch $F_{p^2}(0) = \pm p$ sein. Ebenso folgt, dass allgemein:

(29) $$F_n(0) = \pm p$$

und also:

(30) $$\prod_{h,h'} \sqrt{\varkappa}\sin\mathrm{am}\frac{4hK+2h'K'i}{n} = \pm p$$

sein muss, wenn n eine Potenz der Primzahl p ist und die Multiplication nur auf alle diejenigen Werthsysteme: $h, h' = 0, 1, \ldots n-1$

erstreckt wird, bei denen nicht beide Zahlen h und h' durch p theilbar sind.

Ist $n = p_1^{a_1} p_2^{a_2} p_3^{a_3} \ldots$, wo $p_1, p_2, p_3, \ldots$ unter einander verschiedene Primzahlen bedeuten, so ist gemäss der Gleichung (28):

$$\prod_d F_d(0) = \pm p_1^{a_1} p_2^{a_2} p_3^{a_3} \ldots$$

Nun haben aber, wie die Gleichung (29) zeigt, alle diejenigen a_1 Factoren links den Werth $\pm p_1$, bei denen d die Werthe $p_1, p_1^2, \ldots p_1^{a_1}$ hat; ebenso haben alle diejenigen a_2 Factoren den Werth $\pm p_2$, bei denen d die Werthe $p_2, p_2^2, \ldots p_2^{a_2}$ hat u. s. f. Es wird also schon:

$$\Pi F_d(0) = \pm p_1^{a_1} p_2^{a_2} p_3^{a_3} \ldots,$$

wenn die Multiplication links nur auf alle diejenigen Divisoren von n erstreckt wird, welche Primzahlpotenzen sind. Für jeden anderen Divisor d muss daher $F_d(0) = \pm 1$ sein, und es ergiebt sich also hier nochmals das schon oben abgeleitete Resultat, dass $F_n(0) = \pm 1$ ist, wenn n mehr als eine einzige Primzahl enthält.

§ 6.

Da $\sin\mathrm{am}(v+2K) = -\sin\mathrm{am}\, v$ und also:

$$\sin\mathrm{am}(K+v) = \sin\mathrm{am}(K-v) = \sin\mathrm{coam}\, v$$

ist, so geht die Gleichung (5) des § 2, wenn darin $u = K$ und demgemäss $X = \sqrt{\varkappa}\sin\mathrm{am}\, nu = (-1)^{\frac{1}{2}(n-1)}\sqrt{\varkappa}$ gesetzt wird, in folgende über:

(31) $$x^{n^2} + \sum \varphi_{n,r} x^{2r+1} - \left(1 + \sum \varphi_{n,r} x^{n^2-2r-1}\right)\sqrt{\varkappa} = 0$$
$$(r = 0, 1, 2, \ldots \tfrac{1}{2}(n^2-3))$$

mit den n^2 Wurzeln: $\sqrt{\varkappa}\sin\mathrm{coam}\frac{4hK+2h'K'i}{n}$ $(h, h' = 0, 1, 2, \ldots n-1)$.

Eine dieser Wurzeln, nämlich diejenige, für welche $h = h' = 0$ ist, hat den Werth

$\sqrt{\varkappa}$, und je zwei von den übrigen:

$$\sqrt{\varkappa}\,\sin\operatorname{coam}\frac{4hK+2h'K'i}{n}\,,\quad \sqrt{\varkappa}\,\sin\operatorname{coam}\frac{-4hK-2h'K'i}{n}$$

sind einander gleich. Es muss also eine Gleichung bestehen:

$$x^{n^2}+\sum_r \varphi_{n,r}x^{2r+1}-\Big(1+\sum_r \varphi_{n,r}x^{n^2-2r-1}\Big)\sqrt{\varkappa}=(x-\sqrt{\varkappa})\,\Psi^2(x,\sqrt{\varkappa}), \tag{32}$$
$$\left(r=0,1,2,\dots\tfrac{1}{2}(n^2-3)\right)$$

in welcher $\Psi(x,\sqrt{\varkappa})$ eine ganze Function von x vom Grade $\frac{1}{2}(n^2-1)$ bedeutet. Der erste Coefficient, d. h. der Coefficient der höchsten Potenz von x in $\Psi(x,\sqrt{\varkappa})$, ist offenbar $=\pm 1$ und kann also gleich $+1$ angenommen werden; der letzte Coefficient, d. h. $\Psi(0,\sqrt{\varkappa})$, hat ebenfalls den Werth ± 1, da für $x=0$ der Ausdruck auf der linken Seite der Gleichung (32) gleich $-\sqrt{\varkappa}$ wird. Es ist ferner:

$$\Psi(x,\sqrt{\varkappa})=\prod_{h,h'}\left(x-\sqrt{\varkappa}\,\sin\operatorname{coam}\frac{4hK+2h'K'i}{n}\right) \tag{33}$$
$$\left(h=0,1,\dots n-1;\ h'=1,2,\dots\tfrac{1}{2}(n-1)\ \text{und}\ h'=0;\ h=1,2,\dots\tfrac{1}{2}(n-1)\right)$$

und also:

$$\prod_{h,h'}\sqrt{\varkappa}\,\sin\operatorname{coam}\frac{4hK+2h'K'i}{n}=\pm 1, \tag{34}$$

wenn die Multiplication auf die angegebenen $\frac{1}{2}(n^2-1)$ Werthsysteme von h, h' erstreckt wird.

Die $\frac{1}{2}(n^2-1)$ verschiedenen Grössen $\sqrt{\varkappa}\,\sin\operatorname{coam}\frac{4hK+2h'K'i}{n}$ sind, als Wurzeln der Gleichung (31), sämmtlich *ganze* algebraische dem Bereiche (ϱ) entstammende Grössen, da erstens der Coefficient der höchsten Potenz von x in der bezeichneten Gleichung gleich Eins ist, da zweitens die Coefficienten $\varphi_{n,r}$ ganze rationale Grössen des Bereichs (ϱ) sind, und da endlich $\sqrt{\varkappa}$ als Wurzel der Gleichung:

$$(\sqrt{\varkappa})^4-\varrho\,(\sqrt{\varkappa})^2+1=0$$

eine ganze algebraische dem Bereiche (ϱ) entstammende Grösse ist.

Die Coefficienten der verschiedenen Potenzen von x in $\Psi(x,\sqrt{\varkappa})$ sind hiernach ebenfalls ganze algebraische dem Bereiche (ϱ) entstammende Grössen; sie sind aber zugleich rational in $\sqrt{\varkappa}$, denn die Coefficienten von $\Psi^2(x)$ haben offenbar diese

Eigenschaft und also auch die Coefficienten der Derivirten: $\Psi(x)\Psi'(x)$; die Function $\Psi(x)$ selbst ist aber der grösste gemeinschaftliche Theiler von $\Psi^2(x)$ und $\Psi(x)\Psi'(x)$, und die Coefficienten von $\Psi(x)$ gehören daher demselben Rationalitätsbereich an wie die von $\Psi^2(x)$.

Da die Coefficienten von $\Psi(x, \sqrt{\varkappa})$, wie sich gezeigt hat, ganze algebraische Grössen des Gattungsbereichs $(\varrho, \sqrt{\varkappa})$ sind, und da ferner der Coefficient der höchsten Potenz von x ebenso wie der von x unabhängige Term den absoluten Werth Eins hat,

so sind die Wurzeln der Gleichung $\Psi(x, \sqrt{\varkappa}) = 0$, nämlich die Grössen $\sqrt{\varkappa} \sin \operatorname{coam} \frac{4hK + 2h'K'i}{n}$, sämmtlich ganze algebraische *Einheiten*, welche dem Bereiche (ϱ) entstammen.

Da $\sin \operatorname{coam} u = \frac{\cos \operatorname{am} u}{\Delta \operatorname{am} u}$ ist, so wird, wenn man zur Abkürzung

$$\sqrt{\varkappa} \sin \operatorname{am} \frac{4hK + 2h'K'i}{n}$$

durch s bezeichnet:

$$\sqrt{\varkappa} \sin \operatorname{coam} \frac{4hK + 2h'K'i}{n} = \frac{\sqrt{\varkappa - s^2}}{\sqrt{1 - \varkappa s^2}},$$

und das Product:

$$\left(x^2 - \varkappa \sin^2 \operatorname{coam} \frac{4hK + 2h'K'i}{n}\right)\left(x^2 - \frac{1}{\varkappa \sin^2 \operatorname{coam} \frac{4hK + 2h'K'i}{n}}\right)$$

wird daher gleich:

$$x^4 - \frac{\varrho(1 + s^4) - 4s^2}{1 + s^4 - \varrho s^2} x^2 + 1.$$

Setzt man hierin für s^2 die $\frac{1}{2}(n^2 - 1)$ verschiedenen Werthe von:

$$\varkappa \sin^2 \operatorname{am} \frac{4hK + 2h'K'i}{n}$$

$$\left(h = 0, 1, \ldots n - 1;\ h' = 1, 2, \ldots \tfrac{1}{2}(n-1) \text{ und } h' = 0;\ h = 1, 2, \ldots \tfrac{1}{2}(n-1)\right)$$

und multiplicirt alle so entstehenden Ausdrücke mit einander, so resultirt eine ganze Function von x^2, deren Coefficienten, als symmetrische Functionen der $\frac{1}{2}(n^2 - 1)$ Werthe von s^2, d. h. also der $n^2 - 1$ Wurzeln der Gleichung: $\frac{1}{x}\Phi_n(x) = 0$, dem Rationalitätsbereiche (ϱ) angehören. Multiplicirt man diese Function von x^2 mit dem Product:

$$\prod_{h, h'} \varkappa \sin^2 \operatorname{coam} \frac{4hK + 2h'K'i}{n},$$

dessen Werth gemäss der Gleichung (34) den Werth Eins hat, so kann dieselbe durch das Product:

$$\Psi(x, \sqrt{\varkappa})\,\Psi(-x, \sqrt{\varkappa})\,x^{n^2-1}\,\Psi\left(\frac{1}{x}, \sqrt{\varkappa}\right)\Psi\left(-\frac{1}{x}, \sqrt{\varkappa}\right)$$

dargestellt werden, welches mit $\Psi_n(x^2)$ bezeichnet werden möge. Wenn nun $\Phi_n(x)$, wie oben, das Aggregat $x^{n^2} + \sum_r \varphi_{nr}\,x^{2r+1}$ auf der linken Seite der Gleichung (32) bedeutet, so lässt sich eben diese Gleichung folgendermaassen ausdrücken:

$$\frac{1}{x-\sqrt{\varkappa}}\left(\Phi_n(x) - \sqrt{\varkappa}\,x^{n^2}\,\Phi_n\left(\frac{1}{x}\right)\right) = \Psi^2(x, \sqrt{\varkappa}),$$

und es zeigt sich dabei, dass:

$$\Psi\left(x, \frac{1}{\sqrt{\varkappa}}\right) = \pm\,x^{\frac{1}{2}(n^2-1)}\,\Psi\left(\frac{1}{x}, \sqrt{\varkappa}\right)$$

ist. Jenes Product $\Psi_n(x^2)$ kann demnach auch in der Form:

$$\Psi(x, \sqrt{\varkappa})\,\Psi(-x, \sqrt{\varkappa})\,\Psi\left(x, \frac{1}{\sqrt{\varkappa}}\right)\Psi\left(-x, \frac{1}{\sqrt{\varkappa}}\right)$$

dargestellt werden, bei welcher es evident wird, dass die Coefficienten von $\Psi_n(x^2)$ in Beziehung auf $\sqrt{\varkappa}$ und $\frac{1}{\sqrt{\varkappa}}$ symmetrisch sind.

Da die Coefficienten jedes einzelnen der vier Factoren von $\Psi_n(x^2)$:

$$\Psi(\pm x, \sqrt{\varkappa}),\quad x^{\frac{1}{2}(n^2-1)}\,\Psi\left(\pm\frac{1}{x}, \sqrt{\varkappa}\right)$$

ganze algebraische Functionen von ϱ sind, so sind die Coefficienten von $\Psi_n(x^2)$ selbst, welche ja, wie oben dargelegt worden ist, dem Rationalitätsbereiche (ϱ) angehören, *ganze* Grössen eben dieses Bereichs. Es ist daher

das mit $\Psi_n(x^2)$ bezeichnete Product:

$$\prod_{h,h'}\left(x^2 - \varkappa\sin^2\operatorname{coam}\frac{4hK+2h'K'i}{n}\right)\left(x^2 - \frac{1}{\varkappa\sin^2\operatorname{coam}\frac{4hK+2h'K'i}{n}}\right)$$

eine *ganze* Grösse des Rationalitätsbereichs (ϱ, x^2).

Die von *Jacobi* mit $\Delta\operatorname{am}(u, \varkappa)$ bezeichnete Grösse

$$\sqrt{1-\varkappa^2\sin^2\operatorname{am}(u, \varkappa)}$$

ist für jeden der Werthe:

$$u = \frac{4hK+2h'K'i}{n} \qquad (h, h' = 0, 1, \ldots n-1)$$

offenbar eine ganze algebraische dem Bereiche (ϱ) entstammende Grösse. Für das Product aller dieser Grössen besteht die Gleichung:

$$(85) \qquad \prod_{h,h'} \Delta \operatorname{am} \frac{4hK + 2h'K'i}{n} = (1 - \varkappa^2)^{\frac{1}{4}(n^2-1)},$$

welche sich bei Anwendung der Relation:

$$\sin \operatorname{coam}(-iu, \varkappa')\, \Delta \operatorname{am}(u, \varkappa) = 1 \qquad (\varkappa' = \sqrt{1-\varkappa^2})$$

unmittelbar aus der Gleichung (84) ergiebt. Nun ist, wenn man wie oben

$$\sqrt{\varkappa} \sin \operatorname{am} \frac{4hK + 2h'K'i}{n}$$

durch s bezeichnet:

$$\sin' \operatorname{am} \frac{4hK + 2h'K'i}{n} = \sqrt{1 - \varrho s^2 + s^4};$$

es ist daher gemäss der Gleichung (2) des § 1:

$$\sin' \operatorname{am} \frac{4hK + 2h'K'i}{n} = \frac{1 - s^4}{2s} \sqrt{\varkappa} \sin \operatorname{am} 2 \cdot \frac{4hK + 2h'K'i}{n},$$

und folglich, wenn man auf der rechten Seite unter dem Zeichen sin am die Zahl 2 durch die Zahl $n + 2$ ersetzt und dann die Gleichung (4) des § 1 anwendet:

$$(86) \qquad \sin' \operatorname{am} \frac{4hK + 2h'K'i}{n} = (-1)^{\frac{1}{2}(n+1)} \frac{(1 - s^4)\, \Phi_{n+2}(s)}{2s^{(n+2)^2+1}\, \Phi_{n+2}\left(\frac{1}{s}\right)}.$$

Diese Gleichung zeigt, dass die Grösse $\sin' \operatorname{am} \frac{4hK + 2h'K'i}{n}$ dem Gattungsbereiche (ϱ, s), d. h.

$$\left(\varrho, \sqrt{\varkappa} \sin \operatorname{am} \frac{4hK + 2h'K'i}{n}\right),$$

angehört; dieselbe Grösse ist ferner, als Quadratwurzel aus $1 - \varrho s^2 + s^4$ offenbar eine *ganze* algebraische Function von ϱ; die $\frac{1}{2}(n^2 - 1)$ verschiedenen Grössen:

$$\sin' \operatorname{am} \frac{4hK + 2h'K'i}{n} \qquad \left(\begin{matrix} h = 0, 1, \ldots n-1;\ h' = 1, 2, \ldots \frac{1}{2}(n-1), \\ \text{und } h' = 0;\ h = 1, 2, \ldots \frac{1}{2}(n-1) \end{matrix}\right)$$

sind also ganze algebraische dem Bereiche (ϱ) entstammende Grössen, und ihre Quadrate sind Wurzeln einer Gleichung des Grades $\frac{1}{2}(n^2 - 1)$, deren Coefficienten ganze Grössen des Rationalitätsbereiches (ϱ) sind. Der letzte Coefficient dieser Gleichung, d. h. also der Werth des Products der $\frac{1}{2}(n^2 - 1)$ Wurzeln, bestimmt sich mit Hülfe der Relation:

$$\sin' \operatorname{am} u = \sin \operatorname{coam} u\, \Delta^2 \operatorname{am} u$$

aus den Gleichungen (34) und (35), und es ergiebt sich dabei, dass:

$$\prod_{h,h'} \sin' \operatorname{am} \frac{4hK + 2h'K'i}{n} = \pm (\varrho^2 - 4)^{\frac{1}{8}(n^2-1)} \tag{37}$$

$$\left(h = 0, 1, \dots n-1 \mid h' = 1, 2, \dots \tfrac{1}{2}(n-1), \text{ und } h' = 0 \mid h = 1, 2, \dots \tfrac{1}{2}(n-1)\right)$$

ist. Dieses Resultat soll nun zur Ermittelung der Discriminante von $\Phi_n(x)$ benutzt werden.

Doch möge hier noch die Bemerkung Platz finden, dass sämmtliche Grössen:

$$\sqrt{\varkappa} \sin \operatorname{am} \frac{4hK + h'K'i}{n}, \quad \sin' \operatorname{am} \frac{4hK + 2h'K'i}{n} \qquad (h, h' = 0, 1, \dots n-1)$$

dem Gattungsbereich:

$$\left(\varrho, \sqrt{\varkappa} \sin \operatorname{am} \frac{2K}{n}, \sqrt{\varkappa} \sin \operatorname{am} \frac{2K'i}{n}\right)$$

angehören, da $\sqrt{\varkappa} \sin \operatorname{am} \frac{4hK + 2h'K'i}{n}$ sich mittels des Additionstheorems als rationale Function der fünf Grössen:

$$\varrho, \sqrt{\varkappa} \sin \operatorname{am} \frac{2K}{n}, \sqrt{\varkappa} \sin \operatorname{am} \frac{2K'i}{n}, \sin' \operatorname{am} \frac{2K}{n}, \sin' \operatorname{am} \frac{2K'i}{n}$$

darstellen lässt, von denen die letzten beiden wiederum gemäss der obigen Gleichung (36) als rationale Functionen der ersten drei Grössen ausdrückbar sind.

Hieraus folgt ferner, dass die n^2 Grössen:

$$\sqrt{\varkappa} \sin \operatorname{am} \left(u + \frac{4hK + 2h'K'i}{n}\right) \qquad (h, h' = 0, 1, \dots n-1),$$

welche gemäss § 2 ganze algebraische dem Bereiche $\left(\varrho, \sqrt{\varkappa} \sin \operatorname{am} nu\right)$ entstammende Grössen sind, sämmtlich dem Gattungsbereiche:

$$\left(\varrho, \sin' \operatorname{am} u, \sqrt{\varkappa} \sin \operatorname{am} u, \sqrt{\varkappa} \sin' \operatorname{am} \frac{2K}{n}, \sqrt{\varkappa} \sin \operatorname{am} \frac{2K'i}{n}\right)$$

angehören, wenn u, wie im § 2, eine unbestimmte Variable bedeutet.

§ 7.

Setzt man, wie oben (§ 2):

$$x^{n^2} + \sum_r \varphi_{nr} x^{2r+1} = \Phi_n(x) \qquad \left(r = 0, 1, 2, \dots \tfrac{1}{2}(n^2-3)\right),$$

so ist gemäss der a. a. O entwickelten Gleichung (5)

$$\Phi_n(x) = (-1)^{\frac{1}{2}(n-1)} x^{n^2} X \Phi_n\left(\frac{1}{x}\right) \tag{5*}$$

für:

$$X = \sqrt{\varkappa}\sin\operatorname{am} nu,\; x = \sqrt{\varkappa}\sin\operatorname{am}\left(u + \frac{4gK + 2g'K'i}{n}\right).$$
$$(g, g' = 0, 1, \ldots n-1)$$

Differentiirt man die Gleichung (5*) nach u und setzt dann $u = 0$, so kommt:

$$\Phi_n'(x)\sin'\operatorname{am}\frac{4gK + 2g'K'i}{n} = (-1)^{\frac{1}{2}(n-1)} n x^{n^2}\Phi_n\left(\frac{1}{x}\right)$$

für:

$$x = \sqrt{\varkappa}\sin\operatorname{am}\frac{4gK + 2g'K'i}{n},$$

wenn mit $\Phi_n'(x)$ die Ableitung von $\Phi_n(x)$ bezeichnet wird. Da nun:

$$x^{n^2}\Phi_n\left(\frac{1}{x}\right) = \prod_{h,h'}\left(1 - x^2\varkappa\sin^2\operatorname{am}\frac{4hK + 2h'K'i}{n}\right)$$
$$\left(h = 0, 1, \ldots n-1;\; h' = 1, 2, \ldots \tfrac{1}{2}(n-1) \text{ und } h' = 0;\; h = 1, 2, \ldots \tfrac{1}{2}(n-1)\right)$$

ist, so zeigt sich, dass der Werth des Products:

$$\prod_{h,h'} n\left(1 - \varkappa^2\sin^2\operatorname{am}\frac{4gK + 2g'K'i}{n}\sin^2\operatorname{am}\frac{4hK + 2h'K'i}{n}\right)$$
$$\left(h = 0, 1, \ldots n-1;\; h' = 1, 2, \ldots \tfrac{1}{2}(n-1) \text{ und } h' = 0;\; h = 1, 2, \ldots \tfrac{1}{2}(n-1)\right)$$

mit dem Werthe des Ausdrucks:

$$\sin'\operatorname{am}\frac{4gK + 2g'K'i}{n}\,\Phi_n'\left(\sqrt{\varkappa}\sin\operatorname{am}\frac{4gK + 2g'K'i}{n}\right)$$

genau übereinstimmt. Setzt man in diesem Ausdrucke für g, g' der Reihe nach die n^2 Werthsysteme:

$$g, g' = 0, 1, \ldots n-1$$

und multiplicirt alle auf diese Weise entstehenden Grössen mit einander, so erhält man die Discriminante von $\Phi_n(x)$, mulitplicirt mit dem Product:

$$\prod_{g,g'}\sin'\operatorname{am}\frac{4gK + 2g'K'i}{n} \qquad (g, g' = 0, 1, \ldots n-1),$$

welches gemäss der Gleichung (37) den Werth: $(\varrho^2 - 4)^{\frac{1}{4}(n^2-1)}$ hat. Es ist daher:

(38)
$$(\varrho^2 - 4)^{\frac{1}{4}(n^2-1)} D(\Phi_n(x)) = n^{n^2}\prod_{g,g'}\prod_{h,h'}\left(1 - \varkappa^2\sin^2\operatorname{am}\frac{4gK + 2g'K'i}{n}\sin^2\operatorname{am}\frac{4hK + 2h'K'i}{n}\right),$$
$$\left(g, g' = 0, 1, \ldots n-1;\; h = 0, 1, \ldots n-1;\; h' = 1, 2, \ldots \tfrac{1}{2}(n-1) \text{ und } h' = 0;\; h = 1, 2, \ldots \tfrac{1}{2}(n-1)\right)$$

wenn $D(\Phi_n(x))$ die Discriminante von $\Phi_n(x)$ bedeutet.

Behufs Ermittelung des Werthes des Doppelproducts auf der rechten Seite der Gleichung (38) gehe ich von jener Fundamentalgleichung für die θ-Function aus:

$$1 - \varkappa^2 \sin^2 \operatorname{am} u \sin^2 \operatorname{am} v = \frac{\theta(u+v)\,\theta(u-v)}{(\theta(u)\,\theta(v))^2}\,(\theta(0))^2,$$

welche *Jacobi* im § 53 der Fundamenta[1]) abgeleitet hat. Da die Beziehung zwischen dieser θ-Function und der hier mit ϑ_0 bezeichneten Function durch die Gleichungen:

$$\theta(2K\zeta) = \vartheta_0(\zeta), \quad \sqrt{\frac{2K}{\pi}} = \vartheta_3(0)$$

ausgedrückt wird, so kann jene Fundamentalgleichung in der Form:

$$1 - \varkappa^2 \sin^2 \operatorname{am} 2K\xi \sin^2 \operatorname{am} 2K\eta = \frac{\vartheta_0(\xi+\eta)\,\vartheta_0(\xi-\eta)}{(\vartheta_0(\xi)\,\vartheta_0(\eta))^2}\,(\vartheta_0(0))^2$$

dargestellt werden. Es ist ferner: *)

$$\frac{\vartheta_0(\zeta, w)}{\vartheta_0(0, w)} = \prod_\nu \frac{(1-e^{(\nu w+2\zeta)\pi i})\,(1-e^{(\nu w-2\zeta)\pi i})}{(1-e^{\nu w\pi i})^2} \qquad (\nu = 1, 3, 5, \ldots \text{ in inf.})$$

und also:

$$\text{(39)} \qquad \frac{\prod\limits_\varepsilon \vartheta_0(\eta+\varepsilon\xi)}{(\vartheta_0(0))^2} \prod_\nu (1-e^{\nu w\pi i})^4 = \prod_{\varepsilon, \varepsilon', \nu} (1-e^{(\nu w+2\varepsilon\xi+2\varepsilon'\eta)\pi i}).$$
$$(\varepsilon, \varepsilon' = -1, +1;\ \nu = 1, 3, 5, \ldots \text{ in inf.})$$

Nun sollen in das Product auf der rechten Seite für η die $\frac{1}{2}(n^2-1)$ Werthe

$$\frac{2h+h'w}{n} \qquad \left(\begin{matrix} h = 0, 1, \ldots n-1;\ h' = 1, 2, \ldots \frac{1}{2}(n-1) \\ \text{und } h' = 0;\ h = 1, 2, \ldots \frac{1}{2}(n-1) \end{matrix}\right)$$

gesetzt und alsdann alle auf diese Weise entstehenden Producte mit einander multiplicirt werden. Dabei wird zuvörderst:

$$\prod_{h=0}^{h=n-1} \left(1 - e^{\left(\nu w+2\varepsilon\xi+2\varepsilon'\frac{2h+h'w}{n}\right)\pi i}\right) = 1 - e^{((\nu n+2\varepsilon' h')w+2\varepsilon n\xi)\pi i},$$

folglich:

$$\prod_{\varepsilon, \varepsilon', h'} \left(1 - e^{((\nu n+2\varepsilon' h')w+2\varepsilon n\xi)\pi i}\right) = \prod_{\varepsilon, r} (1 - e^{(rw+2\varepsilon n\xi)\pi i}),$$
$$\left(\varepsilon, \varepsilon' = -1, +1;\ h' = 1, 2, \ldots \tfrac{1}{2}(n-1)\right) \quad \left(\varepsilon = -1, +1;\ r = (\nu-1)n+1, (\nu-1)n+3, \ldots (\nu+1)n-1\right)$$

*) Vergl. Art. I, S. 347, wo schon die Productentwickelung von $\vartheta(\zeta, w)$ angegeben ist.

[1]) *Jacobi*, Werke, Bd. I, S. 204.

und da dann, wenn ν *alle* positiven ungraden Werthe durchläuft, die Zahl r alle positiven ungraden Werthe mit Ausnahme derjenigen erhält, welche durch n theilbar sind, so resultirt die Gleichung:

$$(40) \qquad \prod_{\varepsilon,\varepsilon',h,h',\nu}\left(1-e^{\left(\nu w+2\varepsilon\xi+2\varepsilon'\frac{2h+h'w}{n}\right)\pi i}\right)=\prod_{\varepsilon,\nu}\frac{1-e^{(\nu w+2\varepsilon n\xi)\pi i}}{1-e^{(\nu n w+2\varepsilon n\xi)\pi i}}.$$
$$\left(\varepsilon,\varepsilon'=-1,+1;\ h=0,1,\dots n-1;\ h'=1,2,\dots\tfrac{1}{2}(n-1);\ \nu=1,3,5,\dots \text{in inf.}\right)$$

Hiermit ist die Multiplication in Beziehung auf die Werthsysteme:

$$\left(h=0,1,\dots n-1;\ h'=1,2,\dots\frac{1}{2}(n-1)\right)$$

erstreckt, und es ist nun noch $h'=0$, $h=1,2,\dots\frac{1}{2}(n-1)$ zu nehmen, also das Product:

$$\prod_{\varepsilon,\varepsilon',h,\nu}\left(1-e^{\left(\nu w+2\frac{\varepsilon' h}{n}+2\varepsilon\xi\right)\pi i}\right) \qquad \left(\begin{matrix}\varepsilon,\varepsilon'=-1,+1;\ h=1,2,\dots\frac{1}{2}(n-1)\\ \nu=1,3,5,\dots \text{in inf.}\end{matrix}\right)$$

zu bilden, dessen Werth offenbar mit dem des Products:

$$\prod_{\varepsilon,\nu}\frac{1-e^{(\nu n w+2\varepsilon n\xi)\pi i}}{1-e^{(\nu w+2\varepsilon\xi)\pi i}} \qquad (\varepsilon=-1,+1;\ \nu=1,3,5,\dots \text{in inf.})$$

übereinstimmt. Wird dieses Product mit demjenigen multiplicirt, welches auf der rechten Seite der Gleichung (40) steht, so kommt:

$$\prod_{\varepsilon,\nu}\frac{1-e^{(\nu w+2\varepsilon n\xi)\pi i}}{1-e^{(\nu w+2\varepsilon\xi)\pi i}} \qquad (\varepsilon=-1,+1;\ \nu=1,3,5,\dots \text{in inf.}),$$

oder:

$$\frac{\vartheta_0(n\xi,w)}{\vartheta_0(\xi,w)},$$

und der Werth dieses ϑ-Quotienten stimmt also mit dem des Products aller derjenigen $\frac{1}{2}(n^2-1)$ Ausdrücke:

$$\prod_{\varepsilon,\varepsilon',\nu}\left(1-e^{(\nu w+2\varepsilon\xi+2\varepsilon'\eta)\pi i}\right) \qquad (\varepsilon,\varepsilon'=-1,+1;\ \nu=1,3,5,\dots \text{in inf.})$$

überein, welche resultiren, wenn hierin:

$$\eta=\frac{2h+h'w}{n} \qquad \left(\begin{matrix}\text{für } h=0,1,\dots n-1;\ h'=1,2,\dots\frac{1}{2}(n-1) \text{ und}\\ \text{für } h'=0;\ h=1,2,\dots\frac{1}{2}(n-1)\end{matrix}\right)$$

gesetzt wird. Diese Ausdrücke bilden die rechte Seite der Gleichung (39); es ergiebt sich daher das Resultat:

$$(41) \qquad \prod_{\varepsilon,h,h'}\vartheta_0\left(\varepsilon\xi+\frac{2h+h'w}{n}\right)\prod_{\nu}\left(1-e^{\nu w\pi i}\right)^{2(n^2-1)}=\left(\vartheta_0(0)\right)^{n^2-1}\cdot\frac{\vartheta_0(n\xi)}{\vartheta_0(\xi)}.$$
$$\left(\varepsilon=-1,+1;\ h=0,1,\dots n-1;\ h'=1,2,\dots\tfrac{1}{2}(n-1) \text{ und } h'=0;\ h=1,2,\dots\tfrac{1}{2}(n-1)\right)$$

und hieraus geht, wenn $\xi = 0$ genommen wird, die speciellere Relation:

$$\prod_{h,h'} \vartheta_0\left(\frac{2h + h'w}{n}\right) \prod_{\nu} \left(1 - e^{\nu w \pi i}\right)^{n^2-1} = \left(\vartheta_0(0)\right)^{\frac{1}{2}(n^2-1)} \tag{42}$$

hervor, in welcher die Multiplication links auf dieselben Werthe von h, h' wie oben auszudehnen ist.

Nunmehr folgt unmittelbar aus der Gleichung (39) mit Hülfe der beiden Relationen (41) und (42), dass die Gleichung:

$$\prod_{h,h'} \left(1 - \varkappa \sin \operatorname{am} 2K\xi \sin \operatorname{am} \frac{4hK + 2h'K'i}{n}\right) = \left(\frac{\vartheta_0(0)}{\vartheta_0(\xi)}\right)^{n^2} \cdot \frac{\vartheta_0(n\xi)}{\vartheta_0(0)} \qquad (h, h' = 0, 1, \dots n-1) \tag{43}$$

besteht, welche ich schon in meiner Mittheilung vom 19. Juli 1875 entwickelt habe.*) Setzt man darin für ξ die $\frac{1}{2}(n^2 - 1)$ Werthe:

$$\frac{2g + g'w}{n} \qquad \left(\begin{matrix} g = 0, 1, \dots n-1;\; g' = 1, 2, \dots \frac{1}{2}(n-1) \\ \text{und } g' = 0;\; g = 1, 2, \dots \frac{1}{2}(n-1) \end{matrix}\right)$$

und multiplicirt die hierdurch entstehenden Ausdrücke auf der einen wie auf der anderen Seite der Gleichung, so zeigt sich, dass der Werth des Products:

$$\prod_{g, g', h, h'} \left(1 - \varkappa \sin \operatorname{am} \frac{4gK + 2g'K'i}{n} \sin \operatorname{am} \frac{4hK + 2h'K'i}{n}\right) \tag{44}$$

$$\left(h, h' = 0, 1, \dots n-1;\; g = 0, 1, \dots n-1;\; g' = 1, 2, \dots \tfrac{1}{2}(n-1) \text{ und } g' = 0;\; g = 1, 2, \dots \tfrac{1}{2}(n-1)\right)$$

mit demjenigen des Products:

$$\prod_{g, g'} \left(\frac{\vartheta_0(0)}{\vartheta_0\left(\frac{2g + g'w}{n}\right)}\right)^{n^2} \cdot \frac{\vartheta_0(g'w)}{\vartheta_0(0)}$$

übereinstimmt. Da für jede ganze Zahl r:

$$\vartheta_0(\zeta + rw) = (-1)^r e^{-(2\zeta + rw) r\pi i} \vartheta_0(\zeta) \tag{45}$$

ist, so ergiebt die Multiplication der Factoren:

$$\frac{\vartheta_0(g'w)}{\vartheta_0(0)}$$

als Resultat:

$$\pm e^{-n w \pi i \sum_r r^2} \qquad \left(r = 1, 2, \dots \tfrac{1}{2}(n-1)\right)$$

*) Monatsbericht von 1875 S. 507.[1])

[1]) Bd. IV, S. 271 dieser Ausgabe von *L. Kronecker*'s Werken.

oder:

$$\pm e^{-\frac{1}{24}n^2(n^2-1)\omega\pi i}.$$

Es wird ferner gemäss der Gleichung (42):

$$\prod_{g,g'} \frac{\vartheta_0(0)}{\vartheta_0\left(\frac{2g+g'w}{n}\right)} = \prod_\nu (1-e^{\nu w\pi i})^{n^2-1} \qquad (\nu=1,3,5,\ldots \text{ in inf.}),$$

und der Werth des Products (44) ist daher gleich:

$$\left(e^{-\frac{w\pi i}{24}}\prod_\nu (1-e^{\nu w\pi i})\right)^{n^2(n^2-1)} \qquad (\nu=1,3,5,\ldots \text{ in inf.}).$$

Da endlich nach § 36 von *Jacobi*'s Fundamenta[1]) die Relation:

$$(46)\qquad e^{-\frac{w\pi i}{24}}\prod_\nu (1-e^{\nu w\pi i}) = (16(\varrho^2-4))^{\frac{1}{24}}$$

besteht, und da ferner jeder Factor des Products (44) bei Ausdehnung der Multiplication auf *alle* Werthe $g, g' = 0, 1, \ldots n-1$ offenbar zweimal genommen wird, so ergiebt sich die Gleichung:

$$(47)\qquad \prod_{g,g',h,h'}\left(1-\varkappa \sin\operatorname{am}\frac{4gK+2g'K'i}{n}\sin\operatorname{am}\frac{4hK+2h'K'i}{n}\right) = (16(\varrho^2-4))^{\frac{n^2(n^2-1)}{12}}, \quad (g,g',h,h'=0,1,\ldots n-1)$$

und die Discriminante von $\Phi_n(x)$ bestimmt sich daher in folgender Weise:

$$(48)\qquad D(\Phi_n(x)) = 2^{\frac{n^2(n^2-1)}{3}}(\varrho^2-4)^{\frac{(n^2-1)(n^2-3)}{12}}\, n^{n^2}.$$

Wird $\Phi_n(x) = x\cdot\bar\Phi_n(x^2)$ gesetzt und die Ableitung von $\bar\Phi_n(y)$ mit $\bar\Phi'_n(y)$ bezeichnet, so ist:

$$\Phi'_n(x) = 2x^2\bar\Phi'_n(x^2) + \bar\Phi_n(x^2)$$

und also:

$$D(\Phi_n(x)) = 2^{n^2-1}\bar\Phi_n(0)\left(D(\bar\Phi_n(y))\right)^2\prod_{h,h'}\varkappa\sin^2\operatorname{am}\frac{4hK+2h'K'i}{n}, \quad (h,h'=0,1,\ldots n-1 \text{ ausser } h=h'=0),$$

wenn $D(\bar\Phi_n(y))$ die Discriminante von $\bar\Phi_n(y)$ bedeutet. Hiernach ist:

$$D(\Phi_n(x)) = 2^{n^2-1}n^2\left(D(\bar\Phi_n(y))\right)^2$$

und folglich gemäss der Gleichung (48):

$$(49)\qquad D(\bar\Phi_n(y)) = \pm n^{\frac{1}{2}(n^2-3)}(16(\varrho^2-4))^{\frac{(n^2-1)(n^2-3)}{24}}.$$

[1]) *Jacobi*, Werke, Bd. I, S. 146, Form. (1).

Dieses Resultat stimmt mit demjenigen überein, welches ich in meiner Mittheilung vom 15. Juli 1875*) entwickelt habe. Dort ist nämlich:

$$(\varepsilon n)^{\frac{1}{2}(n^2-3)}\left(4\varkappa-\frac{4}{\varkappa}\right)^{\frac{1}{12}(n^2-1)(n^2-3)} \qquad \left(\varepsilon=(-1)^{\frac{1}{2}(n-1)}\right)$$

als der Werth des Products der sämmtlichen $\frac{1}{4}(n^2-1)(n^2-3)$ Differenzen der $\frac{1}{2}(n^2-1)$ Grössen:

$$\varkappa \sin^2 \operatorname{am} \frac{2hK+2h'K'i}{n} \qquad \begin{pmatrix} h=0;\ h'=1,2,\ldots\frac{1}{2}(n-1) \text{ und} \\ h=1,2,\ldots\frac{1}{2}(n-1);\ h'=0,1,\ldots n-1 \end{pmatrix}$$

angegeben. Dieses Differenzenproduct ist aber, abgesehen vom Vorzeichen, nichts anderes als die mit $D(\ddot{\Phi}_n(y))$ bezeichnete Discriminante von $\Phi_n(y)$, und es ist ferner $4\varkappa-\frac{4}{\varkappa}=\sqrt{16(\varrho^2-4)}$.

§ 8.

Die im vorhergehenden Paragraphen entwickelten Formeln können zur Ermittelung des Werthes des Products:

$$\prod_{g,g',h,h'}\left(1-\varkappa \sin \operatorname{am} \frac{4gK+2g'K'i}{m} \sin \operatorname{am} \frac{4hK+2h'K'i}{n}\right)$$
$$(g,g'=0,1,\ldots m-1;\ h,h'=0,1,\ldots n-1)$$

benutzt werden, wenn m und n ungrade und zu einander relativ prim sind. Wird dieses Product nämlich zur Abkürzung mit $P_{m,n}$ bezeichnet, so ist zuvörderst gemäss der Formel (43):

$$P_{m,n}=\prod_{g,g'}\left(\frac{\vartheta_0(0)}{\vartheta_0\left(\frac{2g+g'w}{m}\right)}\right)^{2n^2}\prod_{g,g'}\left(\frac{\vartheta_0\left(\frac{2ng+ng'w}{m}\right)}{\vartheta_0(0)}\right)^2,$$

oder:

$$P_{m,n}=\prod_{g,g'}\left(\frac{\vartheta_0(0)}{\vartheta_0\left(\frac{2g+g'w}{m}\right)}\right)^{2(n^2-1)}\prod_{g,g'}\left(\frac{\vartheta_0\left(\frac{2ng+ng'w}{m}\right)}{\vartheta_0\left(\frac{2g+g'w}{m}\right)}\right)^2,$$

wenn die Multiplication auf die Werthe:

$$g=0,1,\ldots m-1;\quad g'=1,2,\ldots\frac{1}{2}(m-1)$$
$$\text{und } g'=0;\quad g=1,2,\ldots\frac{1}{2}(m-1)$$

*) Monatsbericht vom Juli 1875.[1])

[1]) Bd. IV, S. 272 dieser Ausgabe von *L. Kronecker's* Werken.

erstreckt wird. Das erste Product auf der rechten Seite hat nun gemäss der Formel (42) den Werth:

$$\prod_{\nu}(1-e^{\nu w\pi i})^{2(m^2-1)(n^2-1)} \qquad (\nu=1,3,5,\ldots \text{in inf.}),$$

und das zweite kann, da $\vartheta_0(\zeta)=\vartheta_0(\zeta+1)$ und $\vartheta_0(\zeta)=\vartheta_0(-\zeta)$ ist, auf die Form gebracht werden:

$$\prod_{g,h}\frac{\vartheta_0\left(\frac{g+nhw}{m}\right)}{\vartheta_0\left(\frac{g+hw}{m}\right)} \qquad \left(g,h=0,\pm 1,\pm 2,\ldots\pm\tfrac{1}{2}(m-1)\right).$$

Gemäss der Formel (45) besteht aber die Relation:

$$\vartheta_0\left(\frac{g+nhw}{m}\right)=e^{-\left(\frac{2g+2h'w}{m}+rw\right)r\pi i}\,\vartheta_0\left(\frac{g+h'w}{m}\right),$$

wenn $\frac{nh}{m}=r+\frac{h'}{m}$ und $\frac{h'}{m}$ der absolut kleinste Rest von $\frac{nh}{m}$ ist. Es wird daher:

$$\prod_{g,h}\frac{\vartheta_0\left(\frac{g+nhw}{m}\right)}{\vartheta_0\left(\frac{g+hw}{m}\right)}=e^{-\pi i\sum\left(\frac{2g+2h'w}{m}+rw\right)r} \qquad \left(g,h=0,\pm 1,\pm 2,\ldots\pm\tfrac{1}{2}(m-1)\right),$$

wo die Summation im Exponenten auf alle Werthe:

$$g=0,\pm 1,\pm 2,\ldots\pm\frac{1}{2}(m-1)$$

und auf die Werthe von r und h' zu erstrecken ist, welche sich aus den Bedingungen:

$$\frac{nh}{m}=r+\frac{h'}{m},\ h=0,\pm 1,\pm 2,\ldots\pm\frac{1}{2}(m-1)$$

ergeben. Da nun:

$$\left(\frac{2g+2h'w}{m}+rw\right)r=\frac{2gr}{m}+\left(\frac{nh}{m}\right)^2 w-\left(\frac{h'}{m}\right)^2 w$$

ist, erhält man als Resultat der bezeichneten Summation den Werth:

$$wm\sum\frac{n^2h^2}{m^2}-wm\sum\frac{h^2}{m^2} \quad \text{oder} \quad w\frac{n^2-1}{m}\sum h^2$$

oder also:

$$\frac{(m^2-1)(n^2-1)}{12}w.$$

Demnach wird:

$$P_{m,n}=e^{-\frac{(m^2-1)(n^2-1)}{12}w\pi i}\prod_{\nu}(1-e^{\nu w\pi i})^{2(m^2-1)(n^2-1)} \qquad (\nu=1,3,5,\ldots \text{in inf.}),$$

und mit Hülfe der Relation (46) ergiebt sich hieraus die der obigen Gleichung (47) analoge Formel:

$$(50)\quad \prod_{g,g',h,h'}\left(1-\varkappa\sin\operatorname{am}\frac{4gK+2g'K'i}{m}\sin\operatorname{am}\frac{4hK+2h'K'i}{n}\right)=\left(16(\varrho^2-4)\right)^{\frac{(m^2-1)(n^2-1)}{12}},$$
$$(g,g'=0,1,\ldots m-1;\ h,h'=0,1,\ldots n-1)$$

in welcher m, n zwei ungrade Zahlen ohne gemeinschaftlichen Theiler bedeuten.

Denkt man sich mit Hülfe der Multiplicationsformel (4) die Grösse:

$$\sqrt{\varkappa}\sin\operatorname{am}\frac{4hmK+2h'mK'i}{n}$$

als rationale Function von: $\sqrt{\varkappa}\sin\operatorname{am}\dfrac{4hK+2h'K'i}{n}$

dargestellt, so erscheint als Nenner:

$$x^{m^2}\Phi_m\left(\frac{1}{x}\right)\quad\text{oder}\quad\prod_{g,g'}\left(1-x\sqrt{\varkappa}\sin\operatorname{am}\frac{4gK+2g'K'i}{m}\right)\qquad(g,g'=0,1,\ldots m-1),$$

wenn darin $x=\sqrt{\varkappa}\sin\operatorname{am}\dfrac{4hK+2h'K'i}{n}$ gesetzt wird. Die oben entwickelte Formel (50) zeigt daher, dass die Grösse:

$$\left(16(\varrho^2-4)\right)^{\frac{(m^2-1)(n^2-1)}{12}}\sqrt{\varkappa}\sin\operatorname{am}\frac{4hmK+2h'mK'i}{n}$$

sich als *ganze ganzzahlige* Function von:

$$\sqrt{\varkappa}\sin\operatorname{am}\frac{4hK+2h'K'i}{n}\quad\text{und}\quad\varrho$$

darstellen lässt.

§ 9.

Der oben mit $F_n(x)$ bezeichnete irreductible Factor von $\Phi_n(x)$ wird durch die Gleichung:

$$F_n(x)=\prod_{h,h'}\left(x-\sqrt{\varkappa}\sin\operatorname{am}\frac{4hK+2h'K'i}{n}\right)$$

oder:

$$F_n(x)=\prod_{h,h'}\left(x-\operatorname{El}\left(\frac{h+h'w}{n},\,w\right)\right)$$

definirt, wenn die Multiplication rechts nur auf diejenigen Werthsysteme $h,h'=0,1,\ldots n-1$ erstreckt wird, für welche h und h' keinen Divisor von n als gemeinschaftlichen Theiler haben. Da die Gleichung $F_n(x)=0$, wie schon im Anfange des § 5 bemerkt worden, nur die *primitiven* Wurzeln der Theilungsgleichung

$\Phi_n(x) = 0$ enthält, so kann $F_n(x)$ selbst auch als „der primitive Factor von $\Phi_n(x)$" bezeichnet werden. Der Grad von $F_n(x)$ ist nach § 2 gleich:

$$n^2 \prod \left(1 - \frac{1}{p^2}\right),$$

wenn die Multiplication auf alle in n enthaltenen verschiedenen Primfactoren p ausgedehnt wird. Dieselbe Zahl ist es also, welche die Ordnung der ganzen algebraischen dem Bereiche (ϱ) entstammenden Grössen:

$$\sqrt{\varkappa} \sin \operatorname{am} \frac{4hK + 2h'K'i}{n} \quad \text{oder} \quad \operatorname{El}\left(\frac{h + h'w}{n}, w\right)$$

oder der dadurch bezeichneten Gattung angiebt. Unter diesen Gattungen sind aber nicht mehr als:

$$n \prod \left(1 + \frac{1}{p}\right)$$

von einander verschieden, denn unter den Grössen:

$$\sqrt{\varkappa} \sin \operatorname{am} \frac{4hK + 2h'K'i}{n} \quad \text{oder} \quad \operatorname{El}\left(\frac{h + h'w}{n}, w\right)$$

gehören je:

$$n \prod \left(1 - \frac{1}{p}\right)$$

in *dieselbe* Gattung, nämlich alle diejenigen Grössen:

$$\sqrt{\varkappa} \sin \operatorname{am} \frac{4hrK + 2h'rK'i}{n} \quad \text{oder} \quad \operatorname{El}\left(\frac{hr + h'rw}{n}, w\right),$$

bei denen h und h' feste Werthe haben, während r alle Zahlen durchläuft, die ein vollständiges Restsystem der zu n relativen Primzahlen *modulo* n bilden. Denn alle diese Grössen sind ja mittels der Multiplicationsformel (4) als rationale Functionen von ϱ und:

$$\sqrt{\varkappa} \sin \operatorname{am} \frac{4hK + 2h'K'i}{n} \quad \text{oder} \quad \operatorname{El}\left(\frac{h + h'w}{n}, w\right)$$

darstellbar, wenn man die Zahlen r ungrade wählt. Dass aber je zwei Grössen:

$$\sqrt{\varkappa} \sin \operatorname{am} \frac{4hK + 2h'K'i}{n} \quad \text{oder} \quad \operatorname{El}\left(\frac{h + h'w}{n}, w\right),$$

bei denen die Verhältnisse $h : h'$ untereinander verschieden sind, auch wirklich *verschiedenen* Gattungen angehören, lässt sich in folgender Weise darthun. Gehörte $\operatorname{El}\left(\frac{h + h'w}{n}, w\right)$ zu derselben Gattung wie $\operatorname{El}\left(\frac{1}{n}, w\right)$, bestände also eine Gleichung:

$$\operatorname{El}\left(\frac{h + h'w}{n}, w\right) = \Psi\left(\operatorname{El}\left(\frac{1}{n}, w\right), \operatorname{El}\left(\frac{1}{4}, w\right)\right),$$

in welcher $\Psi(x, y)$ eine rationale Function von x und y bedeutet, so würde daraus mittels der Transformationsformel (23*) des § 4 eine zweite Gleichung:[1])

$$\mathrm{El}\left(\frac{h+h'w}{n}(\alpha-\gamma w'),\ w'\right)=\Psi\left(\mathrm{El}\left(\frac{\alpha-\gamma w'}{n},\ w'\right),\ \mathrm{El}\left(\frac{1}{4}(\alpha-\gamma w'),\ w'\right)\right)$$

folgen. Da nun:
$$(h+h'w)\,(\alpha-\gamma w')=(\alpha h-\beta h')-(\gamma h-\delta h')w'$$

ist, so würde, wenn $\alpha\equiv 1, \gamma\equiv 0, \delta\equiv 1 \pmod{n}$ genommen, β aber beliebig gelassen und dann wieder w statt w' gesetzt wird:

$$\mathrm{El}\left(\frac{h-\beta h'+h'w}{n},\ w\right)=\Psi\left(\mathrm{El}\left(\frac{1}{n},\ w\right),\ \mathrm{El}\left(\frac{1}{4},\ w\right)\right)$$

sein. Dies ist aber unmöglich, da sonst für beliebige Zahlen β:

$$\mathrm{El}\left(\frac{h+h'w}{n},\ w\right)=\mathrm{El}\left(\frac{h+h'w-\beta h'}{n},\ w\right)$$

sein müsste.

Bezeichnet man die verschiedenen Zahlen r mit $r_1, r_2, r_3 \dots$ und das Product:

$$\prod_r\left(z-\sqrt{\varkappa}\sin\mathrm{am}\frac{4hrK+2h'rK'i}{n}\right) \qquad (r=r_1, r_2, \dots)$$

mit $f_{h,h'}(x)$, so ist offenbar:
$$f_{h,h'}(x)=f_{mh,mh'}(x),$$

wenn m zu n relativ prim ist. Wird nun in dem Producte:

$$\prod_{h,h'}(z-f_{h,h'}(x))$$

die Multiplication auf alle diejenigen Werthsysteme h, h' erstreckt, die keinen Divisor von n als gemeinschaftlichen Theiler haben, so ist es eine ganze Grösse des Rationalitätsbereichs (x, z, ϱ); das Product ist ferner, da je $n\prod\left(1-\frac{1}{p}\right)$ Factoren einander gleich sind, Potenz einer ganzen Function von x und z, deren Exponent gleich $n\prod\left(1-\frac{1}{p}\right)$ ist. Hieraus erschliesst man, genau so wie oben, dass die Coefficienten dieser ganzen Function ganze Grössen des Rationalitätsbereichs (ϱ) sein müssen, dass also schon dasjenige Product:

$$\prod_{h,h'}(z-f_{h,h'}(x))$$

[1]) Vgl. Zusatz 109 am Ende dieses Bandes.

eine ganze Grösse des Rationalitätsbereichs (x, z, ϱ) ist, welches entsteht, wenn man die Multiplication nur auf alle diejenigen $n\prod\left(1+\frac{1}{p}\right)$ Werthsysteme h, h' erstreckt, für welche die Verhältnisse $h : h'$ unter einander verschieden, und für welche also alle Grössen:

$$\sqrt{\varkappa}\sin\operatorname{am}\frac{4hK+2h'K'i}{n} \quad \text{oder} \quad \mathrm{El}\left(\frac{h+h'w}{n}, w\right)$$

verschiedene Gattungen repraesentiren. Dieses Product:

$$\prod_{h,h'}\left(z - f_{h,h'}(x)\right)$$

enthält offenbar lauter von einander *verschiedene* Factoren, und es ist eine *irreductible* ganze Grösse des Rationalitätsbereichs (x, z, ϱ), weil die Gleichung $F_n(x) = 0$, welche die sämmtlichen $n^2\prod\left(1-\frac{1}{p^2}\right)$ Wurzeln $\sqrt{\varkappa}\sin\operatorname{am}\frac{4hK+2h'K'i}{n}$ enthält, irreductibel ist. Jede der Grössen $f_{h,h'}(x)$, oder:

$$\prod_r\left(x - \sqrt{\varkappa}\sin\operatorname{am}\frac{4hrK+2h'rK'i}{n}\right) \qquad (r = r_1, r_2, \ldots),$$

ist daher selbst als ganze algebraische Grösse im Bereiche (ϱ) von der Ordnung $n\prod\left(1+\frac{1}{p}\right)$, d. h. also die symmetrischen Functionen der $n\prod\left(1-\frac{1}{p}\right)$ Grössen:

$$\sqrt{\varkappa}\sin\operatorname{am}\frac{4hrK+2h'rK'i}{n} \qquad (r = r_1, r_2, \ldots)$$

constituiren eine Gattung algebraischer Grössen, welche im Bereiche (ϱ) von der Ordnung $n\prod\left(1+\frac{1}{p}\right)$ und welche unter der durch eine dieser Grössen, z. B. durch:

$$\sqrt{\varkappa}\sin\operatorname{am}\frac{4hK+2h'K'i}{n}$$

repraesentirten Gattung enthalten ist.*)

Nun folgt ebenso wie oben aus der Transformationsgleichung (23*) des § 4, dass je zwei Producte:

$$\prod_r\left(x - \sqrt{\varkappa}\sin\operatorname{am}\frac{4hrK+2h'rK'i}{n}\right) \text{ oder } \prod_r\left(x - \mathrm{El}\left(\frac{hr+h'rw}{n}, w\right)\right) \quad (r = r_1, r_2, \ldots),$$

---

*) Wenn man jeder einzelnen der Grössen $\sqrt{\varkappa}\sin\operatorname{am}\frac{4hrK+2h'rK'i}{n}$ das Indexsystem zuertheilt, durch welches die Zahl r für den Modul n charakterisirt werden kann, so gehören die — im Sinne dieses Indexsystems — cyklischen Functionen jener Grössen demselben Gattungsbereiche an wie die symmetrischen.

für welche die Verhältnisse $h : h'$ von einander verschieden sind, weil sie verschiedene *Werthe* haben, auch verschiedene Gattungen repraesentiren. Es gibt daher genau $n\prod\left(1+\frac{1}{p}\right)$ verschiedene, den verschiedenen Verhältnisswerthen $h : h'$ entsprechende conjugirte, durch die symmetrischen Functionen der

$$n\prod\left(1-\frac{1}{p}\right) \text{ Größen } \sqrt{\varkappa}\sin\operatorname{am}\frac{4hrK+2h'rK'i}{n} \qquad (r=r_1, r_2, \ldots)$$

repraesentirte Gattungen algebraischer dem Bereiche (ϱ) entstammender Grössen von der Ordnung $n\prod\left(1+\frac{1}{p}\right)$, und jede einzelne dieser Gattungen ist unter derjenigen Gattung der Ordnung $n^2\prod\left(1-\frac{1}{p^2}\right)$ enthalten, welche durch die bezügliche Grösse $\sqrt{\varkappa}\sin\operatorname{am}\frac{4hK+2h'K'i}{n}$ repraesentirt wird.

§ 10.

Es sei nunmehr n Potenz einer Primzahl p. Alsdann ist gemäss § 5:

$$\prod_{h,h'}\sqrt{\varkappa}\sin\operatorname{am}\frac{4hK+2h'K'i}{n} = \pm p,$$

wenn die Multiplication nur auf alle diejenigen Werthe $h, h' = 0, 1, \ldots n-1$ erstreckt wird, bei denen nicht beide Zahlen h und h' durch p theilbar sind. Nach den Entwickelungen, welche ich in meiner Festschrift[1]) zu Hrn. *Kummers* Doctorjubiläum gegeben habe,

> sind also die sämmtlichen Grössen $\sqrt{\varkappa}\sin\operatorname{am}\frac{4hK+2h'K'i}{n}$ „algebraische Divisoren von p“ und zwar *Primdivisoren* in der durch sie selber repraesentirten Gattung,

weil eben ihre „*Norm*“ eine Primzahl ist. Je $n\left(1-\frac{1}{p}\right)$ dieser Primdivisoren:

$$\sqrt{\varkappa}\sin\operatorname{am}\frac{4hrK+2h'rK'i}{n} \qquad (r=r_1, r_2, \ldots),$$

wo $r_1, r_2, \ldots$ alle nicht durch p theilbaren Zahlen bedeuten, die kleiner als n sind, gehören einer und derselben Gattung an, und alle diese sind — wie im § 5 nachgewiesen worden ist — durch einander theilbar. Ferner wird gemäss § 9 durch die symmetrischen Functionen jener $n\left(1-\frac{1}{p}\right)$ Grössen eine Gattung repraesentirt, zu welcher

[1]) Bd. II, S. 297 f. dieser Ausgabe von *L. Kronecker's* Werken. H

das Product:
$$\prod_r \sqrt{\varkappa}\sin\operatorname{am}\frac{4hrK+2h'rK'i}{n} \qquad (r=r_1, r_2, \ldots)$$

gehört, und dieses Product, welches mit $p_{h,h'}$ bezeichnet werden möge, ist selbst in der durch dasselbe repräsentirten Gattung ein Primdivisor der Primzahl p. Nach § 15[1]) meiner citirten Festschrift ist also

> $p_{h,h'}$ absolut aequivalent einer Potenz von $\sqrt{\varkappa}\sin\operatorname{am}\frac{4hK+2h'K'i}{n}$ mit dem Exponenten $n\left(1-\frac{1}{p}\right)$,

und hieraus geht wiederum der Hauptsatz hervor,

> dass jede ganze Grösse des Gattungsbereichs $(\varrho, p_{h,h'})$, welche durch $\sqrt{\varkappa}\sin\operatorname{am}\frac{4hK+2h'K'i}{n}$ theilbar ist, auch durch $p_{h,h'}$ selbst theilbar sein muss.

Denn eine solche Grösse muss der Voraussetzung nach, wenn sie zur Potenz $n\left(1-\frac{1}{p}\right)$ erhoben wird, dieselbe Potenz von $\sqrt{\varkappa}\sin\operatorname{am}\frac{4hK+2h'K'i}{n}$ und also die hiermit absolut aequivalente Grösse $p_{h,h'}$ als Theiler enthalten. Da aber $p_{h,h'}$ *Prim*divisor ist, so muss $p_{h,h'}$ nicht nur in der $n\left(1-\frac{1}{p}\right)$ten Potenz jener Grösse, sondern in der Grösse selbst als Theiler enthalten sein.

§ 11.

Je zwei Grössen $\sqrt{\varkappa}\sin\operatorname{am}\frac{4hK+2h'K'i}{n}$ oder $\operatorname{El}\left(\frac{h+h'w}{n}\right)$, welche *verschiedenen* Gattungen angehören, sind einander *nicht* aequivalent und haben also, da sie Primdivisoren sind, auch keinen gemeinschaftlichen Theiler.

Gemäss der Formel (24) im § 5 besteht nämlich für jede ungrade Zahl m die Gleichung:

$$(25^*) \qquad \operatorname{El}\left(m\cdot\frac{h+h'w}{n}\right) = (-1)^{\frac{1}{2}(m-1)}\prod_{g,g'}\operatorname{El}\left(\frac{g+g'w}{m}+\frac{h+h'w}{n}\right) \qquad (g, g'=0, 1, \ldots, m-1);$$

da nun das Product auf der rechten Seite lauter ganze algebraische dem Bereiche (ϱ) entstammende Grössen als Factoren enthält und unter diesen auch den Factor

[1]) Bd. II, S. 304 dieser Ausgabe von *L. Kronecker*'s Werken.

$\mathrm{El}\left(\frac{h+h'w}{n}\right)$, so findet die Congruenz:

$$\mathrm{El}\left(m\cdot\frac{h+h'w}{n}\right)\equiv 0\left(\mathrm{mod.}\ \mathrm{El}\left(\frac{h+h'w}{n}\right)\right) \tag{51}$$

statt, welche für *alle* Zahlen m Geltung behält, weil ja darin, wenn m grade ist, $m+n$ statt m gesetzt werden kann. Da ferner auf Grund des Additionstheorems:

$$(1-\mathrm{El}^2(\xi)\mathrm{El}^2(\eta))\,\mathrm{El}(\xi+\eta)=\mathrm{El}(\xi)\sqrt{1-\varrho\,\mathrm{El}^2(\eta)+\mathrm{El}^4(\eta)}+\mathrm{El}(\eta)\sqrt{1-\varrho\,\mathrm{El}^2(\xi)+\mathrm{El}^4(\xi)}$$

die Congruenz:

$$\mathrm{El}(\xi+\eta)\equiv 0\ (\mathrm{modd.}\ \mathrm{El}(\xi),\ \mathrm{El}(\eta))$$

besteht, wenn:

$$\xi=l\frac{a+a'w}{n},\quad \eta=m\frac{b+b'w}{n}$$

genommen wird, so folgt aus der Congruenz (51) die allgemeinere:

$$\mathrm{El}\left(\frac{la+mb+(la'+mb')w}{n}\right)\equiv 0\left(\mathrm{modd.}\ \mathrm{El}\left(\frac{a+a'w}{n}\right),\ \mathrm{El}\left(\frac{b+b'w}{n}\right)\right), \tag{52}$$

in welcher a, a', b, b', l, m beliebige ganze Zahlen bedeuten. Nimmt man nun für irgend zwei gegebene Zahlen h, h':

$$l=hb'-h'b,\quad m=-ha'+h'a,$$

so geht die Congruenz (52) in die folgende über:

$$\mathrm{El}\left((ab'-a'b)\frac{h+h'w}{n}\right)\equiv 0\left(\mathrm{modd.}\ \mathrm{El}\left(\frac{a+a'w}{n}\right),\ \mathrm{El}\left(\frac{b+b'w}{n}\right)\right), \tag{53}$$

welche für beliebige ganze Zahlen a, a', b, b', h, h' Geltung hat.

Hätten nun irgend zwei Grössen: $\mathrm{El}\left(\frac{a+a'w}{n}\right)$, $\mathrm{El}\left(\frac{b+b'w}{n}\right)$, welche verschiedenen Gattungen angehören und für welche also $ab'-a'b$ nicht durch n theilbar ist, einen gemeinschaftlichen Divisor, so wären gemäss der Congruenz (53) alle Grössen:

$$\mathrm{El}\left((ab'-a'b)\frac{h+h'w}{n}\right)\qquad (h,h'=0,1,\ldots n-1)$$

durch eben denselben Divisor theilbar. Unter diesen kommen die Grössen:

$$\mathrm{El}\left(\frac{r+r'w}{p}\right)\qquad (r,r'=0,1,\ldots p-1)$$

sämmtlich vor; denn für jedes beliebige Werthsystem r, r' lassen sich Zahlen h, h' bestimmen, dass:

$$h(ab'-a'b)\equiv r\frac{n}{p},\quad h'(ab'-a'b)\equiv r'\frac{n}{p}\ (\mathrm{mod.}\ n)$$

wird, weil $ab'-a'b$ nicht durch n *selbst* sondern nur durch eine niedrigere Potenz von p theilbar sein und also nur einen Divisor von $\frac{n}{p}$ mit n gemein haben kann.

Wenn daher $\mathrm{El}\left(\frac{a+a'w}{n}\right)$ und $\mathrm{El}\left(\frac{b+b'w}{n}\right)$ einen gemeinsamen Theiler hätten, so würden alle p^2-1 Grössen:

$$\mathrm{El}\left(\frac{r+r'w}{p}\right) \qquad (r, r'=0, 1, \ldots p-1 \text{ ausser } r=r'=0)$$

denselben Theiler haben, und da sie alle *Prim*divisoren der durch sie selbst repraesentirten Gattungen sind, so müssten sie sämmtlich einander aequivalent sein. Dass dies aber *nicht* der Fall ist, soll in den folgenden Paragraphen gezeigt werden, in welchen auf die Eigenschaften der Grössen $\mathrm{El}\left(\frac{r+r'w}{p}\right)$ oder der Grössen:

$$\sqrt{\varkappa}\sin\mathrm{am}\frac{4hK+2h'K'i}{n}$$

für den Fall, wo n *Primzahl* ist, näher eingegangen werden soll.

§ 12.

Ist n eine ungrade Primzahl, so gehört die Gleichung (5) des § 2:

$$(5^0) \qquad \Phi_n(x) = (-1)^{\frac{1}{2}(n-1)} x^{n^2} \Phi_n\left(\frac{1}{x}\right)\sqrt{\varkappa}\sin\mathrm{am}\, nu,$$

welche durch die n^2 Werthe:

$$x = \sqrt{\varkappa}\sin\mathrm{am}\left(u + \frac{4hK+2h'K'i}{n}\right) \qquad (h, h'=0, 1, \ldots n-1)$$

befriedigt wird, zu derjenigen Classe von Gleichungen, deren Eigenschaften ich im III. Abschnitt meines Aufsatzes vom 3. März 1879*) näher dargelegt habe.

Gemäss den dortigen Entwickelungen gehören alle n^2 Grössen:

$$\sqrt{\varkappa}\sin\mathrm{am}\left(u + \frac{4hK+2h'K'i}{n}\right) \qquad (h, h'=0, 1, \ldots n-1)$$

dem Gattungsbereiche:

$$\left(\varrho, \sqrt{\varkappa}\sin\mathrm{am}\, u, \sqrt{\varkappa}\sin\mathrm{am}\left(u+\frac{2K}{n}\right), \sqrt{\varkappa}\sin\mathrm{am}\left(u+\frac{2K'i}{n}\right)\right)$$

an**), und innerhalb des Gattungsbereichs $(\varrho, \sqrt{\varkappa}\sin\mathrm{am}\, u)$ reducirt sich die Glei-

*) Monatsbericht vom März 1879, S. 220 u. f.[1])

**) Vergl. oben den Schluß des § 6, wo ein umfassenderer Gattungsbereich:

$$\left(\varrho, \sin'\mathrm{am}\, u, \sqrt{\varkappa}\sin\mathrm{am}\, u, \sqrt{\varkappa}\sin\mathrm{am}\frac{2K}{n}, \sqrt{\varkappa}\sin\mathrm{am}\frac{2K'i}{n}\right)$$

dafür angegeben ist.

[1]) Bd. IV, S. 88 dieser Ausgabe von *L. Kronecker*'s Werken.

chung (5°), nach Aussonderung der Wurzel $\sqrt{\varkappa}$ sin am u, auf eine Gleichung des Grades (n^2-1) und derjenigen Classe, zu welcher die Gleichung $\frac{1}{x}\Phi_n(x)=0$ gehört.

Diese Gleichung selbst ist im vorliegenden Falle, wo n Primzahl ist, irreductibel im Rationalitätsbereiche (ϱ); denn die im § 2 definirte Function $F_n(x)$, welche den primitiven Factor von $\Phi_n(x)$ bildet, und deren Irreductibilität im § 3 nachgewiesen ist, wird für eine *Primzahl n* gleich $\frac{1}{x}\Phi_n(x)$. Es ist also in diesem Falle:

$$F_n(x)=\prod_{h,h'}\left(x-\sqrt{\varkappa}\sin\operatorname{am}\frac{4hK+2h'K'i}{n}\right)\qquad {\scriptstyle (h,h'=0,1,\ldots n-1 \text{ ausser } h=h'=0),}$$

und die n^2-1 Wurzeln der Gleichung $F_n(x)=0$ zerfallen nach § 9 in $n+1$, aus je $n-1$ Elementen bestehenden Gruppen gemäss den $n+1$ verschiedenen Gattungen, denen die n^2-1 Wurzeln angehören. Diese $n+1$ Gruppen lassen sich in folgender Weise charakterisiren:

$$\sqrt{\varkappa}\sin\operatorname{am}\frac{4rK}{n},\quad \sqrt{\varkappa}\sin\operatorname{am}\frac{4hrK+2rK'i}{n}\qquad {\scriptstyle (h=0,1,\ldots n-1),}$$

und die einzelnen $n-1$ Elemente jeder dieser $n+1$ Gruppen resultiren durch die Werthe $r=1,2,\ldots n-1$.

Die $n-1$ Grössen:

$$\sqrt{\varkappa}\sin\operatorname{am}\frac{4rK}{n}\qquad {\scriptstyle (r=1,2,\ldots n-1)}$$

gehören sämmtlich zur Gattung $\left(\varrho,\sqrt{\varkappa}\sin\operatorname{am}\frac{2K}{n}\right)$, deren Ordnung n^2-1 ist; ihre symmetrischen Functionen constituiren eine unter dieser Gattung enthaltene Gattung von der Ordnung $n+1$. Nun besteht nach den Entwickelungen im art. 23 von *Jacobi*'s Fundamenta[1]) die Transformationsgleichung:

$$(54)\qquad (-1)^{\frac{1}{2}(n-1)}\sqrt{\lambda}\sin\operatorname{am}(\mu u,\lambda)=x\prod_r\frac{x-\sqrt{\varkappa}\sin\operatorname{am}\frac{4rK}{n}}{1-x\sqrt{\varkappa}\sin\operatorname{am}\frac{4rK}{n}}\qquad {\scriptstyle (r=1,2,\ldots n-1)}$$

für:

$$x=\sqrt{\varkappa}\sin\operatorname{am}u,$$

wenn λ, wie dort, den transformirten Modul, aber μ den reciproken Werth der dort mit M bezeichneten Grösse bedeutet. Es sind also auch die Coefficienten dieser Transformationsgleichung, welche jene Gattung von der Ordnung $n+1$ constituiren.

[1]) *Jacobi*, Werke, Bd. I, S. 97 ff.

Jede dieser Gattung angehörige Grösse, d. h. jede Grösse, die sich als ganze symmetrische Function der $n-1$ Grössen:

$$\sqrt{\varkappa}\sin\operatorname{am}\frac{4rK}{n} \qquad (r=1,2,\ldots n-1)$$

so darstellen lässt, dass die Coefficienten rationale Functionen von ϱ mit ganzzahligen Coefficienten sind, kann offenbar als rationale Function des Ausdrucks auf der rechten Seite der Gleichung (54) so dargestellt werden, dass die Coefficienten rationale Functionen von ϱ und x mit ganzzahligen Coefficienten sind. Jener Gattungsbereich kann daher durch die Elemente:

$$\varrho,\quad \sqrt{\varkappa}\sin\operatorname{am}(u,\varkappa),\quad \sqrt{\lambda}\sin\operatorname{am}(\mu u,\lambda)$$

charakterisirt werden, da eben jede Grösse jenes Gattungsbereichs als rationale Function dieser drei Grössen mit ganzzahligen Coefficienten darstellbar ist. Aber derselbe Gattungsbereich kann auch durch das Product:

$$\prod_r \sqrt{\varkappa}\sin\operatorname{am}\frac{4rK}{n} \qquad (r=1,2,\ldots n-1)$$

charakterisirt werden, welches nach art. 23 von *Jacobi*s Fundamenta den Werth $\mu\sqrt{\frac{\lambda}{\varkappa}}$ hat[1]).

Die Gattung:

$$\left(\varrho,\mu\sqrt{\frac{\lambda}{\varkappa}}\right)$$

ist es daher, welche von der Ordnung $n+1$ und unter der Gattung $\left(\varrho,\sqrt{\varkappa}\sin\operatorname{am}\frac{2K}{n}\right)$ enthalten ist. Zum Gattungsbereich $\left(\varrho,\mu\sqrt{\frac{\lambda}{\varkappa}}\right)$ gehören demgemäss die symmetrischen Functionen der $(n-1)$ Grössen:

$$\sqrt{\varkappa}\sin\operatorname{am}\frac{4rK}{n} \qquad (r=1,2,\ldots n-1)$$

und auch die *cyklischen* Functionen derselben, wenn sie dabei in der Reihenfolge:

$$\sqrt{\varkappa}\sin\operatorname{am}\frac{4gK}{n},\ \sqrt{\varkappa}\sin\operatorname{am}\frac{4g^2K}{n},\ \sqrt{\varkappa}\sin\operatorname{am}\frac{4g^3K}{n},\ \ldots \sqrt{\varkappa}\sin\operatorname{am}\frac{4g^{n-1}K}{n}$$

genommen werden und g eine primitive Congruenzwurzel der Primzahl n bedeutet. Diese $n-1$ Grössen sind also Wurzeln einer *Abel*'schen Gleichung des Bereichs $\left(\varrho,\mu\sqrt{\frac{\lambda}{\varkappa}}\right)$.

[1]) *Jacobi*, Werke, Bd. I, S. 97, Form. (4).

Die n mit $\left(\varrho, \mu\sqrt{\frac{\lambda}{\varkappa}}\right)$ conjugirten Gattungen sind:

$$\left(\varrho, \mu_h\sqrt{\frac{\lambda_h}{\varkappa}}\right) \qquad (h=0,1,\ldots n-1),$$

wo für jeden der n Werthe des Index h:

$$\mu_h\sqrt{\frac{\lambda_h}{\varkappa}} = \prod_r \sqrt{\varkappa}\sin\operatorname{am}\frac{4hrK+2rK'i}{n} \qquad (r=1,2,\ldots n-1)$$

ist. Die transformirten Moduln λ und die Multiplicatoren μ sind hiernach durch die Relationen*) bestimmt:

$$(55)\qquad \sqrt{\frac{\lambda}{\varkappa}} = \prod_r \sqrt{\varkappa}\sin\operatorname{coam}\frac{4rK}{n}, \quad \sqrt{\frac{\lambda_h}{\varkappa}} = \prod_r \sqrt{\varkappa}\sin\operatorname{coam}\frac{4hrK+2rK'i}{n},$$

$$(56)\qquad \mu = \prod_r \frac{\sqrt{\varkappa}\sin\operatorname{am}\frac{4rK}{n}}{\sqrt{\varkappa}\sin\operatorname{coam}\frac{4rK}{n}}, \qquad \mu_h = \prod_h \frac{\sqrt{\varkappa}\sin\operatorname{am}\frac{4hrK+2rK'i}{n}}{\sqrt{\varkappa}\sin\operatorname{coam}\frac{4hrK+2rK'i}{n}},$$

$$(h=0,1,2,\ldots n-1;\ r=1,2,\ldots n-1)$$

und ebenso durch folgende Gleichungen:**)

$$(57)\qquad \sqrt{\lambda} = \mathrm{El}\left(\frac{1}{4}, nw\right), \qquad \sqrt{\lambda_h} = \mathrm{El}\left(\frac{1}{4}, \frac{h+w}{n}\right),$$

$$(58)\qquad \sqrt{\mu} = \sqrt{\pm n}\,\frac{\vartheta_3(0, 2nw)}{\vartheta_3(0, 2w)}, \quad \sqrt{\mu_h} = \frac{\vartheta_3\left(0, 2\frac{h+w}{n}\right)}{\vartheta_3(0, 2w)},$$

während, wie oben im § 4, $\sqrt{\varkappa} = \mathrm{El}\left(\frac{1}{4}, w\right)$ ist.

Da nach § 6 die Grössen $\sqrt{\varkappa}\sin\operatorname{coam}\frac{4hK+2h'K'i}{n}$ sämmtlich ganze algebraische, dem Bereiche (ϱ) entstammende Einheiten sind, und da auch $\varkappa$ selbst eine solche Einheit ist, so sind gemäss den Gleichungen (55) auch die transformirten Moduln λ solche Einheiten.***) Überdies besteht für die Transformation zweiter

*) Vergl. art. 28 von *Jacobi*'s Fundamenta.[1])

**) Vergl. meinen Aufsatz im Monatsbericht vom Juli 1875, S. 498.[2])

***) Dies zeigt sich übrigens auch in der Form der Modulargleichungen, wie sie in der *Sohnke*'schen Abhandlung im 16. Bande des *Crelle*'schen Journals ermittelt ist.

[1]) *Jacobi*, Werke, Bd. I, S. 97, Form. (8) u. (3). H

[2]) Bd. IV, S. 261 dieser Ausgabe von *L. Kronecker*'s Werken. H

Ordnung die Gleichung:

$$\mathrm{El}^2\left(\tfrac{1}{4}, w\right)\left(1 + \mathrm{El}^2\left(\tfrac{1}{4}, 2w\right)\right) = 2\,\mathrm{El}\left(\tfrac{1}{4}, 2w\right), \tag{59}$$

welche zeigt, dass auch $\mathrm{El}\left(\frac{1}{4}, 2w\right)$ eine Einheit ist, wenn $\mathrm{El}\left(\frac{1}{4}, w\right)$ eine solche ist. Da nun $\mathrm{El}\left(\frac{1}{4}, nw\right)$ für jede ungrade Zahl n eine Einheit ist, so ist überhaupt $\mathrm{El}\left(\frac{1}{4}, mw\right)$, für jede beliebige ganze Zahl m, eine ganze algebraische dem Bereiche (ϱ) entstammende Einheit. Dieses Resultat kann, da nach § 4:

$$\varrho = -2 + 4\,\mathrm{El}^4\left(\tfrac{1}{4}(1 + w), \tfrac{1}{2} w\right)$$

ist, auch *so* formulirt werden:

> Für jede beliebige ganze Zahl m ist $\mathrm{El}\left(\frac{1}{4}, 2mw\right)$ Wurzel einer algebraischen Gleichung, in welcher die Coefficienten ganze ganzzahlige Functionen des reciproken Werthes von:
>
> $$\sin\frac{\pi}{4}\,\mathrm{El}\left(\tfrac{1}{4}, w\right)$$
>
> sind, während der erste und letzte Coefficient den absoluten Werth Eins hat.

Dasselbe Resultat ist aber bei Anwendung der *Jacobi*'schen Bezeichnungen*) folgendermaassen auszudrücken:

> Jeder Modul λ, welcher durch eine sogenannte reelle Transformation aus einem Modul $\varkappa$ hervorgeht, d. h. also ein solcher Modul λ, für welchen das Periodenverhältniss $\frac{\Lambda'}{\Lambda}$ ein ganzes Vielfaches des zu $\varkappa$ gehörigen Periodenverhältnisses $\frac{K'}{K}$ wird, ist Wurzel einer Gleichung, in welcher die Coefficienten sämmtlich ganze ganzzahlige Functionen von $\varkappa + \frac{1}{\varkappa}$ sind, während der erste und letzte Coefficient den absoluten Werth Eins hat.

Es *genügt*, das angegebene Resultat in Beziehung auf die „reelle“ Transformation auszusprechen; dass es auch für die, bei Festhaltung des Rationalitätsbereichs $\left(\varkappa + \frac{1}{\varkappa}\right)$ mit λ conjugirten Moduln Geltung behält, ist an sich klar.

---

*) Vergl. § 25 von *Jacobi*'s Fundamenta.[1])

[1]) *Jacobi*, Werke, Bd. I, S. 110. H

§ 13.

Nach § 6 sind die $\frac{1}{2}\cdot(n^2-1)$ Grössen:

$$\sqrt{\varkappa}\sin\operatorname{coam}\frac{4hK+2h'K'i}{n}\qquad\begin{pmatrix}h=0,1,\ldots n-1;\ h'=1,2,\ldots\frac{1}{2}\cdot(n-1)\\ \text{und } h'=0,\ h=1,2,\ldots\frac{1}{2}(n-1)\end{pmatrix}$$

Wurzeln einer Gleichung $\Psi\left(x,\sqrt{\varkappa}\right)=0$, deren Coefficienten ganze Grössen des Gattungsbereichs:

$$(\varrho,\sqrt{\varkappa})\quad\text{oder}\quad\left(\varrho,\sqrt{\frac{\varrho+\sqrt{\varrho^2-4}}{2}}\right)$$

sind. Bedeutet nun, wie oben, g eine primitive Congruenzwurzel der Primzahl n und bildet man eine ganze rationale cyklische Function der $\frac{1}{2}(n-1)$ Grössen:

$$\sqrt{\varkappa}\sin\operatorname{coam}\frac{4gK}{n},\ \sqrt{\varkappa}\sin\operatorname{coam}\frac{4g^2K}{n},\ldots\sqrt{\varkappa}\sin\operatorname{coam}\frac{4g^{\frac{1}{2}(n-1)}K}{n},$$

in der hiermit bezeichneten Reihenfolge, so ist dieselbe eine rationale Function von $\sqrt{\varkappa}\sin\operatorname{coam}\frac{4K}{n}$ und ϱ. Denn in der Multiplicationsformel (4) wird, wenn man $u=K+v$ setzt:

$$\sqrt{\varkappa}\sin\operatorname{am}nu=\sqrt{\varkappa}\sin\operatorname{coam}nv,\quad x=\sqrt{\varkappa}\sin\operatorname{am}u=\sqrt{\varkappa}\sin\operatorname{coam}v,$$

und es zeigt sich also, dass $\sqrt{\varkappa}\sin\operatorname{coam}\frac{4g^rK}{n}$ sich als rationale Function von:

$$\sqrt{\varkappa}\sin\operatorname{coam}\frac{4K}{n}\quad\text{und}\quad\varrho$$

darstellen lässt, wenn man für die primitive Congruenzwurzel g eine ungrade Zahl wählt.

Bezeichnet man hiernach eine ganze ganzzahlige cyklische Function der $\frac{1}{2}(n-1)$ Grössen:

$$\sqrt{\varkappa}\sin\operatorname{coam}\frac{4gK}{n},\ \ \sqrt{\varkappa}\sin\operatorname{coam}\frac{4g^2K}{n},\ldots\sqrt{\varkappa}\sin\operatorname{coam}\frac{4g^{\frac{1}{2}(n-1)}K}{n}$$

mit $f\left(\sin\operatorname{coam}\frac{4K}{n}\right)$, so ist das Product:

$$\prod_{h,h'}\left(z-f\left(\sin\operatorname{coam}\frac{4hK+2h'K'i}{n}\right)\right)$$
$$\left(h=0,1,\ldots n-1;\ h'=1,2,\ldots\tfrac{1}{2}(n-1)\ \text{und}\ h'=0,\ h=1,2,\ldots\tfrac{1}{2}(n-1)\right),$$

weil es eine symmetrische Function der Wurzeln der Gleichung $\Psi\left(x,\sqrt{\varkappa}\right)=0$ ist, eine Grösse des Rationalitätsbereichs $\left(\sqrt{\varkappa},z\right)$. Je $\frac{1}{2}(n-1)$ der Factoren dieses Products, bei welchen das Verhältniss $h:h'$ *modulo* n denselben Werth hat, sind aber identisch, da offenbar:

$$f\left(\sin \operatorname{coam} \frac{4hK + 2h'K'i}{n}\right) = f\left(\sin \operatorname{coam} \frac{4ghK + 2gh'K'i}{n}\right)$$

ist. Es ist also schon das Product von $n+1$ Factoren:

$$\left(z - f\left(\sin \operatorname{coam} \frac{4K}{n}\right)\right) \prod_h \left(z - f\left(\sin \operatorname{coam} \frac{4hK + 2K'i}{n}\right)\right) \qquad (h=0,1,\ldots n-1)$$

eine rationale Function von $\sqrt{\varkappa}$ und z; die Coefficienten der verschiedenen Potenzen von z sind aber zugleich *ganze* algebraische dem Bereich (ϱ) entstammende Grössen, und sie sind deshalb *ganze* Grössen des Bereichs $(\varrho, \sqrt{\varkappa})$ selbst. Jede ganze rationale cyklische Function der $\frac{1}{2}(n-1)$ Grössen:

$$\sqrt{\varkappa} \sin \operatorname{coam} \frac{4g^i K}{n} \qquad (i=1,2,\ldots \tfrac{1}{2}(n-1))$$

mit ganzzahligen Coefficienten ist hiernach Wurzel einer Gleichung $(n+1)$ten Grades, in welcher der Coefficient der höchsten Potenz gleich Eins ist, während die übrigen Coefficienten sämmtlich ganze ganzzahlige Functionen von ϱ und $\sqrt{\varkappa}$ sind.

Gemäss der Gleichung (55) im § 12 wird:

$$\left(\frac{\lambda}{\varkappa}\right)^{\frac{1}{4}} = \prod_i \sqrt{\varkappa} \sin \operatorname{coam} \frac{4g^i K}{n} \qquad (i=1,2,\ldots \tfrac{1}{2}(n-1));$$

die obigen Entwickelungen zeigen daher, dass $\left(\frac{\lambda}{\varkappa}\right)^{\frac{1}{4}}$ Wurzel einer Gleichung $(n+1)$ten Grades ist, in welcher, wenn der Coefficient der höchsten Potenz gleich Eins genommen wird, alle anderen Coefficienten ganze ganzzahlige Functionen von ϱ und $\sqrt{\varkappa}$ sind. *Demgemäss ist* $\left(\frac{\lambda}{\varkappa}\right)^{\frac{1}{4}}$ *in dem Gattungsbereich* $(\varrho, \sqrt{\varkappa})$ *eine ganze algebraische Grösse der* $(n+1)$*ten Ordnung.*

Die Coefficienten der Gleichung $(n+1)$ten Grades, welcher das Quadrat von $\left(\frac{\lambda}{\varkappa}\right)^{\frac{1}{4}}$, also $\sqrt{\frac{\lambda}{\varkappa}}$, genügt, sind rationale Functionen von ϱ und $\varkappa$. Dieses geht schon aus den Entwickelungen im § 6 hervor, wonach $\sqrt{\frac{\lambda}{\varkappa}}$, wenn zur Abkürzung $\sqrt{\varkappa} \sin \operatorname{am} \frac{4g^i K}{n} = s_i$ gesetzt wird, gleich dem Producte:

$$\prod_i \frac{\varkappa - s_i^2}{1 - \varkappa s_i^2} \qquad (i=1,2,\ldots \tfrac{1}{2}(n-1)),$$

also eine rationale Function von $\varkappa$, s_1, s_2, ... und zwar in Beziehung auf die Grössen s cyklisch ist. Gemäss § 12 ist daher $\sqrt{\frac{\lambda}{\varkappa}}$ rationale Function einer Grösse der Gattung $\left(\varrho, \mu\sqrt{\frac{\lambda}{\varkappa}}\right)$, deren Coefficienten rationale Functionen von $\varkappa$ sind. Die Grösse $\sqrt{\frac{\lambda}{\varkappa}}$ selbst gehört hiernach dem Gattungsbereiche $\left(\varrho, \varkappa, \mu\sqrt{\frac{\lambda}{\varkappa}}\right)$ an und sogar der Gattung selbst, da sonst zwei conjugirte Grössen $\sqrt{\frac{\lambda}{\varkappa}}$, also zwei der Grössen:

$$\mathrm{El}\left(\frac{1}{4}, nw\right),\quad \mathrm{El}\left(\frac{1}{4}, \frac{w}{n}\right),\quad \mathrm{El}\left(\frac{1}{4}, \frac{w+1}{n}\right), \ldots\quad \mathrm{El}\left(\frac{1}{4}, \frac{w+n-1}{n}\right)$$

einander gleich sein müssten. Dies tritt aber nur für bestimmte singuläre Werthe von w ein.

Da $\mu\sqrt{\frac{\lambda}{\varkappa}}$ und $\sqrt{\frac{\lambda}{\varkappa}}$ innerhalb des Bereichs $(\varrho, \varkappa)$ einer und derselben Gattung angehören, so gehört auch μ derselben Gattung an. Die Grössen μ und $\sqrt{\frac{\lambda}{\varkappa}}$ sind also gegenseitig durch einander rational ausdrückbar, und zwar so, dass die Coefficienten rationale Functionen von ϱ und $\varkappa$ d. h. also rationale Functionen von $\varkappa$ selbst werden. Der im § 12 mit $\left(\varrho, \mu\sqrt{\frac{\lambda}{\varkappa}}\right)$ bezeichnete Gattungsbereich kann hiernach auch durch:

$$(\varrho, \varkappa, \mu) \text{ oder } \left(\varrho, \varkappa, \sqrt{\frac{\lambda}{\varkappa}}\right)$$

bezeichnet werden.*)

§ 14.

Gemäss den Entwickelungen im § 10 wird in dem hier behandelten Falle, wo n Primzahl ist, das Product der sämmtlichen Grössen:

$$\sqrt{\varkappa}\sin\mathrm{am}\frac{4hK + 2h'K'i}{n} \qquad (h, h' = 0, 1, \ldots n-1 \text{ ausser } h = h' = 0)$$

genau gleich n, und diese Grössen selbst sind daher die $n^2 - 1$ *conjugirten algebraischen Primtheiler, als deren Product sich die Primzahl n im Gattungsbereich* $\left(\varrho, \sqrt{\varkappa}\sin\mathrm{am}\frac{2K}{n}, \sqrt{\varkappa}\sin\mathrm{am}\frac{2K'i}{n}\right)$ *darstellen lässt.* Bei Anwendung der Bezeichnungen,

*) Bei der Bezeichnung der Bereiche $(\varrho, \varkappa)$, $(\varrho, \varkappa, \mu)$ ist die Grösse ϱ nur deshalb hinzugenommen worden, weil sie für die Feststellung des *Integritätsbereichs* wesentlich ist. Sobald es nur auf den *Rationalitäts*bereich ankommt, kann sie offenbar weggelassen werden, da ϱ gleich $\varkappa + \frac{1}{\varkappa}$ also rational in $\varkappa$ ist.

welche ich in meiner mehrfach citirten Festschrift eingeführt habe, ist also die Norm von $\sqrt{\varkappa}\sin\mathrm{am}\frac{4K}{n}$ gleich n, d. h. es ist:

$$\mathrm{Nm}\sqrt{\varkappa}\sin\mathrm{am}\frac{4K}{n} = n,$$

wenn, wie hier stets geschehen ist, der Rationalitätsbereich (ϱ) als Stammbereich festgehalten wird. Jede der Grössen:

$$\sqrt{\varkappa}\sin\mathrm{am}\frac{4hK+2h'K'i}{n}$$

ist innerhalb des durch sie selber repraesentirten Gattungsbereichs ein algebraischer Primtheiler von n, und je $n-1$ dieser Grössen, bei denen das Verhältnis $h:h'$ einen und denselben von den $n+1$ Werthen:

$$h:h' = 1:0,\quad 0:1,\quad 1:1, \ldots n-1:1$$

hat, gehören einer und derselben Gattung an. Die $n-1$ einer und derselben Gattung angehörigen conjugirten Primtheiler sind einander absolut aequivalent. Da nun die $n+1$ Producte der je $n-1$ conjugirten Primtheiler nach § 12 die Werthe:

$$\mu\sqrt{\frac{\lambda}{\varkappa}},\quad \mu_0\sqrt{\frac{\lambda_0}{\varkappa}},\quad \mu_1\sqrt{\frac{\lambda_1}{\varkappa}}, \ldots \mu_{n-1}\sqrt{\frac{\lambda_{n-1}}{\varkappa}}$$

haben, so bestehen die absoluten Aequivalenzen:

$$\mu\sqrt{\frac{\lambda}{\varkappa}} \sim \left(\sqrt{\varkappa}\sin\mathrm{am}\frac{4K}{n}\right)^{n-1},\quad \mu_h\sqrt{\frac{\lambda_h}{\varkappa}} \sim \left(\sqrt{\varkappa}\sin\mathrm{am}\frac{4hK+2K'i}{n}\right)^{n-1} \quad (h=0,1,\ldots n-1). \tag{60}$$

Da ferner im § 12 gezeigt ist, dass $\sqrt{\frac{\lambda}{\varkappa}}$, $\sqrt{\frac{\lambda_h}{\varkappa}}$ algebraische Einheiten sind, so gelten auch die Aequivalenzen:

$$\mu \sim \left(\sqrt{\varkappa}\sin\mathrm{am}\frac{4K}{n}\right)^{n-1},\quad \mu_h \sim \left(\sqrt{\varkappa}\sin\mathrm{am}\frac{4hK+2K'i}{n}\right)^{n-1} \quad (h=0,1,\ldots n-1). \tag{60*}$$

Die $n+1$ Grössen:

$$\mu\sqrt{\frac{\lambda}{\varkappa}},\quad \mu_0\sqrt{\frac{\lambda_0}{\varkappa}},\quad \mu_1\sqrt{\frac{\lambda_1}{\varkappa}}, \ldots \mu_{n-1}\sqrt{\frac{\lambda_{n-1}}{\varkappa}}$$

gehören $n+1$ conjugirten Gattungen an, welche dem Rationalitätsbereiche (ϱ) entstammen, und wenn man vom Rationalitätsbereiche $(\varkappa)$ ausgeht, so repraesentiren die $n+1$ Multiplicatoren selbst:

$$\mu,\quad \mu_0,\quad \mu_1, \ldots \mu_{n-1}$$

ebenfalls $n+1$ conjugirte Gattungen. Da für den angegebenen Rationalitätsbereich:

(61) $$\mathrm{Nm}\,\mu\sqrt{\frac{\lambda}{\varkappa}} = n, \quad \mathrm{Nm}\,\mu = n$$

ist, so ist $\mu\sqrt{\frac{\lambda}{\varkappa}}$ ein algebraischer Primtheiler von n in dem durch $\mu\sqrt{\frac{\lambda}{\varkappa}}$ repraesentirten, dem Bereiche (ϱ) entstammenden Gattungsbereiche, und ebenso ist der Multiplicator μ selbst ein algebraischer Primtheiler von n in dem durch μ selbst repraesentirten Gattungsbereiche.

Aus den Aequivalenzen (60*) folgt genau in derselben Weise, wie es am Schlusse des § 10 für den allgemeineren Fall einer Primzahl*potenz* n dargelegt worden ist,

(62) dass jede ganze Grösse des Gattungsbereichs $\left(\varrho, \mu\sqrt{\frac{\lambda}{\varkappa}}\right)$, welche durch $\sqrt{\varkappa}\,\sin\mathrm{am}\frac{2K}{n}$ theilbar ist, auch durch μ selbst theilbar sein muss.

Doch soll dieses Hauptresultat hier noch besonders und unabhängig von der allgemeinen Theorie der Primdivisoren hergeleitet werden.

Bedeutet μ^0 irgend eine durch $\sqrt{\varkappa}\,\sin\mathrm{am}\frac{2K}{n}$ theilbare ganze Grösse des Bereichs $\left(\varrho, \mu\sqrt{\frac{\lambda}{\varkappa}}\right)$, so besteht für eine *unbestimmte* Grösse z die Congruenz:

$$\mu\sqrt{\frac{\lambda}{\varkappa}}\,z - \mu^0 \equiv 0 \left(\mathrm{mod.}\sqrt{\varkappa}\,\sin\mathrm{am}\frac{2K}{n}\right).$$

Erhebt man den Ausdruck auf der linken Seite zur $(n-1)$ten Potenz und benutzt die Aequivalenzen (60*), so resultirt die Congruenz:

$$\left(\mu\sqrt{\frac{\lambda}{\varkappa}}\,z - \mu^0\right)^{n-1} \equiv 0 \ (\mathrm{mod.}\,\mu),$$

aus welcher wiederum bei Anwendung der Gleichungen (61) die Congruenz:

$$\mathrm{Nm}\left(\mu\sqrt{\frac{\lambda}{\varkappa}}\cdot z - \mu^0\right)^{n-1} \equiv 0 \ (\mathrm{mod.}\,n)$$

hervorgeht. Da nun $\mathrm{Nm}\left(\mu\sqrt{\frac{\lambda}{\varkappa}}\,z - \mu^0\right)$ eine ganze Grösse des natürlichen Rationalitätsbereichs (ϱ) ist, deren $(n-1)$te Potenz — wie sich hier gezeigt hat — durch die

Primzahl n theilbar ist, so muss diese Grösse selbst schon durch n theilbar sein, d. h. es muss die Congruenz:

$$\mathrm{Nm}\left(\mu\sqrt{\frac{\lambda}{\varkappa}}\,z - \mu^0\right) \equiv 0 \pmod{n}$$

bestehen. Es muss also, da $\mathrm{Nm}\,\mu\sqrt{\frac{\lambda}{\varkappa}} = n$ ist,

$$\mathrm{Nm}\left(z - \frac{\mu^0\sqrt{\varkappa}}{\mu\sqrt{\lambda}}\right)$$

eine ganze ganzzahlige Function von z und ϱ sein, d. h. der Quotient: $\frac{\mu^0\sqrt{\varkappa}}{\mu\sqrt{\lambda}}$ muss eine *ganze* algebraische, dem Rationalitätsbereiche (ϱ) entstammende Grösse sein. Da endlich $\sqrt{\lambda}$ und $\sqrt{\varkappa}$ algebraische Einheiten sind, so besteht in der That die Congruenz:

$$\mu^0 \equiv 0 \pmod{\mu},$$

deren Gültigkeit nachgewiesen werden sollte.

Die Coefficienten von $x, x^3, \ldots x^{n-2}$ in der Entwickelung des Products:

$$\prod_r \left(x - \sqrt{\varkappa}\sin\mathrm{am}\frac{2rK}{n}\right) \qquad (r=0,1,\ldots n-1)$$

sind sämmtlich Grössen des Gattungsbereichs $\left(\varrho,\ \mu\sqrt{\frac{\lambda}{\varkappa}}\right)$, und sie sind offenbar durch $\sqrt{\varkappa}\sin\mathrm{am}\frac{2K}{n}$ theilbar. Nach dem, was soeben bewiesen worden, sind sie also auch sämmtlich durch die $(n-1)$te Potenz von $\sqrt{\varkappa}\sin\mathrm{am}\frac{2K}{n}$ oder, was dasselbe ist, durch μ theilbar. Eben dieses Product bildet den Zähler auf der rechten Seite der Transformationsgleichung (54) des § 12, welche *so* dargestellt werden kann:

$$(54^*) \qquad (-1)^{\frac{1}{2}(n-1)}\sqrt{\lambda}\sin\mathrm{am}(\mu u, \lambda) = \prod_r \frac{x - \sqrt{\varkappa}\sin\mathrm{am}\frac{2rK}{n}}{1 - x\sqrt{\varkappa}\sin\mathrm{am}\frac{2rK}{n}};$$
$$(x = \sqrt{\varkappa}\sin\mathrm{am}(u,\varkappa);\ r = 0, 1, \ldots n-1)$$

das vorstehende Resultat kann daher in folgender Weise formulirt werden:

Die gebrochene rationale Function von $\sqrt{\varkappa}\sin\mathrm{am}(u,\varkappa)$, durch welche die transformirte, elliptische Function

$$(-1)^{\frac{1}{2}(n-1)}\sqrt{\lambda}\sin\mathrm{am}(\mu u, \lambda)$$

ausgedrückt wird, hat in ihrer reducirten Form als Zähler eine ganze Func-

tion von $\sqrt{\varkappa}$ sin am $(u, \varkappa)$ vom Grade n und als Nenner eine solche vom Grade $n - 1$. Die Coefficienten des Zählers und Nenners sind sämmtlich ganze algebraische Grössen des Gattungsbereichs $(\varrho, \varkappa, \mu)$; der Coefficient der $n$ten Potenz von $\sqrt{\varkappa}$ sin am $(u, \varkappa)$ im Zähler, sowie der von
(63) $\sqrt{\varkappa}$ sin am $(u, \varkappa)$ unabhängige Term im Nenner, haben den absoluten Werth Eins; *alle übrigen Coefficienten sind durch den Multiplicator* μ *theilbar, und der Coefficient von* $\sqrt{\varkappa}$ sin am $(u, \varkappa)$ *im Zähler, sowie der damit identische Coefficient der* $(n - 1)$*ten Potenz von* $\sqrt{\varkappa}$ sin am $(u, \varkappa)$ *im Nenner, sind mit dem Multiplicator* μ *selbst absolut aequivalent.*

Es besteht daher die für die Transformation der elliptischen Functionen fundamentale Congruenz:

(64) $$(-1)^{\frac{1}{2}(n-1)}\sqrt{\lambda}\,\sin\operatorname{am}(\mu u, \lambda) \equiv (\sqrt{\varkappa}\,\sin\operatorname{am}(u, \varkappa))^n \pmod{\mu}$$

in dem Sinne,

dass die Differenz der auf beiden Seiten stehenden Grössen dividirt durch μ, nämlich:

$$\frac{1}{\mu}\left\{(-1)^{\frac{1}{2}(n-1)}\sqrt{\lambda}\,\sin\operatorname{am}(\mu u, \lambda) - (\sqrt{\varkappa}\,\sin\operatorname{am}(u, \varkappa))^n\right\}$$

eine *ganze* algebraische dem Rationalitätsbereiche

$$(\sqrt{\lambda}\,\sin\operatorname{am}(\mu u, \lambda), \varrho)$$

entstammende Grösse ist.

Die Gültigkeit der Congruenz (64) ist ebenso wie die Gültigkeit des vorher formulirten Resultats (63) nur an die Bedingung geknüpft, dass die Zahl n, welche die Ordnung der Transformation bezeichnet, eine ungrade Primzahl sei.

Eben diese Congruenz (64) bildet den Hauptzielpunkt der vorstehenden Entwickelungen; sie ist für die Theorie der Transformation der elliptischen Functionen, sowie für alle arithmetischen Anwendungen dieser Theorie von ebenso fundamentaler Bedeutung, wie es die analogen, schon aus den *Euler*'schen Entwickelungen hervorgehenden Congruenzen:*)

$$(-1)^{\frac{1}{2}(n-1)}\sin nu \equiv (\sin u)^n, \quad (-1)^{\frac{1}{2}(n-1)}\operatorname{tg} nu \equiv (\operatorname{tg} u)^n \pmod{n}$$

*) Vergl. Kap. XIV in *Euler*'s Introductio in analysin infinitorum[1]).

[1]) *Euler*, Opera, Series I, Volumen VIII, p. 258.

H

für die Theorie der Multiplication der Kreisfunctionen und deren arithmetische Anwendungen sind.

Die Analogie zwischen diesen Congruenzen und jener Congruenz (64) tritt noch deutlicher hervor, wenn man die letztere in folgender Weise darstellt:

(65) $$(-1)^{\frac{1}{2}(n-1)}\sqrt{\lambda}\,\sin\operatorname{am}(\mu u, \lambda) \equiv (\sqrt{\varkappa}\,\sin\operatorname{am}(u, \varkappa))^{Nm\mu} \pmod{\mu},$$

und wenn man dabei bemerkt, dass der Multiplicator des Arguments u, welcher hier ebenso wie bei den Kreisfunctionen zugleich den Modul der Congruenzen bildet, auch in beiden Fällen als Primtheiler seiner Gattung zu charakterisiren ist.

In der vollkommenen Analogie, welche die hier dargelegten Eigenschaften der Formeln für die Transformation der elliptischen Functionen mit denjenigen der Formeln für die Multiplication der Kreisfunctionen darbietet, bewährt sich offenbar die *Jacobi*'sche Bezeichnung der elliptischen Functionen. Auch zeigt sich, dass *Jacobi* mit Recht von vornherein bei seinen Untersuchungen über die elliptischen Functionen die Probleme der Multiplication und Transformation unter einen und denselben Gesichtspunkt zusammenfasste*), und für den bewunderswürdigen Scharfblick, welchen *Jacobi* dabei bewies, giebt jene Congruenz:

$$(-1)^{\frac{1}{2}(n-1)}\sqrt{\lambda}\,\sin\operatorname{am}(\mu u, \lambda) \equiv (\sqrt{\varkappa}\,\sin\operatorname{am}(u, \varkappa))^{n} \pmod{\mu}$$

ein neues, glänzendes Zeugniss.

Man kann nun, im Verfolg der leitenden Ideen von *Jacobi*, bei der Frage der Multiplication der elliptischen Functionen von dem Modul gänzlich absehen und es als eine „*Multiplication der elliptischen Functionen*" *im weiteren Sinne des Wortes* auffassen,

> wenn die elliptische Function sin am für das $\mathfrak{m}$ fache eines beliebigen Arguments u rational durch $\sin\operatorname{am} u$ ausdrückbar ist, gleichviel ob $\sin\operatorname{am}\mathfrak{m}u$ denselben oder irgend einen anderen Modul hat als $\sin\operatorname{am} u$.

Es ist dann also nur erforderlich, dass für jeden beliebigen Modul $\varkappa$ Grössen $\mathfrak{k}$, $\mathfrak{m}$ existiren, für welche

$$\sqrt{\mathfrak{k}}\,\sin\operatorname{am}(\mathfrak{m}u, \mathfrak{k}) \text{ rational durch } \sqrt{\varkappa}\,\sin\operatorname{am}(u, \varkappa)$$

---

*) *Jacobi*'s Fundamenta § 2[1]).

[1]) *Jacobi*, Werke, Bd. I, S. 55.

ausdrückbar ist. Setzt man:

$$u = 4K\zeta,\quad 2w = \frac{K'i}{K},\quad 2\mathfrak{w} = \frac{\mathfrak{K}'i}{\mathfrak{K}},$$

wo $\mathfrak{K}$ und $\mathfrak{K}'$ die den Integralen K und K' analogen Grössen für den Modul $\mathfrak{k}$ bedeuten, und:

$$2K = \pi\big(\vartheta_3(0, 2w)\big)^2,\quad 2\mathfrak{K} = \pi\big(\vartheta_3(0, 2\mathfrak{w})\big)^2,$$

so muss nach § 4 (21):

$$\mathrm{El}\Big(\frac{\mathfrak{m}K\zeta}{\mathfrak{K}}, \mathfrak{w}\Big) \text{ rational durch } \mathrm{El}(\zeta, w)$$

ausdrückbar sein; es müssen also, da $\mathrm{El}(\zeta + 1, w) = \mathrm{El}(\zeta + w, w) = \mathrm{El}(\zeta, w)$*) ist, die Gleichungen bestehen:

$$\mathrm{El}\Big(\frac{\mathfrak{m}K(\zeta+1)}{\mathfrak{K}}, \mathfrak{w}\Big) = \mathrm{El}\Big(\frac{\mathfrak{m}K(\zeta+w)}{\mathfrak{K}}, \mathfrak{w}\Big) = \mathrm{El}\Big(\frac{\mathfrak{m}K\zeta}{\mathfrak{K}}, \mathfrak{w}\Big),$$

und hieraus folgt endlich, dass ganze Zahlen $\alpha, \beta, \gamma, \delta$ existiren müssen, wofür:

$$\frac{\mathfrak{m}Kw}{\mathfrak{K}} = \alpha\mathfrak{w} + \beta,\quad \frac{\mathfrak{m}K}{\mathfrak{K}} = \gamma\mathfrak{w} + \delta$$

wird. Alsdann ist:

$$w = \frac{\alpha\mathfrak{w} + \beta}{\gamma\mathfrak{w} + \delta}.$$

Von den beiden Moduln $\varkappa$ und $\mathfrak{k}$, deren Quadratwurzeln beziehungsweise gleich:

$$\mathrm{El}\Big(\frac{1}{4}, w\Big),\quad \mathrm{El}\Big(\frac{1}{4}, \mathfrak{w}\Big)$$

sind, ist hiernach einer der transformirte des anderen, und es ist also *nur* die sogenannte „Transformation" der elliptischen Functionen, welche eine

> Multiplication der elliptischen Functionen in dem oben entwickelten weiteren Sinne des Wortes darstellt.

Es hat sich nun oben gezeigt, dass, wenn die Ordnung der Transformation eine ungrade *Primzahl* n ist, der Multiplicator μ ein algebraischer Primtheiler desjenigen dem Rationalitätsbereiche (ϱ) entstammenden Gattungsbereichs ist, welcher durch die Elemente $\varrho, \varkappa, \mu$ charakterisirt wird, und dem ebensowohl der Multiplicator μ als auch der transformirte Modul λ angehört. Setzt man demgemäss

$$n = \mu\mu',$$

) Vergl. die Formel (22) im § 4.

so ist, wie in einem folgenden Paragraphen gezeigt werden soll, auch μ' ein algebraischer *Primtheiler* des Gattungsbereichs $(\varrho, \varkappa, \mu)$. Jede Primzahl n erweist sich also in einem gewissen, dem Bereiche $(\varrho, \varkappa)$ entstammenden Gattungsbereiche als zusammengesetzte Grösse und ist als Product von zwei algebraischen, dem Gattungsbereiche $(\varrho, \varkappa, \mu)$ angehörigen Primdivisoren darstellbar. Demgemäss setzt sich auch die Multiplication mit einer Primzahl n, welche zugleich im engeren Sinne des Wortes eine Multiplication ist, aus den zwei Multiplicationen mit μ und μ' zusammen, bei denen die Multiplicatoren in dem dargelegten Sinne *prim* sind, und es zeigt sich hier die tiefe Bedeutung jener von *Jacobi* in den §§ 26 bis 28 der Fundamenta[1]) entwickelten Methode, mittels deren alle Formeln für die Multiplication der elliptischen Functionen mit einer ungraden Zahl n aus zwei aufeinanderfolgenden Transformationen der $n$ten Ordnung hergeleitet werden.

§ 15.

Es ist oben ausgeführt worden, dass es einzig und allein die Transformation der elliptischen Functionen ist, welche eine Multiplication im weiteren Sinne des Wortes liefert, d. h. eine Darstellung von

$$\mathrm{El}(\xi, v) \text{ als rationale Function von } \mathrm{El}(\eta, w)$$

für den Fall, dass die Variable ξ sich von der Variablen η nur durch einen constanten Factor unterscheidet. Aber man kann sogar zeigen*),

> dass auch die allgemeinere Forderung „es sollen zwischen zwei elliptischen Functionen $\mathrm{El}(\xi, v)$ und $\mathrm{El}(\eta, w)$ und zugleich zwischen deren variabeln Argumenten ξ und η algebraische Relationen bestehen“ einzig und allein durch die Transformation erfüllt wird.

Setzt man nämlich zur Abkürzung:

$$x = \mathrm{El}(\xi, v), \quad y = \mathrm{El}(\eta, w)$$

und nimmt nun an, dass zwei Gleichungen:

$$F(x, y) = 0, \quad \Phi(\xi, \eta, x) = 0$$

*) Vergl. *Abel*'s „Précis d'une théorie des fonctions elliptiques“ (Nr. XXVIII des ersten Bandes der gesammelten Werke in der Ausgabe von 1881), sowie sein „Mémoire sur les fonctions transcendantes de la forme $\int y\, dx$, où y est une fonction algébrique de x“ (Nr. XVII des zweiten Bandes in derselben Ausgabe).

[1]) *Jacobi*, Werke, Bd. I, S. 111—122.

bestehen, in welchen $F(x, y)$ eine ganze rationale Function von x und y bedeutet, $\Phi(\xi, \eta, x)$ aber eine ganze rationale Function von ξ, η, deren Coefficienten algebraische Functionen von x sind, so erhält man durch Differentiation von $\Phi(\xi, \eta, x)$ nach x eine fernere Relation:

$$\Psi(\xi, \eta, x) = 0,$$

in welcher $\Psi(\xi, \eta, x)$ ebenfalls eine ganze rationale Function von ξ, η ist, deren Coefficienten algebraische Functionen von x sind. Denn, wenn man die partiellen Ableitungen von Φ nach ξ, η, x beziehungsweise mit Φ_1, Φ_2, Φ_3 bezeichnet, so kann man:

$$\Psi(\xi, \eta, x) = \Phi_1 \frac{d\xi}{dx} + \Phi_2 \frac{d\eta}{dx} + \Phi_3$$

nehmen und dabei die Differentialquotienten $\frac{d\xi}{dx}, \frac{d\eta}{dx}$ durch die algebraischen Functionen von x ersetzen, welche sich aus der Differentiation der Gleichungen $x = \mathrm{El}(\xi, v)$, $y = \mathrm{El}(\eta, w)$, $F(x, y) = 0$ ergeben.

Die Resultante der Elimination von η aus den Gleichungen $\Phi(\xi, \eta, x) = 0$, $\Psi(\xi, \eta, x) = 0$ würde, wenn sie nicht identisch Null wäre, die Variable ξ als algebraische Function von x bestimmen. Die Resultante muss daher identisch verschwinden, und es müssen demgemäss:

$$\Phi(\mathfrak{x}, \mathfrak{y}, x) \text{ und } \Psi(\mathfrak{x}, \mathfrak{y}, x),$$

als ganze Functionen der beiden unbestimmten Variabeln $\mathfrak{x}$ und $\mathfrak{y}$, einen gemeinsamen Theiler haben. Es kann aber vorausgesetzt werden, dass $\Phi(\mathfrak{x}, \mathfrak{y}, x)$ keine ganze Function von $\mathfrak{x}$ und $\mathfrak{y}$ als Factor enthält, da man andersfalls einen solchen Factor oben an Stelle von $\Phi(\xi, \eta, x)$ gleich Null setzen könnte. Es muss daher $\Psi(\mathfrak{x}, \mathfrak{y}, x)$ *identisch* gleich Null sein.

Ist nun $\mathfrak{y}^n$ die höchste in $\Phi(\mathfrak{x}, \mathfrak{y}, x)$ vorkommende Potenz von $\mathfrak{y}$ und:

$$\Phi(\mathfrak{x}, \mathfrak{y}, x) = \left(\varphi \mathfrak{x}^r + \varphi_1 \mathfrak{x}^{r-1} + \cdots\right) \mathfrak{y}^n + \left(\psi \mathfrak{x}^s + \psi_1 \mathfrak{x}^{s-1} + \cdots\right) \mathfrak{y}^{n-1} + \cdots,$$

so wird:

$$\Psi(\mathfrak{x}, \mathfrak{y}, x) = \left(\frac{d\varphi}{dx} \mathfrak{x}^r + \frac{d\varphi_1}{dx} \mathfrak{x}^{r-1} + \cdots\right) \mathfrak{y}^n + \left(r\varphi \mathfrak{x}^{r-1} + \cdots\right) \frac{d\xi}{dx} \mathfrak{y}^n + n\left(\varphi \mathfrak{x}^r + \cdots\right) \mathfrak{y}^{n-1} \frac{d\eta}{dx}$$
$$+ \left(\frac{d\psi}{dx} \mathfrak{x}^s + \cdots\right) \mathfrak{y}^{n-1} + \left(s\psi \mathfrak{x}^{s-1} + \cdots\right) \frac{d\xi}{dx} \mathfrak{y}^{n-1} + (n-1)\left(\psi \mathfrak{x}^s + \cdots\right) \mathfrak{y}^{n-2} \frac{d\eta}{dx} + \cdots,$$

und es muss also:

$$\frac{d\varphi}{dx} = 0, \quad r\varphi \frac{d\xi}{dx} + \frac{d\varphi_1}{dx} = 0$$

sein. Es zeigt sich also, dass φ von x unabhängig ist, und dann ferner, dass auch $r\varphi\xi + \varphi_1$ von x unabhängig sein muss. Hieraus folgt aber, dass $r = 0$ sein muss; denn sonst würde die Gleichung:

$$r\varphi\xi + \varphi_1 = \text{const.},$$

in welcher φ_1 eine algebraische Function von x bedeutet, auch ξ als algebraische Function von x definiren.

Setzt man nunmehr den Coefficienten von $\mathfrak{y}^{n-1}$ in $\Psi(\mathfrak{x}, \mathfrak{y}, x)$ gleich Null, so kommt, da $r = 0$ ist:

$$n\varphi\frac{d\eta}{dx} + (s\psi\mathfrak{x}^{s-1} + \cdots)\frac{d\xi}{dx} + \frac{d\psi}{dx}\mathfrak{x}^s + \frac{d\psi_1}{dx}\mathfrak{x}^{s-1} + \cdots = 0.$$

Hieraus ersieht man, dass s nicht grösser als 1 sein kann. Denn sonst müsste:

$$\frac{d\psi}{dx} = 0, \quad s\psi\frac{d\xi}{dx} + \frac{d\psi_1}{dx} = 0$$

sein, und daraus würde, genau so wie oben, folgen, dass ψ und demnach auch $s\psi\xi + \psi_1$ constant sein muss. Das Letztere ist aber unmöglich, da die Gleichung: $s\psi\xi + \psi_1 = \text{const.}$ die Grösse ξ als algebraische Function von x definiren würde.

Es kann aber auch nicht $s = 0$ sein, da sonst:

$$\frac{d\psi}{dx} + n\varphi\frac{d\eta}{dx} = 0$$

sein würde und folglich, da φ constant ist, eine Gleichung:

$$n\varphi\eta + \psi = \text{const.}$$

bestehen müsste, welche aber η als algebraische Function von x definiren würde.

Für den allein übrig bleibenden Fall $s = 1$ kommt nun:

$$\frac{d\psi}{dx} = 0, \quad n\varphi\frac{d\eta}{dx} + \psi\frac{d\xi}{dx} + \frac{d\psi_1}{dx} = 0,$$

also:

$$\psi = \text{const. und } n\varphi\eta + \psi\xi + \psi_1 = \text{const.},$$

und es zeigt sich also,

> dass $\Phi(\xi, \eta, x)$ eine *lineare* Function von ξ und η sein muss, in welcher die Coefficienten von ξ und η constant sind.

Die Gleichung $\Phi(\xi, \eta, x) = 0$ muss daher eine lineare Function $\eta - \sigma\xi$, in welcher σ eine Constante bedeutet, als algebraische Function von x definiren; diese Function muss sich aber auf eine Constante reduciren, da ξ und η Integrale erster Gattung sind und also $\eta - \sigma\xi$ für alle durch die Gleichung $F(x, y) = 0$ mit einander verbundenen Werthe von x und y endliche Werthe annimmt.

Die Gleichung $\Phi(\xi, \eta, x) = 0$ kann hiernach nur von der Form sein:

$$\eta = \sigma\xi + \tau,$$

wo σ und τ von x unabhängig sind. Setzt man nun in der Gleichung:

$$F(\mathrm{El}(\xi, v), \quad \mathrm{El}(\sigma\xi + \tau, w)) = 0$$

$\xi + mv + n$ an die Stelle von ξ, so bleibt, wenn m und n ganze Zahlen sind, der Werth von $\mathrm{El}(\xi, v)$ ungeändert, und es kann daher:

$$\mathrm{El}(\sigma\xi + \sigma mv + \sigma n + \tau, w)$$

nur eine durch die Function F bestimmte endliche Anzahl verschiedener Werthe annehmen, wenn man nach einander für m und n beliebig viele verschiedene ganze Zahlen setzt. Hieraus folgt, dass es ganze Zahlen m, n, r, s geben muss, wofür:

$$\mathrm{El}(\sigma\xi + \sigma mv + \tau, w) = \mathrm{El}(\sigma\xi + \sigma(m + s)v + \tau, w)$$

$$\mathrm{El}(\sigma\xi + \sigma n + \tau, w) = \mathrm{El}(\sigma\xi + \sigma(n + r) + \tau, w)$$

wird, und dass daher ganze Zahlen a, b, c, d existiren müssen, wofür:

$$\sigma sv = aw + b, \quad \sigma r = cw + d,$$

also:

$$v = \frac{r(aw + b)}{s(cw + d)}, \quad \sigma = \frac{cw + d}{r} = \frac{ad - bc}{ar - csv}$$

ist. Nun besteht aber in der That, wie aus der Theorie der Transformation hervorgeht, zwischen den beiden Functionen:

$$\mathrm{El}(\xi, v) \quad \text{und} \quad \mathrm{El}(\sigma\xi, w)$$

eine algebraische Relation, wenn σ, v, w durch die angegebenen Gleichungen mit einander verbunden sind; vermöge des Additionstheorems besteht daher auch für eine beliebige von x unabhängige Grösse τ eine algebraische Relation zwischen:

$$\mathrm{El}(\xi, v) \quad \text{und} \quad \mathrm{El}(\sigma\xi + \tau, w).$$

Das hiermit erlangte Resultat kann folgendermaassen formulirt werden:

Sollen sowohl zwischen zwei elliptischen Functionen $\mathrm{El}(\xi, v)$, $\mathrm{El}(\eta, w)$ als auch zwischen deren variabeln Argumenten ξ, η algebraische Relationen bestehen, so muss die Relation zwischen ξ und η linear und von der Form:

$$\eta = \sigma\xi + \tau$$

sein. Dabei ist τ eine beliebige von ξ unabhängige Grösse, während der Zusammenhang zwischen σ, v, w durch zwei Gleichungen:

$$\sigma s v = aw + b, \quad \sigma r = cw + d$$

bestimmt ist, in denen a, b, c, d, r, s ganze Zahlen bedeuten.

Nimmt man speciell $v = w$, so ergiebt sich das Corollar:

Wenn sowohl zwei elliptische Functionen $\mathrm{El}(\xi, w)$, $\mathrm{El}(\eta, w)$ als auch die Argumente ξ, η durch algebraische Relationen mit einander verbunden sein sollen, so müssen die Gleichungen:

$$\eta = \sigma\xi + \tau, \quad \sigma s w = aw + b, \quad \sigma r = cw + d$$

bestehen. Es muss also entweder σ eine ganze Zahl sein, oder es müssen w und σ *complexe* algebraische, derselben Gattung angehörige Zahlen sein.

Im letzteren Falle ist w Wurzel einer quadratischen Gleichung:

$$A + Bw + Cw^2 = 0,$$

in welcher A, B, C ganze Zahlen sind und $B^2 < 4AC$ ist. Dabei ist w diejenige der beiden Wurzeln, für welche der reelle Theil von wi negativ wird.

Die Wurzeln solcher quadratischer Gleichungen: $A + Bw + Cw^2 = 0$ bezeichnen offenbar die einfachsten Rationalitätsbereiche, d. h. diejenigen der niedrigsten Ordnung, aus welchen überhaupt Werthe von w für die elliptische Function $\mathrm{El}(\zeta, w)$ entnommen werden können.

Die elliptischen Functionen mit solchen *besonderen* Werthen von w zeichnen sich vor allen übrigen durch ganz besondere Eigenschaften aus, und ich nenne sie deshalb „*singuläre elliptische Functionen*". Die Werthe $\mathrm{El}^2\left(\frac{1}{4}, w\right)$, welche ihre Moduln bilden, sind eben jene, welche ich schon in meiner Mittheilung vom Juni 1862*) als „*singuläre* Moduln" bezeichnet habe.

*) Monatsbericht vom Juni 1862[1]).

[1]) Bd. IV, S. 207 dieser Ausgabe von *L. Kronecker's* Werken. H

Soll zwischen ξ und η eine algebraische Relation bestehen und dabei:

$$\mathrm{El}(\xi, v) = \mathrm{El}(\eta, w)$$

sein, so folgt nach dem obigen Satze, dass $\eta = \sigma\xi + \tau$ sein muss. Alsdann muss ferner:

$$\mathrm{El}(\xi, v) = \mathrm{El}(\xi + 1, v) = \mathrm{El}(\sigma\xi + \sigma \ + \tau, w) = \mathrm{El}(\sigma\xi + \tau, w)$$
$$\mathrm{El}(\xi, v) = \mathrm{El}(\xi + v, v) = \mathrm{El}(\sigma\xi + \sigma v + \tau, w) = \mathrm{El}(\sigma\xi + \tau, w)$$

sein, und es müssen daher ganze Zahlen a, b, c, d existiren, für welche:

$$\sigma v = aw + b, \ \sigma = cw + d$$

wird. Vertauscht man gleichzeitig ξ mit η, v mit w und σ mit $\frac{1}{\sigma}$, so folgt in derselben Weise, dass Gleichungen: $\frac{1}{\sigma} w = a'v + b', \ \frac{1}{\sigma} = c'v + d'$

bestehen müssen, in welchen a', b', c', d' ganze Zahlen sind.

Hiernach muss:

$$w = \frac{a'v + b'}{c'v + d'} = \frac{dv - b}{-cv + a}, \ (cw + d)(c'v + d') = 1$$

sein; es muss also eine ganze Zahl t geben, wofür:

$$a' = dt, \ b' = -bt, \ c' = -ct, \ d' = at,$$

und zugleich:

$$(cw + d)(a - cv)t = 1$$

ist. Der Ausdruck auf der linken Seite dieser Gleichung ist aber gleich: $(ad - bc)t$; sowohl t als $ad - bc$ muss daher den absoluten Werth Eins haben, und $ad - bc$ muss *positiv* sein, damit der reelle Theil von vi und der von wi gleichzeitig negativ sei.

Statuirt man zwischen ξ, η die Relation:

$$\xi\left(\vartheta_3(0, 2v)\right)^2 = \eta\left(\vartheta_3(0, 2w)\right)^2,$$

und setzt man zur Abkürzung:

$$2\pi\xi\left(\vartheta_3(0, 2v)\right)^2 = u,$$

so wird gemäss der Definition der Function El im § 4 (21):

$$\mathrm{El}\left(\tfrac{1}{4}, v\right) \cdot \sin \mathrm{am}\left(u, \mathrm{El}^2\left(\tfrac{1}{4}, v\right)\right) = \mathrm{El}(\xi, v),$$
$$\mathrm{El}\left(\tfrac{1}{4}, w\right) \cdot \sin \mathrm{am}\left(u, \mathrm{El}^2\left(\tfrac{1}{4}, w\right)\right) = \mathrm{El}(\eta, w),$$

und also:
$$\mathrm{El}(\xi, v) = \mathrm{El}(\eta, w),$$
wenn man zwischen den Grössen v und w die Relation:
$$\mathrm{El}\left(\frac{1}{4}, v\right) = \mathrm{El}\left(\frac{1}{4}, w\right)$$
voraussetzt. Gemäss der obigen Entwickelung hat also diese Voraussetzung als nothwendige Folge, dass zwischen den Grössen v und w eine Gleichung:
$$v = \frac{aw + b}{cw + d}$$
bestehe, in welcher a, b, c, d ganze Zahlen und dabei so beschaffen sind, dass $ad - bc = 1$ wird.

Dasselbe Resultat ergiebt sich aber schon aus dem obigen Satze, dass *nur* dann $\mathrm{El}\left(\frac{mK\zeta}{\mathfrak{R}}, \mathfrak{w}\right)$ rational durch $\mathrm{El}(\zeta, w)$ ausdrückbar ist, wenn w als lineare gebrochene Function von $\mathfrak{w}$ mit ganzzahligen Coefficienten dargestellt werden kann. Denn unter der Voraussetzung:
$$\mathrm{El}\left(\frac{1}{4}, w\right) = \mathrm{El}\left(\frac{1}{4}, \mathfrak{w}\right) \quad \text{und} \quad m = 1$$
wird:
$$\mathrm{El}\left(\frac{mK\zeta}{\mathfrak{R}}, \mathfrak{w}\right) = \mathrm{El}(\zeta, w),$$
und es ist dann ähnlich, wie oben, zu zeigen, dass die Determinante der Coefficienten jener linearen gebrochenen Function gleich Eins sein muss. In dieser letzteren Weise habe ich das angegebene Resultat gleich im Anfange meiner Untersuchungen über die singulären elliptischen Functionen abgeleitet.

§ 16.

Um nunmehr, in Anknüpfung an den Schlusssatz des § 11, den Nachweis zu führen, dass die $n^2 - 1$ Grössen:
$$\sqrt{\varkappa}\,\sin\mathrm{am}\,\frac{4hK + 2h'K'i}{n} \qquad (h, h' = 0, 1, \ldots n-1 \text{ ausser } h = h' = 0)$$
nicht sämmtlich einander absolut aequivalent sein können, bemerke ich zuvörderst, dass, wenn es der Fall wäre, auch die $n + 1$ Grössen:
$$\mu\sqrt{\frac{\lambda}{\varkappa}},\ \mu_0\sqrt{\frac{\lambda_0}{\varkappa}},\ \mu_1\sqrt{\frac{\lambda_1}{\varkappa}},\ \ldots \mu_{n-1}\sqrt{\frac{\lambda_{n-1}}{\varkappa}}$$

einander aequivalent sein müssten, da nach § 12:

$$\mu\sqrt{\frac{\lambda}{\varkappa}} = \prod_r \sqrt{\varkappa}\sin\operatorname{am}\frac{4rK}{n}$$
$$\mu_h\sqrt{\frac{\lambda_h}{\varkappa}} = \prod_r \sqrt{\varkappa}\sin\operatorname{am}\frac{4hrK+2rK'i}{n} \qquad \begin{pmatrix} r=1,2,\dots n-1 \\ h=0,1,2,\dots n-1 \end{pmatrix}$$

ist. Da ferner das Product aller $n+1$ Multiplicatoren μ gleich n ist, so wäre bei der gemachten Annahme jede der $n+1$ Grössen $\mu\sqrt{\frac{\lambda}{\varkappa}}$ oder jeder der $n+1$ Multiplicatoren μ selbst absolut aequivalent mit $n^{\frac{1}{n+1}}$. Die Gleichung $(n+1)$ten Grades, welcher nach § 12 die $n+1$ Grössen:

$$\mu\sqrt{\frac{\lambda}{\varkappa}},\ \mu_0\sqrt{\frac{\lambda_0}{\varkappa}},\ \mu_1\sqrt{\frac{\lambda_1}{\varkappa}},\ \dots \mu_{n-1}\sqrt{\frac{\lambda_{n-1}}{\varkappa}}$$

genügen, müsste also abgesehen von dem Coefficienten der höchsten Potenz, welcher gleich Eins ist, lauter Coefficienten haben, die ganze Grössen des Rationalitätsbereichs (ϱ) und *dabei durch n theilbar* sind.

Nun ist aber gemäss den Gleichungen (57) und (58) des § 12:

$$\mu\sqrt{\frac{\lambda}{\varkappa}} = \pm n\cdot\frac{\vartheta_2(0,2nw)\vartheta_3(0,2nw)}{\vartheta_2(0,2w)\vartheta_3(0,2w)},\quad \mu_h\sqrt{\frac{\lambda_h}{\varkappa}} = \frac{\vartheta_2\left(0,2\frac{h+w}{n}\right)\vartheta_3\left(0,2\frac{h+w}{n}\right)}{\vartheta_2(0,2w)\vartheta_3(0,2w)},$$
$$(h=0,1,2,\dots n-1)$$

und es ist ferner:

$$\varrho = \varkappa + \frac{1}{\varkappa} = \frac{\vartheta_2^4(0,2w)+\vartheta_3^4(0,2w)}{\vartheta_2^2(0,2w)\vartheta_3^2(0,2w)};$$

das Product:

$$\vartheta_2\left(0,\frac{2w}{n}\right)\vartheta_3\left(0,\frac{2w}{n}\right)$$

genügt also an sich, oder nach Multiplication mit einer Potenz des Products $\vartheta_2(0,2w)\vartheta_3(0,2w)$, einer Gleichung $(n+1)$ten Grades, in welcher der Coefficient der höchsten Potenz gleich Eins ist, während die übrigen Coefficienten ganze ganzzahlige Functionen von $\vartheta_2(0,2w)$ und $\vartheta_3(0,2w)$ sind. In diesen ganzzahligen Functionen müssten die Coefficienten, bei der obigen Annahme, durch n theilbar sein, und es müssten daher alle Glieder der Gleichung für: $\vartheta_2\left(0,\frac{2w}{n}\right)\vartheta_3\left(0,\frac{2w}{n}\right)$ mit Ausnahme des ersten Gliedes

$$\left(\vartheta_2\left(0,\frac{2w}{n}\right)\vartheta_3\left(0,\frac{2w}{n}\right)\right)^{n+1},$$

wenn sie nach Potenzen von $e^{w\pi i}$ oder q entwickelt werden, lauter durch n theilbare Coefficienten haben. Dies ist jedoch unmöglich, da die Entwickelung jenes ersten

Gliedes der Gleichung nach Potenzen von q offenbar nicht lauter durch n theilbare Coefficienten enthält.

Es sind hiernach *nur* die je $n-1$ Grössen:

$$\sqrt{\varkappa}\sin\operatorname{am}\frac{4rK}{n} \quad \text{und} \quad \sqrt{\varkappa}\sin\operatorname{am}\frac{4hrK+2rK'i}{n} \qquad (r=1,2,\dots n-1)$$

einander absolut aequivalent, dagegen je zwei Grössen aus verschiedenen der $n+1$ Gruppen:

$$\sqrt{\varkappa}\sin\operatorname{am}\frac{4K}{n},\ \sqrt{\varkappa}\sin\operatorname{am}\frac{4hK+2K'i}{n} \qquad (h=0,1,\dots n-1)$$

einander *nicht* aequivalent. Ebenso sind je zwei der $n+1$ Grössen:

$$\mu\sqrt{\frac{\lambda}{\varkappa}},\ \mu_0\sqrt{\frac{\lambda_0}{\varkappa}},\ \mu_1\sqrt{\frac{\lambda_1}{\varkappa}},\ \dots\mu_{n-1}\sqrt{\frac{\lambda_{n-1}}{\varkappa}},$$

auch im Sinne der Aequivalenz, von einander verschieden, und da sie Primdivisoren in derjenigen Gattung sind, welche durch alle $n+1$ Grössen repraesentirt wird, so haben sie auch keinerlei gemeinschaftlichen Theiler.

Die n Grössen:

$$\mu_h\sqrt{\frac{\lambda_h}{\varkappa}} \quad \text{oder} \quad \prod_r \mathrm{El}\left(\frac{rh+rw}{n},\ w\right) \qquad \binom{r=1,2,\dots n-1}{h=0,1,2,\dots n-1}$$

sind Wurzeln einer Gleichung $n$ten Grades, deren Coefficienten rationale Functionen von ϱ und $\mu\sqrt{\frac{\lambda}{\varkappa}}$, also von:

$$\varrho \quad \text{und} \quad \prod_r \mathrm{El}\left(\frac{r}{n},\ w\right) \qquad (r=1,2,\dots n-1)$$

sind. Diese Gleichung ist im Gattungsbereiche $\left(\varkappa,\ \mu\sqrt{\frac{\lambda}{\varkappa}}\right)$ irreductibel; denn wenn irgend eine Gleichung mit ganzzahligen Coefficienten zwischen den drei Grössen:

$$\varkappa,\ \prod_r \mathrm{El}\left(\frac{r}{n},\ w\right),\ \prod_r \mathrm{El}\left(\frac{rw}{n},\ w\right) \qquad (r=1,2,\dots n-1)$$

oder, was dasselbe ist, zwischen den drei Grössen:

$$\mathrm{El}^2\left(\frac{1}{4},\ w\right),\ (-1)^{\frac{1}{2}(n-1)}\prod_r \mathrm{El}^2\left(\frac{r}{n},\ w\right),\ (-1)^{\frac{1}{2}(n-1)}\prod_r \mathrm{El}^2\left(\frac{rw}{n},\ w\right)$$
$$\left(r=1,2,\dots\tfrac{1}{2}(n-1)\right)$$

besteht, und man setzt darin $w\pm h$ an Stelle von w, wo h eine *grade* Zahl bedeutet, so bleiben nach § 4 die ersten beiden Grössen ungeändert; die dritte Grösse aber geht in das Product:

$$(-1)^{\frac{1}{2}(n-1)}\prod_r \mathrm{El}^2\left(\frac{\pm rh+rw}{n},\ w\pm h\right) \qquad \left(r=1,2,\dots\tfrac{1}{2}(n-1)\right)$$

über, welches wiederum nach § 4 gleich:

$$(-1)^{\frac{1}{2}(n-1)} \prod_r \mathrm{El}^2\left(\frac{\pm rh + rw}{n}, w\right) \qquad (r=1,2,\ldots \tfrac{1}{2}(n-1))$$

wird. Dieses Product repraesentirt nun für $h = 2, 4, \ldots n-1$ die sämmtlichen $n-1$ Grössen:

$$\mu_1\sqrt{\frac{\lambda_1}{\varkappa}},\ \mu_2\sqrt{\frac{\lambda_2}{\varkappa}},\ \ldots \mu_{n-1}\sqrt{\frac{\lambda_{n-1}}{\varkappa}};$$

jede zwischen $\varkappa$, $\mu\sqrt{\frac{\lambda}{\varkappa}}$ und $\mu\sqrt{\frac{\lambda_0}{\varkappa}}$ bestehende Gleichung behält also ihre Gültigkeit, wenn darin eine jener $n-1$ Grössen $\mu_h\sqrt{\frac{\lambda_h}{\varkappa}}$ an Stelle von $\mu_0\sqrt{\frac{\lambda_0}{\varkappa}}$ gesetzt wird.

Da die n ganzen algebraischen dem natürlichen Rationalitätsbereiche (ϱ) entstammenden Grössen:

$$\mu_h\sqrt{\frac{\lambda_h}{\varkappa}} \qquad (h=0,1,2,\ldots n-1),$$

wie so eben dargethan worden ist, innerhalb des Gattungsbereichs $\left(\varkappa, \mu\sqrt{\frac{\lambda}{\varkappa}}\right)$ mit einander conjugirt sind, so muss jede ganze Grösse eben dieses Gattungsbereichs, welche durch *eine* der Grössen $\mu_h\sqrt{\frac{\lambda_h}{\varkappa}}$ theilbar ist, zugleich durch *jede* derselben theilbar sein. Da ferner je zwei dieser Grössen, wie oben gezeigt worden ist, ohne gemeinschaftlichen Theiler sind, so muss jede ganze Grösse des Bereichs $\left(\varrho, \mu\sqrt{\frac{\lambda}{\varkappa}}\right)$, welche eine der n Grössen $\mu_h\sqrt{\frac{\lambda_h}{\varkappa}}$ als Divisor enthält, zugleich durch das Product *aller* n Grössen theilbar sein. Dieses Product selbst kann daher keine ganze Grösse des Bereichs $\left(\varrho, \mu\sqrt{\frac{\lambda}{\varkappa}}\right)$ als Divisor enthalten, d. h. das Product:

$$\prod_h \mu_h\sqrt{\frac{\lambda_h}{\varkappa}} \qquad (h=0,1,\ldots n-1)$$

ist ein *algebraischer Primdivisor* im Gattungsbereiche $\left(\varrho, \mu\sqrt{\frac{\lambda}{\varkappa}}\right)$, und in eben diesem Gattungsbereiche ist also die Primzahl n als Product der beiden algebraischen Primdivisoren:

$$\mu\sqrt{\frac{\lambda}{\varkappa}} \quad \text{und} \quad \frac{n}{\mu}\sqrt{\frac{\varkappa}{\lambda}}$$

darstellbar.

Aus der vorstehenden Entwickelung folgt auch, dass die beiden algebraischen Divisoren μ und μ' in der Gleichung: $n = \mu\mu'$

am Schlusse des § 14 Primtheiler von n in dem Gattungsbereiche $(\varrho, \varkappa, \mu)$ sind. Da nämlich μ' absolut aequivalent mit dem Primdivisor $\frac{n}{\mu}\sqrt{\frac{\varkappa}{\lambda}}$ ist, welcher nach § 13 ebenfalls dem Gattungsbereiche $(\varrho, \varkappa, \mu)$ angehört, so würde, wenn μ' einen algebraischen, dem Gattungsbereiche $(\varrho, \varkappa, \mu)$ angehörigen Divisor t hätte, durch:

$$ut + \frac{n}{\mu}\sqrt{\frac{\varkappa}{\lambda}},$$

wo u eine Unbestimmte bedeutet, ein algebraischer, dem Gattungsbereiche $(\varrho, \varkappa, \mu)$ angehöriger Primdivisor von $\frac{n}{\mu}\sqrt{\frac{\varkappa}{\lambda}}$ repraesentirt werden, während $\frac{n}{\mu}\sqrt{\frac{\varkappa}{\lambda}}$ selbst, wie oben dargethan worden, im Bereiche $(\varrho, \varkappa, \mu)$ *prim* ist.

§ 17.

Um die Bedeutung des Hauptresultats (63) in § 14 an einem Beispiele zu erläutern, wähle ich $n = 5$ und setze zur Abkürzung:

$$y = \sqrt{\lambda} \sin \operatorname{am}(\mu u, \lambda), \quad x = \sqrt{\varkappa} \sin \operatorname{am}(u, \varkappa),$$

$$\sqrt[4]{\frac{\varkappa}{\lambda}} + \sqrt[4]{\frac{\lambda}{\varkappa}} = \sigma, \quad \mu\sqrt{\frac{\lambda}{\varkappa}} = \tau.$$

Alsdann ist die Transformationsformel:

$$y = x \cdot \frac{x^4 + \sigma\tau x^2 + \tau}{1 + \sigma\tau x^2 + x^4},$$

und die Coefficienten $\sigma\tau$ und τ sind beide durch μ theilbar. Denn die Grösse σ wird durch die Gleichung:

$$\sigma^6 - 4\varrho\sigma^5 + 20\sigma^4 + 15\varrho\sigma^3 - 74\sigma^2 - 44\varrho\sigma + 86 - 16\varrho^2 = 0$$

als *ganze* algebraische, dem Bereiche (ϱ) entstammende Grösse charakterisirt, und die Grösse τ ist durch μ theilbar, weil der Quotient $\frac{\tau}{\mu}$ oder $\sqrt{\frac{\lambda}{\varkappa}}$ eine ganze algebraische, dem Bereiche (ϱ) entstammende Einheit ist.

Wenn man in der Congruenz (64) des § 14:

$$(-1)^{\frac{1}{2}(n-1)}\sqrt{\lambda} \sin \operatorname{am}(\mu u, \lambda) \equiv (\sqrt{\varkappa} \sin \operatorname{am}(u, \varkappa))^n \pmod{\mu}$$

das Argument u gleich K setzt, so resultirt, da nach § 24 von *Jacobi*'s Fundamenta[1]): $\mu u = n\Lambda$ und also:

$$\sqrt{\varkappa} \sin \operatorname{am}(u, \varkappa) = \sqrt{\varkappa}, \quad \sqrt{\lambda} \sin \operatorname{am}(\mu u, \lambda) = (-1)^{\frac{1}{2}(n-1)}\sqrt{\lambda}$$

[1]) *Jacobi*, Werke, Bd. I, S. 108.

wird, die Congruenz:

$$\sqrt{\lambda} \equiv (\sqrt{\varkappa})^n \pmod{\mu}, \tag{66}$$

welche für die Theorie der singulären Moduln von wesentlicher Bedeutung ist.

Um den Inhalt der Congruenz (66) für den Fall $n = 3$ näher darzulegen, setze ich, wie im § 16 von *Jacobi*'s Fundamenta[1]): $\varkappa = u^4$, $\lambda = v^4$, und es ist dann nach den a. a. O. gegebenen Entwickelungen:

$$\mu = \frac{v + 2u^3}{v},\ v^4 + 2u^3v^3 - 2uv - u^4 = 0,$$

also:

$$v^2 - u^6 = \mu(2v^3u^5 + v^2 - 2u^3v - u^6).$$

Es besteht daher die Gleichung:

$$\sqrt{\lambda} - \sqrt{\varkappa^3} = \mu\left(\sqrt{\lambda} - \sqrt{\varkappa^3} - 2(1 - \sqrt{\varkappa\lambda})\sqrt[4]{\varkappa^3\lambda}\right),$$

in welcher der Factor von μ auf der rechten Seite offenbar eine *ganze* algebraische, dem Bereiche (ϱ) entstammende Grösse ist, und welche daher jene Congruenz (66) für $n = 3$ zur Folge hat.

Setzt man, wie oben, für eine beliebige ungrade Primzahl n:

$$\mu\mu' = n,$$

so führt eine Transformation $n$ter Ordnung von:

$$\sqrt{\lambda} \sin \operatorname{am}(\mu u, \lambda) \quad \text{zu} \quad \sqrt{\varkappa} \sin \operatorname{am}(\mu'\mu u, \varkappa).$$

Es ist daher:

$$\sqrt{\varkappa} \sin \operatorname{am}(\mu'\mu u, \varkappa) \quad \text{oder} \quad \sqrt{\varkappa} \sin \operatorname{am}(nu, \varkappa)$$

als gebrochene rationale Function von $\sqrt{\lambda} \sin \operatorname{am}(\mu u, \lambda)$ so darstellbar, dass der Zähler vom $n$ten und der Nenner vom $(n-1)$ten Grade wird. Dabei ist im Zähler der Coefficient der $n$ten Potenz von $\sqrt{\lambda} \sin \operatorname{am}(\mu u, \lambda)$ und im Nenner der davon unabhängige Term gleich Eins, und die übrigen Coefficienten sind *ganze* algebraische, dem Bereiche (ϱ) entstammende Grössen. Denkt man sich nun in diesem Ausdrucke die Grösse:

$$\sqrt{\lambda} \sin \operatorname{am}(\mu u, \lambda) \text{ durch die Größe: } (-1)^{\frac{1}{2}(n-1)} (\sqrt{\varkappa} \sin \operatorname{am}(u, \varkappa))^n$$

[1]) *Jacobi*, Werke, Bd. I, S. 80.

ersetzt, welche ihr gemäss jener Congruenz (64) *modulo* μ congruent ist, so erhellt, dass $\sqrt{\varkappa}$ sin am $(nu, \varkappa)$ im Sinne einer Congruenz *modulo* μ, als gebrochene rationale Function von:

$$(\sqrt{\varkappa} \sin \operatorname{am}(u, \varkappa))^n$$

darstellbar ist. Nun ist aber $\sqrt{\varkappa}$ sin am$(nu, \varkappa)$ gemäss der Gleichung (4) des § 1 gleich dem Bruche:

$$\frac{\varphi_{n0}x + \varphi_{n1}x^3 + \varphi_{n2}x^5 + \cdots + \varphi_{n\nu}x^{n^2-2} + x^{n^2}}{\varphi_{n0}x^{n^2-1} + \varphi_{n1}x^{n^2-3} + \cdots + \varphi_{n\nu}x^2 + 1} \qquad (\nu = \tfrac{1}{2}(n^2-3)),$$

wenn, wie dort: $\sqrt{\varkappa}$ sin am $(u, \varkappa) = x$ gesetzt wird. Dieser Bruch selbst also muss im Sinne einer Congruenz *modulo* μ sich auf einen solchen reduciren, der *nur* die $n$ten Potenzen von x enthält, d. h. alle diejenigen Coefficienten φ_{nr}, wofür $2r+1$ nicht durch n theilbar ist, müssen durch μ theilbar sein. Diese Coefficienten φ_{nr} sind aber ganze Grössen des *natürlichen* Rationalitätsbereichs (ϱ); sie müssen also, wenn sie durch den mit μ bezeichneten algebraischen Divisor von n theilbar sind, auch durch n selbst theilbar sein. Dieses Resultat kann in folgender Weise formulirt werden:

(67) In der rationalen Function von $\sqrt{\varkappa}$ sin am u, durch welche $\sqrt{\varkappa}$ sin am nu ausgedrückt wird, sind alle diejenigen Coefficienten durch n theilbar, bei denen der Exponent von $\sqrt{\varkappa}$ sin am u die Primzahl n *nicht* als Divisor enthält.

In der Gleichung vom Grade n^2:

$$\prod_{h,h'}\left(x - \sqrt{\varkappa} \sin \operatorname{am} \frac{4hK + 2h'K'i}{n}\right) = 0 \qquad (h, h' = 0, 1, \ldots n-1)$$

oder:

$$x^{n^2} + \varphi_{n\nu}x^{n^2-2} + \varphi_{n,\nu-1}x^{n^2-4} + \cdots + \varphi_{n2}x^5 + \varphi_{n1}x^3 + \varphi_{n0}x = 0 \quad (\nu = \tfrac{1}{2}(n^2-3))$$

sind daher die Coefficienten aller derjenigen Potenzen von x durch n theilbar, deren Exponenten nicht Vielfache von n sind.

So ist z. B. diese Gleichung für $n = 3$:

$$x^9 - 6x^5 + 4\varrho x^3 - 3x = 0$$

und für $n = 5$:

$$x^{25} - 50x^{21} + 140\varrho x^{19} - (160\varrho^2 + 125)x^{17} + (64\varrho^3 + 368)x^{15} - (240\varrho^2 + 300)x^{13}$$
$$+ 360\varrho x^{11} - 105x^9 - 80\varrho x^7 + (16\varrho^2 + 62)x^5 - 20\varrho x^3 + 5x = 0.$$

Setzt man zur Abkürzung:

$$\sum_{h,h'} \left(\sqrt{\varkappa}\sin\operatorname{am}\frac{4hK+2h'K'i}{n}\right)^{2t} = \sigma_t \qquad \binom{h,h'=0,1,\ldots n-1}{t=1,2,3,\ldots},$$

so ist vermöge der *Newton*'schen Formeln für $t = 1, 2, \ldots \frac{1}{2}(n^2-1)$:

$$\sigma_t + \varphi_{n\nu}\sigma_{t-1} + \varphi_{n,\nu-1}\sigma_{t-2} + \cdots + \varphi_{n,\nu-t+2}\sigma_1 + 2t\varphi_{n,\nu-t+1} = 0.$$

Aus dieser Gleichung ist zu erschliessen, dass σ_t durch n theilbar ist, wenn alle diejenigen Grössen σ, deren Index kleiner als t ist, durch n theilbar sind. Denn unter der angegebenen Voraussetzung ist:

$$\sigma_t + 2t\varphi_{n,\nu-t+1} \equiv 0 \pmod{n}.$$

Da nun nach dem oben entwickelten Resultate $\varphi_{n,\nu-t+1} \equiv 0 \pmod{n}$ ist, sobald nicht die Zahl:

$$2(\nu - t + 1) + 1, \text{ d. i. } n^2 - 2t$$

durch n theilbar ist, so zeigt sich, dass für alle Werthe:

$$t = 1, 2, 3, \ldots \frac{1}{2}(n^2-1)$$

in der That die Congruenz:

$$(68) \qquad \sum_{h,h'} \left(\sqrt{\varkappa}\sin\operatorname{am}\frac{4hK+2h'K'i}{n}\right)^{2t} \equiv 0 \pmod{n} \qquad (h,h'=0,1,\ldots n-1)$$

besteht. Diese Congruenz besteht aber auch für alle grösseren Zahlen t; denn für alle diese Zahlen t gilt die Relation:

$$\sigma_t + \varphi_{n\nu}\sigma_{t-1} + \varphi_{n,\nu-1}\sigma_{t-2} + \cdots + \varphi_{n1}\sigma_{t-\nu} + \varphi_{n0}\sigma_{t-\nu-1} = 0,$$

aus welcher unmittelbar hervorgeht, dass $\sigma_t \equiv 0 \pmod{n}$ ist, wenn $\sigma_{t-1}, \sigma_{t-2}, \ldots$ durch n theilbar sind.

§ 18.

Am Schlusse des § 8 ist gezeigt worden, dass:

$$\sqrt{\varkappa}\sin\operatorname{am}\frac{4hmK+2h'mK'i}{n}$$

multiplicirt mit einer gewissen Potenz von $16(\varrho^2-4)$ sich als ganze ganzzahlige Function von $\sqrt{\varkappa}\sin\operatorname{am}\frac{4hK+2h'K'i}{n}$ und ϱ darstellen lässt. Bedeutet nun g, wie im § 12, eine primitive Congruenzwurzel von n, und nimmt man die Grössen:

$$\sqrt{\varkappa}\sin\operatorname{am}\frac{4g\,rK}{n},\ \sqrt{\varkappa}\sin\operatorname{am}\frac{4g^2rK}{n},\ \sqrt{\varkappa}\sin\operatorname{am}\frac{4g^3rK}{n}, \ldots \sqrt{\varkappa}\sin\operatorname{am}\frac{4g^{n-1}rK}{n},$$

in der angegebenen Reihenfolge, so ist jede ganze *cyklische* Function derselben, deren Coefficienten ganze Grössen des Bereichs $(\varrho, \sqrt{\varkappa})$ sind, durch einen Ausdruck:

$$\sum_t c_t \left(\sqrt{\varkappa} \sin \operatorname{am} \frac{4rK}{n}\right)^t \qquad (t=0,1,2,\ldots)$$

darstellbar, und die Coefficienten $c_1, c_2, c_3, \ldots$ müssen hierbei Grössen des Bereichs $(\varrho, \sqrt{\varkappa})$ sein, welche in ihrer reducirten Form im Nenner nur Potenzen von 2, $\varrho - 2$, $\varrho + 2$ enthalten. Überdies muss der Ausdruck für jeden der Werthe $r = 1, 2, \ldots n-1$ einen und denselben Werth haben, und man kann also:

$$\frac{1}{n-1} \sum_r \sum_t c_t \left(\sqrt{\varkappa} \sin \operatorname{am} \frac{4rK}{n}\right)^t \qquad \begin{pmatrix} r=1,2,\ldots n-1 \\ t=0,1,2,\ldots \end{pmatrix}$$

dafür setzen oder:

$$\frac{1}{n-1} \sum_r \sum_t c_{2t} \left(\sqrt{\varkappa} \sin \operatorname{am} \frac{4rK}{n}\right)^{2t} \qquad \begin{pmatrix} r=1,2,\ldots n-1 \\ t=0,1,2,\ldots \end{pmatrix},$$

da die über alle Werthe von r erstreckten Summen verschwinden, wenn der Exponent ungrade ist. Die hiermit conjugirten n Grössen sind:

$$\frac{1}{n-1} \sum_r \sum_t c_{2t} \left(\sqrt{\varkappa} \sin \operatorname{am} \frac{4rhK + 2rK'i}{n}\right)^{2t} \qquad \begin{pmatrix} h=0,1,\ldots n-1 \\ r=1,2,\ldots n-1 \\ t=0,1,2,\ldots \end{pmatrix},$$

und die Gleichung (68) im vorigen Paragraphen zeigt also, dass die Summe aller $n+1$ conjugirten Werthe der Grösse $\frac{c_0}{n-1}$ *modulo* n congruent ist. Wenn $c_0 \equiv 0$ (mod. n) ist, so wird die Summe der $n+1$ conjugirten Werthe durch n theilbar, und da diese Werthe gemäss den in den §§ 12 und 13 enthaltenen Entwickelungen den Gattungsbereichen:

$$(\varrho, \sqrt{\varkappa}, \mu), \; (\varrho, \sqrt{\varkappa}, \mu_0), \; (\varrho, \sqrt{\varkappa}, \mu_1), \ldots (\varrho, \sqrt{\varkappa}, \mu_{n-1})$$

angehören, so ergiebt sich als Resultat die Congruenz:

$$\mu\tau + \mu_0\tau_0 + \mu_1\tau_1 + \cdots + \mu_{n-1}\tau_{n-1} \equiv 0 \text{ (mod. } n), \tag{69}$$

in welcher τ irgend eine ganze Grösse des Bereichs $(\varrho, \sqrt{\varkappa}, \mu)$ bedeutet, und unter $\mu_0\tau_0, \mu_1\tau_1, \ldots$ die mit $\mu\tau$ conjugirten Grössen zu verstehen sind.

Entwickelt man das Product:

$$(z - \mu\tau)(z - \mu_0\tau_0)(z - \mu_1\tau_1) \ldots (z - \mu_{n-1}\tau_{n-1})$$

nach Potenzen von z und bezeichnet die dabei resultirende ganze Function von z mit $T(z)$ und setzt:

$$T(z) = \theta_0 - \theta_1 z + \theta_2 z^2 - \cdots - \theta_n z^n + z^{n+1},$$

so bestehen die Congruenzen:

$$(70)\qquad \theta_n \equiv 0, \quad \theta_{n-1} \equiv 0, \ldots \theta_2 \equiv 0 \text{ und } \theta_0 \equiv 0 \pmod{n}.$$

Denn, wenn man in der Congruenz (69) die Grösse $\mu^{m-1}\tau^m$ an Stelle von τ setzt, so zeigt sich, dass alle Potenzsummen der Wurzeln der Gleichung $T(z) = 0$ durch n theilbar sind, und die Congruenzen (70) ergeben sich also mit Hülfe der *Newton*'schen Formeln.

Nimmt man nun $\tau = 1$, so ist nach § 14 und § 15:

$$\theta_0 = n, \quad \theta_1 \equiv \mu_0\mu_1 \ldots \mu_{n-1} \equiv \mu' \pmod{\mu},$$

und da nach § 15 die Grösse μ' ein algebraischer *Prim*divisor und von μ verschieden ist, so kann θ_1 nicht durch μ und also nicht durch n theilbar sein. In diesem Falle sind also alle Coefficienten θ, mit Ausnahme von θ_1, durch n theilbar. Es wird also:

$$(71)\qquad \begin{gathered} T(z) \equiv z\left(z^n - \theta_1\right), \quad T'(z) \equiv z^n - \theta_1 \pmod{n}, \\ n = \mu\mu', \quad \mu' = \theta_1 - \theta_2\mu + \cdots + \theta_n\mu^{n-1} - \mu^n; \end{gathered}$$

die Primzahl n ist also Theiler der Discriminante von $T(z)$ und dennoch als Produkt zweier von einander verschiedener algebraischer Primdivisoren des Gattungsbereichs $(\varrho, \varkappa, \mu)$ darstellbar. Dies bildet einen Ausnahmefall für jenen Satz, dass bei der Darstellung eines Factors der Discriminante als Product irreductibler algebraischer Divisoren wenigstens einer derselben mehrfach vorkommt.*)

Um dies näher darzulegen knüpfe ich an die Entwickelungen im § 25[1]) meiner citirten Festschrift an, welche die Begründung jenes Satzes enthalten. Es sei also, wie dort, $F(\Re) = 0$ die Fundamentalgleichung der durch $\mathfrak{G}$ bezeichneten Gattung und T eine irreductible ganze Grösse des Rationalitätsbereichs $(\Re', \Re'', \Re''', \ldots)$. Es sei ferner:

$$F(\Re) \equiv f_1(\Re)^{n_1} f_2(\Re)^{n_2} \cdots \pmod{P},$$

wo $f_1(\Re), f_2(\Re), \ldots$ als irreductibel, im Sinne der Congruenz *modulo* P, vorausgesetzt werden. Ist nun einer der Exponenten $n_1, n_2, \ldots$ grösser als Eins, so haben offenbar $F(\Re)$ und $F'(\Re)$ einen gemeinsamen Theiler *modulo* P, wenn $F'(\Re)$ die nach $\Re$ genommene Ableitung von $F(\Re)$ bedeutet. Sind aber sämmtliche Exponenten $n_1, n_2, \ldots$

*) Vergl. § 18 meiner Festschrift zu Hrn. *Kummer*'s Doctorjubiläum.[2])

[1]) Bd. II, S. 370 dieser Ausgabe von *L. Kronecker*'s Werken. H

[2]) Bd. II, S. 317 dieser Ausgabe von *L. Kronecker*'s Werken. H

gleich Eins, so können $F(\mathfrak{R})$ und $F'(\mathfrak{R})$ nur dann einen gemeinsamen Theiler *modulo* P haben, wenn einer der Factoren $f(\mathfrak{R})$ einen solchen Theiler mit der Ableitung $f'(\mathfrak{R})$ gemein hat. Dies kann aber, da $f(\mathfrak{R})$ irreductibel ist, nur dann der Fall sein, wenn $f'(\mathfrak{R}) \equiv 0 \pmod{P}$ ist.*) Setzt man nun:

$$f(\mathfrak{R}) = A_0\mathfrak{R}^m + A_1\mathfrak{R}^{m-1} + \cdots + A_{m-1}\mathfrak{R} + A_m,$$

so wird:

$$f'(\mathfrak{R}) = mA_0\mathfrak{R}^{m-1} + (m-1)A_1\mathfrak{R}^{m-2} + \cdots + A_{m-1},$$

und, da A_0 nicht durch P theilbar ist, muss $m \equiv 0 \pmod{P}$ sein. Es muss also die irreductible ganze Grösse P eine gewöhnliche Primzahl sein, welche nun mit p bezeichnet werden möge. Alsdann muss:

$$(m-h)A_h \equiv 0 \pmod{p} \qquad {\scriptstyle (h=0,1,2,\ldots m-1)}$$

sein, und da $m \equiv 0 \pmod{p}$ ist, so können nur diejenigen Coefficienten A, deren Index durch p theilbar ist, *modulo* p von Null verschieden sein. Die Function $f(\mathfrak{R})$ muss daher einer Function $\varphi(\mathfrak{R}^p)$ *modulo* p congruent sein, wenn $\varphi(x)$ eine ganze Function von x bedeutet, deren Coefficienten ganze Grössen des Rationalitätsbereichs $(\mathfrak{R}', \mathfrak{R}'', \mathfrak{R}''', \ldots)$ sind. Wenn dies der Fall ist, so wird in der That $f'(\mathfrak{R}) \equiv 0 \pmod{p}$, und es ergiebt sich also,

> dass für einen irreductibeln Factor der Discriminante als Modul dann und nur dann die Darstellung von $F(\mathfrak{R})$ als Product von lauter *verschiedenen* irreductibeln Factoren möglich ist, wenn jener Modul eine Primzahl p und einer dieser verschiedenen irreductibeln Factoren eine ganze Function von $\mathfrak{R}^p$ ist.

Für den Fall des *absoluten* Rationalitätsbereichs treten an Stelle der ganzen Grössen des mit $(\mathfrak{R}', \mathfrak{R}'', \mathfrak{R}''', \ldots)$ bezeichneten Bereichs die gewöhnlichen ganzen Zahlen. Alsdann ist auf Grund des *Fermat*schen Satzes:

$$\varphi(\mathfrak{R}^p) \equiv (\varphi(\mathfrak{R}))^p \pmod{p},$$

und eine solche Function $\varphi(\mathfrak{R}^p)$ ist daher *modulo* p niemals irreductibel. Jenes ausnahmsweise Verhalten gewisser Primfactoren der Discriminante tritt also für den absoluten Rationalitätsbereich niemals ein.

---

*) Dieser Fall ist von mir a. a. O. § 25[1]) der citierten Festschrift übersehen worden.[2])

[1]) Bd. II, S. 370 dieser Ausgabe von *L. Kronecker*'s Werken. H

[2]) Vgl. Zusatz 110 am Ende dieses Bandes. H

§ 19.

Die im vorigen Paragraphen entwickelte Eigenschaft der Coefficienten der mit $T(z)$ bezeichneten ganzen Function:

$$(z-\mu)(z-\mu_0)(z-\mu_1)\dots(z-\mu_{n-1})$$

kann mit Hülfe der Ausdrücke:

$$\mu = \pm n \frac{\vartheta_3^2(0, 2n w)}{\vartheta_3^2(0, 2w)}, \quad \mu_h = \frac{\vartheta_3^2\left(0, 2\frac{h+w}{n}\right)}{\vartheta_3^2(0, 2w)} \qquad (h=0,1,\dots n-1)$$

direct hergeleitet werden. Man sieht nämlich zuvörderst, dass die Coefficienten von $T(z)$ ganze ganzzahlige Functionen von $\varkappa$ sind; denn sie sind, wie oben gezeigt worden, ganze Grössen des Bereichs $(\varrho, \varkappa)$ oder $\left(\varkappa + \frac{1}{\varkappa}, \varkappa\right)$, und sie behalten offenbar auch für $e^{w\pi i} = 0$, also für $\varkappa = 0$, endliche Werthe. Es leuchtet ferner ein, dass für jede ganze Zahl t die Entwickelung von:

$$\mu^t + \mu_0^t + \mu_1^t + \dots + \mu_{n-1}^t$$

nach steigenden Potenzen von $e^{w\pi i}$ lauter durch n theilbare Coefficienten hat. Ist nun der Werth dieser $t$ten Potenz der $n+1$ Grössen μ gleich:

$$a_0 + a_1\varkappa + a_2\varkappa^2 + \dots + a_r\varkappa^r,$$

so müssen ersichtlich die ganzzahligen Coefficienten $a_0, a_1, a_2, \dots a_r$ sämmtlich durch die Primzahl n theilbar sein, damit auch hier die Entwickelung nach Potenzen von $e^{w\pi i}$ lauter durch n theilbare Coefficienten habe.

Aus den Congruenzen:

$$\mu^t + \mu_0^t + \mu_1^t + \dots + \mu_{n-1}^t \equiv 0 \pmod{n} \qquad (t=0,1,2,\dots n)$$

folgt, wie im vorigen Paragraphen, mit Hülfe der *Newton*'schen Formeln, dass die Function $T(z)$, d. i.:

$$(z-\mu)(z-\mu_0)(z-\mu_1)\dots(z-\mu_{n-1}),$$

sich *modulo n* auf eine Function:

$$z^{n+1} - \theta_1 z$$

reduciren muss, in welcher θ_1 eine ganze Grösse des Bereichs $(\varkappa)$ bedeutet. Dabei kann θ_1 nicht durch n theilbar sein; denn sonst würde eine Gleichung:

$$\mu_0^{n+1} = n f(\mu_0, \varkappa)$$

bestehen, in welcher $f(\mu_0, \varkappa)$ eine ganze Grösse des Bereichs $(\mu_0, \varkappa)$ wäre. Die Entwickelung nach steigenden Potenzen von $e^{w\pi i}$ würde also auf der rechten Seite lauter durch n theilbare Coefficienten ergeben, während dies auf der linken Seite nicht der Fall ist, da z. B. der erste Coefficient, d. h. der Werth von μ_0 für $\varkappa = 0$, offenbar gleich Eins ist.

Bezeichnet man jetzt das Product: $(z-\mu)(z-\mu_0)(z-\mu_1)\ldots(z-\mu_{n-1})$ als ganze Grösse des Bereichs $(z, \varkappa)$ mit:

$$T(z, \varkappa),$$

und mit $T_1(z, \varkappa)$, $T_2(z, \varkappa)$ resp. die beiden in Beziehung auf z und $\varkappa$ genommenen partiellen Ableitungen, so wird:

$$\frac{d\mu}{d\varkappa} = -\frac{T_2(\mu, \varkappa)}{T_1(\mu, \varkappa)}.$$

Da nun:

$$-T_1(\mu, \varkappa) \equiv \theta_1 \pmod{\mu}$$

ist, so zeigt sich, dass $\frac{d\mu}{d\varkappa}$ sich als eine rationale Function von μ und $\varkappa$ darstellen lässt, deren Nenner durch den Primdivisor μ *nicht* theilbar ist.

Berücksichtigt man ferner die Relationen:

$$\mu^2 = \frac{n\varkappa(1-\varkappa^2)}{\lambda(1-\lambda^2)}\frac{d\lambda}{d\varkappa}, \quad n = \mu\mu',$$

aus denen sich für den Differentialquotienten $\frac{d\lambda}{d\varkappa}$ der Werth:

$$\frac{\mu\lambda(1-\lambda^2)}{\mu'\varkappa(1-\varkappa^2)}$$

ergiebt, so sieht man, dass auch *dieser* Differentialquotient sich als eine rationale Function von μ und $\varkappa$ darstellen lässt, deren Nenner durch den Primdivisor μ *nicht* theilbar ist.

§ 20.

Jacobi stellt in dem oben in der Einleitung citirten Aufsatze eine partielle Differentialgleichung auf, welcher Zähler und Nenner der Transformationsformel genügen. Wenn nämlich, wie an dem bezeichneten Orte:

$$x = \sqrt{\varkappa}\sin\operatorname{am}(u, \varkappa), \quad y = \sqrt{\lambda}\sin\operatorname{am}(\mu u, \lambda),$$

$$y = \frac{\sum\limits_h B_h x^{n-2h}}{\sum\limits_h B_h x^{2h}} \qquad \left(h=0, 1, \ldots \tfrac{1}{2}(n-1)\right),$$

$$B_0 = \sqrt{\frac{\lambda'\mu}{\varkappa'}}, \quad B_{\frac{1}{2}(n-1)} = B_0\mu\sqrt{\frac{\lambda}{\varkappa}}$$

gesetzt wird, so wird nach *Jacobi* die partielle Differentialgleichung:

$$(72)\quad n(n-1)x^2 z + (n-1)(\varrho x - 2x^3)\frac{\partial z}{\partial x} + (1 - \varrho x^2 + x^4)\frac{\partial^2 z}{\partial x^2} = 2n(\varrho^2 - 4)\frac{\partial z}{\partial \varrho}$$

sowohl durch: $z = \sum\limits_h B_h x^{n-2h}$ als auch durch: $z = \sum\limits_h B_h x^{2h}$ $\left(h = 0, 1, \ldots \frac{1}{2}(n-1)\right)$

befriedigt. Substituirt man nun in der partiellen Differentialgleichung für z die eine oder die andere dieser beiden ganzen Functionen von x, so ergiebt sich eine und dieselbe Beziehung zwischen drei aufeinander folgenden Coefficienten B, nämlich die Gleichung:

$$(73)\quad (2h+1)(2h+2)B_{h+1} + 2h(n-2h)\varrho B_h + (n-2h+1)(n-2h+2)B_{h-1} = 2n(\varrho^2-4)B'_h,$$

in welcher B'_h die nach ϱ genommene Ableitung von B_h bedeutet, und welche für die $\frac{1}{2}(n+1)$ Werthe:

$$h = 0, 1, 2, \ldots \frac{1}{2}(n-1)$$

gilt, wenn darin B_{-1} und $B_{\frac{1}{2}(n+1)}$ gleich Null gesetzt werden.

Diese Gleichung genügt offenbar, um — wie sich *Jacobi* a. a. O. ausdrückt — die sämmtlichen Coefficienten B zu finden, und sie soll deshalb als *„die Jacobi'sche Recursionsformel"* zur Bestimmung der bei der Transformation der elliptischen Functionen auftretenden Coefficienten bezeichnet werden.*)

Eben diese *Jacobi*'sche Recursionsformel ist es nun, aus welcher ich jenes, im § 14 entwickelte und dort mit (63) bezeichnete Hauptresultat zuerst abgeleitet habe, und ich will die dabei benutzte Methode nunmehr auseinandersetzen.

In den hier im Anschluss an *Jacobi* gewählten Bezeichnungen kann das abzuleitende Resultat dahin formulirt werden,

> dass der Quotient $\frac{B_h}{\mu B_0}$, für $h > 0$, eine *ganze* algebraische, dem Bereiche (ϱ) entstammende Grösse darstellt;

*) Die *Jacobi*'sche Recursionsformel liefert offenbar auch eine Darstellung jeder Grösse B_h als ganze lineare homogene Function der Grösse B_0 und ihrer successiven Differentialquotienten: $B'_0, B''_0, \ldots B_0^{(h)}$, wobei die Coefficienten ganze Functionen von ϱ werden.

dasselbe Resultat kann also einfach durch die Congruenz:

(74) $$B_h \equiv 0 \,(\text{mod. } B_{\frac{1}{2}(n-1)}) \qquad (h=1,2,\dots\tfrac{1}{2}(n-1))$$

ausgedrückt werden.

Um diese Congruenz zuvörderst für $h = \frac{1}{2}(n-3)$ zu erweisen, setze ich in der *Jacobi*'schen Recursionsformel (73) $h = \frac{1}{2}(n-1)$. Dabei ergiebt sich die Relation:

$$2 \cdot 3 \cdot B_{\frac{1}{2}(n-3)} + \varrho(n-1)B_{\frac{1}{2}(n-1)} = 2n(\varrho^2-4)B'_{\frac{1}{2}(n-1)},$$

und hieraus folgt mit Benutzung der Gleichung: $n = \mu\mu'$ die Congruenz:

(75) $$3B_{\frac{1}{2}(n-3)} \equiv \mu\mu'(\varrho^2-4)B'_{\frac{1}{2}(n-1)}\left(\text{mod. } B_{\frac{1}{2}(n-1)}\right).$$

Da nun, wenn zur Abkürzung $\frac{\varkappa'}{\lambda'}\sqrt{\frac{\lambda}{\varkappa}}$ mit χ bezeichnet wird, die zwischen $B_{\frac{1}{2}(n-1)}$ und B_0 bestehende Relation durch die Gleichung:

$$B_{\frac{1}{2}(n-1)} = \chi B_0^3$$

dargestellt werden kann, so ist:

$$B'_{\frac{1}{2}(n-1)} = B_0^3\frac{d\chi}{d\varrho} + 3\chi B_0^2\frac{dB_0}{d\varrho}$$

oder unter Benutzung der Gleichung: $B_0 = \sqrt{\frac{\mu\lambda'}{\varkappa'}}$:

$$B'_{\frac{1}{2}(n-1)} = B_0^3\frac{d\chi}{d\varrho} + \frac{3}{2}\chi B_0\frac{d\left(\frac{\mu\lambda'}{\varkappa'}\right)}{d\varrho}.$$

Beide Differentialquotienten auf der rechten Seite sind als rationale Functionen von $\varkappa, \varkappa', \sqrt{\varkappa}, \sqrt{\lambda}, \mu$ *so* darstellbar, dass der Nenner zu μ prim wird. Denn von den Differentialquotienten $\frac{d\lambda}{d\varkappa}, \frac{d\mu}{d\varkappa}$ ist dies oben gezeigt worden. Der Differentialquotient $\frac{d\varkappa}{d\varrho}$ hat den Werth $\frac{\varkappa^2}{\varkappa^2-1}$, die Grössen $\sqrt{\lambda}$ und $\sqrt{\varkappa}$ sind ganze algebraische, dem Bereiche (ϱ) entstammende *Einheiten*, und an Stelle einer Potenz von λ' kann im Nenner eine Potenz von $\varkappa'$ eingeführt werden, da:

$$\frac{1}{\lambda'} = \frac{1}{\varkappa'^n}\prod_h \varDelta^2 \,\text{am}\, \frac{4hK}{n} \qquad (h=1,2,\dots n-1)$$

und das Product auf der rechten Seite eine *ganze* algebraische, dem Bereiche ϱ entstammende Grösse ist.

Man ersieht daher, dass $\mu B'_{\frac{1}{2}(n-1)}$ und also, wegen der Congruenz (75), auch $3B_{\frac{1}{2}(n-3)}$ sich als rationale Function von $\varkappa, \varkappa', \sqrt{\varkappa}, \sqrt{\lambda}, \mu$ so darstellen lässt,

> dass der Zähler die Grösse μB_0 oder die damit absolut aequivalente Grösse $B_{\frac{1}{2}(n-1)}$ als Factor enthält und der Nenner zu μ prim wird.

Bezeichnet man diesen Nenner mit N, so wird:

$$3B_{\frac{1}{2}(n-3)}N \equiv 0\left(\text{mod. } B_{\frac{1}{2}(n-1)}\right);$$

es wird ferner, da der Quotient des Divisors von $B_{\frac{1}{2}(n-3)}$ durch B_0 eine *ganze* algebraische Grösse des Gattungsbereichs $\left(\varrho, \mu\sqrt{\frac{\lambda}{\varkappa}}\right)$ ist:

$$\mu\sqrt{\frac{\lambda}{\varkappa}}\, B_{\frac{1}{2}(n-3)} \equiv 0\left(\text{mod. } B_{\frac{1}{2}(n-1)}\right),$$

und aus diesen beiden Congruenzen folgt, unter der Voraussetzung, dass $n > 3$ ist, die zu erweisende Congruenz:

(76) $$B_{\frac{1}{2}(n-3)} \equiv 0\left(\text{mod. } B_{\frac{1}{2}(n-1)}\right).$$

Für $h = \frac{1}{2}(n-3)$ liefert die Gleichung (73) folgende Relation:

(77) $$10B_{\frac{1}{2}(n-3)} \equiv \mu\mu'(\varrho^2-4)\, B'_{\frac{1}{2}(n-3)}\left(\text{mod. } B_{\frac{1}{2}(n-1)}\right).$$

Da der Quotient der Division von $B_{\frac{1}{2}(n-3)}$ durch $B_{\frac{1}{2}(n-1)}$ gemäss der Congruenz (76) eine ganze algebraische, und zwar dem Gattungsbereiche $\left(\varrho, \mu\sqrt{\frac{\lambda}{\varkappa}}\right)$ oder $(\varrho, \varkappa, \mu)$*) angehörige Grösse ist, so kann derselbe in der Form:

$$\frac{R(\mu, \varrho, \varkappa)}{T_1(\mu, \varkappa)}$$

dargestellt werden, wo $R(\mu, \varrho, \varkappa)$ eine *ganze* ganzzahlige Function von $\mu, \varrho, \varkappa$ bedeutet. Denn, wenn man jenen Quotienten mit Q und die n übrigen conjugirten, den Werthen $\mu_0, \mu_1, \ldots \mu_{n-1}$ entsprechenden Grössen mit $Q_0, Q_1, \ldots Q_{n-1}$ bezeichnet, so bestimmt sich eine ganze Function von z, welche für:

$$z = \mu, \mu_0, \mu_1, \ldots \mu_{n-1}$$

*) Vergl. die Auseinandersetzungen am Schlusse des § 13.

beziehungsweise die Werthe:

$$Q\,T_1(\mu,\varkappa),\,Q_0\,T_1(\mu_0,\varkappa),\,Q_1\,T_1(\mu_1,\varkappa),\ldots Q_{n-1}\,T_1(\mu_{n-1},\varkappa)$$

annimmt, mittels der *Lagrange*'schen Interpolationsformel als *ganze* Function $n$ten Grades von z, deren Coefficienten ganze ganzzahlige Functionen von ϱ und $\varkappa$ sind. Bezeichnet man dieselbe mit $R(z,\varrho,\varkappa)$, so wird also:

$$B_{\frac{1}{2}(n-5)}T_1(\mu,\varkappa)=B_{\frac{1}{2}(n-1)}R(\mu,\varrho,\varkappa)$$

und folglich:

$$B'_{\frac{1}{2}(n-5)}T_1(\mu,\varkappa)=-B_{\frac{1}{2}(n-5)}T'_1(\mu,\varkappa)+B'_{\frac{1}{2}(n-1)}R(\mu,\varrho,\varkappa)+B_{\frac{1}{2}(n-1)}R'(\mu,\varrho,\varkappa),$$

wo die oberen Striche durchweg die nach ϱ genommenen Ableitungen bedeuten. Aus diesen Gleichungen ergiebt sich bei Anwendung der Congruenzen (75) und (76), dass der Quotient:

$$\frac{\mu B'_{\frac{1}{2}(n-5)}T_1(\mu,\varkappa)}{B_{\frac{1}{2}(n-1)}}$$

und also wegen der Congruenz (77) auch der Quotient:

$$\frac{10\,B_{\frac{1}{2}(n-5)}T_1(\mu,\varkappa)}{B_{\frac{1}{2}(n-1)}}$$

als rationale Function von $\mu,\varkappa$ dargestellt werden kann, deren Nenner zu μ prim ist. Da nun $T_1(\mu,\varkappa)$ nach § 19 zu μ prim ist, so muss auch der Quotient:

$$\frac{5\,B_{\frac{1}{2}(n-5)}}{B_{\frac{1}{2}(n-1)}}$$

sich als ganze Function von $\mu,\varkappa$ so darstellen lassen, dass der Nenner zu μ prim ist. Es muss also eine Congruenz:

$$5B_{\frac{1}{2}(n-5)}N\equiv 0\left(\text{mod. }B_{\frac{1}{2}(n-1)}\right)$$

bestehen, in welcher N zu μ prim ist, und aber auch eine Congruenz:

$$\mu\sqrt{\frac{\lambda}{\varkappa}}\,B_{\frac{1}{2}(n-5)}\equiv 0\left(\text{mod. }B_{\frac{1}{2}(n-1)}\right),$$

weil der Quotient der Division von $B_{\frac{1}{2}(n-5)}$ durch B_0 eine *ganze* algebraische Grösse

des Gattungsbereichs $\left(\varrho, \mu\sqrt{\frac{\lambda}{\varkappa}}\right)$ ist. Aus diesen beiden Congruenzen folgt nun unmittelbar, wie oben, dass:
$$B_{\frac{1}{2}(n-5)} \equiv 0 \left(\text{mod. } B_{\frac{1}{2}(n-1)}\right)$$
sein muss, wenn $n > 5$ ist, und man erschliesst genau in derselben Art weiter, dass auch für alle Indices:
$$h = \frac{1}{2}(n-7),\ \frac{1}{2}(n-9), \ldots 1$$
die Congruenz (74) besteht.

§ 21.

In den vorhergehenden Paragraphen ist n als Primzahl vorausgesetzt worden. Bedeutet aber nunmehr n eine beliebige ungrade Zahl und wird für die Transformation $n$ter Ordnung:
$$x = \sqrt{\varkappa}\sin\operatorname{am}(u, \varkappa),\ y = \sqrt{\lambda}\sin\operatorname{am}(\mu u, \lambda)$$
$$y = \frac{\sum\limits_r \tau_r x^{2r+1}}{\sum\limits_r \tau_r x^{n-2r-1}} \qquad \left(r = 0, 1, 2, \ldots \tfrac{1}{2}(n-1)\right)$$
gesetzt, so ist auch in diesem allgemeinen Falle $\tau_{\frac{1}{2}(n-1)} = 1$, und die übrigen Coefficienten τ sind sämmtlich ganze algebraische, dem Bereiche (ϱ) entstammende Grössen, da sie ganze ganzzahlige Functionen der Grössen:
$$\sqrt{\varkappa}\sin\operatorname{am}\frac{4hK + 2h'K'i}{n}$$
sind.*) Setzt man nun noch zur Abkürzung:
$$\sum_r \tau_r x^{2r+1} = P, \quad \sum_r \tau_r x^{n-2r-1} = Q,$$
$$\sum_r (2r+1)\tau_r x^{2r} = P', \quad \sum_r (n-2r-1)\tau_r x^{n-2r-2} = Q'$$
$$\left(r = 0, 1, 2, \ldots \tfrac{1}{2}(n-1)\right),$$
so wird einerseits:
$$\frac{dy}{dx} = \frac{P'Q - PQ'}{Q^2},$$
andererseits:
$$\frac{dy}{dx} = \mu\sqrt{\frac{\lambda}{\varkappa}}\sqrt{\frac{1-\varrho y^2+y^4}{1-\varrho x^2+x^4}} = \frac{\mu}{Q^2}\sqrt{\frac{\lambda}{\varkappa}}\sqrt{\frac{P^4-\varrho P^2Q^2+Q^4}{1-\varrho x^2+x^4}},$$
und es resultirt daher die Gleichung:
$$\frac{\lambda\mu^2}{\varkappa}(P^4 - \varrho P^2Q^2 + Q^4) = (1 - \varrho x^2 + x^4)(P'Q - PQ')^2.$$

*) Vergl. die Formel (54) im § 12.

Setzt man hierin $x = 0$, so zeigt sich, dass $\frac{\lambda \mu^2}{\varkappa} = \tau_0^2$ ist. Demnach wird:

$$(1 - \varrho x^2 + x^4)(P'Q - PQ')^2 \equiv 0 \; (\text{mod. } \tau_0^2),$$

und man gelangt somit zu der bemerkenswerthen Congruenz:

$$P'Q - PQ' \equiv 0 \; (\text{mod. } \tau_0). \tag{78}$$

Substituirt man in dieser Congruenz für P, P', Q, Q' die obigen Ausdrücke, so kommt:

$$\sum_{r,s} (2r + 2s + 2 - n)\tau_r \tau_s x^{n+2r-2s-1} \equiv 0 \; (\text{mod. } \tau_0) \qquad \left(r, s = 0, 1, \ldots \tfrac{1}{2}(n-1)\right),$$

und endlich, da nach der Formel (27) des § 4 das Product sämmtlicher Grössen:

$$\sqrt{\varkappa} \sin \operatorname{am} \frac{4hK + 2h'K'i}{n} \qquad (h, h' = 0, 1, \ldots n-1 \text{ ausser } h = h' = 0)$$

den absoluten Werth n hat und τ_0 gleich dem Product von $n - 1$ dieser Grössen, also $n \equiv 0$ (mod. τ_0) ist:

$$\sum_{r,s} (r + s + 1)\tau_r \tau_s \equiv 0 \; (\text{mod. } \tau_0),$$

wenn die Summation auf alle diejenigen Werthe $r, s = 0, 1, \ldots \frac{1}{2}(n-1)$ erstreckt wird, wofür die Differenz $r - s$ einen festen Werth hat. Diese Congruenz kann daher in folgender Weise dargestellt werden:

$$\sum_{r} (2r + h + 1)\tau_r \tau_{h+r} \equiv 0 \; (\text{mod. } \tau_0) \qquad \left(r = 0, 1, 2, \ldots \tfrac{1}{2}(n-1) - h\right), \tag{79}$$

in welcher sie für alle $\frac{1}{2}(n+1)$ Werthe:

$$h = 0, 1, 2, \ldots \frac{1}{2}(n-1)$$

Geltung hat.

Aus der Congruenz (79) ist zu erschliessen, dass für eine *Primzahl* n:

$$\tau_r \equiv 0 \; (\text{mod. } \tau_0) \qquad \left(r = 0, 1, 2, \ldots \tfrac{1}{2}(n-3)\right) \tag{80}$$

ist. Denn wenn man das Bestehen dieser Congruenz für:

$$r = 0, 1, 2, \ldots \frac{1}{2}(n-3) - h$$

voraussetzt, so werden in dem Summenausdruck auf der linken Seite der Congruenz (79) die sämmtlichen, den Werthen:

$$r = 0, 1, 2, \ldots \frac{1}{2}(n-3) - h$$

entsprechenden Terme congruent Null; es bleibt daher nur der dem Werthe $r = \frac{1}{2}(n-1) - h$ entsprechende Term übrig, und da für diesen Werth von r der Coefficient τ_{h+r} den Werth Eins hat, so resultirt die Congruenz:

$$(n-h)\tau_{\frac{1}{2}(n-1)-h} \equiv 0 \pmod{\tau_0}.$$

Der Modul τ_0 ist ein algebraischer Divisor der Primzahl n, und es ist daher $g(n-h) \equiv 1 \pmod{\tau_0}$, wenn die ganze Zahl g so gewählt wird, dass $gh + 1 \equiv 0$ (mod. n) wird. Hiernach wird endlich:

$$g(n-h)\tau_{\frac{1}{2}(n-1)-h} \equiv \tau_{\frac{1}{2}(n-1)-h} \equiv 0 \pmod{\tau_0},$$

und die Congruenz (80) erweist sich also in der That auch für $r = \frac{1}{2}(n-1) - h$ als gültig.

Die hier gegebene Entwickelung enthält eine neue (dritte) Herleitung jenes Hauptresultats, welches im § 14 hervorgehoben und mit (63) bezeichnet worden ist; denn eben dieses Hauptresultat ist vollständig in den $\frac{1}{2}(n-1)$ Congruenzen ausgedrückt, welche durch die Congruenz (80) dargestellt werden, wenn man darin der Reihe nach $r = 0, 1, 2, \ldots \frac{1}{2}(n-3)$ setzt.

§ 22.

Um die *Jacobi*'sche Recursionsformel (73), nach *Jacobi*'s eigenem Vorgange, auf die *Multiplication* der elliptischen Functionen anzuwenden, braucht man darin nur:

$$n^2 \text{ statt } n \text{ und ferner } B_0 = \sqrt{n},\ B_{\frac{1}{2}(n^2-1)} = n\sqrt{n}$$

zu setzen. Gemäss der Multiplicationsformel (4) im § 1 wird dann:

$$B_{\nu-r+1} = \varphi_{nr} B_0 \qquad \left(r = 0, 1, 2, \ldots \nu;\ \nu = \tfrac{1}{2}(n^2-3)\right),$$

und diese Relation gilt dann auch für $r = \nu + 1$, wenn $\varphi_{n,\nu+1} = 1$ genommen wird. Substituirt man diese Werthe der Coefficienten B in der Formel (73), so geht dieselbe in folgende über:

(81) $$(n^2-2r)(n^2-2r+1)\varphi_{n,r-1} + (n^2-2r-1)(2r+1)\varrho\varphi_{nr} + (2r+2)(2r+3)\varphi_{n,r+1} = 2n^2(\varrho^2-4)\varphi'_{nr},$$

welche für:

$$r = 0, 1, 2, \ldots \frac{1}{2}(n^2-1)$$

gilt, wenn darin:

$$\varphi_{n,-1} = 0, \quad \varphi_{n,\frac{1}{2}(n^2+1)} = 0$$

und für alle Werthe von r:

$$\varphi'_{nr} = \frac{d\varphi_{nr}}{d\varrho}$$

gesetzt wird. Da die Grössen φ_{nr} und also auch die Grössen φ'_{nr} *ganze Grössen* des natürlichen Rationalitätsbereichs (ϱ) sind, so folgt aus der Gleichung (81) die Congruenz:

$$(82) \qquad 2r(2r-1)\varphi_{n,r-1} - (2r+1)^2\varrho\varphi_{nr} + (2r+2)(2r+3)\varphi_{n,r+1} \equiv 0 \pmod{n^2}.$$

Diese Congruenz vereinfacht sich in formaler Hinsicht, wenn an Stelle der Coefficienten φ_{nr} selbst die Grössen $(2r+1)\varphi_{nr}$ eingeführt werden. Setzt man nämlich:

$$(2r+1)\varphi_{nr} = \psi_{nr},$$

so geht die Congruenz (82) in folgende über:

$$(83) \qquad 2r\psi_{n,r-1} - (2r+1)\varrho\psi_{nr} + (2r+2)\psi_{n,r+1} \equiv 0 \pmod{n^2},$$

und diese Formel bietet eine vollkommene Analogie mit einer Recursionsformel dar, welche zwischen drei aufeinander folgenden *Kugelfunctionen* besteht.

Setzt man nämlich in üblicher Weise:

$$\frac{1}{\sqrt{1-\varrho z^2+z^4}} = \sum_r P^{(r)}\left(\frac{1}{2}\varrho\right)z^{2r} \qquad (r=0,1,2,\dots \text{in inf.})$$

und differentiirt die identische Gleichung:

$$\sqrt{1-\varrho z^2+z^4}\sum_r P^{(r)}\left(\frac{1}{2}\varrho\right)z^{2r} = 1$$

nach z, so kommt:

$$\sum_{r=0}^{r=\infty} P^{(r)}\left(\frac{1}{2}\varrho\right)\left(2rz^{2r-1} - (2r+1)\varrho z^{2r+1} + (2r+2)z^{2r+3}\right) = 0,$$

und hieraus geht unmittelbar die Recursionsformel:

$$(84) \qquad 2rP^{(r-1)}\left(\frac{1}{2}\varrho\right) - (2r+1)\varrho P^{(r)}\left(\frac{1}{2}\varrho\right) + (2r+2)P^{(r+1)}\left(\frac{1}{2}\varrho\right) = 0$$

hervor, welche für $r = 0, 1, 2, \dots$ in inf. Geltung hat.

Bezeichnet man nun zur Abkürzung $(-1)^{\frac{1}{2}(n-1)}$ mit s und die Differenz $snP^{(r)}\left(\frac{1}{2}\varrho\right) - \psi_{nr}$ mit Δ_r, so wird $\Delta_0 = 0$, da $\varphi_{n0} = sn$ und $P^{(0)}\left(\frac{1}{2}\varrho\right) = 1$ ist. Wegen der Congruenz (83) und der Gleichung (84) besteht ferner für die Grössen Δ_r die Relation:

$$2r\Delta_{r-1} - (2r+1)\varrho\Delta_r + (2r+2)\Delta_{r+1} \equiv 0 \ (\text{mod.}\, n^2),$$

und zwar schon für den Werth $r = 0$, wenn Δ_{-1} gleich Null gesetzt wird. Hieraus erschliesst man unmittelbar, dass die Grössen $\Delta_0, \Delta_1, \Delta_2, \ldots$ sämmtlich congruent Null sind, so lange der Index nicht mit n einen gemeinsamen Theiler hat. *Die Congruenz:*

$$(85) \qquad \varphi_{nr} \equiv sn P^{(r)}\left(\tfrac{1}{2}\varrho\right) \text{ oder } (2r+1)\varphi_{nr} \equiv sn P^{(r)}\left(\tfrac{1}{2}\varrho\right) \ (\text{mod.}\, n^2)$$

besteht daher, wenn n Primzahl ist, für alle Werthe von r, die kleiner als n sind.

So ist, um ein Beispiel anzuführen, für $n = 5$:

$$3\varphi_{5,1} = -3\cdot 20\varrho \equiv 5P^{(1)}\left(\tfrac{1}{2}\varrho\right) \equiv \tfrac{1}{2}\cdot 5\varrho,$$

$$5\varphi_{5,2} = 5(16\varrho^2 + 62) \equiv 5P^{(2)}\left(\tfrac{1}{2}\varrho\right) \equiv 5\cdot\tfrac{3}{2}\left(\tfrac{\varrho^2}{4} - \tfrac{1}{3}\right),$$

$$7\varphi_{5,3} = -7\cdot 80\varrho \equiv 5P^{(3)}\left(\tfrac{1}{2}\varrho\right) \equiv 5\cdot\tfrac{5}{2}\left(\tfrac{\varrho^3}{8} - \tfrac{3\varrho}{10}\right),$$

$$9\varphi_{5,4} = -9\cdot 105 \equiv 5P^{(4)}\left(\tfrac{1}{2}\varrho\right) \equiv 5\cdot\tfrac{35}{8}\left(\tfrac{\varrho^4}{16} - \tfrac{3\varrho^2}{14} + \tfrac{3}{35}\right),$$

und die Congruenzen sind hier sämmtlich *modulo* 25 zu nehmen.

Gemäss der Definition der Kugelfunction $P^{(r)}\left(\frac{1}{2}\varrho\right)$ als Entwickelungscoefficient ist:

$$2^{2r}P^{(r)}\left(\tfrac{1}{2}\varrho\right) = \sum_h c_h(-4)^h\varrho^{r-2h} \qquad (0 \leq h \leq \tfrac{1}{2}r),$$

wo:

$$c_h = \frac{(2r-2h)!}{h!\,(r-h)!\,(r-2h)!}$$

ist. Da nun c_h als der Coefficient von $x^h y^{r-h} z^{r-2h}$ in der Entwickelung von $(x+y+z)^{2r-2h}$ aufgefasst werden kann, so erhellt, dass $2^{2r}P^{(r)}\left(\frac{1}{2}\varrho\right)$ eine ganze Grösse des Bereichs (ϱ) ist. Durch die Congruenz (85) wird es also in Evidenz gesetzt, dass, wie schon oben gezeigt worden ist, die ersten $\frac{1}{2}(n-1)$ Coefficienten der Multiplicationsformel (4), nämlich:

$$\varphi_{n0}, \varphi_{n1}, \varphi_{n2}, \ldots \varphi_{n,\frac{1}{2}(n-3)}$$

durch n theilbar sind, wenn n Primzahl ist. Aus derselben Congruenz geht ferner hervor, dass der folgende Coefficient, nämlich:

$$\varphi_{n,\frac{1}{2}(n-1)}$$

durch n *nicht* theilbar ist. Denn sonst müsste jener Congruenz gemäss $P^{(r)}\left(\frac{1}{2}e\right)$ für $r = \frac{1}{2}(n-1)$ durch n theilbar sein, während doch für diesen Werth von r der Zähler von c_h gleich:

$$(n-2h-1)!$$

wird, also für keinen der Werthe von h die Primzahl n als Theiler enthält.

Dass, wie hier dargethan worden, für eine Primzahl n der mit $\varphi_{n,\frac{1}{2}(n-1)}$ bezeichnete Coefficient der Gleichung $\Phi_n(x) = 0$ nicht congruent Null *modulo* n ist, lässt sich auch direct erschliessen, wenn man denselben durch die Wurzeln der Gleichung $\Phi_n(x) = 0$ ausdrückt. Alsdann wird nämlich $\varphi_{n,\frac{1}{2}(n-1)}$ gleich der Summe der Producte von je $n^2 - n$ der Grössen:

$$\sqrt{\varkappa}\sin\operatorname{am}\frac{4hK+2h'K'i}{n} \qquad (h, h' = 0, 1, \ldots n-1),$$

und unter diesen Producten ist offenbar nur das *eine*:

$$\prod_h \prod_{h'} \sqrt{\varkappa}\sin\operatorname{am}\frac{4hK+2h'K'i}{n} \qquad \binom{h=0,1,2,\ldots n-1}{h'=1,2,\ldots n-1},$$

welches nicht eine der Grössen:

$$\sqrt{\varkappa}\sin\operatorname{am}\frac{4hK}{n} \qquad (h=1,2,\ldots n-1)$$

als Factor enthält. Es besteht also die Congruenz:

$$\varphi_{n,\frac{1}{2}(n-1)} \equiv \prod_h \prod_{h'} \sqrt{\varkappa}\sin\operatorname{am}\frac{4hK+2h'K'i}{n} \qquad \binom{h=0,1,2,\ldots n-1}{h'=1,2,\ldots n-1}$$

für den Modul:

$$\sqrt{\varkappa}\sin\operatorname{am}\frac{4K}{n},$$

und da für denselben Modul auf Grund des Additionstheorems:

$$\sin\operatorname{am}\frac{4hK+2h'K'i}{n} \equiv \sin\operatorname{am}\frac{2h'K'i}{n}$$

und also:

$$\varphi_{n,\frac{1}{2}(n-1)} \equiv \prod_{h'}\left(\sqrt{\varkappa}\sin\operatorname{am}\frac{2h'K'i}{n}\right)^n \qquad (h'=1,2,\ldots n-1)$$

ist, so wird ersichtlich, dass $\varphi_{n,\frac{1}{2}(n-1)}$ nicht durch $\sqrt{\varkappa}\sin\operatorname{am}\frac{2K}{n}$ und also auch nicht durch n theilbar sein kann. Denn sonst müsste für einen der Werthe von h':

$$\sqrt{\varkappa} \sin \operatorname{am} \frac{2h'K'i}{n} \equiv 0 \left(\operatorname{mod.} \sqrt{\varkappa} \sin \operatorname{am} \frac{2K}{n}\right)$$

sein, und da die beiden Grössen $\sqrt{\varkappa} \sin \operatorname{am} \frac{2K}{n}$ und $\sqrt{\varkappa} \sin \operatorname{am} \frac{2h'K'i}{n}$ in der durch sie repraesentirten Gattung *Prim*divisoren sind, so müssten sie einander absolut aequivalent sein. Dass dies aber *nicht* der Fall ist, habe ich schon oben im § 15 nachgewiesen.

XII.

In meiner Mittheilung*) vom 22. Januar 1863 „über die Auflösung der *Pell*'schen Gleichung mittels elliptischer Functionen" habe ich eine Formel angegeben, welche — wie ich schon dort hervorgehoben habe — die Grundlage aller meiner damaligen, die Anwendung der elliptischen Functionen auf die Theorie der binären quadratischen Formen betreffenden Untersuchungen bildete. Dieselbe Formel erweist sich aber als wichtig für die Theorie der elliptischen Functionen selbst, da sie deren Darstellung in einer neuen bemerkenswerthen Gestalt ergiebt.

Um diese zu entwickeln knüpfe ich an die im Sitzungsbericht vom 26. April 1883[2]) abgedruckte und dort mit ($\mathfrak{D}$) bezeichnete Formel:

$$\text{(1)} \qquad \log \Lambda(\sigma, \tau, w_1, w_2) = \frac{-|\sqrt{\Delta}|}{2\pi} \lim_{\rho = 0} \sum_{m,n}{}' \frac{e^{2(m\sigma + n\tau)\pi i}}{(am^2 + bmn + cn^2)^{1+\rho}}$$

an, welche, wie ich schon a. a. O. erwähnt habe, mit jener im Monatsbericht vom Januar 1863 angegebenen Formel, abgesehen von den Bezeichnungen, übereinstimmt. Die Function Λ auf der linken Seite ist durch den Ausdruck:

$$\text{(2)} \qquad (4\pi^2)^{\frac{1}{3}} e^{\tau^2(w_1 + w_2)\pi i} \cdot \frac{\vartheta(\sigma + \tau w_1, w_1)\,\vartheta(\sigma - \tau w_2, w_2)}{(\vartheta'(0, w_1)\,\vartheta'(0, w_2))^{\frac{1}{3}}}$$

definirt und demnach auch gleich:

$$\text{(3)} \qquad e^{(\tau^2 - \tau + \frac{1}{6})(w_1 + w_2)\pi i} \prod_{\varepsilon, n} \left(1 - e^{2(n w_1 + \varepsilon \tau w_1 + \varepsilon \sigma)\pi i}\right) \left(1 - e^{2(n w_2 + \varepsilon \tau w_2 - \varepsilon \sigma)\pi i}\right),$$

wenn die Multiplication auf die Werthe $\varepsilon = +1, -1$ und für $\varepsilon = +1$ auf die

*) Monatsbericht vom Januar 1863.[1])

[1]) Bd. IV, S. 219 dieser Ausgabe von *L. Kronecker*'s Werken. H

[2]) Bd. IV, S. 361 dieser Ausgabe von *L. Kronecker*'s Werken. H

Werthe 0, 1, 2, 3, ..., für $\varepsilon = -1$ aber nur auf die Werthe $n = 1, 2, 3, \ldots$ erstreckt wird. Die Grössen σ, τ, a, b, c werden als reell und den Bedingungen:

$$a > 0,\ c > 0,\ 4ac - b^2 > 0$$

genügend vorausgesetzt; die Grössen w_1, w_2 sind durch Gleichungen:

$$w_1 = \frac{-b + i\,|\sqrt{\Delta}|}{2c},\quad w_2 = \frac{b + i\,|\sqrt{\Delta}|}{2c},\quad \Delta = 4ac - b^2$$

gegeben, und die Summation auf der rechten Seite der Formel (1) ist auf alle ganzzahligen, positiven und negativen Werthe von m, n mit alleiniger Ausnahme des Systems $m = 0, n = 0$, auszudehnen.

Der Geltungsbereich der Formel (1) erstreckt sich noch weiter. Die Grössen a, b, c können complexe Werthe haben, die aber gewissen im I. Abschnitt meiner Mittheilung vom 19. April 1883[1]) angegebenen Beschränkungen zu unterwerfen sind. Versteht man, wie a. a. O., unter w_1, w_2 irgend zwei complexe Grössen, für welche die reellen Theile von $w_1 i$ und $w_2 i$ negativ werden, und setzt:

$$\text{(4)}\qquad \frac{w_1 w_2}{w_1 + w_2} = a_0 i,\quad \frac{w_1 - w_2}{w_1 + w_2} = b_0 i,\quad \frac{-1}{w_1 + w_2} = c_0 i,$$

so dass w_1 und $-w_2$ die beiden Wurzeln der quadratischen Gleichung:

$$a_0 + b_0 w + c_0 w^2 = 0$$

werden, so besteht die Gleichung:

$$\text{(5)}\qquad \log \Delta(\sigma, \tau, w_1, w_2) = \frac{-1}{2\pi} \lim_{\varrho = 0} \sum \frac{e^{2(m\sigma + n\tau)\pi i}}{(a_0 m^2 + b_0 mn + c_0 n^2)^{1+\varrho}},$$

welche mit der Formel (1) übereinstimmt, wenn in dieser die Werthe:

$$a = a_0\,|\sqrt{\Delta}|,\quad b = b_0\,|\sqrt{\Delta}|,\quad c = c_0\,|\sqrt{\Delta}|$$

substituirt werden.

Die Gleichung (5) findet sich schon im IV. Abschnitte meiner oben erwähnten Mittheilung vom 19. April 1883[2]), wo sie mit ($\mathfrak{D}_0$) bezeichnet und an die Bedingung der Realität von a_0, b_0, c_0 geknüpft erscheint. Indessen ist leicht zu sehen, dass ihr Geltungsbereich sich auch auf *complexe* Grössen a_0, b_0, c_0 der oben angegebenen

[1]) Bd. IV, S. 351 dieser Ausgabe von *L. Kronecker*'s Werken. H

[2]) Bd. IV, S. 360 dieser Ausgabe von *L. Kronecker*'s Werken. H

Beschaffenheit erstreckt. Denn für derartige Grössen a_0, b_0, c_0 war im I. Abschnitt jener Mittheilung die Gleichung ($\mathfrak{A}$) entwickelt worden, aus welcher dann mittels zweier verschiedener Methoden in den Abschnitten IV und V die Gleichung ($\mathfrak{D}_0$) hergeleitet worden ist. Diese Methoden bleiben aber durchaus anwendbar, wenn die erst im art. IV eingeführten Beschränkungen für a_0, b_0, c_0 fallen gelassen und nur die ursprünglich für die Geltung der Gleichung ($\mathfrak{A}$) im art. I aufgestellten Bedingungen festgehalten werden.

§ 1.

Um mittels der Formeln (1) und (5) zu einer Darstellung der elliptischen Functionen zu gelangen, benutze ich die hierfür besonders geeignete im § 4 des vorigen Abschnittes*) eingeführte Bezeichnung:

$$\text{(6)} \qquad \mathrm{El}\left(\frac{1}{2}\zeta,\ \frac{1}{2}w\right) = \frac{\vartheta_1(\zeta, w)}{\vartheta_0(\zeta, w)} = \frac{\sum\limits_n (-1)^n e^{\left(n+\frac{1}{2}\right)^2 w\pi i} \sin(2n+1)\zeta\pi}{\sum\limits_n (-1)^n e^{n^2 w\pi i} \cos 2n\zeta\pi},$$

deren Beziehung zu den *Jacobi*'schen Bezeichnungen in den Gleichungen:

$$\text{(7)} \qquad \begin{gathered} \mathrm{El}\left(\frac{1}{2}\zeta,\ \frac{1}{2}w\right) = \sqrt{\varkappa}\sin\mathrm{am}(2K\zeta, \varkappa), \quad \sqrt{\varkappa} = \mathrm{El}\left(\frac{1}{4},\ \frac{1}{2}w\right) \\ 2K = \pi\left(\vartheta_2(0, w)\right)^2, \ w = \frac{K'}{K}i \end{gathered}$$

enthalten ist. Hiernach wird nämlich vermöge der durch den Ausdruck (2) gegebenen Definition von $\Lambda(\sigma, \tau, w_1, w_2)$:

$$\text{(8)} \qquad \mathrm{El}\left(\frac{1}{2}(\sigma + \tau w_1),\ \frac{1}{2}w_1\right)\mathrm{El}\left(\frac{1}{2}(\sigma - \tau w_2),\ \frac{1}{2}w_2\right) = -\frac{\Lambda(\sigma, \tau, w_1, w_2)}{\Lambda\left(\sigma, \tau+\frac{1}{2}, w_1, w_2\right)},$$

und es findet sich also ein Product zweier elliptischer Functionen *El* durch einen Quotienten zweier Functionen Λ ausgedrückt. Aus der Formel (5) resultirt demnach die Gleichung:

$$\text{(9)} \quad \log\mathrm{El}\left(\frac{1}{2}(\sigma+\tau w_1),\ \frac{1}{2}w_1\right)\mathrm{El}\left(\frac{1}{2}(\sigma - \tau w_2),\ \frac{1}{2}w_2\right) = -\frac{1}{\pi}\lim_{\varrho=0}\sum_{m,\nu}\frac{e^{2(m\sigma+\nu\tau)\pi i}}{\left(a_0 m^2 + b_0 m\nu + c_0\nu^2\right)^{1+\varrho}},$$

$$(m = 0, \pm 1, \pm 2, \pm 3, \ldots;\ \nu = \pm 1, \pm 3, \pm 5, \ldots)$$

und diese kann, wenn $\quad a_0\pi = a_\pi, \ b_0\pi = b_\pi, \ c_0\pi = c_\pi$

*) Sitzungsbericht vom 29. Juli 1886.[1])

[1]) Bd. IV, S. 401 dieser Ausgabe von *L. Kronecker*'s Werken.

gesetzt wird, in folgender Weise geschrieben werden:

$$(10)\quad \log \mathrm{El}\left(\frac{1}{2}(\sigma+\tau w_1),\ \frac{1}{2}w_1\right)\mathrm{El}\left(\frac{1}{2}(\sigma-\tau w_2),\ \frac{1}{2}w_2\right) = -\lim_{\varrho=0}\sum_{m,\nu}\frac{e^{2(m\sigma+\nu\tau)\pi i}}{(a_\kappa m^2+b_\kappa m\nu+c_\kappa\nu^2)^{1+\varrho}}.$$

Die Summation ist hier auf alle ganzen Zahlen m von $-\infty$ bis $+\infty$ und auf alle positiven und negativen *ungraden* Zahlen ν zu erstrecken; die Grössen σ und τ sind als reell vorausgesetzt, die complexen Grössen w_1 und w_2 sind nur der Bedingung unterworfen, dass die reellen Theile von $w_1 i$ und $w_2 i$ negativ sein müssen, und die Grössen a_κ, b_κ, c_κ sind dadurch vollkommen bestimmt, dass erstens w_1 und $-w_2$ die beiden Wurzeln der quadratischen Gleichung:

$$a_\kappa + b_\kappa w + c_\kappa w^2 = 0$$

werden sollen, dass zweitens:

$$4a_\kappa c_\kappa - b_\kappa^2 = \pi^2$$

und drittens der reelle Theil von c_κ positiv sein soll. Denn vermöge der ersten beiden Forderungen bestimmen sich a_κ, b_κ, c_κ durch die Gleichungen:

$$s a_\kappa = \frac{-i w_1 w_2 \pi}{w_1+w_2},\quad s b_\kappa = \frac{-i(w_1-w_2)\pi}{w_1+w_2},\quad s c_\kappa = \frac{i\pi}{w_1+w_2}\qquad (s=\pm 1),$$

und der Werth $s=+1$ bestimmt sich durch die dritte Forderung und durch jene Bedingung, dass die reellen Theile von $w_1 i$ und $w_2 i$ negativ sein sollen.

Setzt man auf der rechten Seite $\cos 2(m\sigma+\nu\tau)\pi + i\sin 2(m\sigma+\nu\tau)\pi$ an Stelle von $e^{2(m\sigma+\nu\tau)\pi i}$, so kommt:

$$(10^*)\quad \log \mathrm{El}\left(\frac{1}{2}(\sigma+\tau w_1),\ \frac{1}{2}w_1\right)\mathrm{El}\left(\frac{1}{2}(\sigma-\tau w_2),\ \frac{1}{2}w_2\right) = -\lim_{\varrho=0}\sum_{m,\nu}\frac{\cos 2(m\sigma+\nu\tau)\pi}{(a_\kappa m^2+b_\kappa m\nu+c_\kappa\nu^2)^{1+\varrho}},$$

und wenn man nun von den Logarithmen der elliptischen Functionen *El* zu den Functionen selbst übergeht, so resultirt die Gleichung:

$$(11)\quad \mathrm{El}\left(\frac{1}{2}(\sigma+\tau w_1),\ \frac{1}{2}w_1\right)\mathrm{El}\left(\frac{1}{2}(\sigma-\tau w_2),\ \frac{1}{2}w_2\right) = \lim_{\varrho=0}\prod_{m,\nu} e^{-(a_\kappa m^2+b_\kappa m\nu+c_\kappa\nu^2)^{-1-\varrho}\cos 2(m\sigma+\nu\tau)\pi},$$

in welcher das Product zweier elliptischen Functionen *El* durch ein zweifach unendliches Product dargestellt erscheint, und zwar so, dass darin sowohl die Periodicitätseigenschaften der elliptischen Functionen als auch diejenigen, welche sich auf deren Transformation beziehen, unmittelbar in Evidenz treten.

Die Periodicitätseigenschaften der elliptischen Functionen *El*, wie sie im § 4 des vorigen Abschnittes*) in den Gleichungen (22) und (22*) angegeben sind, werden durch die Relationen:

$$\mathrm{El}\left(\frac{1}{2}(\sigma + 1 + \tau w),\ \frac{1}{2}w\right) = -\,\mathrm{El}\left(\frac{1}{2}(\sigma + \tau w),\ \frac{1}{2}w\right)$$
$$\mathrm{El}\left(\frac{1}{2}(\sigma + (\tau + 1)w),\ \frac{1}{2}w\right) = \ \ \mathrm{El}\left(\frac{1}{2}(\sigma + \tau w),\ \frac{1}{2}w\right)$$

dargelegt. Das die linke Seite der Gleichungen (11) bildende Product der beiden elliptischen Functionen muss also vermöge deren Periodicitätseigenschaften ungeändert bleiben, wenn σ und τ um irgend welche ganze Zahlen vermehrt oder vermindert werden, und dabei bleibt in der That jeder einzelne Factor des Products auf der rechten Seite ungeändert.

Die lineare Transformation der elliptischen Functionen $\mathrm{El}\left(\zeta, \frac{1}{2}w\right)$ wird gemäss der Gleichung (23^a) im § 4 des vorigen Abschnittes**) durch die Relationen:

$$w_1' = \frac{\alpha w_1 - 2\alpha'}{-\frac{1}{2}\beta w_1 + \beta'},\quad w_2' = \frac{\alpha w_2 + 2\alpha'}{\frac{1}{2}\beta w_2 + \beta'},\quad \alpha\beta' - \alpha'\beta = 1$$

$$\sigma' = \alpha\sigma + 2\alpha'\tau,\quad \tau' = \frac{1}{2}\beta\sigma + \beta'\tau$$

$$\mathrm{El}\left(\frac{1}{2}(\sigma' + \tau' w_1'),\ \frac{1}{2}w_1'\right) = i^{\alpha - 2\alpha' + \alpha\alpha' - 1}\,\mathrm{El}\left(\frac{1}{2}(\sigma + \tau w_1),\ \frac{1}{2}w_1\right)$$
$$\mathrm{El}\left(\frac{1}{2}(\sigma' - \tau' w_2'),\ \frac{1}{2}w_2'\right) = i^{\alpha + 2\alpha' - \alpha\alpha' - 1}\,\mathrm{El}\left(\frac{1}{2}(\sigma - \tau w_2),\ \frac{1}{2}w_2\right)$$

ausgedrückt, in denen $\alpha, \alpha', \frac{1}{2}\beta, \beta'$ ganze Zahlen bedeuten. Da also β grade ist, müssen vermöge der Gleichungen $\alpha\beta' - \alpha'\beta$ die Zahlen α und β' ungrade sein. Das Product:

$$\mathrm{El}\left(\frac{1}{2}(\sigma + \tau w_1),\ \frac{1}{2}w_1\right)\mathrm{El}\left(\frac{1}{2}(\sigma - \tau w_2),\ \frac{1}{2}w_2\right)$$

muss daher ungeändert bleiben, wenn man die Grössen:

$$\sigma,\ \tau,\ w_1,\ w_2$$

durch:

$$\sigma',\ \tau',\ w_1',\ w_2'$$

---

*) Sitzungsbericht vom 29. Juli 1886.[1])

**) Sitzungsbericht vom 29. Juli 1886.[2])

[1]) Bd. IV, S. 402 dieser Ausgabe von *L. Kronecker's* Werken. H

[2]) Bd. IV, S. 402 dieser Ausgabe von *L. Kronecker's* Werken. H

ersetzt, d. h. wenn man das System der Grössen:

$$(\sigma,\ \tau,\ a_\varkappa,\ b_\varkappa,\ c_\varkappa)$$

durch ein anderes:

$$(\sigma',\ \tau',\ a'_\varkappa,\ b'_\varkappa,\ c'_\varkappa)$$

ersetzt, welches mit dem ersteren in einer solchen Beziehung steht, dass die quadratische Form:

$$a_\varkappa x^2 + b_\varkappa xy + c_\varkappa y^2$$

durch die Substitutionen:

$$x = \alpha x' + \frac{1}{2}\beta y',\quad y = 2\alpha' x' + \beta' y'$$

in die Form:

$$a'_\varkappa x'^2 + b'_\varkappa x' y' + c'_\varkappa y'^2$$

übergeht und zugleich:

$$\sigma x + \tau y = \sigma' x' + \tau' y'$$

wird. In den beiden Producten:

$$\prod_{m,\nu} e^{-(a_\varkappa m^2 + b_\varkappa m\nu + c_\varkappa \nu^2)^{-1-\varrho}\cos 2(m\sigma+\nu\tau)\pi},\quad \prod_{m',\nu'} e^{-(a'_\varkappa m'^2 + b'_\varkappa m'\nu' + c'_\varkappa \nu'^2)\cos 2(m'\sigma+\nu'\tau)\pi}$$

$$(m,\ m' = 0,\ \pm 1,\ \pm 2,\ \ldots;\ \nu,\ \nu' = \pm 1,\ \pm 3,\ \pm 5,\ \ldots)$$

ist daher jeder Factor des ersten mit demjenigen des zweiten identisch, welcher durch die Gleichungen:

$$m' = \beta' m - \frac{1}{2}\beta\nu,\quad \nu' = -2\alpha' m + \alpha\nu$$

bestimmt wird.

§ 2.

Um die Formeln (10) und (11) in den *Jacobi*'schen Bezeichnungen darzustellen, setze ich gemäss den oben unter (7) gegebenen Bestimmungen:

$$\begin{gathered}
\mathrm{El}\left(\frac{1}{2}(\sigma+\tau w_1),\ \frac{1}{2}w_1\right) = \sqrt{\varkappa_1}\sin\mathrm{am}\,(2(\sigma+\tau w_1)K_1,\ \varkappa_1),\\
\mathrm{El}\left(\frac{1}{2}(\sigma-\tau w_2),\ \frac{1}{2}w_2\right) = \sqrt{\varkappa_2}\sin\mathrm{am}\,(2(\sigma-\tau w_2)K_2,\ \varkappa_2),\\
\mathrm{El}\left(\frac{1}{4},\ \frac{1}{2}w_1\right) = \sqrt{\varkappa_1},\ \mathrm{El}\left(\frac{1}{4},\ \frac{1}{2}w_2\right) = \sqrt{\varkappa_2},\\
\vartheta_3(0,\ w_1) = \sqrt{\frac{2K_1}{\pi}},\ \vartheta_3(0,\ w_2) = \sqrt{\frac{2K_2}{\pi}},\\
w_1 = \frac{K'_1}{K_1}i,\ w_2 = \frac{K'_2}{K_2}i.
\end{gathered}\tag{12}$$

Alsdann gehen die Formeln (10) und (11) in folgende über:

$$\log\sqrt{\varkappa_1\varkappa_2}\,\sin\operatorname{am}\big(2(\sigma K_1+\tau K_1' i),\,\varkappa_1\big)\sin\operatorname{am}\big(2(\sigma K_2-\tau K_2' i),\,\varkappa_2\big)$$

$$(13)\qquad = -\lim_{\varrho=0}\sum_{m,\nu}\frac{\cos 2(m\sigma+\nu\tau)\pi}{(a_\varkappa m^2+b_\varkappa m\nu+c_\varkappa\nu^2)^{1+\varrho}},$$

$$\sqrt{\varkappa_1\varkappa_2}\,\sin\operatorname{am}\big(2(\sigma K_1+\tau K_1' i),\,\varkappa_1\big)\sin\operatorname{am}\big(2(\sigma K_2-\tau K_2' i),\,\varkappa_2\big)$$

$$(14)\qquad = \lim_{\varrho=0}\prod_{m,\nu} e^{-(a_\varkappa m^2+b_\varkappa m\nu+c_\varkappa\nu^2)^{-1-\varrho}\cos 2(m\sigma+\nu\tau)\pi}.$$

$$(m=0,\pm1,\pm2,\ldots;\ \nu=\pm1,\pm3,\pm5,\ldots)$$

Setzt man hierin $\sigma=\frac{1}{2}$, $\tau=0$, so kommt:

$$(15)\qquad \frac{1}{2}\log\varkappa_1\varkappa_2=\lim_{\varrho=0}\left\{\sum_{\mu,\nu}\frac{1}{(a_\varkappa\mu^2+b_\varkappa\mu\nu+c_\varkappa\nu^2)^{1+\varrho}}-\sum_{g,\nu}\frac{1}{(a_\varkappa g^2+b_\varkappa g\nu+c_\varkappa\nu^2)^{1+\varrho}}\right\}$$

$$(16)\qquad \sqrt{\varkappa_1\varkappa_2}=\lim_{\varrho=0}\frac{\prod\limits_{\mu,\nu} e^{(a_\varkappa\mu^2+b_\varkappa\mu\nu+c_\varkappa\nu^2)^{-1-\varrho}}}{\prod\limits_{g,\nu} e^{(a_\varkappa g^2+b_\varkappa g\nu+c_\varkappa\nu^2)^{-1-\varrho}}}.$$

$$(\mu,\nu=\pm1,\pm3,\pm5,\ldots;\ g=0,\pm2,\pm4,\pm6,\ldots)$$

Die Grössen $a_\varkappa$, $b_\varkappa$, $c_\varkappa$ sind hier, wie oben, durch die Bedingungsgleichungen:

$$a_\varkappa+b_\varkappa w_1+c_\varkappa w_1^2=0,\quad a_\varkappa-b_\varkappa w_2+c_\varkappa w_2^2=0,\quad 4a_\varkappa c_\varkappa-b_\varkappa^2=\pi^2$$

mit den Grössen w_1, w_2 verbunden. Setzt man nun:

$$(17)\qquad w_1'=\frac{\alpha w_1+\beta}{\gamma w_1+\delta},\quad w_2'=\frac{\alpha w_2-\beta}{-\gamma w_2+\delta}\qquad(\alpha\delta-\beta\gamma=1),$$

wo α,δ ungrade und β,γ grade Zahlen bedeuten, und bestimmt die Grössen $a_\varkappa'$, $b_\varkappa'$, $c_\varkappa'$ mittels der Gleichungen:

$$a_\varkappa'+b_\varkappa' w_1'+c_\varkappa' w_1'^2=0,\ a_\varkappa'-b_\varkappa' w_2'+c_\varkappa' w_2'^2=0,\ 4a_\varkappa' c_\varkappa'-b_\varkappa'^2=\pi^2,$$

so wird:

$$a_\varkappa\mu^2+b_\varkappa\mu\nu+c_\varkappa\nu^2=a_\varkappa'\mu'^2+b_\varkappa'\mu'\nu'+c_\varkappa'\nu'^2,$$

$$a_\varkappa g^2+b_\varkappa g\nu_1+c_\varkappa\nu_1^2=a_\varkappa' g'^2+b_\varkappa' g'\nu_1'+c_\varkappa'\nu_1'^2,$$

wenn die Zahlen μ', ν', g', ν_1' aus den Zahlen μ, ν, g, ν_1 mittels der Relationen:

$$\gamma\nu+\delta\mu=\mu',\quad \alpha\nu+\beta\mu=\nu'$$

$$\gamma\nu_1+\delta g=g',\quad \alpha\nu_1+\beta g=\nu_1'$$

bestimmt werden. Da β, γ grade sind, werden offenbar μ', ν', ν'_1 ungrade und ϱ' wird grade. Die in der Gleichung (16) enthaltene Darstellung von $\sqrt{\varkappa_1 \varkappa_2}$ als Function der beiden Wurzeln der Gleichung:

$$a_\varkappa + b_\varkappa w + c_\varkappa w^2 = 0$$

setzt demnach jene Eigenschaft der Unveränderlichkeit bei linearen Transformationen (17) in Evidenz.

Um ganz bei den *Jacobi*'schen Bezeichnungen zu bleiben, muss man sich die Grössen $a_\varkappa, b_\varkappa, c_\varkappa$ auf der rechten Seite der Gleichung (16) durch die Gleichungen:

$$a_\varkappa K_1^2 + b_\varkappa K_1 K'_1 i - c_\varkappa K_1'^2 = 0, \quad a_\varkappa K_2^2 - b_\varkappa K_2 K'_2 i - c_\varkappa K_2'^2 = 0, \quad 4a_\varkappa c_\varkappa - b_\varkappa^2 = \pi^2$$

bestimmt denken, in denen K_1, K'_1, K_2, K'_2 die Integrale:

$$\int_0^{\frac{1}{2}\pi} \frac{d\varphi}{\sqrt{1-\varkappa_1^2 \sin^2\varphi}}, \quad \int_0^{\frac{1}{2}\pi} \frac{d\varphi}{\sqrt{\cos^2\varphi + \varkappa_1^2 \sin^2\varphi}}, \quad \int_0^{\frac{1}{2}\pi} \frac{d\varphi}{\sqrt{1-\varkappa_2^2 \sin^2\varphi}}, \quad \int_0^{\frac{1}{2}\pi} \frac{d\varphi}{\sqrt{\cos^2\varphi + \varkappa_2^2 \sin^2\varphi}}$$

bedeuten.

Man kann nun $\varkappa_1$ und $\varkappa_2$ einander gleich nehmen. Die Grössen $a_\varkappa, b_\varkappa, c_\varkappa$ bestimmen sich dann in folgender Weise:

$$a_\varkappa = \frac{\pi K'}{2K}, \quad b_\varkappa = 0, \quad c_\varkappa = \frac{\pi K}{2K'},$$

und die Gleichung (16) ergiebt daher folgende bemerkenswerthe Darstellung von $\sqrt{\varkappa}$ als doppelt unendliches Product:

$$(18) \qquad \sqrt{\varkappa} = \lim_{\varrho=0} \frac{\prod\limits_{\mu,\nu} e^{\frac{KK'}{\pi}(K'^2\mu^2 + K^2\nu^2)^{-1-\varrho}}}{\prod\limits_{\sigma,\nu} e^{\frac{KK'}{\pi}(K'^2\sigma^2 + K^2\nu^2)^{-1-\varrho}}} \qquad \left(\begin{matrix}\mu,\nu = \pm 1, \pm 3, \pm 5, \ldots \\ \sigma = 0, \pm 2, \pm 4, \pm 6, \ldots\end{matrix}\right),$$

in welcher mit K, K' wie bei *Jacobi* die Integrale:

$$\int_0^{\frac{1}{2}\pi} \frac{d\varphi}{\sqrt{1-\varkappa^2\sin^2\varphi}}, \quad \int_0^{\frac{1}{2}\pi} \frac{d\varphi}{\sqrt{\cos^2\varphi + \varkappa^2 \sin^2\varphi}}$$

bezeichnet sind.

§ 3.

Um ein einfaches Beispiel zu wählen, setze ich $\varkappa = \sqrt{\frac{1}{2}}$ und also $K = K'$. Alsdann resultirt aus der Formel (18), dass das doppelt unendliche Product:

$$(19) \qquad \frac{\prod\limits_{g,\nu} e^{\frac{4}{\pi}(g^2+\nu^2)^{-1-\varrho}}}{\prod\limits_{\lambda,\mu} e^{\frac{4}{\pi}(\lambda^2+\mu^2)^{-1-\varrho}}} \qquad \left(\begin{smallmatrix} g=0,\pm 2,\pm 4,\dots \\ \lambda,\mu,\nu=\pm 1,\pm 3,\pm 5,\dots \end{smallmatrix}\right)$$

sich für $\varrho = 0$ dem Grenzwerth 2 nähert. Dies soll jetzt direct nachgewiesen werden.

Bedeutet (λ, μ) das Werthsystem für irgend einen bestimmten Factor des Nenners, so ist entweder $\frac{1}{2}(\lambda + \mu)$ oder $\frac{1}{2}(\lambda - \mu)$ eine grade Zahl. Es sei nun $\varepsilon = \pm 1$ und $\frac{1}{2}(\lambda + \varepsilon\mu)$ eine grade Zahl. Alsdann kann man setzen:

$$g = \frac{1}{2}(\lambda + \varepsilon\mu), \quad \nu = \frac{1}{2}(\lambda - \varepsilon\mu);$$

jedem System (g, ν) eines Factors im Zähler des Productes (19) entspricht demnach eines von zwei Systemen (λ, μ) der Factoren im Nenner, und zwar so, dass die Relation:

$$g^2 + \nu^2 = \frac{1}{2}(\lambda^2 + \mu^2)$$

und daher, wenn $f(x)$ irgend eine eindeutige Function von x bedeutet, die Gleichung:

$$\sum_{g,\nu} f(g^2 + \nu^2) = \sum_{\lambda,\mu} f\left(\frac{1}{2}(\lambda^2 + \mu^2)\right)$$

besteht. Hier erstreckt sich die Summation links auf alle graden Zahlen g und alle ungraden Zahlen ν von $-\infty$ bis $+\infty$, rechts auf alle positiven und negativen ungraden Zahlen λ, aber nur auf alle *positiven* ungraden Zahlen μ. Die Gleichung kann daher auch so geschrieben werden:

$$(20) \qquad \sum_{g,\nu} f(g^2 + \nu^2) = \sum_{\lambda,\mu} f\left(\frac{1}{2}(\lambda^2 + \mu^2)\right) \qquad \left(\begin{smallmatrix} g=0,\pm 2,\pm 4,\dots \\ \lambda,\mu,\nu=1,3,5,\dots \end{smallmatrix}\right).$$

Der Logarithmus des Products (19) wird gleich der Differenz zweier doppelt unendlichen Reihen:

$$\frac{8}{\pi}\sum_{g,\nu}\frac{1}{(g^2+\nu^2)^{1+\varrho}} - \frac{16}{\pi}\sum_{\lambda,\mu}\frac{1}{(\lambda^2+\mu^2)^{1+\varrho}} \qquad \left(\begin{smallmatrix} g=0,\pm 2,\pm 4,\dots \\ \lambda,\mu,\nu=1,3,5,\dots \end{smallmatrix}\right),$$

welche mit Benutzung der Relation (20) in folgender Weise dargestellt werden kann:

$$(2^{\varrho}-1)\frac{16}{\pi}\sum_{\lambda,\mu}\frac{1}{(\lambda^2+\mu^2)^{1+\varrho}} \qquad (\lambda,\mu=1,3,5,\ldots).$$

Die zu beweisende Gleichung kann daher in der Form:

$$\log 2 = \frac{16}{\pi}\lim_{\varrho=0}\sum_{\lambda,\mu}\frac{2^{\varrho}-1}{(\lambda^2+\mu^2)^{1+\varrho}} \qquad (\lambda,\mu=1,3,5,\ldots) \tag{21}$$

geschrieben werden, und diese Gleichung geht, wenn man sich den Factor $2^{\varrho}-1$ rechts nach Potenzen von ϱ entwickelt denkt, in folgende über:

$$1 = \frac{16}{\pi}\lim_{\varrho=0}\varrho\sum\frac{1}{(\lambda^2+\mu^2)^{1+\varrho}} \qquad (\lambda,\mu=1,3,5,\ldots). \tag{22}$$

Diese Gleichung kann nunmehr mit Hülfe des von *Dirichlet* aufgestellten Theorems*), oder auch mittels jener Methode verificirt werden, welche ich in meiner Mittheilung vom 12. Mai 1864 angewendet habe.**) Die letztere Methode, welche ich hier benutzen will, beruht auf der üblichen Art der Summation von Reihen mit Hülfe von Integralen.

Da nämlich offenbar die Ungleichheiten:

$$\frac{1}{(\lambda^2+(\mu+2)^2)^{1+\varrho}} < \frac{1}{2}\int_{\mu}^{\mu+2}\frac{dx}{(\lambda^2+x^2)^{1+\varrho}} < \frac{1}{(\lambda^2+\mu^2)^{1+\varrho}}$$

$$\frac{1}{(\lambda^2+1)^{1+\varrho}} < \int_0^1\frac{dx}{(\lambda^2+x^2)^{1+\varrho}} < \frac{1}{\lambda^{2+2\varrho}}$$

bestehen, so ergeben sich für die Summe auf der rechten Seite der Gleichung (22) die Ungleichheitsbedingungen:

$$\frac{-1}{\lambda^{2+2\varrho}} + \int_0^\infty\frac{dx}{(\lambda^2+x^2)^{1+\varrho}} < 2\sum_{\mu}\frac{1}{(\lambda^2+\mu^2)^{1+\varrho}} < \frac{1}{(\lambda^2+1)^{1+\varrho}} + \int_0^\infty\frac{dx}{(\lambda^2+x^2)^{1+\varrho}},$$
$$(\mu=1,3,5,\ldots)$$

*) Recherches sur diverses applications de l'analyse infinitésimale à la théorie des nombres, § 1. *Crelle*'s Journal, Bd. XIX, S. 326.[1])

**) Monatsbericht vom Mai 1864.[2])

[1]) *G. Lejeune-Dirichlet*, Werke, Bd. I, S. 415f. H

[2]) Bd. IV, S. 227 dieser Ausgabe von *L. Kronecker*'s Werken. H

welche, wenn $x = \lambda z$ gesetzt wird, in folgender Weise dargestellt werden können:

$$\frac{-1}{\lambda^{2+2\varrho}} + \frac{1}{\lambda^{1+2\varrho}}\int_0^\infty \frac{dz}{(z^2+1)^{1+\varrho}} < 2\sum_\mu \frac{1}{(\lambda^2+\mu^2)^{1+\varrho}} < \frac{1}{(\lambda^2+1)^{1+\varrho}} + \frac{1}{\lambda^{1+2\varrho}}\int_0^\infty \frac{dz}{(z^2+1)^{1+\varrho}}.$$

Der Grenzwerth:

(23) $$\lim_{\varrho=0} \varrho \sum_{\lambda,\mu} \frac{1}{(\lambda^2+\mu^2)^{1+\varrho}} \qquad (\lambda, \mu = 1, 3, 5, \ldots)$$

muss hiernach mit dem Grenzwerth:

(24) $$\frac{1}{2}\lim_{\varrho=0} \varrho \sum_\lambda \frac{1}{\lambda^{1+2\varrho}}\int_0^\infty \frac{dz}{(z^2+1)^{1+\varrho}} \qquad (\lambda = 1, 3, 5, \ldots)$$

übereinstimmen. Nun resultirt bei nochmaliger Anwendung obiger Methode die Ungleichheit:

$$\frac{1}{2}\int_1^\infty \frac{dx}{x^{1+2\varrho}} < \sum_\lambda \frac{1}{\lambda^{1+2\varrho}} < 1 + \frac{1}{2}\int_0^\infty \frac{dx}{x^{1+2\varrho}} \qquad (\lambda = 1, 3, 5, \ldots),$$

aus welcher unmittelbar erhellt, dass:

$$\lim_{\varrho=0} \varrho \sum_\lambda \frac{1}{\lambda^{1+2\varrho}} = \frac{1}{4} \qquad (\lambda = 1, 3, 5, \ldots)$$

ist. Hiernach wird der Grenzwerth (24) und folglich auch der Grenzwerth (23) gleich:

$$\frac{\pi}{16},$$

und die Gleichung (22) ist also vollständig verificirt.

§ 4.

Gemäss den im art. IV enthaltenen Ausführungen*) kann in den obigen Formeln überall unter den Summen- und Productzeichen $\varrho = 0$ gesetzt werden, wenn die Summation und Multiplication in geeigneter Weise erfolgt. Dies lässt sich an der mit (14) bezeichneten Formel so darlegen, dass das Product zweier elliptischer Functionen:

$$\sqrt{\varkappa_1\varkappa_2}\,\sin\operatorname{am}\left(2(\sigma K_1 + \tau K_1' i), \varkappa_1\right) \sin\operatorname{am}\left(2(\sigma K_2 - \tau K_2' i), \varkappa_2\right)$$

---

*) Sitzungsbericht vom 26. April 1883. [1])

[1]) Bd. IV, S. 357 ff. dieser Ausgabe von *L. Kronecker's* Werken.

sich in das doppelt unendliche Product:

$$(25)\qquad \lim_{r=\infty,\, s=\infty}\lim \prod_{m,n} e^{-(a_\varkappa m^2 + b_\varkappa m(2n+1) + c_\varkappa (2n+1)^2)^{-1} \cos 2(m\sigma + (2n+1)\tau)}$$

$$(m = 0 \pm 1, \pm 2, \ldots \pm r;\ n = 0, \pm 1, \pm 2, \ldots \pm s)$$

entwickeln lässt.

Wird hierbei $\sigma = \frac{1}{2}$, $\tau = 0$ gesetzt, so resultirt die Formel:

$$(26)\qquad \sqrt{\varkappa_1 \varkappa_2} = \lim_{r=\infty}\lim_{s=\infty} \prod_{\mu,\nu} \frac{e^{(a_\varkappa \mu^2 + b_\varkappa \mu\nu + c_\varkappa \nu^2)^{-1}}}{e^{(a_\varkappa (\mu+1)^2 + b_\varkappa (\mu+1)\nu + c_\varkappa \nu^2)^{-1}}} \qquad \begin{pmatrix} \mu = \pm 1, \pm 3, \pm 5, \ldots \pm (2r+1) \\ \nu = \pm 1, \pm 3, \pm 5, \ldots \pm (2s+1) \end{pmatrix},$$

und wenn nun, wie oben: $a_\varkappa = \frac{\pi K'}{2K}$, $b_\varkappa = 0$, $c_\varkappa = \frac{\pi K}{2K'}$

genommen wird, so ergiebt sich für den Modul $\varkappa$ die Productentwickelung:

$$\varkappa^{\frac{1}{2}\pi} = \lim_{r=\infty}\lim_{s=\infty} \prod_{\mu,\nu} \frac{e^{KK'(K'^2\mu^2 + K^2\nu^2)^{-1}}}{e^{KK'(K'^2(\mu+1)^2 + K^2\nu^2)^{-1}}} \qquad \begin{pmatrix} \mu = \pm 1, \pm 3, \pm 5, \ldots \pm (2r+1) \\ \nu = \pm 1, \pm 3, \pm 5, \ldots \pm (2s+1) \end{pmatrix}.$$

Hieraus geht für $\varkappa = \sqrt{\frac{1}{2}}$ die Gleichung:

$$2^\pi = \lim_{r=\infty}\lim_{s=\infty} \prod_{m,n} \frac{e^{(m^2+n^2+n+\frac{1}{4})^{-1}}}{e^{(m^2+n^2+m+n+\frac{1}{2})^{-1}}} \qquad \begin{pmatrix} m = 0, \pm 1, \pm 2, \ldots \pm r \\ n = 0, \pm 1, \pm 2, \ldots \pm s \end{pmatrix}$$

hervor, welche eine merkwürdige Zahlenrelation enthält.

XIII.

Im Verfolg der Untersuchungen, über welche ich in der Classensitzung vom 31. Januar d. J.[1]) vorgetragen habe, bin ich zu überraschend einfachen Resultaten gelangt, welche den Inhalt meiner verschiedenen auf die Theorie der elliptischen Functionen bezüglichen Mittheilungen[2]) vom 29. October 1857, vom 26. Juni 1862, vom 22. Januar 1863 und vom 30. Juli 1885 in erwünschtester Weise vervollständigen und ergänzen. Es ist namentlich die für die Theorie der singulären Moduln wichtige Aufgabe der Ermittelung des Grenzwerthes von:

$$-\frac{1}{\varrho} + \frac{1}{2\pi} \sum_{m,n} \frac{1}{(am^2 + bmn + cn^2)^{1+\varrho}} \qquad (m, n = \pm 1, \pm 2, \pm 3, \ldots)$$

---

[1]) Bd. IV, S. 471 dieser Ausgabe von *L. Kronecker's* Werken. H

[2]) Bd. IV, S. 177, S. 207, S. 219 u. S. 363—379 dieser Ausgabe von *L. Kronecker's* Werken. H

für $\varrho = 0$, deren vollständige Lösung mir jetzt geglückt ist, während ich mich noch in der Mittheilung vom 30. Juli 1885[1]) damit begnügen musste, den Grenzwerth in dem Falle zu bestimmen, wo a, b, c reelle ganze oder rationale Zahlen sind. In der That habe ich auch erst aus meinen neueren Studien über die eigentliche Bedeutung des Irrationalen*) die Überzeugung geschöpft, dass die vor vier Jahren bei Behandlung jener Frage noch festgehaltene Unterscheidung sich bei genauerer Untersuchung als unwesentlich erweisen, und vielmehr eine allgemeine und vollständige Bestimmung jenes Grenzwerthes möglich sein müsste; dies hat sich vollkommen bewährt, und ich will im Folgenden die Methode auseinandersetzen, mittels deren mir die Werthbestimmung gelungen ist.

§ 1.

Ich beginne mit der Herleitung der Transformationsformel:

$$(1)\qquad \sum_{m,n} e^{-2\pi u(a_0 m^2 + b_0 mn + c_0 n^2) + 2(m\sigma + n\tau)\pi i} = \frac{1}{u}\sum_{m,n} e^{-\frac{2\pi}{u}\left(a_0(\tau+n)^2 - b_0(\tau+n)(\sigma+m) + c_0(\sigma+m)^2\right)}$$

$$(m, n = 0, \pm 1, \pm 2, \pm 3, \ldots),$$

welche weiterhin gebraucht wird. Sie findet sich für den besonderen Fall, wo a_0, b_0, c_0 reell und beide Grössen σ, τ gleich Null sind, schon im art. VI meiner Mittheilung vom 30. Juli 1885 angegeben und ist dort mit ($\mathfrak{F}^0$) bezeichnet.[3])

In der Formel (1) haben $a_0, b_0, c_0, u, \sigma, \tau$ folgende Bedeutung. Erstens sind a_0, b_0, c_0, wie im art. I meiner Mittheilung vom 19. April 1883[4]), durch die Gleichungen:

$$a_0 = -\frac{w_1 w_2 i}{w_1 + w_2}, \quad b_0 = -\frac{(w_1 - w_2) i}{w_1 + w_2}, \quad c_0 = \frac{i}{w_1 + w_2}$$

bestimmt, in denen:

$$w_1 i, \quad w_2 i$$

als complexe Grössen mit negativen reellen Theilen vorausgesetzt sind. Die Grössen w_1 und $-w_2$ sind demnach die beiden Wurzeln der quadratischen Gleichung:

$$a_0 + b_0 w + c_0 w^2 = 0,$$

---

*) Zur Theorie der allgemeinen komplexen Zahlen und der Modulsysteme, Sitzungsbericht vom 26. Juli 1888.[2])

[1]) Bd. IV, S. 376 dieser Ausgabe von *L. Kronecker*'s Werken. H

[2]) Bd. III₂, S. 1 dieser Ausgabe von *L. Kronecker*'s Werken. H

[3]) Bd. IV, S. 363 dieser Ausgabe von *L. Kronecker*'s Werken. H

[4]) Bd. IV, S. 350 dieser Ausgabe von *L. Kronecker*'s Werken. H

deren Discriminante:

$$-(4a_0c_0 - b_0^2)$$

den Werth -1 hat. Zweitens ist u eine complexe Grösse mit positivem reellen Theil, und es sind drittens σ, τ beliebige reelle oder complexe Grössen.

Hierbei ist zu bemerken, dass die für die Wahl der Grössen a_0, b_0, c_0, u angegebenen Bedingungen zur Convergenz der Reihen in der Formel (1) nöthig und hinreichend sind. Denn, wenn:

$$w_1 = u_1 + v_1 i, \quad w_2 = u_2 + v_2 i$$

gesetzt wird, so müssen gemäss jenen Bedingungen v_1 und v_2 positiv sein. Nun wird der reelle Theil der quadratischen Form mit complexen Coefficienten:

$$a_0x^2 + b_0xy + c_0y^2$$

gleich der quadratischen Form mit reellen Coefficienten:

$$\frac{\left((u_1^2+v_1^2)v_2 + (u_2^2+v_2^2)v_1\right)x^2 - 2(u_1v_2 - u_2v_1)xy + (v_1+v_2)y^2}{(u_1+u_2)^2 + (v_1+v_2)^2},$$

und diese ist, wenn v_1 und v_2 positiv sind, eine *positive* Form.

Zur Herleitung der Formel (1) benutze ich die Relation:

$$\text{(2)} \qquad \sum_n e^{-\left(\frac{n^2}{w} - 2n\eta + n\right)\pi i} = \left(\sqrt{-wi}\right)\sum_\nu e^{\left(\eta - \frac{1}{2}\nu\right)^2 w\pi i}$$
$$(n = 0, \pm 1, \pm 2, \pm 3, \ldots;\ \nu = \pm 1, \pm 3, \pm 5, \ldots),$$

welche die Transformation der einfachen ϑ-Reihen enthält, und welche ich genau in dieser Form im art. III meiner Mittheilung vom 19. April 1883 angegeben habe.[1])

Nimmt man zuvörderst:

$$w = \frac{i}{2c_0u}, \quad \eta = mb_0ui + \tau + \frac{1}{2},$$

so geht die Reihe auf der linken Seite der Gleichung (1) in folgende über:

$$\left(\sqrt{\frac{1}{2c_0u}}\right)\sum_{m,\nu} e^{-2a_0m^2u\pi + 2m\sigma\pi i - \frac{\pi}{2c_0u}\left(mb_0ui + \tau + \frac{1}{2}(1-\nu)\right)^2}$$
$$(m = 0, \pm 1, \pm 2, \pm 3, \ldots;\ \nu = \pm 1, \pm 3, \pm 5, \ldots),$$

---

[1]) Bd. IV, S. 355 dieser Ausgabe von *L. Kronecker's* Werken.

welche, wenn darin $\frac{1}{2}(1-\nu) = n$ gesetzt und von der Relation:

$$4a_0c_0 - b_0^2 = 1$$

Gebrauch gemacht wird, auch in der Form:

$$(3)\qquad \left(\sqrt{\frac{1}{2a_0u}}\right)\sum_{m,n} e^{-\frac{m^2u\pi}{2a_0}+\left(2\sigma-\frac{b_0}{a_0}(\tau+n)\right)m\pi i-\frac{\pi}{2a_0u}(\tau+n)^2} \qquad (m,n=0,\pm1,\pm2,\pm3,\ldots)$$

dargestellt werden kann.

Nimmt man ferner in der Relation:

$$(2^*)\qquad \sum_m e^{-\left(\frac{m^2}{w}+2m\eta+m\right)\pi i} = \left(\sqrt{-wi}\right)\sum_m e^{w\pi i\left(\eta+m-\frac{1}{2}\right)^2} \qquad (m=0,\pm1,\pm2,\pm3,\ldots),$$

welche mit der obigen Gleichung (2), abgesehen von der Bezeichnung, völlig übereinstimmt:

$$w = \frac{2a_0i}{u}, \quad \eta = -\frac{b_0}{2a_0}(\tau+n)+\sigma+\frac{1}{2},$$

so geht die Reihe (3) in die folgende über:

$$\frac{1}{u}\sum_{m,n} e^{-\frac{2\pi}{u}\left(a_0(\tau+n)^2-b_0(\tau+n)(\sigma+m)+c_0(\sigma+m)^2\right)} \qquad (m,n=0,\pm1,\pm2,\pm3,\ldots),$$

welche die rechte Seite der Transformationsformel (1) bildet; die beabsichtigte Herleitung dieser Formel ist also in der That, und zwar nur durch zweimalige Anwendung der Relation (2), erfolgt.

Um die Transformationsformel (1) in derjenigen Gestalt zu haben, in welcher sie im Folgenden gebraucht wird, setze ich:

$$u = -\frac{\log z}{2\pi}$$

und sondere auf jeder der beiden Seiten der Gleichung (1) dasjenige Glied ab, für welches $m = n = 0$ ist. Ich bezeichne ferner die beiden zu einander „reciproken" quadratischen Formen:

$$a_0x^2+b_0xy+c_0y^2, \quad c_0x'^2-b_0x'y'+a_0y'^2$$

beziehungsweise mit:

$$f(x,y), \quad f'(x'y').$$

Alsdann erscheint die Formel (1) in folgender Gestalt:

$$(4)\qquad \sum_{m,n} z^{f(m,n)}e^{2(m\sigma+n\tau)\pi i} = -1-\frac{2\pi}{\log z}e^{\frac{4\pi^2}{\log z}f'(\sigma,\tau)}-\frac{2\pi}{\log z}\sum_{m,n} e^{\frac{4\pi^2}{\log z}f'(\sigma+m,\tau+n)};$$

die Summationen sind hier auf alle ganze Zahlen m, n von $-\infty$ bis $+\infty$ mit alleiniger Ausnahme des Werthsystems $m=0$, $n=0$ zu erstrecken, und z bedeutet eine Grösse, deren absoluter Werth kleiner als Eins ist.

§ 2.

Nunmehr soll der Grenzwerth ermittelt werden, welchen der zur Abkürzung mit:

$$T(\varrho,\sigma,\tau)$$

zu bezeichnende Ausdruck[1]):

$$\frac{1}{2\pi}\sum_{m,n}\frac{e^{2(m\sigma+n\tau)\pi i}}{f(m,n)}+\log f'(\sigma,\tau)-\frac{1}{2\pi}\sum_{m,n}\frac{1}{(f(m,n))^{1+\varrho}}+\frac{1}{\varrho}$$

annimmt, wenn die Grössen ϱ, σ, τ sich der Null nähern. Dabei werden ϱ, σ, τ als reell vorausgesetzt, und ϱ überdies als positiv.

Zu dem angegebenen Zwecke führe ich zuvörderst für die beiden zweifach unendlichen Reihen, in welchen die Summationen, wie durchweg im Folgenden auf alle ganzen Zahlen m, n von $-\infty$ bis $+\infty$ mit Ausschluss des Werthsystems $m=0$, $n=0$ zu erstrecken sind, in *Dirichlet*'scher Weise Integral-Ausdrücke ein, und zwar mittels der Gleichungen:

$$\sum_{m,n}\frac{e^{2(m\sigma+n\tau)\pi i}}{f(m,n)}=\int_0^1\sum_{m,n}z^{f(m,n)}\,e^{2(m\sigma+n\tau)\pi i}\,d\log z\,,$$

$$\Gamma(1+\varrho)\sum_{m,n}\frac{1}{(f(m,n))^{1+\varrho}}=\int_0^1\sum_{m,n}z^{f(m,n)}\left(\log\frac{1}{z}\right)^{\varrho}d\log z\,.$$

Alsdann zerlege ich jedes dieser beiden Integrale in zwei, von denen das eine sich nur von 0 bis zu irgend einem echten Bruche $\frac{1}{s}$, das andere von $\frac{1}{s}$ bis 1 erstreckt. Endlich wende ich auf die beiden Reihen:

$$\sum_{m,n}z^{f(m,n)}\,e^{2(m\sigma+n\tau)\pi i},\quad \sum_{m,n}z^{f(m,n)},$$

welche unter den von $\frac{1}{s}$ bis 1 erstreckten Integralen vorkommen, die obige mit (4) bezeichnete Transformationsformel an.

[1]) Vgl. Zusatz III am Ende dieses Bandes.

Nach Ausführung der angegebenen Operationen erscheint die Function $T(\varrho, \sigma, \tau)$ als ein Aggregat folgender sieben Ausdrücke:

$$\frac{1}{2\pi}\int_0^{\frac{1}{e}} \sum_{m,n} s^{f(m,n)} e^{2(m\sigma+n\tau)\pi i}\, d\log s,$$

$$-\frac{1}{2\pi\Gamma(1+\varrho)}\int_0^{\frac{1}{e}} \sum_{m,n} s^{f(m,n)} \left(\log\frac{1}{s}\right)^{\varrho} d\log s,$$

$$\int_1^{\frac{1}{e}} \sum_{m,n} e^{\frac{4\pi^2}{\log s} f(\sigma+m,\tau+n)} \frac{d\log s}{\log s},$$

$$-\frac{1}{\Gamma(1+\varrho)}\int_1^{\frac{1}{e}} \sum_{m,n} e^{\frac{4\pi^2}{\log s} f(m,n)} \left(\log\frac{1}{s}\right)^{\varrho} \frac{d\log s}{\log s},$$

$$\int_1^{\frac{1}{e}} \left[\frac{1}{2\pi} + \frac{e^{\frac{4\pi^2}{\log s} f(\sigma,\tau)}}{\log s}\right] d\log s,$$

$$-\frac{1}{\Gamma(1+\varrho)}\int_1^{\frac{1}{e}} \left[\frac{1}{2\pi} + \frac{1}{\log s}\right] \left(\log\frac{1}{s}\right)^{\varrho} d\log s,$$

$$\log f(\sigma,\tau) + \frac{1}{\varrho}.$$

Setzt man also zur Abkürzung:

$$P = \frac{1}{2\pi}\int_0^{\frac{1}{e}} \sum_{m,n} s^{f(m,n)} \left(e^{2(m\sigma+n\tau)\pi i} - 1\right) d\log s,$$

$$P_1 = \frac{1}{2\pi\Gamma(1+\varrho)}\int_0^{\frac{1}{e}} \sum_{m,n} s^{f(m,n)} \left(\Gamma(1+\varrho) - \left(\log\frac{1}{s}\right)^{\varrho}\right) d\log s,$$

$$Q = \int_1^{\frac{1}{e}} \sum_{m,n} \left[e^{\frac{4\pi^2}{\log s} f(\sigma+m,\tau+n)} - e^{\frac{4\pi^2}{\log s} f(m,n)}\right] \frac{d\log s}{\log s},$$

$$Q_1 = \frac{1}{\Gamma(1+\varrho)} \int_1^{\frac{1}{s}} \sum_{m,n} e^{\frac{4\pi^2}{\log s} f'(m,n)} \left(\Gamma(1+\varrho) - \left(\log\frac{1}{s}\right)^\varrho\right) \frac{d\log s}{\log s},$$

$$R = \int_1^{\frac{1}{s}} \left[\frac{1}{2\pi} + \frac{e^{\frac{4\pi^2}{\log s} f'(\sigma,\tau)}}{\log s}\right] d\log s,$$

$$R_1 = \frac{1}{\Gamma(1+\varrho)} \int_1^{\frac{1}{s}} \left[\frac{1}{2\pi} + \frac{1}{\log s}\right] \left(\log\frac{1}{s}\right)^\varrho d\log s,$$

so wird:

$$T(\varrho, \sigma, \tau) = P + P_1 + Q + Q_1 + R - R_1 + \log f'(\sigma, \tau) + \frac{1}{\varrho}.$$

§ 3.

Der reelle Theil von $f(m, n)$ ist, wie schon im § 1 hervorgehoben worden, für alle Werthsysteme m, n, über welche sich die Summationen erstrecken, *positiv*; man kann also eine reelle positive Grösse $\mathfrak{p}$ so wählen, dass auch die Differenz:

$$-\mathfrak{p} + f(m, n)$$

in ihrem reellen Theile positiv ist. Dann kann, da:

$$s^{f(m,n)} d\log s = \frac{1}{\mathfrak{p}} s^{-\mathfrak{p}+f(m,n)} ds^{\mathfrak{p}}$$

ist, der mit P bezeichnete Integralausdruck in folgender Form dargestellt werden:

$$\frac{1}{2\pi\mathfrak{p}} \int_0^{\frac{1}{s}} \sum_{m,n} [e^{2(m\sigma+n\tau)\pi i} - 1] s^{-\mathfrak{p}+f(m,n)} ds^{\mathfrak{p}}.$$

Hierin kann ferner, da $f(m, n) = f(-m, -n)$ ist, der Exponentialausdruck $e^{2(m\sigma+n\tau)\pi i}$ durch $\cos 2(m\sigma + n\tau)\pi$ ersetzt und die Differenz:

$$\cos 2(m\sigma + n\tau)\pi - 1$$

auf die Form:

$$\sigma\varphi(m, n, \sigma, \tau) + \tau\psi(m, n, \sigma, \tau)$$

gebracht werden, in welcher:

$$\varphi = \frac{-2}{\sigma} \sin m\sigma\pi \cos n\tau\pi \sin(m\sigma + n\tau)\pi,$$

$$\psi = \frac{-2}{\tau} \cos m\sigma\pi \sin n\tau\pi \sin(m\sigma + n\tau)\pi$$

ist, so dass φ und ψ für alle Werthe von σ und τ endlich bleiben.[1]) Der mit P bezeichnete Ausdruck wird hiernach gleich:

$$\frac{\sigma}{2\pi\mathfrak{p}}\int_0^{\frac{1}{s}}\sum_{m,n}\varphi(m,n,\sigma,\tau)\,s^{-\mathfrak{p}+f(m,n)}\,ds^{\mathfrak{p}}+\frac{\tau}{2\pi\mathfrak{p}}\int_0^{\frac{1}{s}}\sum_{m,n}\psi(m,n,\sigma,\tau)\,s^{-\mathfrak{p}+f(m,n)}\,ds^{\mathfrak{p}},$$

und da offenbar sowohl der mit σ als auch der mit τ multiplicirte Integralausdruck für alle Werthe von σ und τ endlich bleibt, so nähert sich der eine der beiden Theile, in welche P hier zerlegt ist, mit absolut zunehmendem σ, der andere mit absolut abnehmendem τ dem Grenzwerthe Null, und es ist daher:

(5) $$\lim_{\substack{\sigma=0\\ \tau=0}} P = 0.$$

Um den Grenzwerth von P_1 für $\varrho=0$ zu ermitteln, benutze ich die Gleichungen:

$$\Gamma(1+\varrho)=1+\varrho\,\Gamma'(1+\delta\varrho),\quad \left(\log\frac{1}{s}\right)^{\varrho}=1+\varrho\left(\log\frac{1}{s}\right)^{\delta'_s\varrho}\log\log\frac{1}{s},$$

in welchen Γ' die Ableitung von Γ bedeutet und δ, δ'_s positive echte Brüche sind. Dann wird P_1 gleich:

$$\frac{\varrho\,\Gamma'(1+\delta\varrho)}{2\pi\Gamma(1+\varrho)}\int_0^{\frac{1}{s}}\sum_{m,n}s^{-\mathfrak{p}+f(m,n)}\,ds^{\mathfrak{p}}-\frac{\varrho}{2\pi\Gamma(1+\varrho)}\int_0^{\frac{1}{s}}\sum_{m,n}s^{-\mathfrak{p}+f(m,n)}\left(\log\frac{1}{s}\right)^{\delta'_s\varrho}\log\log\frac{1}{s}\,ds^{\mathfrak{p}},$$

und da jeder der beiden mit ϱ mulitiplicirten Theile für beliebig kleine positive Werthe von ϱ offenbar endlich bleibt, so ergiebt sich das Resultat:

(6) $$\lim_{\varrho=0} P_1 = 0.$$

Zur Bestimmung des Grenzwerthes, welchen Q für $\sigma=0$, $\tau=0$ annimmt, mache ich von der Gleichung:

$$F(x+\sigma,y+\tau)-F(x,y)=\sigma F_1(x+\delta_1\sigma,y+\varepsilon_1\tau)+\tau F_2(x+\delta_2\sigma,y+\varepsilon_2\tau)$$

Gebrauch, in welcher F_1, F_2 die beziehungsweise nach x und y genommenen Ableitungen von $F(x,y)$ und $\delta_1, \varepsilon_1, \delta_2, \varepsilon_2$ positive echte Brüche bedeuten. Benutzt man nämlich diese Darstellung der Differenz $F(x+\sigma,y+\tau)-F(x,y)$ für die der Differenz:

$$e^{\frac{4\pi^2}{\log s}f'(\sigma+m,\tau+n)}-e^{\frac{4\pi^2}{\log s}f(m,n)},$$

---

[1]) Vgl. Zusatz 112 am Ende dieses Bandes.

welche unter dem Integral Q vorkommt, so wird Q gleich dem Aggregat der beiden Ausdrücke:

$$-\sigma\int_1^{\frac{1}{s}} \sum_{m,n}\big(2a_0(m+\delta_1\sigma)-b_0(n+\varepsilon_1\tau)\big)\, e^{\frac{4\pi^2}{\log s}f'(m+\delta_1\sigma,\, n+\varepsilon_1\tau)}\, d\,\frac{4\pi^2}{\log s},$$

$$-\tau\int_1^{\frac{1}{s}} \sum_{m,n}\big(2a_0(n+\varepsilon_2\tau)-b_0(m+\delta_2\sigma)\big)\, e^{\frac{4\pi^2}{\log s}f'(m+\delta_2\sigma,\, n+\varepsilon_2\tau)}\, d\,\frac{4\pi^2}{\log s}.$$

Dabei ist zu bemerken, dass δ_1, ε_1, δ_2, ε_2, die als Bezeichnungen positiver echter Brüche eingeführt worden sind, hier Functionen von m, n, σ, τ, s bezeichnen, deren Werthe stets in dem Intervalle von 0 bis 1 bleiben.

Bedeutet nun $\mathfrak{p}'$ eine positive Grösse, für welche der reelle Theil der Differenz:

$$-\mathfrak{p}'+f'(m+\sigma, n+\tau)$$

bei allen in Q vorkommenden Werthsystemen m, n, und wenn σ, τ in beliebig klein anzunehmenden, die Null einschliessenden Grenzen bleiben, positive Werthe hat, so lassen sich die beiden Ausdrücke in folgender Form darstellen:

$$-\frac{\sigma}{\mathfrak{p}'}\int_1^{\frac{1}{s}} \sum_{m,n}\big(2a_0(m+\delta_1\sigma)-b_0(n+\varepsilon_1\tau)\big)\, e^{\frac{4\pi^2}{\log s}(-\mathfrak{p}'+f'(m+\delta_1\sigma,\, n+\varepsilon_1\tau))}\, d e^{\frac{4\pi^2\mathfrak{p}'}{\log s}},$$

$$-\frac{\tau}{\mathfrak{p}'}\int_1^{\frac{1}{s}} \sum_{m,n}\big(2a_0(n+\varepsilon_2\tau)-b_0(m+\delta_2\sigma)\big)\, e^{\frac{4\pi^2}{\log s}(-\mathfrak{p}'+f'(m+\delta_2\sigma,\, n+\varepsilon_2\tau))}\, d e^{\frac{4\pi^2\mathfrak{p}'}{\log s}},$$

und es zeigt sich hierbei, dass sowohl der mit σ als auch der mit τ multiplicirte Ausdruck für beliebig kleine Werthe von σ und τ endlich bleibt. Es wird hiernach:

(7) $$\lim_{\substack{\sigma=0\\ \tau=0}} Q = 0.$$

Um endlich noch die Gleichung:

(8) $$\lim_{\varrho=0} Q_1 = 0$$

in Evidenz zu setzen, braucht man nur, wie oben, die Differenz:

$$\Gamma(1+\varrho)-\left(\log\frac{1}{s}\right)^{\varrho},$$

welche unter dem Integral von Q_1 vorkommt, in der Form:

$$\varrho\Gamma'(1+\delta\varrho)-\varrho\left(\log\frac{1}{s}\right)^{\delta'_s\varrho}\log\log\frac{1}{s}$$

und demgemäss Q_1 als Aggregat der folgenden beiden Ausdrücke darzustellen:

$$\frac{\varrho\Gamma''(1+\delta\varrho)}{4\pi^3\mathfrak{p}'\Gamma(1+\varrho)}\int\limits_{\frac{1}{s}}^{1}\sum_{m,n} e^{\frac{4\pi^2}{\log s}(-\mathfrak{p}'+f(m,n))}\log s\, d e^{\frac{4\pi^2\mathfrak{p}'}{\log s}},$$

$$\frac{\varrho}{4\pi^3\mathfrak{p}'\Gamma(1+\varrho)}\int\limits_{\frac{1}{s}}^{1}\sum_{m,n} e^{\frac{4\pi^2}{\log s}(-\mathfrak{p}'+f(m,n))}\left(\log\frac{1}{s}\right)^{1+\varrho\delta'_2}\log\log\frac{1}{s}\, d e^{\frac{4\pi^2\mathfrak{p}'}{\log s}},$$

denn in beiden Ausdrücken ist ϱ mit Functionen von ϱ mulitplicirt, welche offenbar für $\varrho = 0$ endliche Werthe haben.

§ 4.

Nach den im vorigen Paragraphen erlangten, mit (5), (6), (7), (8) bezeichneten Grenzwerth-Bestimmungen für P, P_1, Q, Q_1 ist der Grenzwerth, welchen:

$$P + P_1 + Q + Q_1$$

für $\varrho = 0, \sigma = 0, \tau = 0$ annimmt, gleich Null. Da nun gemäss der Formel am Schlusse von § 2:

$$T(\varrho,\sigma,\tau) = P + P_1 + Q + Q_1 + R - R_1 + \log f'(\sigma,\tau) + \frac{1}{\varrho}$$

war, so ist:

$$\lim_{\substack{\varrho=0\\ \sigma=0\\ \tau=0}} T(\varrho,\sigma,\tau) = \lim_{\substack{\varrho=0\\ \sigma=0\\ \tau=0}}\left(R - R_1 + \frac{1}{\varrho} + \log f'(\sigma,\tau)\right). \tag{9}$$

Nun war im § 2:

$$R = \int\limits_{1}^{\frac{1}{s}}\left[\frac{1}{2\pi} + \frac{e^{\frac{4\pi^2}{\log s}f'(\sigma,\tau)}}{\log s}\right] d\log s,$$

$$R_1 = \frac{1}{\Gamma(1+\varrho)}\int\limits_{1}^{\frac{1}{s}}\left[\frac{1}{2\pi} + \frac{1}{\log s}\right]\left(\log\frac{1}{s}\right)^{\varrho} d\log s$$

gesetzt worden; es ist daher:

$$R = \frac{-1}{2\pi}\log s + \int\limits_{1}^{\frac{1}{s}} e^{\frac{4\pi^2}{\log s}f'(\sigma,\tau)}\, d\log\log\frac{1}{s},$$

$$R_1 = \frac{1}{\Gamma(1+\varrho)}\left[\frac{-1}{2\pi(1+\varrho)}(\log s)^{1+\varrho} + \frac{1}{\varrho}(\log s)^{\varrho}\right],$$

also:

$$\lim_{\varrho=0}\left(R - R_1 + \frac{1}{\varrho}\right) = -\log\log s + \Gamma'(1) + \int_1^{\frac{1}{s}} e^{\frac{4\pi^2}{\log s} f'(\sigma,\tau)}\, d\log\log\frac{1}{s}.$$

Setzt man in dem letzteren Integral:

$$z = e^{\frac{-\log s}{x}},$$

so geht dasselbe in folgendes über:

$$\int_1^{\infty} e^{-\frac{4\pi^2 f'(\sigma,\tau)}{\log s} x}\, d\log x,$$

welches nichts Anderes als der negativ genommene Integrallogarithmus von $e^{-\frac{4\pi^2 f'(\sigma,\tau)}{\log s}}$ und also in üblicher Weise mit:

$$-\operatorname{li.}\left(e^{-\frac{4\pi^2 f'(\sigma,\tau)}{\log s}}\right)$$

zu bezeichnen ist. Hiernach wird:

$$\lim_{\varrho=0}\left(R - R_1 + \frac{1}{\varrho}\right) = -\log\log s + \Gamma'(1) - \operatorname{li.}\left(e^{-\frac{4\pi^2 f'(\sigma,\tau)}{\log s}}\right)$$

und folglich:

$$\lim_{\substack{\varrho=0\\ \sigma=0\\ \tau=0}} T(\varrho,\sigma,\tau) = \lim_{\substack{\sigma=0\\ \tau=0}}\left[\log f'(\sigma,\tau) - \log\log s + \Gamma'(1) - \operatorname{li.}\left(e^{-\frac{4\pi^2 f'(\sigma,\tau)}{\log s}}\right)\right]. \tag{10}$$

Es ist also nur noch der Grenzwerth zu bestimmen, den der Integrallogarithmus für $\sigma = 0$, $\tau = 0$ annimmt.

§ 5.

Bedeutet $\mathfrak{p} + \mathfrak{q}i$ eine complexe Grösse, deren reeller Theil $\mathfrak{p}$ positiv ist, so besteht bekanntlich die Gleichung:

$$\log(\mathfrak{p} + \mathfrak{q}i) = \int_0^{\infty}\left(e^{-s} - e^{-(\mathfrak{p}+\mathfrak{q}i)s}\right) d\log s. \tag{11}$$

Dabei ist auf der linken Seite derjenige Werth des Logarithmus zu nehmen, dessen absoluter Betrag möglichst klein ist. Ferner ist gemäss der Formel (77) in *Gauss'* Abhandlung über die hypergeometrische Reihe*):

$$-\psi(0) = -\Gamma'(1) = \int_0^1 \left(\frac{1}{\log x} + \frac{1}{1-x}\right) dx = \int_0^\infty \left(\frac{1}{1-e^{-s}} - \frac{1}{s}\right) e^{-s} ds,$$

und es kann daher $\psi(0)$ oder $\Gamma'(1)$ als Aggregat von Integralen in folgender Weise dargestellt werden:

$$\int_0^1 (e^{-s} - 1)\, d\log s + \int_1^\infty e^{-s}\, d\log s - \int_1^\infty d\log(1 - e^{-s}) - \int_0^1 d\log \frac{1-e^{-s}}{s}.$$

Da aber die beiden letzten Theile dieses Ausdrucks sich gegenseitig aufheben, so wird:

$$(12) \qquad \Gamma'(1) = \int_0^1 (e^{-s} - 1)\, d\log s + \int_1^\infty e^{-s}\, d\log s.$$

Benutzt man nun die beiden mit (11) und (12) bezeichneten Darstellungen von $\log(\mathfrak{p} + \mathfrak{q} i)$ und $\Gamma'(1)$ sowie die Definitionsgleichung:

$$\text{li.}\left(e^{-(\mathfrak{p}+\mathfrak{q}i)}\right) = -\int_1^\infty e^{-(\mathfrak{p}+\mathfrak{q}i)s}\, d\log s,$$

so erhält man das (übrigens bekannte) Resultat:

$$(13) \qquad -\text{li.}\left(e^{-(\mathfrak{p}+\mathfrak{q}i)}\right) = \Gamma'(1) - \log(\mathfrak{p} + \mathfrak{q}i) + \int_0^1 \left(1 - e^{-(\mathfrak{p}+\mathfrak{q}i)s}\right) d\log s,$$

mit Hülfe dessen der Ausdruck unter dem Zeichen „lim" auf der rechten Seite der Gleichung (10) in folgenden übergeht:

$$2\Gamma'(1) - 2\log 2\pi + \int_0^1 \left(1 - e^{-\frac{4\pi^2 f(\sigma,\tau)}{\log s} s}\right) d\log s.$$

Da nun offenbar der Grenzwerth des Integrals:

$$\int_0^1 \left(1 - e^{-\frac{4\pi^2 f'(\sigma,\tau)}{\log s} s}\right) d\log s,$$

für $\sigma = 0$, $\tau = 0$, gleich *Null* ist, so ergiebt sich schliesslich für den gesuchten Grenz-

*) *Gauss'* Werke, Bd. III, Art. 35, S. 159.

werth von $T(\varrho, \sigma, \tau)$ die einfache Bestimmung:

$$\lim_{\substack{\varrho=0\\ \sigma=0\\ \tau=0}} T(\varrho, \sigma, \tau) = 2\Gamma'(1) - 2\log 2\pi. \tag{14}$$

§ 6.

Aus der Gleichung (14) folgt gemäss der Bedeutung von $T(\varrho, \sigma, \tau)$, dass der Grenzwerth, welchem sich der Ausdruck:

$$-\frac{1}{\varrho} + \frac{1}{2\pi}\sum_{m,n}\frac{1}{(f(m,n))^{1+\varrho}}$$

für $\varrho = 0$ nähert, gleich:

$$2\log 2\pi - 2\Gamma'(1) + \lim_{\substack{\sigma=0\\ \tau=0}}\left\{\log f'(\sigma, \tau) + \frac{1}{2\pi}\sum_{m,n}\frac{e^{2(m\sigma+n\tau)\pi i}}{f(m,n)}\right\}^{1)}$$

ist. Wendet man auf dieses Resultat die mit ($\mathfrak{A}$) bezeichnete „Hauptgleichung" an, welche ich im Art. I meiner Mittheilung vom 19. April 1883[2]) hergeleitet habe, so ergiebt sich die Gleichung:

$$\lim_{\varrho=0}\left(-\frac{1}{\varrho} + \frac{1}{2\pi}\sum_{m,n}\frac{1}{(f(m,n))^{1+\varrho}}\right) = -2\Gamma'(1) - \lim_{\substack{\sigma=0\\ \tau=0}}\log\frac{\Lambda(\sigma, \tau, w_1, w_2)}{4\pi^2 f'(\sigma, \tau)}. \tag{15}$$

Nun ist:

$$\Lambda(\sigma, \tau, w_1, w_2) = (4\pi^2)^{\frac{1}{3}} e^{\tau^2(w_1+w_2)\pi i}\frac{\vartheta(\sigma+\tau w_1, w_1)\,\vartheta(\sigma-\tau w_2, w_2)}{(\vartheta'(0, w_1)\,\vartheta'(0, w_2))^{\frac{1}{3}}}.$$

Bei Anwendung der Gleichung:

$$c_0(\sigma+\tau w_1)(\sigma-\tau w_2) = c_0\sigma^2 - b_0\sigma\tau + a_0\tau^2$$

wird also:

$$\lim_{\substack{\sigma=0\\ \tau=0}}\frac{\Lambda(\sigma, \tau, w_1, w_2)}{4\pi^2(c_0\sigma^2 - b_0\sigma\tau + a_0\tau^2)} = \frac{1}{c_0}\left(\frac{\vartheta'(0, w_1)}{2\pi}\right)^{\frac{2}{3}}\left(\frac{\vartheta'(0, w_2)}{2\pi}\right)^{\frac{2}{3}},$$

und folglich:

$$\lim_{\varrho=0}\left(-\frac{1}{\varrho} + \frac{1}{2\pi}\sum_{m,n}\frac{1}{(f(m,n))^{1+\varrho}}\right) = -2\Gamma'(1) - \log\frac{1}{c_0}\left(\frac{\vartheta'(0, w_1)}{2\pi}\right)^{\frac{2}{3}}\left(\frac{\vartheta'(0, w_2)}{2\pi}\right)^{\frac{2}{3}}. \tag{16}$$

Führt man an Stelle der Coefficienten a_0, b_0, c_0 der quadratischen Form:

$$f(x, y) = a_0x^2 + b_0xy + c_0y^2$$

---

[1]) Vgl. Zusatz 118 am Ende dieses Bandes.

[2]) Bd. IV, S. 351 dieser Ausgabe.

die Quotienten:
$$\frac{a}{\sqrt{4ac-b^2}}, \quad \frac{b}{\sqrt{4ac-b^2}}, \quad \frac{c}{\sqrt{4ac-b^2}}$$

und an Stelle der ϑ-Reihen mittels der Gleichung:

$$\vartheta'(0, w) = 2\pi e^{\frac{1}{4}w\pi i}\prod(1-e^{2nw\pi i})^3$$

die unendlichen Producte ein, so gelangt man zu dem *Hauptresultat*, dass der Grenzwerth von:
$$-\frac{1}{\varrho}+\frac{1}{2\pi}\sum_{m,n}\left(\frac{\sqrt{4ac-b^2}}{am^2+bmn+cn^2}\right)^{1+\varrho}$$

für $\varrho = 0$, d. h. also:

der Coefficient des von ϱ unabhängigen Gliedes in der Entwickelung von:

$$\frac{1}{2\pi}\sum_{m,n}\left(\frac{\sqrt{4ac-b^2}}{am^2+bmn+cn^2}\right)^{1+\varrho}$$

nach steigenden Potenzen von ϱ

durch den Ausdruck:

$$(17)\quad -2\Gamma'(1)+\log\frac{c}{\sqrt{4ac-b^2}}+\frac{\pi\sqrt{4ac-b^2}}{6c}-2\log\prod_n(1-e^{2nw_1\pi i})(1-e^{2nw_2\pi i})$$
$$(n=1,2,3,\ldots)$$

dargestellt wird, in welchem w_1 und $-w_2$ als die beiden Wurzeln der quadratischen Gleichung:
$$a+bw+cw^2=0$$

definirt sind, und dessen merkwürdige Eigenschaft,

eine Invariante der im *Gauss*'schen Sinne einander aequivalenten quadratischen Formen (a, b, c) zu sein,

durch seine hier dargelegte Bedeutung vollkommen in Evidenz tritt. Dabei sind

$$a, b, c$$

irgend welche reelle oder complexe Grössen, welche nur der Bedingung genügen müssen, dass der reelle Theil von $ax^2+bxy+cy^2$ eine positive quadratische Form ist.

ZUSÄTZE ZUM VIERTEN BANDE.

1. S. 3. Diese Abhandlung ist von *Serret* übersetzt und unter dem Titel *„Sur les équations résolubles algebriquement"* als Anhang in seinem *„Cours d'Algèbre supérieure"* abgedruckt worden.

2. S. 4. Unter der allgemeinsten algebraischen Funktion ist hier eine solche zu verstehen, die sich durch Wurzelzeichen ausdrücken läßt.

3. S. 6. Die Bezugnahme auf *Abel* ist insofern nicht ganz genau, als *Abel* in der zitierten Abhandlung neben den zyklischen, die hier ausschließlich angeführt werden, auch die allgemeineren nach seinem Namen benannten Gleichungen behandelt hat. Vgl. auch die späteren Äußerungen *Kronecker's* zu der Bezeichnungsweise bei zyklischen und *Abel*'schen Gleichungen, dieser Band S. 65—66 und S. 118.

4. S. 6 u. 7. Für einen Beweis von III. und IV. vgl. *Weber*, Lehrbuch der Algebra, Bd. I, S. 680—698 (2. Auflage) und *Wiman*, Acta Mathematica 27 (1903) S. 163. Vgl. aber außerdem *Abel*, Oeuvres, T. II, S. 236—240 (Nouvelle édition) und die Anmerkungen *Sylow's*, S. 335, aus denen hervorgeht, daß schon *Abel* den Zusammenhang mit den zyklischen Gleichungen kannte.

5. S. 7. r_1 bedeutet hier nicht dieselbe Größe, die in III. auftritt, da sonst die Einheitswurzel ω dem Rationalitätsbereich adjungiert werden müßte; vgl. hierzu auch die Bemerkung von *Kronecker*, dieser Band, S. 29, Fußnote.

6. S. 10. Für den hier ausgesprochenen berühmten *Kronecker*'schen Satz, der als das Hauptergebnis der Abhandlung zu bewerten ist, sind zahlreiche Beweise gegeben worden: *Weber*, Acta Math. 8 oder Algebra II, S. 762 u. f., Journal für Math. 132 und Math. Ann. 67, *Hilbert*, Zahlbericht Kap. 23, *Mertens*, Journal für Math. 131, *Speiser*, ibid. 149. Für die Einordnung in die allgemeine Klassenkörpertheorie vgl. *Hasse*, Jahresber. der deutsch. Math.-Verein. 35 (1926), S. 39.

7. S. 11. Vgl. hierzu die spätere Abhandlung von *Kronecker*, dieser Band, S. 25.

8. S. 28. Vgl. hierzu die spätere Abhandlung von *Kronecker*, dieser Band, S. 78.

9. S. 32. Für die hier folgende Bestimmung der Wurzelform von zyklischen Gleichungen vgl. die ausführliche Darstellung bei *Mertens*, Wiener Sitzungsber. 128 (1919), S. 315—333 und *Weber*, Algebra II, S. 86 u. f.

10. S. 41. Zur Bildung der von ihm entdeckten Untergruppe P_{168} der symmetrischen Permutationsgruppe aus 7 Elementen, die für die Theorie der Gleichungen 7. Grades von besonderer Wichtigkeit ist, hat *Kronecker*, wie *Weber*, Algebra II, S. 589, nach mündlicher Mitteilung angibt, die Darstellung von P_{168} als Kongruenzgruppe ternärer linearer Substitutionen für den Modul 2 benutzt.

11. S. 42. Die Vermutung von *Kronecker* über den Zusammenhang der Gleichungen, deren Galois'sche Gruppe zu P_{168} isomorph ist, mit den Modulargleichungen für den Transformationsgrad 7 ist durch *Klein* (Math. Ann. 15, Werke II, S. 420—423) unter Zuhilfenahme einer durch eine Gleichung 4. Grades gegebenen akzessorischen Irrationalität als richtig erwiesen worden, vgl. auch *Gordan*, Math. Ann. 20, S. 515 und 25, S. 459.

12. S. 45. Vgl. zu dieser Abhandlung Zusatz 16.

13. S. 45. Gemeint ist die in demselben Band der Comptes Rendus unter demselben Titel erschienene Note von *Hermite*, vgl. Oeuvres, T. II, p. 5.

14. S. 55. Die Abhandlung wurde von *Houël* übersetzt und ist unter dem Titel „*Note de M. Kronecker sur ses travaux algébriques*" in Ann. de l'École Norm. (1866), T. III p. 279—286 abgedruckt worden.

15. S. 55. Vgl. hierzu die Ausführungen von *Kronecker* in der Abhandlung „*Zur Theorie der Gattungen rationaler Funktionen von mehreren Variabeln*" Bd. III_1, S. 277 dieser Ausgabe von *L. Kronecker*'s Werken.

16. S. 56. Die Bildung der Resolvente I, die als rationale Resolvente eine allgemeine *Jacobi*'sche Gleichung (für f^8) ist und wesentlich von zwei Parametern abhängt, und das besondere Hervorheben der Forderung nach einer *rationalen* Resolvente, geschieht hier im Gegensatz zur Abhandlung VI dieses Bandes (S. 48), wo die Adjunktion einer akzessorischen Irrationalität (Quadratwurzel) auf eine spezielle Jacobi'sche Gleichung als Resolvente führt, die nur von einem Parameter abhängt (vgl. auch die Ausführungen von *Klein*, Werke, Bd. II, S. 503—504). Für die *Kronecker*'sche Auflösungsmethode vgl. auch die Arbeiten von *Brioschi* (zusammengefaßt in Math. Ann., Bd. 13, S. 109) und die zusammenfassende Abhandlung von *Hermite*, Oeuvres, T. II, p. 347. Vgl. auch die Ausführungen von *Klein* über das Verhältnis zu anderen Methoden, insbesondere der *Hermite*'schen in den *Vorlesungen über das Ikosaeder*.

17. S. 58. Der hier von *Kronecker* aufgestellte Satz wurde von *Klein*, Math. Ann. 12 (1877), Werke, Bd. II, S. 379 und *Ikosaeder*, S. 258 bewiesen, vgl. auch *Gordan*, Math. Ann. 29 und die Darstellung bei *Weber*, Algebra II, S. 470—481. Vgl. hierüber auch die Ausführungen von *Klein*, Werke, Bd. II, S. 491 und 508.

18. S. 60. Vgl. hierzu dieser Band, S. 88—96.

19. S. 65. Diese Arbeit stellt einen Auszug aus einer größeren der Akademie vorgelegten Abhandlung dar.

20. S. 65. Die Entwicklungen der Absätze I—VII sind in der Lehrbücher-Literatur oft reproduziert worden, vgl. *Netto*, *Substitutionentheorie* und *Algebra*, *Vogt*, *Résolution algébrique des équations*.

21. S. 69. Zu IX und X vgl. Zusatz 6.

22. S. 69. Vgl. auch Formel VIII, dieser Band, S. 10.

23. S. 70. Die hier ausgesprochene Vermutung, der sogenannte *Kronecker*'sche Jugendtraum (vgl. auch den Brief von *Kronecker* an *Dedekind* vom Jahre 1880, Bd. V dieser Ausgabe von *L. Kronecker*'s Werken), wurde durch die Arbeiten von *Weber*, Math. Ann. 48, 49, 50 und Algebra III, *Fueter*, Math. Ann. 75, und *Takagi*, Journ. Coll. of Science, Tokyo 41 (1920) als (im wesentlichen) richtig erwiesen. Vgl. auch die Anmerkung zu dem oben zitierten Briefe Kroneckers in Bd. V dieser Ausgabe, sowie *Hasse*, Jahresb. D. Math.-Ver. 35 (1926), S. 41, Journal für Math., Bd. 157 und das Buch von *Fueter*, Vorlesungen über die singulären Moduln und die komplexe Multiplikation der elliptischen Funktionen.

24. S. 75. Der Abdruck dieser Abhandlung ist mit folgenden Worten eingeleitet worden: „Hr. *Kronecker* gab einige Entwickelungen aus der *Theorie der algebraischen Gleichungen*, wie er dieselben mehrfach in seinen Universitätsvorlesungen und namentlich in denjenigen der Jahre 1874 und 1875 vorgetragen hat, welche zur Zeit von Hrn. Dr. *Hettner* ausgearbeitet worden sind (vgl. Monatsbericht vom Februar 1878, p. 96[1])).

25. S. 75 u. 80. Der Teil I u. II ist in einzelnen Lehrbüchern etwas ausführlicher reproduziert worden, vgl. die im Zusatz 20 zitierten Bücher von *Netto* und *Vogt*, vgl. auch *Selivanoff*, Acta Math. 19.

26. S. 80. Für die Begriffsbildungen des Teiles II vgl. die Festschrift, Bd. II, S. 248 u. f. dieser Ausgabe von *L. Kronecker*'s Werken.

27. S. 86 u. 92. Die Bezeichnung metazyklisch wird von *Weber* (Algebra) und anderen in allgemeinerer Bedeutung gebraucht, während die hier auftretende Gruppe dort lineare Gruppe heißt.

28. S. 115. Für einen Beweis in diesem speziellen Fall vgl. *Weber*, Algebra II, § 27 (2. Auflage).

29. S. 115. Vgl. hierzu auch *Weber*, Algebra I, § 180, II, § 25.

30. S. 117. Für die Komposition zyklischer Gleichungen und Körper in dem hier gebrauchten Sinn vgl. auch *Weber*, Journ. f. Math. 132, S. 168 und Math. Ann. 67, S. 42.

31. S. 121. Für die biquadratischen Gleichungen vgl. auch *Weber*, Algebra I, § 180, II, § 26 und § 28.

32. S. 133. Die Vorbemerkung ist im Journal nicht abgedruckt und findet sich nur in den Separatabzügen dieser Abhandlung.

[1]) Bd. II S. 39 dieser Ausgabe von *L. Kronecker*'s Werken.

33. S. 134. Einfache *Abel*'sche = zyklische Gleichung, vgl. S. 66.

34. S. 142. Gemeint ist die Gleichung $\varphi_{\mu,\nu} = \Sigma\alpha^{\mu\,\mathrm{ind}\cdot m+\nu\,\mathrm{ind}\cdot(m+1)}$, vgl. die Vorbemerkung S. 133.

35. S. 157. Vgl. hierzu *Schwering*, Beitrag zur Theorie gewisser komplexer Zahlen, Journ. f. Math. 102, S. 56 u. f., insb. S. 72—74.

36. S. 167. Dem hier von *Kronecker* gemachten Vorschlag trat *Weierstrass* als Herausgeber der Werke *Jacobi*'s bei und ließ die betreffende Stelle nochmals abdrucken.

37. S. 173. Für die hier gegebene Methode zur Vorzeichenbestimmung für die *Gauss*'sche Reihe vgl. auch *Teege*, Dissertation, Kiel (1900).

38. S. 179. Die Abhandlung wurde von *Hoüel* übersetzt und unter dem Titel, *Sur les fonctions elliptiques et sur la théorie des nombres* im Journ. d. math. pur. et appliq. 1858 (2) III, p. 265—270 abgedruckt.

39. S. 180. Für die hier dargelegte Zerlegung sowie für die Andeutungen eines Beweises vgl. die spätere Mitteilung von *Kronecker*, dieser Band, S. 207 und die Zusätze 56 u. 57. Es sind hier noch zu vergleichen die Darstellung von *H. Smith*, *Report on the theory of Numbers*, Art. 137, Collected papers, Vol. I, p. 350, *Hermite*, *Sur la théorie des équations modulaires*, Oeuvres, T. II, p. 38 und *Sylow*, *Sur la multiplication complexe des fonctions elliptiques*, Liouvilles Journ. (4) 3 (1887). In diesen Arbeiten werden, wie auch bei *Kronecker*, die *Jacobi*'schen Bezeichnungen, insbesondere die *Jacobi*'schen Modulargleichungen zugrunde gelegt.

40. S. 180. Auf den Beweis der Gleichung $\varphi(\psi(k)) = \psi(\varphi(k))$ ist *Kronecker* in einer späteren Mitteilung, dieser Band, S. 70—71 noch einmal eingegangen.

41. S. 180. Vgl. für diese Bezeichnung *Gauß*, Disq. arithm. Sect. V.

42. S. 180. Zu dieser Angabe vgl. die spätere Mitteilung von *Kronecker*, dieser Band S. 207.

43. S. 181. Für die hier aufgestellten Klassenzahlrelationen vgl. die späteren Abhandlungen von *Kronecker*, dieser Band, S. 185, S. 197 und Zusatz 45.

44. S. 187. Die Abhandlung wurde von *Hoüel* übersetzt und in *Liouville*'s Journal (2) V, p. 289—299 unter dem Titel *Sur le nombre de classes différentes de formes quadratiques à déterminants négatifs* abgedruckt.

45. S. 188. Für die Ableitung der Formeln I—VIII aus der Theorie der komplexen Multiplikation vgl. den im Zusatz 39 zitierten Report von *Smith*, Art. 130—133 (ausführlicher Beweis von V und VII und Angabe der Quellen für die anderen Formeln) und die in demselben Zusatz zitierte Abhandlung von *Sylow* (Beweis für die Formeln I bis VI), vgl. auch *Joubert*, Comptes Rendus 50 (1860), p. 1040 u. 1095. In einer späteren Abhandlung, dieser Band, S. 197, hat *Kronecker* gezeigt, wie man diese Formeln auch direkt aus der Theorie der elliptischen Funktionen gewinnen kann, ein Weg, den kurz vorher auch *Hermite* (vgl. *Hermite* Oeuvres,

T. II, p. 109) beschritten hat. Die Formeln I—VI sind später von *Kronecker* auf einem rein arithmetischen Wege aus der Theorie der bilinearen Formen von vier Veränderlichen abgeleitet worden, vgl. Bd. II, S. 428 u. f., insbesondere S. 481—490. Rein arithmetische Beweismethoden für Klassenzahlrelationen sind auch von *Liouville* (Liouvilles Journal (2) 7 (1862), 12 (1867), 13 (1868), 14 (1869), gegeben worden. Die arithmetischen Methoden von *Liouville*, die in einer engen Beziehung zu der rein analytischen *Hermite*'schen Methode stehen, sind später weitgehend ausgebaut worden. Insbesondere ist es *Uspensky* gelungen, auf diesem Wege sämtliche *Kronecker*'schen Formeln I—VIII zu beweisen, vgl. die neueste Darstellung Bulletin, Acad. Sc. d. l'U. R. S. 19 (1925) und 20 (1926). In der Abhandlung „Über quadratische Formen von negativer Determinante", dieser Band, S. 245, hat *Kronecker* noch andere analoge Klassenzahlrelationen aufgestellt, die von den Formeln I—VIII unabhängig sind, dafür aber kompliziertere zahlentheoretische Funktionen enthalten. Eine allgemeine Theorie der Klassenzahlrelationen ist unter Einwirkung von *Klein*'s Ideen zur Theorie der Modulfunktionen und Verwendung von Modulargleichungen höherer Stufe durch *Gierster* und *Hurwitz* entwickelt worden (vgl. insb. *Hurwitz*, Math. Ann. 25). Eine Darstellung findet sich in *Klein-Fricke*, Vorlesungen über die Theorie der elliptischen Modulfunktionen Bd. II, S. 202 u. f. S. 635 u. f. Für die *Hermite*'sche Methode vgl. die neue Darstellung von *Mordell*, On class relations formulae, Messeng. of Math. 46 (1916) S. 113—135. Für die geschichtliche Entwicklung der Lehre von den Klassenzahlrelationen und die Arbeiten von *Petr* und *Humbert* vgl. *Chapelon*, Thèse, 1914, Journ. de l'Ecole Polyt. 1915 und *Dickson*, History of the theory of numbers Vol. III.

46. S. 188. Wenn m eine Quadratzahl ist, hat man in der Formel IV nach *Sylow* loc. cit. Zus. 32, auf der rechten Seite $-\frac{1}{3}$ hinzuzufügen.

47. S. 191. Vgl. hierzu Bd. II, S. 444—445 dieser Ausgabe von *L. Kronecker*'s Werken.

48. S. 194. Vgl. hierzu *Hermite*, *Sur les théoremes de M. Kronecker*, Oeuvres, T. II, p. 248—254, wo auch ein Beweis mit Hilfe der elliptischen Funktionen gegeben wird, der aber auf anderer Grundlage beruht und die komplexe Multiplikation nicht benutzt.

49. S. 199. Die Abhandlung wurde von *Hoüel* übersetzt und unter dem Titel *Sur une nouvelle propriété des formes quadratiques de determinant négatif* in den Ann. de l'Éc. Norm. T. 3, p. 287—294 abgedruckt.

50. S. 204. Für die hier auseinandergesetzte Methode vgl. *Hermite*, Oeuvres, T. II, p. 109 und 241, vgl. auch die Darstellung im Report von *Smith* (vgl. Zusatz 32 und 45), Art. 134. Über die *Hermite*'schen Formeln vgl. die Ausführungen von *Kronecker*, dieser Band, S. 258—259.

51. S. 204. Zu diesen drei Formeln vgl. S. 248.

52. S. 206. Vgl. hierzu S. 245—259.

53. S. 209. Die Abhandlung wurde von *Hoüel* übersetzt und unter dem Titel: *Sur la multiplication complexe des fonctions elliptiques* in den Annales de l'Éc. Norm. (1866) T. 3, p. 295—302 abgedruckt.

54. S. 210. Gattung = Geschlecht.

55. S. 210. Zu den folgenden Ausführungen vgl. man außer den schon im Zusatz 39 zitierten Abhandlungen (insbesondere derjenigen von *Sylow*) noch die Arbeiten von *Pick*, Math. Ann. 25, 26 und *Weber*, Acta Math. 6, 11 oder Algebra III. In den Arbeiten von *Pick* und *Weber* wird aber gemäß der neueren Entwicklung der Theorie vorwiegend die *Weierstrass*'sche absolute Invariante statt des *Jacobi*'schen Moduls benutzt.

56. S. 210. Für die Zerfällung nach Geschlechtern vgl. *Weber*, Algebra III, S. 513, *Sylow*, loc. cit. S. 236.

57. S. 211. Darüber hinausgehend hat *Weber* gezeigt (Algebra III, S. 617—619), daß diese Zerfällung nach Geschlechtern die weitestgehende ist, wenn man sich auf Adjunktion von Größen aus absolut *Abel*'schen Körpern beschränkt.

58. S. 214. Einen Beweis für die Irreduktibilität der sogenannten Klassengleichung hat auch *Pick*, Math. Ann. 26 gegeben.

59. S. 214. Vgl. hierzu auch die Angaben von *Kronecker* in der Abhandlung „*Über die Irreduktibilität von Gleichungen*, Bd. II, S. 85 u. f. dieser Ausgabe von *L. Kronecker*'s Werken.

60. S. 215. Vgl. hierzu auch die Darstellung bei *Sylow*, loc. cit. S. 223 und insb. S. 236 u. f.

61. S. 221. Die Abhandlung wurde von *Hoüel* übersetzt und unter dem Titel: *Sur la résolution de l'équation de Pell au moyen des fonctions elliptiques* in den Annales de l'Éc. Norm. (1866) T. 3, p. 303—308 abgedruckt.

62. S. 221. Vgl. die Formel ($\mathfrak{R}$) S. 374.

63. S. 222. Vgl. die Formel ($\mathfrak{D}$) S. 361.

64. S. 223. Vgl. die Formel ($\mathfrak{K}$) S. 370 und die Ausführungen in Bd. V dieser Ausgabe von *L. Kronecker*'s Werken, die an die Formel (16) S. 494 dieses Bandes, anknüpfen.

65. S. 223. Vgl. auch die Formel ($\mathfrak{P}_1$) dieser Band S. 375.

66. S. 224. Ähnliche Approximationen kommen auch bei *Hermite* vor, vgl. Théorie des équations modulaires, Oeuvres, T. II, p. 39 und p. 60—63.

67. S. 225. Vgl. hierzu auch die im Zusatz 59 zitierte Abhandlung von *Kronecker*.

68. S. 229. Diese Abhandlung ist in etwas ausführlicherer Darstellung bei *Bachmann*, Analytische Zahlentheorie 5. 6. u. 9. Abschnitt (insb. S. 108—112, 131, 241—246 u. 259—269) reproduziert.

69. S. 229. Gattung = Genus = Geschlecht.

70. S. 247. Vgl. zu dieser Abhandlung die Zusätze 45 und 50.

71. S. 258. Für die Formeln ($\mathfrak{A}$), ($\mathfrak{B}$), ($\mathfrak{C}$) vgl. auch eine spätere Darstellung von *Hermite*, *Sur quelques consequences arithmetiques des formules de la théorie des fonctions elliptiques*, Oeuvres, T. IV, p. 188.

72. S. 268. Zur Teilungstheorie vgl. die eingehende Darstellung von *Kronecker*, dieser Band, S. 390 u. f. Vgl. auch die rein algebraische Behandlung auf S. 88 u. f.

73. S. 271. Für einen Beweis der Gleichung vgl. man die spätere Stelle, S. 415—417.

74. S. 272. Für einen Beweis vgl. die Entwicklungen auf S. 418—419.

75. S. 279. In der Aussage des Satzes muß die Voraussetzung der Eindeutigkeit der Funktion $f(x, y)$ fallen gelassen, dafür aber die Eindeutigkeit der Ableitungen aufgenommen werden. $\int df(x, y)$ bedeutet also $\int\left(\frac{\partial f}{\partial x} dx + \frac{\partial f}{\partial y} dy\right)$ mit *eindeutigen* $\frac{\partial f}{\partial x}$ und $\frac{\partial f}{\partial y}$. Vgl. auch die spätere Notiz, *Über den Cauchy*'schen *Satz*, Bd. V. S. 291 dieser Ausgabe von *L. Kronecker*'s Werken (und die Anmerkung hierzu) sowie *Kronecker*, Vorlesungen über die Theorie der einfachen und mehrfachen Integrale, S. 37—54.

76. S. 281. Eine etwas ausführlichere Reproduktion der folgenden Entwicklungen findet sich in *Bachmann*, Analytische Zahlentheorie, S. 172—188. Vgl. außerdem *Landsberg*, Zur Theorie der *Gauß*'schen Summen und der linearen Transformation der Thetafunktionen, Journ. f. Math. 111 und die späteren Abhandlungen von *Kronecker*, die sich auf *Gauß*'sche Summen beziehen, dieser Band, S. 295 und S. 301.

77. S. 286. Für die Ableitung der Produktentwicklung vgl. S. 291 dieser Abhandlung.

78. S. 286. Um die hier aufgestellte Gleichung:

$$(*) \qquad \Phi(\xi) - 1 = \lim_{\mu=\infty} \cdot \frac{1}{\mu} \sum_{\lambda=0}^{\mu-1} \lim_{r=1} \cdot \chi\left(r, \frac{\lambda}{\mu}\right) \cdot re^{2\pi\frac{\lambda}{\mu}i}$$

wirklich zu begründen, müßte nachgewiesen werden

(1) $\Phi(x)$ ist eindeutig,

(2) Die beiden Grenzübergänge in (*) $r \to 1$ und $\mu \to \infty$ dürfen vertauscht werden.

Für (1) gab *Kronecker* in der Oktobermitteilung (vgl. S. 289) eine nicht ganz ausreichende Begründung. Diese Lücke ist aber für das Folgende nicht so wesentlich, wie die Vertauschung der Grenzübergänge in (*), die schon früher bei der Ableitung der Formel (II) ohne nähere Angaben über das Verhalten von $\chi(r, s)$ für $r \to 1$ vorgenommen wurde. In der Tat liegt der Vertauschung implizite die Voraussetzung zugrunde, daß eine im Einheitskreis (eindeutige) analytische Funktion durch das *Cauchy*'sche Integral (erstreckt über den Einheitskreis) darstellbar ist, wobei die Kenntnis der Randfunktion in einer (abzählbaren) überall dichten Teilmenge als ausreichend angesehen wird, da die Integration doch im *Riemann*'schen Sinn erfolgt. Somit scheint der hier eingeschlagene Weg, aus der Reziprozitätsbeziehung zwischen den

Gauß'schen Summen auf die Transformation der Thetafunktion zu schließen, nicht gut gangbar.[1]) *Kronecker* ist später selbst auf diese Stelle zurückgekommen (vgl. dieser Band, S. 352) mit der Bemerkung, daß der Beweis einer Vervollständigung bedarf. Die dort in Aussicht gestellte detaillierte Bearbeitung für das Journal für Mathematik ist aber nicht erschienen, und der Hinweis auf die Entwicklungen auf S. 292 kann kaum als Ersatz gelten, da dies ja doch auf den Beweis der Transformationsformel für die Thetafunktion hinauslaufen würde.

79. S. 290. Diese Entwicklungen enthalten denselben Fehlschluß, auf den im Zusatz 78 hingewiesen wurde.

80. S. 297. Für eine etwas ausführlichere Darstellung vgl. die im Zusatz 75 zitierten Vorlesungen von *Kronecker*, S. 162—165. Die Ausgestaltung dieser Methode zum Nachweis der Reziprozitätsbeziehung zwischen den Gaußschen Summen findet sich in der im Zusatz 76 zitierten Abhandlung von *Landsberg*.

81. S. 311. Diese Abhandlung ist etwas ausführlicher reproduziert in den im Zusatz 75 zitierten Vorlesungen von *Kronecker*, Elfte Vorlesung, S. 182 u. f.

82. S. 347. Ein großer Teil der hier folgenden Untersuchungen ist im engsten Anschluß an *Kronecker* von *Seguier* in seiner Thèse, *Formes quadratiques et multiplication complexe*, 1894 (im folgenden zitiert mit *Seguier*), in teilweise ausführlicherer Darstellung wiedergegeben worden.

83. S. 347. Diese Untersuchungen sind nicht abgedruckt worden, dafür ist aber *Kronecker* im Abschnitt XX der vorliegenden Abhandlung, Bd. V, S. 581. dieser Ausgabe von *L. Kronecker*'s Werken, näher darauf eingegangen.

84. S. 347. $\vartheta(\zeta, \omega) = \vartheta_1(\zeta, \omega)$, vgl. S. 314.

85. S. 350. Zu dieser Formel vgl. die Ausführungen von *Kronecker* in den beiden Arbeiten: „Über eine bei Anwendung der partiellen Integration nützliche Formel" Bd. V, S. 263 und „Bemerkungen über die Darstellung der Reihen durch Integrale", Bd. V, S. 328 dieser Ausgabe von *L. Kronecker*'s Werken.

86. S. 359. Die Einführung von λ wirkt hier komplizierend. Einfacher schreibt man:

$$\left|\sum_n e^{2n\kappa\pi i}\left((2c_0 n \pm b_0 m)^2 + m^2\right)^{-1-\varrho}\right| < p' m^{-2(1+\varrho_0)} \qquad (m \neq 0),$$

und die Summation über m ergibt dann für $\varrho_0 > -\frac{1}{2}$ das Gewünschte.

87. S. 362. Für die hier erwähnte Transformationsformel vgl. S. 488.

---

[1]) Die Hardy-Littlewood'sche Methode zur additiven Zahlentheorie scheint hier prinzipiell eine Möglichkeit zur Bewältigung der Aufgabe von dieser Seite aus (allerdings auf sehr umständlichem Wege) zu geben, jedoch verwenden Hardy und Mordell im entsprechenden Fall die Transformation der Thetafunktion.

88. S. 362. Die hier auseinandergesetzte Methode liefert direkt die Existenz des Grenzwertes $\lim\limits_{\rho=0}\sum\limits_{m,n}\frac{e^{2(m\sigma+n\tau)\pi i}}{(f(m,n))^{1+\rho}}$. Zum Nachweis, daß dieser Grenzwert mit dem iterierten Limes in der Gleichung $(\mathfrak{A})$ übereinstimmt, wird man wohl wieder Betrachtungen von der Art wie in IV benötigen.

89. S. 363. Einen ausführlichen Beweis einer allgemeineren Transformationsformel hat *Kronecker* in einer späteren Mitteilung gegeben, vgl. S. 483.

90. S. 366. Der Nachweis der Existenz von $\mathfrak{L}(a_0, c_0)$ findet sich kurz vorher bei *Weber*, Math. Ann. 20, S. 328, aber es ist wohl anzunehmen, daß dies *Kronecker* schon bei der Abfassung der Abhandlung *Über die Auflösung der Pell'schen Gleichung mittels elliptischer Funktionen* (1863) bekannt war, wo (vgl. S. 222—223) eine in gewisser Beziehung viel tiefer liegende Formel angegeben wird.

91. S. 366. Die Darstellung von $\mathfrak{L}(a_0, c_0)$ durch Thetafunktionen (die sogenannte *Kronecker*'sche Grenzformel), die in den Artikeln VII und X erfolgt, ist später durch *Kronecker* in einfacherer und zugleich befriedigender Weise erledigt worden, vgl. Art. XIII, S. 486 u. f.

92. S. 371. Für die Theorie der quadratischen Formen in der *Kronecker*'schen Bezeichnungsweise vgl. *Seguier*, loc. cit. und *Weber*, Göttinger Nachrichten 1893, S. 55—62.

93. S. 372. Während vorhin wie auch später unter (a, b, c) nur die primitiven Formen verstanden werden, sind in der Gleichung $(\mathfrak{E})$ auch die nicht primitiven inbegriffen. Will man sich auch hier auf die primitiven beschränken, so hat man A und $a\alpha^2 + b\alpha\gamma + c\gamma^2$ beide prim zu Q vorauszusetzen; vgl. *Weber*, Göttinger Nachrichten 1893, S. 138—140. Die Isolierungsbedingung im Fall der positiven Determinante ist außerdem zu verschärfen, etwa:

$$\gamma > 0, \quad \frac{2a\alpha}{\gamma} + b \geqq \frac{T}{U}.$$

94. S. 373. Für den Beweis der Gleichung $(\mathfrak{M}^0)$ in den *Kronecker*'schen Bezeichnungen vgl. *Seguier*, S. 66 und S. 111, *Weber*, loc. cit. Zus. 93, S. 140—141.

95. S. 374. In den Gleichungen $(\mathfrak{M}^0)$, $(\mathfrak{M}')$, $(\mathfrak{M})$ ist für $D > 0$ m und n noch die Bedingung

$$n > 0, \quad 2am + bn \geqq \frac{T}{U} n$$

aufzuerlegen.

96. S. 374. Für den Nachweis von $(\mathfrak{N})$ vgl. man auch S. 285—286.

97. S. 375. Für die Ableitung von $(\mathfrak{O})$ und der späteren Formeln $(\mathfrak{P})$ und $(\mathfrak{P}_1)$ in den *Kronecker*'schen Bezeichnungen vgl. *Seguier*, S. 125—126. Nach *Seguier* gilt $(\mathfrak{P}_1)$ auch für $D_0 < 0$, wenn man rechts (mit Ausnahme des *Legendre*'schen Symboles) D_0 durch $|D_0|$ ersetzt.

98. S. 380. Später scheint *Kronecker* noch vorauszusetzen, daß auch c durch D teilbar gewählt werden kann. Dies trifft auch im Fall $D \equiv 1$ mod. 4 zu, ist aber offenbar unmöglich, wenn $\equiv D$ 0 mod. 4. Hier läßt sich nur erreichen:

$$b \equiv 0 \text{ (mod. } D), \quad c \equiv 0 \left(\text{mod. } \frac{D}{4}\right),$$

infolgedessen ist im Falle eines *geraden* D, D_1 als Divisor von $\frac{D}{4}$ vorauszusetzen. Beide Fälle können in folgender Weise zusammengefaßt werden: In der Zerlegung $D = D_1 D_2$ sollen D_1 und D_2 beide die Diskriminanten-Form haben, und zwar sind im Falle eines geraden D die Bezeichnungen so zu wählen, daß mindestens D_2 gerade ist.

99. S. 381. Der Definition der Zahlen ϖ_k ist noch hinzuzufügen, daß sie sämtlich positiv sind.

100. S. 381. Hier ist im Falle $D \equiv 0$ (mod. 4) $c \equiv 0$ (mod. D) durch $c \equiv 0 \left(\text{mod. } \frac{D}{4}\right)$ zu ersetzen, vgl. Zusatz 98.

101. S. 382. Für die Formel (II) vgl. einen besonders einfachen Beweis bei *Weber*, Göttinger Nachrichten, 1893, S. 141.

102. S. 385. Nach *Weber* (Göttinger Nachr. 1893, S. 51, auch Algebra III, S. 328) ist in dieser Formel die Summation über $k = 1, 2, 3, \ldots |D_0|$ zu erstrecken, was nur für ungerades D_0 auf dasselbe hinauskommt. Um also auch weiterhin gemeinsame Formeln zu erhalten, ersetze man in den späteren Entwicklungen die Summation $k = 1, 3, 5 \ldots 2|D_0| - 1$ durch $k = 1, 2, 3 \ldots |D_0|$, was übrigens die Rechnung noch etwas symmetrischer gestaltet.

103. S. 385. Die Summationen sind gemäß dem Zusatz 102 in

$$k_1 = 1, 2, 3 \ldots |D_1|; \quad k_2 = 1, 2, 3 \ldots |D_2|$$

abzuändern.

104. S. 386. $-2D_1 - k_1$, bzw. $2D_2 - k_2$ durch $-D_1 - k_1$ bzw. $D_2 - k_2$ zu ersetzen.

105. S. 386. Die hier angegebenen Relationen durch

$$\left(\frac{D_1}{k_1}\right) = -\left(\frac{D_1}{-D_1 - k_1}\right), \quad \left(\frac{D_2}{k_2}\right) = \left(\frac{D_2}{D_2 - k_2}\right)$$

zu ersetzen.

106. S. 387. In 3. ist die Summationsangabe entsprechend abzuändern, d. h. k_1 soll die Zahlen $1, 2 \ldots -D_1$, k_2 die Zahlen $1, 2, 3 \ldots D_2$ durchlaufen.

107. S. 388. Die Summationsangabe ist hier wieder zu ersetzen durch:

$$k_1 = 1, 2, 3 \ldots -D_1; \quad k_2 = 1, 2, 3 \ldots D_2.$$

108. S. 389. Zu diesem Absatz vgl. man *Seguier*, S. 167—168.

109. S. 423. Es ist hier von vornherein die Annahme $\alpha \equiv 1, \beta \equiv 0, \gamma \equiv 0, \delta \equiv 1 \pmod{4}$ gemacht worden, was aber keine Einschränkung bedeutet, da n eine ungerade Zahl ist.

110. S. 458. Vgl. hierzu *Ostrowski*, Göttinger Nachrichten, S. 279 u. f., insbesondere S. 285.

111. S. 486. Die in dem Ausdruck $T(\varrho, \sigma, \tau)$ auftretende Fourierreihe $\frac{1}{2\pi}\sum\limits_{m,n}\frac{e^{2(m\sigma+n\tau)\pi i}}{f(m,n)}$ konvergiert nicht absolut, trotzdem ist in § 2 bei den weiteren Umformungen keine Vorschrift angegeben, in welcher Weise die Summation erfolgen soll. Dadurch bekommt zunächst die gleich darauf folgende *Dirichlet*'sche Umformung eine unbestimmte Geltung. Nun ist hier offenbar diese Reihe (vgl. § 6, S. 494) für $-\log \varDelta(\sigma, \tau, w_1, w_2)$ gesetzt worden, und es ist somit nur zu zeigen, daß bei dieser Annahme $T(\varrho, \sigma, \tau)$ so umgeformt werden kann, wie es die Schlußformel des § 2 angibt. Dies ist leicht einzusehen, wenn man von der Formel ($\mathfrak{D}_0$) S. 360 ausgeht:

$$-\log \varDelta(\sigma, \tau, w_1, w_2) = \lim_{\varrho=0}\frac{1}{2\pi}\sum_{m,n}\frac{e^{2(m\sigma+n\tau)\pi i}}{(f(m,n))^{1+\varrho}},$$

die rechtsstehende Reihe auf die *Dirichlet*'sche Weise umformt und hierauf die in § 2 angegebene Zerlegung und Transformation vermittels der Transformationsformel (4) anwendet (vgl. auch S. 362). Macht man dann den Grenzübergang $\varrho \to 0$, so erhält man gerade diejenigen 3 Integrale, die die Reihe $\frac{1}{2\pi}\sum\frac{e^{2(m\sigma+n\tau)\pi i}}{f(m,n)}$ in § 2 zu $T(\varrho, \sigma, \tau)$ beisteuert, womit also der Ausdruck für $T(\varrho, \sigma, \tau)$ als gültig erwiesen ist. Dieser vorzeitige Grenzübergang $\varrho \to 0$ und die damit verbundene direkte Einführung von $-\log \varDelta(\sigma, \tau, w_1, w_2)$ bringen es mit sich, daß die späteren Abschätzungen schwerfälliger und komplizierter erscheinen, als es in Wirklichkeit der Kronecker'sche Gedankengang erfordert. Aus diesem Grund soll hier angedeutet werden, wie sich die Rechnung gestaltet, wenn man in $T(\varrho, \sigma, \tau)$ $\frac{1}{2\pi}\sum\limits_{m,n}\frac{e^{2(m\sigma+n\tau)\pi i}}{f(m,n)} = -\log\varDelta(\sigma, \tau, w_1, w_2)$ durch $\frac{1}{2\pi}\sum\limits_{m,n}\frac{e^{2(m\sigma+n\tau)\pi i}}{(f(m,n))^{1+\varrho}}$ ersetzt. Wir bezeichnen den so sich ergebenden Ausdruck mit $\bar{T}(\varrho, \sigma, \tau)$ und verfahren mit ihm wie in § 2 mit $T(\varrho, \sigma, \tau)$. Formt man also die beiden Reihen in *Dirichlet*'scher Weise um, schreibt dann die Integrale in der Form: $\int\limits_0^1 = \int\limits_0^{\frac{1}{s}} - \int\limits_1^{\frac{1}{s}}$ und wendet auf das zweite Integral rechts die Transformationsformel (4) an, so kommt:

$$\bar{T}(\varrho, \sigma, \tau) = \bar{P} + \bar{Q} + \bar{R} + \frac{1}{\varrho} + \log f'(\sigma, \tau),$$

wo

$$\bar{P} = \frac{1}{2\pi\Gamma(1+\varrho)}\int\limits_0^{\frac{1}{s}}\Big\{\sum_{m,n} s^{f(m,n)}\left(e^{2(m\sigma+n\tau)\pi i} - 1\right)\Big\}\left(\log\frac{1}{s}\right)^{\varrho} d\log s$$

$$\overline{Q} = \frac{1}{\Gamma(1+\varrho)} \int_1^{\frac{1}{s}} \sum_{m,n} \left[e^{\frac{4\pi^2}{\log s} f'(\sigma+m,\tau+n)} - e^{\frac{4\pi^2}{\log s} f'(m,n)} \right] \left(\log \frac{1}{s}\right)^{\varrho} \frac{d \log s}{\log s}$$

$$\overline{R} = \frac{1}{\Gamma(1+\varrho)} \int_1^{\frac{1}{s}} \left(e^{\frac{4\pi^2}{\log s} f'(\sigma,\tau)} - 1 \right) \left(\log \frac{1}{s}\right)^{\varrho} \frac{d \log s}{\log s}.$$

Hier ist nun: $\lim\limits_{\varrho \to 0} \overline{P} = P$, $\lim\limits_{\varrho \to 0} \overline{Q} = Q$, wo P und Q dieselbe Bedeutung wie im Text haben, während man für $\overline{R}$ erhält, indem man noch $s = e^{-\frac{\log s}{x}}$ setzt:

$$\overline{R} = \frac{(\log s)^{\varrho}}{\Gamma(1+\varrho)} \int_1^{\infty} \frac{e^{-\frac{4\pi^2 f'(\sigma,\tau)}{\log s} x}}{x^{1+\varrho}} dx - \frac{(\log s)^{\varrho}}{\Gamma(1+\varrho)} \int_1^{\infty} \frac{dx}{x^{1+\varrho}}$$

$$= \frac{(\log s)^{\varrho}}{\Gamma(1+\varrho)} \int_1^{\infty} \frac{e^{-\frac{4\pi^2 f'(\sigma,\tau)}{\log s} x}}{x^{1+\varrho}} dx - \frac{(\log s)^{\varrho}}{\Gamma(1+\varrho)} \frac{1}{\varrho}$$

und also

$$\lim_{\varrho \to 0} \left(\overline{R} + \frac{1}{\varrho} \right) = \int_1^{\infty} \frac{e^{-\frac{4\pi^2 f'(\sigma,\tau)}{\log s} x}}{x} dx + \Gamma'(1) - \log \log s$$

$$= 2\Gamma'(1) - 2\log 2\pi - \log f'(\sigma,\tau) + \int_0^1 \left(1 - e^{-\frac{4\pi^2 f'(\sigma,\tau)}{\log s} x} \right) \frac{dx}{x}$$

(dieser Teil kann unwesentlich vereinfacht werden, indem man von vornherein $s = e$ wählt). Es ist somit:

$$\lim_{\varrho \to 0} \overline{T}(\varrho, \sigma, \tau) = P + Q + 2\Gamma'(1) - 2\log 2\pi + \int_0^1 \left(1 - e^{-\frac{4\pi^2 f'(\sigma,\tau)}{\log s} x} \right) \frac{dx}{x}.$$

Daß $\lim P = 0$ bzw. $\lim Q = 0$, wenn $\sigma \to 0, \tau \to 0$, kann auf etwas einfacherem Wege als im Text gezeigt werden, indem man die unter dem Integral auftretenden Summen beidemale in endlich viele Glieder und den Rest spaltet und hierbei leicht die Abschätzung $\leq s^{p} \cdot K(\sigma,\tau)$ (für P) bzw. $\leq e^{-\frac{4\pi^2}{\log s} p'} \overline{K}(\sigma,\tau)$ (für Q) gewinnt, wo $K(\sigma,\tau)$ und $\overline{K}(\sigma,\tau)$ für $\sigma \to 0, \tau \to 0$ gegen 0 konvergieren.

Andere Beweise für die *Kronecker*'sche Grenzformel (16) geben *Weber*, Math. Ann., Bd. 33 oder Algebra III, S. 526, *Lerch*, Bull. de la société royale des sciences de Bohême, 1893, *Franel*, Math. Ann., Bd. 48. In etwas anderer Weise tun das auch *Mertens*, Wiener Sitzungsberichte, Bd. 106, S. 411—421 und *Landau*, Journ. f. Math. Bd. 125, S. 169 u. f., indem sie das asymptotische Verhalten für großes x des Ausdrucks $\sum' \frac{1}{f(m,n)}$ bestimmen, wo sich die Summation auf diejenigen m, n bezieht, für die $f(m, n) \leqq x$ ist (das Wertsystem $m = o, n = o$ bleibt dabei ausgeschlossen). Das Analogon der *Kronecker*'schen Grenzformel bei reellen quadratischen Körpern wurde von *Hecke*, Verh. Naturf. Ges. Basel 28 (1917) aufgestellt, vgl. auch *Herglotz*, Leipz. Ber. 75 (1923).

112. S. 489. Für die Funktionen φ und ψ gilt: $|\varphi| < Km$; $|\psi| < Kn$, wo K unabhängig von σ, τ, m und n ist, und die Multiplikation mit diesen Faktoren ändert, wegen der starken Konvergenz der Reihen, nichts an dem Ergebnis.

113. S. 494. In dem Ausdruck steht die Reihe $\frac{1}{2\pi}\sum \frac{e^{2(m\sigma+n\tau)\pi i}}{f(m, n)}$ für $-\log \Lambda(\sigma, \tau, w_1, w_2)$, vgl. Zusatz 111.

DRUCKFEHLERVERZEICHNIS ZUM VIERTEN BANDE.

S. 221, Z. 15 v. o. statt $(\log T + U\sqrt{P})$ lies $\log(T + U\sqrt{P})$.
S. 264, Formel (𝔄) statt $\lambda_{4\nu}, \mu_{4\nu}$ lies $\lambda_{4\nu}, \mu_{4r}$.
S. 280, Formel (II) statt $\lim\limits_{r=0}$ lies $\lim\limits_{r=1}$.
S. 316, Formel (X) statt $q^{\frac{1}{4}\pi^2}$ lies $q^{\frac{1}{4}\pi^2}$.
S. 358, Z. 4. v. u. statt $\mathfrak{B}^0$ lies $\mathfrak{B}_0$.

www.ingramcontent.com/pod-product-compliance
Ingram Content Group UK Ltd.
Pitfield, Milton Keynes, MK11 3LW, UK
UKHW012002240726
13965UKWH00001B/95

9 782013 587679